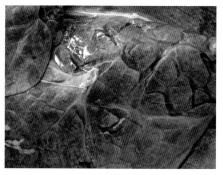

彩图7-15　肺脏表面被覆纤维素薄膜

彩图7-16　气管内有大量的气泡

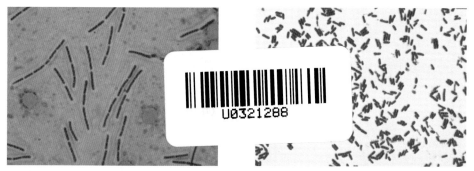

彩图7-17　炭疽杆菌的形态，革兰氏染色，×1 000

彩图7-18　产气荚膜梭菌的形态，革兰氏染色　×1 000

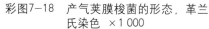

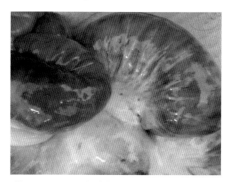

彩图7-19　肠内容物呈"血灌肠"样

彩图7-20　肠内容物为黏稠液体

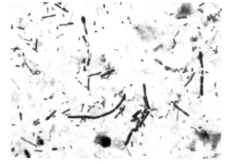

彩图7-21　腐败梭菌的形态，革兰氏染色，×1 000

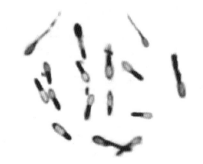

彩图7-22　破伤风梭菌的形态，革兰氏染色，×1 000

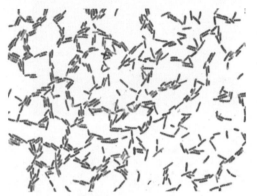

彩图7-23 大肠杆菌的形态，革兰氏染色，
×1 000

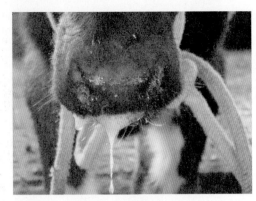

彩图8-1 口蹄疫 患牛流涎

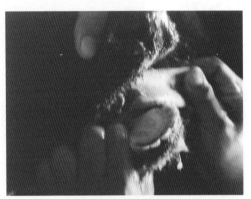

彩图8-2 口蹄疫患牛口腔溃疡灶

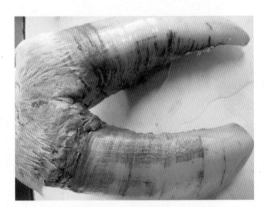

彩图8-3 口蹄疫患牛蹄部坏死

彩图8-4 口蹄疫患牛"虎斑心"

彩图8-5 皮肤表面乳头状瘤

舍饲牛场疾病预防与控制新技术

王仲兵　王凤龙　主编

中国农业出版社

本书由国家"十一五"科技支撑计划课题（2007BAD56B06）
项目支持

本书有关用药的声明

　　兽医科学是一门不断发展的学科。标准用药安全注意事项必须遵守，但随着科学研究的发展及临床经验的积累，知识也不断更新，因此治疗方法及用药也必须或有必要做相应的调整。建议读者在使用每一种药物之前，参阅厂家提供的产品说明以确认推荐的药物用量、用药方法、所需用药的时间及禁忌等。医生有责任根据经验和对患病动物的了解决定用药量及选择最佳治疗方案。出版社和作者对任何在治疗中所发生的对患病动物和/或财产所造成的伤害不承担责任。

　　敬读者知。

中国农业出版社

编 写 人 员

主　编　王仲兵　王凤龙

副主编　韩一超　韩克光　曹　振

编　者（以姓名笔画为序）

丁玉林　王　瑞　王凤龙　工仲兵

王兴春　王金玲　王剑影　师周戈

任　杰　刘一飞　李　鹏　杨晓野

吴　欣　张伟业　陈剑波　武果桃

罗甜甜　孟东霞　赵　娟　郭　彦

曹　振　韩一超　韩克光　焦光月

薛俊龙

随着国家对生态环境保护的重视及农业产业结构的科学调整，舍饲草食家畜在畜牧业中所占的比例大幅提升，舍饲奶牛业、肉牛业成了畜牧业中发展速度最快的产业之一。但在规模化、集约化舍饲养牛方式不断发展的同时，牛病随之增多并带来严重的经济损失，牛病在一定程度上影响着舍饲养牛产业的健康发展。因此，如何有效防治舍饲牛的疾病，减少经济损失，显得尤为重要。为此我们编写了本书，以供牛病诊断、治疗和防制使用，希望能为养牛业的健康、高效发展起到一定的参考作用。

本书内容包括牛病的诊断技术、牛场常用药物与治疗技术、牛场环境卫生与生物安全、生产管理与疾病控制、普通病、营养代谢疾病、细菌性传染病、病毒性传染病、寄生虫病及附录等十部分。第一章至第四章较详细地介绍了牛病的诊疗方法、技术及生产管理，第五章至第九章主要介绍各种牛病的防治。附录包括舍饲牛场疾病防控技术规程（其中主要包括疫病预防、卫生消毒、免疫程序、牛场常用药物、疫病监测、疫病控制和扑灭、档案的建立等）等内容。本书文字表达上力求简明扼要、深入浅出，以兽医系统理论与临床实际相结合，尽可能做到科学性和实用性的统一。

本书是在国家"十一五"科技支撑计划项目——黄土高原退化草地植被与草食畜生产关键技术研究与示范"舍饲草食畜疾病防控技术集成"课题（课题编号：2007BA56B06）支撑下编写的。编写过程中，山西农业大学郑明学教授对编写大纲作了详细的修改，内蒙古农业大学的丁玉林老师对全稿进行了编排和校对，同时也得到山西农业厅动物疫病预防控制中心、山西省农业科学院、山西农业大学、内蒙古农业大学等单位的大力支持，在此一并表示谢意。

由于编者水平有限，实践范围有限，书中疏漏谬误在所难免，敬请各位专家、同仁和广大读者指正。

编　者

2013 年 4 月

第一章 牛病的诊断技术

第一节 临床诊断

一、检查方法

临床检查的基本方法包括问诊、视诊、触诊、听诊、叩诊、嗅诊。在检查时应将各种方法相互结合，综合分析建立诊断。

(一)问诊

问诊主要是指询问畜主或饲养人员与牛病发生有关的情况。畜主或饲养人员介绍的情况可以为疾病的诊断提供重要的线索。问诊的内容包括饲养管理、疫苗免疫、疫病检疫、流行特点、临床症状、病史和治疗用药及疗效等方面的情况。问诊时了解情况要详细、全面，并做好记录（表1-1）。

问诊了解到的情况不要简单地肯定或否定，更不能单纯根据问诊结果做出诊断。在问诊基础上，要进一步结合其他检查结果，综合、分析确立诊断。

表1-1 问诊记录表

编号

牛场（畜主姓名）：		住址：		电话：	
性别：	年龄：	营养：	毛色：	品种：	用途：
日期：					
饲养管理： 饲养方式 舍饲：是□，否□；半舍饲：是□，否□；放养：是□，否□。 饲喂饲草料 自产自配：是□，否□；部分购买：是□，否□；全部购买：是□，否□；发病前是否更换饲草料：是□，否□；饲喂相同饲草料的其他牛群是否有类似疾病：有□，无□					
疫苗免疫： 口蹄疫疫苗：已免□，未免□；黏膜病疫苗：已免□，未免□；羊三联或五联疫苗：已免□，未免□；牛出败疫苗：已免□，未免□；炭疽疫苗：已免□，未免□；已免的其他疫苗□					
检验情况： 结核病：有阳性□，无阳性□；副结核病：有阳性□，无阳性□；布鲁氏病：有阳性□，无阳性□；其他疫病：□					

（续）

流行特点：

发病季节：春季□，夏季□，秋季□，冬季□，季节不明显□

发病动物：只有牛发病：是□，否□；羊、猪也有发病：是□，否□；其他动物发病：是□，否□

发病年龄：犊牛发病：是□，否□；青年牛发病：是□，否□；成年牛发病：是□，否□；各年龄牛均有发病：是□，否□

发病率：0～10%□；11%～20%□；21%～30%□；31%～40%□；41%～50%□；51%～60%□；61%～70%□；71%～80%□；81%～90%□；91%～100%□

死亡率：0～10%□；11%～20%□；21%～30%□；31%～40%□；41%～50%□；51%～60%□；61%～70%□；71%～80%□；81%～90%□；91%～100%□

临床症状：

体温升高：是□，否□；拉稀（下痢或腹泻）：是□，否□；腹胀：是□，否□；便秘（排粪困难）是□，否□；流口水（流涎）：是□，否□；喘气（呼吸困难）：是□，否□；尿频：是□，否□；排尿困难：是□，否□；腿瘸：是□，否□；瘫痪不能站立：是□，否□；抽搐或转圈：是□，否□；乳腺肿胀和乳汁异常：是□，否□；流产：是□，否□；其他症状：

病史和治疗情况：

病史：　　　　　　　发病时间：　　　　　　病程（发病持续时间）：

治疗用药：　　　　　药物名称：　　　　　　用药方法：

用药次数：

治疗效果：效果明显□，效果一般□，无明显效果□

其他：

注：填写问诊记录表时要在"是"或"否"等的方框中划"√"，未有方框的问诊项目可根据具体情况填写。

（二）视诊

视诊是通过观察病牛的临床症状对其疾病进行诊断。视诊所获得的临床第一手资料是诊断疾病的重要依据。视诊包括观察病牛的精神状态、营养状况、饮食欲情况、躯体结构、行为姿势、皮毛和可视黏膜（眼结膜、口腔黏膜、鼻镜、鼻黏膜）、呼吸动作和次数，以及采食、咀嚼、吞咽、反刍、排粪排尿等。

视诊时要与牛保持适当的距离（2～3m），不要使牛惊扰，尽可能让牛处于自然姿势。观察时，首先注意其全貌，然后由前向后、从左向右仔细观察，注意病牛的头、颈、胸、腹、脊柱、四肢、乳腺、肛门、会阴、尾等部位有无异常，必要时可进行牵蹓以观察其运动过程及步态。最后，接近病牛仔细检查。视诊时也要注意牛群的整体情况。

（三）触诊

触诊是检查者用手与牛体接触以检查疾病的一种方法。通过触诊可检查皮肤的温度、湿度、弹性，体表淋巴结（主要包括颌下淋巴结、肩前淋巴结、膝前淋巴结、腹股沟淋巴结）的大小、软硬度，心脏和脉搏的次数、强度，瘤胃的蠕动次数、强度和内容物的性状以及瓣胃与真（皱）胃的位置、内容物性状等。

通过触诊也可判断病牛对刺激的敏感性。在触诊时，牛出现回视、躲闪、反抗等反应是触诊部位有疼痛的常见表现。

对内脏器官的深部触诊，可根据器官的部位和病变的不同采用手指、手掌、拳在检查部位压迫、插入、揉捏、滑动、冲击等方法。也可通过直肠检查进行内部触诊。

（四）听诊

听诊是常用的诊断疾病的方法，通过听取病畜的喘息、咳嗽、喷嚏、嗳气、反刍、咀嚼、呻吟的声音，以及肠鸣音、胃蠕动音、心音和呼吸音等对疾病作出诊断。听诊可分为直接听诊法与间接听诊法两种。

1. 直接听诊法 病牛发出的音响比较高朗时，用耳可直接听取，如喘息、咳嗽、肠鸣等声音可直接听取。

2. 间接听诊法 即用听诊器听诊。病牛内脏器官产生的病理性声音有的不能直接听到，需要借助听诊器才能听清楚，如心音节律不齐、心杂音、心包拍水音、肺泡水音、胸膜摩擦音、胸水震荡音等。

用听诊器听取和判断病理性声音具有一定的难度，检查者具有熟悉的兽医专业知识和技能才能得出确切的诊断。

用听诊器听诊时要尽可能选择安静的地方进行，听诊时检查者应取适当的姿势，听头要紧密地放在病牛的体表检查部位，注意排除听头膜与被毛的摩擦音等声音干扰听诊效果，必要时可将听诊部位的被毛浸湿或剪掉。

（五）叩诊

叩诊是根据对病牛体表某一部位叩击产生音响的特性去判断被检查的组织或器官的病理状态的一种方法。

叩诊时，用一个或数个并拢且呈屈曲的手指，向病牛体表的一定部位轻轻叩击（直接叩诊），或用叩诊板紧贴于叩诊部位，同时用叩诊锤叩击（间接叩诊），伴随叩击时产生的声音即叩诊音。叩诊音通常分为浊音（实音）、清音、鼓音三种：浊音由叩击致密组织产生，肌肉以及肝脏、心脏、肾脏、脾脏等实质器官与体表直接接触的部位呈浊音，肺脏发生肺炎、萎陷、肉变、肿瘤等使肺组织发生实变时，肺区叩诊呈浊音；肺脏正常时肺区叩诊呈清音，发生肺气肿时清音明显；瘤胃上部1/3处呈鼓音，瘤胃臌气后叩诊瘤胃鼓音区扩大。气肿疽时，皮下和骨骼肌内产生气体，叩诊出现鼓音。叩诊时如叩诊区反应敏感，则表明该部位有疼痛。

二、临床诊断程序

诊断牛病，要应用专业知识与技术按照一定程序全面系统地进行各项检查，科学准确地作出诊断，临床检查一般按以下程序：

（一）病畜登记

系统地记录病牛的基本情况和特征即病畜登记。进行病畜登记是为了对病牛进行识别，登记内容也可为疾病的诊断提供一定参考。

病畜登记内容包括品种、性别、年龄、牛号、毛色等，同时要注明检查的日期与时间、养牛场名称及管理者姓名、住址、联系电话等，以便于联系。

（二）发病情况调查

一般通过问诊对发病情况进行调查，如有必要可深入到现场详细了解情况。具体调查内容见问诊部分。

（三）临床检查

对病牛的症状、病变作出判断是临床检查的主要内容，临床检查要尽可能做到全面、系统和客观。临床检查一般按照以下程序进行：

1. 一般检查 主要包括：整体观察，如精神状态、营养状况、体格情况、站立姿势、运动与行为情况等；测定体温、脉搏和呼吸次数；被毛、皮肤及体表的变化；可视黏膜（眼结膜、口腔黏膜、鼻黏膜等）检查；体表淋巴结（下颌淋巴结、肩前淋巴结、膝前淋巴结、腹股沟淋巴结等）的检查。

2. 系统检查 系统检查是对各个系统的器官和组织进行全面检查，以进一步明确疾病存在的部位和性质。系统检查包括：心血管系统检查、呼吸系统检查、消化系统检查、泌尿和生殖系统检查、骨骼和肌肉系统检查、神经系统检查等。

（四）实验室检验和特殊检查

根据需要，在临床检查的同时对某些项目做实验室检验或特殊检查。如实验室检验一般包括病原学检查、血液化验、尿液化验、粪便检验、乳汁检查、毒物化验、病理学检验等，特殊检查可做 X 射线检查、超声波检查等。

三、一般检查与常见症状

一般检查是诊断牛病的重要步骤之一，是检查疾病的初步阶段，对了解病牛的整体状况、发现牛病的重要症状以及以后的系统检查奠定基础和提供启发。

（一）精神状态

健康牛反应迅速，行动敏捷，目光明亮有神，耳朵扇动灵活，鼻镜湿润，反刍节奏明显且有力，呼吸平稳，尾摆动自如，被毛光亮平顺，哞叫洪亮。

牛发病后，精神状态发生异常，表现为精神抑制或异常兴奋。

1. 精神抑制　一般表现为行动迟缓，呆然站立，头低闭目，耳朵耷拉，尾垂少动，反应迟钝，严重时表现为嗜睡，甚至昏迷。

2. 异常兴奋　轻者表现为易受惊吓，左顾右盼，摇头伸舌，哞叫刨地；严重时表现为狂躁不驯，前冲后退，跳跃障碍，甚至攻击人畜。

（二）营养状况和发育情况

营养良好和发育正常的牛体格健壮，躯体结构紧凑而匀称，肌肉丰满结实，被毛光亮，皮下脂肪适中。

营养不良或发育不良的牛主要表现为以下特点：

1. 营养不良　消瘦，骨骼表露明显，被毛粗乱无光泽，皮肤弹性降低，可视黏膜苍白等。营养不良影响到神经功能时，常见单侧耳、眼睑、嘴唇松弛下垂，头颈歪斜，出生犊牛瞎眼等。营养不良也可引起牛的繁殖能力降低，如母牛发情期推迟、屡配不孕，公牛精子减少等。

2. 发育不良　躯体矮小，年龄与身体发育程度不相称。发生软骨病或佝偻病时，头骨膨大，胸骨扁平，腰背凸凹，四肢弯曲，关节粗大。

（三）姿势与行为异常

健康牛一般低头站立，低头走道；牛躺卧时首先前腿弯曲、跪下，然后会小心地把一条后腿移动至身体下面并躺在其上，躺卧休息时常采取两前肢腕关节屈曲压于胸下，后躯稍偏于一侧，一后肢弯曲压于腹下，另一后肢屈曲位于侧方，头部抬起反刍，或头部向后弯曲置于身体之上休息；牛站起时，首先两前肢跪起来，然后通过膝盖将整个身体的后部支撑起，后肢先起，前肢后起。健康牛常会舔舐自身被毛，或舔舐同类身体，或被同类舔舐，在体表被毛上形成明显的舔迹。牛在发生疾病时出现异常的姿势与行为，常见以下表现：

1. 全身僵直　可见病牛头颈挺直，四肢僵硬而屈曲困难，尾根挺起，两耳直立等。发生破伤风时常出现该症状。

2. 站立异常　病牛站立时单肢抬起且蹄离地悬空或肢蹄不敢负重，两前肢后踏或两后肢前伸，甚至四肢集于腹下。上述异常站立姿势均提示肢蹄疼痛，如蹄叶炎。发生创伤性心包炎或心肌炎时，病牛的肘关节外展，选择前高后低的站立姿势。发生神经功能障碍时，病牛出现站立时躯体外斜或依墙站立或四肢叉开等症状。

3. 步态异常　正常牛行走时总是低头走道，如果牛走路"抬头挺胸"，常常是由于牛患了某种疾病，如奶牛发生酮病时可能会出现这一姿势。牛患创伤性心包炎时，不愿在下坡路行走或下坡路行走时小心缓慢并出现痛苦表现。当神经功能发生障碍时，病牛行走时步态不稳，躯体摇摆，甚至出现前冲后撞等神经症状。肌肉、关节和骨组织的疾病常引起病牛的跛行。

4. 躺卧异常 卧姿发生改变或卧下后不愿起立，则表明运动器官、神经系统有病或出现了比较严重的全身性疾病。如牛呈犬坐姿势，前肢能正常活动，而后躯拖地或两后肢向两侧叉开，多数是因脊髓受损而发生了截瘫；也可能是双侧性髋关节脱位或股骨骨折。病牛发生多发性关节疾病、脑脊髓及脑脊髓膜的重度疾病、产后瘫痪、严重的酮病等疾病时，出现躺卧、不能站立。奶牛在纤维性骨炎继发骨折与关节脱位时，往往也卧地不起。股神经麻痹时，牛出现两后肢常向后伸直，用腹部着地的姿势。

（四）体温、脉搏和呼吸的测定

1. 体温测定 牛的正常体温为 37.5～39.5℃，体温高于 39.5℃或低于37.5℃均属异常。

（1）测体温方法 通常测肛温。具体方法：首先检查体温计，当水银柱在35℃以上时，甩动体温计使水银柱降至 35℃以下，用酒精消毒体温计并涂润滑剂（液体石蜡等）；保定好动物后，检查者站在牛的左侧后方，用左手提起尾部并稍向对侧推，右手持体温计经肛门徐徐插入直肠中（插入部分一般是体温计全长的 2/3），放下尾部，将系体温计线的夹子夹于尾毛上，3～5min 后取出体温计读数。

（2）注意事项 ①体温计使用前要检查、校验，确定无明显误差时使用；②测体温前，要使动物适当休息，待动物安静后再测定；③每日定时测温（上午与下午各一次），并逐日绘成体温曲线；④确保直肠中没有太多粪便，以防将体温计插入粪便中而影响测得的温度；⑤测温时间不得少于测温要求的时间（不少于 3min）。

（3）体温评价

生理因素：一般犊牛比成年牛的体温高；妊娠牛比空怀牛的体温高；牛的高度兴奋、高度紧张、剧烈运动等状态也可使体温升高。

病理因素：①体温升高。多数感染性疾病，引起组织器官发生炎症反应，特别是急性炎症过程，体温常明显升高。此外，日射病、热射病及肿瘤病也可能引起体温的升高。②体温降低。营养不良、重度衰竭、严重贫血以及低血钙症等都可使体温下降。

2. 脉搏数的测定 牛的正常脉搏数为 40～80 次/min。

（1）测定方法 牛的脉搏数通常在尾动脉测定。检查者站在牛的正后方，左手抬起牛尾，右手拇指放于尾根部的背面，用食指与中指在距离尾根 10cm左右处尾腹侧，检查 1～2min，记录脉搏数。

（2）**注意事项** ①待被测牛安静时测定；②当脉搏微弱不易感觉时，可用心跳次数代替。

（3）脉搏次数评价

生理因素：当牛受到某些外界环境的影响或生理状态发生改变时，脉搏跳动变快，如兴奋、惊吓、过饱、运动后脉搏跳动变快；一般犊牛比成年牛的脉搏跳动快。

病理因素：发热性疾病、心血管疾病、呼吸系统疾病、贫血、缺氧、剧烈疼痛、某些中毒病等可引起脉搏跳动增加；某些脑病和中毒病导致脉搏跳动减慢，胆血症也可使脉搏跳动减慢。

3. 呼吸数的测定 牛正常的呼吸次数为 10～25 次/min。

（1）**测定方法** 检查者站在牛的侧方，观察牛腹胁部的起伏，腹胁部一起一伏为一次呼吸；在寒冷季节也可通过观察其呼出的气流数测计呼吸次数。一般测 1min 的次数或测 2min 的次数取其平均数。

（2）**注意事项** ①在牛安静时测定；②通过观察测呼吸次数有困难时，可依据肺部呼吸音次数代替。

（3）**呼吸次数评价** 生理因素：运动、兴奋、饱食、妊娠以及外界温度过高常引起呼吸次数增加，犊牛比成年牛的呼吸次数稍多。

（4）**病理因素** 支气管、肺脏和胸腔疾病，以及心血管系统疾病、贫血、发热性疾病、疼痛等均可导致呼吸次数增多；颅内压显著升高、某些中毒病与代谢病则能使呼吸次数减少。

（五）体表检查

体表检查主要包括鼻镜、被毛、皮肤、皮下组织、可视黏膜和体表淋巴结的检查。

1. 鼻镜检查 检测者站在牛头部前方，直接观察鼻镜的状态。

正常状态：健康牛的鼻镜湿润，表面附着少量水珠，触之有凉感。

病理状态：鼻镜干燥，严重时鼻镜龟裂，如发热性疾病、前胃迟缓等；鼻镜形成水泡或出现糜烂和溃疡等，如口蹄疫。

2. 被毛检查 检查时要注意被毛的清洁、光泽及脱落等情况。

正常状态：健康牛的被毛平顺、有光泽，每年春秋两季脱换新毛。

病理状态：被毛蓬松粗乱、失去光泽、易脱落或换毛季节推迟，多见于营养不良和慢性消耗性疾病。疥癣、毛癣、湿疹、毛虱等可引起局部脱毛。

3. 皮肤检查 皮肤检查主要包括皮肤的颜色、温度、湿度、弹性等。

（1）**颜色** 蓝紫色或紫红色，即皮肤发绀，在少毛或无毛的部位更明显，多见于心力衰竭、呼吸困难和某些毒物中毒等；苍白色，多见于贫血、营养不良等。

（2）温度　检查皮温多用手背触诊，可检查鼻镜温度（正常时发凉）、角根温度（正常时有温感），也可触及胸部和四肢等部位。在发热时，皮温升高；心力衰竭、瘀血时可出现皮温降低。

（3）湿度　主要通过观察和触诊。皮肤湿度主要与汗腺分泌有关，在鼻镜、耳根、肘后、鼠蹊部较湿润；发热后期、高度呼吸困难、有机磷中毒、剧烈疼痛、破伤风等病牛出现明显出汗，皮肤变湿润。脱水可导致病牛皮肤变干燥。

（4）弹性　检查牛的皮肤弹性多在最后肋骨部位，在该处捏起皮肤形成皱褶后放开，观察其恢复状态的情况。健康牛的皮肤弹性好，捏起放开后皱褶很快消失。病牛的皮肤弹性降低，皱褶消失缓慢。

（5）水疱、糜烂、溃疡、丘疹及脓疱等病变　病变多发生在无毛或少毛的部位，如鼻镜、蹄冠、蹄叉、乳头等处。

4. 皮下组织检查　主要通过视诊和触诊检查皮下组织。皮下组织有肿胀时，要注意肿胀的部位、形态、大小、质度、温度、移动性和敏感性等。肿胀通常表现为下几种：

（1）皮下浮肿　表面扁平，与周围组织界限较明显，压之呈面团状，触诊无热感，无明显痛感。多见于下颌间隙、颈下、胸下等部位。常见于肝片吸虫病、创伤性心包炎和心肌炎等疾病。

（2）皮下气肿　肿胀部位界限不明显，触诊有捻发音，压之有向周围组织窜动的感觉，无热感，无疼痛反应，多见于气肿疽病。

（3）脓肿、淋巴外渗　局部肿胀突起，触之有波动感，多因局部损伤或感染引起，必要时可通过穿刺鉴别。

（4）疝　腹部的内脏从自然孔道或病理性破裂孔脱至皮下或其他解剖腔的一种常见病。注意与血肿、脓肿、淋巴外渗、蜂窝织炎、阴囊积水及肿瘤等做鉴别诊断。

（六）眼结合膜的检查

主要观察巩膜和角膜的颜色、出血等病理变化。

1. 检查方法　检查者一手抓住一侧牛角，另一手握住牛的鼻孔并用力扭转牛头部即可暴露巩膜，或两手握住两牛角向一侧扭动头部，使巩膜暴露。检查眼结膜时，可用大拇指将下眼睑拨开观察。

2. 正常状态　健康牛的眼结合膜为淡粉红色。

3. 病理状态

（1）潮红　多为炎性充血，一侧潮红一般是眼结合膜局部炎症，两侧均潮红多为全身疾病引起，如急性传染病等。

（2）苍白　是贫血的表现，如大出血、附红细胞体感染、血红蛋白尿病、严重营养不良等均可导致红细胞减少，牛体发生贫血。

（3）黄染　由胆色素代谢障碍引起，肝脏疾病、胆道阻塞、红细胞溶解等出现眼结膜的黄染。

（4）发绀　多见于全身性瘀血、肺脏疾病和亚硝酸盐中毒等，眼结膜呈蓝紫色，即发绀。

（5）出血　在眼结膜出现出血点或出血斑，见于一些出血性传染病、中毒病等疾病。

4. 注意事项　在光线充足的环境下检查；两侧结膜均做检查，以判断是局部变化还是全身疾病引起；不要对眼结膜强烈刺激，以免造成人为变化。

（七）体表淋巴结的检查

体表淋巴结主要包括颌下淋巴结、耳下淋巴结、颈上淋巴结、髂上淋巴结、髂外淋巴结、腘淋巴结、膝前淋巴结、肩前淋巴结、乳房上淋巴结等，常检查的淋巴结主要有：颌下淋巴结、肩前淋巴结、膝前淋巴结、乳房上淋巴结。

1. 检查方法　主要通过触诊检查。检查时注意淋巴结的大小、形状、质度、敏感性及在皮下的移动性等。

2. 病理状态

（1）急性肿胀　触摸时淋巴结肿大、皮肤较硬或有时有波动感、有疼痛反应，主要由急性淋巴结炎引起，局部急性淋巴结炎有局部炎症所致，全身性急性淋巴结炎多由全身性感染性疾病引起，如败血症过程。

（2）慢性肿胀　一定程度肿大、皮肤较坚硬、表面不平、与周围组织粘连不易活动、无明显痛感，常见于慢性感染性疾病，如副结核病、结核病、布鲁氏菌病等，也见于淋巴细胞白血病等。

四、系统检查

系统检查主要包括心血管系统、呼吸系统、消化系统、泌尿生殖系统、神经系统的检查。

（一）心血管系统的检查

1. 心脏检查　包括心脏的触诊、叩诊和听诊。

（1）触诊

检查方法：检查者一只手放于肩胛部做支撑，另一只手紧贴左侧肘后心区感知胸壁的振动，主要判断心跳的频率和强度。

病理状态：①心搏动减弱，见于心力衰竭或心室收缩无力；②心搏动增强，见于心机能亢进，每次心跳时伴有动物的体壁出现振动称为心悸。

（2）叩诊

检查方法：被检查牛采取站立姿势，使其左前肢向前伸出半步，充分暴露心区，沿肩胛骨后角向下的垂线叩诊，直至心区即由清音区变为浊音区并标记变化点后，再沿与前一垂线约呈 45°的斜线由心区向后方叩诊，标记由浊音变为清音的点，连接两变化点的弧线即为心脏浊音区后界。一般在左侧第三、第四肋间呈相对浊音区，其范围较小。

病理状态：①浊音区缩小，主要提示肺气肿；②浊音区扩大，多见于心肌肥大、心室扩张、渗出性或增生性心包炎、心包积水等；③叩诊躲闪或回视，表明心区疼痛，常见于创伤性心包炎或心肌炎。

（3）听诊

检查方法：被检查牛采取站立姿势，使其左前肢向前伸出半步，充分暴露心区，检查者一只手放于肩胛部做支撑，另一只手将听头放于左侧部位心区。若辨别瓣膜口音的变化，可按以下部位的最佳听诊点听诊（表 1-2）：

表 1-2　各瓣膜口音最佳听取点位置

二尖瓣口音 （第一心音）	三尖瓣口音 （第一心音）	主动脉口音 （第二心音）	肺动脉口音 （第二心音）
左侧第四肋间，主动脉听取点的下方	右侧第四肋间，胸廓下 1/3 的中央水平线	左侧第四肋间，肩关节下 2~3cm 处	左侧第三肋间，肘头的稍上方

病理状态：①心率变化：心率高于正常心率时（40~80 次/min）为心率过速，缺氧、贫血、发热、脱水等疾病均出现心率过速。心率低于正常心率时为心率徐缓，可见于某些脑病和中毒病。②心音强度变化：第一、第二心音增强，见于发热、疼痛、兴奋、心机能亢进和心肌肥大等。第一、第二心音减弱，见于心机能障碍后期、心肌炎、渗出性心包炎等。第一心音增强，见于大出血、严重脱水、心力衰竭等引起动脉血压显著下降的各种病理过程。第二心音增强，见于肺气肿、肾炎等疾病使肺动脉血压和主动脉血压显著升高。③心音分裂：第一心音分裂，见于心肌损伤及其传导机能障碍。第二心音分裂，见于主动脉瓣和肺动脉瓣的不同时期关闭所致。④心杂音：伴随心脏的收缩和舒张活动产生的心音以外的附加音即为心杂音，主要有心包杂音和心内性杂音。心包杂音一般有心包积液或浆液性心包炎引起的拍水音，以及心包内纤维素渗出或增生变化产生的摩擦音。心内性杂音是由心功能障碍引起的杂音，一般较短暂，可随心功能的改善恢复，器质性心杂音不易恢复，多由心瓣膜炎引起。⑤心律不齐：表现为心脏跳动的快慢不均匀，或心音间隔的长短不规律，或心跳的强弱不一，心脏的异常兴奋、心肌损伤及传导功能障碍均可导致心律不齐。

2. 血管检查

（1）动脉脉搏检查

检查方法：多检查颌外动脉和尾动脉。颌外动脉检查：检查者位于动物的左侧，左手抓住笼头，右手的食指和中指放于下颌支内侧的血管切迹处，拇指放于下颌支外侧，食指和中指可感觉到颌外动脉的搏动；尾动脉检查：检查者位于动物臀部的后方，左手抓住牛的尾梢部，右手的食指和中指放于尾部腹侧正中的尾动脉部处，拇指放于尾部的背侧，食指和中指可感觉到尾动脉的搏动。

健康牛的动脉脉搏频率在正常范围内，其强度适中，间隔均匀。

病理状态：脉搏较弱、较细、较软，甚至极度微弱触摸不到，表明心功能障碍或心功能衰竭；脉搏明显变硬，常伴有剧烈的疼痛过程；脉搏节律不齐常是心律不齐的反应。

（2）静脉检查　静脉检查主要是检查牛的体表静脉。

检查方法：主要观察牛体表在静脉的充盈状态和颈静脉波。

正常状态：营养良好的牛体表静脉不明显，较瘦或被毛较少时体表静脉较明显。颈静脉波不超过颈部的下三分之一。

病理状态：体表静脉过度充盈扩张是体循环瘀血的表现，可见于心包疾病、心脏疾病和胸腔疾病等；颈静脉波高度超过颈下部的三分之一，常是三尖瓣闭锁不全、心力衰竭等疾病的表现。

（二）呼吸系统的检查

1. 呼吸运动的观察　主要观察呼吸次数、呼吸类型和呼吸节律，以判断有无呼吸困难。

（1）呼吸次数　见一般检查。

（2）呼吸类型和呼吸节律　根据呼吸过程中胸壁和腹壁的起伏判断呼吸类型，观察每次呼吸的深度及间隔的时间以判断呼吸节律。

正常状态：健康牛通常呈胸腹式呼吸，且每次呼吸的深度均匀、间隔时间均等。

病理状态：呼吸类型的变化：腹式呼吸，见于肺气肿及胸壁疼痛等疾病；胸式呼吸，可见于瘤胃扩张、瘤胃臌气、创伤性网胃膈肌炎等疾病。呼吸节律的改变：吸气或呼气分若干短促动作（毕氏呼吸），主要见于胸部疼痛、呼吸中枢兴奋性降低、慢性肺泡性肺气肿等；呼吸明显加深或延长，同时呼吸次数减少（库氏呼吸），主要见于脑水肿、脑膜脑炎及昏迷状态；由微弱的呼吸开始并逐渐加强，当达到一定强度时又逐渐减弱，最后经短暂停息再重复上述呼吸过程，可见于呼吸中枢缺氧、脑病、重度肾脏疾病和某些毒物中毒等疾病过程。

（3）呼吸困难的判断

检查方法：检查者站于牛的侧方，观察牛的姿势和呼吸活动。

病理状态：①吸气性困难：病牛头颈平伸、鼻翼张开、胸廓极度扩展、肋间凹陷，吸气时间延长且有狭窄音，吸气次数减少，严重时张口吸气。吸气困难是上呼吸道狭窄的表现。②呼气性困难：呼气时间延长，沿肋骨弓呈凹陷，多呈两段呼出，严重时出现全身震颤、脊背弓起、肷部突出及肛门突缩活动。多见于慢性肺气肿、弥漫性支气管炎等疾病。③混合性呼吸困难：表现为呼气和吸气均出现困难，可见于支气管、肺脏、胸膜的疾病以及心功能障碍和贫血等疾病过程。

2. 呼出气体、鼻液和咳嗽的检查

（1）呼出气体的检查　通过嗅诊以判断呼出气体的气味。呼出难闻的腐败臭味，表明呼吸道、肺脏或副鼻窦存在化脓性炎症或腐败性炎症；呼出的气体有酮臭味，病牛通常具有酮血症。

（2）鼻液的检查　通过观察判断鼻液的量、性状等。单侧鼻液多提示鼻腔、副鼻窦的单侧性病变，双侧鼻液多来源于气管、支气管和肺脏。

根据鼻液的性状可将鼻液分为：浆液性鼻液、黏液性鼻液、脓性鼻液、出血性鼻液等。有时来源于气管、支气管或肺脏的鼻液中带有小气泡，如鼻液中混有饲料残渣提示伴有吞咽障碍或呕吐。

（3）咳嗽　呼吸道及胸膜受刺激可引起咳嗽。咳嗽声音低而长并伴有湿啰音，称为湿咳，见于炎性产物较稀薄时；咳嗽声音高而短为干咳，见于炎性产物较黏稠时。咳嗽常发生在早上、饲喂后或运动后，是呼吸器官慢性疾病的表现，如结核病等；频繁、剧烈的连续性咳嗽常由喉炎、支气管炎引起。

3. 上呼吸道的检查　包括鼻腔、副鼻窦、喉、气管的检查。

（1）鼻面部的检查　观察鼻面部及副鼻窦的外形，触诊和叩诊副鼻窦有无敏感反应及叩诊音的变化。如患牛放线菌病时牛鼻面部的肿胀、隆起变形。

（2）鼻腔的检查　主要观察鼻腔黏膜的颜色，以及有无肿胀、溃疡、糜烂或疤痕等。

（3）喉和气管的检查　检查者站在牛的侧方，分别用两手自喉部两侧触诊，感知局部的温度、硬度和敏感度，同时触诊气管有无变形、弯曲和周围组织肿胀。

4. 胸廓及胸壁的检查　观察胸廓的外形，触诊胸壁。

病理状态：①胸廓异常，如狭胸，见于发育不良或软骨症；桶状胸，表现为胸廓的横径增宽，主要见于慢性肺气肿；胸廓左右不对称，见于单侧气胸；

②胸壁触诊敏感，触诊时病牛回视、躲闪或反抗等，表明胸壁有疼痛反应，如胸膜炎、胸壁肌肉损伤等。

5. 肺部检查 主要包括肺部的听诊和叩诊。

（1）听诊

听诊方法：一般用听诊器间接听诊，听诊要在动物处于安静状态时进行。对两侧肺部听诊，每一听诊点距离为 2～3cm，每一听诊点连续听 3～4 次呼吸周期。

正常状态：肺泡呼吸音较清楚，肺区的中部最明显。

病理状态：①肺泡呼吸音增强，多为呼吸加强的结果；肺泡呼吸音减弱或消失，见于肺组织中有渗出、增生、萎陷等病变，也见于胸壁增厚、胸腔积液、气胸等病理过程。②支气管呼吸音，在肺区听到支气管呼吸音常见于肺组织发生实质性病变，如间质性肺炎、肿瘤、肺肉变等。③啰音：干啰音尖锐，似蜂鸣、飞箭等音，表明气管狭窄，如气管黏膜增生、炎性产物渗出等均可导致气管狭窄；湿啰音又呈水泡音，主要见于支气管或肺组织中液体渗出，如肺水肿、浆液性肺炎等。④摩擦音：出现在吸气末期和呼气初期，主要见于纤维素性胸膜炎。

（2）叩诊

叩诊区：前界为肩胛骨后角向下引垂线，其下终于肘头上方；髋结节水平线与第 11 肋骨交点和肩关节与第 8 肋骨交点的连线，其下端终于第 4 肋骨。

病理状态：①叩诊区敏感，提示有疼痛，如胸膜炎；②清音区扩大，主要见于肺气肿；③出现浊音，提示有肺炎或胸膜炎。

（三）消化系统检查

1. 采食、饮水及反刍和嗳气的检查

（1）采食、饮水的检查 在牛采食和饮水时，观察其活动与表现，必要时做试验性的饲喂或饮水。在观察过程中，要注意其采食和饮水的量、咀嚼状态、吞咽活动等行为。

病理状态：①食饮改变：食饮量减少，各种严重的疾病均可引起病牛的食饮减少。异嗜，表现为啃食泥土、煤渣、墙砖等异物，异嗜多由某些矿物质、微量元素、维生素或氨基酸等的缺乏引起。②咀嚼障碍：咀嚼小心、缓慢而无力，有时将口中咀嚼的饲草料吐出。主要见于口腔炎症、牙齿疾病、软骨症等。狂犬病、神经中枢疾病、胃肠道阻塞及剧烈疼痛等可引起患牛空嚼和磨牙现象。③吞咽障碍：吞咽时伸颈、摇头，食物或饮水不能咽下，有时食物和饮水经鼻反流。主要见于食道阻塞、咽炎等疾病。

（2）反刍和嗳气的检查 注意观察反刍出现的时间、每次反刍持续的时间、每次食团再咀嚼情况及嗳气的情况等。

正常状态：健康牛一般在采食后 0.5～1h 开始反刍，每次反刍时间持续 20～60min，每昼夜反刍 4～8 次，每次食团再咀嚼 40～60 次。嗳气活动一般为 15～30 次/h。

病理状态：①反刍障碍。表现为反刍次数减少、每次反刍时间持续时间缩短、再咀嚼次数减少，严重时反刍停止。反刍障碍多由前胃机能障碍引起，可见于多种疾病。②嗳气减少。常与反刍障碍同时发生，也是前胃机能障碍的一种表现，常继发瘤胃臌气。

2. 口腔、咽和食道的检查

(1) 口腔检查　徒手开口法：检查者位于牛头侧方，一手握住牛鼻并紧捏鼻中隔，将牛鼻向上提起，另一只手从口角处伸入抓住舌体向侧后方拉出，口腔即可打开，注意观察口腔黏膜、舌、牙齿的变化。口腔检查也可用开口器开口后检查。

病理状态：①流涎，即从口腔中流出大量液体，常见于口蹄疫、某些中毒病及吞咽障碍等；②口腔黏膜充血肿胀，多见于口腔炎；③口腔黏膜出现水泡、糜烂或溃疡等，可见于口蹄疫、黏膜病（病毒性腹泻）等疾病；④牙齿不整，常见于骨软病或氟中毒。

(2) 咽的检查　可通过视诊和触诊检查。视诊要注意头颈的姿势和咽周围是否有肿胀等变化；触诊时，检查者站在牛的侧方，分别用两手自咽部两侧加压并向周围滑动，感知局部的温度、硬度和敏感度等。

病理状态：咽喉部及周围出现肿胀、热感并呈疼痛反应，提示有咽炎或咽喉炎；如咽部周围硬性肿物，要进一步检查结核病、放线菌病及腮腺炎等。

(3) 食道的检查　可进行视诊、触诊，必要时可探诊。视诊时，要注意采食或饮水时食物和饮水通过食道的情况；触诊时，检查者用两手分别沿颈部食道沟两侧从前向后滑动感知食道有无硬物、肿胀及敏感性等变化。

病理状态：食道阻塞时，触诊时可感知到颈部食道局部肿大、有硬物，并常伴有疼痛感；食道痉挛时可感知食道呈较硬索状物，并呈敏感反应。

3. 腹部及胃肠检查

(1) 腹部检查　可视诊腹围的大小、形状；触诊腹壁的敏感性和紧张度。

病理状态：①腹围膨大，提示瘤胃臌气、瘤胃积食、腹腔积液等；②腹壁敏感，主要见于腹膜炎；③腹壁皮下浮肿，主要见于心功能障碍、肝脏疾病、肝片吸虫病等疾病。

(2) 瘤胃检查　主要通过叩诊、触诊和听诊检查。叩诊检查瘤胃内容物的性状，触诊检查瘤胃的蠕动次数及感知内容物的形状，听诊可判断瘤胃蠕动音的强度、次数、性质和持续的时间等。

正常状态：瘤胃上部叩诊呈鼓音；触诊时其内容物似面团样硬度，压迫时出现压痕，置于腹壁的手可随瘤胃的蠕动抬起；听诊时，随瘤胃的蠕动听到沙沙声、吹风样声或远雷样声，健康牛瘤胃每2min蠕动2～3次。

病理状态：①左肷部膨胀、紧张有弹性，叩诊鼓音明显，主要见于瘤胃膨胀；②触诊内容物硬实多见于瘤胃积食，内容物稀软常由前胃弛缓所致；③瘤胃蠕动增快、增强，可见于瘤胃膨胀早期；瘤胃蠕动变慢、减弱甚至停止，可见于瘤胃积食、前胃迟缓以及其他瘤胃功能障碍。

（3）网胃检查　主要通过叩诊、触诊检查。通过在左侧心区后方的网胃区叩诊，以观察动物的反应。触诊时，在左侧用拳顶压网胃区，同时观察动物的敏感性。

病理状态：网胃区叩诊和触诊敏感时，主要提示创伤性网胃炎、膈肌炎和心包炎。

（4）瓣胃检查　瓣胃位于第7～9肋间肩关节水平线上、下3cm的区域，在此区域内进行听诊和叩诊。

正常状态：瓣胃蠕动音在正常时为断续性细小的捻发音，采食后较明显。

病理状态：主要表现为瓣胃蠕动音消失和对叩诊敏感，多见于瓣胃炎和瓣胃阻塞。

（5）真胃与肠的检查　在右侧第9～10肋间、肋骨弓下检查真胃，于右腹侧听诊肠蠕动音。

正常状态：真胃音呈流水声或含漱音；肠音类似真胃音，但较弱。

病理状态：视诊发现右侧肋骨弓下向侧方隆起，可提示真胃阻塞或真胃扩张，触诊真胃敏感可能发生真胃炎；真胃与肠音亢进，多见于胃肠炎。

4. 排粪动作及粪便的观感检查

（1）排粪动作　观察牛的排粪动作和姿势有无异常。

异常表现：①腹泻（下痢），排粪频繁且粪便稀薄。常见于胃肠炎；②便秘，排粪次数减少，且排粪困难，粪便干硬，见于胃肠阻塞；③排粪失禁，没有排粪动作，粪便从肛门自行流出，多见于急性胃肠炎；④排粪疼痛，表现为疼痛不安或伴有呻吟，多见于腹膜炎；⑤里急后重，反复、频繁作排粪动作，并用力努责，但排粪量少或只有少量黏液排出，可见于直肠炎、阴道炎、子宫炎等。

（2）粪便的感官检查　主要检查粪便的数量、味道、形状、色彩及混有物。

正常状态：每昼夜大约排粪12～18次，成年牛每天排粪15～20kg；粪便较软呈叠层盘状，奶牛的粪便较稀软。

病理状态：①粪便有腐败酸臭味，可见于消化不良或肠炎；②粪便干硬、颜色变深，主要见于便秘、瓣胃阻塞；③粪便呈黑色或带有血液，粪便呈黑色常由胃或前部肠道出血引起，粪便中带血表明后部肠道出血；④粪便见混有物，粪便中有未消化的饲草料多见于消化不良，混有黏液或伪膜表明存在肠炎。

5. 肝脏的检查　在右侧肋骨弓下深部触诊和叩诊肝脏。

病理状态：①肝区触诊敏感，且在肋骨弓下可感知肝脏的边缘，提示肝肿大并伴有肝脏疼痛；②肝脏叩诊区扩大，表明肝脏肿大。

6. 直肠检查　将手伸入直肠内，隔着肠壁对骨盆腔器官（子宫、卵巢等）和腹腔后部器官（胃、肠、肾脏等）的触诊。直肠检查对腹腔和骨盆腔某些疾病的诊断与妊娠诊断具有重要意义。

（四）泌尿、生殖器官的检查

1. 排尿动作的检查　观察排尿的行为与姿势。

病理状态：①多尿与尿频，多尿可见于使用利尿剂、慢性肾病或渗出性浆液性炎（浆液性胸膜炎、浆液性腹膜炎等）等吸收期，尿频主要见于膀胱炎和尿道炎；②少尿与无尿，可见于发热早期、急性肾炎、尿道结石等疾病过程；③尿失禁与尿淋漓，主要见于膀胱括约肌麻痹或中枢神经系统疾病；④排尿疼痛，表现为排尿时疼痛、不安，排尿谨慎、频繁，可见于膀胱炎、尿道炎、尿道结石等疾病过程。

2. 尿液的感观检查　主要检查尿液的色泽、气味、透明度等。

病理状态：①尿出现酮类气味，见于酮血症；②色泽变深呈深黄色，可见于热性病或尿量减少，也见于肝病或胆管阻塞；③血红蛋白尿或血尿，血红蛋白尿透明无沉淀，见于血红蛋白尿症或血液原虫感染等，血尿见于肾脏、膀胱、尿路等部位出血。

3. 肾脏、膀胱的检查

（1）肾脏检查　在肾区通过触诊和叩诊检查。

病理状态：肾区叩诊和触诊敏感、疼痛不安，可能提示肾炎等肾脏疾病。

（2）膀胱的检查　触诊膀胱以判定其充盈度、敏感性等。

病理状态：触诊膀胱呈波动感，表明膀胱积尿；压迫时，从尿道流出尿液，可能出现膀胱麻痹；触诊膀胱有敏感反应，多见于膀胱炎。

4. 外生殖器官与乳房的检查

（1）外生殖器官的检查　对公牛要注意观察阴囊、阴筒和阴茎有无变化；母牛要检查外阴部有无分泌物及病变、阴道黏膜的颜色及有无糜烂、溃疡、疱疹等病变。

病理状态：①阴囊、阴筒肿胀，压迫时出现压痕，表明皮下浮肿；②阴囊肿胀，并有睾丸肿大、硬结、热痛反应表明发生睾丸炎；③阴道分流出脓性或腐败性分泌物可提示触诊阴道炎或子宫炎。

（2）乳房的检查　观察乳房和乳头的大小、形状、有无疱疹、溃疡、结节等病变；触诊乳房，判断其温度、质地和敏感性等，必要时挤出少量乳汁进行检查。

病理状态：①乳房肿大、硬实、有热痛反应，乳汁异常，表明发生急性乳房炎；②乳房变小、变硬，无热痛反应，产乳减少或无乳，多为慢性乳房炎或乳房硬化；③乳头出现水泡、糜烂或溃疡，应注意口蹄疫等疾病。

（五）神经系统检查

1. 中枢神经检查

（1）精神状态的检查　观察动物精神状态和行为。

病理状态：①兴奋狂躁，表现为惊恐不安、前冲后撞、狂奔乱走、挣扎哞叫，甚至攻击人畜。主要见于狂犬病、脑膜脑炎、脑包虫病、某些中毒病等；②抑制昏迷，动物表现为沉郁、嗜睡或昏迷。可见于脑膜、脑组织严重充血、脑膜脑炎、某些中毒病等。

（2）头和脊柱的检查　视诊、触诊头部和脊柱。

病理状态：①头部触诊敏感，可见于头部损伤、脑肿瘤、多头蚴病（脑包虫病）等；②脊柱触诊敏感，应注意脊柱挫伤、骨折等。

2. 感觉检查　主要检查视觉、听觉和皮肤感觉等。

（1）视觉检查　观察眼睑、眼球、角膜、瞳孔的状态，通过用手指在动物眼前晃动观察闭眼反应以检查视力。

病理状态：①眼睑病变，可表现为眼睑擦伤、眼睑肿胀等，如恶性卡他热可出现眼睑肿胀；②眼球震颤，多为脑炎的症状；③角膜浑浊或视觉消失，可见于恶性卡他热、泰勒梨形虫病、维生素 A 缺乏症及其他眼病。

（2）听觉检查　通过吆喝或其他声音刺激检查动物对声音的反应。

病理状态：①对声音反应敏感，表现为对轻微声音的强烈反应，如出现惊恐不安、肌肉痉挛等，可见于破伤风、酮血症、狂犬病等疾病；②对声音反应减弱，表现为对较强的声音刺激无明显反应，多见于脑的疾病。

（3）皮肤痛觉检查　可用针头由臀部开始向前沿脊柱两侧直到颈侧刺激，观察动物反应。

病理状态：①痛觉减弱，表现为对刺激无明显反应，可见于脑干、脊髓或外周神经的损伤；②痛觉增强，对刺激反应敏感，多见于局部炎症、脊髓膜炎等。

3. 运动机能的检查 观察运动的姿势和行为。

病理状态：①盲目运动、共济失调，主要见于脑炎、脑膜炎、多头蚴病、某些中毒病等；②痉挛，可表现为阵发性痉挛或强直性痉挛，可见于脑炎、脑膜炎、狂犬病、某些中毒病及某些代谢病等；③麻痹和瘫痪，可分为中枢神经麻痹和外周神经麻痹。中枢神经麻痹常呈双侧性或躯体一侧性瘫痪，如脊髓损伤两后肢对称性瘫痪；外周神经麻痹为单侧性，如面神经麻痹、绕神经麻痹、坐骨神经麻痹等。

第二节　病理诊断

病理诊断是疾病诊断的重要组成部分，应用病理学的知识和技术通过对病死牛或扑杀病牛进行病理学检查，并结合临床检查、病原学检查等做出疾病的诊断。本节主要介绍牛的病理尸体剖检。

一、尸体剖检应注意的问题

对牛尸体剖检前，应先了解病牛所在地区的疾病流行特点、生前病史、临床症状等情况。仔细检查尸体体表特征（如姿势、卧位、尸冷、尸僵和腹部臌气情况）以及天然孔、被毛、皮肤等有无异常。这些资料是剖检人员应予特别注意的检查对象。如果发现可疑炭疽时，应先采取尸体末梢血液做涂片检查，确诊为炭疽时，应禁止剖检。同时应将尸体和被污染的场地、器具等进行严格消毒和处理。在剖检过程中，首先要注意对尸体整体概貌的检查，对各器官、系统的检查，既要有重点，又要照顾全身各部的变化。对于病理变化要客观地记录和判定。在进行牛的尸体剖检时，要具体注意以下问题：

（一）尸体剖检的时间

牛死后要尽早剖检。尸体放久后，容易发生死后变化，影响对原有病变的观察和诊断。一般死后超过24h的尸体就失去了剖检的意义。此外，剖检最好在白天进行，因为在灯光下，一些病变的颜色不易辨认。

（二）尸体剖检的地点

尸体剖检一般应在病理剖检室内进行，以便消毒和防止病原的扩散。如果条件不许可必须在室外剖检时，应选择地势较高、环境较干燥、远离水源、道路、房舍和养殖区的地点进行。剖检后将内脏、尸体深埋或焚烧，对被污染的环境彻底消毒。

（三）尸体剖检的器械和药品

剖检最常用的器械有：剥皮刀、脏器刀、脑刀、外科剪、肠剪、骨剪、外科刀、镊子、骨锯、双刀锯、斧骨凿、阔唇虎头钳、探针、量尺、量杯、注射器和针头、天平、磨刀棒等。最常用的固定液是10％的福尔马林。此外，还应准备常用的消毒药品、滑石粉、肥皂、棉花和棉布等。

（四）剖检人员的防护

剖检人员，特别是剖检传染病尸体时，应穿着防护服、外罩胶皮或塑料围裙，戴胶手套、线手套、工作帽、穿胶鞋。必要时还要戴上口罩和眼镜。在剖检中不慎切破皮肤时，应立即消毒和包扎。剖检后，对剖检器械、衣物等都要消毒和洗净擦干或晾干。

（五）尸体消毒和处理

剖检前应在尸体体表喷洒消毒液。

（六）尸体变化

牛死亡后，受体内存在的酶和细菌的作用，以及外界环境的影响，逐渐发生一系列的死后变化。尸体变化主要包括尸冷、尸僵、尸斑、血液凝固、尸体自溶和腐败。正确地辨认尸体变化，可以避免把某些死后变化误认为生前的病理变化，所以尸体变化是值得注意的。

1. 尸冷 尸冷指动物死亡后尸体温度逐渐降低的现象。尸体温度下降的速度，在死后最初几小时较快，以后逐渐变慢。在室温条件下，通常每小时下降1℃。尸冷受季节的影响，冬季寒冷将加速尸冷过程，而夏天炎热则将延缓尸冷过程。尸温检查有助于确定死亡的时间。

2. 尸僵 牛死亡后，最初由于神经系统麻痹，肌肉失去紧张而松弛柔软。但经过很短的时间后，肢体的肌肉即收缩变僵硬，四肢各关节不能伸屈，使尸体固定于一定的形状，这种现象称为尸僵。尸僵开始的时间，随外界条件及机体状态的不同而异，一般在死后1～6h开始发生，首先从头部肌肉开始，以后在颈部、前肢、后躯和后肢的肌肉逐渐发生。此时各关节肌肉僵硬而被固定，经10～24h发展完全。在死后24～48h尸僵开始消失，肌肉变软。尸僵也可发生在心肌和平滑肌。心肌发生尸僵时收缩变硬，将心脏内的血液排出，这在左心室表现得最明显，右心室则往往残留少量血液。平滑肌发生尸僵时，可使组织器官收缩变硬。

3. 尸斑 牛死亡后，由于重力作用，血液流向尸体的下部，使该部血管充盈血液，这种现象称为尸斑坠积（沉降性瘀血）。尸斑坠积一般在死后1～1.5h即可出现，发生尸斑坠积的组织呈暗红色，初期按压该部可使红色消退，随着时间的延长，红细胞崩解，血红蛋白溶解在血浆内并向周围组织浸润，结果使心内膜、血管内膜及其周围组织染成红色，这种现象称为尸斑浸润，一般在死后24h左右开始出现。尸斑浸润的变化在改变尸体位置时不会消失，对于死亡时间和死后尸体位置的判定有一定的意义。动物的尸斑，于倒卧侧皮肤可以看到，此时皮肤呈暗红色，血管扩张。内脏器官，尤其是成对的器官，如肾、肺等其卧侧表现尤为明显。

4. 血液凝固 牛死后不久，在心脏和大血管内的血液即凝固成血凝块。在死后血液凝固快时，血凝块呈一致暗红色。在血液凝固出现缓慢时，血凝块分成明显的两层，上层主要是含血浆成分的淡黄色鸡脂样凝血块，下层主要为含红细胞的暗红色血凝块，这是由于血液凝固前红细胞沉降所致。血凝块表面光滑、湿润、有光泽、富有弹性，易与血管内膜分离。动物生前如有血栓形成，则应注意与死后血凝块区别。

5. 尸体自溶 尸体自溶是指体内组织受到酶（细胞本身的溶酶体、胃蛋白酶、胰蛋白酶等）的作用而引起的自体消化过程。尸体自溶表现最明显的是胃和胰腺，胃黏膜自溶变化表现为黏膜肿胀、变软、透明，极易剥离或自行脱落和露出黏膜下层，严重时自溶可波及肌层和浆膜层，甚至出现死后穿孔。

6. 尸体腐败 是指尸体组织蛋白由于细菌作用而发生腐败分解的现象。参与腐败过程的细菌主要是厌气菌，它们主要来自体内，特别是消化道。在腐败过程中，体内复杂的化合物分解为简单的化合物，并产生大量气体，如氨、二氧化碳、甲烷、氮、硫化氢等。因此，腐败的尸体内含有大量的气体。尸体腐败可表现为胃肠道臌气，严重臌气时可使腹壁或横膈破裂，有时在胃肠也可破裂，这时要注意与生前破裂的区别。尸体腐败的肝、肾、脾等内脏器官表现为体积增大，质度变软，污灰色，被膜下出现小气泡等变化。由于组织分解产生的硫化氢与红细胞分解产生的血红蛋白和铁结合，形成硫化血红蛋白和硫化铁，致使腐败组织呈污绿色，这种变化称为尸绿，尸绿在胃肠道及邻近的组织器官表现的最明显。另外，在尸体腐败的过程中，也产生了大量带恶臭的气体，如硫化氢、己硫醇、甲硫醇、氨等，致使腐败的尸体具有特殊的恶臭气味，即尸臭。

二、尸体剖检记录和尸体剖检报告

(一) 尸体剖检记录

记录尸体剖检所见的病理变化，是进行综合分析研究时的原始资料。记录的内容要力求完整详细、真实客观，且要做到重点详写，次点简写。记录应在剖检的当时进行，不可凭记忆事后补记，以免遗漏或错误。记录的顺序应与剖检顺序一致。

记录时对病变要用通俗易懂的语言加以表达描述，切记不可用病理学术语或名词来代替病变的描述。如果病变用文字难以描述，可绘图补充说明。现就根据描述的范围加以简要叙述。

（1）位置 指各脏器的位置异常表现，脏器彼此之间或脏器与体腔壁间是否有粘连等。如肠扭转时可用扭转180°、360°等表示扭转程度。

（2）大小、重量和体积 指各脏器病变在大小、重量、体积等方面的变化和表现。力求用数字表示，一般用 cm、g、mL 为单位。如因条件所限，也可用实物比喻，如针尖大小、米粒大小、黄豆大小、鸡蛋大小等，切不可用"肿大"、"缩小"、"增多"、"减少"等主观判断的术语。

（3）形状 一般用实物比拟，如圆形、椭圆形、菜花状、乳头状、结节状、点状、条状等。

（4）表面 指脏器表面及浆膜的异常表现，可采用如絮状、绒毛样、凹陷或突起、虎斑状、光滑或粗糙等描述。

（5）颜色 单一的颜色可用鲜红、淡红、苍白等词表示，复杂的色彩可用紫红、灰白、黄绿等词来形容。对器官的色泽光彩也可用发光或晦暗来描述。

（6）湿度 一般用湿润、干燥等描述。

（7）透明度 一般用澄清、浑浊、透明、半透明等描述。

（8）切面 常用平滑、突起、结构不清、血样物流出、呈海绵状等描述。

（9）质度和结构 常用坚硬、柔软、脆弱、胶样、粥样、肉样、颗粒样等描述。

（10）气味 常用恶臭、酸败味等描述。

（11）管状结构 常用扩张、狭窄、闭塞、弯曲等描述。

对于肉眼观察无变化的器官，通常可用"无肉眼可见变化"或"未发现异常"等词来概括。

（二）尸体剖检报告

尸体剖检报告的主要内容应包括以下部分。

（1）概述 记载畜主，动物的性别、年龄、特征、临床摘要及临床诊断、死亡日期和时间，剖检日期和时间，病例号、剖检人、记录人等。临床摘要及临床诊断要扼要记载流行情况、临床症状，发病经过及诊断和治疗情况等。

（2）病理变化 以尸体剖检记录为依据，按尸体所呈现病理变化的主次顺序进行详细、客观的记载，此项可包括肉眼检查和组织学检查，剖检时所作的微生物学、寄生虫学等检查材料也要记载。

（3）病理学诊断 根据剖检所见病变，进行综合分析，找出各病变之间的内在联系，病变与临床症状之间的关系，作出判断。阐明动物发病和致死的原因。

三、病理组织学材料的采取

为了查明病因，做出正确的诊断，需要在剖检同时采取病理组织学材料，并及时固定，送至病理切片室制作切片，进行病理组织学检查。而病理组织切片能否完整地如实显示原有的病理变化，在很大程度上取决于材料的采取、固定和送寄。因此要注意以下几点：

1. 避免人为损伤组织 切取组织块所用的刀剪要锋利，切剪时必须迅速而准确，勿使组织块受挤压或损伤，以保持组织完整，避免人为的变化。因此，对柔软菲薄或易变形的组织如胃、肠、胆囊、肺和水肿组织等的切取，更应注意。非等渗水的接触可改变其微细结构，所以组织在固定前，勿使沾水。

2. 选好取材部位 有病变的器官或组织，要选择病变显著部分或可疑病灶。取样要全面且具有代表性，能显示病变的发展过程。在一块组织中，要包括病灶及其周围正常组织，且应包括器官的重要结构部分。

3. 组织块的大小适中 通常长宽 $1\sim1.5\mathrm{cm}$，厚度为 $0.4\mathrm{cm}$ 左右。必要时组织块大小可增大到 $1.5\sim3\mathrm{cm}$，但厚度最厚不宜超过 $0.5\mathrm{cm}$，以便固定。尸检采取标本时，可先切取稍大的组织块，待固定几小时后，切取镜检组织时再切小切薄。修整组织的刀要锋利清洁，切块垫板最好用硬度适当的石蜡做成的垫板，或用平整的木板。

4. 使用辅助材料固定组织 为了防止组织块在固定时发生弯曲扭转，对易变形的组织如胃、肠、胆囊等，切取后将其浆膜向下平放在稍硬厚的纸片上，然后徐徐浸入固定液中。对于较大的组织块可用两片细铜丝网放在其内外两面系好，再行固定。

5. 做特殊标记 特殊病灶的组织切块时，为使包埋时不致倒置，应做特殊标记，以作区别。如将病变显著部分的一面平切，另一面可切作不整形。当类似组织块较多，易于造成彼此混淆时，可分别固定于不同的小瓶中，或将组织切成不同的形状，使其易于辨认。也可用铅笔标明的小纸片或组织块一同用纱布包裹，再行固定。

6. 及时固定 固定液要充足。为了使组织切片的结构清楚，切取的组织块要立即投入固定液中，固定的组织越新鲜越好。固定液一般是 10% 的福尔马林，如取电镜材料可用 4% 的戊二醛固定。固定液要相当于切取组织总体积的 $5\sim10$ 倍。固定液容器不宜过小，容器底部可垫以脱脂棉花，以防止组织与容器粘连，影响组织固定不良或变形。肺脏组织比重较轻、易漂浮于固定液面，可盖上薄片脱脂棉。

7. 做好标记 组织块固定时，应将病例编号用铅笔写在小纸片上，随组织块一同投入固定液里，同时将所用固定液、组织块数、编号、固定时间写在瓶笺上。

8. 病理组织的寄送　将固定完全和修整后的组织块，用浸渍固定液的脱脂棉包裹，放置于广口瓶或塑料袋内，并将瓶口封固。瓶外再套上塑料袋，然后用大小适当的木盒包装，即可交邮局寄送。同时应将整理过的尸体剖检记录及有关材料一同寄出。并在送检单上说明送检的目的和要求，组织块的名称、数量以及其他需说明的问题。除寄送的病理组织块外，本单位还应保留一套病理组织块，以备必要时复查之用。

四、剖检方法和程序

（一）外部检查

外部检查是在剥皮之前检查尸体的外表状态。外部检查结合临床诊断的资料，对于疾病的诊断，常常可以提供重要线索，还可为剖检的方向给予启示，有的还可以作为判断病因的重要依据（如口蹄疫、炭疽等）。外部检查的内容，主要包括以下几个方面。

1. 品种、性别、年龄、特征、体态等

2. 营养状态

3. 皮肤　注意被毛的光泽度，皮肤的厚度、硬度及弹性，有无脱毛、溃疡、脓肿、创伤、肿瘤、外寄生虫等，有无粪泥和其他污物的污染。

4. 天然孔（眼、鼻、口、肛门、外生殖器官等）**的检查**　检查天然孔的开闭状态，有无分泌物、排泄物及其性状、数量、颜色、气味和浓度等。另外也应注意可视黏膜的检查，如眼结膜，鼻腔、口腔、肛门和生殖器官的黏膜，其变化往往能反映机体内部的状况，特别是黏膜色泽变化。

5. 尸体变化的检查　动物死亡后，舌尖伸出于卧侧口角外，由此可以确定死亡时的位置。

尸体变化的检查，有助于判定死亡的时间、位置，并与病理变化相区别。

（二）内部检查

内部检查包括剥皮、皮下检查、体腔的剖开、内脏的采出和检查等。

1. 剥皮和皮下检查　为了检查皮下病理变化并利用皮革的经济价值，在剖开体腔前应先剥皮，对于腹部臌气特别严重的尸体，可用采血针头插入臌气部，将大部分气体排出之后，再开始剥皮。

（1）剥皮方法　先将尸体仰卧，从下颌间正中线开始，经颈部、胸部、沿腹壁白线向后直至脐部切开皮肤，在乳房或阴茎部分为左右两线，然后又会合为一线，止于尾根部（图1-1）。尾部一般不剥皮，仅在尾根部切开腹侧皮肤，于第一尾椎或第三至第四尾椎处切断椎间软骨，使尾部连在皮上。四肢的剥皮可从系部开始作一轮状切线，沿屈腱切开皮肤，前肢至腕关节，后肢至飞节后切线转向四肢内侧，与腹正中线垂直相交。头部剥皮可先在口端、眼睑周围和基角周围作轮状切线，然后由颌间正中线开始向两侧剥开皮肤，外耳部连在皮上一并剥离，剥皮的顺序一般先从四肢开始，由两侧剥向背正中线。剥皮时要拉紧皮肤，刀刃切向皮肤与皮下组织结合处，只切割皮下组织，不要使过多的皮肌和皮下脂肪留下皮肤上，也不要割破皮肤。

图 1-1 切开皮肤

（沿下颌间、颈下、胸下、腹下正中线切开皮肤）

（2）皮下检查 在剥皮过程中，要注意检查皮下有无出血、水肿、脱水、炎症和脓肿等病变，并观察皮下脂肪组织的多少、颜色、性状及病理变化的性质等。还要注意皮下淋巴结，特别是下颌、肩胛、膝上、乳房上和腹股沟淋巴结的检查。观察其形态、色泽、大小、重量、硬度、切面形象和血液分布等情况。剥皮后，应对肌肉和生殖器官作一大概的检查。

（3）肌肉的检查 要注意肌肉的丰瘦、色彩和有无病变。

（4）乳房的检查 观察其外形、体积、重量、硬度等，并以手指轻压乳房，观察分泌物有无、数量和性状。检查各乳房的乳头有无病变。然后沿腹面中线切开，使分为左右两半割下。必要时再作几个平行切面，注意其乳汁的含量、血液充盈程度，排乳管性状以及主质和间质的性状和对比关系，有无结节、坏死、脓肿、纤维化、钙化、囊肿和肿瘤等。

雄性动物的外生殖器由腹壁切离至骨盆边缘，视检阴囊后，可留待与盆腔的内生殖器同时检查。此外，对唾液腺进行检查时，将耳下腺和颌下腺切开，注意切面有无炎症或导管中有无结石。

皮下检查后,将尸体左侧卧位。为了便于采出脏器的操作,应将尸体右侧的前肢和后肢切离。前肢的切离可沿肩胛骨前缘、肩胛骨后缘、肩胛软骨部切断肌肉,再将前肢向上方牵引,由肩胛骨内侧切断肌肉、血管和神经等取下前肢。后肢的切离可在股骨大转子部切断前后的肌肉,将后肢向背侧牵引,切断股内侧肌群、髋关节圆韧带,即可取下后肢。

2. 腹腔的剖开和检查 反刍动物的腹腔左侧为瘤胃所占据。为便于腹腔器官的采出和检查,通常采取左侧卧位。

(1)腹腔的剖开 先从肷窝部沿肋骨弓至剑状软骨部作第一切线,再从髋结节前至耻骨联合作第二切线,切开腹壁肌和脂肪层。然后用刀尖将腹膜切一小口,以左手食指和中指插入腹腔内,手指的背面向腹内弯曲,使肠管和腹膜之间有空隙,将刀尖夹于两指之间,刀刃向上,沿上述切线切开腹壁。此时右侧腹壁被切成楔形,左手保持三角形的顶点,徐徐向下翻开,露出腹腔。

(2)腹腔的检查 应在剖开腹腔后立即进行。其检查内容包括:腹腔液的数量和性状;腹腔内有无异常内容物,如血凝块、胃肠内容物、脓汁、寄生虫和肿瘤等;腹膜的性状,是否光滑,有无充血、出血、纤维素、脓肿、肥厚和肿瘤等;腹腔脏器的位置和外形,注意有无变位、扭转、粘连、破裂、寄生虫结节等;横膈膜的紧张程度及有无破裂。

3. 胸腔的剖开和检查

(1)胸腔的剖开 剖开胸腔前,必须先剔除胸壁软组织。为检查胸腔的压力,可用尖刀在胸壁中央部刺一小孔,此时如听到空气进入胸腔的响声,横膈膜向腹腔后退,即证明胸腔为负压(正常)。同时检查肋骨的高度、肋骨和肋软骨结合的状态。剖开胸腔的方法有两种。一种是将横膈的右半部从右季肋部切下,在肋骨上下两端切离肌肉并作二切线,用锯沿切线锯断肋骨两端,即可将左侧胸腔全部暴露。另一种是用骨剪剪断近胸骨处的肋软骨,用刀逐一切断肋间肌肉,分别将肋骨向背侧扭转,使肋骨小头周围的关节韧带扭断,一根一根分离,最后使右侧胸腔露出。

(2)胸腔的检查 胸腔液数量和性状;胸腔内有无异常内容物;胸膜的性状;肺脏的色彩、体积和退缩程度,纵隔和纵隔淋巴结、食道、静脉和动脉有无变化等,对幼龄动物还要检查胸腺;观察心包膜的状态,心包腔的大小、心包液的数量和性状,心脏的位置、大小、形态及房室充盈程度,心包内膜和心外膜的状态,并注意主动脉和肺动脉开始部分有无变化等。

4. 腹腔脏器的采出 腹腔脏器的采出与检查,可以同时进行,也可以先后进行。

为了采出腹腔脏器,应先将网膜切除,然后依次采出小肠、大肠、胃和其他器官。

(1) 网膜的切除　以左手牵引网膜，右手执刀，将大网膜浅层和深层分别自其附着部（十二指肠降部、皱胃的大弯、瘤胃左沟和右沟）切离，再将小网膜从其附着部（肝脏的脏面、瓣胃壁面、皱胃幽门部和十二指肠起始部）切离，此时小肠和肠盘均暴露出来。

(2) 空肠和回肠的采出　在右侧骨盆腔前缘找出盲肠，沿盲肠体向前找到回盲韧带并切断。分离一段回肠，在距盲肠约15cm处将回肠作二重结扎并切断，由此断端向前分离回肠和空肠直至空肠起始部，即十二指肠空肠曲，再作二重结扎并切断，取出空肠和回肠。

(3) 大肠的采出　在骨盆腔口找出直肠，将直肠内粪便向前方挤压，在其末端作一次结扎，并在结扎的后方切断直肠。然后握住直肠断端，自后向前把降结肠从背侧脂肪组织中分离出，并切离肠系膜直至前肠系膜根部。再将横行结肠、肠盘与十二指肠回行部之间的联系切断。最后把前系膜根部的血管、神经、结缔组织一同切断，取出大肠。

(4) 胃、十二指肠和脾脏的采出　先检查有无创伤性网胃炎、横膈炎和心包炎，以及胆管、胰管的状态。如有创伤性网胃炎、横膈炎和心包炎时，应立即进行检查，必要时将心包、横膈和网胃一同采出。然后，先分离十二指肠肠系膜，切断胆管、胰管和十二指肠的联系。将瘤胃向后方牵引，露出食道，在其末端结扎并切断。助手用力向后下方牵引瘤胃，术者用刀切离瘤胃与背部相联系的结缔组织，并切断脾膈韧带，即可将胃、十二指肠、胰腺和脾脏同时采出。

(5) 肝脏的采出　采取肝脏前，先检查与肝脏相联系的门静脉和后腔静脉，注意有无血栓形成。切断肝脏与横膈膜相连的左三角韧带，注意肝与膈之间有无病理性的粘连，再切断圆韧带、镰状韧带、后腔静脉和冠状韧带，最后切断右三角韧带，采出肝脏。

(6) 肾脏和肾上腺的采出　先检查肾的动静脉、输尿管和有关的淋巴结。注意该部血管有无血栓或动脉瘤。若输尿管有病变时，应将整个泌尿系统一并采出，否则可分别采出。先取右肾，切断和剥离其周围的浆膜和结缔组织，切断其血管和输尿管，即可采出；左肾用同种方法采取。

肾上腺或与肾脏同时采取，或分别采出。

5. 胸腔脏器的采出　为使咽喉头、气管、食道和肺脏联系起来，以观察其病变的互相联系，可将口腔、颈部器官和肺脏一同采出。但在大动物一般采用口腔与颈部器官和胸腔器官分别采出。

(1) 心脏的采出　切开心包，露出心脏。检查心外膜的一般性状和心脏的外观，然后于距左纵沟左右各约 2cm 处，用刀切开左右心室，此时可检查血液量及其性状。最后以左手拇指和食指伸入心室切口，将心脏提起，检查心底部各大血管之后，将各动静脉切断，取出心脏。

（2）肺脏的采出 先切断纵隔的背侧部与胸主动脉，检查右侧胸腔液的数量和性状。然后在横膈的胸腔切断纵隔、食道和后腔静脉，在胸腔入口处切断气管、食道、前纵隔和血管、神经等。并在气管轮上作一小切口，用左手伸入切口牵引气管，将肺脏采出。肺膜与胸膜有粘连时，应先检查，再将粘连分开。

胸主动脉可单独采出，或与肺脏同时采出。必要时胸主动脉可与腹主动脉一并分离采出。

6. 口腔和颈部器官的采出 采出前先检查颈部动静脉、甲状腺、唾液腺及其导管，颌下和颈部淋巴结有无病变。采出时先在第一臼齿前下方锯断下颌支，再将刀插入口腔，由口角向耳根，沿上下臼齿间切断颊部肌肉。将刀尖伸入颌间，切断下颌支内面的肌肉和后缘的腮腺等。最后切断冠状突周围的肌肉与下颌关节的囊状韧带。握住下颌骨断端用力向后上方提举，下颌骨即可分离取出，口腔显露。此时以左手牵引舌尖，切断与其联系的软组织、舌骨支、检查喉囊。然后分离喉头、气管、食道周围的肌肉和结缔组织，即可将口腔和颈部的器官一并采出。对仰卧的尸体，口腔器官的采出也可由两下颌支内侧切断肌肉，将舌从下颌间隙拉出，再分离其周围的联系，切断舌骨支、即可将口腔器官整个分离。

7. 脏器的检查 为了叙述方便，按颈、胸腹的顺序说明检查的方法。

（1）舌、咽喉、气管、食道的检查 检查舌黏膜，并按需要纵切或横切舌肌，检查其结构。检查咽喉部分的黏膜和扁桃体，注意有无发炎、坏死或化脓。剪开食道，检查食道黏膜的状态，食道壁的厚度，有无局部扩张和狭窄，食道周围有无肿瘤、脓肿等病变。剪开喉头和气管，检查喉头软骨、肌肉和声门等有无异常，气管黏膜面有无病变或病理性附着物。

（2）心脏的检查 先检查心脏纵沟、冠状沟的脂肪量和性状，有无出血。然后检查心脏的外形、大小、色泽及心外膜的性状。检查心外膜后，切开心脏检查心腔。方法是沿纵沟左右侧的切口，切至肺动脉起始部；再沿左纵沟右侧的切口，切至主动脉起始部；然后将心脏翻转过来，沿右纵沟左右约 2cm 处作平行切口，切至心尖部与左侧心切口相连接，切口再通过房室口切至左心房及右心房。经过上述切线，心脏全部割开。切开心脏过程中，注意检查心脏中血液的含量（正常时左心室空虚，右心室有少量凝血）和性状。检查心内膜的色泽、光滑、透明度和有无出血，各个瓣膜、腱索是否肥厚，有无血栓形成和组织增生或缺损等病变。对心肌的检查，注意各部心肌的厚度、色泽、质度、有无出血、瘢痕、变性和坏死等病变。此外，还要检查主动脉和肺动脉的内膜，注意色泽，有无粗糙、坏死及钙化等变化。

（3）肺脏的检查　检查肺组织前，先检查肺门淋巴结和纵隔淋巴结，注意其大小、色泽、质度和切面状况，有无出血、充血、坏死等病变。检查肺时，先检查肺的体积、外形、色泽光滑和边缘的状态，表面有无出血和炎性渗出物附着，有无萎缩或气肿病灶。并用手触摸肺叶，检查有无硬块、结节，有病变处即作切开进一步检查。然后用剪刀顺着气管、支气管剪开肺脏，检查气管壁的厚度、黏膜的性状，有无炎症或寄生虫以及渗出物或异物等。最后将左右肺叶作纵切和横切，检查各切面的色泽，含血量和有无炎症、结节，以及肺实质、间质、支气管和血管的变化。

（4）脾脏的检查　注意脾门部血管和淋巴结，测量脾脏的长、宽、厚，称其重量。观察其形态和色彩、被膜的紧张度，有无增厚及瘢痕形成。用手触摸脾的质度，然后作切面，检查脾髓、滤泡和脾小梁的状态，有无结节、坏死、梗死和脓肿等。以刀痛刮切面，检查脾脏的质度。

（5）肝脏的检查　先检查肝门部，对动脉、静脉、胆管、胆囊和淋巴结进行检查。然后检查肝脏的形态、大小、色泽、质度和被膜性状等，注意有无出血、结节和坏死等。最后切开肝组织，观察切面的色泽、含血量、血管、胆管和胆囊的性状，注意切面是否隆起，肝小叶结构是否清晰，有无脓肿、寄生虫性结节、坏死和肿瘤等病变。

（6）胰腺的检查　检查胰腺的大小、色泽和质度，然后沿胰腺的长径作切面，检查有无出血、寄生虫和坏死等变化。必要时用探针探入胰管，并沿之切开，检查管腔的内容和管壁的性状。

（7）肾脏的检查　先检查肾脏的形态、大小、色泽和质度。注意包膜的状态、正常时，包膜菲薄透明，容易剥离，且表面光滑。然后由肾的外侧面沿纵轴向肾门部切为两半，先剥离包膜，检查肾表面的色泽、有无出血、瘢痕和梗死等病变。有结缔组织增生时，则包膜不易剥离。注意切面皮质和髓质的厚度、色泽、血管的状态和组织结构的纹理。最后检查肾盂，注意其容积，有无积尿、积脓、结石等，以及其黏膜面的性状。必要时还得检查输尿管和膀胱，注意有无结石，膀胱充盈度，尿液色泽和性质，以及黏膜有无充血、出血、水肿、坏死、溃疡等变化。

（8）肾上腺的检查　检查其形态、大小、色泽和质度，然后作横切，检查皮质和髓质的厚度和色泽。

（9）小肠和大肠的检查　先检查肠管浆膜面的色泽，有无粘连、肿瘤、寄生虫结节、出血等。然后剪开肠管，剪开的方法，将小肠、结肠和直肠沿肠系膜附着部剪开，盲肠沿纵带由盲肠底剪至盲肠尖。在剪开时，随剪随检查，注意肠内容物的数量、性状、气味、有无血液、异物、寄生虫等。除去肠内容物，检查肠黏膜的性状，注意有无肿胀、炎症、充血、出血、寄生虫和结石等。此外，检查肠管的同时，也应注意肠系膜淋巴结的检查。

（10）胃的检查　先将瘤胃、网胃、瓣胃之间的结缔组织分离，使其血管和淋巴结的一面向上，按皱胃在左，瘤胃在右的位置平放在地上。用剪刀沿皱胃小弯部剪开，至皱胃与瓣胃交界处，则沿瓣胃的大弯部剪开，至瓣胃与网胃口处，又沿网胃大弯剪开，最后沿瘤胃上下缘剪开。这样胃的各部可全部展开。如网胃有创伤性炎症时，可顺食道沟剪开，以保持网胃大弯的完整性，便于检查病变。检查时，注意内容物的分量、性状、含水量、气味、色泽、成分、寄生虫等。检查胃黏膜的色泽、有无肿胀、充血、溃疡、肥厚、创伤等。

8. 骨盆腔脏器的采出和检查　在未采出骨盆腔脏器前，先检查各器官的位置和概貌。可在保持各器官的生理体系下，一同采出。骨盆腔脏器的采出法有两种，一种是不打开骨盆腔，只伸入长刀，将骨盆中各器官各自其周壁分离后取出。另一种则先打开骨盆腔，即先锯开骨盆联合，再锯断上侧髂骨体，将骨盆腔的右壁分离后，再用刀切离直肠与骨盆腔上壁的组织。母牛还要切离子宫和卵巢，再由骨盆腔下壁切离膀胱和阴道，在肛门、阴门作圆形切离，即可取出骨盆腔脏器。

（1）公牛骨盆腔脏器的检查　先分离直肠并进行检查。再检查包皮，然后由尿道口沿阴茎腹侧中线至尿道骨盆部剪开，检查尿道黏膜的状态。再由膀胱顶端沿其腹侧中线向尿道剪开，使之与上剪线相连。检查膀胱黏膜、尿量、色泽。将阴茎横切数段，检查有无病变。睾丸和附睾检查外形、大小、质度和色泽，观察切面有无充血、出血、瘢痕、结节、化脓和坏死等。最后检查精管、精囊、尿道球腺。

（2）母牛骨盆腔脏器的检查　直肠检查同公牛，膀胱和尿道检查，由膀胱顶端起，沿腹侧中线直剪至尿道口，检查内容同前。检查阴道和子宫时，先观察子宫的大小、子宫体和子宫角的形态。然后用肠剪伸入阴道，沿其背中线剪开阴道、子宫颈、子宫体、直至左右两侧子宫角的顶端。检查阴道、子宫颈、子宫内腔和黏膜面的性状、内容物的性质；并注意阔韧带和周围结缔组织的状况。对输卵管的检查，一般采取用手触摸，必要时应剪开，注意有无阻塞、管壁厚度、黏膜状态。卵巢的检查，注意其外形、大小、重量和色泽等，然后作纵切，检查黄体和滤泡的状态。

9. 颅腔剖开、脑的采出和检查　颅腔剖开，先从第一颈椎部横切，取下头部。然后切离颅顶和枕骨髁部附着的肌肉。将头放平，在紧靠额骨颧突后缘一指左右的部位作一横行锯线，再从枕骨大孔沿颅顶两侧，经颞骨鳞状部作左右两条弧锯线，使其分别与上述横锯线的外端相连接，再从枕骨大孔沿枕骨片的中央及顶骨和额骨的中央缝加作一纵锯线。锯时注意勿伤及脑组织，对于未全锯断的骨组织，可用锤凿断裂，最后用力将左右两角压向两边，颅腔即可暴露。颅顶骨除去后，观察骨片的厚度和其内面的形态，检查硬脑膜。沿锯线剪开硬脑膜，检查硬脑膜和蛛网膜，注意脑膜下腔液的容量和性状。然后用剪刀或外科刀将颅腔内的神经、血管切断。小心地取出大脑、小脑，再将延脑和垂体取出。

脑的检查：先观察脑膜的性状，正常的脑膜透明、平滑、湿润、有光泽。注意脑膜有无充血、出血和浑浊等病变。然后检查脑回和脑沟的状态，如有脑水肿、积水等时，脑沟内有渗出物蓄积，脑沟变浅，脑回变平。并注意脑的质度等。最后作脑的内部检查，先用脑刀伸入纵沟中，自前而后，由上而下，一刀经过胼胝体、穹隆、松果体、四叠体、小脑蚓突、延脑，将脑切成两半。切开脑后，检查脉络丛的性状及侧脑室有无积水，第三脑室、导水管和第四脑室的状态。再横切脑组织，切线相距2～3cm左右，注意脑质的湿度、白质和灰质的色泽和质度，有无出血、坏死、包囊、脓肿、肿瘤等病变。脑垂体的检查，先检查其重量、大小，然后沿中线纵切，观察切面的色泽、质度、光泽和湿润度等。由于脑组织极易损坏，一般先固定后，再行切开检查。脑的病变主要依靠组织学检查。

10. 鼻腔的剖开和检查 将头骨于距正中线0.5cm处纵行锯开，把头骨分成两半，其中的一半带有鼻中隔。用刀将鼻中隔沿其附着部切断取下。检查鼻中隔、鼻道黏膜的色泽、外形、有无出血、结节、糜烂、溃疡、穿孔、炎性渗出物等。必要时可在额骨部作横行锯线，以便检查颌窦和鼻甲窦。

11. 脊椎管的剖开 脊髓的采出和检查：先切除脊柱背侧棘突与椎弓上的软组织，然后用锯在棘突两边将椎弓锯开，用凿子掀起已分离的椎弓部，即露出脊髓硬膜。再切断与脊髓相联系的神经，切断脊髓的上下两端，即可将所需分离的那段脊髓取出。作脊髓检查时要注意软脊膜的状态，脊髓液的性状，脊髓的外形、色泽、质度，并将脊髓作多横切，检查切面上灰质、白质和中央管有无病变。

12. 肌肉、关节的检查 肌肉的检查要注意其色泽、硬度、有无出血、水肿、变性、坏死、炎症等病变。检查关节可切开关节囊，检查关节液的含量、性质和关节软骨表面的状态。

13. 骨和骨髓的检查 骨的检查主要对骨组织发生病例进行，如局部骨组织的炎症、坏死骨折、骨软症和佝偻病的病畜，放线菌病的受侵骨组织等，检查其硬度及断面的形象。骨髓的检查，其法可将长骨沿纵轴锯开，注意骨干和骨端的状态，红骨髓、黄骨髓的性质、分布等。或者在股骨中央部作相距2cm的横行锯线，待深达全厚的2/3时，用骨凿除去锯线的骨质，露出骨髓，挖取骨髓作触片或固定后作切片检查。

第三节 实验室诊断

一、血液常规检查

血常规检查主要包括红细胞沉降速率（血沉）、血红蛋白含量、红细胞计数、白细胞计数和白细胞分类计数。

(一) 采血与血液抗凝

1. 采血 通过颈静脉或尾静脉采血。采血前，要注意对采血部位剪毛、清拭和消毒。采血后，要立即轻摇试管内的血液，以防止凝固。

2. 血液抗凝 可使用商品用抗凝采血管；也可自配抗凝剂，加入小试管备用。常用的抗凝剂配制如下：

（1）双草酸抗凝剂

草酸钾　　　　　　0.8g

草酸铵　　　　　　1.2g

蒸馏水　　　　　　加至100mL

溶解后，每个小试管加入0.5mL，倾斜转动试管使抗凝剂均匀贴壁，烘干备用。

（2）3.8%柠檬酸钠（枸橼酸钠）溶液

柠檬酸钠　　　　　3.8g

蒸馏水　　　　　　加至100mL

溶解后，每个小试管加入1mL，烘干备用。

（3）乙二胺四乙酸二钠（EDTA二钠）溶液

乙二胺四乙酸二钠　　　　10mg

蒸馏水　　　　　　　　　加至100mL

溶解后，每个小试管加入2滴，备用。

（4）肝素

以上抗凝剂加入量可供5mL血液抗凝。

(二) 红细胞沉降率（血沉）测定

血沉测定是在一定温度（通常为室温）下，测定红细胞在一定时间内的沉降速度。

1. 测定方法 传统方法为魏氏法和"六五"型血沉管法两种，现在多采用血沉分析仪测定。具体测定方法略。

2. 正常血沉值 沉降时间60min时，魏氏法血沉数值为0.5～1.0，"六五"型血沉管法为1.0以下。

3. 临床意义 某些疾病可导致血沉加快，有的疾病则可导致血沉减慢。

（1）血沉加快 见于严重贫血，也见于结核病、血液原虫病、化脓性炎等感染性疾病。

（2）血沉减慢 主要见于严重脱水、破伤风等疾病。

（三）血红蛋白含量测定

血液中红细胞溶解后，释放出血红蛋白，测定血液中血红蛋白的含量对临床诊断具有重要意义。

1. 测定方法 传统方法用萨利氏血红蛋白计测定，现在采用血红蛋白仪测定。

2. 正常血红蛋白含量 每100mL血液含9.0～10.0g。

3. 临床意义 血红蛋白含量增多主要见于脱水引起的血液浓缩的疾病过程，如腹泻、大汗和呕吐等；血红蛋白含量减少多见于营养不良、慢性消耗性疾病、慢性消化道疾病，如动物长期饥饿、结核病、副结核病、肝片吸虫病等疾病。

（四）血细胞计数

血细胞技术包括红细胞计数、白细胞计数和白细胞分类计数。

1. 计数方法 传统方法为人工计数，现在可用自动血细胞分析仪计数。具体方法略。

2. 正常值 见表1-3。

表1-3 血细胞正常值

动物	红细胞 (10^{12}/L)	白细胞 (10^9/L)	血小板 (10^9/L)	中性粒细胞 (%)	淋巴细胞 (%)	嗜酸性粒细胞 (%)	单核细胞 (%)	嗜碱性粒细胞 (%)
奶牛	6.0～7.0	7.0～8.0	10.0～30.0	36.5	57.0	4.0	2.0	0.5

3. 临床意义

（1）红细胞变化 ①红细胞增多，主要见于血液浓缩，如脱水、渗出性浆膜炎等，也见于红细胞增多症、肺气肿等疾病过程；②红细胞减少，见于各种类型的贫血，如营养不良性贫血、血红蛋白尿症等。

（2）白细胞的变化　①白细胞增多，多见于细菌感染性疾病引起的炎症过程，如出血性败血症、链球菌感染、葡萄球菌感染、结核病，也见于白血病等疾病；②白细胞减少，可见于某些病毒性疾病、机体高度衰竭和某些药物导致的副作用等。

（3）白细胞分类计数　①中性粒细胞增多主要见于化脓菌感染、出血性败血症；中性粒细胞减少主要见于某些传染病、再生障碍性贫血、粒细胞缺乏症等。②嗜酸性粒细胞增多多见于寄生虫感染性炎、过敏性炎；嗜酸性粒细胞减少可见于副伤寒、长期使用肾上腺皮质激素等。③淋巴细胞增多见于结核病、副结核病、布鲁氏菌病、淋巴细胞白血病和某些病毒感染性疾病等；淋巴细胞减少见于某些病毒性感染等。④单核细胞增多开放性结核、李氏杆菌病等。

（4）血小板变化　血小板增多主要见于妊娠、急性炎症、溶血、骨折、创伤等疾病过程，血小板减少见于再生障碍性贫血、急性白血病、尿毒症及某些感染性疾病。

二、尿液检查

尿液检查主要包括尿比重、尿液 pH、尿蛋白、酮体、红细胞、白细胞、尿沉渣、尿管型等的检查。

（一）尿液采集

用清洁容器在牛排尿时采取尿液 100～200mL，必要时可用导尿方法采取。采取的尿液要立即送检。

（二）检验项目、方法与临床意义

1. 物理性状检查　包括尿液的颜色、透明度、气味、比重等，具体方法略。

（1）正常性状　颜色呈淡黄色、透明、少许氨臭味，尿比重为 1.025～1.050。

（2）临床意义　泌尿系统感染，尿液会变混浊、恶臭；酮血症时尿液则呈酮醋味，泡沫明显；急性肾炎、高热、脱水等尿量减少、比重增高；低渗性脱水、使用排水性利尿剂、慢性肾炎晚期尿比重常在 1.025 以下。

2. 尿液的化学检查　包括尿液 pH、尿蛋白和潜血的检查。pH 可用 pH 试纸或酸度计测定，尿蛋白用煮沸法或黄硫酸法测定，潜血用联苯胺法或过氧化钡法测定。也可用尿液检查分析仪测定。具体方法略。

（1）正常值　pH 在 8.7 左右，尿蛋白和潜血均为阴性。

（2）临床意义　①尿液 pH 降低可见于发热性疾病、佝偻病、软骨症、酮血症及长期饥饿等，尿液 pH 升高可见于膀胱炎、尿路阻塞等引起的尿液氨发酵所致；②出现尿蛋白多见于肾炎、肾病以及膀胱和尿路的炎症；③有潜血表明肾脏或尿路出血。

3. 尿沉渣的检查 包括红细胞、白细胞、上皮细胞、尿管型和无机盐沉渣的检查。尿沉渣检查时，首先采尿 5～10mL，离心后将沉淀物涂片，作显微镜检查。

（1）正常值 红细胞正常值为 0，白细胞正常值为 0，上皮细胞正常值也为 0，无尿管型，少量无机盐沉渣：

（2）临床意义 ①有大量红细胞说明尿血，常见于结石、结核及肿瘤；②尿中有大量白细胞说明泌尿系统有炎症；③尿中出现管型，说明肾脏有器质性疾病存在，如肾小球肾炎、肾小管上皮细胞变性和坏死、膀胱炎或尿道炎等；④如有大量无机沉渣，则说明有尿路结石的可能。

三、粪便检查

粪便常规检查包括一般性检验及显微镜检验，必要时作粪便的潜血和酸碱度检验等。

1. 粪便的一般检查 主要检查粪便的量、形状和硬度、颜色、气味及混合物。详见消化系统检查。

2. 粪便的显微镜检查 主要检查粪便中的虫卵或幼虫。详见寄生虫检查。

四、微生物检查

微生物检查范围较广，有细菌、病毒、霉菌等检测。送验的材料可以是血、尿、粪便及其他体液成分，如脑脊液、胸水、腹水、关节囊液等。检测方法主要是涂片检查和培养。

（一）病料的采集和保存

1. 器械的消毒 采集病料时所用的器械应进行彻底的消毒。

2. 病料的采取 在病牛临死或死后 6h 内采取，否则尸体腐败后难以得到正确的检查结果。采取病料的全部过程必须是无菌操作。

3. 病料的保存 病料采取后，如不能立即检验或需送有关单位检验，应当加入适量保存剂，使其尽量保持新鲜状态。

细菌检验材料的保存：将采取的脏器组织块保存于饱和的氯化钠溶液。

病毒检验材料的保存：将采取的脏器组织块，保存于 50% 的甘油缓冲盐水溶液中封固。

（二）细菌学检查

1. 细菌抹片镜检 液体材料可直接用灭菌接种环取一环材料涂布在载玻

片的中央适当大小薄层；组织脏器材料可用剪刀取一小块，将新鲜切面在玻片上触片。将触片或涂片干燥固定进行染色。常用的染色方法有革兰氏染色法、瑞氏染色法、姬姆萨染色法、美蓝染色法及抗酸染色法等。

(1) 革兰氏染色法　一般包括初染、媒染、脱色、复染等四个步骤：①涂片固定，在无菌操作条件下，用接种环挑取少量细菌置于干净的载玻片上涂布均匀，固定；②草酸铵结晶紫染 1～2min；③自来水冲洗，去掉浮色；④加革兰氏碘溶液媒染 1～3min，倾去多余溶液，水洗；⑤加 95％酒精脱色 30s，水洗；⑥加石炭酸复红复染 10～30s，水洗，吸干或自然干燥。

镜检，革兰氏阳性菌呈蓝紫色，革兰氏阴性菌呈红色。

(2) 瑞氏染色法　涂片自然干燥后，滴加瑞氏染液，经 1～3min，再加等量的中性蒸馏水或缓冲液，轻晃使染液充分混合，经 5min 后用水洗，吸干。

镜检，细菌染成蓝色，组织细胞的细胞浆呈红色，细胞核呈蓝色。

(3) 姬姆萨染色法　涂片经甲醇固定并干燥后，在其上滴加姬姆萨染液或将涂片浸入染液缸中，经 30min，取出水洗，吸干。

镜检，细菌呈蓝青色，组织细胞胞浆呈红色，细胞核呈蓝色。

2. 分离培养　根据病牛的临床症状和病变特征，对疑似疾病的病原菌进行分离培养。

常用的培养基：

(1) 普通肉汤培养基

成分	牛肉膏	5g	蛋白胨	10g
氯化钠	5g	磷酸二氢钾	1g
蒸馏水	1 000mL

制法：①先称取盐类再称蛋白胨和牛肉膏，置于搪瓷缸内，混合加热溶解，边加热边搅拌，沸腾时注意不要溢出，加热约 10～15min。②用 pH 试纸或 pH 计测定培养基的 pH，应为 7.4～7.6。以 0.1mol/L 的氢氧化钠溶液调解 pH。③将测定好的培养基用滤纸过滤，分装每个试管 5mL，加塞，包装好待高压灭菌。④将包装好的培养基置于高压灭菌锅内，121℃灭菌 15～30min。

(2) 普通琼脂培养基

成分　普通肉汤　1 000mL 琼脂　15～20g

制法：①将称好的琼脂加入到普通肉汤内，加热煮沸，待琼脂完全融化后，调解 pH 至 7.4～7.6，再继续加热 20min。注意加热过程中不断搅拌，防止培养液溢出或烧焦。②采用上述方法进行高压灭菌。③高压后的培养基手握不觉得烫手时（最适温度 50～60℃），在超净台内将培养基导入平皿内，每个平皿内倒入 10～15mL，凝固。④放入 4℃冰箱保存。

3. 动物实验 灭菌的生理盐水将病料按一定的比例进行稀释，经皮下、肌肉、腹腔、静脉或脑内注射，感染实验动物。感染后按常规隔离饲养管理，注意观察，如有死亡，应立即进行病理学检查及病原学检查。

（三）病毒学检验

无菌采取病料组织，经磷酸缓冲液反复洗涤 3 次，然后将组织剪碎、研细，加磷酸缓冲液制成 1：10 悬液，离心取出上清液，分装，−70℃保存备用。对分离到的病毒，用电子显微镜检查，并用血清学试验及动物实验等方法进行物理化学和生物学特性的鉴定。分离培养得到的病毒液，接种易感动物。

五、免疫学检查

牛传染病的检验，经常使用免疫学方法。常用的方法有凝集反应、沉淀反应、补体结合反应、中和试验等血清学检验方法，以及用于某些传染病生前诊断的变态反应等。另外，也有其他免疫检测方法，如免疫扩散、荧光抗体技术、酶标记技术、单克隆抗体技术和 PCR 技术等。

（一）血清学检测

1. 采血与血清分离 采血过程中应严格保持无菌操作。

（1）采血准备 准备无菌的采血器或注射器。

（2）颈静脉采血 将动物保定，稍抬头颈，于颈静脉沟上 1/3 处交界部剪毛消毒，一手拇指按压采血部位下方颈静脉沟血管，使静脉怒张，另一手执针头，与皮肤成 45°角由下向上刺入，采血，待血量达到要求后，拔下针头，用酒精棉球消毒按压针眼，轻轻止血。

（3）牛尾静脉采血 固定动物，使牛尾上翘，手离尾根部约 30cm。在离尾根 10cm 左右中点凹陷处，先用酒精棉球消毒，然后将采血针头垂直刺入（约 1cm 深）针头触及尾骨后再退出 1mm 进行抽血，采血结束，消毒并按压止血。

（4）血清分离方法 血液在室温下倾斜放置 2～4h（防止暴晒），待血液凝固自然析出血清，或将采血管放在 37℃温箱内 1h 或置于 4℃冰箱，待大部分血清析出后分离血清，再经 1 500～2 000r/min 离心 5min，分离血清，贴标签，4℃冷藏。须长期保存时，将血清置于−20℃冷冻。

2. 检测方法 目前血清学的检测主要有以下检测方法，包括酶联免疫吸附试验（ELISA）、补体结合试验、中和试验、凝集试验、免疫扩散试验和免疫沉淀试验、免疫电泳技术、免疫荧光技术、放射免疫试验和免疫电镜技术等。

（二）变态反应

变态反应是机体接触变应原物质时产生的一种敏感性异常的反应。

牛结核病检验常用变态反应。采用牛结核菌素进行皮内注射并结合点眼，进行结核病的诊断，以前者为主，后者为辅，常用于引进牛只的检疫和牛群的定期检验。

1. 皮内注射方法

（1）准备工作　牛结核菌素、器械等；牛只编号，术部剪毛，卡尺测量术部皮肤厚度，并作记录。

（2）注射部位　犊牛（6月龄内），肩胛部；大牛（6月龄以上），一侧颈中部上三分之一处。

（3）注射剂量　皮内注射牛结核菌素原液，成年牛 0.2mL，3 月龄～1 岁牛 0.15mL，3 月龄以下牛 0.1mL。

（4）注射方法　固定牛只，酒精消毒术部，术者左手捏住术部中央皮肤，右手持注射器刺入皱皮内，注入结核菌素。如左手感觉注射液迟滞，局部出现小泡，即可判定已注入皮内。如注射不确定，可另选离手术部 150mm 以外的部位或对侧颈部重注。

（5）观察时间　结核病牛对牛结核菌素皮内注射的特异反应开始于注射后 12～20h，在 48～72h 反应加剧。因此应分别在注射后第 72h 观察病牛。除检查是否局部发热，是否肿胀外，还应以卡尺测量术部肿胀大小及皮肤厚度，同时加以详细记录。观察判定为阴性或有疑似反应的牛只，须在第 1 次注射部位，以同一剂量作第 2 次注射。第 2 次注射后于 48h（即第 1 次注射后的 120h）判定反应结果，并详细记录。

2. 点眼试验法

（1）准备工作　牛结核菌素、硼酸、酒精棉、记录表、点眼器等。

（2）试验方法　点眼试验应与皮内注射同时进行，一次检验点眼两回，间隔 2～7d。

（3）注意事项　点眼前必须对两眼作详细检查眼结膜，正常者方可进行点眼。凡有眼疾或眼睛异常者，不可作点眼试验。

六、寄生虫病检查

（一）粪样寄生虫虫卵、幼虫检测

1. 采样与检查方法　采样采用随机多点抽取，采样数量为牛只总数的 10%，进行粪便检查。具体方法如下：

（1）粪便采集　在驱虫后 7～10d 直肠采取粪便，每天采 3 次，早中晚各 1 次，连续采集 3d。随机多点采取新鲜粪便 50～100g，分别装入干净的塑料袋中，标号后进行粪便检测，不能及时进行检查的挤出袋内空气，置于 4℃冰箱中保存备用。虫体的检测分别收集每头牛的全粪，分别淘洗检测虫体。

（2）虫卵、幼虫和卵囊检查

①饱和盐水漂浮法：适用于线虫卵、绦虫卵和球虫卵囊的检查，取被检粪便 2g，放入一小玻璃瓶内，加入漂浮液少许，用细玻璃棒将粪便搅碎，再加漂浮液至瓶口使漂浮液液面凸出瓶口呈半球形，静置 20～30min，用载玻片轻轻与液面接触，以沾取漂浮在液面上的虫卵，然后置于低倍显微镜下检查。每个粪样检查 2 次。未观察到虫卵的粪样以此法重复检查一次。

②沉淀法：适用于吸虫卵的检查，取 5g 粪样置于烧杯中，再加 5 倍量的清水，彻底搅匀，静至 20min，弃去上层液体，再加入清水搅匀，反复进行几次直至上清液清亮为止，弃去上清液，吸取适量的粪汁镜检。

③虫卵计数：常用麦克马斯特法计数法。具体操作：取粪便 2g 于小烧杯中，先加水 10mL，搅匀，再加饱和盐水 48mL，混匀后，用 60 目铜筛过滤并立即取滤液注入麦克马斯特板计数室内，置显微镜镜台上静置 1～2min。再在镜下计数 $1cm^3$ 刻度中的虫卵数平均数再乘以 200 即为每克粪便中的虫卵数（EPG）。

④疗效判定：根据驱虫前后的 EPG 值按下列公式计算出虫卵减少率及虫卵转阴率。

$$虫卵减少率 = \frac{驱虫前平均 EPG 值 - 驱虫后平均 EPG 值}{驱虫前平均 EPG 值} \times 100\%$$

$$虫卵转阴率 = \frac{本组中虫卵转阴动物数}{本组动物数} \times 100\%$$

2. 检查内容　线虫卵、吸虫卵、绦虫卵等。

（二）体表寄生虫检查

1. 检查方法　对牛体表进行仔细检查，发现体表寄生虫用镊子采取，装入标本瓶内，贴上标签，并详细记录。

2. 检查内容　检测的虫体包括疥癣螨、牛皮蝇蛆、蜱等。同时还能检测到贝诺包子虫的包囊或滋养体。

（三）血样寄生虫检测

1. 检查方法　血液涂片观察，采取牛的耳静脉血液进行血涂片，后用姬姆萨液或瑞氏液染色观察。鲜血压滴观察，将一滴生理盐水置于载玻片上，滴上被检的血液使之充分混合，盖上盖玻片，静止片刻，在显微镜下观察有无虫体的运动。

2. 检查内容　主要是对血液原虫（泰勒虫体等）的检测。

（四）内脏器官虫体检查

1. 检查方法　通过尸体剖检检查内脏器官中的虫体，对各组织脏器进行逐一详细检查，挑取体内寄生虫，放入生理盐水中洗净，镜检观察，进行部分虫体的鉴定。将采集到的不同种类的寄生虫分别固定在不同的标本瓶中，直接加入 70％乙醇或 10％福尔马林溶液固定、保存。

2. 检查内容　吸虫、绦虫、线虫、细颈囊尾蚴、脑包虫、棘球蚴病等虫体，再结合组织镜检检查肉孢子虫。

（王凤龙）

第二章 牛场常用药物与治疗技术

第一节 牛场常用药物

一、抗微生物药

抗生素是由微生物（如细菌、放线菌、真菌等）在其生命活动过程中产生的，能在低微浓度下选择性地杀灭其他微生物或抑制其机能的代谢产物。一般是从微生物的培养液中提取，也能人工半合成或全合成。

根据作用特点可分为抗革兰氏阳性菌抗生素、抗革兰氏阴性菌抗生素、广谱抗生素、抗真菌抗生素、抗寄生虫抗生素、抗肿瘤抗生素、饲用抗生素等；根据化学结构分类可分为β-内酰胺类、氨基糖苷类、四环素类、大环内酯类、林可胺类、多肽类、多烯类、聚醚类等。以下分别简述各类抗生素。

（一）主要作用于革兰氏阳性菌的抗生素

主要包括青霉素类、头孢菌素类、大环内酯类和林可胺类。简述于表2-1。

（二）主要作用于革兰氏阴性菌的抗生素

主要有氨基糖苷类和多黏菌素类。简述于表2-2。

（三）广谱抗生素

常用广谱抗生素主要包括四环素类，简述于表2-3。

（四）抗支原体的抗生素

用于支原体的有效药物主要是北里霉素，其功能与用法列于表2-4。

表2-1 主要作用于革兰氏阳性菌的抗生素

类别	药品名称	特征特性	治疗类症	用法用量	注意事项
青霉素类	苄青霉素（青霉素G）	为有机酸、难溶于水、分钾盐、钠盐两类	放线菌肉芽肿、破伤风肿痈、乳房炎、子宫内膜炎、关节炎、钩端螺旋体感染	肌内注射：每千克体重1万~2万U，2~3次/d	不耐酸、不宜口服；易水解，遇碱、酸可破坏；与磺胺类、环内酯类相拮抗；有效期内使用
	氨苄青霉素（氨苄西林）	白色粉末或结晶、溶于水、吸湿性强	牛肺炎、乳腺炎、尿路感染、沙门氏菌、大肠杆菌、巴氏杆菌感染等	静脉或皮下注射：每千克体重10~20mg，2次/d 乳管内注射：75mg/乳室	本品的水溶液不稳定，宜现配现用，在酸性环境中易分解，在中性环境中使用对链球菌、革兰氏阴性菌杀灭效强
	羧苄青霉素	白色结晶性粉末、易溶于水、对酸和热不稳定	放线菌病、气肿疽、坏死杆菌病、绿脓杆菌感染	静脉或肌内注射：每千克体重10~20mg，分4~5次注射，1次/d	与大霉素有协同作用，但联合使用时，不宜混合注射，以免使庆大霉素效价降低
头孢菌素	噻孢霉素（头孢菌素）	白色结晶粉末、易溶于水、抗菌谱广	金黄色葡萄球菌、大肠杆菌等引起的呼吸系统及泌尿系统感染	肌内注射：每千克体重15~25mg，2次/d	对革兰氏阳性菌及钩端螺旋体的杀灭作用较强，可用于治疗牛的钩端螺旋体病
	头孢噻啶（先锋霉素V）	黄色结晶粉末、但水溶液稳定	败血症、以及呼吸道、生殖道、皮肤软组织和关节等的感染	肌内、静脉、反下注射：每千克体重15~25mg，3~4次/d	对链球菌、大肠杆菌、肺炎杆菌、痢疾杆菌等革兰氏阴性菌的杀灭作用强
	头孢噻肟（头孢氨噻肟）	白色结晶性粉末、易溶于水	肺炎、呼吸道、泌尿道、腹腔、消化道感染、肤软组织、败血症、化脓性脑膜炎等	肌内、静脉、皮下注射：每千克体重25~50mg，3次/d	对革兰氏阳性菌、阴性菌均有抗菌作用，对大肠杆菌、沙门氏菌、肺炎杆菌等作用强，特别是对大肠杆菌科细菌的杀灭作用极强

（续）

舍饲牛场疾病预防与控制新技术

类别	药品名称	特征特性	治疗类症	用法用量	注意事项
头孢菌素类	头孢噻呋钠	本品为类白色或微黄色结晶性粉末	主要用于细菌重症感染。传染性胸膜炎，多杀性巴氏杆菌、放线杆菌，链球菌，沙门氏菌，副嗜血杆菌、衣原体等，牛产前产后高热，子宫内膜炎，乳房炎，无乳少乳综合征，蹄叶炎，腐蹄病，运输热，肺炎等	混饮：每1g本品加水10～20kg，连用3～5d，预防量减半 混饲：每1g添加于饲料10kg，连用3～5d，预防量减半 肌内注射：每千克体重30～50mg，重症加倍，1次/d，连用2～3d	偶见注射部位疼痛，现配现用，对青霉素或头孢菌素过敏的动物禁止使用
	头孢噻呋	类白色或浅黄色结晶粉末。易溶于乙醇，微溶于水，难溶于氯仿	巴氏杆菌，副嗜血杆菌，链球菌引起的牛呼吸系统感染，乳房炎，败血症，皮肤和组织感染	口服：每千克体重1mg 肌内注射：1次/d，连用3～5d	对β-内酰胺类抗生素过敏的动物禁用本品
大环内酯类	红霉素	白色晶体，极微溶于水，温度在4℃时性质稳定	呼吸道、泌尿道、皮肤和软组织，腹腔，消化道感染，血症，化脓性脑膜炎等	口服：每千克体重2.2mg，3～4次/d 静脉注射：每千克体重1～2mg 肌内注射：每千克体重2mg	对革兰氏阳性球菌和杆菌如金黄色葡萄球菌，链球菌，肺炎球菌，气肿疽梭菌，乳腺炎，流感杆菌，脑膜杆菌等作用强
	泰乐菌素	弱碱性，微溶于水	支原体病，肠炎，乳房炎，肺炎，子宫内膜炎，螺旋体病等	皮下或肌内注射：每千克体重2～10mg；2次/d	对革兰氏阳性菌、支原体、螺旋菌有较强抑制作用，日用量最大不宜超过62mg
林可胺类	林可霉素（洁毒素）	白色结晶粉末，易溶于水	呼吸道、泌尿道、皮肤和软组织，腹腔，消化道感染，血症，化脓性脑膜炎等	肌内或静脉注射：每千克体重10～20mg，2次/d 乳房灌注：1 500U/乳区·次，2次/d	对金黄色葡萄球菌，溶血链球菌，肺炎球菌有较强的抑菌功效，对破伤风杆菌，产气荚膜梭菌等具有杀灭作用
	杆菌肽	白色粉末，易溶于水	乳房炎，坏死性肠炎，螺旋体病，放线菌等	肌内注射：每千克体重10～15mg，1～2次/d	肌内注射毒性较大，会出现蛋白尿，肾功能减退症，禁止与北里霉素、恩拉霉素配用

· 42 ·

表2-2 主要作用于革兰氏阴性菌的抗生素

类别	药品名称	特征特性	治疗类症	用法用量	注意事项
氨基糖苷类	链霉素	链霉素碱和盐都易溶于水，pH 4.5时可保持效价	对产气杆菌、大肠杆菌、巴氏菌、巴氏杆菌等有杀灭作用，对细菌引起的呼吸道、消化道、泌尿系统感染以及败血症有效	口服：一次量，犊牛10～15mg，2～3次/d，连用3～5d 肌内注射：150万U，2次/d，连用3～5d	遇酸、碱或氧化剂、还原剂活性下降；在水溶液中遇新霉素钠、磺胺嘧啶钠会出现混浊沉淀，避免混合使用；禁止与肌松药、麻醉药等同时使用，大量使用对听觉、肾脏有损害作用
	庆大霉素	属碱性化合物，白色结晶粉末，易溶于水	主要用于绿脓杆菌、大肠杆菌、沙门氏菌、巴氏杆菌、痢疾杆菌、肺炎杆菌、布氏杆菌、耐药金黄色葡萄球菌等引起的感染	肌内注射：每千克体重2～4mg，2次/d，连用3～5d	耐药性发生后，停药一段时间可恢复其敏感性；使用时，剂量要充足，疗程不宜过长；对链球菌感染无效，对部分革兰氏阴性菌如金黄色葡萄球菌也有显著杀灭作用
	新霉素	其硫酸盐为白色粉末，易溶于水	对葡萄球菌、大肠杆菌、沙门氏菌等具有较强作用，对链球菌、绿脓杆菌、巴氏杆菌亦有一定疗效	乳室灌注：每乳区灌注250～400mg 口服：15mg/d，成牛每千克体重8～30mg，犊牛每千克体重20～，分3～4次服用，连服3～5d	肌内注射时，对肾脏、耳的毒性较大并有呼吸抑制作用，因而治疗时以口服为主，不建议注射用药
	卡那霉素	其硫酸盐为白色结晶粉末，易溶于水，水溶液稳定	对多数革兰氏阴性菌有强大的杀灭作用，主要用于呼吸道、泌尿道感染以及败血症、乳腺炎、肺炎、大肠杆菌、沙门氏菌病等	口服：每千克体重3～6mg，3次/d 肌内注射：每千克体重10～15mg，2次/d	对金黄色葡萄球菌、支原体等有效，对绿脓杆菌感染无效
	丁胺卡那霉素（阿米卡星）	白色结晶粉末，易溶于水，水溶液pH 6～7.5	对尿路、下呼吸道、腹膜、胆膜、生殖道感染等疗效显著	肌内注射：每千克体重5～7.5mg，2次/d，连服2～3d	对庆大霉素、卡那霉素耐药的革兰氏阴性菌效果较好

（续）

类别	药品名称	特征特性	治疗类症	用法用量	注意事项
氨基糖苷类	壮观霉素（大观霉素）	白色结晶粉末，易溶于水，酸性环境中性质稳定	对金黄色葡萄球菌、链球菌以及巴氏杆菌、大肠杆菌、沙门氏菌等均有疗效	犊牛口服：每千克体重10～20mg，2次/d；肌内注射：每千克体重10～15mg，2次/d	口服吸收较差，仅限于肠道感染；对急性严重感染宜注射给药
	妥布霉素	白色结晶，易溶于水	与庆大霉素相似，主要用于绿脓杆菌感染	参照卡那霉素	作用效果相当于庆大霉素的3～8倍
	核糖霉素（维他霉素）	白色粉末，易溶于水	主要用于革兰氏阴性菌所引起的呼吸道、胸腔、腹腔、泌尿道及眼、耳、鼻部感染	肌内注射：每千克体重15～20mg，2次/d	对葡萄球菌、链球菌、肺炎球菌、大肠杆菌疗效显著；对绿脓杆菌引起感染无效
黏菌素类	多黏菌素B	白色结晶粉末，溶于水，酸性环境中稳定	对大肠杆菌、产气荚膜杆菌、巴氏杆菌、肺炎杆菌、绿脓杆菌有杀灭作用，主要用于孔房炎、沙门氏菌病、大肠菌病、绿脓杆菌病	口服：犊牛每头0.5万～1万U，2～3次/d；肌内注射：每千克体重0.5万U，2次/d	抗菌谱窄，对厌氧菌、变形杆菌不敏感；对绿脓杆菌病特效；肾功能不全者禁用；口服不易吸收
	多黏菌素E（抗敌素）	白色粉末，易溶于水，酸性环境中较稳定	与链霉素、甲氧苄氨嘧啶、磺胺类有协同作用，用于大肠杆菌引起的肠炎、菌痢、乳房炎等	口服：犊牛1.5～5mg/次，1～2次/d，连用3～5d	可与链霉素、红霉素、新霉素、磺胺类、甲氧苄氨嘧啶合用；对肾脏和神经系统毒性较大；不宜长期大剂量使用；肾功能不全者禁用

表 2 - 3　广谱抗生素

类别	药品名称	特征特性	治疗类症	用法用量	注意事项
四环素类	土霉素（氧四环素）	浓黄色结晶，难溶于水，其盐酸盐为黄色，易溶于水	主要用于犊牛白痢、副伤寒、巴氏杆菌病、传染性胸膜炎、钩端螺旋体病、坏死杆菌引起的组织坏死等	口服：犊牛每千克体重 10～20mg，3 次/d　肌内注射或静脉注射：每千克体重 3～5mg，2 次/d	静脉注射时配 5% 葡萄糖或生理盐水溶液；禁止与碱性物质混合；成年牛不宜服用；长期使用可诱发二重感染、维生素缺乏症等不良反应
	四环素	浓黄色结晶粉末，易溶于水	对肺炎球菌、炭疽杆菌、棒状杆菌、梭状芽孢杆菌、大肠杆菌、沙门氏菌、巴氏杆菌、变形杆菌的感染有效	静脉注射：每千克体重 3～5mg，2 次/d	盐酸四环素水溶液呈强酸性，不宜肌内注射；静脉注射时，严防漏出血管外
	金霉素	浓黄色结晶粉末，水溶液不稳定	与四环素相似；但对葡萄球菌效果较好，也用于立克氏氏病、放线菌病、衣原体病等	口服、静脉注射：用量同四环素	同四环素
	强力霉素（脱氧土霉素）	浓黄色结晶粉末，易溶于水，水溶液较稳定	与土霉素相似，但作用是土霉素的 2～10 倍，主要用于牛的大肠杆菌病、支原体病、支原体病	口服：每千克体重 1～3mg，1 次/d　静脉注射：每千克体重 1～2mg，1 次/d	长效、高效、广谱、低毒，一般不会引起菌群失调，但也不能长期大量使用

表 2-4 作用于支原体的抗生素

类别	药品名称	特征特性	治疗类症	用法用量	注意事项
抗支原体	北里霉素（吉他霉素）	淡黄色粉末，易溶于水	支原体肺炎、痢疾	口服：每千克体重 1.5～2mg，2 次/d 肌内或皮下注射：每千克体重 5～25mg，1 次/d	主要作用于支原体

（五）抗真菌的抗生素

抗真菌的抗生素和合成抗真菌药，分述于表 2-5。

表 2-5 作用于真菌的抗生素

类别	药品名称	特征特性	治疗类症	用法用量	注意事项
抗真菌素	灰黄霉素	类白色微细粉末，微溶于水，对热稳定	各类浅表癣病	口服：犊牛每千克体重 5～10mg，2 次/d	疗程 3～4 周；妊娠牛禁用
	制霉菌素	淡黄色粉末，有引湿性，难溶于水，略溶于乙醇	用于治疗牛真菌性网胃炎、真菌性乳腺炎、子宫炎等，外用治疗体表真菌感染	口服：250 万～500 万 U/次，2～3 次/d 子宫灌注：150 万～200 万 U/次 乳房灌注：一次量 10 万 U/乳室	对念珠菌属活性最强；对隐球菌、烟曲霉菌、毛癣菌、表皮癣菌、小孢子菌具有较强的抑制作用；口服不易吸收；对全身性感染疗效不明显
	两性霉素 B（芦山霉素）	橙黄色针状结晶，不溶于水	对全身性深部真菌感染具有较强的抑制作用，是治疗深部真菌感染的首选药物	静脉注射：每千克体重 0.15～0.5mg，隔日 1 次或每周 2 次	应在 15℃以下避光保存；用生理盐水稀释会析出沉淀；静脉注射时可能会出现发热、呕吐、精神不振等副作用；肾功能不全畜禁用；不宜与氨基糖苷类抗生素、咪康唑合用
合成抗真菌药	克霉唑（二苯甲咪唑）	白色结晶，不溶于水	对皮肤真菌的抑制作用与灰黄霉素相似；对内脏致病性真菌病疗效良好；用于治疗全身性和深部真菌感染	口服：犊牛 1～1.5g/d，成牛 5～10g/d，2 次/d	对白色念珠菌、新型隐球菌、组织胞浆菌均有杀灭作用；口服宜吸收；对严重的深部真菌感染宜与两性霉素 B 合用，外用亦可治疗浅表真菌感染
	酮康唑	片剂口服药	用于治疗消化道、呼吸道及全身性真菌感染，以及皮肤黏膜等浅表真菌感染	口服：犊牛每千克体重 5～10mg，1 次/d	疗效优于灰黄霉素和两性霉素，且安全性强；口服易吸收；在酸性条件下易吸收，不宜与抗酸药同用

（六）氟喹诺酮类抗菌药物

常用的有氟哌酸、氟嗪酸等，其应用方法列表简述于表2-6。

表2-6　氟喹诺酮类抗菌药物

药品名	特征特性	治疗类症	抗杀病原菌	用法用量
诺氟沙星（氟哌酸）	淡黄色结晶粉末，难溶于水，溶于酸碱溶液	消化道、呼吸道、泌尿道、皮肤感染和支原体感染	对支原体、大肠杆菌、沙门氏菌、巴氏杆菌、绿脓杆菌、金黄葡萄球菌等有杀灭作用	口服：犊牛每千克体重10～20mg，2次/d
培氟沙星（甲氟哌酸）	白色，或微黄色粉末，易溶于水	呼吸道感染、肠道感染、脑膜炎、心内膜炎、败血症、支原体病	各类病原菌、支原体等	口服：犊牛每千克体重10～20mg，2次/d
罗美沙星（洛美沙星）	白色粉末，略溶于水	同诺氟沙星	与诺氟沙星相似	肌内注射：每千克体重5mg，2次/d
氧氟沙星（氟嗪酸）	黄色、灰黄色结晶粉末，微溶于水，易溶于冰醋酸	用于细菌混合型感染敏感菌引起的呼吸道、泌尿道、肠道、皮肤与软组织感染	多数革兰氏阳性菌、阴性菌、厌氧菌、支原体如绿脓杆菌、大肠杆菌、沙门菌等	口服：犊牛每千克体重10～20mg，2次/d
环丙沙星（环丙氟哌酸）	淡黄色结晶性粉末，易溶于水	呼吸道、消化道、泌尿道、支原体以及细菌混合型感染	多数革兰氏阳性菌、阴性菌；厌氧菌、支原体如绿脓杆菌、大肠杆菌、沙门菌等	肌内注射：每千克体重2.5mg，2次/d
沙拉沙星（福乐星）	难溶于水，略溶于氢氧化钠溶液，其盐酸盐微溶于水	主要用于消化道感染，如肠炎、腹泻等，对支原体、呼吸道感染、败血症也有较好作用	革兰氏阳性菌、阴性菌、支原体等菌敏感	见诺氟沙星
达诺沙星（丹乐星、达氟沙星）	其甲磺酸盐易溶于水	主要用于牛肺炎、牛巴氏杆菌病、放线菌病、败血症等	大肠杆菌、沙门氏菌、衣原体等菌敏感	肌内注射：每千克体重1.25mg，2次/d

（七）磺胺类药物与抗菌增效剂

临床常用的磺胺类药物以及抗菌增效药物，其功能与作用分别列于表2-7。

表 2-7　磺胺类药物与抗菌增效剂

类别	名称	主治疾病	用法用量	概要说明
常用磺胺类药物	磺胺嘧啶钠（SD）	脑炎和脑膜炎；呼吸道感染、犊牛胃炎等	口服：一次量，每千克体重 0.14～0.2g，维持量每千克体重 0.07～0.1g，2 次/d　静脉、肌内注射：每千克体重 0.07～0.1g，2 次/d	治疗脑炎和脑膜炎：10%本品 200mL＋40%乌洛托品 60mL＋50%葡萄糖 300mL＋维生素 C 1g，一次静脉注射
	磺胺二甲基嘧啶（SMZ）	敏感菌引起的呼吸道、消化道、泌尿道感染以及葡萄球菌病、链球菌病、传染性鼻炎、犊牛球虫病等	口服：每千克体重 0.14～0.2g，维持量每千克体重 0.07～0.1g，2 次/d　静脉、肌内注射：每千克体重 0.07～0.1g，2 次/d	抗菌作用较 SD 稍差，但不良反应小，乙酰化物的溶解度高，不易出现结晶尿和血尿
	磺胺异噁唑（SB）	泌尿道感染，全身性细菌感染	口服：每千克体重 0.05～0.1g，维持量减半，3 次/d	对葡萄球菌、大肠杆菌作用比 SD 强，吸收、排泄快，不易维持血中有效浓度，需频繁给药
	磺胺甲基异噁唑（新诺明）	临床用于呼吸道、消化道、泌尿道感染以及子宫炎、乳房炎等	口服：一次量，每千克体重 0.05～0.1g，维持量减半，1～2 次/d	强于其他磺胺药，与抗菌增效剂合用，其抗菌作用增强数倍至数十倍
	磺胺-6-甲氧嘧啶（SMM）	乳腺炎、子宫炎，以及呼吸道、消化道、泌尿道细菌感染	口服：犊牛首次量每千克体重 0.05～0.1g，维持量减半，2 次/d　静脉、肌内注射：一次量，0.05g 每千克体重，2 次/d　乳室灌注：2～5g/乳室，1 次/d　子宫灌注：4～5g，1 次/d	对多数革兰氏阳性菌、阴性菌都有抑制作用，对球虫、白细胞原虫、弓形虫也有较强作用
	磺胺-5-甲氧嘧啶（SMD）	主要用于治疗牛泌尿道感染	犊牛混饲、混饮，用量同 SMM	抗菌力较 SMM 弱，但副作用小；与 DVD 配合（5:1）可增强 10 倍以上疗效
	磺胺间二甲氧嘧啶（SDM）	主要用于预防和治疗犊牛球虫病	犊牛混饲：每千克体重 0.075g　预防球虫病，口服每千克体重 0.1g，1 次/d	吸收迅速，排泄较慢，作用维持时间长，不易引起泌尿道损伤
	磺胺临二甲氧嘧啶（SDM）	主要用于敏感菌引起的轻、中度呼吸道和泌尿道感染	口服：首次量每千克体重 0.05～0.1g，维持量减半，1 次/d　静脉、肌内注射：每千克体重 0.025g，1 次/d	吸收迅速，消除缓慢，有效血药浓度维持时间长；毒性小，不易引起泌尿道损伤

（续）

类别	名称	主治疾病	用法用量	概要说明
常用磺胺类药物	磺胺甲氧嗪（SMP）	巴氏杆菌病、大肠杆菌感染、伤寒、霍乱等	口服：每千克体重 50mg，1 次/d	吸收迅速，排泄较慢，维持时间长，适用于中、轻度的全身性细菌感染
	磺胺脒（SC）	主要用于犊牛肠道细菌性感染	口服：犊牛每千克体重 0.05～0.2g，维持量减半，2～3 次/d	口服吸收少，可在肠内保持较高浓度
	磺胺嘧啶银（SD-Ag）	烧伤、创伤感染、脓肿、蜂窝组织炎等	局部外用	对绿脓杆菌等具有强大的杀灭作用
抗菌增效剂	三甲氧苄氨嘧啶（TMP）	与抗生素配伍治疗呼吸道、消化道、泌尿道感染，以及继发腹膜炎、败血症等	口服：本品:磺胺药=1:5；静脉、肌内注射：每千克体重 20～25mg，2 次/天	对大多数革兰氏阳性菌、阴性菌都有抑制作用；用药后吸收迅速，1～4h 可达有效血浓度；维持时间较短，尿中浓度较高

抗菌药物是兽医临床上种类繁多，应用最广泛的药物。合理有效使用抗菌类药物依赖于对疾病的正确诊断、扎实的药理学知识，根据致病菌和药物的特点选药，切记不可滥用抗菌药物

二、驱虫药

寄生虫病是危害动物生产的一类主要疾病。寄生虫的种类繁多，主要有线虫、吸虫、绦虫、原虫以及体外寄生虫。常用于驱除体内寄生虫的部分药物简述于表 2-8。

表 2-8 主要驱虫药

类别	名称	驱虫对象	用法用量	概要说明
驱线虫药	左旋咪唑	血矛属、奥斯特他属、古柏属、毛圆属、仰口属、大肠食道口属、毛首属线虫及牛蛔虫	肌内注射：一次量，每千克体重 4～5mg；口服每千克体重 7.5mg	用量小、疗效高、毒性低、副作用小、驱虫范围广
	酒石酸噻嘧啶	牛捻转血矛线虫、毛圆线虫、细颈线虫、奥斯特他线虫、古柏线虫、食道口线虫、仰口线虫、夏伯特线虫	口服：一次量，每千克体重 25mg	对消化道线虫具有良好的驱虫作用

（续）

类别	名称	驱虫对象	用法用量	概要说明
驱线虫药	酒石酸莫仑太尔	同上	口服：一次量，每千克体重 10mg	用量小、毒性低、安全范围大
	噻苯达唑	绝大多数消化道线虫	口服：一次量，每千克体重 50～100mg	毒性低、安全范围大，治疗剂量无不良反应
	阿苯达唑（丙硫咪唑）	胃肠道线虫、肺线虫、肝片吸虫、绦虫等	口服：一次量，每千克体重 10～15mg	广谱、高效、低毒驱虫药，为当前治疗囊尾蚴的良好药物
	芬苯达唑	血矛属、奥斯特他属、古柏属、毛圆属、仰口属、食道口属矛线虫及莫尼茨绦虫	口服：一次量，每千克体重 5～7.5mg	对其幼虫的驱虫率达 90%以上
	依维菌素或阿维菌素	线虫、皮蝇蛆、虱、螨、蚤等	口服或皮下注射：一次量，每千克体重 0.2mg	体内外寄生虫同驱
驱吸虫药	吡喹酮	曼氏血吸虫、埃及血吸虫、日本血吸虫、多头绦虫、棘球绦虫、中华枝睾吸虫	肌内注射：一次量，每千克体重 40～60mg	肌内、皮下、静脉注射等各种给药方式均可
	硝氯酚	肝片吸虫等	口服：一次量，每千克体重 3～7mg	对成虫驱除效果显著
	别丁（硫双二氯酚）	肝片吸虫、前后盘吸虫、莫尼茨绦虫	口服：一次量，每千克体重 40～60mg	通过干扰虫体能量（ATP）的形成，达到杀灭虫体的作用
驱绦虫药	氯硝柳胺	莫尼茨绦虫、裸头绦虫	口服：一次量，每千克体重 40～60mg	破坏虫体三羧酸循环，可排出完整虫体，给药前需空腹一夜
	氯硝柳胺呱嗪	各类绦虫	口服：一次量，每千克体重 40～60mg	驱虫作用强于氯硝柳胺，为兽医专用制剂
体外驱虫药	三氯杀虫酯	对蚊、蝇有拟除虫菊酯的速效功能，可用于对有机氯或有机磷有耐药性蚊蝇的驱杀作用	常用 25%乳剂稀释后喷洒（2g/m³）厩舍，1%乳剂喷洒体表。也可与敌敌畏或胺菊酯等做气雾喷洒	

（续）

类别	名称	驱虫对象	用法用量	概要说明
体外驱虫药	氯苯甲脒	各种畜禽的螨病	常用 0.1%～0.2%溶液或乳剂，外用喷洒或涂布或药浴	用药后出现的精神不安，沉郁，肌肉震颤，痉挛、呼吸困难在短时间内可自行恢复
	西维因	用于杀灭体外寄生虫，对各种蝇、疥螨、虱、蚤、牛皮蝇幼虫、伤口蛆及厩舍中的各种蚊蝇均有良好杀灭作用	外用，临床上常用5%粉剂，室内量，1g/m²；室外量，2g/m²，主要用于驱除虱及各种其他吸血昆虫	
	戊酸氰醚酯	为广谱杀虫剂，对多种体外寄生虫，如螨、虱、蚤、蜱、蚊、蝇、虻等均有良好防治效果，杀虫力强，疗效可靠	常用制剂为20%乳剂，药浴、喷雾或涂擦。螨病0.02%，虱病0.000 5%，杀蚤、蚊、蝇及牛虻0.004%～0.008%，喷雾后密闭4h	
	溴氰菊酯	用于动物体表的蝇、牛皮蝇，以及牛的各种虱类，不同的浓度，有不同的杀虫效果	外用，牛 100mg/L 溴氰菊酯洒于体表，隔半个月用一次，连用10次。常用杀灭蜱、螨，浓度为 0.01%～0.012 5%。喷雾 50mL/m²，密闭4～6h，喷药时防止动物舔食药物	①对本药急性中毒时无特效解毒药，但阿托品可阻止流涎症状，口服中毒时可用4%碳酸氢钠洗胃。②对皮肤、黏膜、眼睛、呼吸道有较强的刺激性。③对鱼是一种剧毒药，切勿倒入鱼塘内
	双甲脒	用于牛体外寄生虫病，如疥螨、痒螨、蜂螨、蜱、虱等驱杀	家畜 0.025%～0.05%溶液，涂擦、喷洒、药浴	①本品对皮肤有刺激作用，以防药液沾在皮肤上。②对严重的病例隔7d后再用1次
	丙氨嗪	用于控制动物厩舍内蝇蛆的繁殖		
	伊维菌素	广谱驱虫药，对蜱、螨、蝇、蚊、虻有特殊驱杀作用，对肠道线虫也有效	皮下注射：每千克体重 200～400μg，7～10d/次	

（续）

类别	名称	驱虫对象	用法用量	概要说明
抗原虫药	噻匹拉明	牛伊氏锥虫、马媾疫锥虫	皮下或肌内注射：每千克体重 4～5mg	过量时，动物出现不安、流涎、出汗等症状
	新肿凡钠明	牛伊氏锥虫	静脉注射：每千克体重 10～15mg	毒性大，刺激性强，过量时引起不安、出汗、肌颤
	盐酸氯化氮氨菲啶（沙莫林）	用于牛的刚果锥虫、布氏锥虫、伊氏锥虫有较好的疗效	肌内注射，每千克体重 1mg，用前加灭菌水配成 2%溶液	①本品对组织刺激性强，注射部位常有硬结，3 周后自然消失。严重的有水肿现象，最好深部肌内注射。②有时用药后出现牛群兴奋不安、呼吸加快、精神沉郁等全身症状，但过段时间会自然消失。因此，在用药前后，应加强对动物护理，以减少不良反应
	舒拉明	牛伊氏锥虫	静脉注射：每千克体重 15～20mg	毒性大，过量伤肝、肾、脾，导致呼吸困难等
	莫能菌素钠	对牛雅氏、艾美耳球虫有很好的疗效	混饲：犊牛每 1 000kg 饲料 20～30g	本品毒性较莫能菌素较强，并有明显的种族差异
	拉沙洛菌素钠	本品为高效抗球虫药	混饲：犊牛每 1 000kg 饲料 32.5g	使用时应根据感染程度调整用药浓度。高于每千克体重 75mg 时，对宿主免疫力有一定的抑制
	盐酸氨丙啉	对牛艾美耳球虫有预防作用	口服：一次量，每千克体重 55mg/d，连用 2 周	①不能连续使用 20d 以上，易引起神经症状。②与磺胺喹沙啉合用，增加疗效

（续）

类别	名称	驱虫对象	用法用量	概要说明
抗原虫药	三氮脒	该药对牛的双芽梨形虫、巴贝斯梨形虫、柯契卡巴贝斯梨形虫等感染的治疗效果较好，对轻症病例效果较佳。轻症病例一次用药即可使虫体驱尽。重症病例即使增加剂量，疗效也差。还可用于治疗锥虫病。对牛伊氏锥虫病疗效较差。本药对家畜血孢子虫病，既有治疗作用，又有一定的预防作用。过量时，牛起卧不安，心跳加快，肌颤，流涎。牛又以黄牛敏感，应用小剂量	肌内注射：每千克体重3～5mg，用前配成5%～7%的灭菌溶液，仅用1次	①本品毒性较大，有时出现不良反应，但可自行消失。②对局部组织刺激性较强，应分点注射。③大剂量产乳量可减少
	甲硝唑	对毛滴虫有良好的效果	口服：每千克体重60mg 静脉注射：每千克体重75mg，1次/d，连用3d	①本品易透过胎盘屏障和乳腺屏障，故妊娠母畜及哺乳母畜禁用。②用量过大可引起恶心、呕吐、白细胞减少及神经症状，但一般都能耐过。③静脉注射时速度要慢。④对实验动物有致癌作用
	地美硝唑	本品对牛生殖道毛滴虫有良好的效果	口服：每千克体重60～100mg	
	二脒那嗪	双芽梨形虫、巴贝斯梨形虫、柯契卡巴贝斯梨形虫	肌内注射：奶牛每千克体重2～5mg，水牛每千克体重6mg，黄牛每千克体重3～7mg	深部肌内注射，牛仅一次，过量时牛起卧不安、心跳加快、肌颤、流涎
	喹啉脲	双芽梨形虫、巴贝斯梨形虫、柯契卡巴贝斯梨形虫	皮下注射：每千克体重1mg	副作用大，中毒时可用阿托品解毒
	吖啶黄	巴贝斯梨形虫	肌内注射：每千克体重3～4mg	用前配成0.5%～1%的浓度，毒性较大，缓慢注射

（续）

类别	名称	驱虫对象	用法用量	概要说明
抗原虫药	咪哆卡	双芽梨形虫、巴贝斯梨形虫	皮下、肌内注射：每千克体重 1～2mg	一次用药后，可维持药效达一个月
	青蒿素	双芽梨形虫、泰勒梨形虫以及疟原虫等	肌内注射：每千克体重 5mg，2 次/d	青蒿皮琥珀酯片，口服每千克体重 5mg，首次加倍，2 次/d，连用 2～4d

选用的抗寄生虫药应具备广谱、高效、低毒、便于投药、价格便宜、无残毒和不易产生耐药性等条件。广谱是指能治疗畜禽混合感染寄生虫侵袭。高效是指在小剂量时即可发挥一定药效，不仅对成虫，而且对未成熟虫体有效则更好，可延长两次驱虫或杀虫的间隔时间，降低感染率。低毒是指药物对宿主毒性小，应用安全。

三、作用于消化系统的药物

主要包括健胃药、瘤胃兴奋药、制酵消沫药、泻药以及止泻药等。部分临床常用药物列于表 2-9。

表 2-9　治疗消化系统疾病的常用药物

类别	名称	主治疾病	用法用量	概要说明
苦味健胃药	龙胆末、龙胆酊、复方龙胆酊	食欲减退、消化不良	口服：龙胆末 15～45g/次，龙胆酊 50～100mL/次，复方龙胆酊 20～100mL/次	主要成分是龙胆苦苷，性寒味苦，可刺激口腔味觉感受器，可促进唾液和胃液分泌，增进食欲，促进消化；空腹服用为好
	大黄末、大黄苏打片	食欲减退、消化不良	口服：大黄末健胃，20～40g/次；止泻，100～250g/次；泻下犊牛，10～30g/次；大黄苏打片健胃，犊牛 3～5g/次	小剂量服用，苦味健胃；中剂量服用，收敛止泻；大剂量服用，止泻作用，同时具有抗菌消炎功能，临床上常用于健胃
	潘木鳖酊	消化不良、胃肠弛缓、食欲不振、瘤胃积食	口服：10～30mL/次	有效成分木鳖碱也称士的宁，服后苦味健胃，促进胃肠机能活动，吸收后具有兴奋中枢作用，增强肌力，促进血液循环。具有蓄积作用，用药不可超过一周

类别	名称	主治疾病	用法用量	概要说明
芳香健胃药	橙皮酊	消化不良、瘤胃臌胀、积食及咳嗽多痰	口服：30～100mL/次	含有挥发油、橙皮苷等芳香物质，具有促进胃肠活动和分泌、抑菌制酵等功能
	大蒜酊	瘤胃臌胀、前胃弛缓、胃扩张、肠臌气、卡他性胃肠炎	口服：50～100mL/次	主要成分是大蒜素，长期存放失效；口服刺激胃肠黏膜，增强胃肠蠕动和胃液分泌，具有健胃、抑菌、制酵等功效
	复方大黄酊	消化不良、瘤胃积食	口服：30～100mL/次	有效成分大黄蒽苷、大黄酚及鞣酸，具有苦味健胃作用；通过刺激口腔味觉感受器及胃肠黏膜，促进消化分泌及胃肠蠕动，强化食欲和消化功能
	姜酊	消化不良、胃肠臌气	口服：30～60mL/次	有效物质挥发油、姜辣素、姜酮和辛辣物质；口服刺激胃肠黏膜，增强胃肠蠕动和胃液分泌
	碳酸氢钠	胃肠卡他、健胃、酸中毒、祛痰等	口服：30～100g/次	水溶液呈碱性，服后迅速中和胃酸，缓解幽门括约肌的紧张度，同时产生大量二氧化碳，增加胃内压，因而禁用于胃扩张病
	人工盐	消化不良、瘤胃弛缓	口服：健胃50～150g/次，缓泻200～400g/次	硫酸钠、氯化钠、硫酸钾等配制而成，小剂量促进胃肠蠕动，中和胃酸，促进消化，大剂量起缓泻作用
助消化药	稀盐酸	临床常用于因胃酸不足或缺乏引起的消化不良	口服：15～20mL/次	①禁止与碱类、盐类健胃药、有机酸、洋地黄及其制剂配合使用。②用前加50倍水稀释成0.2%的溶液。③用药浓度和用量不可过大，否则因食糜酸度过高，反射性地引起括约肌痉挛，影响胃的排空而产生腹痛症状
	稀醋酸	临床上用于治疗幼畜的消化不良，牛的瘤胃臌气、前胃弛缓	口服：10～40mL/次	用前加水稀释成0.5%左右的浓度

（续）

类别	名称	主治疾病	用法用量	概要说明
助消化药	干酵母	临床用于食欲不振、消化不良以及B族维生素缺乏症等	口服：30～100g/次	用量过大会造成轻度下泻。密封干燥处保存
	乳酶生	临床主要用于防治消化不良、肠内臌气和幼畜腹泻等	口服：犊牛10～30g/次	①本品为活乳酸杆菌，不宜与抗生素、鞣酸、酊剂等药物配合使用，以防失效。②应在饲喂前服药
	胃蛋白酶	临床常用于胃液分泌不足或幼畜因胃蛋白酶缺乏而引起的消化不良	口服：成年牛4 000～8 000IU/次，犊牛1 600～4 000IU/次	①忌与碱性药物配合使用，温度超过70℃时迅速失效，遇鞣酸、重金属盐产生沉淀。②用前先将稀盐酸加水50倍稀释，再加入胃蛋白酶片，饲喂前灌服
瘤胃兴奋药	10%氯化钠	前胃弛缓、蠕动力弱	静脉注射：200～300mL/次	又称高渗盐水，可提高血液中氯化钠浓度，改善心血管机能，促进胃肠分泌与蠕动，增强反刍
	胃复安	消化不良、结肠臌气、呕吐	口服：犊牛每千克体重0.5～1mg	为白色结晶粉末，溶于水及醋酸，服后增强反刍次数，促进胃肠蠕动
	氯化乙酰胆碱	便秘症、肠弛缓、前胃弛缓	皮下注射：每千克体重5～8mg	作用于胃肠平滑肌，兴奋瘤胃、增强蠕动、促进排便；孕、弱及心、肺功能差者禁用，禁止静脉注射
	新斯的明	便秘症、肠弛缓、前胃弛缓	皮下、肌内注射：4～20mg/次	作用平滑肌，使收缩加强、蠕动加快，用于前胃弛缓、瘤胃积食、瓣胃阻塞；孕畜禁用
	氨甲酰甲胆碱	临床上主要用于前胃弛缓、瘤胃积食、膀胱积尿、胎衣不下和子宫蓄脓等	皮下注射：每千克体重0.05～0.1mg/次	①因本品作用强烈而选择性较差，肠道完全阻塞、顽固性便秘、创伤性网胃炎及孕畜禁用。②发生中毒时，可用阿托品解救

（续）

类别	名称	主治疾病	用法用量	概要说明
瘤胃兴奋药	酒石酸锑钾	临床主要用于瘤胃弛缓、反刍无力等症状	口服：4~6g/次	①胃肠炎病畜禁用。②瘤胃蠕动停止的病畜禁用，药物不易到达真胃或十二指肠，因而不能产生药效。③用量不宜过大，否则会对胃肠黏膜产生刺激，加重病情。④用时稀释成3%~5%的溶液灌服
	硝酸毛果芸香碱	不完全性阻塞、前胃弛缓	皮下注射：0.1~0.3g/次	兴奋肠管平滑肌；孕、弱及心、肺功能差者禁用，完全阻塞的病畜禁用
制酵药与消沫药	甲醛溶液	急性瘤胃臌气	口服：8~25mL/次	稀释成1%~2%的溶液服用；对瘤胃微生物有杀灭作用，不宜反复使用
	松节油	瘤胃臌气、胃肠臌胀	口服：20~60mL/次	刺激消化道黏膜，促进胃肠蠕动，具有制酵、祛风、消除泡沫等作用
	鱼石脂	临床上用于胃肠道制酵、急性胃扩张、前胃弛缓、胃肠胀气、瘤胃臌气、大肠便秘、消化不良和腹泻等	口服：10~30g/次	①临用时先加2倍量乙醇溶解后再水稀释成3%~5%溶液灌服。②禁与酸性药物混合使用
	芳香氨醑	临床上用于消化不良、瘤胃臌气、急性肠臌气等	口服：30~60mL/次	
	二甲基硅油	瘤胃泡沫性臌气	口服：3~5g/次	用前配成2%~5%酒精溶液，用胃导管投喂
容积性泻药	硫酸钠（芒硝）	大肠便秘，排除肠内毒物	口服：一次量，300~800g/次	治疗便秘，配合大黄、积实、厚朴等药物效果更好；驱虫后排出肠内毒物及虫体是首选泻药之一；注入瓣胃，可软化干结食团，利于搅拌、排出
		瓣胃阻塞	瓣胃注射：25%~30%溶液250~300mL	

（续）

类别	名称	主治疾病	用法用量	概要说明
容积性泻药	硫酸镁	与硫酸钠相似	口服：一次量，300～800g/次	禁与氯化钙、碳酸氢钠混用；超剂量或注入过快易中毒，出现呼吸浅表、肌腱反射消失，可静脉注射氯化钙解救
刺激性泻药	大黄	便秘	口服：成年牛100～150g/次；犊牛10～30g/次	其所含蒽醌苷类，可刺激肠壁感受器，增加肠蠕动，引起下泻；与硫酸钠配合使用，效果较好
润滑性泻药	液态石蜡（石蜡油）	小肠便秘	口服：500～1 500mL/次	矿物油，在动物肠道不起变化，以原形通过肠管，对肠道黏膜具有润滑和保护作用，是一种比较安全的泻药
止泻药	活性炭（药用碳）	腹泻、肠炎、毒物中毒等	口服：100～300g/次	表面吸附作用强，减轻肠内容物对肠壁的刺激作用，使肠蠕动减弱，同时吸附细菌、发酵产物、色素、有害气体、生物碱等，呈现止泻解毒作用
	鞣酸与鞣酸蛋白	急性肠炎、非细菌性腹泻	口服：10～20g/次	鞣酸与胃黏液蛋白生成鞣酸蛋白，覆盖黏膜，而进入肠腔后，在胰酶的作用下释放鞣酸，呈收敛与保护作用

　　健胃药和助消化药用于动物食欲不振、消化不良等疾病，不能单独选用对此病效果较好的药物，同时还要配合用药。牛不吃草时可选用胃蛋白酶，配合稀盐酸或稀醋酸疗效良好。如采食大量易发酵或腐败变质的饲料导致的瘤胃臌气，急性胃扩张，一般选用制酵药，并根据病情配合瘤胃兴奋药。中毒引起的瘤胃臌气，除制酵外，还要对因治疗。泡沫性臌胀时，必须选用二甲基硅油等消沫药。选用泻药时多与制酵药、强心药、体液补充药配合使用。大肠便秘的早、中期，一般选用盐类泻药，配合大黄等。小肠便秘的早、中期，一般选用植物油、液体石蜡。排除毒物，一般选用盐类泻药，配合植物性泻药，但不能用植物油。便秘后期，发生炎症的情况下，只能选用润滑性泻药，特别对孕畜有一定的保护作用，以防流产。应用泻药时应防止大量的水分排出，产生脱水

现象，应注意补水。

四、作用于呼吸系统的药物

作用于呼吸系统的药物主要有祛痰类、镇咳类、平喘类药物。常用药物简述于表2-10。

表 2-10 作用于呼吸系统的药物

类别	名称	主治疾病	用法用量	概要说明
祛痰药	氯化铵	呼吸道炎症初期，痰液黏稠而不易咳出的病例	口服：10～25mg/次，2～3次/d	禁与磺胺类药物合用；禁与碱、重金属盐配合使用；胃、肝脏、肾脏功能障碍时要慎用
	碘化钾	用于治疗慢性或亚急性支气管炎；局部病灶注射治疗牛放线菌病等	口服：5～10g/次	吸收后直接刺激支气管腺体分泌，使痰液变稀而易于咳出，故有祛痰作用；溶解病变组织，消散炎性产物改善血液循环，促进痊愈过程
	碳酸镁	本品作为祛痰药，作用与氯化铵相似，但效力较弱	口服：10～30g/次	在体内不易引起酸血症
	酒石酸锑钾	小剂量口服后呈现祛痰作用，大剂量口服可兴奋瘤胃，静脉注射有抗血吸虫作用	口服：0.5～3g/次	
	乙酰半胱氨酸	用于急、慢性支气管炎、支气管扩张、喘息、肺炎、肺气肿等	5%溶液气管内注射3～5mL	黏膜性溶解性祛痰剂，所含巯基能使黏性成分二硫键断裂，降低痰液黏度，使之易于咳出
镇咳药	咳必清（枸橼酸喷托维宁）	治疗伴有剧烈干咳的急性呼吸道炎症	口服：0.5～1g/次，3次/d	常与祛痰药合用；大剂量会导致腹胀和便秘；心脏功能不全、伴有肺部瘀血的患牛忌用
	复方甘草合剂	具有镇咳、祛痰、平喘作用，用于治疗一般性咳嗽	口服：50～100mL/次	甘草次酸具有镇咳作用，可促进咽喉及支气管分泌，具有祛痰、解毒、抗炎等作用
	可待因（甲基吗啡）	用于无痰、剧痛性咳嗽及胸膜炎等引起的干咳	口服：0.2～2g/次，3次/d	对多痰性咳嗽不宜应用，以免造成呼吸道阻塞

（续）

类别	名称	主治疾病	用法用量	概要说明
平喘药	氨茶碱	痉挛性支气管炎，急、慢性支气管哮喘，心力衰竭时的气喘及心脏性水肿的辅助治疗	肌内、静脉注射：1～2g/次，一般只用一次	具刺激性，应深部肌内注射；静脉注射限量，并用葡萄糖稀释至 2.5%以下，缓慢滴注，不能与维生素 C、盐酸四环素等酸性药物配伍
	异丙肾上腺素（异丙肾、喘息定、治喘灵）	临床主要用于支气管痉挛所致的哮喘发作；抢救心脏骤停、治疗房室阻滞等；也可用于抗休克（应先补足血容量）	①异丙肾上腺素片10mg/片：口服：1～4mg/次，2～3 次/d。②异丙肾上腺素注射液：静脉注射，50～100mg/次，2～3 次/d。用时加适量等渗葡萄糖溶液稀释，开始时宜用小剂量并注意控制心率，大家畜每分钟不得超过 100 次	①常见不良反应有口咽发干，心悸不安，少见不良反应为恶心、震颤、多汗、乏力。②用量过大或静脉注射速度过快均可引起心律失常、心室颤动，器质性心脏病患畜禁用。③注射液忌与碱性药物配伍，亦不能与维生素 C、亚硫酸氢钠甲萘醌（维生素 K_3）、促皮质激素、盐酸四环素、青霉素和红霉素等配伍静脉注射
	麻黄碱	用于轻症支气管喘息，配合祛痰药用于急、慢性支气管炎的治疗	口服：0.05～0.5g/次，2～3 次/d	对中枢兴奋作用较强，用量过大会导致病牛骚动不安，甚至惊厥等中毒症状，严重时采用巴比妥类等药物解毒

呼吸道炎症初期，痰液黏稠而不易咳出时，可选用氯化铵祛痰。而呼吸道感染伴有发热等全身症状的，应以抗菌药物控制感染为主，同时选用刺激性较弱的祛痰药氯化铵。碘化钾刺激性较强，不适用于急性支气管炎。

当痰液黏度高、频繁而无痛的咳嗽亦难以咳出时，可选用碘化钾口服或其他刺激性祛痰药物，如松节油等蒸气吸入。

轻度咳嗽或多痰性咳嗽，不应选用镇咳药止咳，只要选用祛痰药将痰排出后，咳嗽就会减轻或停止。但对长时间频繁而剧烈的疼痛性干咳，应选用镇咳药，或选用镇咳药与祛痰药配伍的合剂，如复方咳必清糖浆、复方甘草合剂等。对急性呼吸道炎症初期引起的干咳，也可选用非成瘾性镇咳药咳必清。

治疗喘息，应注重对因治疗。对于因细支气管积痰而引起的气喘，通常在镇咳、祛痰的同时，也就得到缓解，而对于因支气管痉挛等引起的气喘，则需选用平喘药治疗。在选用平喘药时应慎重。因为多数平喘药都对中枢神经和心血管系统有一定的副作用。一般轻度喘息，可选用氨茶碱或麻黄碱平喘，辅以氯化铵、碘化钾等祛痰药进行治疗，以使痰液迅速排出。但不宜用可待因或咳必清等镇咳药，因其能阻止痰液的咳出，反而加重喘息。

此外，肾上腺糖皮质激素、异丙肾上腺素等均有平喘作用，可适应于过敏性喘息。

五、作用于泌尿和生殖系统的药物

用于生殖系统的药物主要是激素类和合成类激素，用于泌尿系统的药物主要是一些具有利尿功能、调节水代谢障碍和酸碱平衡紊乱的药物。简述于表 2-11。

表 2-11　作用于泌尿生殖系统的药物

类别	名称	主治疾病	用法用量	概要说明
作用于生殖系统的药物	黄体酮	黄体功能不足引起的早期流产和习惯性流产；卵巢囊肿引起的慕雄狂症	肌内注射：一次量50~100mg，间隔5~10d重复一次	具有促进子宫内膜生长、充血、增厚，抑制子宫收缩等功用，可作为保胎药
	绒毛膜促性腺激素	临床用于同期发情，促进排卵、提高受胎率，也用于母牛诱发发情和习惯性流产	肌内注射：1 000~5 000mg，2~3次/d	使成熟的卵泡排卵，提高受胎率；大剂量可延长黄体的存在期，刺激卵巢分泌雌激素，引起发情
	垂体后叶素	催产，产后子宫出血，加速胎衣或死胎排出，促进子宫复位，催乳	静脉或肌内注射：50~100 IU	①产道阻塞、胎位不正、骨盆狭窄、子宫颈未开放禁用。②可引起过敏反应，用量大时引起血压升高、少尿及腹痛
	甲睾酮（甲基睾丸素）	主要用于种公畜性欲缺乏，骨折后愈合缓慢，抑制母畜发情、泌乳	甲睾酮片口服：10~40mg/次	
	雌二醇	①治疗子宫疾病，如子宫内膜炎、胎衣不下、子宫蓄脓、排出死胎等。②作为催情药，主要用于卵巢机能正常而发情不明显的牛，但剂量过大时可抑制发情。③应用催产素促进母牛分娩时	肌内注射：5~20mg/次	①用于催情时，应尽量配合原有的发情期。②反复大剂量或长期应用，可导致牛卵巢囊肿或慕雄狂、流产、卵巢萎缩，以及黄体退化。③妊娠母牛、肝肾功能严重减退的牛忌用

（续）

类别	名称	主治疾病	用法用量	概要说明
作用于生殖系统的药物	绒促性素（人绒毛膜促性腺激素、绒膜促性腺素、HCG）	①促进排卵，提高受胎率。②促进同期发情和同期排卵。③治疗排卵延迟和不排卵、卵巢囊肿、习惯性流产。④治疗公牛的性功能减退	肌内注射：1 000～5 000IU/次	①配好的溶液应在4h内用完。②治疗习惯性流产应在怀孕后期每周注射一次。③提高受胎率，应于种当天注射。④治疗性功能障碍，每周注射2次，连用4～6周。⑤本品为糖蛋白，具抗原性，多次使用疗效降低，并可引起过敏反应
	垂体促卵泡素（卵泡刺激素、促卵泡素、FSH）	①用于母牛催情，提高同期发情效果。②治疗持久黄体、卵泡停止发育及两侧卵泡交替发育等卵巢疾病。③母牛发情前大剂量使用可引起超数排卵	肌内、静脉或皮下注射：10～50mg/次	
	血促性素（孕马血清、马促性腺激素、PMS）	主要用于不发情或发情不明显的母畜，促使发情、排卵、受孕	皮下注射、肌内注射或静脉注射：1 000～2 000IU/次	①配好的溶液应在数小时内用完。②用于单胎动物时，因超数排卵，不要在本品诱发的发情期限配种。③反复使用，可降低药效，有时会引起过敏反应。④直接用孕马血清时，供血马必须健康
	垂体促黄体素（促黄体激素、黄体生成素、LH）	主要用于成熟卵泡排卵障碍、卵巢囊肿、早期习惯性流产、不孕及雄性动物性欲减退、精液量减少等	静脉或皮下注射：25mg/次	禁止与抗肾上腺素药、抗胆碱药、抗惊厥药、麻醉药和安定药等抑制LH释放、排卵的药物同用。反复或长期使用，可导致抗体产生，引起过敏和降低药效
	缩宫素（催产素）	用于催产和引产，治疗产后子宫出血、胎衣不下、排出死胎、子宫复位不全、催乳等	肌内注射：75～100IU，一般只用1次	子宫平滑肌兴奋剂，强化子宫收缩力度，对子宫体作用最强，而对子宫颈作用较弱，促进胎儿的逸出，强化乳腺平滑肌的收缩，促进排乳

（续）

类别		名称	主治疾病	用法用量	概要说明
作用于生殖系统的药物	前列腺素	地诺前列素	治疗持久黄体不孕症，促进发情和排卵，用于母牛同期发情等	肌内注射、子宫灌注：6～20mg/次 肌内注射：每千克体重500μg	对子宫平滑肌有强烈的收缩作用，特别是妊娠后期，对黄体有较强的溶解作用，可促进母牛的发情和排卵
		氯前列醇			
利尿药		双氢氯噻嗪	用于心脏、肾脏、肝脏等疾病继发性水肿	口服：一次量，0.5～2g	抑制钠离子的主动吸收，促进钠和氯从尿中排出，呈较强而持久的利尿作用
		螺内酯（安体舒通）	本品利尿作用较弱，一般很少单独用作利尿药，常与高效、中效利尿药合用，纠正后者失钾的不良反应，并减少两药用量，从而提高疗效	口服：每千克体重0.5～1.5mg	①有保钾作用，应用时无需补钾。②肾功能衰竭及高血钾患畜忌用
		依他尼酸（利尿酸）	用于治疗各种原因引起的全身水肿及其他利尿药无效的严重病例	口服：每千克体重0.5～1.0mg	①副作用较大，静脉注射时胃出血的发病率较高。②易引起心律失常
		布美他尼（丁苯氧酸）	主要用于顽固性水肿及急性肺水肿	口服：每千克体重0.05～1.5mg	
		氯噻酮	治疗各种水肿	口服：0.5～1g	①长期应用，应加服氯化钾。②孕畜不宜连续使用
		乙酰唑胺	用于心性水肿，对肾性及肝性水肿无效	口服：每千克体重1～3mg	长期服用应补给钾盐
		速尿	适用于各种利尿药无效时的严重水肿	口服：每千克体重2mg；静脉或肌内注射：每千克体重0.5～1mg，1次/d	通过抑制氯的主动吸收，使钠、钾、氯的排出增加，有增加血流量和降压等作用
		氨苯喋啶	适用于肝脏性水肿以及其他恶性水肿和腹水	口服：每千克体重0.5～3mg，3次/d，3～5d一疗程	保钾排钠而利尿；肝脏、肾脏功能严重减退或高血压症病牛忌用

（续）

类别	名称	主治疾病	用法用量	概要说明
利尿药	甘露醇	治疗脑水肿首选药，用于术后无尿症等	静脉注射：1 000～2 000mL/次	慢性心脏功能不全病畜禁用，用量不宜过大，滴注不宜过快，药液切勿漏出血管
	山梨醇	治疗脑水肿，预防急性肾功能衰竭等	静脉注射：1 000mL/次，2～3次/头	功能与甘露醇相似，但作用弱，溶解度大，价格较低

六、作用于心血管系统的药物

治疗心血管系统的药物包括强心类药物、止血类药物和抗贫血类药物，简介于表2-12。

表2-12　作用于心血管系统的药物

类别	名称	主治疾病	用法用量	概要说明
强心药	洋地黄	各种原因引起的慢性心功能不全，阵发性室上性心动过速	口服：每千克体重0.033～0.066g；适于严重病例，首次口服全效量的1/2，6h后服全效量的1/4，以后间隔6h服全效量的1/8	在体内代谢和排泄缓慢，易蓄积，未用过强心苷的病例方可常规给药；用药期间，禁忌静脉注射钙剂、肾上腺素类药物；安全范围小，毒性反应为厌食、呕吐、腹泻等；心内膜炎、急性心肌炎、创伤性心包炎患畜慎用
	地高辛	同上	口服：每千克体重0.08mg 静脉注射：每千克体重0.01mg	小肠吸收，体内分布广泛，作用强而迅速，显著减缓心率，具有较强利尿作用，排泄快，而积蓄作用较小，使用较安全
	洋地黄毒苷	慢性心功能不全	静脉注射：每千克体重0.006～0.012mg 肌内注射：每千克体重0.037mg	开始作用慢，维持作用时间长；口服后2h见效，12h达高峰；3～7d作用开始消失；2～3周完全消失；不良反应较小

（续）

类别	名称	主治疾病	用法用量	概要说明
强心药	毒花旋毛子苷K	急性心衰，特别是对洋地黄无效的病症	静脉注射：0.25～3.75mg/次，用葡萄糖溶液或生理盐水稀释10～20倍，缓慢注射	为高效、速效强心苷药物；适用于急性心功能不全或慢性心功能不全的急性发作；排泄迅速、蓄积作用小，维持时间短；不能皮下注射
止血药	维生素K	出血症、低凝血酶原症等	肌内注射：0.5～2.5g/次，2～3次/d	临床主要用于某些疾病导致维生素K缺乏而引起的凝血时间延长、出血不止等病症
	安络血	鼻出血、内脏出血、血尿、视网膜出血、手术后出血、产后出血等	肌内注射：5～20mg/次，2～3次/d	可促进断裂毛细血管端的回缩，降低毛细血管的通透性，减少血液外渗；禁与脑垂体后叶素、青霉素G、盐酸氯丙嗪混合；不能与抗组胺药物同时使用
	酚磺乙胺（止血敏）	用于防治各种出血性疾病，如鼻、胃、膀胱、子宫出血及外科手术的出血等。主要用于手术前预防出血	肌内或静脉注射：1.25～2.5g，一次量	预防外科手术出血，应在术前15～30min用药
	6-氨基乙酸	适用于纤维蛋白溶酶活性增高所致的出血，如大型外科手术出血、产后大出血、肺及消化道出血等	加入生理盐水或5%的葡萄糖溶液中静脉注射或静脉滴注，首次量：20～30mg。6-氨基己酸作用弱而短，排泄较快，需给予维持量	本品不能阻止小动脉出血，在手术时如有活动性动脉出血，仍需结扎止血。本品能抑制尿激酶（存在于尿中，能使纤维蛋白溶解酶原活化）活性，并主要由肾排出，在尿中浓度较高时容易形成凝块，造成尿路阻塞
	对羧基苄胺	适应证同6-氨基己酸	静脉注射：0.5～1g/次	本品是抗纤维蛋白溶解药，止血作用机制与6-氨基己酸相同，效力比6-氨基己酸强4～5倍，排泄较慢，毒性较低。对一般渗血效果较好

（续）

类别	名称	主治疾病	用法用量	概要说明
止血药	硫酸鱼精蛋白	主要用于注射肝素过量而引起的出血	硫酸鱼精蛋白注射液、静脉注射、用量与所用肝素相等	高浓度快速注射可发生低血压、心搏过慢、呼吸困难等症状，故宜缓慢注射。静脉注射过量可发生纤维蛋白溶解亢进，产生抗凝血作用而致出血，应注意控制用量
	明胶海绵（吸收性明胶海绵）	明胶海绵适用于小出血和渗出性出血。如外伤出血及手术时的止血。在止血部位经4～6周即可完全液化，被组织吸收	可按出血创面的形状，将其切成所需大小，轻揉后敷于创口渗血区，再用纱布按压即可止血	明胶海绵系灭菌制剂，拆开包装后不宜再行消毒，以免延长其被组织吸收的时间。使用过程中，严格要求无菌操作
	明矾（硫酸铝钾）	外用可治结膜炎、口炎、咽喉炎等各种黏膜炎症，口服能止血、收敛，可用于胃肠出血、腹泻等	口服：一次量，10～25g	明矾稀溶液以收敛作用为主，浓溶液或外用明矾粉末则产生刺激与腐蚀作用
	凝血酸	创伤止血效果显著，手术前预防用药	静脉注射：2～5g/次，用前采用25%葡萄糖液200mL以上稀释	肾功能不全以及术后有血尿的病畜慎用；用药后可发生恶心、呕吐、食欲减退、嗜睡等，停药后即可消失
抗凝血药	枸橼酸钠	抗血栓，多用于体外抗凝血	100mL全血中加入枸橼酸钠注射液10mL	与钙结合形成难以分离的可溶性络合物，降低钙浓度，使血液凝固受阻
	肝素钠	防止血栓栓塞性疾病	静脉滴注：每千克体重100～150 IU	口服无效，刺激性强，肌内注射应配普鲁卡因
抗贫血药	硫酸亚铁	贫血症	口服：2～10g/次，3次/d	采食后给药
	维生素B$_{12}$	巨幼红细胞性贫血及神经损害性疾病	静脉注射：1～2mg/次	也可用于神经炎、神经萎缩等疾病的辅助治疗

七、镇静与麻醉药物

(一) 镇静药

几种常用药物的功能与作用列于表 2-13。

表 2-13 镇静药

类别	名称	主治疾病	用法用量	概要说明
抗惊厥药	苯巴比妥钠	临床上多用于缓解脑炎、破伤风、高热等疾病引起的中枢兴奋症状及惊厥,解救中枢兴奋药中毒,或与解热镇痛药配伍应用等	肌内或静脉注射:每千克体重 10～15mg	①呼吸中枢过度抑制时可用安钠咖、戌四氮、尼可刹米等中枢兴奋药解救。②口服中毒的初期,可用 1:2 000 高锰酸钾溶液洗胃,并碱化尿液,以加速本品的排泄。③短时间内不宜连续用药。④肝肾功能障碍的患畜慎用
	硫酸镁注射液	常用于治疗破伤风、膈痉挛等	肌内注射与静脉注射:10～25g/次	静脉注射量过大或给药过快时,可致呼吸中枢麻痹,血压下降而立即死亡
	苯妥因纳	临床治疗癫痫大发作时,应首先应用苯巴比妥钠,以立即控制症状,然后用本品进行预防和维持治疗	口服:1～2g/次	本品副作用较小,但长期服用可因蓄积中毒导致厌食、共济失调、眼球震颤、白细胞减少及视力障碍等,应注意补给适量维生素 D。停药前应逐渐减量,不能突然停药
镇静药	马来酸乙酰丙嗪	镇静安定、麻醉前给药、镇痛降温和抗休克、解除平滑肌痉挛。本品与哌替啶配合治疗痉挛疝,呈良好的安定镇痛效果,此时用药量仅为原药的 1/3 即可	肌内或静脉注射:一次量,每千克体重 0.5～1mg	具有镇静、降温、降压、止吐等作用。其镇静和强化麻醉效力强于盐酸氯丙嗪,而降温效力与盐酸氯丙嗪相似。毒性低于盐酸氯丙嗪,但仍能使心率加快
	地西泮 (安定)	用于镇静、保定、癫痫发作、基础麻醉及术前给药	肌内、静脉注射:每千克体重 0.5～1mg	本品有便秘作用;大剂量可致共济失调;静脉注射宜缓慢,以防造成心血管和呼吸抑制

（续）

类别	名称	主治疾病	用法用量	概要说明
镇静药	盐酸氯丙嗪（冬眠灵）	镇静安定缓解因脑炎、破伤风引起的过度兴奋应用本品可减少应激反应，提高动物的耐受能力，降低死亡率。解除平滑肌痉挛：作大家畜食道梗塞及痉挛性腹痛的辅助治疗药	肌内注射：每千克体重0.5～1mg	遇光变为紫蓝色，应遮光、密封保存。盐酸氯丙嗪作用广泛，对中枢神经、植物神经和内分泌系统都有一定作用
	溴化钠	治疗中枢神经过度兴奋的患病牛，如破伤风引起的惊厥，食盐中毒、脑炎引起的兴奋等中枢神经系统功能失调出现的兴奋不安等，也可用于便秘、急性胃扩张、臌气等造成的痉挛性腹痛	溴化钠片口服：15～60g/次；静脉注射：5～10g/次	①对局部组织和胃肠黏膜有刺激性，静脉注射不可漏出血管外；高浓度对胃有刺激性，口服应配成1%～3%的水溶液。②本品排泄缓慢，长期应用可引起蓄积中毒。发现中毒应立即停药，可口服或静脉注射氯化钠，并给予利尿药，以促进溴离子排出。③水肿病牛忌用
	溴化钾	同溴化钠	口服：15～60g/次	同溴化钠。但对胃的刺激性略强于溴化钠
	溴化钙	同溴化钠。还可治疗皮肤、黏膜的过敏反应	静脉注射：2.5～5g/次	静脉注射时勿漏出血管外，忌与强心苷类药物合用

（二）麻醉药

麻醉药包括局部麻醉药和全身麻醉药。几种常用药物的功能与作用列于表2-14。

表2-14 麻醉药

类别	名称	主治疾病	用法用量	概要说明
局部麻醉药	普鲁卡因（奴佛卡因）	临床应用最多的局麻药，主要用于牛的浸润麻醉、传导麻醉、椎管内麻醉。在损伤、炎症及溃疡组织周围注入低浓度溶液，作封闭疗法	浸润麻醉、封闭疗法、传导麻醉用2%～5%溶液，10～20mL。硬膜外腔麻醉用2%～5%溶液，20～30mL	①本品不可与磺胺类药物伍用，拮抗磺胺的抑菌作用。碱类、氧化剂使本品分解，故不宜配合使用。②用量过大时也可引起毒性反应，如出现中毒症状，应立即对症治疗，兴奋期可给予小剂量的中枢抑制药

（续）

类别	名称	主治疾病	用法用量	概要说明
局部麻醉药	利多卡因（昔罗卡因）	主要用于动物的表面麻醉、浸润麻醉、传导麻醉及硬膜外腔麻醉，也可用作窦性心动过速，治疗心律失常	浸润麻醉用0.25%～0.5%溶液，表面麻醉用2%～5%溶液，传导麻醉用2%溶液，每个注射点，8～12mL。硬膜外腔麻醉用2%溶液，8～12mL	本品组织穿透力强，可作表面麻醉；麻醉力强；作用快，维持时间长，可达1.5～2h；弥散性广；毒性较普鲁卡因强1.5倍。另外，本品静脉注射还能抑制心室的自律性，缩短不应期。作表面麻醉时必须严格控制剂量，防止中毒。本品弥散性广，一般不作腰麻
	丁卡因	临床常用于表面麻醉及硬膜外腔麻醉，如滴眼、喷喉、泌尿道黏膜麻醉等	滴眼麻醉用0.5%溶液。喉头喷雾或气管内插管时用1%～2%溶液；泌尿道黏膜麻醉用0.1%～0.3%溶液；硬膜外腔麻醉用0.2%～0.3%溶液，最大剂量每千克体重不超过1～2mg	本品麻醉力和穿透力较普鲁卡因强10倍；作用迅速而持久，1～3min起效，维持2～3h。由于毒性较大（约为普鲁卡因的10倍），注射后吸收又迅速，所以一般不宜作浸润麻醉和传导麻醉
	盐酸布比卡因	①浸润麻醉，用于局部伤口止痛。②传导麻醉、硬膜外麻醉和蛛网膜下腔麻醉	浸润麻醉：0.125%～0.25%溶液；传导麻醉、硬膜外麻醉，0.25%～0.5%溶液；蛛网膜下腔麻醉，0.5%～0.75%溶液	本品麻醉性强，其麻醉强度是利多卡因的4倍以上。作用时间长，其镇痛作用时间比利多卡因长2～3倍，为长效局麻药。在0.25%～0.5%浓度时对感觉神经阻滞良好，但几乎无肌肉松弛作用，0.75%溶液可产生良好的运动神经阻滞。本品偶可引起神经兴奋

（续）

类别	名称	主治疾病	用法用量	概要说明
全身麻醉药	水合氯醛	①作麻醉药：为减少其副作用，在麻醉前15min给予阿托品。②作镇静、解痉和抗惊厥药：用于过度兴奋、痉挛性疝痛、痉挛性咳嗽，子宫、阴道和直肠脱出的整复，肠阻塞、胃扩张、消化道和膀胱括约肌痉挛以及破伤风、士的宁中毒引起的惊厥发作等	①水合氯醛粉：口服（镇静），10~25g，口服（催眠），15~30g，灌肠（催眠），20~50g，静脉注射（催眠），每千克体重0.13~0.18g。②水合氯醛硫酸镁注射液：含水合氯醛8%、硫酸镁5%，以生理盐水为溶媒作基础麻醉，静脉注射（镇静），100~200mL；静脉注射（麻醉），200~400mL。③水合氯醛酒精注射液：含水合氯醛5%、乙醇15%的灭菌水溶液静脉注射（镇静、抗惊厥）100~200mL；静脉注射（麻醉），300~500mL	①本品刺激性大，静脉注射时不可漏出血管，口服或灌注时宜用10%的淀粉浆配成5%~10%的浓度应用。②本品能抑制体温中枢，使体温下降1~3℃，故在寒冷季节应注意保温。③静脉注射时，先注入2/3的剂量，余下1/3剂量应缓慢注入，待动物出现后躯摇摆、站立不稳时，即可停止注射并助其缓慢倒卧。④有严重心、肝、肾脏疾病的病畜禁用
	氯胺酮（开他敏）	常用于牛的基础麻醉药和镇静性化学保定药。多以静脉注射方式给药，作用发生快，维持时间短	静脉注射：一次量，每千克体重2~3mg	与其他全麻药不同的是：在麻醉期间，动物睁眼凝视或眼球转动，咳嗽与吞咽反射仍然存在，骨骼肌张力增加，呈木僵状态。本品毒性小，常用量对心血管系统无明显作用
	硫喷妥钠	可单独用作全身麻醉药外，还可作为诱导麻醉药使用，即先以本药获得麻醉后，再改用水合氯醛或其他麻醉药来维持麻醉深度。它还有较强的抗惊厥作用，也可用作抗惊厥药	静脉注射（麻醉）：一次量，每千克体重15~20mg；静脉注射（基础麻醉）：一次量，每千克体重7~10mg	①能使牛大量分泌唾液，故必须在麻醉前先注射阿托品。②本品对心脏的毒性小，主要的毒性反应是能显著地抑制呼吸中枢，其麻痹心脏的剂量比麻痹呼吸的剂量高16倍

（续）

类别	名称	主治疾病	用法用量	概要说明
全身麻醉药	氟烷	用于全身麻醉或基础麻醉。一般先用巴比妥类麻醉剂或吩噻嗪类镇静剂。注射硫酸阿托品，与氧化亚氮合用，可减少氟烷对心肺系统的抑制作用	多用半密闭式或密闭式麻醉方法给药。先用硫喷妥钠做静脉诱导麻醉，一次量，每千克体重 0.55～0.66mL（可持续麻醉 1h）	①应用麻醉时，不能并用肾上腺素或去甲肾上腺素，也不可并用六甲双铵、三碘季铵酚和萝芙木衍生物，因能促进氟烷诱发心律紊乱，或者降低动物的血压。②能抑制子宫平滑肌的张力，影响催产药的作用，甚至抑制新生幼畜呼吸，故不宜用于剖腹产麻醉。③麻醉时，给药速度不宜过快，如呼吸运动减弱或肺通气量减少时，应即输氧、人工呼吸，并迅速减轻麻醉或停止吸入
	舒泰	保定及全身麻醉	肌内注射：每千克体重 3.5～33mg	应用禁忌：用有机磷和氨基酸酯进行系统治疗的动物、心机能和呼吸机能不全、胰脏功能不全、重高血压。建议用药前 12h 禁食。动物处于恢复期时应保证环境黑暗和安静。注意动物的保暖，防止热量过度散失。不要与以下药物一起联合应用：吩噻嗪类药物（乙酰丙嗪、氯丙嗪等），一起应用抑制心肺功能和引起体温降低
	隆朋（麻保静、2,6-二甲苯胺噻嗪）	具有中枢性镇静、镇痛和肌松作用	临床上常以其盐酸盐配成 2%～10% 水溶液供肌内注射、皮下注射或静脉内注射用肌内注射：每千克体重 0.1～0.3mg/次	大剂量时也能使动物进入深麻醉状态，此时往往会出现不良反应。本品的安全范围较大，毒性低，无蓄积作用。主要经肾脏排泄，在麻醉过程中如动物出现排尿，则很快苏醒
	静松灵（2,4-二甲苯胺噻唑）	具有中枢性镇静、镇痛和肌松作用	在给药前的 10～15min 注射阿托品。本品的使用方法和剂量与隆朋基本相同	对反刍动物可引起明显的流涎

（续）

类别	名称	主治疾病	用法用量	概要说明
全身麻醉药	速眠新(846)	具有中枢性镇静、镇痛和肌松作用	在麻醉前 10～15min，应用阿托品每千克体重 0.08～0.1mL/次	每毫升含保定宁 60mg，双氢埃托啡 4μg，氟哌啶醇 2.5mg。麻醉时间只能维持在 0.5～1h；上呼吸道分泌物较多，易继发肺水肿，导致死亡；对心肺功能有抑制作用，从而导致死亡；苏醒慢且不平稳；在麻醉和苏醒的各个环节，都有可能发生麻醉意外

八、解热镇痛抗风湿药

几种有效解热镇痛抗风湿药物简述于表 2-15。

表 2-15　解热镇痛抗风湿药

类别	名称	类症治疗	用法用量	概要说明
吲哚乙酸类	吲哚美辛(消炎痛)	主要用于治疗风湿性关节炎，特别是慢性关节炎。也可用于神经痛、腱炎、腱鞘炎等，如与阿司匹林、保泰松、糖皮质激素合用，可使疗效增强	口服：每千克体重 1mg	本品能引起呕吐、腹痛、下痢、溃疡、肝功能损伤等消化道刺激症状。肾病及胃溃疡者禁用
苯胺类	扑热息痛非那西丁	各类热、痛病症	多与其他药物配合成复方使用，10～20g 一次口服	解热镇痛作用持久而缓和，强度与阿司匹林相近，无抗炎作用
吡唑酮类	氨基比林	肌肉痛、神经痛、关节痛	皮下、肌内注射：一次量，0.6～1.2g	具有明显解热镇痛和消炎作用，常与巴比妥类配伍
	保泰松	风湿病、关节炎、腱鞘炎、睾丸炎等	口服：一次量，每千克体重 2～6g	具有较强消炎、抗风湿作用
	安乃近	肠痉挛，肠膨气，关节、肌肉风湿及神经痛	口服：4～12g/次　肌内注射：3～10g/次	作用迅速，持效时间长，长期使用会产生颗粒性白细胞缺乏症

（续）

类别	名称	类症治疗	用法用量	概要说明
镇痛药	盐酸哌替啶（盐酸度冷丁）	主要用于缓解外伤、术后剧痛及内脏绞痛	皮下、肌内注射：每千克体重2～4mg	①皮下注射对局部组织有刺激作用。②不宜用于怀孕动物、产科手术。③具有心血管抑制作用，易致血压下降，不宜静脉注射给药
水杨酸类	水杨酸钠	急性风湿性关节炎、肿胀消退	口服：15～75g/次 静脉注射：10～30g/次	静脉注射应缓慢，严防漏出血管外，不宜大剂量长期使用
	阿司匹林（乙酰水杨酸钠）	高热、感冒、关节痛、风湿病、神经肌肉痛等	口服：15～30g/次	具有较强解热镇痛、消炎、抗风湿、促进尿酸排泄作用

九、液体补充剂

液体补充剂主要包括血容量补充药和电解质及酸碱平衡药物，见表2-16。

表2-16 血容量补充药和电解质及酸碱平衡药物

类别	名称	类症治疗	用法用量	概要说明
血容量补充药	葡萄糖	①5％葡萄糖溶液：用于高渗性脱水、大失血等。②10％葡萄糖溶液：用于重病、久病、体质过度虚弱的家畜。③10％、25％葡萄糖溶液：可用于心脏衰弱、某些肝脏病化学药品和细菌性毒物的中毒、牛醋酮血病、妊娠毒血症等。④50％葡萄糖溶液：可消除脑水肿和肺水肿	①葡萄糖注射液：5g/20mL、10g/20mL、12.5g/250mL、25g/250mL、25g/500mL、50g/500mL、50g/1 000mL、100g/1 000mL。静脉注射：50～250g/次。②葡萄糖氯化钠注射液：500mL：葡萄糖25g与氯化钠4.5g，1 000mL：葡萄糖50g与氯化钠9g。静脉注射：1 000～3 000mL/次	①供给能量：葡萄糖在体内氧化代谢时可释放出大量热能供机体需要。②解毒：葡萄糖进入体内后，一部分可合成肝糖原，增强肝脏的解毒能力；另一部分在肝脏中氧化成葡萄糖醛酸，可与毒物结合从尿中排出而解毒，并增加组织内高能磷酸化合物的含量，为解毒提供能量。③补充体液：5％葡萄糖溶液与体液等渗，静脉注射后，葡萄糖很快被组织利用，并供给机体水分。④强心与脱水：葡萄糖能供给心肌能量、改善心肌营养，从而能增加心脏功能，继而产生利尿作用。静脉注射高渗葡萄糖溶液也能消除水肿

（续）

类别	名称	类症治疗	用法用量	概要说明
血容量补充药	右旋糖酐40	主要用于扩充和维持血容量，治疗因失血、创伤等引起的休克	①右旋糖酐40葡萄糖注射液：500mL：30g右旋糖酐40与25g葡萄糖，静脉注射：500～1 000mL/次。②右旋糖酐40氯化钠注射液：500mL：30g右旋糖酐40及4.5g氯化钠，静脉注射500～1 000mL/次	能提高血浆胶体渗透压，吸收血管外的水分而扩充血容量，维持血压；使已经聚集的红细胞和血小板解聚，降低血液的黏稠性；抑制凝血因子Ⅱ的激活，防止血栓的形成
电解质及酸碱平衡调节药物	氯化钾	主要用于钾摄入不足或排钾过量所致的钾缺乏症或低血钾症，如严重腹泻、应用大剂量利尿剂或肾上腺糖皮质激素等引起的低血钾症以及解除洋地黄中毒时的心律不齐等	氯化钾注射液：10mL：1g。静脉注射：2～5g，临用前必须以5%葡萄糖注射液稀释成0.3%以下溶液	①静脉注射钾盐应缓慢，防止血钾浓度突然上升而造成心脏骤停；为防副作用，应以5%～10%的葡萄糖溶液稀释，浓度不应超过0.3%。②遇肾功能障碍、尿闭及机体脱水、循环衰竭等情况禁用或慎用。③氯化钾口服给药，对胃肠道有刺激性，应稀释后在饲后灌服
	碳酸氢钠	①用于严重酸中毒（酸血症），口服可治疗胃肠卡他。②碱化尿液，防止磺胺类药物对肾脏的损害，以及提高庆大霉素对泌尿道感染的疗效	①碳酸氢钠片：0.3g/片；0.5g/片。口服：30～100g/次。②碳酸氢钠注射液：10mL：0.5g；250mL：12.5g；500mL：25g；静脉注射：15～30g/次	其作用迅速，疗效确实，为防治代谢性酸中毒的首选药。①对组织有刺激性，注射时不可漏出血管外，否则，对局部造成刺激。②避免与酸性药物、复方氯化钠、硫酸镁、盐酸氯丙嗪等混合应用。③量不可过大，以免导致碱中毒。④心脏、肾脏功能衰竭病畜，应慎用
	乳酸钠	主要用于代谢性酸中毒，但其作用不及碳酸氢钠迅速和稳定，应用较少	①乳酸钠注射液：20mL：2.24g；50mL：5.6g；100mL：11.20g。②静脉注射：200～400mL/次，临用前必须以5%的葡萄糖注射液稀释成1.9%的等渗液静脉注射	①对于伴有休克、缺氧、肝功能失常或右心衰竭的酸中毒，应选用碳酸氢钠纠正，特别是乳酸性中毒更不能应用乳酸钠，否则会引起代谢性碱中毒。②乳酸钠注射液与红霉素、四环素、土霉素等混合，可发生沉淀或浑浊。③稀释乳酸钠不宜用生理盐水或其他含氯化钠的溶液，以免成为高渗溶液。可用5%～10%葡萄糖液稀释本品。④肝功能不全、休克缺氧、心功能不全患畜慎用

（续）

类别	名称	类症治疗	用法用量	概要说明
电解质及酸碱平衡调节药物	三羟甲基氨基甲烷（缓血酸胺）	既适用于治疗代谢性酸中毒，也适用于治疗急性呼吸性酸中毒，还适用于治疗两者兼有的酸中毒。由于其不含钠，且有利尿作用，故对伴有急性肾功能衰竭、水肿或心衰的酸中毒病畜也适用	三羟甲基氨基甲烷注射液：静脉注射（试用量）：每千克体重2～3mL。临用前必须以等量5%的葡萄糖注射液稀释后输入	①本品溶液呈强碱性，静脉注射时勿漏出血管外。②大剂量迅速滴入时，可因二氧化碳张力下降过快而抑制呼吸中枢，故忌用于慢性呼吸性酸中毒。③应用过量或肾功能不全时，可引起碱血症，忌用于慢性肾性酸血症

十、解毒药

动物在生存和生产过程中难免会接触或误食一些有毒有害物质，包括农药残留、化肥污染以及草料的不当发酵产物等。中毒后的科学解毒是牛场兽医必须掌握的基本技能。几种常用解毒药物的使用方法列于表2-17。

表2-17 各种主要解毒药

类别	名称	类症治疗	用法用量	概要说明
特效解毒药	碘解磷定	对内吸磷（1059）、对硫磷（1605）、乙硫磷等急性中毒疗效显著，对乐果、敌敌畏、敌百虫、马拉硫磷等中毒以及慢性有机磷中毒疗效较差	静脉注射：每千克体重15～30mg	作用迅速，维持时间短，大量用药或注射过快易引起呼吸中枢抑制、呕吐运动失调，呼吸衰竭；应与阿托品同时使用；忌与碱性药物同时使用
	氯磷定	作用与碘解磷定相似	静脉注射：每千克体重15～30mg；也可肌内注射	对胆碱酯酶的复活能力较强，不能透过血脑屏障
	双解磷	同解磷定，而作用强3.6～6.0倍	肌内或静脉注射：首次量3～6g，2h后重复注射，量减半，使用前配制成5%溶液	副作用大，易损害肝脏，不能透过血脑屏障
	双复磷	同上，作用较双解磷强1倍		作用持久，副作用小，可透过血脑屏障，适用于中枢神经毒性症状的解除

（续）

类别	名称	类症治疗	用法用量	概要说明
特效解毒药	阿托品	有机磷中毒，有效解除由乙酰胆碱引起的强烈的毒蕈碱样作用的中毒症状	肌内或静脉注射：每千克体重 1mg	可用于肠痉挛、肠套叠、急性肠炎等病
其他解毒药	乙酰胺（解氟灵）	用于解除氟乙酰胺中毒	肌内注射：每千克体重 0.05～0.1g，2 次/d，连用 2～3d	刺激性强，注射时应配合普鲁卡因以缓解疼痛
	亚甲蓝（美蓝）	小剂量可解除亚硝酸盐中毒，大剂量可治疗氰化物中毒	静脉注射：每千克体重 1～2mg 或 2.5～10mg	主要作用是使血红蛋白恢复携氧能力
	硫代硫酸钠	用于砷、铋、汞、铅等中毒的解救	肌内或静脉注射：一次量 5～10g	注射时配制成 5%～10% 的无菌水溶液
	二巯基丙醇	用于汞、砷、锑等的中毒	肌内注射：每千克体重，3mg，4～6h/次，第 3 天开始 2 次/d	7～14d 为一疗程，对铅中毒疗效较差
	二巯基丙磺酸钠	用于汞、砷、铬、铋、铜中毒的解救	肌内或静脉注射：每千克体重 5～8mg，4～6h/次，第 3 天开始 2 次/d	水溶性大、吸收好、作用快、不良反应较小
	二巯基丁二酸钠	用于锑、汞、铅、砷等中毒的解救	静脉注射：每千克体重 20mg	对锑中毒解救效力较二巯基丙醇强；急性中毒 4 次/d，连续 3d，慢性中毒 1 次/d，5～7d 为一疗程
	青霉胺	可有效络合铜、汞、铅，用于金属毒物的消除	口服：每千克体重 5～10mg，4 次/d，5～7d 为一疗程	口服吸收迅速，不易破坏，一般服用 1～3 个疗程

十一、消毒药及外用药

（一）常用的消毒药

常用的消毒药见表 2-18。

表 2 - 18 消毒药

类别	名称	作用与用途	用法用量	概要说明
酚类	苯酚（石炭酸）	能杀灭细菌繁殖体、真菌与某些病毒，常温下对芽孢无杀灭作用。加入10%食盐能增强其杀菌作用。对组织穿透力较强，局部应用浓度过高，能引起组织损伤。苯酚稀溶液能使感觉神经末梢麻痹，具有持久的局部麻醉作用，因此能止痒止痛	2%～5%水溶液用于处理污物、消毒用具和外科器械，并可用作环境消毒。1%苯酚水溶液可用于皮肤止痒	苯酚能使菌体蛋白质变性、凝固而表现出杀菌作用。本品忌与碘、溴、高锰酸钾、过氧化氢等配伍应用。毒性较强，不宜用于创伤、皮肤的消毒
	煤酚皂溶液（来苏儿）	用于体表、手术器械、厩舍、污物等消毒	1%～2%用于体表、手术器械的消毒。厩舍、污物等消毒时配成5%～10%溶液	遮光、密封保存
	鱼石脂（依克度）	本品有缓和的刺激作用，能消炎、消肿、促进肉芽组织生长。用于治疗慢性皮肤炎、蜂窝织炎、腱炎、腱鞘炎、溃疡及湿疹等。口服时有制酵、祛风作用，可用于瘤胃臌胀、前胃弛缓、胃肠气胀等疾病治疗	10%鱼石脂软膏涂敷患处	密闭保存
	复合酚	本品为新型、广谱、高效消毒剂，可杀灭细菌、霉菌和病毒，对多种寄生虫卵也有效。主要用于畜禽舍、笼具、饲养场地、排泄物消毒。通常用药一次，药效可维持7d左右	0.35%～1%溶液用于喷洒场地。对严重污染的环境，可适当增加浓度与喷洒次数。浸洗用时，则将其配成1.6%的水溶液	稀释用水温度最好不低于8℃。禁止与碱性药物或其他消毒药液混用，严禁使用喷洒过农药的喷雾器喷洒本药
	复方煤焦油酸溶液（农福）	主要用于畜禽舍、器具、车辆等的消毒	畜禽舍消毒用1%～1.3%水溶液喷洒，器具、车辆消毒用1.7%水溶液浸洗	同复合酚

（续）

类别	名称	作用与用途	用法用量	概要说明
酚类	甲酚磺酸	本品作为一种杀菌力强、毒性较小的杀菌消毒剂，杀菌力较煤酚皂溶液强。可用于环境消毒及器械、用具的消毒	常用 0.1%甲酚磺酸溶液代替过氧乙酸消毒环境	甲酚磺酸钠溶液可代替煤酚皂溶液，用于洗手、洗涤和消毒器械及用具等。甲酚磺酸烷基磺酸钠皂溶液可用于公共场所消毒，洗涤毛巾，并可代替肥皂清洗动物身上的毛，具有清洁和消毒双重作用
醛类	甲醛溶液（福尔马林）	甲醛在气态或溶液状态下都能凝固蛋白质和溶解类脂，还能与蛋白质的氨基结合而使蛋白变性。因此，具有强大的广谱杀菌作用。对细菌繁殖体、芽孢、真菌和病毒都有效	人员、器械消毒，1:250倍稀释；禽舍喷雾消毒剂 1:（125～500）倍稀释	
	环氧乙烷	各种微生物对环氧乙烷敏感，而且细菌繁殖体和芽孢对环氧乙烷的敏感性差异很小，穿透力强，对大多数物品无损害	密闭熏蒸消毒。杀灭细菌繁殖体，300～400g/m³，作用 8h；杀灭污染霉菌，700～950g/m³，作用 8～16h；杀灭细菌芽孢，800～1 700g/m³，作用 16～24h。环氧乙烷气体消毒时，最适宜的相对湿度为30%～50%，温度以40～54℃为宜，不应低于18℃消毒时间越长，消毒效果越好，一般为 8～24h	消毒过程中应注意防火、防爆，防止消毒袋、柜泄漏，控制好温度、湿度，不可用于饮水和食品消毒。如环氧乙烷液体沾染皮肤，应立即用大量清水或 3%硼酸溶液反复冲洗。皮肤症状较重或未得到缓解，应去专科医院就诊。眼睛污染者，用清水冲洗 15min 后点四环素可的松眼膏。灭菌后产品有环氧乙烷及其产物残留，不能立即使用
	戊二醛	本品为消毒剂，对繁殖期革兰氏阳性菌和阴性菌作用迅速，对耐酸菌、芽孢、某些霉菌和病毒也有作用。在酸性溶液中较为稳定，但在pH 7.5～8.5 时作用最强	2%溶液，用于橡胶、塑料制品及手术器械的消毒	避免接触皮肤和黏膜。遮光，密封，凉暗处保存

（续）

类别	名称	作用与用途	用法用量	概要说明
碱类	氢氧化钠（苛性钠）	本品能溶解蛋白质，破坏细菌的酶系统和菌体结构，对机体组织细胞有腐蚀作用；对细菌繁殖体、芽孢、病毒都有很强的杀灭作用；对寄生虫卵也有杀灭作用。氢氧化钠杀菌作用主要取决于OH⁻的浓度，同时与溶液的温度也有一定关系	2%热溶液用于被病毒和细菌污染的厩舍、饲槽和运输车船等消毒，3%～5%溶液用于炭疽芽孢污染的场地消毒，5%溶液用于腐蚀皮肤赘生物、新生角质等。新鲜的草木灰中含不同量的氢氧化钾（作用与氢氧化钠相同）和碳酸钾，可用于消毒。用草木灰30kg加水100L，煮沸1h，去灰渣后加水到原来的量，可代替氢氧化钠消毒	高浓度氢氧化钠溶液可灼伤皮肤组织，对铝制品、棉、毛织物、漆面有损坏作用。密封保存
	氧化钙（生石灰）	氧化钙与水混合时生成氢氧化钙（消石灰），其消毒作用与解离的OH⁻多少有关。对大多数繁殖期病菌有较强的消毒作用，但对炭疽芽孢无效	一般加水配成10%～20%石灰乳，涂刷于厩舍墙壁、畜栏和地面消毒。每千克氧化钙加水350mL，生成消石灰粉末，可撒布在阴湿地面、粪池周围及污水沟等处消毒	消石灰可从空气中吸收二氧化碳，生成碳酸钙而失效，故应现用现配
酸类	硼酸	因刺激性较小，不损伤组织，常用于冲洗较敏感的组织	2%～4%的溶液用于冲洗眼、口腔黏膜等，3%～5%溶液冲洗新鲜创伤（未化脓）。硼酸磺胺粉（1:1）治疗创伤。硼酸甘油（31F:100）治疗口腔、鼻黏膜炎症。硼酸软膏（50%）治疗溃疡、褥疮等	只有抑菌作用，没有杀菌作用

类别	名称	作用与用途	用法用量	概要说明
酸类	水杨酸（柳酸）	本品杀菌作用较弱，但仍有良好的杀灭霉菌作用，并有溶解角质的作用	5%～10%乙醇溶液，用于治疗霉菌性皮肤病 5%～20%乙醇溶液能溶解角质，促进坏死组织脱落；5%乙醇溶液或纯品，可治疗蹄叉腐烂等；1%软膏用于肉芽创的治疗	因对胃黏膜刺激性强，故不能口服
	苯甲酸	本品具有抑制霉菌的作用，治疗皮肤霉菌病。可用作药剂的防腐剂。用于饲料防霉时，可先用乙醇配成溶液，再加入饲料中充分搅拌均匀	pH<5时杀菌效力最大，可用作药剂的防腐剂。饲料添加剂量不超过0.1%	能与水杨酸等配成复方苯甲酸软膏或复方苯甲酸涂剂等，治疗皮肤霉菌病
	双链季铵盐-碘消毒液	用于牛舍、器械消毒	按季铵盐浓度（g/mL）计，饮水消毒0.000 5%～0.001%，牛舍、器械消毒0.001 1%～0.001 7%	遮光，密闭，阴凉处保存
	聚维酮碘	防腐消毒药，用于手术部位、皮肤黏膜消毒	5%溶液用于皮肤消毒及治疗皮肤病；0.5%～1%溶液用于奶牛乳头浸泡；0.1%溶液用于黏膜及创面冲洗（以聚维酮碘计）	遮光，密封，阴凉处保存
	漂白粉（含氯石灰）	能杀灭细菌、芽孢、病毒和真菌。其杀菌作用是由于次氯酸钙水解生成次氯酸，进一步分解成新生态氧和氯气	常用5%～20%的混悬液消毒已发生传染病的牛舍、场地、墙壁、排泄物、运输车辆。每1 000mL水加0.3～1.5g漂白粉可作为水的消毒	新制的漂白粉含有效氯25%～36%

（续）

类别	名称	作用与用途	用法用量	概要说明
酸类	次氯酸钙（漂白粉精）	同漂白粉	消毒方法同漂白粉。使用浓度为2%溶液，喷洒消毒地面或墙壁，或用干粉撒布	同漂白粉
氧化剂类	过氧化氢溶液（双氧水）	临床上主要用于清洗化脓创面或黏膜。过氧化氢在接触创面时，由于分解迅速，会产生大量气泡，将创腔中的脓块和坏死组织排除，有利于清洁创面	1%～3%溶液用于清洗化脓创面，0.3%～1%溶液用于冲洗口腔黏膜，3%以上高浓度溶液对组织有刺激性和腐蚀性。通常保存浓度较高的过氧化氢溶液（含过氧化氢27.5%～31%），临用时稀释成3%的溶液	过氧化氢与组织相遇，立即分解，放出初生态氧而呈现杀菌作用。但作用时间短，穿透力也很弱，且受有机物质的影响，故杀菌作用很弱。久贮易失效。密封，阴凉处保存
	高锰酸钾	本品为强氧化剂，遇有机物时即起氧化反应。由于无游离态氧原子放出，因而不出现气泡。高锰酸钾的抗菌、除臭作用比过氧化氢溶液强而持久，但其作用极易因有机物的存在而减弱。高锰酸钾还原后所生成的二氧化锰，能与蛋白质结合生成蛋白盐类复合物，故有收敛、止泻等作用	用于生物碱、氰化物中毒时洗胃，治疗毒蛇咬伤等。口服5～10g，配成0.1%～0.5%溶液。用0.01%～0.05%溶液洗胃，可用于某些有机物中毒的治疗。1%溶液可用于冲洗毒蛇咬伤的伤口。外用，0.1%高锰酸钾溶液冲洗黏膜及皮肤创伤、溃疡等	溶液宜临用现配，久贮易还原失效，密封保存
	过氧乙酸	本品具有高效、速效和广谱杀菌作用。对细菌、芽孢、霉菌和病毒均有效；对组织有刺激性和腐蚀性。0.05%～0.5%溶液1min能杀死芽孢，0.05～0.5mL/L溶液1min可杀死细菌，1%溶液1min能杀死大量污染牛皮肤的红色毛发癣菌	0.5%溶液用于喷洒消毒畜舍、饲槽、车辆，0.04%～0.2%溶液用于耐酸塑料、玻璃、搪瓷和橡胶制品的短时浸泡消毒，5%溶液按2.5mL/m³喷雾消毒密封的实验室、无菌室、仓库等	稀释液不能久贮，应现用现配。能腐蚀多种金属，并对有色棉织品有漂白作用。蒸汽有刺激性，消毒畜舍时动物一般不应留在舍内

（二）常用的黏膜和皮肤外用药

见表 2-19。

表 2-19　黏膜和皮肤外用药

类别	名称	作用与用途	用法用量	概要说明
醇类	乙醇（酒精）	以 70%～75%乙醇杀菌力最强，可杀死一般繁殖期的病菌，但对芽孢无效。浓度超过 75%时，消毒作用减弱，原因是菌体表层蛋白质很快凝固而妨碍了乙醇向内渗透，影响杀菌效果。乙醇对组织有刺激作用，浓度越大，刺激性越强。因此，用于涂搽皮肤，能扩张局部血管，增强血液循环，促进炎性渗出物的吸收，减轻疼痛。用浓乙醇涂搽或热敷，可治疗急性关节炎、腱鞘炎、肌炎等	70%～75%乙醇可用于手指、皮肤、注射针头及小件医疗器械等消毒，不仅能迅速杀灭细菌，还具有溶解皮脂、清洁皮肤等作用	本品杀菌机制是使菌体蛋白迅速凝固并脱水。阴暗处保存
	苯氧乙醇	局部用抗菌剂，特别对绿脓杆菌有效，对普通变形杆菌和革兰氏阴性菌的作用较弱，对革兰氏阳性菌的作用极弱	2%溶液用于治疗绿脓杆菌感染的外伤、烫伤。对于混合感染，可与磺胺、青霉素等药物同时应用	遮光，密封，干燥处保存
	三氯叔丁醇	本品具有杀灭细菌和霉菌的作用。在注射液和眼药水中用作防腐剂，具有轻微的镇痛及催眠作用，与水合氯醛相似，但效力及刺激性都较小	本品可用作药剂制品中的防腐剂	
季铵盐类	苯扎溴铵	本品为防腐消毒药，用于手术器械、皮肤和创面消毒	0.01%溶液用于创面消毒，0.1%溶液用于皮肤、手术器械的消毒，0.05%～0.1%溶液可用于外科手术前洗手（浸泡 5min）	本品应禁与肥皂（阴离子表面活性剂）、碘、碘化钾、过氧化物配伍应用；不宜用于眼科器械和合成橡胶制成品的消毒。遮光，密闭保存

（续）

类别	名称	作用与用途	用法用量	概要说明
季铵盐类	双链季铵盐消毒液	本品为防腐消毒药，用于厩舍、饲喂器具、牛、饮水等灭菌消毒	0.004%～0.006 6%用于厩舍消毒，0.003 3%～0.005%用于器具消毒，0.002 5%～0.005%用于牛消毒，0.001 25%～0.002 55%用于饮水消毒	遮光，密闭，阴凉处保存
	双链季铵盐-戊二醛消毒液	本品为防腐消毒药，用于养殖场地、设备器械的消毒	1∶500～1 000倍液，浸洗、喷雾消毒	遮光，密封，凉暗处保存
染料类	甲紫	本品为防腐消毒药，用于黏膜、皮肤的创伤、烧伤和溃疡	甲紫溶液处方为甲紫10g、乙醇适量、水适量加至1 000mL，外用	遮光、密封保存
	利凡诺（雷佛奴尔）	本品对革兰氏阳性菌及少数革兰氏阴性菌有抑菌作用，但作用缓慢；对组织无刺激性，毒性低，穿透力较强，常用于冲洗创口或湿敷感染的创伤	0.1%溶液用于冲洗或湿敷感染创伤，1%软膏用于小面积化脓创	

第二节 牛场兽医用药原则

牛场用药既要考虑药物的疗效，也要注意药物的副作用、药物残留以及治疗的经济效益。

一、药物选用

牛场用药必须在国家批准的兽药生产厂家或兽药经销店购买，购药时要注意药物的生产日期、有效期、外包装的完好、药物的颜色、剂型是否符合药物说明书等，严禁使用假冒伪劣药物。药物要在正确诊断的基础选用，不可乱用或错用药物，确保药物的疗效，尽可能避免药物的副作用和药物残留的影响。

二、用药剂量与疗程

（一）用药剂量

药物用量过大会导致动物中毒，而剂量过小则不能杀灭病原体，相反还会使病原体产生耐药性，给治疗工作带来困难。

一般而言，剂量愈大，药物作用愈强，二者成正比关系，但有一定的限度，药物的剂量增大到一定的程度，药物的作用则会由量变到质变，引起机体中毒甚至死亡，即药物的使用剂量，存在着一定的安全范围。由最小有效量到极量之间为常用量的范围，称治疗量，也是药物的安全使用范围。临床用药剂量一定要在安全范围内。

（二）用药疗程

疗程是指使用抗微生物药物治疗疾病所需要持续的一段时间，即抗菌药物必须在一定期限内连续给药才能达到一定的治疗效果，这种连续给药的期限称为疗程。例如，磺胺类药物一般以 3～4d 为一个疗程，最长不超过 7～8d。各类药物重复给药的间隔时间不同；需要参考药物的各种半存留期而定。当一个疗程不能奏效时，应分析原因以确定是否再用一个疗程，或是改换方案，更换药物。毒性大的药物如某些抗寄生虫药，往往短时期内只能用一两次药，重复给药须经数日、数周甚至更长时间。

部分药物一次用药即可达到用药目的，如泻药、麻药等，但对大多数药物来说，必须重复给药才能奏效。为了维持药物在体内的有效浓度，获得疗效，同时又不致出现毒性反应，就需要注意给药次数与重复给药的间隔时间。大多数抗微生物药物，给药 2～3 次/d，疗程为 3～5d。

三、联合用药

在疾病的治疗过程中，同时合用两种以上的药物叫联合用药。联合用药的目的是利用药物之间的协同作用增强疗效，如磺胺与抗菌增效剂连用。而药物的拮抗作用，可用于解除药物的中毒，如麻药中毒可用中枢兴奋药解救。

两种或两种以上的药物对病原体有协同或拮抗作用。具有协同作用的药物，搭配使用可以增强药物的治疗效果，缩短治疗时间，并可防止病原体产生的耐药性。而具有拮抗作用的药物，则不能同时使用，如同时使用可能降低治疗效果甚至发生中毒，导致病情加剧甚至死亡。

我国中医药学的许多方剂，都是利用药物联合的协同作用来发挥在疾病治疗过程中的药效的。部分药物联合使用，可发挥协同作用，增加治疗效果。

牛的用药知识包括药物的剂量与治疗作用、药物的使用技术以及用药应注意的问题等。

四、配伍禁忌

在同一处方中不能配合使用的药物，称配伍禁忌。主要包括以下几方面：

（一）药理性配伍禁忌

是指某些药物的药理作用相反（拮抗），相互配合使用则会影响药效，如拟胆碱药（毛果芸香碱）和抗胆碱药（阿托品）。临床上有时为了降低某种药物的毒性，从治疗或解毒的角度出发，有意识地将药理作用相反的两种药物配合使用，则不属配伍禁忌。对一些在作用上虽不相互拮抗，甚至有协同作用，但同时应用会增强其中一药毒性者，也不能配合使用，如钙剂可增加洋地黄的强心作用。

（二）化学性配伍禁忌

药物成分之间会产生不利的化学反应，如出现沉淀、变色、燃爆以及肉眼看不见的水解等化学变化，产生毒性或降低药效，不能配合使用，如青霉素遇酸、碱、醇和热等可分解、失效；氧化剂遇有机物会发生爆炸，如高锰酸钾和甘油或糖等研磨时会发生爆炸。

（三）物理性配伍禁忌

药物的成分配合在一起时，发生物理性变化而影响疗效的药物不能配合使用。如抗生素与吸附药配合，使抗生素被吸附而降低作用效果。临床用药时，要仔细阅读药物使用说明书。

常用药物的具体配伍禁忌见表 2-20。

表 2-20 常用药物的配伍禁忌

类别	药 物	禁忌配合的药物	变 化
消毒防腐药	漂白粉	酸类	分解放出氯
	酒精	氯化剂、无机盐等	氧化、沉淀
	硼酸	碱性物质 鞣酸	生成硼酸盐 疗效减弱
	碘及其制剂	氨水、铵盐类 重金属盐 生物碱类药物 淀粉 龙胆紫 挥发油	生成爆炸性的碘化氮沉淀，析出生物碱沉淀呈蓝色，疗效减弱，分解失效

（续）

类别	药 物	禁忌配合的药物	变 化
消毒防腐药	阳离子面活性消毒药	阴离子如肥皂类、合成洗涤剂 高锰酸钾、碘化物	相互拮抗 沉淀
	高锰酸钾	氨及其制剂 甘油、酒精 鞣酸、甘油、药用炭	沉淀 失效 研磨时爆炸
	过氧化氢溶液	碘及其制剂、高锰酸钾、碱类、药用炭	分解、失效
	过氧乙酸	碱类如氢氧化钠、氨溶液	中和失效
	氨溶液	酸及酸性盐 碘溶液如碘酊	中和失效 生成爆炸性的碘化氮沉淀
抗生素	青霉素	酸性药液如盐酸氯丙嗪、碱性药液如磺胺药、碳酸氢钠注射液 高浓度乙醇、重金属盐、氧化剂 快效抑菌剂如四环素	沉淀、分解失效 沉淀、分解失效 破坏失效 疗效减弱
	红霉素	碱性溶液如磺胺、碳酸氢钠注射液 氯化钠、氯化钙 林可霉素	沉淀、析出游离碱 混浊、沉淀 出现拮抗作用
	链霉素	较强的酸、碱性液、氧化剂、还原剂 利尿酸 多黏菌素E	破坏、失效 肾毒性增强 骨骼肌松弛
	多黏菌素E	骨骼肌松弛药、先锋霉素I	毒性增强
	四环素类抗生素如四环素、土霉素、金霉素、盐酸多西环素等	中性及碱性溶液如碳酸氢钠注射液 生物碱沉淀剂 阳离子（一价、二价或三价离子）	分解、失效 沉淀、失效 形成不溶性、难吸收的络合物
	先锋霉素Ⅱ	强效利尿药	增大对肾脏毒性

（续）

类别	药物	禁忌配合的药物	变化
合成抗菌药	磺胺类药物	酸性药物 普鲁卡因 氯化铵	析出沉淀 疗效减低或无效 增加肾脏毒性
	氟喹诺酮类药物如诺氟沙星、环丙沙星、氧氟沙星、洛美沙星、恩诺沙星等	金属阳离子 强酸性药液或强碱性药液	形成不溶性难吸收的合物 析出沉淀
抗蠕虫药	左旋咪唑	碱类药物	分解、失效
	硫双二氯酚	乙醇、稀碱液	增强毒性
抗球虫药	氨丙啉	维生素 B_1	疗效减低
	二甲硫胺	维生素 B_1	疗效减低
	莫能菌素或盐霉素或马杜霉素	泰乐霉素、竹桃霉素	抑制动物生长，甚至中毒死亡
麻醉药与化学保定药	水合氯醛	碱性溶液、久置、高热	分解、失效
	赛拉唑	碱类药液	沉淀
	戊巴比妥钠	酸类药液 高热、久置	沉淀 分解
	苯巴比妥钠	酸类药液	沉淀
	普鲁卡因	磺胺药 氧化剂	疗效减弱或失效 氧化、失效
	琥珀胆碱	水合氯醛、氯丙嗪、普鲁卡因、氨基糖苷类抗生素	肌松过度
镇静药	氯丙嗪	碳酸氢钠、巴比妥类钠盐氧化剂	析出沉淀 变红色
	溴化钠	酸类、氧化剂、生物碱类	游离出溴、析出沉淀
	巴比妥钠	酸类 氯化铵	析出沉淀 析出氨、游离出巴比妥酸
中枢兴奋药	咖啡因（碱）	盐酸四环素、盐酸土霉素、鞣酸、碘化物	析出沉淀
	尼可刹米	碱类	水解、浑浊
	山梗菜碱	碱类	沉淀

（续）

类别	药物	禁忌配合的药物	变化
镇痛药	吗啡	碱类 巴比妥类	析出沉淀 毒性增强
	度冷丁	碱类	析出沉淀
植物神经药物	硝酸毛果芸香	碱性药物、鞣质、碘及阳离子表面活性剂	沉淀或分解失效
	硫酸阿托品	碱性药物、鞣质、碘及碘化物、硼砂	分解或沉淀
	肾上腺素、去甲肾上腺素	碱类、氧化物、碘酊、三氯化铁、洋地黄制剂	易氧化变为棕色、失效 心律不齐
健胃与助消化药	胃蛋白酶	强酸、碱、重金属盐、鞣酸溶液	沉淀
	乳酶生	酊剂、抗菌剂、鞣酸蛋白、铋制剂	疗效减弱
	干酵母	磺胺类药物	疗效减弱
	稀盐酸	有机酸盐，如水杨酸钠	沉淀
	人工盐	酸性药液	中和、疗效减弱
	胰酶	酸性药物如稀盐酸	疗效减弱或失效
	碳酸氢钠	酸及酸性盐类 鞣酸及其含有物 生物碱类、镁盐、钙盐 次硝酸铋	中和失效 分解 沉淀 疗效减弱
祛痰药	氯化铵	碳酸氢钠、碳酸钠等碱性药物 磺胺药	分解 增强磺胺肾毒性
	碘化钾	酸类或酸性盐	变色、游离出碘
强心药	毒毛花苷K	碱性药液如碳酸氢钠、氨茶碱	分解、失效
	洋地黄毒苷	钙盐 钾盐 酸或碱性药物 鞣酸、重金属盐	增强洋地黄素毒性 对抗洋地黄作用 分解、失效 沉淀
止血药	肾上腺素色腙	脑垂体后叶素、青霉素G、盐酸氯丙嗪 抗组胺药、抗胆碱药	变色、分解、失效 止血作用减弱
	酚磺乙胺	磺胺嘧啶钠、盐酸氯丙嗪	浑浊、沉淀
	亚硫酸氢钠甲萘醌	还原剂、碱类药液 巴比妥类药物	分解、失效 加速亚硫酸氢钠甲萘醌代谢

（续）

类别	药物	禁忌配合的药物	变化
抗凝血药	肝素钠	酸性药液 碳酸氢钠、乳酸钠	分解、失效 加强肝素钠抗凝血
	枸橼酸钠	钙制剂如氯化钙、葡萄糖酸钙	作用减弱
抗贫血药	硫酸亚铁	四环素类药物 氧化剂	妨碍吸收 氧化变质
平喘药	氨茶碱	酸性药液如维生素C，四环素类药物盐酸盐、盐酸氯丙嗪等	中和反应、析出茶碱沉淀
	麻黄素（碱）	肾上腺素、去甲肾上腺素	增强毒性
泻药	硫酸钠	钙盐、钡盐、铅盐	沉淀
	硫酸镁	中枢抑制药	增强中枢抑制
利尿药	呋塞米（速尿）	氨基苷类抗生素如链霉素、卡那霉素、新霉素、庆大霉素 头孢噻啶 骨骼肌松弛剂	增强耳中毒 增强肾毒性 骨骼肌松弛加重
脱水药	甘露醇	生理盐水或高渗盐	疗效减弱
	山梨醇	生理盐水或高渗盐	疗效减弱
糖皮质激素	盐酸可松、强的松、氢化可的松、强的松龙	苯巴比妥钠、苯妥英钠 强效利尿药 水杨酸钠 降血糖药	代谢加快 排钾增多 消除加快 疗效降低
性激素与促性腺激素药	促黄体素	抗胆碱药、抗肾上腺素药抗惊厥药、麻醉药、安定药	疗效降低
	绒促性素	遇热、氧	水解、失效
影响组织代谢药	维生素 B_1	生物碱、碱 氧化剂、还原剂 氨苄西林、头孢菌素Ⅰ和Ⅱ、多黏菌素	沉淀 分解、失效 破坏、失效
	维生素 B_2	碱性药液 氨苄西林、头孢菌素Ⅰ和Ⅱ、多黏菌素、四环素、金霉素、土霉素、红霉素、链霉素、卡那霉素、林可霉素	破坏、失效 破坏、灭活

（续）

类别	药物	禁忌配合的药物	变化
影响组织代谢药	维生素C	氧化剂 碱性药液如氨茶碱 钙制剂溶液 氨苄西林、头孢菌素Ⅰ和Ⅱ、四环素、土霉素、多西环素、红霉素、新霉素、链霉素、卡那霉素、林可霉素	破坏、失效 氧化、失效 沉淀 破坏、灭活
	氯化钙	碳酸氢钠、碳酸钠溶液	沉淀
	葡萄糖酸钙	碳酸氢钠、碳酸钠溶液 水杨酸盐、苯甲酸盐溶液	沉淀 沉淀
解热镇痛药	阿司匹林	碱类药物如碳酸氢钠、氨茶碱、碳酸钠等	分解、失效
	水杨酸钠	铁等金属离子制剂	氧化、变色
	安乃近	氯丙嗪	体温剧降
	氨基比林	氧化剂	氧化、失效
	碘解磷定	碱性药物	水解为氰化物
解毒药	亚甲蓝	强碱性药物、氧化剂、还原剂及碘化物	破坏、失效
	亚硝酸钠	酸类 碘化物 氧化剂、金属盐	分解成亚硝酸 游离出碘 被还原
	硫代硫酸钠	酸类 氧化剂如亚硝酸钠	分解沉淀 分解失效
	依地酸钙钠	铁制剂如硫酸亚铁	干扰作用

五、牛场规范用药与药残控制

用于预防、治疗和诊断疾病的兽药应符合《中华人民共和国兽药典》、《中华人民共和国兽药规范》、《中华人民共和国兽用生物制品质量标准》、《兽药质量标准》、《进口兽药质量标准》和《饲料药物添加剂使用规范》的相关规定；所用兽药应来自具有《兽药生产许可证》和产品批准文号的生产企业或者具有《进口兽药许可证》的供应商；所用兽药的标签应符合《兽药管理条例》的规定。

奶牛饲养允许使用的抗菌药、抗寄生虫药和生殖激素类药及使用规定见表2-21。

表 2－21 奶牛饲养允许使用的抗菌药、抗寄生虫药和生殖激素类药及使用规定

类别	药名	制剂	用法与用量 （用量以有效成分计）	休药期
抗菌药	氨苄西林钠	注射用粉针	肌内、静脉注射：每千克体重 10～20mg，2～3 次/d，连用 2～3d	
		注射液	皮下或肌内注射：一次量每千克体重 5～7mg	6d，奶废弃期 2d
	氨苄西林钠＋氯唑西林钠（干乳期）	乳膏剂	乳管注入，干乳期奶牛，每乳室氨苄西林钠 0.25g＋氯唑西林钠 0.5g，隔 3 周再输注 1 次	28d，奶废弃期 30d
	氨苄西林钠＋氯唑西林钠（泌乳期）	乳膏剂	乳管注入，泌乳期奶牛，每乳室氨苄西林钠 0.075g＋氯唑西林钠 0.2g，2 次/d，连用数日	7d，奶废弃期 2.5d
	苄星青霉素	注射用粉针	肌内注射：每千克体重 2 万～3 万 U，必要时（3～4d）重复 1 次	30d，奶废弃期 3d
	苄星邻氯青霉素	注射液	乳管注入，每乳室 50 万 U	28d 及产犊后 4d 的奶，泌乳期禁用
	青霉素钾（钠）	注射用粉针	肌内注射：每千克体重 1～2IU，2～3 次/d，连用 2～3d	奶废弃期 3d
	硫酸小檗碱	注射液	肌内注射：0.15g～0.4g	0d
	头孢氨苄	乳剂	乳管注入，每乳室 200mg，2 次/d，连用 2d	奶废弃期 2d
	氯唑西林钠	注射用粉针	乳管注入，泌乳期奶牛，每乳室 200mg	10d，奶废弃期 2d
	恩诺沙星	注射液	肌内注射：每千克体重 2.5mg，1～2 次/d，连用 2～3d	28d，泌乳期禁用
	乳糖酸红霉素	注射用粉针	静脉注射：每千克体重 3～5mg，2 次/d，连用 2～3d	21d，泌乳期禁用
	土霉素	注射液（长效）	肌内注射，每千克体重 10～20mg	28d，泌乳期禁用

(续)

类别	药名	制剂	用法与用量 （用量以有效成分计）	休药期
抗菌药	盐酸土霉素	注射用粉针	静脉注射：每千克体重 5～10mg，2 次/d，连用 2～3d	19d，泌乳期禁用
	普鲁卡因青霉素	注射用粉针	肌内注射：每千克体重 1 万～2 万 U，1 次/d，连用 2～3d	10d，奶废弃期 3d
	硫酸链霉素	注射用粉针	肌内注射：每千克体重 10～15mg，2 次/d，连用 2～3d	14d，奶废弃期 2d
	磺胺嘧啶	片剂	口服：首次量每千克体重 0.14～0.2g，维持量每千克体重 0.07～0.1g，2 次/d，连用 3～5d	8d，泌乳期禁用
	磺胺嘧啶钠	注射液	静脉注射：每千克体重 0.05～0.1g，1～2 次/d，连用 2～3d	10d，奶废弃期 2.5d
	复方磺胺嘧啶钠	注射液	肌内注射：每千克体重 20～30mg，1～2 次/d，连用 2～3d	10d，奶废弃期 2.5d
	磺胺二甲嘧啶	片剂	口服：首次量每千克体重 0.14～0.2g，维持量每千克体重 0.07～0.1g，1～2 次/d，连用 3～5d	10d，泌乳期禁用
	磺胺二甲嘧啶钠	注射液	静脉注射：每千克体重 0.05～0.1g，1～2 次/d，连用 2～3d	10d，泌乳期禁用
	阿苯达唑	片剂	口服：每千克体重 10～15mg	27d，泌乳期禁用
	双甲脒	溶液	药浴、喷洒、涂擦：配成 0.025%～0.05%的溶液	1d，奶废弃期 2d
	青蒿琥酯	片剂	口服：每千克体重 5mg，首次量加倍，2 次/d，连用 2～4d	
	溴酚磷	片剂、粉剂	口服：每千克体重 12mg	21d，奶废弃期 5d
	氯氰碘柳胺钠	片剂、混悬液	口服：每千克体重 5mg	28d，奶废弃期 28d
		注射液	皮下或肌内注射：每千克体重 2.5～5mg	

（续）

类别	药名	制剂	用法与用量 （用量以有效成分计）	休药期
抗寄生虫药	芬苯达唑	片剂、粉剂	口服：每千克体重 5～7.5mg	28d，奶废弃期 4d
	氰戊菊酯	溶液	喷雾，配成 0.05%～0.1% 的溶液	1d，奶废弃期 5d
	伊维菌素	注射液	皮下注射：每千克体重 0.2mg	35d，泌乳期禁用
	盐酸左旋咪唑	片剂	口服：每千克体重 7.5mg	2d，泌乳期禁用
		注射液	皮下、肌内注射：每千克体重 7.5mg	14d，泌乳期禁用
	奥芬达唑	片剂	口服：每千克体重 5mg	11d，泌乳期禁用
	碘醚柳胺	混悬液	口服：每千克体重 7～12mg	60d，泌乳期禁用
	三氯苯唑	混悬液	口服：每千克体重 6～12mg	28d，泌乳期禁用
生殖激素类药	甲基前列腺素	注射液	肌内注射或宫颈内注入，每千克体重2～4mg	
	绒促性素	注射用粉针	肌内注射：1 000～5 000IU，2～3 次/周	泌乳期禁用
	醋酸促性腺激素释放激素	注射液	肌内注射：100～200μg	泌乳期禁用
	促黄体素释放激素 A₂	注射用粉针	肌内注射：排卵迟滞 25μg；卵巢静止 25μg，1 次/d，可连用至 3 次；持久黄体或卵巢囊肿 25μg，1 次/d，可连用至 4 次	泌乳期禁用
	促黄体素释放激素 A₃	注射用粉针	肌内注射：25μg	泌乳期禁用
	垂体促卵泡素	注射用粉针	肌内注射：100～150IU，隔 2d 注射 1 次，连用 2～3 次	泌乳期禁用
	垂体促黄体素	注射用粉针	肌内注射：100～200IU	泌乳期禁用
	黄体酮	注射液	肌内注射：一次量 50～100mg	21d，泌乳期禁用
	复方黄体酮	缓释圈	阴道插入，一次量黄体酮 1.55g	泌乳期禁用

（续）

类别	药名	制剂	用法与用量 （用量以有效成分计）	休药期
生殖激素类药	缩宫素	注射液	皮下、肌内注射：30～100IU	泌乳期禁用
	氨基丁三醇前列腺素 F₂	注射液	肌内注射：一次量 25mg	泌乳期禁用
	血促性素	注射用粉针	皮下、肌内注射：一次量，催情 1 000～2 000IU；超排 2 000～4 000IU	泌乳期禁用

第三节　牛病的治疗技术

一、保定方法

（一）牛的接近

对病牛实施检查与诊断时，要考虑人畜安全。牛对饲养员、挤奶员一般表现比较温顺，对陌生人员则表现得比较暴躁。在接近前，事先应向饲养员了解牛平时的性情，如该牛是否胆小、易惊，有无踢人、顶人的恶癖。接近时，要先向牛发出接近的信号，然后从牛的侧前方慢慢接近。接近后，用手轻轻抚摸牛的颈侧，逐渐抚摸到牛的臀部，给牛以友善的感觉，消除牛的攻击心态，使其安静温顺，以便进行检查。检查时，最好由饲养员在旁边进行协助。牛低头凝视时具有攻击性，一般不要接近。

（二）牛的保定

保定的目的是在人、畜安全的前提下防止牛的骚动，便于疾病的检查与处置。

1. 简易保定法

（1）徒手握牛鼻保定法　在没有任何工具的情况下，先由助手协助提拉牛鼻绳或鼻环，然后术者先用一手抓住牛角，另一只手准确快速地用拇指和食指、中指捏住牛的鼻中隔，达到保定的目的。多在注射及一般检查时应用。

（2）牛鼻钳保定法　与徒手握牛鼻保定方法相似，将牛鼻钳的两钳嘴替代手指抵入牛的两鼻孔，迅速夹紧鼻中隔，用一手或双手握持，亦可用绳栓紧钳柄固定。适用于注射和一般检查。

（3）捆角保定法　用一根长绳拴在牛角根部，然后用此绳把角根捆绑于木桩或树上保定。为防止断角，可再用绳从牛臀部绕躯体一周拴到桩上。适用于头部疾病的检查和治疗。

（4）后肢保定法 用一根短绳在两后肢跗关节上方捆紧，压迫腓肠肌和跟腱，防止踢动。适用于乳房、后肢以及阴道疾病的检查和治疗。

2. 柱栏内保定法或站立保定法

（1）单柱颈绳保定法 将牛的颈部紧贴于单柱，以单绳或双绳做颈部活结固定。适用于一般检查、直肠检查。

（2）两柱栏保定法 将牛牵至两柱栏的前柱旁，先用颈部活结使其颈部固定在单柱颈绳保定柱的一侧，再用一条长绳在前柱至后柱的挂钩上做水平缠绕，将牛围在前、后柱之间，然后用绳在胸部或腹部做上下、左右固定，最后分别在鬐甲和腰上打结固定。适用于修蹄以及瘤胃切开等手术时保定。

（3）四柱栏（或六柱栏）保定法 用四根木柱，前后两柱间用横木连接。于前柱前方设一栏柱，前后柱上各设有可移动的横杆，穿过柱上的铁环、以控制牛的前后移动。保定时先将前柱的横杆拦好，再将牛由后方牵入柱栏内，将头固定于单杜上，最后系上后柱上的横杆以及吊胸、腹绳。四柱栏保定比较牢固：适用于各种检查和治疗，是最常用的保定方法，但由于两边都有栏杆；会遮挡部分躯体部位的处置。

3. 倒卧保定法

（1）背腰缠绕倒牛法 用一根长绳，在绳的一端做一个较大的活绳圈，套在牛两个角的基部，将绳沿非卧侧颈部外面和躯干上部向后牵引，在肩胛骨后沿处环胸绕一圈做成第一绳套，继而向后引至肷部，再环腹一周（此套应放至乳房前方，避免勒伤乳房）做成第二绳套。由两人慢慢向后拉绳的游离端，由另一人把持牛角，使牛头向下倾斜，牛立即蜷腿而慢慢倒下。牛倒卧后，一定要固定好头部，不能放松绳端，否则牛易站起。固定好后，方可实施检查或处置，此法适用于外科手术。

（2）拉提前肢倒牛法 将一根 8～10m 的圆绳折成一长一短的双叠，在折叠部做一个猪蹄扣，套在牛的倒卧侧前肢球节的上方（系部）。然后将短绳穿过胸下从对侧经背部返回由一人固定，再将长绳端引向后方，在髋结节前方绕腰腹部做一环套，并继续引向后方，由另一人固定。令牛向前走一步，在牛抬举被套前肢的瞬间，用力拉紧绳索，牛即先跪下而后倒卧，一人迅速固定牛头，另一人固定牛的后躯，第三人速将缠在腰部的绳套向后拉并使之滑到两后肢的跗关节上方（跖部）而拉紧绳子，最后将牛两后肢与卧地侧前肢捆扎在一起。适用于会阴部外科手术等。

二、经口给药方法

在牛病防治过程中，投药是最基本的防治措施。投药的方法很多，实践中应根据药物的不同剂型、剂量以及药物的刺激性和病情及其进程，选用不同的投药方法。

(一) 液体药物灌服法

使用长颈塑料瓶或长颈橡胶瓶，洗净后，装入药液备用。一般采用徒手保定，必要时采用牛鼻钳及鼻钳绳借助牛栏保定。

灌服时，首先把牛拴系于牛栏活牛桩上，由助手紧拉鼻环或用手抓住牛的鼻中隔，抬高牛头，一般要略高于牛背，用另一只手的手掌托住牛的下颌，使牛嘴略高。术者一只手从牛的一侧口角伸入，打开口腔并轻压牛的舌头，另一只手持盛有药液的橡皮瓶或长颈瓶，从另一侧口角伸入并送向舌背部，然后抬高灌药瓶的后部，并轻轻振抖，使药液流出，牛开始吞咽后继续灌服，直至灌完。

若药量较多，应分瓶分次灌服，每瓶次药量不宜装得太多，灌服速度不宜太快。严禁药物呛入气管内，灌药过程中，如病牛发生强烈咳嗽时，立即暂停灌服，并使牛头低下，使药液咳出。

经口腔灌药，既可以往瘤胃内灌药，又可以往瓣胃以后的消化道灌药，不同的灌药方法会产生不同的效果。一般若每次灌服少量药液时，由于食道沟的反射作用，使食道沟闭锁，形成筒状，而把大部分药液送入瓣胃；若一次灌入大量药液，则食道沟开放，药液几乎全部流入瘤胃。因此往瘤胃投药时，可用长颈瓶子等器具一次大量灌服，或用胃管直接灌服，而往瓣胃内或瓣胃以后的消化道内投药时，则应少量多次灌服。

(二) 片剂、丸剂、舔剂药物投药法

应用于西药以及中成药制剂，可采用徒手投药或投药器进行。

投药时一般站立保定，裸手投药法，术者一只手从一侧口角伸入，打开口腔，另一只手持药片（丸、囊）或用竹片刮取舔剂自另一侧口角送入其舌背部。投药器投药法：事先将药品装入投药器内，术者持投药器自牛一侧口角伸入并直接送向舌根部，迅速将药物推出，抽出送药器，待其自行咽下。

徒手投药或投药器投药后，都要观察牛是否吞咽，必要时也可在投药后灌饮少量水，以确保药物全部吞咽。

(三) 胃管投药法

大剂量液剂药物或带有特殊气味、经口不易灌服的药品，可采用胃管投药法。按照胃管插入术的程序和要求，通过口腔或鼻孔插入胃管，将药物置于挂桶或盛药漏斗，经胃管直接灌入胃中。患咽炎或明显呼吸困难的病牛，不能用胃管灌药。若灌药过程引起牛咳嗽、气喘时，应立即停止灌药。

插胃管时，要确实保定好病牛，固定好牛的头部。胃管用水湿润或涂上润

滑油类。先给牛装一个木制的开口器，胃管经口即从开口器的中央孔插入或经鼻孔插入，插入动作柔和缓慢，到达咽部时，感觉有抵抗，此时不要强行推进，待病牛发生吞咽动作时，趁机插入食管。胃管通过咽部进入食管后，应立即检查是否进入食管，正常进入食管后，可在左侧颈沟部触碰到胃管，这时向管内吹气，在左侧颈沟部可观察到明显的波动，同时嗅胃管口，可感觉到有明显的酸臭气味排出；若胃管误进入气管内，仔细观察可发现管内有呼吸样气体流动，或吹气感觉气流畅通，则应拔出重新插入；若发现鼻、咽黏膜损伤、出血，则应暂停操作，采用冷水浇头方法进行止血，若仍出血不止，应及时采取其他止血措施，止血后再行插入。

三、注射给药方法

注射是防治动物疾病常用的给药法。注射法即借用注射器把药物投入病牛机体的给药法。

注射时，按照不同注射方法和药物剂量，选取不同的注射器和针头；检查注射器是否严密，针管、针芯是否合套，金属注射器的橡皮垫是否好用，松紧度调节是否适宜，针头是否锐利、通畅，针头与针管的结合是否严密。所有注射用具在使用前必须清洗干净，并进行煮沸或高压灭菌消毒。

注射部位应先进行剪毛、消毒（先用5％碘酊涂擦，再用75％酒精涂擦），注射后也要进行局部消毒。严格执行无菌操作规程。抽取药液前，要认真检查药品的质量，注意药液是否混浊、沉淀、变质；同时混合注射两种药液时，要注意配伍禁忌；抽完药液后，要先排除注射器内的气泡。

常用的注射方法有以下几种：

1. 皮内注射法　主要用于变态反应试验，如牛结核菌素变态反应试验。注射部位一般在颈部上1/3处或尾根两侧的皮肤皱襞处。采用1mL注射器，小号或专用皮内注射针头。注射时，对注射部位剪毛消毒，以左手食指和拇指捏住注射部位皮肤，右手持注射器，在牢固保定的情况下，将针尖刺入真皮内，使针头几乎与注射皮面平行刺入。待针头斜面完全进入皮内后，放松左手，注入药液，使皮面形成一个圆丘即可。皮内注射，要注意不能刺入太深，注射后不能按压，拔出针头后，不要再消毒或压迫。

2. 皮下注射法　皮下注射是将药液经皮肤注入皮下疏松组织内的一种给药方法。适用于药量少、刺激性小的药液，如阿托品、毛果芸香碱、肾上腺素、比赛可灵以及防疫苗（菌）等。刺激性大的药液、混悬液、油剂等由于皮下吸收不良，不能采用皮下注射，注射部位以皮肤较薄、皮下组织疏松处为宜，牛一般在颈部两侧。如药液量较多时，可分数处多部位注射。注射部位也可选在肘后或肩后皮肤较薄处。皮下注射一般选用 16 号针头，注射前对注射部位剪毛消毒（用 70％酒精或 2％碘酊涂搽消毒），一般用左手拇指和食指捏起注射部位皮肤，使皮肤与针刺角度呈 45°角，右手持注射器，或用右手拇指、食指和中指单独捏住针头，将针头迅速刺入捏起的皮肤皱褶内，使针尖刺入皮肤皱褶内 1.5～2.0cm 深，然后松开左手，连接针头和针管，将药液徐徐注入皮下。

3. 肌内注射法 最常用的注射法，即将药液注入牛的肌肉内。动物肌肉内血管丰富，药液注入后吸收速度较快，仅次于静脉注射。一般刺激性较强、较难吸收的药液都可以采用肌内注射法，如青霉素、链霉素以及各种油剂、混悬剂等均可进行肌内注射。但对一些刺激性强烈而且很难吸收的药物，如水合氯醛、氯化钙、浓盐水等不能进行肌内注射。

肌内注射的部位一般选择在肌肉层较厚的臀部或颈部。使用 16 号针头，注射时，对注射部位剪毛消毒，取下注射器上的针头，以右手拇指、食指和中指捏住针头座，对准消毒好的注射部位，将针头用力刺入肌肉内，然后连接吸好药液的针管，徐徐注入药液。注射完毕后，拔出针头，针眼涂以碘酊消毒。

注意：一般肌内注射时，不要把针头全部刺入肌肉内，以防针头折断后不易取出。近年来多采用一次性塑料注射器，则不必拿下针头单独刺入，为动物注射给药提供了方便。

4. 静脉注射法

（1）**静脉注射** 静脉注射就是把药液直接注入动物静脉血管内的一种给药方法。静脉注射能使药液迅速进入血液，随血液循环遍布全身，很快发生药效。注射部位多选在颈静脉上 1/3 处。一般使用兽用 16 号或 20 号针头。注射时，先保定好病牛，使病牛颈部向前上方伸直。对注射部位进行剪毛消毒，用左手在注射部位下面约 5cm 处，以大拇指紧压在颈静脉沟中的静脉血管上，其余四指在右侧相应部位抵住，拦住血液回流，使静脉血管鼓起。术者右手拇指、食指和中指紧握针头座，针尖朝下，使针头与颈静脉呈 45°角，对准静脉血管猛力刺入，如果刺进血管，则会有血液涌出，如果针头刺进皮肤，但没有血液流出，可另行刺入。针头刺入血管后，再将针头调转方向，使针尖在血管内朝上，再将针头顺血管推入 2～3cm。松开左手，固定针头座，与右手配合连接针管。左手固定针管，手背紧靠病牛颈部作为支撑，右手抽动针管活塞，见到回血后，将药液徐徐注入静脉。

注射完药液后，左手用酒精棉球压紧针眼，右手将针拔出，为防止针眼溢血或形成局部血肿，在拔出针头后，继续紧压针眼 1～2min，然后松手。

静脉注射要将药液直接送入血液，因而要求药液无菌、澄清透明，无致热原；刺激性强的药液，要注意稀释浓度，如果浓度过高，容易引起血栓性静脉管炎；注射时，严防药液漏至血管外，以免引起局部肿胀；保定要牢固，注射速度应缓慢。

(2) 静脉吊瓶滴注　静脉吊瓶滴注即奶牛输液，即通过静脉注射或滴注的方法将药液直接输入静脉管内。临床上可以使用人用的一次性输液器代替过去的输液工具，免去了过去的吊瓶消毒、胶管老化等诸多麻烦。新的方法是：采用一次性输液器，兽用 16 号、20 号粗长针头作输液针头，按治疗配方将使用的药液配装在 500mL 的等渗盐水瓶中，或所需要的不同浓度的葡萄糖注射液（500mL 瓶）药瓶中，作为输液药瓶。将输液药瓶口朝下置入吊瓶网内，然后把一次性输液器从灭菌塑料袋中取出，把上端（具有换气插头端）插入输液药瓶的瓶塞内，把吊瓶网挂在高于牛头 30～40cm 的吊瓶架上。把输液器下端过滤器下面的细塑料管连同针头拔掉，安装上兽用输液针头（16 号或 20 号针头）。打开输液器调节开关，放出少量药液，排出输液管内的空气，调节输液器管中上部的空气壶，使之滴入半壶药液，以便观察输液流速。将排完空气的输液器关好开关，备用。取下输液器上的锋利的兽用针头，按照静脉注射的方法，将针头刺入静脉血管，把针头向下送入血管 2～3cm，以防针头滑出。这时松开静脉的固定压迫点，打开输液器开关，连接输液器管，把输液器末端（过滤器下段）插入置于静脉血管中的针头座内，拧紧（防止松动漏液），调节输液速度，开始输液，然后再用两个文具夹把输液器下端连接针头附近的输液管分两个地方固定在牛的颈部皮肤上。滑动输液器上的调节开关，使之按照需要的滴流速度进行输液。

与静脉注射的区别是　静脉注射使用的针头在刺入静脉后，调整针头方向，使之针尖朝上，然后连接针管、注入药液。而静脉输液时使用的针头，在刺入静脉后，将针头向下顺入静脉管内，连接输液器下端，输入药液。

静脉注射或滴注过程中，若药液漏出静脉外，可作如下处理：如是高渗溶液，则向肿胀局部及周围注入适量的注射用水（灭菌蒸馏水）以稀释；如是刺激性强或有腐蚀性的药液，则向周围组织注入生理盐水；如是氯化钙溶液可注入 10% 硫酸钠溶液，使其转化为硫酸钙和氯化钠。此外，局部温敷可以促进吸收。

5. 气管注射法　气管注射是将药液直接送入动物气管内，用以治疗气管、支气管以及肺部疾病的注射方法。病牛站立保定，头颈伸直并略抬高，沿颈下第三轮气管正中剪毛消毒，用 16 号针头向后上方刺入，当穿透气管壁时，针感无阻力，然后连接针管，将药液缓缓注入。

气管注射时，为防止咳嗽，可先在气管内注入 0.25%～0.5% 的普鲁卡因溶液 5mL，再注入治疗用药液。3 月龄以下犊牛，也可直接用 0.25％的普鲁卡因溶液 20mL 稀释青霉素 80 万 U，缓缓注入气管内，隔日一次，连用 2～5 次。

6. 胸腔注射法 病牛站立保定，右侧第五肋或左侧第六肋间，胸外静脉上方 2cm 处剪毛消毒，用左手将注射部位皮肤前推 1～2cm，右手持连接针头的注射器，沿肋骨前缘垂直刺入 3～5cm，注入药液，拔出针头，使局部皮肤复位，常规消毒。整个注射过程要防止空气进入胸腔。

7. 腹腔注射法 腹腔注射法是将特定药物直接注入腹腔，借助腹膜的吸收机能治疗某些疾病的注射法。腹腔注射时，病牛站立保定，犊牛亦可侧卧保定，在牛体右侧肷窝上部，即髋关节下缘的水平线上，距最后肋骨 2～4cm 处，用静脉注射针头，与皮肤呈直角，将针头垂直刺入腹腔，感到针头可自由活动时证明刺入腹腔。连接针管，注入药液。

一般刺激性大的药液不宜进行腹腔注射，注射前，药液必须加温，使之与体温相同。不能直接注入凉药液，以免引起牛痉挛性腹痛。

8. 瓣胃注射法 病牛站立保定，在右侧第九肋间，肩关节水平线上下 2cm 处剪毛消毒，采用长 15cm（16～18 号）的针头，垂直刺入皮肤后，针头朝向左侧肘突（左前下方）方向刺入 8～10cm（刺入瓣胃内时常有沙沙声感），用注射器注入 20～50mL 生理盐水后立即回抽，如见混有草屑等胃内容物，即可注入治疗药物。注射完迅速拔出针头，按照常规消毒法消毒。

9. 皱胃注射法 病牛站立保定，消毒注射位点，皱胃位于右侧第 12、13 肋骨后下缘，若右侧肋骨弓或最后三个肋间显著膨大，呈现叩击钢管清朗的铿锵音，也可选此处作为注射点。局部剪毛消毒，取长 15cm（16～18 号）的针头，朝向对侧肘突刺入 5～8cm，有坚实感即表明刺入皱胃，先注入生理盐水 50～100mL，立即抽回，其中混有胃内容物（pH 1～4），即可注入事先备好的治疗药物。注完后，常规消毒注射点。

10. 乳池注射法 乳池注射即将药物注入乳房的乳池中，是预防或治疗乳房炎的一种方法，是奶牛场常用的注射方法。采用放奶针头（或称导乳针头），消毒备用。

操作方法：将牛适当保定，用干净温水清洗、擦干乳房；挤净乳房内积存的奶汁，用酒精棉球擦拭消毒乳头以及乳头下端中央的乳头管开口，左手护住乳头下端，使乳头管口偏向操作者，右手持针，把针头缓缓插入乳头管内23～35cm，把持乳头的左手同时捏住导乳针底座，右手将吸好的药液的针管连接到针头底座上（通常可用一小段乳胶管连接）将药液缓缓推入乳池中。注完后抽出导乳针头，用手少捏一会乳头或轻揉乳头，如果是治疗性药物，则需一手捏住乳头下端，另一只手轻上托按摩乳房，促使药液在乳池内向上散开。操作时要注意保定好奶牛，以防被奶牛踢伤。注入药液的一般容量要求每个乳池50～100mL 为宜。采用乳池注射法治疗乳房炎，注射前一定要把乳房内炎性乳汁挤净，在挤完奶后，立即进行乳池注射。每次挤完奶后，都要进行乳池灌注，以维持乳池内长时间具有有效治疗药物。

11. 注意事项 注射法是治疗和预防动物疾病最常用的投药方法。应用时首先要检查针管与针头是否吻合无间隙，清洁、畅通无堵塞，而且要求严格消毒针管与针头。若同时注射两种以上药品时，要注意药物的配伍禁忌。若需要注入大量药液时，特别是静脉滴注时，应加温，使药液与体温温度相同。注射前必须排净针管内的空气。

四、灌肠方法

灌肠是为了治疗某些疾病，向肠内灌入大量的药液、营养物或温水，使药液或营养很快吸收或促使宿粪排出，除去肠内分解产物与炎性渗出物的一种方法。

事先备好灌肠器、压力气筒、吊桶和灌肠溶液等。灌肠液常用微温水、微温肥皂水或 3%～5%单宁酸溶液、0.1%高锰酸钾溶液、2%硼酸溶液等具有消毒、收敛作用的溶液，或葡萄糖溶液、淀粉浆等营养溶液。

灌肠分为浅部灌肠与深部灌肠两种。浅部灌肠仅用于排出直肠内积粪，而深部灌肠则用于肠便秘、直肠内给药或降温等。

(一)浅部灌肠

病牛柱栏内站立保定，并吊起尾巴。将灌肠液盛入漏斗或吊桶内，在灌肠器的橡胶管上涂以石蜡油或肥皂水，术者将灌肠器胶管的前端缓缓插入病牛肛门，再逐渐向直肠内推送，助手高举灌肠器漏斗端或吊桶，亦可固定于柱栏架上，使溶液徐徐流入直肠内，如流入不畅，可适当抽动橡胶管。注入一定液体后，牛便出现努责，让直肠内充满液体，再与粪便一起排出。如此反复进行多次，直到直肠内洗净为止。

(二)深部灌肠

深部灌肠是在浅部灌肠的基础上进行，但使用的灌肠器的皮管较长、硬度适当（不过硬）。橡皮管插入直肠后，连接灌肠器，伴随灌肠液体的进入，不断将橡皮管内送。在边灌边将橡皮管内送的同时，压入液体的速度应放慢，否则会因液体大量进入深部肠道，反射性刺激肠管收缩而把液体排出，或使部分肠管过度膨胀（特别在有炎症、坏死的肠段），造成肠破裂。

在灌肠过程中，随时用手指刺激肛门周围，使肛门紧缩，防止灌入的溶液流出。灌肠完毕后，拉出胶管，解除保定。

五、穿刺方法

通过穿刺，可以获得病牛体内某一特定器官或组织的病理材料，作必要的现场鉴别或实验室诊断，确诊疾病。而当急性胃肠臌气时，应当穿刺排气，可以缓解或解除病症。

（一）瘤胃穿刺术

当瘤胃严重臌气时，导致呼吸困难，最为有效的紧急治疗措施就是实施瘤胃穿刺术，排放气体，缓解症状，制造治疗时机。

穿刺部位在左肷部的髋结节和最后肋骨中点连线的中央。瘤胃臌气时，取其臌胀部位的顶点。穿刺时，病牛站立保定，术部剪毛消毒，将皮肤切一小口，术者以左手将局部皮肤稍向前移，右手持消毒的套管针迅速朝向对侧肘头方向刺入约 10cm 深，固定套管，抽出针芯，用纱布块堵住管口，实行间歇性放气，使瘤胃内的气体断续地、缓慢地排出。若套管堵塞，可插入针芯疏通或稍稍摆动套管。排完气后，插入针心，手按腹壁并紧贴胃壁，拔出套管针。术部涂以碘酒。

为防止臌气继续发展，造成重复穿刺，必要时套管不要拔出，继续固定，经留置一定时间后再拔出。若没有套管针，可用大号长针头或穿刺针代替，但一定要避免多次反复穿刺，必要时，可进行第二次穿刺，但不宜在原穿刺孔处进行。排出气体后，为防止复发，可经套管向瘤胃内注入防腐消毒剂等。

（二）胸腔穿刺术

一般用于探测胸腔有无积液和采集胸腔积液进行病理鉴定，排出胸腔内的积液或注入药液以及冲洗治疗等。

病牛站立保定，针对病症要求选择穿刺部位。左侧穿刺部位为第七肋间胸外静脉上方，右侧穿刺部位为第六肋间胸外静脉上方，或肩关节水平线下方 2～3cm 处。术部剪毛、消毒，术者左手将术部皮肤稍向前移，右手持连接胶管与注射器的 16～18 号针头沿肋骨前缘垂直刺入约 4cm，然后连接注射器，抽取胸腔积液，术后严格消毒。当胸腔无积液排出时，应迅速将附在针头上的胶管回转、折叠压紧，使管腔闭合，防止发生气胸。

（三）腹腔穿刺术

腹腔穿刺术主要用于采集腹腔液鉴别诊断相关疾病，排出腹腔积液、腹腔注射药液以及进行腹腔冲洗治疗等。

实施腹腔穿刺术前，备好消毒套管针，若没有专用套管针，可选用 16 号针头代替。病牛站立保定，或后肢栓系保定。在脐与膝关节连线的中点，剪毛消毒术位，术者蹲下，右手控制套管针的刺入深度，由下向上垂直刺入，左手固定套管，右手拔出套管针芯。采集积液送检。术后常规消毒。

（四）膀胱穿刺术

膀胱穿刺一般是在尿道完全堵塞时，有膀胱破裂危险，而采取的临时性治疗措施，或用于公牛的导尿等。

病牛站立保定。按照直肠检查操作要领，首先充分排出直肠蓄粪，清洗消毒术者手臂，然后将装有长胶管的14～16号针头握在手掌中，术者手呈锥形，缓缓进入直肠，在膀胱充满的最高处，将针头向前下方刺入，并固定好针头，使尿液通过针头沿事先装好的橡胶管流出。待尿液彻底流完后，再把针头拔出，同样握在掌中，带出直肠。

（五）心包穿刺术

心包穿刺术主要用于采取心包液进行病理鉴定以及心包积脓时的排脓与清洗治疗。

术牛站立保定，并使病牛的左前肢向前伸出半步，充分暴露心区。在左侧第五肋间，肩端水平线下2cm处剪毛、消毒，一只手将术部皮肤向前推移，另一只手持带胶管的16～18号长针头，沿第六肋骨前缘垂直刺入约4cm，连接注射器，边抽边进针，至抽出心包液为止。

操作过程要谨慎小心，避免针头晃动或刺入过深，伤及心脏。进针过程或注药的换药过程都要把胶管折叠、回转压紧，保持管腔闭合，防止形成气胸。

六、子宫清洗方法

子宫冲洗主要用于治疗阴道炎和子宫内膜炎、子宫蓄脓、子宫积水等生殖道疾病。由于用大量消毒液冲洗子宫，会降低子宫上皮的抵抗力和防御机能，发生子宫严重弛缓，导致所谓"治疗性"不孕，故应尽量少用。

冲洗前，应按常规消毒子宫冲洗器具。在没有专用子宫冲洗器的条件下，一般可用马的导尿管或硬质橡皮管、塑料管代替子宫冲洗管，有条件的话，可用胚胎采集管代替。

冲洗时，洗净并消毒牛的外阴部和术者的手、臂。通过直肠将导管小心地从阴道插入子宫颈内，或进入子宫体，抬高漏斗或挂桶，使药液通过导管徐徐流入子宫，待漏斗或挂桶内药液快完时，立即降低漏斗或挂桶位置，借助虹吸作用使子宫内液体自行流出。更换药液，重复进行2～3次，直至药液流出子宫时保持原来色泽状态不变为止。为使药液与黏膜充分接触以及冲洗液顺利排出，冲洗时，术者应一手伸入直肠，在直肠内轻轻按摩子宫，并掌握药液流入与排出情况，并务必排完冲洗药液。建议隔日一次，每次备药量10 000mL。

冲洗次数不宜太多，以免导致"治疗性"不孕。

冲洗药液应根据炎症经过而选择，常用的有微温生理盐水、0.5%～1.0%高锰酸钾溶液、0.1%～0.2%雷佛奴耳溶液以及抗生素、磺胺类制剂等。

七、导尿方法

导尿主要用于尿道炎、膀胱炎治疗以及采取尿液检验等，即母牛膀胱过度充满而又不能排尿时施行导尿术。做尿液检查时如未见排尿，可通过导尿术采集尿样。

病牛柱栏内站立保定，用 0.1%高锰酸钾溶液清洗肛门、外阴部，酒精消毒。选择适宜型号的导尿管，放在 0.1%高锰酸钾溶液或温水中浸泡 5～15min，前端蘸液体石蜡。术者左手放于牛的臀部，右手持导尿管伸入阴道内 15～20cm，在阴道前庭处下方用食指轻轻刺激或扩张尿道口，在拇指、中指的协助下，将导尿管引入尿道口，把导尿管前端头部插入尿道外口内；在两只手的配合下；继续将导尿管送入约 10cm，可抵达膀胱。导尿管进入膀胱后；尿液会自然流出。排完尿液后，在导尿管后端连接冲洗器或 100mL 注射器，注入温的冲洗药液，反复冲洗，直至药液透明为止。常用的冲洗药液主要有生理盐水、2%硼酸溶液、0.1%～0.5%高锰酸钾溶液、0.1%～0.2%雷佛奴耳溶液、0.1%～0.2%石炭酸以及抗生素、磺胺类制剂等。公牛导尿，可通过直肠穿刺进行。

八、公牛去势方法

公牛去势即摘除睾丸或人为破坏公牛睾丸的正常机能，使其失去分泌和释放雄激素的功能或作用。公牛去势后，可使其性情变得温驯、乖巧、老实，便于日常管理，同时具有提高牛肉产品质量和风味的作用。但是研究表明，雄激素与生长激素具有协同作用，因而不去势的牛相对生长速度较快，因此，实践中可根据经营方式和产品目标确定是否去势以及去势时间。建议，繁育牛群（即与母牛混群饲养的小公牛），以及幼牛育肥、生产特色牛肉小公牛应在 6 月龄左右去势，而生产优质牛肉的大型育肥场，公牛去势可避开快速生长期，推迟到 18 月龄左右去势。

公牛的睾丸位于阴囊之中，阴囊位于两后腿之间，阴囊的上部通常缩小为细而长的颈部。睾丸呈长椭圆形，纵轴垂直于阴囊内。附睾位于睾丸的后面。睾丸纵隔明显呈带状。

常用的去势方法分为有血去势和无血去势两种。有血去势应之前一周注射破伤风类毒素，或在术前一天注射破伤风抗毒素。去势时，对去势牛实施站立或横卧保定，术部消毒后即可进行，手术一般不需要麻醉，必要时或为便于保定，术前可肌内注射静松 2～3mL，也可进行局部皮下浸润麻醉或精索内麻醉。

（一）有血去势法

术者左手握住阴囊颈部，将睾丸居阴囊底部，使阴囊壁紧张，按如下方法切开阴囊，摘除睾丸去势。

1. 纵切法 适用于成年公牛。阴囊的后面或前面沿阴囊缝际两侧，2cm处作平行缝际的纵切口，下达阴囊的底部，挤出睾丸，分别结扎精索后切除睾丸。

2. 横切法 适用于 6 月龄左右小公牛去势。在阴囊底部作垂直阴囊缝际的横切口，同时切开阴囊和总膜，睾丸露出后，剪断阴囊韧带，挤出睾丸，结扎精索，切除睾丸和附睾。

3. 横断法 俗称大揭盖，适用于小公牛。术者左手握住阴囊底部的皮肤，右手持刀或剪刀，切除阴囊底部皮肤 2～3cm，然后切开阴囊总鞘膜，挤出睾丸，分别结扎精索后切除。

4. 锉切法 多用于小公牛。切开阴囊及总鞘膜，露出睾丸，剪断阴囊韧带，用锉刀钳剪断精索，除去睾丸。

（二）无血去势法

无血去势法适用于不同月龄的公牛去势，方法简便，节省材料，手术安全，可避免术后并发症。采用无血去势钳在阴囊颈部的皮肤上挫断精索，使睾丸失去营养而萎缩，达到去势的目的。

公牛栏内站立保定，常规消毒手术部位。用无血去势钳隔着阴囊皮肤夹住精索部，用力合拢钳柄，听到类似筋腱被切断的音响，继续钳压 1min，再缓慢张开钳嘴，然后在钳夹的下方 2cm 处，再钳夹一次，采用同样的方法夹断另一侧精索。术部皮肤涂碘酒消毒。术后阴囊肿胀，可达正常体积的 2～3 倍，约 1 周后不治自愈，3 周后睾丸出现明显变形和萎缩。

也可用耳夹子式的两个木棍夹住阴囊颈部，使一侧睾丸的阴囊壁紧张，阴囊底朝上，用棒槌对准睾丸猛力捶打，将睾丸实质击碎，然后用手掌反复挤压，至呈粥状感，用同样的方法处理另一侧睾丸，也可达到去势的目的。处理后阴囊皮肤涂布碘酒消毒。这种方法去势后，阴囊极度肿大，需每天早晚牵引运动，一般经 1 个月左右肿胀消失，睾丸萎缩。

九、洗胃方法

洗胃主要用于治疗牛的瘤胃积食以及排除胃内毒物。选用内径为 2cm 的

胃管，根据病情需要，备好洗胃用 39～40℃温水、2%～3%碳酸氢钠溶液或
1%～2%食盐溶液或 0.1%高锰酸钾溶液以及吸引器等。病牛施行柱栏内站立
保定，进行胃管插入术。插入胃管后，若不能顺利排出胃内容物，则在胃管的
外口装上漏斗，缓慢地灌入温洗液 5～10L，当漏斗中洗胃液尚未完全流净时，
令牛低头，并迅速把漏斗放低，拔去漏斗，利用虹吸作用，把胃内腐败液体等
从胃管中不断吸出。如此反复多次，逐渐排出胃内大部分内容物。冲洗后，缓
慢抽出胃管，解除保定。对瘤胃过度臌气和心、肺有严重疾病的体弱牛，不宜
强迫洗胃；洗胃时如发现病牛不安，心跳急剧增快，应立即停止洗胃。

十、断角方法

断角常用于角突骨折、有抵癖和角生长异常的牛。

（一）断角器或骨锯断角法

1. 保定及麻醉　柱栏内保定，将牛的头部固定在一侧柱上。剪毛消毒后
行角神经传导麻醉。在额骨外侧缘稍上方、眶上窄基部与角根之间的中点将针
头刺入皮肤约 1cm，注射 3%盐酸普鲁卡因溶液 5～10mL，10min 后牛即被
麻醉。

2. 方法　将断角器的刃紧贴角根，两手握住断角器把柄，以急速强大的
压力把角一次钳断。助手迅速用厚层灭菌纱布压迫止血或烧烙止血，如有骨碎
片应除净。然后撒布碘仿磺胺粉，纱布覆盖，用绷带包扎固定，再在绷带上涂
松馏油等，以防蚊蝇及雨水落入。

用断角器断角，动作必须快而稳，不可摇动断角器，以防额骨骨折或损坏
器械。

如果用骨锯断角，要在角根周围依次锯入，当锯至一定深度时，从一侧迅
速锯断。骨锯断角费时多，出血多，为减少出血，可在角神经麻醉部位按压或
作一小切口，行颞浅动脉结。

术后 2～3d 需更换 1 次绷带，并仔细处理断面及窦腔。防止摩擦、绷带脱
落及额窦化脓等。术后经过良好时，约 1 个月痊愈。

（二）苛性钠去角法

于 10 日龄前，把牛放倒保定，剪去牛角周围的毛，在角周围皮肤上涂抹
凡士林，用棒状苛性钠（钾）裹纸蘸水在角突上摩擦，直到皮肤发红但未出血
为止。注意雨天不宜操作，要防止苛性钠随雨水冲入牛的眼睛。

（三）烧烫去角法

1 月龄以内的犊牛可选用 200～300W 的烙铁烧烫角突部。烧焦角突部皮
肤，即可烧坏角生长点。注意烙的时间应控制在 1min 以内，以免烧伤牛的

头部。

（四）钳子去角

采用专用去角钳，在角突基部距皮肤 1.6cm 处剪去角突。对较大的角突，事先要进行消毒，并备好止血用纱布，剪除后要立即涂布消炎粉，并用纱布止血。适用于冬季或无蚊蝇季节实施。

十一、削蹄方法

牛运动缓慢，尤其是舍饲牛活动范围小，运动不足，蹄的磨灭甚少，常造成蹄角质过度延长、蹄变形或诱发蹄病，需削蹄校正。

（一）修蹄工具

应制备的修蹄工具主要有蹄铲、蹄钩刀、蹄锉、蹄钳、蹄修剪器以及蹄锯等，另外还有修蹄凳、修蹄垫等附属器材。

（二）保定

修蹄前，首先要对被修蹄牛进行科学保定，一般采取柱栏内或牛栏内保定。用绳子把被修蹄提起，如系前蹄，则屈曲腕关节，如系后蹄，则按下列步骤进行保定：首先在跗关节上方打一个便于迅速解开的滑结，并在跟腱上拉紧，然后将绳子绕过牛臀部的梁，绳的游离端再在跗关节下方绕过，提举后肢，最后将绳子的游离端打结固定。当柱栏上方无横梁可利用时，蹄的保定可用绳环绕球节上向后拉，但要注意蹄应放在草捆上而抬起，避免向后拉时牛剧烈骚动而造成损伤，以保障人畜安全。

（三）修蹄要点

修蹄前可将牛牵入浅水池中将蹄泡软，或用温热毛巾包裹蹄部，使蹄角质软化。修蹄时，先修整蹄壁，将蹄壁底缘有裂隙、损坏以及不平整的部分削掉，并修削平整，对于过长的蹄尖，可用蹄剪剪去，或用蹄锯锯掉后再修削平整。修削蹄壁和蹄尖时，要注意不能削过度，以免牛因蹄底疼痛而不敢走路。修削蹄底是切去已经老化的灰色角质，但不能把老化的角质层全部削去，要留一薄层保护新生角质层。修削后的蹄底和蹄壁要用蹄锉锉至平整一致，蹄朝阳面稍长于内侧面，蹄尖稍高于蹄底。黑色腐烂的角质，无论深浅，都应用蹄刀尽力削除，并注意不要损伤到健康组织。对内外指（趾）不同大小的蹄，应先削切较大指（趾）。修整蹄形、矫正蹄角度时，则应从较小指（趾）开始。削蹄时一般要多削蹄尖部，少削或不削蹄壁、蹄踵。蹄尖壁的长度一般为四横指，大蹄为四指半，小蹄为三指半。蹄的角度前蹄为 $47°\sim48°$，后蹄为 $43°\sim47°$。蹄负面切削要平坦，内外蹄大小一致，保持蹄与系的方向一致。清除腐烂的匀质后，涂布松馏油或松馏油碘酊。正常削蹄每年应进行 2～3 次，如蹄变形，应及时进行削修。

　　奶牛蹄病是影响奶牛使用年限的主要疾病之一，因此，修蹄、护蹄是奶牛饲养管理上的重要技术措施。修蹄是除去蹄部过长的角质、削去足底已经老化的角质、保护正常蹄形、预防和治疗蹄底腐烂等疾病的关键性技术手段。

（韩一超　武果桃　任杰　武守艳　陈剑波

孟东霞　赵娟　吴欣　王剑影）

第三章　牛场环境卫生与生物安全

第一节　牛场设计与生物安全

一、牛场规模

养牛业发展的趋势是从各方面尽可能扩大牛场规模，以形成规模求效益的养殖模式。但牛场规模过大时，养殖效率必然下降，同时也会伴随着牛群健康水平和生产能力的下降。据统计，一个小规模的奶牛养殖场的整体利润较低时，当规模扩大 3 倍后，其生产效益增长不大甚至不增长。牛场的规模越大，奶牛健康和管理问题越明显，牛场的经济损失也是巨大的。因此，牛场规模的大小在一定程度上是由牛场的疾病预防和治疗水平以及饲养管理水平所决定的。但值得注意的是，幼龄牛对抗应激和抗感染性疾病的免疫力较低，成年牛较强，因此在牛场内应适当缩小幼龄牛舍的规模，扩大成年牛舍的规模。

二、牛场的选址

牛场场址的选择要考虑牛场的位置、地势和水位的高低、水源和水质好坏，以及是否利于防疫和卫生处理，同时也要考虑牛场规模是否有扩大的余地。因此，牛场的选址不是一个随意的事情，是需要从可持续发展的角度多方面周密考虑，统筹安排。

（一）牛场的位置

尽可能与饲料生产基地和放牧地接近，交通便利，水、电供应方便。应远离交通主干道（离交通要主干道 500m 以上）、工厂、住宅区（离村庄 500m 以上）、河流与湖泊，并避开空气、水源和土壤污染严重的地区，特别是避开动物传染病疫源区，以利牛场的防疫和环境卫生清理。

（二）地势、水位

选择地势高而干燥的地方建牛场、背风向阳，最好北高南低，土质坚实（以沙质土为好）。地下水位低，具有缓坡的排水良好的开阔平坦地方。要避开在平原的低洼地、丘陵山区、峡谷地方和高山区的山顶建牛场。

（三）水源、水质

选择有充足水源，水质良好的地方建牛场。同时，要注意水中微量元素的成分与含量，要避免被工业、微生物、寄生虫等污染的水源。井水、泉水等一般是水质较好，可直接饮用；河流、湖泊和池塘等地面水需要净化处理，达到国家规定的卫生指标后才能饮用。

三、牛场整体布局

（一）牛舍

牛舍应安排在牛场生产区的中心，以便于饲养管理。设计牛舍时要注意利于疾病的防控。牛舍的采光与通风和牛的健康关系密切，设计牛舍时尽可能使牛舍采光充足、通风良好。在排列牛舍时应采取长轴平行，坐北向南，并后对齐，牛舍与牛舍之间应相距 10m 以上，牛舍宽度应限制在 30m 以内。在非隔热的牛舍，较大的空间有利于缓冲外界的不良气候。但是，在隔热的牛舍内屋顶面积要减少到最小以降低成本，一般牛舍跨度为 21m 时，屋檐高度应为 3.6m，这一标准广泛应用于牛舍设计，有时根据不同的饲养需要和气候特点可稍加改进。

（二）饲料库与饲料加工室

饲料库要靠近饲料加工室，运输方便，车辆可以直接到达饲料库门口，加工饲料取用方便。饲料加工室应设在距牛舍 20～30m 以外；如果牛场靠近公路，可在围墙一侧另开门，以便于饲料原料运入，同时可防止噪声和灰尘污染，但从卫生防疫的角度考虑，门口要另设消毒池，进入饲料库区的车辆要严格执行消毒程序。俗话说"病从口入"，饲料库与饲料加工室的卫生安全需要高度重视，在饲料的运入、储存和加工各个环节均要严格把关，防止病原微生物和有毒有害物质进入。

（三）青贮塔、草垛

青贮塔（窖或池）可设在牛舍附近、便于取用，必须防止牛舍和运动场的污水渗入窖内。草垛应距离牛舍和其他建筑物 50m 以外，而且应该设在下风向，以便于防火。青贮塔和草垛的卫生安全同样十分重要，要确保不被病原微生物和有害物质污染。

（四）贮粪场及兽医室

贮粪场设在牛舍下风向、地势低洼处。兽医室和病牛舍要建筑在牛舍 200m 以外偏僻地方，也尽可能设在牛舍的下风向，以避免疾病传播。

（五）职工宿舍、食堂和办公室

这三个建筑物应设在牛场大门口或场外，以防止外来人员联系工作穿越牛场，避免职工家属随意进入牛场内。生产区（牛场）、生活区和行政区之间用围墙相隔，另设专用通道，牛场大门口应设消毒池。

四、牛舍类型

根据牛的生长发育阶段、生产用途以及当地气候特点等因素。牛舍的类型可分为成年牛舍、青年牛舍、犊牛舍等。成年牛舍主要饲养产奶牛或成年肉牛。目前，国内根据墙体的情况，可分为棚舍、开放舍、半开放舍和封闭舍四大类型。

按管理方式国内常见的奶牛舍有拴系式和散放式两种牛舍。

（一）拴系式牛舍

拴系式牛舍，母牛的饲喂、挤奶、休息均在牛舍内。其优点是：挤奶员或饲养员可全天对奶牛进行看护，做到个别饲养，分别对待；母牛如有发情或不正常现象能及时发现。采用这种方式，可充分发挥每头奶牛的生产潜力，争取高产。但这种方式使用劳力多，占用时间多，劳动强度大，牛舍造价较高。因为母牛在此种方式下不能"自我护养"，母牛的角和乳房易遭到损伤。

拴系式牛舍主要包括钟楼式、半钟楼式和双坡式3种，钟楼式通风良好，但构造复杂，耗费建筑材料，造价高，不便于管理。半钟楼式通风较好，构造也较复杂。双坡式牛舍的屋顶可适用于较大跨度的牛舍，为增强通风换气可增加牛舍内窗户面积。冬季关闭门窗有利保温，牛舍建筑易施工、造价低。目前，国内牛场主要采用的是双坡式牛舍。

双坡式牛舍内部牛的排列方式分为单列式和双列式。一般饲养头数较多的牛场多采用双列式，对于饲养头数较少的牛场则多采用单列式。双列式又分为双列对尾式和双列对头式2种，以对尾式应用较广泛。牛头向窗，有利于日光和空气的调节，传染病发生的机会较少，挤奶及清理工作也较便利；同时还可避免被排泄物所腐蚀。但分发饲料稍感不便。对头式牛舍的优缺点与对尾式正好相反。

（二）散放式牛舍

散放式牛舍是分别建立采食区、休息区和挤乳区，以适应乳牛生活、生态和生产所需的不同环境条件。散放式牛舍需要建立散放式牛床，设计散放式牛床的目标是为牛提供清洁、干燥的场所，创造舒适的生活环境以便于牛起卧。尽可能多采用躺卧牛床，保证牛的舒适、高产和高效。牛喜卧于略有坡度的地上，牛床从后至前应有4‰的坡度。对于长2.2~2.4m的牛床，后沿和前端的高度分别应为8.8cm和9.6cm。牛床上的垫料也应有同样的坡度。牛床的垫料可用9~13cm厚的沙土、锯末或碎秸秆。牛床最上层放草垫子也较好，可防止吸潮和湿擦病的发生。关键是要保持垫料和草垫子的卫生和干燥，这样有利于牛的健康。

在总体布局上，散栏式牛场以牛为中心，通过对饲草、饲料、牛乳和粪便处理4个方面的活动进行分工，逐步形成4条专业生产线，即精料生产线、粗饲料生产线、牛乳生产线和粪便处理线。另外，要有配套的兽医室、人工授精室和产房，以及供水、供电、供热、排污和道路等设施。

散放式牛舍具有广阔的发展前景，在北美和西欧已推行了近40年。我国目前还不普遍，但也有一些地区已开始兴起。

五、通道

牛舍的饲喂通道位于食槽前面，专供饲喂车运送、分发饲料。其宽度主要根据送料工具和操作距离要求决定，人工送料时宽度一般为1.2～1.5m。饲喂车直接送料时，其宽度则需2.8～3.6m。

六、废弃物的无害化处理设施

废弃物的无害化处理设施主要有焚烧炉、高压锅或尸坑。根据牛场的实际情况可选择一种。处理场地要远离牛舍、饲料库、青贮池和草垛等区域，且要设在其下风方向。

第二节　牛舍结构与疾病预防

一、牛舍通风

（一）牛舍通风的作用和基本要求

1. 通风的作用　牛舍内良好的通风对牛的健康养殖和疾病防控非常重要。畜舍通风不良、空气流通不畅，会使舍内湿度增大、病原微生物聚集、灰尘和其他颗粒物质增多、氨和其他有害气体浓度升高，在夏季室内温度升高使动物遭受"热停滞"，最终导致动物生产力下降、疾病特别是呼吸道疾病发生增多。牛舍通风不良对饲养员也造成相当大的危害，甚至引起饲养员患病。通风的目的就是将污浊气体排出畜舍，更换新鲜空气。但在通风时，也要考虑室内温度，特别在寒冷季节不能过多通风，通风过多不仅会造成热源浪费，也易因舍温过低导致动物的抵抗力下降而发病。

2. 通风的基本要求　在牛舍设计时，要给牛舍配备良好的通风系统，以保证牛舍空气流通、维持牛舍干燥，给牛营造舒适的生活环境。良好的通风系统必须达到以下要求：①让新鲜的空气能够通过设计好的通风口进入牛舍；

②进入到牛舍的新鲜空气能够和舍内的空气充分混合；③能缓解牛舍内的闷热环境，并净化牛舍空气；④可将牛舍内潮湿、污浊的空气排出牛舍。

（二）牛舍常用的通风系统

牛舍的通风系统一般有自然通风系统和机械通风系统两种。

1. 自然通风系统　自然通风系统是利用牛舍内外的气压差，使外环境的气流进入牛舍，同时使牛舍内气体排出外界，形成舍内外空气的对流过程。要想充分发挥自然通风系统的作用，牛舍要具备：①可以连续敞开的屋脊通风口、可以连续敞开的侧墙通风口、光滑的屋顶内表面和可以连续敞开的檐下通风口，并把屋面坡度控制在 1/3～1/2 之间；②新鲜空气则通过敞开的屋檐和侧墙通风口进入牛舍实现换气，即使是在完全没风的天气，自然通风系统也会由于热气、潮气上升产生烟囱效应，从而实现通风换气。

一般来说，牛舍跨度每 3m 要求屋脊通风口宽度至少应该达到 5cm。如 24m 跨度的牛舍，其屋脊通风口的宽度应该为 40cm。建造牛舍时，可以用覆盖物、刷漆或塑封的方式把牛舍钢结构外露部分进行保护以防风化侵蚀。在雨雪天或大风降温时，可使用直立式挡板挡住通风口以防雨雪侵入或因过度通风导致舍温降低，直立式挡板高度一般应该设计为屋脊通风口宽度的 1.5～2 倍。另外，还有一种上射式屋脊设计也很流行，这种形式的屋脊可以对屋脊结构起到保护作用，在设计这种形式的屋脊结构时，每 3m 牛舍跨度要求屋脊通风口的宽度应该为 7.6cm。

另一种自然通风的设计是沿着屋脊设置一系列烟囱式排风器，保证每头牛拥有 0.09m² 的有效通风面积。每个通风口面积为 1m²，可满足 11 头牛的通风需要。排风口要设计蝴蝶状阀门或/和悬挂式折板控制。

自然通风也可以建成"可呼吸屋顶"，常采用以下 2 种方案：①普通钢片支起的屋顶结构，重叠部分用板条或垫圈适当垫起来，允许空气从钢片间通过，木块垫料为 50mm×25mm 较为合适；②朝上的波状护墙板，上面固定普通的电镀钢材波状护墙板，下面不同护墙板间留有缝隙，形成文氏管结构，通常留 25mm 宽的缝隙，这样屋顶的开放程度就可达到 3.75%。

2. 机械通风系统　机械通风系统是通过风机来进行舍内外气体交换的。一般需要温度调节装置来控制。风扇可安装牛舍的底部，扇叶长度为 600mm 的风扇风速最大可达 900r/min，每小时可换气 10 194m²。根据牛舍内牛只的数量计算，可允许每头牛每小时最多换气 510m²（或相当于每千克体重每小时换气 0.42m²），较为理想，所以，这样一个风扇可用于一个规模为 30 头牛的牛舍。风扇可装有恒温调节装置，对通风实行自动或半自动控制。这样当关闭风扇电源后，扇叶自动关闭，从而达到自动防止过堂风的效果。风扇通风系统主要用于饲养密度高、自然通风受限制的牛舍。

进风口最好设置成沿着两侧墙体向内开放的漏斗型风门，装置底部空悬，深度为700～900mm，具有叶片，并且通过窗扉撑条或饲喂通道的远端控制。进风口与屋檐的距离大于600mm比较理想，以防止进入的空气经檩向下反弹至动物，产生对流风。风门板最好是活动式，能在夏季移走或折叠，并且长度为墙体的1/2～2/3。

二、牛舍光照

(一) 光照的作用

牛舍内保持充足光照强度和光照时间，对牛的生长发育和健康十分重要。阳光中的紫外线可使皮肤中的7-脱氢胆固醇转变为维生素D，有利于日粮中钙、磷的吸收和骨骼的正常发育和生长；紫外线具有有效的杀灭有害微生物的作用，保证牛舍的阳光照射，能达到消毒灭菌之目的。冬季，光照可增加牛舍温度，有利于牛的防寒取暖。阳光照射的强度与每天照射的时间变化，还可引起牛脑神经中枢相应的兴奋，对肉牛的繁殖性能和生产性能有一定的促进作用。采用16h光照8h黑暗，可使育肥肉牛采食量增加，日增重得到明显改善。

(二) 光照要求

奶牛适合长时间光照，最好每天为16h光照。牛舍的采光包括自然采光和人工照明两种形式。设计牛舍时，首先要考虑自然采光。自然采光状况通常用奶牛舍的采光系数（即窗/地）来表示，成乳牛舍的采光系数要达到1∶10～12。采用人工照明时，一般以白炽灯和荧光灯作为光源，根据牛舍光照标准和1m² 地面设1W光源提供的照度，就可以计算出所需光源的总瓦数。

三、牛舍保温

牛舍的保温与牛舍的通风和光照同样重要，牛舍适宜的温度是保障牛健康的重要条件之一，可使牛充分发挥生产性能，疾病的发生会明显减少。牛舍的保温与牛舍的通风有时会出现矛盾，顾及通风时牛舍温度降低，顾及保温后通风不良，在寒冷的冬季这一矛盾尤为明显。在牛舍设计和饲养过程要注意这一问题，尽可能做到通风和保温兼顾，使牛舍的保温和通风处于最佳状态。

牛舍的保温应从以下方面来考虑：砖墙厚50～75cm，墙壁从地面算起，最好抹100cm高的墙围子。北方寒冷地区，墙壁应加保温层，顶棚应用导热性低和保温的材料；牛舍地面选材也应具保温作用，牛舍内保持干燥，建设牛舍时，屋檐距地面为 280～320cm 为宜，棚顶距地面为 350～380cm，屋檐和顶棚太高，不利于保温；牛舍内要有一定数量和大小的窗户，以保证太阳光线直接射入和散射光线射入，以维持牛舍内温度。

（王凤龙　王金玲）

第四章 生产管理与疾病控制

第一节 饲养管理

一、饲料的营养要求

牛在生长发育、活动和生产繁殖过程中需要各种各样的营养物质。在牛的饲养过程中，必须满足其对营养的需要求，营养不足或营养过剩均可导致牛的抵抗力降低，甚至发病。牛所需的营养成分主要包括水、蛋白质、粗脂肪、碳水化合物、维生素和矿物质等。

（一）水

水对动物机体非常重要。动物体内的生物化学反应、营养物质运输、体温调节以及组织器官组成等均需要水。牛体内的水主要来自饮水、摄入饲料中的水和代谢过程中所产生的水。牛的饮水既要充足、新鲜、洁净，又不能过多。饮水不足可引起牛脱水，并继发其他病理过程；饮水过多则能引起水中毒；饮用水被病原污染或含有害物质，容易使牛患各种疾病。

动物的饮水量是采食干物质量的 3～8 倍。成年母牛饮水量受饲料种类、产奶量的影响。一头奶牛每天产奶 15～30kg，饲喂干饲料及多汁饲料时，每天约需饮 45～90L 水；干奶期的母牛和成年肉牛每天需饮水 10～20L。在炎热季节，牛的饮水量将增加。因此，牛场应对奶牛采取自由饮水的方式，以保证充足的饮水。

（二）蛋白质

蛋白质是构成动物机体组织、细胞的基本成分，它具有参与机体的物质代谢、代替碳水化合物及脂肪发热等多种功能。饲料中蛋白质不足会引起动物体内蛋白质代谢负平衡，使牛出现体重减轻、产奶量降低及生长缓慢、繁殖能力下降等。饲料中的蛋白质主要来自豆科子实及油饼类饲料，其中包括必需氨基酸、半必需氨基酸、非必需氨基酸等。不同用途、不同生长时期的牛对蛋白质的需要量不同。

1. 维持需要量 蛋白质需要量是通过测定动物在绝食状态下体内每日所排出的内源性的尿氮（EUN）、代谢性的粪氮（MFN）和皮、毛等代谢物中的含氮量，进而计算而得到的。

例如，一头活重 600kg 的牛，内源性氮的排减量为 44g，相当于 275g（44×6.25）组织蛋白质。由于蛋白质的生物学价值为 0.8。因而每日可消化粗蛋白质的需要量为 344g（275/0.8）。

如果以粗蛋白质表示，由于牛对粗蛋白质的消化率为 0.65，所以粗蛋白质的维持需要量为 4.6g。

2. 生长牛的蛋白质需要量

增重的蛋白质沉积＝蛋白质（沉）（g/d）$-AW$（170.22-0.1731W+
$$0.00017W^2）\times（1.12-0.1258AW）$$

式中：AW，增重速度（kg/d）；W，体重。

体重 100kg 以上的生长牛，可消化粗蛋白质的利用效率约为 46%，体重 40~60kg 时约为 60%，70~90kg 时则为 50%。

3. 怀孕牛的蛋白质需要量　根据测定的怀孕牛的蛋白质沉积量，按照 42% 的利用效率计算，在维持的基础上可消化粗蛋白质的给予量为：妊娠 6 个月时 77g；7 个月时 145g；8 个月时 255g；9 个月时为 403g。

4. 泌乳牛的蛋白质需要量　在利用可消化粗蛋白质计算产奶的蛋白质需要时，可根据 4%FCM 的蛋白质含量（34g）和泌乳时蛋白质的综合利用效率（0.65），计算出每千克乳所需的可消化粗蛋白质 52g（34/0.65）。加上一定的安全系数后，即每千克 4% FCM 需要可消化粗蛋白质 55g 或粗蛋白质 85g。

（三）脂肪

牛的日粮中含有适量的脂肪是必要的，脂肪不仅可以提高饲料的能量值，还能增强奶牛夏季对应激的抵抗力，减少甲烷的产量来降低能量的损失，最重要的是饲料中添加的脂肪在瘤胃内变成长链饱和脂肪酸，然后在小肠内被吸收，随血液到达机体各组织，合成机体脂肪并储存于脂肪组织中。一部分长链脂肪酸可以直接进入乳腺合成乳脂，提高产奶效率。高产奶牛在泌乳高峰期表现能量负平衡，需补充脂肪，最常用的方法是提高精料（淀粉和谷物）比例，饲料的精粗比为 60：40，也可添加缓冲化合物及异位酸。饲料中脂肪的添加也不能过量，过多时会妨碍瘤胃功能，抑制瘤胃微生物区系，降低有机物消化率。值得注意的是添加未保护形式的脂肪（如植物油），会对奶牛产生一些副作用。

（四）能量

1. 能量需要　以奶牛能量单位（NND）表示，用 1kg 合成乳脂 4% 的标准乳所含产奶净能（3.138MJ）作为一个奶牛能量单位。

（1）维持的能量需要　牛的维持能量与牛的代谢体重（$W^{0.75}$）成正比。

温度变化对牛的维持需要量影响最大，外界环境温度为 18℃时每日每头牛的维持需要为 $0.356 \times W^{0.75}$（MJ），在 5℃时为 $0.389 \times W^{0.75}$（MJ）。1 胎和 2 胎母牛对能量的需求量大，1 胎牛的维持能量应增加 20%，2 胎牛增加 10%。

（2）泌乳的能量需要　我国奶牛饲养标准规定为每千克标准乳为 3 138kJ 产奶净能。常乳中所含能量可按下式计算：

$$产奶净能（kJ/kg）=（342.65+99.26 \times 乳脂率）\times 4.184$$

（3）怀孕后期的能量需要　在怀孕期间，随着胎儿的生长，胎膜、胎水及子宫也快速增长，在怀孕早期，沉积的营养物质数量很少，只是到了怀孕最后的 4 个月，胎儿生长所需营养物质数量才明显增加。妊娠第 6～9 个月时，每月需要在维持基础上分别增加 4.184、7.113、12.55 和 20.92MJ 产奶净能。

（4）成年母牛增重的能量需要　我国饲养标准规定，每增加 1kg 体重相应增加 8 个奶牛能量单位，失重 1kg 相应减少 6.56 个奶牛能量单位。

2. 能量的主要来源　食入精粗饲料中的碳水化合物是奶牛的主要能量来源，包括纤维素、半纤维素、果胶、淀粉、双糖和单糖等。饲料碳水化合物通过奶牛瘤胃微生物的发酵，最终变成挥发性脂肪酸（VFA）。VFA 是奶牛最主要的能量来源，它所提供的能量约占奶牛所需能量的 2/3，而碳水化合物在瘤胃中发酵产生挥发性脂肪酸的过程中所产生的能量又是微生物本身维持和生长的重要能源。VFA 主要有乙酸、丙酸、丁酸和少量较高级的脂肪酸。

（五）维生素

维生素是机体重要的营养物质，主要分为脂溶性和水溶性两类，脂溶性维生素有维生素 A、维生素 D、维生素 E、维生素 K，水溶性维生素主要指 B 族维生素。维生素不足能引起牛发生多种疾病，牛易缺乏脂溶性维生素，而不易缺乏水溶性维生素。

1. 维生素 A　哺乳期犊牛所需的维生素 A 是从牛奶中获得，断奶后主要是从青绿饲料中获得 β-胡萝卜素后转化成维生素 A。

长期饲喂缺少绿色的饲草料的牛易患维生素 A 缺乏症。据测定，在牛体内维生素 A 储存量最多时，最长可满足牛 6 个月的需要。因此，若在夏秋季饲喂充足的青绿饲料，在第二年的 3～5 月份能再喂青绿饲料时，牛不会出现明显的维生素 A 缺乏症。牛维生素 A 缺乏症的典型症状是初生犊牛瞎眼症。

2. 维生素 D　维生素 D_3 最基本的功能是促进肠道钙和磷的吸收，提高血清钙和磷的水平，促进骨的钙化。在我国，干奶期奶牛的维生素 D_3 需要量大约为 31 500IU/d，高产奶牛为 40 000IU/d，低产奶牛为 32 500IU/d。牛体内维生素 D_3 多从饲草料中获得，另外在阳光照射时能促进皮肤合成维生素 D_3，让牛多晒太阳是补充维生素 D_3 的简便方法。长期舍饲牛群或饲喂晒不到太阳的饲草料或高产奶牛维生素 D_3 消耗过多时，常出现维生素 D_3 的缺乏。维生素 D_3 缺乏时，幼龄牛易患佝偻病或软骨病，成年牛出现骨质疏松。

3. 维生素 E 维生素 E 在饲料中分布十分广泛。牛对维生素 E 的需要量较少。在动物体内适宜的补充维生素 E 可以增强奶牛的繁殖机能，减少乳房炎和胎衣不下，改善牛奶品质。维生素 E 和硒联合使用可起到更显著的效果。妊娠后期日粮添加维生素 E 和硒能够提高初乳的产奶量，增强犊牛的被动免疫和生长。在我国，干奶期牛维生素 E 的需要量为 280IU/d，高产奶牛为590IU/d，低产奶牛为 450IU/d。

值得注意的是，在日粮中添加某些水溶性维生素如硫胺素（维生素 B_1）、烟酸（维生素 B_5）、维生素 B_{12} 和维生素 C 等，对提高奶牛的生产性能、改善乳质、增强免疫机能和繁殖功能、减少疾病的发生有显著的作用。

（六）矿物质

对动物有营养作用的矿物质有 22 种，其中需要量最多的是钙、磷、钾、钠、氯、硫和镁 7 种常量元素，需要量少的是铁、铜、钴、锌、锰、碘、硒、钼、氟等 15 种微量元素。

1. 各种矿物质的需要量

（1）钙、磷 牛的日龄不同、所处的生理状态不同，日粮中对钙、磷的需要量也不同。

（2）钾 泌乳母牛钾的最低需要量为日粮中干物质的 0.9%，高产奶牛最低需要量 1%，当热应激时，钾的需要量增加，约为日粮中干物质的 1.2%。生长母牛钾需要量为日粮中干物质的 0.65%。

（3）镁 牛奶中约含 0.015% 的镁，因此，随泌乳量增加，镁的需要量也增加。母牛镁的维持需要量为 22.5g/（d·头），每产 1kg 奶另需 0.12g，一般占日粮中干物质的 0.2%，高产奶牛为 0.25%~0.30%。犊牛每千克体重由日粮中进食 12~16mg 镁就能满足需要，占日粮中干物质的 0.07%~0.10%，干奶母牛和生长牛均为 0.16%。

（4）硫 硫是瘤胃微生物合成含硫氨基酸和某些 B 族维生素的必需原料。泌乳牛硫需要量为日粮中干物质的 0.2%，干奶牛和生长牛均为 0.16%。高产奶牛日粮中添加硫酸钠、硫酸钙、硫酸钾和硫酸镁时，能维持其硫平衡。保持泌乳牛最大日粮进食量的适宜氮硫比为（10~12）：1。

（5）铁 一般奶牛日粮中铁含量为 50~100mg/kg 就能满足需要，犊牛和生长牛为 100mg/kg，泌乳牛为 50mg/kg。奶牛对铁的最大耐受量为 1 000mg/kg。缺铁使犊牛生长缓慢、贫血、异嗜、皮肤和黏膜苍白、产奶量下降。

（6）铜 奶牛对铜的需要量为 10~20mg/kg。但日粮中钼的水平可影响铜的作用，两者相互拮抗，最佳的铜、钼比为 45：1，奶牛对铜的最大耐受量为 50mg/kg。

（7）锌 奶牛对锌的需要量为 40mg/kg，最大耐受量为 150mg/kg。奶牛缺锌时产奶量和乳品质量下降，犊牛缺锌则生长发育停滞。

（8）锰 奶牛对锰的需要量为 40mg/kg，在应激条件下可达 90～140mg/kg，生产母牛为 40～60mg/kg，0～6 月龄犊牛最佳量为 30～40mg/kg。

（9）钴 钴是牛胃肠道微生物合成维生素 B_{12} 所需的元素。日粮中钴的吸收率在 20％～95％。牛日粮中要经常提供钴才能保证微生物合成维生素 B_{12} 的需要。牛对钴的需要量为 0.1mg/kg，生产条件可增至 0.5～1.0mg/kg，应激条件下可高达 24mg/kg。

（10）碘 正常情况下奶牛碘的需要量为 0.25mg/kg，泌乳牛和干奶牛为 0.6mg/kg，最大耐受量为 20mg/kg。牛缺碘症状是甲状腺肿大、产奶量降低、发育受阻，影响其繁殖机能。

（11）硒 牛对硒的需要量为 0.3mg/kg，其最大耐受水平为 2mg/kg。硒能预防幼年奶牛的白肌病和繁殖母牛的胎衣不下。

（12）食盐 泌乳母牛应按日粮中干物质进食量的 0.46％或按精料补充料的 1％添加食盐即可满足产奶母牛的需要。非泌乳牛按日粮中干物质进食量的 0.25％～0.30％或按精料补充料的 0.5％添加即可满足需要。泌乳母牛食盐的最大耐受量为日粮中干物质的 4％；生长母牛食盐的最大耐受量为日粮中干物质的 9％。

2. 矿物质供给

（1）常用的补钙磷制剂为磷酸氢钙（含钙大约 23％、磷大约 18％），补钙制剂为碳酸钙（石灰石），补钾制剂为硫酸钾，补镁制剂为氧化镁或硫酸镁，补硫制剂为硫酸钠、硫酸钾、硫酸镁等。在日常饲养条件下，日粮中钾、镁、硫能满足机体需要，可不必添加。

（2）微量元素供给 主要用有机矿物质添加剂，如金属氨基酸络合物（蛋氨酸锌、赖氨酸锌、蛋氨酸锰、蛋氨酸铁和赖氨酸铜）、矿物质蛋白盐（铜、钴、铁、锰、锌和铬蛋白盐）、硒酵母等。

（七）主要的牛饲料及营养含量

玉米有"饲料之王"之称，营养丰富，在北方是饲养奶牛的常规饲料；高粱也是北方的高产作物，营养成分与玉米差不多，在混合饲料中不宜超 20％；大麦是生物学价值比较高的精饲料，很适合喂牛，喂前必须压扁或粉碎；大豆含有很高的蛋白质和脂肪，是生产高档牛的理想饲料；豆饼是大豆榨油后的副产品，其蛋白质含量超过大豆，是典型的蛋白质饲料；小麦麸具有较高的蛋白质和能量，有轻泻的作用，与棉子配合，可以配成不同的高营养饲料；酒渣是酿酒的副产品，含有较高的蛋白质和维生素，尤其对"架子牛"的二级育肥，效果更好；玉米秸秆中粗蛋白和能量均高于小麦秸，钙的含量大大高于精饲料，是养牛的常用粗饲料；小麦秸秆的营养价值虽然不高，但种植的面广量大，可用作粗饲料。

二、饲料加工

（一）粗饲料的加工

1. 物理加工 应用各种物理方法对粗饲料处理，主要包括以下几种方法：

（1）切短 将秸秆上部可切成 3~4cm 长的草段，饲喂效果最好。每日采食量比干草增加约 2%。

（2）粉碎 秸秆粉碎后再与精饲料混合饲喂，可增加采食量，并能提高消化率。粉碎粗饲料可加快饲料排空速度，增加采食量。但粉碎粗饲料或粗饲料切得过短，也不利于奶牛健康和产奶。长粗饲料可维持瘤胃内容物结构层，刺激瘤胃蠕动、反刍和唾液分泌，因此，日粮中至少应有 1/3 的长粗饲料（2~5cm）。

（3）浸泡 将切碎的粗饲料用水洒湿或浸泡在 0.2% 食盐水中，经过 24h 后，使其质度变软，再与混合料、糠麸混合，可增加饲料的适口性，提高采食量。

2. 化学加工 通过化学方法处理粗饲料也是饲料加工的常用方法。

氢氧化钠处理：将秸秆切成 3~4cm 长，将 50kg 的氢氧化钠配制成 1.5% 的溶液后，再均匀喷洒在 1 吨的秸秆上，使之湿润，堆放几天后，取出直接喂牛。碱可降解植物细胞壁物质并使之膨胀，使消化率和采食量提高。当给高产奶牛饲喂含有大量精饲料或高酸性的青贮料的日粮时，再饲喂氢氧化钠处理过的秸秆，其中残留的碱可以降低反刍动物酸中毒的危险。如果养肉牛，氢氧化钠处理的秸秆充足且在全日粮中所占比例很高，所获利益是非常可观的。

氨化：氨水是氢氧化钠的有效替代品，通常在每吨水中加入 30kg NH_3，用氨水的优点是可以产生氮，可补充日粮中瘤胃可降解氮的不足，但在以饲喂高蛋白青贮料为主要成分的日粮时，不需要加氨水，若加氨水，其产的氮对牛不利。

（1）纯氨法 在地面或地窖底部铺塑料膜，膜的接缝均用熨斗粘牢。通常秸秆垛宽 2m，高（厚）2m，垛的长短则依秸秆的数量而定。铺垫及覆盖的塑料膜四周要富裕出 0.7m，以便封口。把切碎（或打捆）的秸秆喷入适量水分，使其含水量达到 15%~20%，混入堆垛，在长轴的中心埋入一根带孔的硬塑管或胶管，覆盖塑料膜，在一端留孔，露出管端。覆膜与垫膜对齐折叠封口，用沙袋、泥土把折叠部分压紧，使其密封。然后用耐压橡胶管连接纯氨运输器与垛中胶管，按冬天每 100kg 干秸秆加纯氨 2kg，夏天加 4kg 的量通入纯氨，然后把管子抽出封口。夏天不少于 30d，冬天不少于 60d 即可氨化完全。操作人员必须戴防毒面具、防碱的橡胶或塑料手套。纯氨法成本低，效果好，但需用专门的纯氨贮运设备与计量设备，适用于大规模制作氨化秸秆。

（2）氨水处理　将切短的秸秆往池（窖）里堆放时，按秸秆重量 1∶1 的比例向窖内均匀喷洒 3％浓氨水，装满池后，用薄膜覆盖、封严。密封时间受环境温度而定：低于 5℃需 8 周，5～15℃需 4～8 周，15～30℃需 1～4 周，30℃以上需 1 周内。然后开窖将秸秆晾干饲喂。饲料氨化处理，可提高粗饲料的蛋白质含量 4％～6％，每头每天平均增加采食量 16％～60％，并可提高秸秆有机物消化率。缺点是氨损失量较大，开窖后约 2/3 氨逸失。

（3）尿素处理　在秸秆湿度和外界环境温度较高时可以用来改善秸秆品质。提高秸秆消化率，提高采食量，消化率提高 10％，干物质采食量可增加 50％。

制作时，先将尿素（或碳铵）按秸秆重量称出，再称出加水量，使尿素溶于水，然后将溶液喷到切碎的秸秆上，边喷洒边拌匀。接着装入容器内压实密封，密封的要求与纯氨法相同，但氨化时间需长一点些，特别在气温较低时更应延长，此法简单易行，在制作时无需使用防护用具也十分安全，适合一家一户应用，但所需成本比纯氨法及氨水法稍高一些。

3. 青贮　青贮饲料是把新鲜青绿多汁饲料（玉米秸、甘薯藤、花生藤等）收获后直接或经过适当风干后，切碎，密封贮存于青贮窖（塔）内，压实密封，经微生物发酵而制成具有酸味、清香味的可口性饲料。这种饲料可保存几个月甚至几年。青贮的原料应含有一定的糖和适量的水分。用作青贮的原料应含水分 65％～70％。如果原料鲜嫩，含水量可低于 60％；原料粗老，则含水量可高于 70％。如果进行低水分青贮，其含水量应为 40％～60％。同时，由于乳酸菌为厌氧菌，在青贮时务必须将青贮原料切短、使原料流出大量汁液，以利乳酸菌生长，同时也利于压实。填装青贮原料要随装随铺平压实，特别是青贮窖的四周边缘更要压实，排出空气，减少留存空隙。青贮窖装满后在青贮料上面盖上塑料薄膜，上面再铺一层草或秸秆，然后盖土密封。若土质干燥可洒一些清水，使土质黏合坚固。盖土厚 60cm 左右，将土堆成馒头形，以后经常检查，发现有下陷或裂缝要及时加土修补，以防雨水流入和透气，影响青贮饲料的质量。

青贮饲料经过 40d 后便可使用。开窖取用时，如果最上一层的青贮饲料变成黑色，则取出不用，下面好的逐层拿取。品质好的青贮料呈黄绿色，有芳香味和酸味，多汁，质地柔软。若呈黑褐色且带有腐臭味或干燥发霉则不能喂牛。取出的青贮饲料当天用完，不要留置过夜，以免变质。

粗饲料的使用：一般情况下，粗饲料采食量最好不低于日粮总干物质采食量的50%。对于不同泌乳期的奶牛应分别按精粗饲料的不同比例搭配，才能取得最好的产奶水平和饲料效益比。

（二）精饲料的加工

谷类是否加工取决于网胃口的大小。对体重小于150kg的牛，整粒小麦和燕麦很难通过网胃口，而对于较大的牛则很容易。因此，整粒的谷物可以饲喂年轻牛，对老牛则必须加工。加工程度应尽量小，只要使种子的种皮破裂即可。可以压扁，用氢氧化钠处理，使谷物膨胀来破坏种皮可能是最好的方法。

1. 磨碎与压扁 精饲料磨碎后，可均匀地搭配饲料，细度以中磨为好，对老残牛要求细度直径为1mm，对中、青年牛1~2mm即可。也可直接压扁，从瘤胃生理需要来看，饲料压扁要比磨碎更适合于牛的消化。

2. 蒸煮与焙炒 蒸煮有利于提高精饲料的适口性，如马铃薯、大豆和豌豆等，蒸煮后还可以提高消化利用率。焙炒可使饲料中的淀粉部分转化为糊精而产生香甜味，增加适口性。将其磨碎后撒在拌湿的粗料上，能提高粗饲料的适口性，增加粗饲料的采食量。

3. 湿润与浸泡 湿润一般用于粉尘多的饲料，而浸泡则多用于硬实的子实或油饼，使之软化或用于溶去有毒物质。

4. 饲料颗粒化 采用颗粒饲料喂牛比较方便，有利于机械化饲养；适口性好，咀嚼时间长，有利于消化；营养齐全，能防止产生营养性疾病；能够充分利用饲料资源，减少饲料损失。若将精、粗饲料混合在一起加工成颗粒，更有利于牛的采食、消化和利用。颗粒饲料多为圆柱形。喂牛的颗粒饲料直径为6~8mm，长为10~15mm。也可压制成圆饼形。

三、饲料保存

保存原则是阻止腐败菌（腐烂细菌和霉菌）生长。这些腐败菌喜欢温暖、低酸性（pH 6~8）、有水、有氧的环境。因此，冷却（最好冷冻）、酸化、隔绝氧气和干燥等方法有利于饲料保存。

（一）干燥

干燥是饲料保存最有效的方法，也是最贵的方法，因此只用于价值高的饲料（如谷物）和容易变质的饲料（如柑橘渣）。

储存前通常通过干燥使谷物的干物质含量从 850g/kg 提高到 870g/kg。自然晒干的干草可达到 800g/kg，如果收获时为 650～750g/kg，则要在谷仓中进行人工干燥。在谷仓中干燥到安全水平，通常超过 800g/kg，作物不能有过热和发霉现象。目前对饲料的干燥主要采取以下四种方法。

1. 田间晒制法 将饲草料先平铺暴晒，然后小堆干燥。如割下的牧草可在原地或附近摊开暴晒，每隔数小时翻晒，估计水分降至 50% 左右时，便可堆成 1m 高的小堆，让牧草在小堆内风干。

2. 草架干燥法 草架干燥法就是用树枝、木棍或其他物品搭成多个草架，牧草在田间干燥水分降至 45%～50% 时，将牧草顶端朝下，最好打成草束往草架上搭放，自下而上的逐层堆放，草架最底层的牧草应高出地面 20～30cm，草层厚度不宜超过 70～80cm。上架后的牧草应堆放成圆锥形或屋顶形，力求平顺，减少雨水浸渗。由于草架中部空虚，可以流通空气，有利于牧草水分散失，提高干燥速度，减少营养物质的损失。

3. 发酵干燥法 将风干的牧草（含水量约 50%）堆成 3～6m 高的草堆，堆积时应多践踏，力求紧实，使凋萎牧草在草堆上发酵 6～8 周，牧草逐渐干燥而成棕色干草。通过牧草本身细胞产生的呼吸热和细菌、霉菌活动所产生的发酵热在牧草堆中积蓄，有时草堆温度可达 70～80℃，同时借助通风将牧草中的水蒸发使之干燥，为防止发酵过度，每层牧草可撒上占青草重 0.5%～1.0% 的食盐。发酵干燥法牧草营养物质损失较多，因此多用于雨天。

4. 人工干燥法 采用风力干燥法、高温快速干燥法及施用化学制剂干燥法等。此法干燥时间短，养分损失少，但缺乏维生素 D，主要在国外应用较多。

（二）青贮

青贮既是饲料的加工方法也是保存方法，其过程我们在前面的内容中已进行描述，在此不进行细致讲述，但进行青贮时值得注意的是，在饲料保存过程中应避免二次发酵。

在青贮最初期，饲料通过呼吸作用和需氧菌的活动消耗尽青贮窖内氧后，厌氧菌将糖或碳水化合物（果糖和葡萄糖）转化为乳酸和其他酸，饲料酸度升高，即发生初次发酵。当发酵酶被耗尽或自由水大量减少到能限制细菌的活动的水平时，初次发酵结束，饲料 pH 低而稳定。如果作物中含糖量较低或抗酸化作用和缓冲的能力较强，就会发生二次发酵，厌氧梭菌等降解乳酸和其他酸，并能产生一些臭味性酸如丁酸，青贮料不稳定，很难保存，青贮料营养损失大。因此，应在好天收割饲料，有利于饲草料萎蔫，有助于浓缩作物中的糖分，也有利于减少二次发酵的概率。

四、分群

不同年龄的后备母牛及不同泌乳阶段的成年母牛对日粮、营养的需要不同，需要采取不同的饲养管理，因此，必须对其进行分群饲养。

(一) 成年母牛

成年母牛按泌乳阶段分群，一般可分为 5 个群：

1. 干乳期（60d） 停奶日期到分娩日期之前，该时期对奶牛产后及乳房健康至关重要。

2. 围产后期（15d） 分娩日期到产后第 15 天（产后半个月内）。该时期对奶牛的健康及以后的产奶量较为关键。

3. 泌乳盛期（110d） 分娩后第 16 天到第 120 天（产后 4 个月内）。产奶量占全泌乳期产奶量的 45%～50%。

4. 泌乳中期（90d） 分娩后第 121 天到第 210 天（产后第 5～7 个月）。产奶量占全泌乳期产奶量的 30%左右。

5. 泌乳后期（90d） 分娩后第 211 天到停奶前 1d（产后第 8～10 个月）。产奶量占全泌乳期产奶量的 20%～25%。

(二) 后备母牛

后备母牛按生理发育阶段分群，一般可分为 6 个群：

1. 哺乳期犊牛（0～3 月龄） 后备母牛发病率、死亡率最高的时期。

2. 断奶期犊牛（3～6 月龄） 生长发育最快的时期。

3. 小育成牛（6～12 月龄） 母牛性成熟时期，母牛的初情期发生在 10～12 月龄。

4. 大育成牛（12～18 月龄） 母牛体成熟时期，16～18 月龄是母牛的初配期。

5. 妊娠前期青年母牛（18～24 月龄） 母牛初妊期，也是乳腺发育的重要时期。

6. 妊娠后期青年母牛（24～27 月龄） 母牛初产和泌乳的准备时期，是由后备母牛向成年母牛的过渡时期。

五、饲喂

(一) 犊牛

生后期是犊牛体尺、体重增长及胃肠道发育最快的时期，以瘤胃和网胃的发育最为迅速，应尽早补饲草料，加强运动。

1. 精料 生后 10～15d 开始训练犊牛吃精料，初喂时可做成粥状，涂擦犊牛口鼻，诱其舐食。开始时日喂干粉料 10～20g 为宜，数天后可增至 80～100g，1 月龄时 250～300g，2 月龄时 500～600g，并从 1 月龄开始改为干粉料或少量拌料。

2. 干草 从 15d 开始饲喂干草，在牛栏的草架内添入优质干草（如豆科青草等）。训练犊牛自由采食，以促进瘤胃和网胃发育。

3. 青贮料 2 月龄开始喂给 100～150g 优质青贮料，3 月龄时 1.5～2kg，4～6 月龄时 4～5kg。应保证青贮料的质量，防止用酸败、变质及冰冻青贮料饲喂犊牛，以免下痢。

（二）育成牛

为增加消化器官的容量，促进消化器官的充分发育，育成牛的饲料应以优质青干草和青贮料（牧草）为主，精料只作蛋白质、钙、磷等的补充，若青干粗饲料品质好，可尽量少喂精料，以培育成体格高大，肌肉适中，消化力强，乳用型明显的理想体型。

（三）泌乳牛

母牛产犊，体力消耗大，体质较弱，食欲差，消化力弱，易发生各种代谢疾病，饲养泌乳牛主要应克服食欲差的问题，泌乳牛应喂最优质的饲料，粗饲料少给勤添，并尽可能采用不同类型的饲料组成日粮以刺激食欲，尽快使其恢复体质。

1. 产后 产后应充分供给温开水，优质嫩青干草任其自由采食。从第二天开始，根据母牛健康和食欲，给予高能、高蛋白日粮，日粮的精粗比可在（55～60）:（40～45），首先是多吃些优质干草和含干物质较高的玉米青贮料，其次是多喂精料补充料，但精料不宜超过日粮中干物质的 60%，精料量应视奶牛肥瘦，乳房膨大程度，食欲及粪便决定，既要大胆加大精料饲喂量，又要细心观察以防消化不良；日粮中蛋白质含量以 18% 为宜，多使用蛋白质饲料，如豆饼。

2. 泌乳初期 尽早给母牛多吃优质饲料，使其尽快恢复体质，促进泌乳高峰期到来。泌乳期奶牛饲养的好坏是决定整个泌乳期产奶量高低的关键。

3. 泌乳盛期 及时根据产奶量及体重的变化调整精料给量，只要产奶量不断上升，就可以不断增加精料给量，直到产奶量不再上升时为止。日粮要求适口性好，饲料种类多，饲养上要适当增加饲喂次数，并保持饲养方法的相对稳定。管理上要求精心细致，防止发生代谢性疾病。

4. 泌乳中期 少喂或不喂精料，多给青绿多汁饲料，蛋白质饲料以豆饼、棉子饼或非蛋白氮为主。

5. 干奶期 从干奶期的第 1 天开始，适当减少精料，停喂青绿、多汁饲料，控制饮水，加强运动，减少挤奶次数和打乱挤奶时间，当产奶量下降至8～10kg时可完全停止挤奶，由于母牛生活规律突然变化，产奶量急剧下降，这样一般4～7d内可以干奶。

第二节　生物安全处理与消毒

生物安全是指采取一系列措施来防止病原体和其他有害物质的局部或大面积传播，这些有害物质的影响可能是直接的，也可能是间接的。生物安全的最终目标就是保护人类的食物链，保护人类健康。

在养牛的活动中，会产生大量的粪尿、污水、有害气体，也会有病死牛。粪尿、污水和病死牛的体内也可能会有大量的病毒、细菌、寄生虫及虫卵等病原体，如果不及时处理或处理不当，可传播人畜共患病，进而影响人体健康。据报道，粪污可引起90多种人畜共患病，其中由牛传染的有26种。因此，必须对粪尿、污水、病死牛尸体进行无害化处理。

一、粪尿清理与生物安全处理

牛的粪尿是一种很好的有机肥，施入土壤后可以形成稳定的腐殖质，改善土壤的理化性状，增加肥力，而且肥效时间长，比化肥优良得多。

（一）牛粪的堆肥利用

牛粪直接施到农田肥效较低，还有可能造成环境污染。随着牛粪堆积时间增长，春季翻倒一两次发酵熟化后施于农田，养分损失同样较多。较好的方法是高温堆肥法，通过高温阶段能完全杀灭病菌及寄生虫，达到无害化要求，堆肥后十分稳定，不会对植物生长造成不良影响。高温堆肥法分为需氧堆肥法和厌氧性肥法。

1. 需氧堆肥法　有机物分解缓慢，产生的热量少，堆肥的温度低。将粪（50%）和秸秆及杂草等垃圾（50%）分层堆积于地面。堆料中的秸秆、稻草等碎成长3.3cm左右，并用水浸湿。选择干燥结实地面，铲平夯实，周围开排水沟，一般堆长2.5m左右，宽2m，堆底挖纵横垂直交叉的小沟，沟深、宽各15左右cm，沟上铺树枝做通风沟；或直接用玉米秸秆等捆成把，排放成"十"字形，并在交叉处竖放一把玉米秸或竹竿，然后在低层铺35cm厚的一层垃圾，再加入一定量的粪，适量加入一层人粪尿和水，逐层向上堆，也可以将混合的堆料直接往上堆，堆高1.8m左右为宜。堆好后用湿泥密封，堆面封泥对保温、保肥、减少臭味等都有作用。厚度一般在5cm左右，冬季可适当加厚。待泥稍干后，将玉米秸或竹竿拔掉以形成通风管。此法适于气温较高的夏季及地下水位较高的地区。

2. 厌氧堆肥法 堆内无通风道，有机物进行厌氧发酵，腐熟及无害化的时间较长，优点是制作方便。此法适用秋末春初气温较低的季节。一般需在1个月左右进行一次翻堆，以促进堆料腐熟。

（二）发酵制沼气

牛粪经过生物发酵处理，产生沼气，以供热、发电，沼渣、沼液还田，提高奶牛养殖业废弃物综合利用效益，消除奶牛养殖废弃物产生的环境污染。

（三）发酵烘干

将粪便定期用机械搅拌，充氧发酵，添加矿物质来生产有机肥和复合专用肥。

二、病死牛的处理

《病死及死因不明动物处置办法（试行）》中明确规定任何单位和个人发现病死或死因不明动物时，应当立即报告当地动物防疫监督机构，并做好临时看管工作。任何单位和个人不得随意处置及出售、转运、加工和食用病死或死因不明的动物。病死及死因不明动物禁止性规定：任何单位和个人不得随意处置及出售、转运、加工和食用病死或死因不明动物；不得随意进行解剖；不得擅自到疫区采样、分离病原、进行流行病学调查；不得擅自提供病料和资料。

由所在地动物防疫监督机构派人员到现场作初步诊断分析，能确定死亡病因的，应按照国家相应动物疫病防治技术规范的规定进行处理。对病死但不能确定死亡病因的，当地动物防疫监督机构应立即采样送县级以上动物防疫监督机构确诊。对尸体要在动物防疫监督机构的监督下进行深埋、化制、焚烧等无害化处理。

三、消毒

（一）牛舍常用消毒剂的用法

1. 甲醛溶液 3%～5%的甲醛溶液可用于对牛栏舍、用具的消毒。熏蒸法，按每平方米空间用14mL甲醛溶液和7g高锰酸钾混合，发烟熏蒸，密闭10h，可对被污染的空牛舍进行消毒。

2. 煤酚皂液（来苏儿） 3%～5%的煤酚皂液可用于牛舍、用具及牛粪的消毒，喷洒、洗涤均可。1%～3%的煤酚皂液可用于饲养人员的手臂和牛创面的冲洗消毒，可以涂擦牛疥癣患部。此药刺激性小，杀菌力强，应用广泛。

3. 苛性钠（氢氧化钠、火碱） 2%～5%的氢氧化钠热溶液，多用于发生过病毒性传染病的牛栏舍、场地的消毒。将2%的氢氧化钠溶液和5%的石灰乳混合使用，消毒效果更好。

4. 高锰酸钾 0.05%～0.1%的高锰酸钾水溶液可以用冲洗牛口腔，治疗母牛子宫、阴道等炎症，也可用于牛饮水消毒，预防消化道疾病。

（二）牛舍消毒

1. 预防消毒 进出场区、牛舍的门口常年设消毒槽（池），用3%～5%的火碱水溶液消毒。在牛舍门口的消毒室设紫外线杀菌灯，消毒时间20～30min。场区至少每半年用药物消毒1次。舍内走廊每周消毒2次，每月1次带牛消毒。

2. 空舍消毒 按清粪、清扫、冲洗、药物消毒（火焰或熏蒸消毒）、生石灰粉刷、控干顺序进行。火焰消毒时间为1米^{2}喷射60s。

3. 患病期消毒 出现腹泻疾病时，将发病牛群调圈，对该圈栏清扫、冲洗、药物消毒、火焰消毒、干燥。水泥床面和易干燥的牛舍需要用水冲洗。可供选择的消毒药物有：5%火碱水溶液、双季铵盐络合碘、过氧乙酸、双季铵盐类。后3种药物采用该产品说明书中最高的浓度，火焰每平方米床面消毒70s。出现口蹄溃疡症状疾病时，舍内走廊用5%火碱水溶液，圈舍地面用双季铵盐络合碘，农村可以用草木灰撒布。出现呼吸道或其他疾病时，进行清扫、通风、带牛消毒。此时药物浓度比平时带牛消毒要高1倍。消灭虫卵时，用5%的火碱水溶液消毒，再用火焰每平方米消毒70s。

（三）牛场环境消毒

牛舍周围环境（包括运动场）每1～2周用2%火碱消毒或撒生石灰1次；场周围及场内污水池、排粪坑和下水道出口，每月用漂白粉消毒1次。

（四）用具消毒

要定期对饲喂用具、料槽和饲料车等进行消毒，可用0.1%新洁尔灭或0.2%～0.5%过氧乙酸消毒；日常用具、挤奶设备和奶罐车、兽医器械、配种器械等在使用前后也要彻底清洗和消毒；车辆在进入场区时要喷雾消毒；挤奶机器管道用35～46℃温水及70～75℃的热碱水清洗消毒，以除去管道内的残留物质，同时防止微生物的滋生。

（五）带牛消毒

定期使用0.1%新洁尔灭或用0.3%过氧乙酸或0.1%次氯酸钠进行带牛环境消毒，这样既消灭了牛体表、环境中的微生物，还避免了微生物的传染，这种消毒方式对散放饲养方式较适合。带牛环境消毒减少了牛只间或牛与圈舍间的相互污染。

第三节 控制传播媒介

一、牛场其他动物的管理

牛场要严防通过其他动物给牛传播疫病。牛场的所有工作人员不许私自养猫、养狗，因为猫、狗是一些人畜共患疾病的中间宿主，也是一种传染源。有些传染病及寄生虫病是通过它们传染给人和牛的。如果确实需要养狗时，要将狗养在远离牛舍的固定地方，牛与狗及狗的排泄物不能接触，并要及时清理和管理好狗的粪便。

二、灭鼠、灭蚊蝇

老鼠是某些病原的携带者，也是某些寄生虫的中间宿主，专人定期灭鼠是牛场管理不可缺少的措施之一。蚊、蝇等吸血性昆虫是传染病的媒介，因此，每周应用卫害净药物对牛舍进行喷洒，消灭老鼠和蚊蝇，切断传播途径，保证牛群正常生长。

三、人员管理

进牛场的人员都必须从消毒池经过，外来人员不准进场，若必须进场，需经消毒后有关人员陪同参观，本场职工进生产区必须经过消毒并更换工作服、工作帽和工作鞋，经紫外线消毒 20～30min 后才能入场工作。患结核病和布氏杆菌病的人不准入场喂牛。本场职工禁止饲养猫、狗等宠物以及其他畜禽。

四、车辆管理

严禁非本场的车辆进入牛场的生产区。进出奶牛场的大门必须设车辆消毒池，本场车辆进行也要进行严格的消毒。

第四节 发生疫病时的扑灭措施

根据对养殖业生产和人体健康的危害程度，动物疫病可分为下列三类：

一类疫病：是指对人与动物危害严重，需要采取紧急、严厉的强制预防、控制、扑灭等措施的动物疫病。

二类疫病：是指可能造成重大经济损失，需要采取严格控制、扑灭等措施，防止扩散的动物疫病。

三类疫病：是指常见多发、可能造成重大经济损失，需要控制和净化的动物疫病。具体病名见附录。对不同类疫病的报告和处理方式有所不同，在此分别阐述。

一、疫情报告

从事动物疫情监测、检验检疫、疫病研究与诊疗以及动物饲养、屠宰、经营、隔离、运输等活动的单位和个人，发现动物染疫或者疑似染疫的，应当立即向当地的兽医主管部门、动物卫生监督机构或者动物疫病预防控制机构报告动物疫情。动物疫情由县级以上人民政府兽医主管部门认定；其中重大动物疫情由省、自治区、直辖市人民政府兽医主管部门认定。

二、疫情处置

（一）一类动物疫病的处置

1. 划定疫点、疫区和受威胁区 当地县级以上地方人民政府兽医主管部门划定。

2. 发布封锁令 当地县级以上人民政府实行封锁。

3. 控制、扑灭措施 当地县级以上地方人民政府应当立即组织有关部门和单位采取措施。

4. 封锁措施 在封锁期间，禁止染疫、疑似染疫和易感染的动物、动物产品流出疫区，禁止非疫区的易感染动物进入疫区。

（二）二类动物疫病的处置

1. 划定疫点、疫区和受威胁区 当地县级以上地方人民政府兽医主管部门应当划定。

2. 控制措施和扑灭措施 当地县级以上地方人民政府采取隔离、扑杀、销毁、消毒措施。

3. 封锁令的解除 由原决定机关决定并宣布。

（三）二、三类疫病呈暴发性流行时的处理

二、三类动物疫病呈暴发性流行时，按照一类动物疫病处理。

（王金玲）

第五章 普 通 病

第一节 消化系统疾病

一、消化不良

（一）单纯性消化不良

单纯性消化不良是由于瘤胃肌肉的兴奋性和活动性降低、收缩力减弱，瘤胃内容物运转缓慢，菌群失调，产生大量的腐解、酵解的有毒物质，引起消化障碍，食欲、反刍减退以及全身机能紊乱的一种疾病。临床特征表现为食欲不振、厌食、反刍和嗳气减少或停止、瘤胃蠕动消失、粪便减少且干燥或腹泻。

[病因] 常见于饲料变更，饲喂难消化的、蛋白质含量低的粗饲料或发霉腐败饲料，以及过食谷类或其他精料、无限制采食过多青贮料、长期服用磺胺或抗生素扰乱了瘤胃微生物环境等。

[临床症状] 食欲下降，奶量减少，反应迟钝。瘤胃运动次数减少且力量减弱，严重时瘤胃蠕动完全消失，瘤胃臌胀，呈现轻度腹痛，触诊瘤胃硬实呈面团状。粪便少，发病初期粪便稍干，之后变软，有恶臭。采食过多谷类或易发酵的饲料时，拉稀粪，甚至粪便呈水样。

大多数病例可自然痊愈或经治疗后在 48h 内痊愈，少数病例可能恶化或转为慢性，食欲继续废绝，消瘦，卧地不起，粪便恶臭，呻吟，磨牙，脱水，濒死前体温下降。

[诊断] 根据临床症状和饲喂情况作出诊断。但注意与酮病、创伤性网胃炎、皱胃变位、迷走神经性消化不良、急性瘤胃阻塞、低血钙等疾病鉴别诊断。

[治疗] 恢复胃肠的正常运动机能及清除胃肠内的致病内容物。治疗的具体方法如下：

（1）促进瘤胃蠕动，排出胃肠内容物　人工按摩瘤胃，以促进瘤胃的蠕动；投服轻泻—促反刍合剂和注射钙溶液，轻泻疗法应持续 2～3d，但剂量宜逐次降低，以保证彻底清除瘤胃内的致病性内容物；应用兴奋前胃运动的药物，常用的是氯化氨甲酰胆碱 0.004～0.006g、毒扁豆碱 0.01g 或 0.5% 溶液每次 1mL，毛果芸香碱 0.1～0.2g 或新斯的明 0.02～0.06g。

（2）调节酸碱平衡　在瘤胃内容物过酸时使用碱，如用碳酸氢钠 50g，一次口服，或用氢氧化镁 200～400g 灌服；如果瘤胃内容物呈现碱性时（饲喂大量高蛋白饲料可产生多量的氨，使瘤胃内容物偏碱性）可使用酸，如醋酸或食用醋 5～10L。可用 pH 试纸测定瘤胃液的 pH，如瘤胃内容物太稠，则可用胃管灌入 14～19L 的水或生理盐水。

（3）恢复瘤胃微生物群系的活性及其共生关系　病程长的消化不良的病例及各种原因造成长期厌食的病牛，均可使瘤胃微生物菌群大量减少，特别是 pH 有明显的改变时。移植瘤胃内容物重建菌群是很有效的，可以从屠宰场获取瘤胃内容物，也可在健康牛反刍时获取食团，还可吸取健康牛的瘤胃液，如瘤胃液少可以灌生理盐水再吸取，过滤后给病牛灌服，效果较好，也可重复使用。

（4）健胃促消化　在恢复期，可使用苦味健胃剂，尽量使用粉剂和水剂，少用酊剂。喂给优质青草或禾本科干草，并逐渐转为正常喂饲。

（二）迷走神经性消化不良

由于支配前胃和皱胃的迷走神经遭受损伤，致使不同程度的胃麻痹发生，导致以食物通过缓慢、瘤胃臌胀、厌食和排出少量糊状粪便为特征的前胃和皱胃机能紊乱的一种综合征。

[病因]兽医在诊治奶牛疾病时使用投药器具、胃管、磁铁/金属异物移取器等操作不规范，损伤咽部及食道，进而引起迷走神经机能紊乱；创伤性损伤直接损伤腹侧迷走神经或因炎性反应及挤压作用影响迷走神经，如创伤性网胃腹膜炎、网胃脓肿、严重中毒性瘤胃炎、瘤胃淋巴肉瘤及肝脓肿等；网胃或真胃远侧的前胃损伤所致的迷走神经性消化不良，如淋巴肉瘤及其他肿瘤、弥漫性腹膜炎、真胃穿孔、真胃脓肿、真胃右方扭转等。

此外，瘤胃和网胃的放线菌所致的肉芽肿，结核病造成的结核结节及膈疝等，都可导致迷走神经性消化不良。

[临床症状]本病呈亚急性或慢性病程。根据迷走神经损伤部位、瘤胃排空力和臌胀发生程度等的不同，其临床症状表现也不同。

（1）瘤胃收缩增多性臌胀　病牛长时间食欲下降或不食，逐渐消瘦，中度至重度瘤胃臌胀。瘤胃收缩频率增加（3～6 次/min），但蠕动微弱，不能将食物由瘤胃经网胃、瓣胃而推入真胃。滞留于瘤胃内被浸软的内容物，经持续的搅动出现泡沫，呈现泡沫性臌胀。直肠检查：瘤胃臌胀以背囊明显，腹囊也增大。从后方观察增大的瘤胃，左上、下腹和右下腹隆起，外形呈 L 形。粪便量少，正常或呈糊状，心动缓慢，伴收缩性杂音。

（2）瘤胃收缩弛缓性臌胀　多发生于妊娠后期及产后母牛，瘤胃收缩减少至停止，食欲废绝，粪便量少、呈糊状，瘤胃臌胀可堵住骨盆入口。病牛极度衰弱、消瘦，心动过快，卧地不起，最后因营养不良而死亡。

（3）幽门梗阻和皱胃阻塞　多因远端迷走神经受损所致，发生于妊娠后期。病牛厌食或食欲废绝，排出少量糊状粪便。直肠检查能摸到臌胀的皱胃、坚实、臌胀而不含气体或液体。瘤胃蠕动停止，脉动加快，若皱胃破裂，病牛可在几小时内死亡。

[临床病理学]　由于致病原因不同，临床病理学的变化也不尽相同。若中性粒细胞增多、核左移及单核细胞相对增多，可能与创伤性网胃—腹膜炎有关；血液球蛋白升高预示存在网胃或肝脓肿；皱胃阻塞时，可有不同程度的低血氯、低血钾性碱中毒；怀疑淋巴肉瘤时，应进行牛白血病病毒琼脂免疫扩散试验。

[诊断]　本病诊断依据是亚急性或慢性病程，典型的腹部臌胀，瘤胃呈L形，心动过缓和糊状粪便。确切的诊断尚需确定原发性病因，如咽部创伤、食道撕裂、创伤性网胃炎、皱胃右方扭转等。对有些难以确诊的病例应采取直肠检查、剖腹探查术、瘤胃切开术、血液学、X线照相术及血清学检验。

左侧剖腹探查术和瘤胃切开术是诊断原发性迷走神经性消化不良的最有效方法，有助于确诊和预后。

[防治]　多采取对症方法，缓解症状。

1. 治疗

（1）手术治疗　在查明原发病因的基础上，可实施手术治疗。手术前，应进行静脉液体疗法，补充水分、电解质和纠正碱中毒。在腹膜炎时，需同时注射广谱抗生素。由于胃肠尚存在功能性排空障碍，应禁止经口补液或给药。出现低血钙时应注射钙剂，以补偿胃肠吸收减少和泌乳造成的损失。

（2）左侧剖腹探查术和瘤胃切开术　该方法不但有助于确诊和预后，而且能排空瘤胃内的积食，减缓臌胀，暂时减小瘤胃的重量及所承受的张力。术后瘤胃和网胃的压力感受器将恢复正常功能。若迷走神经的损伤是可逆性的，则前胃将恢复正常的收缩功能。

（3）洗胃法　瘤胃扩张，内充满液体或粥样内容物时，可用内径 25mm 胃管插入瘤胃内，并灌入 1‰ 盐水冲洗、使之排空，以缓解瘤胃内压。

（4）补充水分、电解质和纠正碱中毒　静脉注射 5% 葡萄糖生理盐水、林格氏液或生理盐水，以便纠正脱水。为纠正低钾血症，可静脉注射等渗的 1.1% 氯化钾溶液，并配合灌服液体石蜡油 5～10L，连续 3d，或用 25% 硫代丁二酸二辛钠 120～180mL，灌服 1 次/d，连续 3d，反应良好。

（5）**激素疗法** 对临近分娩母牛，除静脉注射平衡电解质溶液外，同时可用地塞米松 20mg，一次肌内注射，促使产犊，有的牛分娩后，症状逐渐减弱而痊愈。

（6）**抗菌消炎** 注射广谱抗生素如四环素、金霉素等。低血钙时应注射钙制剂。

2. 预防 从发病原因上看，本病主要由创伤性网胃—腹膜炎、中毒性瘤胃炎及肝脓肿等引起；从临床病例发生来看，本病在奶牛场内时有发生。由于病后诊断困难，药物治疗效果不明显，病程较长，预后不良。因此，要加强预防。本病的预防，着重经常性的饲养管理，特别是应重点注意饲料保管和调制。清除异物，以防迷走神经胸支和腹支受到损伤，保证牛群健康。

（1）**严防尖锐异物混入饲料** 在饲料堆放和加工过程中，进行金属异物的清除工作，防止尖锐异物随饲料被牛食入，减少创伤性网胃炎的发生。

（2）**供应平衡口粮** 饲养奶牛时，注意日粮配合和精粗比例，防止片面追加精料，减少因过量增加精料而引起肝脓肿及真胃移位的发生。

（三）犊牛消化不良

犊牛消化不良是犊牛胃肠消化机能障碍的统称，是哺乳期犊牛较为常见的一种胃肠疾病。一年四季均可发生，以春季集中产犊牛时多见，临床特征主要是明显的消化机能障碍和不同程度的腹泻。

犊牛消化不良，根据临床症状和疾病经过，通常分为单纯性消化不良和中毒性消化不良两种。单纯性消化不良（或称食饵性消化不良），主要表现为消化与营养的急性障碍和轻微的全身症状；中毒性消化不良，主要表现出严重的消化障碍和营养不良以及明显的自体中毒等全身症状。

犊牛消化不良，通常不具有传染性，但具有群发性的特点。因此在兽医临床上，犊牛消化不良应与由特异性病原体引起的腹泻如轮状病毒病、冠状病毒病、细小病毒病、犊牛副伤寒、弯杆菌性腹泻、球虫病等相鉴别。

[病因]

（1）母牛，特别是对妊娠母牛的不全价饲养是引起犊牛消化不良的主要原因。

妊娠母牛的饲养不良：特别是在妊娠后期，饲料中营养物质不足，尤其是蛋白质、维生素和某些矿物质缺乏时，可使母牛的营养代谢过程紊乱，结果使胎儿的正常发育受到影响。在这种情况下出生的犊牛必然发育不良、体质衰弱，吮乳反射出现较晚、抵抗力低下，极易患胃肠道疾病。试验证明，当妊娠母牛由于饲养不良，致血钙含量下降至 8.0mg/L、血磷降至 3.0mg/L、胡萝卜素降至 0.15mg/L 时，其所产的犊牛生后不久，即出现消化不良症状。

哺乳母牛的饲喂不当：或当母牛罹患乳房炎以及其他慢性疾病时，将严重影响母乳的数量和质量。此种母乳中通常含有各种病理产物和病原微生物，犊牛食入后，极易发生消化不良。

（2）犊牛的饲养、管理及护理的不当，也是引起犊牛消化不良的重要因素。

犊牛机体受寒或畜舍过于潮湿：初生犊牛对寒冷和潮湿的适应能力很弱，因为此期犊牛机体的体温调节机能尚不健全，对外界环境变化极为敏感。故当春、秋季节，气温剧烈变动时期，在保温不良与空气潮湿的牛舍内饲养的犊牛，最易发生消化不良。

卫生条件不良：卫生条件不良对犊牛消化不良，特别对中毒性消化不良的发生，具有重要的影响。如哺乳母牛乳头不清洁，饲喂犊牛的乳汁或乳具不清洁，饲槽、饲具污秽不清洁，牛舍不清洁（牛栏、牛床久不清扫、不消毒，垫草长时间不更换致粪尿积聚而脏污等），从而增加了发病的机会。此外，牛舍通风不良，闷热拥挤，缺乏阳光，阴暗潮湿等，均可促进本病的发生。

初生犊牛的饲喂不当：吃食初乳过晚，可使犊牛因饥饿而舔食污物，致使肠道内乳酸菌的活动受到限制，乳酸缺乏，结果肠内腐败菌大量繁殖，从而破坏对乳汁的正常消化作用。人工哺乳的不定时、不定量，乳温过高或过低，可妨碍犊牛消化腺的正常机能活动，抑制或兴奋胃肠分泌和蠕动机能，而引起消化机能紊乱，导致发病。

哺乳期犊牛的补料不当：哺乳期犊牛的胃肠消化机能尚不健全，仅适应于对母乳的消化。故哺乳期的犊牛，由母乳改向饲料过渡时，只能消化少量的易于消化的饲料，因而在开始补料时，所补给的饲料在质量上或调制上，如不适当则易使犊牛的胃肠道受刺激而发生消化不良。

中毒性消化不良的病因：多半是由于对单纯性消化不良的治疗不当或不及时，致肠内发酵、腐败产物所形成的有毒物质被吸收或是微生物及其毒素的作用而引起机体中毒的结果。此外，遗传因素和应激因素对犊牛消化不良的发病，也具有一定作用。

［临床症状］犊牛消化不良，一般多呈急性经过，主要临床特征是腹泻。

单纯性消化不良：患病犊牛精神不振，喜躺卧，食欲减退或完全拒乳，体温一般正常或低于正常。腹泻，粪便的结构和颜色是多种多样的。开始时，粪便多呈粥样稀便，以后则呈水样的深黄色，有时呈黄色，也有时呈粥样的暗绿色。

此外，粪便带酸臭气味，且混有小气泡及未消化的凝乳块或饲料碎片。肠音高朗，并有轻度臌气和腹痛现象。心音增强，心搏动增速，呼吸加快。持续腹泻不止时，由于组织、细胞缺水则皮肤干皱且弹性降低，被毛蓬乱失去光泽，眼球凹陷。严重时，站立不稳，全身战栗。

中毒性消化不良：犊牛精神沉郁，目光痴呆，食欲废绝，全身衰弱无力，躺卧于地，头颈伸直且向后仰，严重腹泻，频排水样稀便，粪内含有大量黏液和血液，并呈恶臭或腐臭气味。持续腹泻时，则肛门松弛，排粪失禁。皮肤弹性降低，眼球明显凹陷。心音浑浊，心跳加快，脉搏细弱，呼吸浅表疾速，病至后期，体温多突然下降，四肢及耳尖、鼻端厥冷，终至昏迷而死亡。

粪便中有机酸及氨含量的变化：单纯性消化不良时，由于粪便内含有大量低级脂肪酸，故多呈酸性反应。中毒性消化不良时，由于肠道微生物的作用致使腐败过程加剧，粪便内氨的含量显著增加。

[病理变化] 消化不良犊牛的尸体消瘦，皮肤干燥，被毛蓬松，眼球深陷，尾根及肛门部位湿润，并被粪便污染。胃肠道见有卡他性炎症病理变化，黏膜充血潮红，轻度肿胀，表面覆有黏液，中毒性消化不良时，浆膜、黏膜见有出血变化。实质器官见有脂肪变性：肝脏轻度肿胀，变性且脆弱，心肌弛缓，心内、外膜有出血点，脾脏及肠系膜淋巴结肿胀。

[诊断] 犊牛消化不良，主要根据病史、临床症状、病理解剖变化以及病牛肠道微生物群系的检查进行诊断。此外，对哺乳母牛的乳汁，特别是初乳的质量进行检验分析（可消化蛋白、脂肪、酸度等），有助于本病的诊断。必要时，应对患病犊牛进行必要项目的血液化验和粪便检查，所得结果可作为综合诊断的参考。

[防治]

1. 治疗 鉴于犊牛消化不良的病因是多方面的，故对本病的治疗，应采取包括食饵疗法、药物疗法及改善卫生条件等措施的综合疗法。

首先，应将患病犊牛置于干燥、温暖、清洁，单独的畜舍或畜栏内，改善其所处环境卫生条件。其次要加强饲养，注意护理，维护心脏血管机能，改善物质代谢，抑菌消炎，防止酸中毒，制止胃肠的发酵和腐败过程。

为恢复胃肠功能可给予帮助消化的药物，如含糖胃蛋白酶8g，乳酶生8g，葡萄糖粉30g混合制成舔剂，口服3次/d，临用时每次加入稀盐酸2mL，或山楂15g，陈曲15g，麦芽15g，鸡内金9g，上四味炒黄研粉，葡萄糖粉30g，混合成舔剂，口服3次/d，嗜酸菌乳对犊牛消化不良有良好效果，可按2g/kg体重，口服2～3次/d。萨罗具有消毒作用，当粪便有腐败臭味和泡沫时可以应用。

为缓解胃肠道的刺激作用可施行饥饿疗法。即令患畜绝食（禁乳）8～10h，此时可饮以生理盐酸水溶液（氯化钠5g，33%盐酸1mL，凉开水

1 000mL），或饮以温茶水（红茶）250mL，3 次/d。

为排除胃肠内容物，对腹泻不甚严重的病牛，可应用油类或盐类缓泻剂，亦可施行温水灌肠。清除胃肠内容物后，为维持机体营养，可给予稀释乳或人工初乳（鱼肝油 10～15mL，氯化钠 10mL，鲜鸡蛋 3～5 个，鲜温牛乳 1 000mL，混合搅拌均匀），每次饮用 1 000mL，喂饮 5～6 次/d。

为促进消化可给予胃液、人工胃液或胃蛋白酶。胃液可采自空腹时的健康牛。犊牛剂量 30～50mL，1～3 次/d，于饲喂前 20～40min 给予。为预防目的，可于出生后 2h 内给予。人工胃液（胃蛋白酶 10g，稀盐酸 5mL，常水 1 000mL。亦可添加适量的维生素 B 或维生素 C），剂量为 30～50mL 灌服。胃蛋白酶最好采自真胃内的酶制成。干燥后，每 2～3g 溶于 500mL 凉开水中，代替牛乳给犊牛饮用。如无干燥的胃蛋白酶时，亦可应用液体酶。此外，也可口服药用胃蛋白酶。或服用溶菌酶、嗜酸菌乳，嗜酸菌肉汤培养物。

为防止肠道感染，特别是对中毒性消化不良的犊牛，可选用抗生素进行治疗。一般多应用下列药物。链霉素，首次量 1g，维持量 0.5g，间隔 6～8h，灌服一次，新霉素，日剂量 2～3g；3～4 次/d，口服。卡那霉素，按 0.005～0.01g/kg，口服。磺胺类药物中，多应用磺胺脒，首次量 2～5g，维持量 1～3g，2～3 次/d，口服。也可选用磺胺甲基异噁唑（SMZ），酞磺胺噻唑（PST）。或应用甲氧苄胺嘧啶与磺胺嘧啶合剂（TMP - SD）、甲氧苄胺嘧啶与磺胺甲基异噁唑合剂（TMP - SMZ），口服。

为制止肠内腐败、发酵过程，除应用磺胺药和抗生素外，也可适当选用乳酸、鱼石脂、萨罗、克辽林等防腐制酵药物。对持续腹泻不止的犊牛，可应用明矾、鞣酸蛋白、次硝酸铋、矽碳银、颠茄酊（或流浸膏），口服。

为防止机体脱水，保持水盐代谢平衡。病初，可给犊牛饮用生理盐水 500mL；5～8 次/d。亦可应用 10%葡萄糖溶液或 5%葡萄糖氯化钠溶液，剂量 100～300mL，静脉或腹腔注射。

为促进和保护犊牛机体代谢机能，可施行血液疗法。10%枸橼酸钠贮存血或葡萄糖枸橼酸盐血（由血液 100mL，枸橼酸钠 2.5g，葡萄糖 5g，灭菌蒸馏水 100mL，混合制成），剂量按 3～5mL/kg，每次可增量 20%，间隔 1～2 日，皮下或肌内注射一次，每 4～5 次为一疗程。

经治疗后，恢复健康的犊牛，多半生长发育迟滞，增重缓慢。

2. 预防 对犊牛消化不良的预防措施，主要是改善饲养，加强护理，注意卫生。保证妊娠和哺乳母牛正常的饲养管理，蛋白质、脂肪、糖类饲料应按适当的比例配合，并加喂矿物质、维生素饲料，给予适当的户外运动和阳光照射。

（1）加强妊娠母牛的饲养管理

①保证给予母牛充足的营养物质，特别是在妊娠后期，应增喂富含蛋白、脂肪、矿物质及维生素的优质饲料。②母牛饲料组成应包括适量的胡萝卜，或自分娩前两个月开始，应用维生素 A、维生素 D 注射液，肌内注射，1 次/5d。③妊娠母牛的日粮中也必须补给微量元素。其配方是：氯化钴 11.5g、硫酸铜1.62g、氯化锰 235.6g、硫酸铁 1.625g、混于 10L 水中，每日饮喂 100mL。④改善妊娠母牛的卫生条件，经常洗刷皮肤。对哺乳母牛应保持乳房的清洁并给以适当的舍外运动，每天不应少于 2～3h。

（2）注意对犊牛的护理 防止其舔食脏物以及不洁饮水，防止吃食母粪，母牛乳房要经常清洗，保持清洁，给予犊牛适当的运动和阳光照射。

①使新生犊牛能尽早地吃食到初乳，最好能在生后 1h 内吃到初乳。对体质孱弱的犊牛，初乳应采取少量、多次人工饮喂的方式。②母乳不足或质量不佳时，可采取人工哺乳。人工哺乳应定时、定量，保持适宜的温度。③牛舍应保持温暖，干燥，清洁，防止犊牛受寒感冒。牛舍及牛栏应定期消毒，垫草应经常更换，粪尿应及时清除。④犊牛的饲具，必须经常洗刷干净，并定期消毒。

二、瘤胃臌气

瘤胃臌气是因前胃神经反应性降低，收缩力减弱，采食了容易发酵的饲料，在瘤胃内菌群的作用下，异常发酵，产生大量气体，引起瘤胃和网胃过度膨胀。根据病因可分为原发性和继发性瘤胃臌气；按病程长短可分为急性和慢性；按性质分为泡沫性和非泡沫性瘤胃臌气。

[病因]

1. 原发性臌气 通常多发生于牧草旺盛的夏季，饲喂过多豆科植物或容易发酵含水量多的青草，如吃食未成熟、长得快的豆科牧草、谷类作物、油菜、甘蓝、豌豆、黄豆等以及高蛋白的幼嫩青草可引起原发性臌气。此外，饲喂过碎的谷类饲料不当时，使瘤胃 pH 发生改变，适宜一些产气微生物的繁殖。在这些条件下，瘤胃内较快地产生小气泡，不能融合在一起，形成泡沫性臌气。

2. 继发性臌气 在食道梗阻或食道受到肿胀物压迫发生嗳气受阻，如膈疝、感染破伤风时可继发此病。当前胃弛缓、酸中毒，皱胃、肠道变位时，在全身性炎症或乳房炎、子宫炎及中毒或其他疾病时，阻碍了前胃运转功能，也可继发瘤胃臌气。慢性瘤胃臌气还可发生于长期饲喂高水平谷类饲料造成反刍异常的奶牛，六个月龄以上犊牛因消化不良等常伴发此病。

[临床症状] 不管是何种性质的臌胀，左侧肷部膨胀、不安、呼吸困难均是最突出的症状，急性和最急性的常因治疗不及时而死亡。

1. 原发性臌胀 原发性臌胀虽然整个腹部都增大，但以左上腹肋部最明显。初期表现不适、频频起卧、蹴踢腹部、呼吸显著困难，60 次/min 以上，并伴有张口呼吸、伸舌、流涎、头颈伸直，偶尔发生喷射状逆呕和肛门挤出稀粪。初期瘤胃蠕动增加，但蠕动音不高，发病初期尚有嗳气和反刍，但在瘤胃臌胀后，瘤胃蠕动音减弱或完全消失，嗳气反刍废绝，叩诊产生特征性的鼓音。原发性臌胀，病程较短，一般在出现症状后 3～4h 内死亡，死前虚脱，几乎无任何挣扎。如用套管针穿刺或胃管排气，只能放出少量气体，且管子常被泡沫物堵塞。

2. 继发性臌胀 最常见于前胃弛缓，如创伤性网胃炎、食道阻塞、痉挛和麻痹、迷走神经胸支或腹支损伤、纵隔淋巴结结核肿胀或肿瘤、瘤胃与腹膜粘连、瓣胃阻塞、膈疝或前胃内存有泥沙、结石或毛球等，都可引起排气障碍，致使瘤胃壁扩张而发生膨胀。继发性臌胀通常在瘤胃内容物上方有大量游离性气体，通过胃管或插入套管针，能排出大量气体。随后，臌胀部下陷，如因食道梗阻或食道受压迫，通过胃管时受阻。

[诊断] 原发性臌胀凭病史和症状就能作出诊断，而继发的病因复杂、症状各异，必须经系统检查，才能确诊。如食道探查可了解有无阻碍和梗塞；膈疝，有呼吸困难、心脏移位及收缩杂音；破伤风有其特征性征兆；创伤性网胃炎有慢性消化不良及间隙性慢性臌胀等病史，这些都需作相应的检查后确定诊断。

[防治]

1. 治疗 遵循及时排出气体，制止瘤胃内容物继续发酵，理气消胀，健胃消导，强心补液，适时急救的治疗原则。

（1）急性和最急性病例 必须采取急救措施，如瘤胃穿刺术或切开术，泡沫性臌气还须给予止酵剂，如植物油、矿物油及一些表面活性剂。

瘤胃穿刺是用套管针直接穿刺瘤胃，既要动作迅速，又要操作严密。牛站立保定，术部在左腰肠管外角水平线中点上。术部剪毛，皮肤以碘酊消毒，套管针应煮沸消毒或以 75%酒精擦拭。手术刀切开皮肤 1～2cm 长后，套管针斜向右前下方猛力刺入瘤胃到一定深度拔出针拴，并保持套管针一定方向，防止因瘤胃蠕动时套管离开瘤胃损伤瘤胃浆膜造成腹腔污染。当泡沫性臌气时，泡沫和瘤胃内容物容易阻塞套管，用针拴上下捅开阻塞，有必要时通过套管向瘤胃内注入制酵剂（1%～2%甲醛溶液或松节油等）。拔出套管针时，先插入针拴，一手压紧创孔周围皮肤，另一手将套和针拴一起迅速拔出。拔出后，以一手按压创口几分钟，将手释去，皮肤消毒，必要时，切口作1~2针缝合。

药物治疗的目的是消除臌气。原发性消除泡沫，继发性是消除瘤胃弛缓、食道阻塞等原发病。可用松节油30~60mL，鱼石脂10~15g，加酒精30~40mL，或石蜡油或豆油等植物油200~300mL加适量清水，充分震荡后灌服。

(2) 严重病例　对臌气严重、有窒息危险的则应采取急救措施，可用胃管放气，或用套管针穿刺放气，穿刺部位选择在左侧腹壁的上部，即中兽医所讲的铖眼穴（位于髋结节与最后肋骨连线的中点），将针向右肘方向刺入，刺入后抽出针芯。为了防止再度发酵，宜用鱼石脂15~25g，95%酒精100mL，常水1 000mL，牛一次口服或从套管针内注入5%~10%生石灰水或8%氧化镁溶液，或者稀盐酸10~30mL，加适量水。此外在放气后，用0.25%普鲁卡因溶液50~100mL将200万~500万U青霉素稀释，注入瘤胃，效果很好。如有条件，可在放气后接种健康牛瘤胃液3~6L，效果更佳。值得注意的是，无论何种放气，都不宜过快，以防止血液重新分配后引起大脑缺血而发生昏迷。在牧区牧民通常是用刀子放气，目的是暂时不发生死亡，回到家中再屠宰。

非泡沫性臌胀，除穿刺放气外，宜用稀盐酸10~30mL，或鱼石脂10~25g，酒精100mL，常水1 000mL；也可用生石灰水1 000~3 000mL。放气后，用0.25%普鲁卡因溶液50~100mL、青霉素100万IU，注入瘤胃，效果更为理想。

(3) 泡沫性臌胀　以消泡、消胀为目的，宜用表面活性药物，如二甲基硅油等；在临床上常用下列配方：豆油、花生油、菜子油用量一般250~500mL，二甲基硅油（即消胀片）30~60片（每片含15mg），松节油30~60mL，鱼石脂10~20g，酒精30~40mL，配成合剂应用，对泡沫性和非泡沫性臌气都有较好的效果。对于泡沫性臌气，放气效果不明显，可用长的针头向瘤胃内注入止酵剂或抗生素，如松节油、青霉素等。

(4) 中药疗法　中兽医称瘤胃臌胀为气胀病或肚胀。治疗以行气消胀，通便止痛为主。牛用消胀散：炒莱菔子15g，枳实、木香、青皮、小茴香各35g，玉片17g，二丑27g，共研为末，加清油300~500mL，大蒜60g（捣碎），水冲服。也可用木香顺气散：木香30g，厚朴、陈皮各10g，枳壳、藿香各20g，乌药、小茴香、青果（去皮）、丁香各15g，共研为末，加清油300~500mL，水冲服；针治：脾俞、百会、苏气、山根、耳尖、舌阴、顺气等穴。在农村、牧区紧急情况下，可用醋、稀盐酸、大蒜、食用油等口服，具有消胀和止酵作用。另外用大戟20g、莞花20g、甘草30g、甘遂20g、三棱40g、莪术40g、厚朴36g、枳实40g、大黄80~100g、芒硝150~200g，共研为末，加植物油1 000~2 000mL，一次灌服。

（5）其他解除气胀的简易办法　病的初期，对病情较轻的病例，将病畜头颈抬起，适度按摩腹部，可促进瘤胃内气体的排出。同时用松节油 20～30mL，鱼石脂 10～15g，95％的酒精 30～50mL，加适量的水口服，具有消胀作用，也可用大蒜酊。有人用小木棒（最好是椿木）涂擦松馏油或食盐，横衔于口中，两端用绳子固定于角根后部，将病畜牵拉于斜坡上，前高后低，使之不断咀嚼，促进嗳气，促进唾液的分泌，也可拉舌运动，左腹按摩。如徒手打开口腔牵拉牛舌，口中衔入木棒或在棒上、鼻端涂些鱼石脂，促进其咀嚼和舌的运动，增加唾液分化，以提高嗳气反射，促进排气。

为了排出瘤胃内易发酵的内容物，可用盐类或油类泻剂，如硫酸镁、硫酸钠 400～500g，加水 8 000～10 000mL 口服，或用石蜡油 1 000～1 500mL 口服，也可用其他盐类或油类泻剂。为了增强心脏机能，改善血液循环，可用咖啡因或樟脑油。根据临床经验，无论是何种臌气，首先灌服石蜡油 800～1 000mL，对消气可收到良好的效果。在临床实践中，应注意调整瘤胃内容物的 pH，可用 2％～3％的碳酸氢钠溶液洗胃或灌服。当药物治疗效果不显著时，应立即施行瘤胃切开术，取出内容物。此外因慢性瘤胃臌气多为继发性瘤胃臌气，因此，除应用急性瘤胃臌气的疗法缓解臌气症状外，必须治疗原发病。

2. 预防　只要避免动物摄食致病性的饲草即可防止本病的发生，如不要突然到生长有茂盛苜蓿的草地上放牧，逐渐饲喂多汁牧草，预饲整株干草，向草地上喷洒表面活性剂，甚至可以简单地让畜群避开危险的地段。

在春季，放牧前 1～2 周，饲喂一些青干草或粗饲料或作物秸秆，然后放牧或青饲或先放入贫瘠的草地，逐渐过渡，在幼嫩多汁的草地放牧应小心限量饲喂。清明节前后放牧，应注意尽量少喂堆积发酵或淋湿的青草。注意饲草的保管、防止霉败变质；加喂精料应适当限制；特别是甘薯等，更不易突然多喂，采食后不要直接饮水，也可在放牧中备用一些预防器械（如套管钊等）。

目前预防奶牛瘤胃臌气成功的唯一方法是用油和聚乙烯等阻断异分子的聚合物每天喷洒草地或制成制剂每日灌服两次，对放牧肉牛的唯一安全预防方法是在危险期间内，每天喂一些加入表面活化剂的干草，将不会引起臌气的粗饲料至少以 10％的含量掺入谷物日粮中以及不饲喂磨细的谷物，这些措施在预防肥育动物的臌气中已经取得了较好的效果。

三、瘤胃酸中毒

瘤胃酸中毒是由于大量饲喂碳水化合物，于瘤胃内产生大量乳酸而使瘤胃pH 下降的一种全身代谢紊乱疾病。其实质是一种特殊类型的瘤胃阻塞。

[病因] 常见原因是突然采食大量富含碳水化合物的饲料，特别是加工、粉碎后的谷物，如小麦、玉米、大麦、高粱、谷子等。被反刍动物采食后，在瘤胃微生物的作用下，产生大量乳酸而中毒；过量采食甜菜或发酵不全的酸湿酒糟、嫩玉米等造成；有时可能为提高产奶量，而过多饲喂谷类饲料及其加工的副产品如生面粉、糖渣、酒糟等也可引发瘤胃酸中毒。

牛采食大量容易高度发酵的饲料后，在2~6h内瘤胃微生物区系会产生显著变化，产生大量乳酸，使瘤胃渗透压升高，引起血液浓缩而脱水。一部分乳酸被瘤胃缓冲，但大部分被胃壁和肠道吸收进入血液。进入血液的乳酸部分被机体氧化，但过多的乳酸可引起机体酸中毒。高浓度的乳酸引起一些真菌繁殖而发生瘤胃炎甚至广泛的坏死，继而引起腹膜炎，损害腹腔中的内脏器官，引起整个消化道弛缓或毒血症。

反刍动物过食豆类的发病机制，涉及瘤胃中蛋白质的发酵作用。由于瘤胃和血液氨浓度升高，导致兴奋和感觉过敏及碱中毒。由于血液酮体积聚，又可导致代谢性酸中毒。

[临床症状] 轻度过食，偶尔有腹痛、厌食，但精神尚好。通常排稀便或腹泻，瘤胃蠕动减弱，可以几天不见反刍。一般3~4d后，不经治疗可以自愈。

大量过食的重病牛，经24~48h可能就卧地不起。有些病牛走路摇摆不定，一些牛可安静站立，食欲都废绝，不饮水。体温在正常以下（36.5~38.5℃），心跳次数增加，伴有酸中毒和循环衰竭时更加快。一般来讲，心率达100次/min，病牛达120~140次/min的治疗效果好，呼吸快、浅，60~90次/min。几乎都有腹泻，如无腹泻是一种不好的预兆，粪便色淡，有明显的甘酸味，早期死亡的粪便无恶臭。过食谷类时，粪中有未消化的谷粒、麦子、黄豆等，还可见已发芽的麦粒。24~48h开始脱水，并且是逐渐加重的。作瘤胃触诊时，可感觉到瘤胃内容物坚实和呈面团样，但吃得不太多时有弹性或有水样内容物，听诊可听到较轻的流水音。重病牛走路不稳，呈醉步，视力减退，冲撞障碍物，眼睑保护反射迟钝或消失，可发生蹄叶炎。慢性蹄叶炎可发生在发病后几周到几个月之后。急性病例发现无尿，随输液治疗而出现排尿是一种好征兆。

经48h之后，卧地不起，如安静躺卧，把头转向腹肋部，对刺激反应明显降低，往往是预后不良的表现，常可在1~3d死亡。因此，必须紧急治疗。如果病情有缓和，可见心率下降，体温回升，瘤胃开始蠕动，有大量软便排出。有些病牛病情好转后3~4d又转严重，因严重的瘤胃炎和腹膜炎而死亡。有些重症怀孕母牛，如果尚能存活，可能在10d到2周后发生流产。

[诊断] 有采食或偷食过量谷物类饲料、大量块根水果类的事实，根据临床症状即可确诊。为防误诊，可将瘤胃内容物、血、尿作实验室诊断，检查其pH。如发生在即将分娩时，还需和生产瘫痪相区别。

[防治]

1. 治疗 治疗原则主要是纠正瘤胃和全身性酸中毒，防止乳酸进一步产生；恢复失去的体液和电解质，维持循环血容量；恢复前胃和肠管的正常运动力。

轻症病例常可自行恢复，有些病例投服生理盐水或碳酸氢钠就可以。但重症患牛已倒卧在地，精神沉郁，体温偏低，瘤胃显著膨胀，心率 $110\sim130$ 次/min，瘤胃 pH 为5或更低，最好作瘤胃切开，排出瘤胃内容物，再用 10% 的碳酸氢钠冲洗瘤胃并投入干草或健康牛的瘤胃内容物（为原量的 1/3 或 1/2）。但有些严重恶化的病例，作切开也无望恢复的可立即屠宰。

（1）纠正全身性酸中毒 在调整瘤胃液 pH 之前，先将瘤胃内容物尽量清洗排出，再投服碱性药物如碳酸氢钠（$300\sim500$g）、氧化镁（500g）以及碳酸钙（200g）等，1次/d，必要时间隔 $1\sim2$d 后再投服。为了恢复瘤胃内微生物群活性，可投服健康牛瘤胃液 $5\sim8$L（移植疗法），这对一般病牛都有治疗效果。在补碱时，应根据血清二氧化碳结合力来确定补碱量。一般用 5% 静脉注射碳酸氢钠 5 000mL（按每450kg体重计），以后 $6\sim12$h 内重复注射碳酸氢钠等渗液（1.3%）150mL/kg（按体重计）。

（2）解除脱水和恢复电解质平衡 静脉注射生理盐水或复方生理盐水（$3\,000\sim4\,000$mL），适当添加碳酸氢钠、安钠咖和维生素C。在恢复过程中，可考虑小剂量多次给予拟胆碱类，促进瘤胃运动的恢复。在并发蹄叶炎时，可皮下注射抗组胺药。

重型病牛经上述治疗效果不大时，可行瘤胃切开术，将其内容物直接取出大半后再投服健康牛瘤胃内容物，疗效较明显。

针对病因，以促使乳酸加速分解为目的，可皮下注射B族维生素，制剂 $100\sim300$mg/d；为促进乳酸的排泄，可静脉注射硼酸葡萄糖酸钙溶液 $300\sim500$mL/d；为抑制发酵产酸过程，宜尽快给服广谱抗生素。

（3）对症疗法 应酌情使用抗组胺药物、肾上腺皮质激素和维生素C等。

2. 预防 主要对策是加强饲养管理，合理调制加工饲料，正确组合日粮，严格控制谷物精料的饲喂量，防止偷食精料。严格禁止患畜饮用污秽的水，不要过饲富含蛋白质的饲料以及腐败变质的豆科牧草等。

首先停饲构成该病病因的饲料，改饲含粗纤维素较多的青、干牧草；针对本病的直接致死原因——瘤胃酸中毒和机体脱水性循环障碍给予合理的抢救性治疗，如应用 5%～10%碳酸氢钠溶液 3～5L 或与生理盐水、等渗葡萄糖溶液等混合静脉注射，效果较好。

必要时添加适量糖浆、蜂蜜等混饲。有效地控制精、粗饲料的搭配比例，一般以精饲料占 40%～50%、粗饲料占 50%～60%为宜。肥育牛群饲喂精饲料的量宜逐渐增加，一般从每千克体重 8～10g 开始，经过 2～4d 后增加到每千克体重 10～12g，较为安全。在奶牛的饲料中，粗纤维量宜占干物质的 18%～20%；在肥育肉牛的饲料中，粗纤维以占其干物总量的 14%～17%为宜。

四、创伤性网胃炎

创伤性网胃炎是由于随草料吞咽尖锐的金属异物刺伤网胃而引起网胃的炎症。临床上以网胃区疼痛，消化障碍，间歇性臌气等为特征。

[病因] 主要是由于误食混入饲料中的铁钉、铁丝、发针、缝针等尖锐的金属异物，其进入网胃后，由于网胃的体积小，强力收缩时，容易刺伤、穿透网胃壁，从而发生网胃炎，甚至损伤其他脏器，引起其他脏器的炎症。牛采食迅速，不经细嚼即吞咽。同时，口黏膜对机械性刺激敏感性差，舌、颊黏膜有朝后方向的乳头等，因此，极易将混在饲料中的铁钉，铁丝、铁片、缝针等异物，囫囵吞下，进入网胃，在网胃的强力收缩下，可能刺伤或穿透网胃壁，则引起创伤性网胃炎的发生，进而伤及邻近器官和组织。若尖锐异物穿透网胃壁、横膈膜，并伤及心包膜时，可引起创伤性网胃-心包炎。

另外，在腹内压增高的情况下，如瘤胃积食，臌气，妊娠后期，分娩，奔跑、跳沟、突然摔倒等，均易促成本病的发生。

[临床症状] 在正常的饲养管理条件下，患畜突然呈现前胃弛缓症状。精神沉郁，食欲、反刍障碍，鼻镜干燥，呻吟。瘤胃蠕动音减弱，次数减少，常有慢性瘤胃臌气，磨牙现象。触诊瘤胃内容物黏硬，按前胃弛缓治疗，特别是应用前胃兴奋剂后，病情不但不见好转，反而更加恶化。

触诊网胃时，表现疼痛不安，后肢踢腹，呻吟，躲避检查，有的病牛表现不明显。病初体温升高，脉搏增快，以后体温虽然逐渐恢复正常，但脉搏数仍逐渐增多，白细胞的总数增多，核左移。由于消化紊乱，病畜逐渐消瘦，乳牛产奶量减少或停止。当异物造成膈穿孔或损伤心包、肺、或肝时，则病情发展迅速，而且出现一系列症状；如刺伤心肌，则有肌肉震颤、出汗、心动急速、节律不齐等症状；若刺伤上述脏器（肝、脾、肺），则引起这些脏器的脓肿，呈现弛张热型、白细胞增多等症状。多数病例预后不良。

[诊断] 该病的早期诊断甚为重要，按照常规，根据病史，临床上突然发

生前胃弛缓，疼痛不安和异常姿态，肘头外展，按前胃弛缓治疗无效，反而恶化以及金属探测器等的判定，可以作出诊断。

[防治]

1. 治疗

保守疗法：可让病牛安静休息，保持前高后低的姿势站立，同时大剂量应用抗生素（如青霉素和链霉素合用等）或磺胺类药物，以控制炎症的发展。

根治方法：以早期实行瘤胃切开术，取出异物。结合消炎，应用抗生素或磺胺类药物，控制炎症发展，同时采取对症治疗（但禁用大量泻剂和能引起网胃收缩的各种药物），但多数病例，如不除去异物，患畜最终会死亡。

急性病例一般首先采用保守疗法，包括投服磁铁、注射抗生素和限制活动，以固定金属异物、控制腹膜炎和加速创伤愈合。其他对症疗法，如给予流质食物、促反刍剂、补充钙剂及其他电解质。出现脱水和已发生碱中毒时，可实施液体疗法并经口或静脉注射给予氯化钾（每次 30～60g，2 次/d）。重度碱中毒动物应避免使用碱性促反刍剂。保守疗法应在 48～72h 内判定疗效，若动物开始采食、反刍和泌乳，则预后良好；若病情没有改善或食欲和瘤胃活动时好时坏，可考虑实施瘤胃切开术。投服磁铁后，磁铁首先进入瘤胃，然后通过有效的瘤胃—网胃收缩将磁铁送达网胃并吸附固定金属异物。所以，若瘤胃处于停滞状态，则磁铁难以到达预定位置。病畜出现症状时若体内已放置磁铁，宜及早进行剖腹术和瘤胃切开术，这种情况见于金属异物太长（＞15cm）或不能为磁铁吸附者，如铝针。剖腹后若发现瘤胃或网胃已发生明显粘连，最好不要触摸以防腹膜炎扩散。打开瘤胃后需仔细探查整个网胃并取出刺伤网胃的金属异物（可能仅部分存留在网胃内）。抗生素治疗至少应持续 3～7d 以确保完全控制局灶性网胃腹膜炎和防止创伤部位发生脓肿。青霉素 G、头孢噻呋、氨苄青霉素、四环素已成功地应用于上述治疗。

亚急性或慢性发病动物已出现顽固性厌食，脱水、重度碱中毒时应及早进行液体疗法、抗生素疗法和瘤胃切开术，仅用保守疗法难以治愈。通常还需瘤胃转宿、补充钙剂和长期的抗生素治疗。

2. 预防 本病治疗比较困难，因此，必须积极从预防着手，首先要指导和教育饲养人员，说明本病的发生原因及其危害性，加强责任感，饲喂前要检查饲料或在饲料加工过程中，随时注意挑出异物，放牧时，应远离建筑工地或堆放物品的场地，以避免动物吞食异物。

给所有已达繁殖适龄或 1 岁的青年母牛预防性地投服强磁铁。因为创伤性网胃腹膜炎而损失一头性能优良的奶牛是不可原谅的。虽然偶见投服的磁铁随粪排出或丧失磁性，但本法仍是目前预防本病的主要手段。磁铁的效果是相当明显的，在屠宰场可发现前胃中的金属异物在磁铁上紧密排列并被紧紧吸附。购置磁铁时应用铁器进行检查，选购优质的磁铁投服。

建议在饲料自动输送线或青贮塔卸料机上安装大块电磁铁板（有商品出售），以除去饲草中的金属异物。该方法在使用自动饲料输送线的大型农场中非常有效，每年可吸附几十磅尖锐的金属异物。

加强饲养管理　牛舍内外禁止散放金属异物，不到金属厂矿附近放牧，饲草过筛，除去金属异物。也可定期向瘤胃内投放磁棒，吸除网胃内金属异物。

五、皱胃变位

皱胃的正常解剖学位置发生改变，称为皱胃变位。皱胃变位分三种类型，一是左方变位，即皱胃通过瘤胃下方移到左侧腹腔，置于瘤胃和左腹壁之间；二是前方变位，即皱胃向前方扭转，置于网胃和膈肌之间；三是后方变位，即皱胃向后方扭转，置于肝脏和右腹壁之间。而大多数临床工作者将皱胃变位分为左方变位和右方变位两种类型，并且在习惯上把左方变位称为皱胃变位，把右方变位称之为皱胃扭转。

[病因] 一种原因是由于皱胃弛缓所致，另一种原因是由于皱胃机械性转移所致。

以皱胃弛缓作为左方变位的一种原因，当皱胃伴有弛缓时，皱胃机能不良形成扩张和充气，容易因受压而被迫游走，往往先游走到瘤胃左方，然后再转移到瘤胃左上方。引起弛缓的原因包括分娩期的努责，乳牛高产，脓毒性乳房炎或子宫炎所致的毒血症，瘤胃消化不良，过食高蛋白日粮引起胃酸过多而导致有溃疡或无溃疡的神经末梢损伤，以及生产瘫痪、酮病等代谢紊乱。

以皱胃机械性转移作为左方变位的原因是从皱胃解剖学上与妊娠子宫和沉重的瘤胃之间关系的角度出发的。认为皱胃的正常位置之所以会改变，直接原因是子宫妊娠后胎儿逐渐增大和沉重，并逐渐将瘤胃向上抬高并向前推移，皱胃乃顺势向左方移走，而当母牛分娩时，由于腹腔这一部分的压力骤然释去，于是瘤胃恢复原位而下沉，致使皱胃被压到瘤胃左方，置于左腹壁与瘤胃之间，同时也由于皱胃含有相当多的气体，很容易进一步跑到左腹腔的上方，有时还可从公牛配种和母牛发情而爬跨母牛时引起皱胃变位。

[临床症状] 高产母牛多发本病，大多数发生在分娩之后，少数发生在产前三个月至分娩之前。一般母牛在分娩后几天食欲不振或无食欲，食欲始终是逐渐地和间断地变化，可能拒食各类饲料，或是逐日呈波动性地采食一些谷类饲料。在有些母牛中虽然呈现饥饿现象，但只采食几口就退回不食，青贮料的采食往往减少，但大多数母牛对粗饲料仍保留一些食欲。产乳量伴同采食量的

变化而呈现波动性，可减少 $1/3 \sim 1/2$，但极少会急剧下降。

极少伴有严重腹痛和瘤胃臌气者。病牛通常会出现粪便量减少，呈糊状，深绿色，腹泻并伴有正常的肠蠕动，或出现腹泻与便秘的交替，但所出现的便秘，极少持续 24h，在粪中很少见到潜血或明显的血液。大多数病例，最终其产乳量明显下降，瘦弱，腹围缩小。个别病例，产乳量可能维持正常水平，但大多数病牛产奶量都下降，且有不同程度的酮症。少数病牛拒食精料，仅采食少量粗饲料。精神沉郁，偶尔有个别病牛伴有严重的腹痛和腹部膨胀。治疗后常不能见效。体温、心跳呼吸一般正常，真胃被挤压于左侧，在左腹壁出现"扁平状"隆起，排便少，比正常的软，呈深绿色，可发生周期性腹泻。瘤胃因被真胃挤压隔绝蠕动音，蠕动次数减少或听不到。

真胃的听诊，在左侧第 $10 \sim 11$ 肋间隙（肋弓后缘处）进行，可听到一种高朗的叮零声的拍水音，蠕动音可频繁发生。如在瘤胃背囊压诊，同时作真胃听诊时更清楚。叩诊可和听诊结合。用手指或叩诊垂板在左腹壁中 $1/3$ 部 $9 \sim 12$ 肋间叩击气性的真胃，还常出现"钢管音"（金属性回响音）。急性病例少见，亚急性病例食欲呈间隙性变化，有时病牛可能选择性地吃点干草。

直肠检查右上腹部空虚，瘤胃变小，左上腹部内压降低，偶尔瘤胃呈现臌气，如为前方变位，听诊瘤胃音似乎正常。在心脏后上方或两侧胸部，可听到因真胃膨胀而发出的潺潺流水音。

仔细检查病牛颈部皮肤，乳汁或呼吸气息，可发现酮体气味。取尿样检查，可发现中度至重度酮尿。

[诊断]根据病史及临床特征，如特征性叩诊、听诊音，结合真胃穿刺检查，一般可作出诊断。真胃内容物呈棕褐色，有酸臭味，pH $1 \sim 4$，食物颗粒较瘤胃内容物中的细，镜检无纤毛虫，但有时只能抽出些气体。

[防治]可根据具体病情采用手术疗法、非手术疗法和药物疗法，尽快使变位的真胃复位。对于变位已久，特别是皱胃已和腹壁或瘤胃发生粘连时，必须采取手术疗法。手术疗法有左侧、右侧及两侧腹壁或腹底切开等术式，各有利弊，其中以左侧腹壁切开较为有利，而右侧切开术不便于由上向下压迫含有较多气体的皱胃使之下达腹底。然而左侧手术也有缺点，即不便在右侧作皱胃固定术。两侧切开术可以兼顾之，但其缺点是多了另一个腹壁创。

1. 手术疗法 手术是治疗此病最有效的方法，通常采用在左、右两侧髋部开口，右侧固定的方法，治愈率在 90% 以上。切开左侧腹壁，将缝线固定于真胃大弯或临近的大网膜，臂长的术者将固定的真胃缝线的另一端引到腹中线右侧的位置，刺穿腹壁；然后，固定于真胃的正常位置，以右侧肋骨弓第23肋骨上方为宜。

右腹正中旁真胃固定术：该方法能很方便地检查真胃并使之复位。若手术顺利，真胃将被永久性地固定于腹壁。应使用非吸收性缝合线进行真胃固定术，以确保效果持久。真胃固定术的不足之处包括：动物需滚动和仰卧保定，切口有发生疝或瘘的危险，切口感染，仰卧时可能发生食物反流，大乳房的牛可能出现临产腹壁浮肿，还要注意与乳房循环有关的腹部浅层血管。本法禁用于并发急性或慢性支气管肺炎、某些肌肉骨骼疾患的牛以及某些泌乳奶牛。该方法矫正准确且能将复发率降至最低，特别适用于有价值的奶牛。严格细致的操作可最大限度地减少术后的继发症。

右腹网膜固定术：许多临床兽医喜欢用这种站立式手术矫正单纯性真胃变位，手术需要极小的协助即可将真胃复位，手术并发症也少。像所有站立式手术一样，基本上不会发生食物反流，因此，在有肺炎或肌肉骨骼疾患伴发时仍可进行手术，而不会像背卧位手术那样有导致病情恶化的危险。本手术的缺点是经常难以检查到整个真胃，真胃难以绝对复位，网膜撕裂或网膜上脂肪沉积过多可造成固定术不完整，即使手术成功将来也有可能复发真胃右方变位。

左腹真胃固定术：可用于矫正左方变位。本手术可站立操作，优点同右腹网膜固定术，也可与真胃固定术结合进行，即在胃大弯连续缝合后，两端留出较长的非吸收性缝合线并与两支长针连接。通过右腹正中旁适当位置将两针穿出腹壁，将真胃复位后由助手结扎缝合线。这种手术的缺点是有可能经缝合线导致腹腔的外源性感染，真胃复位不当，一些左方变位病例从左侧处理真胃缝合受到限制，若真胃不能与腹壁紧密接触或缝合线断裂将导致手术失败。

盲针真胃固定术和套索针真胃固定术：这两种手术操作速度快、费用低，故一直在临床上应用。在盲针真胃固定术中，牛需仰卧保定，在右腹正中旁叩诊和听诊确定臌胀的真胃。手术部位稍经处理后用系有非吸收性缝合线的大号弯针穿过腹壁进入真胃再穿出、结扎，如此可缝合一针或数针。

套索针真胃固定术：保定和准备工作与上面几种手术相似，将两个套索针各系在两根缝合线上，通过套管针将套索针推入真胃，再将两条缝合线一起结扎。推荐者声称手术过程中能通过套管针取胃液检查，证实低 pH 的液体是来自真胃而不是瘤胃。这些手术速度快、费用低，但弊端很多，可能出现的问题包括位置偏离真胃，环绕的缝合线梗阻真胃或幽门区，缝合位置不正确，真胃内容物逸漏，误刺穿其他脏器，乳静脉损伤所致静脉炎，内源性（真胃内容物）或外源性（皮肤、毛、环境）污染所致腹膜炎。

2. 非手术疗法 "滚转法"即徒手翻转牛体，是治疗单纯性真胃变位常见的非手术疗法。母牛呈左侧横卧姿势，然后再转成仰卧式（背部着地，四蹄朝天），随后以背部为轴心，先向左滚转45°，回到正中，再向右滚转45°，再回到正中（共90°的摆幅）。如此来回地左右摇晃约3min，突然停止，使病牛仍呈左侧横卧姿势，再转成俯卧式（胸部着地），最后使之站立，检查复位情况。如尚未复位，可重复进行。最后，令牛站立检查（听诊、叩诊）。该方法的缺点是成功率较低，把握不大，复发的可能性较大。在翻转时，瘤胃内容物易发生倒流，造成异物性肺炎。该方法疗效不确定，运用巧妙时可以痊愈。应用此法时，应事先使病牛饥饿数日，并限制饮水。因为在治疗的进行阶段，使瘤胃变得越小，其成功率越高。经过90°摆幅的反复摇晃，使瘤胃内容物逐渐向背部下沉，并逐渐再移向左侧腹壁，同时皱胃由于含有大量气体，也随之摇晃，上升到仰卧中的腹底上方，最后逐渐移向右侧面而复位。

3. 药物疗法 对于单纯性真胃变位，药物治疗虽不如外科手术那样有效，但在单纯性真胃变位也值得一试。药物治疗通常包括口服轻泻剂、促反刍剂、抗酸药或拟胆碱药，以促进胃肠蠕动和加速肠道排空。存在低血钙者可皮下或静脉注射钙制剂。可投服氯化钾明胶胶囊（30～120g，2次/d），或将氯化钾溶于水中胃管投服。

经药物治疗（或再加上"滚转法"）后尽可能地让动物多摄食干草填充瘤胃，一则防止真胃变位复发，二则促进胃肠蠕动。在食欲完全恢复之前日粮中的酸性成分应逐渐增加。若存在并发症，如子宫炎、乳房炎、酮病等，应同时进行治疗，否则药物治疗难以奏效。怀疑存在低血钾时用饮水、胃管投服或给予氯化钾明胶胶囊进行补钾，通常每只牛给予30～120g氯化钾（2次/d）即可。若动物出现虚弱，可能血钾过低（<3.0mmol/L），需经静脉大量补充液体和钾离子。使用氯化钾时，1.0g氯化钾约折合14mmol K^+。

选择静脉注射补充 K^+ 时（30g KCl，420mmol），静脉注射时浓度应控制为40mmol/L。口服时可以胶囊或饮水方式给药，当用于真胃变位术后和子宫炎治疗时，每次30～120g，1～2次/d，直至动物恢复食欲和体力。

六、皱胃扭转

皱胃右方变位即皱胃顺时针扭转。变位的特征是皱胃转到瓣胃的后上方位置，从而置于肝脏和腹壁之间，呈现亚急性扩张、积液、膨胀、腹痛、碱中毒和脱水等幽门阻塞综合征。

[病因与发病机制]因皱胃弛缓所引起，如饲喂大量谷物、因冬季舍饲而缺乏运动和分娩应激等，但其发生不限于妊娠或分娩的母牛。其他可疑原因，比如冬季采食根部带有大量泥土的饲料或迷走神经性消化不良等也可能造成该

病的发生。

发病机制 急性扭转通常呈 $180°\sim270°$，在瓣胃和皱胃孔附近以垂直平面旋转，从右侧看来是顺时针方向，并导致幽门完全阻塞，皱胃有盐酸分泌增加和液体积聚，随后发生休克，脱水及碱中毒。亚急性扭转时，有少量内容物可以通过幽门部，积液和扩张的程度比较轻，不妨碍皱胃的血液供给，碱中毒和脱水的发生也相对比较缓慢。发病机制尚在研究中。但研究者普遍认为，怀孕后期减少谷类饲料，适当增强运动，产前减少精料量，其他饲草可随需要随其采食，具有一定的预防作用。

[临床症状] 急性病例，患牛突然发生腹痛，蹴踢腹部，背下沉，呈蹲伏势。心跳增至 $100\sim120$ 次/min，体温偏低或正常，瘤胃蠕动缺乏，粪便可呈黑色，混有血液。通常粪量中等，但也可能大量腹泻。由于皱胃充满气体和液体，右腹（皱胃）和左腹（瘤胃）膨胀，作冲击性触诊和振摇可听到一种液体振荡音。通常在发病后 $3\sim4d$，右侧腹部呈明显地膨胀，将听诊器紧密地压在右侧腰旁窝内，并同时在腰旁窝至前方最后二肋上以手指叩打，能听到一种高调的乒乓音。直肠检查，由于扩张的皱胃可伸到最后肋弓之外，能在右侧腹部触摸到膨胀而紧张的皱胃，而皱胃将肝脏向腹正中线推移。轻度扭转或伴有扩张，都可出现酮尿，尿量减少，尿色深黄，严重者还常伴有重度脱水、休克和碱中毒。轻度扭转时，病程可达 $10\sim14d$，但严重扭转而呈急性者，病程较短，可在 $48\sim96h$ 死亡，有时由于皱胃高度扩张，以致发生皱胃破裂和突然死亡。

[诊断] 通过右侧腰旁窝的听诊，叩诊、冲击式触诊和振摇，可以诊断。也可通过直肠检查，摸到因扩张而后移的皱胃。若有怀疑，还可进行穿刺术，按皱胃液的特征核对诊断。但应注意与皱胃积食、皱胃左方变位、原发性酮病、胎儿水肿、盲肠扭转等区别。

[治疗] 早期诊断和矫正。与真胃变位不同，真胃扭转属于进行性疾病，在很大程度上病程长短决定预后。多数病例若能及时为畜主发现并作出诊断和矫正（病程在 12h 以内），则预后良好。病程超过 24h，手术矫正后 50% 的病畜预后良好；病程超过 48h，则通常预后不良。治疗方法包括外科手术整复和药物纠正脱水和代谢性碱中毒。

1. 外科矫正方法 采用手术疗法，包括右腹网膜固定术和右腹正中旁真胃固定术，术者可根据具体情况选用。其他术式由于不能直接对真胃、瓣胃和网胃进行整复，一般不采用。由于扭转波及真胃、瓣胃和网胃的胃小弯，故切开腹壁后术者将发现瓣胃移至真胃（右上方）中部、网胃移至正常的瓣胃位置之后。右腹手术操作时腹内张力较小，减少了发生食物反流的危险，而且可以直接处理真胃，导出真胃内的气体和液体，可以单人操作，能较容易地将瓣胃和真胃恢复至正常的解剖位置。右腹正中旁真胃固定术的主要优点是一旦解除扭转真胃能准确复位，可保证极度膨大的真胃和幽门区在术后很好地恢复，而右腹网膜固定术中膨大的真胃在术后可能稍稍向右偏离。但是，由于解剖学方面的原因，真胃固定术对缺乏经验的术者来说相对较为困难，而且当存在严重的真胃和瘤胃臌胀时可能发生食物反流。上述两种术式中，向瓣胃加压均有助于扭转的整复，将瓣胃向右上方推或提起可以使瓣胃和真胃复位。

复位时应使用负压装置吸去真胃内的气体。严重的真胃扭转时，若胃内积存的液体超过 10L，则需实施真胃切开术，此时通过右腹手术较易完成。

2. 药物纠正脱水和代谢性碱中毒 对于早期的真胃扭转病例可在术后纠正脱水和酸/碱及电解质平衡，严重病例则应在术前进行适当的体液疗法，以免出现进行性低血钾导致弥漫性肌肉无力。早期的病例或仅有轻度脱水者，术后口服补液（20～40L 水）和氯化钾（每次 30～120g，2 次/d）即可，此时胃肠已经复位并恢复正常的吸收功能。中度或严重脱水和代谢性碱中毒病例，需静脉滴注 3～4L 高渗盐水，或 20～60L 含 40mmol/L 氯化钾的生理盐水。从实用观点，外科整复手术一旦完成即经口补液。但是，在极严重的病例由于术后前胃暂时仍不通畅，不宜经口补液。这类病例禁止术前经口补液，否则会加重腹部臌胀。有关的低血钙、酮病等并发症应同时进行治疗。

3. 预后和继发症 真胃扭转的两个重要的并发症是对迷走神经分支的直接损伤和沿胃小弯扭转部位的血管内血栓形成。这两种并发症是导致手术和药物治疗失败或动物死亡的主要原因。经手术、补液治疗处理后，存活的动物多数在 24～72h 食欲和外观状态大大改善。若存在迷走神经损伤或血管内血栓形成，则在此期间会出现真胃排空障碍。根据临床对照观察结果，早期得到诊断和治疗的病畜上述并发症出现机会大大低于病程在 24h 以上的动物。此两种并发症均可导致进行性真胃臌胀、脱水、心动过缓、食欲不振、排粪减少、瘤胃收缩无力和体重下降等类似迷走神经性消化不良的症状。上述症状经对症治疗后无改善，但动物仍可存活数周。

七、皱胃阻塞

皱胃阻塞亦称皱胃积食，主要由于迷走神经调节机能紊乱，皱胃内容物滞积、胃壁扩张、体积增大、形成阻塞，继发瓣胃秘结，引起消化机能极度障碍、瘤胃积液、自体中毒和脱水的严重病理过程。皱胃阻塞主要发于黄牛、水牛和乳牛，其中又以体质强壮的成年牛较为多见。

[病因与发病机制] 一般是由于饲料与饲养或管理使役不当而引起的。特

别是冬春缺乏青绿饲料，用谷草、麦秸、玉米蒿秆、高粱蒿秆或稻草铡碎喂牛，发病率较高。淮河南北各地区的黄牛和水牛，每年的夏收夏种、冬耕大忙季节，因饲喂麦糠、豆秸、甘薯蔓、花生秧或其他秸秆，并因饲养失宜、饮水不足、劳役过度和神情紧张，也常常发生皱胃阻塞现象。有的犊牛因大量乳凝块滞积而发生皱胃阻塞。有的成年牛因误食胎盘、毛球或麻线也会发生皱胃阻塞。

发病机制：皱胃阻塞的发生，主要起源于迷走神经紊乱或受损伤。因为胃的运动机能和分泌机能，是在大脑皮层统一支配下，通过交感神经和副交感神经进行调节的，调节中枢在延脑。迷走神经出延脑至食管干，分为背腹两支。背支主要支配前胃，腹支则支配前胃和皱胃。迷走神经具有双重作用，即兴奋与抑制作用，平时兴奋强于抑制。因此不难理解，在迷走神经机能紊乱或受损伤的情况下，若受到饲养管理等不良因素的影响，即反射性地引起幽门痉挛、皱胃壁弛缓和扩张，或因皱胃炎、皱胃溃疡、幽门部狭窄，胃肠道运动障碍，则由前胃陆续运转进入皱胃的内容物，大量积聚，因而形成阻塞，继而导致瓣胃秘结，更加促进其病情急剧的发展过程。个别病例，若继发于小肠秘结，则不伴发瓣胃秘结现象，由于肠壁坏死，引起全身败血症。

[临床症状] 急性皱胃阻塞较为少见，通常多为慢性过程。病程持续1～2周，如果是黄牛，则病程可能持续3周以上。

病初前胃弛缓、食欲、反刍减退或消失，有的患畜喜饮水。瘤胃蠕动音减弱，瓣胃音低沉，肝腹无明显异常，尿量短少，粪便干燥，伴发便秘现象。

随着病情发展，病牛食欲废绝，反刍停止，肚腹显著增大，瘤胃内容物充满，腹部膨胀或下垂，瘤胃与瓣胃蠕动音消失，肠音微弱，常常呈现排粪姿势，有时排出少量糊状、棕褐色带恶臭气味的粪便，混杂少量黏液，或紫黑色血丝和凝血块，尿量少而浓稠，呈黄色或深黄色，具有强烈的臭味。由于瘤胃内有大量积液，冲击性触诊，呈现波动。

重剧病例右侧中腹部向后下方局限性膨隆；触诊，以击触右侧中下腹部肋骨弓的后下方皱胃区，频频冲击，则病牛有退让，蹴踢或犄角等敏感表现，同时感触到皱胃体显著扩张而坚硬，特别是继发于创伤性腹膜炎的病倒，腹腔器官粘连，往往由于皱胃位置固定，触诊时，更为明显。

病牛精神沉郁，被毛逆立，污秽不洁，体温无变化，个别病例病程中后期体温上升至40℃左右。重剧病例，心脏衰竭，脉微欲绝，心搏动达100次/min以上。血液常规检查见血沉缓慢，中性粒细胞增多及伴有核右移，但有少数病例白细胞总数减少，中性粒细胞比例降低。

病的末期病牛精神极度抑郁，体质虚弱，皮肤弹力减退，鼻镜干燥，眼球下陷，结膜发绀，舌面皱缩，血液黏稠、乌紫，呈现严重的脱水和自体中毒症状。

此外，犊牛的皱胃阻塞，也同样具有部分的消化不良综合征，由含有多量的酪蛋白牛乳所形成的坚韧乳凝块而引起的皱胃阻塞，持续下痢，体质瘦弱，腹部膨胀而下垂，用拳冲击式触诊腹部，可听到一种类似流水的异常音响。即使通过皱胃手术，除去阻塞物，仍然可能存在长期的前胃弛缓现象。

[病理变化] 多数病例皱胃极度扩张和伸展，体积显著增大，甚至超过正常体积的 2 倍以上。局部缺血的部分胃壁菲薄，容易撕裂。内容物过度充满，有的达 30kg 以上。

皱胃黏膜炎性浸润、坏死、脱落，有的幽门区和胃底部，散在出血斑点或溃疡。瓣胃体积增大，瓣胃孔显著扩张，内容物滞积、黏硬，瓣叶上沾着干固饲料，瓣叶坏死，黏膜全面脱落。由于肠秘结继发的病例，则表现瓣胃空虚，瘤胃内充满大量粥状内容物和液体，散发特殊性腐败臭味，黏膜亦有炎性变化和出血现象。

[诊断] 皱胃阻塞的临床病征，多与前胃疾病、皱胃或肠变位的症状很相似，往往容易误诊。但皱胃阻塞病程发展到中后期，有其一定的特征，只需认真地进行瘤胃、网胃和肠道的检查，一一分析和论证，根据右腹部皱胃区局限性膨隆，在窝结合叩诊肋骨弓进行听诊，呈观叩击钢管清朗的铿锵音，与皱胃穿刺测定其内容物，pH 1～4，即可确诊，但须注意与下列疾病鉴别。

1. 前胃弛缓 皱胃阻塞后期往往伴发瓣胃秘结，病情顽固，常常与前胃弛缓误诊。但前胃弛缓时，右腹部皱胃区不膨隆，应用上述听诊结合叩诊方法检查，不呈钢管叩击音，两者鉴别不难。

2. 创伤性网胃腹膜炎 与本病临床病征极为相似，难以鉴别。但创伤性网胃腹膜炎，病牛姿势异常，肘部肌群震颤，用拳击或扛抬病牛的剑状软骨后方，可引起疼痛反应，故与本病不同。必要时，可作剖腹检查，更易鉴别。

3. 皱胃变位 皱胃变位病牛的瘤胃蠕动音虽低沉而不消失，并且从左腹胁至肘后水平线部位，可以听到由皱胃发出的一种高朗的丁零音，或潺潺的流水音，同时通过穿刺内容物检查，可以鉴定皱胃左方变位。至于皱胃扭转，则于右腹部肋弓后方进行冲击性触诊和听诊时，可呈现拍水音和回击音，结合临床症状分析，与本病也易鉴别。

4. 肠扭转与肠套叠 病牛初期呈现明显的肚腹疼痛，直肠内容空虚，有多量黏液，肠系膜紧张，直肠检查，手伸入骨盆腔时，即感到阻力，病情急剧恶化，故与本病有明显的区别。

[防治]

1. 治疗 治疗措施有药物治疗、真胃切开术和瘤胃切开术。病的初期，皱胃运动机能尚未完全消失时，为了消积化滞、防腐止酵，可用硫酸钠300～400g，植物油 500～1 000mL，鱼石脂20g，酒精50mL，常水 6 000～8 000mL，配合口服。但须注意病的后期出现继发性脱水时，忌用泻剂。

在病程中，为了改善中枢神经系统调节作用，恢复胃肠机能，增强心脏活动，促进血液循环，防止脱水和自体中毒现象，可及时应用10%氯化钠溶液200～300mL，20%安钠咖溶液10mL，静脉注射。当发生自体中毒时，可用撒乌安注射液100～200mL，或樟酒糖注射液200～300mL，静脉注射。发生脱水时，应根据脱水程度和性质进行输液。通常应用葡萄糖生理盐水2 000～4 000mL，20%安钠咖溶液10mL，40%乌洛托品溶液30～40mL，静脉注射。必要时，另用维生素C 1～2mL，肌内注射。此外，可适当地应用抗生素或磺胺类药物，防止继发感染。

真胃切开术：移除内容物，切开部位在腹中线与右侧腹下静脉之间，从乳房基部起向前约12～15cm，与腹中线平行切开20cm。切开真胃后，移除真胃内容物。

瘤胃切开术：切开瘤胃后，用胶皮管通过网胃、瓣胃，进入真胃，直接用大量消毒液反复冲洗真胃，或将石蜡油打进真胃，持续几天即可恢复。

治疗时，瘤胃切开和加强护理是治疗本病的关键。皱胃阻塞不通，应根据病情发展过程，着重消积化滞，防腐止酵、缓解幽门痉挛，促进皱胃内容物排除，防止脱水和自体中毒，增进治疗效果。严重病例，胃壁已经过度扩张和麻痹，必须采取手术疗法。

必须指出，皱胃阻塞多继发瓣胃秘结，药物治疗效果不佳。因此，在确诊后，要及时施行瘤胃切开术，取出瘤胃内容物，然后引用胃管插入网—瓣孔，通过胃管灌注温生理盐水，冲洗瓣胃和皱胃。根据临床实践，先冲洗瓣胃孔，切勿损伤瓣叶，以缓和其紧张度，继而冲洗皱胃，减轻胃壁的压力，以改善胃壁的血液循环，恢复其运动与分泌机能，达到疏通的目的，提高治疗效果。

2. 预防 皱胃阻塞的发生，主要是迷走神经机能紊乱或受损而引起的。因此，必须加强日常的饲养管理，特别是应注意粗饲料和精饲料的调配，饲草不能铡得过短，精料不能碾得过细，麦糠、豆饼也不能搭配过多，以免影响牛体消化机能。此外，还须注意清除饲料中异物，阻止发生创伤性网胃炎，避免损伤迷走神经，增强体质，保证牛群健康。

八、真胃溃疡

真胃溃疡是由于急性消化不良与胃出血引起胃黏膜局部组织糜烂和坏死，或自体消化，形成圆形溃疡面，甚至胃穿孔所致。病畜多因伴发弥漫性腹膜炎而迅速死亡。本病常见于肉牛、奶牛和犊牛，黄牛与水牛也常发生。

[病因]

1. 原发性皱胃溃疡　主要由于饲料质量不良、过于粗硬、霉败、难于消化，缺乏营养。或因精饲料饲喂过多，影响消化与代谢机能。另外，饲养方法不当、饲喂不定时、时饥时饱，放牧转为舍饲、突然变换饲料、引起消化机能紊乱，管理或使役不当、牛舍狭窄、环境卫生不良、长途运输、过于拥挤、惊恐不安，劳役过度、任意鞭策，奶牛或因分娩疼痛、挤奶过度、异常光、声、音、色的刺激以及中毒与感染所引起的应激作用等，所有这些不良因素，都能引起神经体液调节机能紊乱，影响消化，这在皱胃溃疡的发生发展上，有着决定性意义。

2. 继发性皱胃溃疡　通常见于前胃疾病、皱胃变位、皱胃淋巴肉瘤，或血矛线虫病、黏膜病、恶性卡他热、口蹄疫、牛羊痘疹和水疱病、巴氏杆菌病、犊牛白喉、病毒性鼻气管炎等疾病经过中，往往导致皱胃黏膜组织充血、出血、糜烂、坏死和溃疡。

[临床症状]　急性病例较为少见，一般多为慢性经过，病程长短随病牛的年龄、体质、营养状态和饲养管理的不同而不同。一般来说，如果不继发胃穿孔和腹膜炎，经过适当的治疗，溃疡可以愈合。但有一些病例，溃疡形成后，即逐渐转为静止期，病程可能持续数年以上。其临床症状与病变严重程度有直接关系。

1. 轻度出血性皱胃溃疡　病牛可视黏膜苍白、脉搏快，在正常粪便中混有少量的黑色血凝块时，可怀疑皱胃溃疡，这种牛一般不表现其他症状，如长期失血，可呈现贫血状。

2. 严重出血性皱胃溃疡　在溃疡边缘有较大血管破溃时而大量出血，可见病牛明显贫血，但常找不到贫血原因。病牛呈衰弱状，体表发冷，黏膜苍白、脉搏快，心音亢进，伴有杂音。有大量黑色柏油样血凝块，伴同少量粪便，偶有腹泻发作，可能持续几天，少数几小时死亡。

3. 穿孔伴有局限性腹膜炎　其特征是不规则的发热、厌食和间歇性腹泻。以产后不久的奶牛常见。溃疡病变延伸到皱胃壁，形成小的穿孔（1～3mm），胃内容物进入腹腔，穿孔附近的腹腔受到细菌感染和机体防卫能力共同作用，形成局部炎症反应区。在腹中线右侧皱胃区作腹壁深部触诊时有疼痛反应。

4. 穿孔伴有急性弥漫性腹膜炎 一般穿孔直径大于1～3cm，皱胃内容物进入腹腔，突然发生弥漫性腹膜炎，引起衰竭、卧地不起、休克，病牛常于几小时内死亡。犊牛患有真胃溃疡后，多数无明显症状。继发于毛球的真胃溃疡，在右侧肋弓后可以触摸到膨胀的真胃，充满气体和液体。

[病理变化] 多数病牛在幽门区及胃底部黏膜皱襞上可见有散在的，大小、数量不等，形态、位置不一的糜烂斑点，并可发现界限分明、边缘整齐的圆形溃疡。溃疡底侵蚀到黏膜下深层组织，其中有纤维蛋白、分解的细胞和黏液或食糜。严重的溃疡可侵蚀到血管，伴有胃出血，血流入肠道，甚至逆入瓣胃，胃内有血液和血凝块。有的病例，伴发胃穿孔，邻近器官形成广泛粘连，具有穿孔性腹膜炎的病理变化。此外，有的溃疡愈合后，遗留下不明显的瘢痕或星芒状瘢痕。

[诊断] 本病临床确诊较为困难，通常依据粪便潜血试验的结果进行诊断。当发生穿孔性溃疡时，采取腹腔液，检测酸碱度（胃液pH 2～4），结合临床症状进行分析，必要时，可以剖腹检查，有利于确诊。

[防治]

1. 治疗 首先应使病牛保持安静，改善饲养，加强护理，镇静安神，抗酸止酵，消炎止血增强其体质。其次根据镇静止痛、抗酸止酵、消炎止血的原则，采取治疗措施，促进康复。改善饲养，加强护理停喂粗硬饲料，给予富含维生素A和蛋白质的易消化饲料，如青干草、大麦、胡萝卜等。并注意环境卫生，保持畜舍安静，避免刺激和兴奋。

有严重出血的皱胃溃疡，除有价值的动物外，建议屠宰为好。如已诊断而又需治疗的，可先采用保守药物疗法（如输血疗法、补液疗法等），后进行手术治疗。

保护中枢神经系统，减轻疼痛反射性刺激，防止溃疡恶化和发展，可用30％安乃近溶液20～30mL，皮下注射，1次/d，连用3～5次；或用2.5％盐酸氯丙嗪溶液10～20mL，肌内注射。

中和胃酸，防止黏膜受侵蚀，宜用适量植物油或液体石蜡，口服，减轻刺激。或用碳酸氢钠、硅酸镁或氧化镁50～100g；犊牛可用次硝酸铋3～5g，3次/d，饲喂前半小时口服，连续用药3～5d；或于皱胃区直接注入胃内，提高疗效。必要时给予适量植物油或液体石蜡，清理胃肠。

防止出血，促进溃疡面愈合，宜用1％刚果红溶液100mL，静脉注射，1次/d，连续用药2～3次；亦可用氯化钙或葡萄糖酸钙，以及足量的维生素C静脉注射。此外，也可以应用维生素K_3进行治疗。

防止继发感染，可用磺胺素药物或抗生素制剂，配合治疗，增进治疗效果。

2. 预防 反刍兽皱胃疾病的发生，特别是皱胃炎与皱胃溃疡，主要是饲料和饲养不良或管理和使役不当所致。因此，必须经常注意饲料管理和调理，改善饲养，合理使役，搞好防疫卫生，避免发生应激现象，增强其体质，防止本病发生。

九、肠阻塞

肠阻塞又名结症、肠便秘或便秘症，是牛体因肠机能紊乱，粪便积滞不能运转，而使某段肠腔发生完全或不完全阻塞的一种急性腹痛病。以黄牛、水牛多见，奶牛少见，黄牛发生在小肠，水牛发生在结肠。

[病因] 饲喂大量的含粗纤维的饲料，如麦秸、稻草、豆秸、半干甘薯藤等；因缺乏某种营养物质，使牛舔食被毛，形成毛球，致使肠管阻塞；牛偷食稻谷，使谷物沉积在肠内，引起肠管阻塞；某些肠道寄生虫寄生的，如莫尼茨绦虫、蛔虫；劳役后缺乏饮水、休息等均可以引起便秘。

[临床症状] 病牛食欲减退，甚至废绝，反刍停止。两后肢交替踏地呈蹲伏姿势，后肢踢腹，拱背努责，鼻镜干燥，眼球下陷，口腔发黏、发臭，舌苔灰白或淡灰黄色。不排粪，但排出少量胶冻物，肛门紧缩，直肠空虚，肠黏液干。目光呆滞，卧地不起，头颈靠地，极度虚弱。

[诊断] 根据病情以及直肠检查可确诊，但要注意与瓣胃阻塞、真胃积食相区别。

[防治]

1. 治疗 以清肠消炎为主，辅以强心、补液、解毒和调整电解质、酸碱平衡。补液用生理盐水 3 000mL，5％氯化钙 300mL，5％的碳酸氢钠溶液 800～1 000mL，15％安钠咖 20mL 或 5％安钠咖 20～30mL，一次静脉注射。同时灌服硫酸镁 1 000g，加水 6～10L。

也可用手从直肠将粪便掏出，或用温肥皂水灌肠。对于病情特别严重的患畜，要进行手术。

中医治疗：如小便短少色黄，口干舌燥，可用大黄 100～200g，枳实、厚朴、木香、槟榔各 50g，山楂、六曲各 200g，芒硝 300g，煎服。

如四肢发冷，寒战，流涎时；可用肉桂、无芋、乌药、厚朴、陈皮、槟榔、苍术、草蔻、续随子、大黄各 50g，木香 40g，干姜、二丑各 45g，煎服。

2. 预防 要合理搭配饲料，防止单纯饲喂高纤维饲料，要多喂青绿饲料。

十、肠炎

牛肠炎又称血痢，以断奶后牛犊和 1 岁～2 岁龄小牛发病率高，成年牛也有发生，黄牛比水牛多发，3月～8月龄易发，呈地方性或散发性流行。

[临床症状]患牛发病时体温达 38～39.5℃，粪便较稀软，而后呈粥样，排粪不能一次完成，有少许血块或黏液。2～3d 后，粪便更稀，排粪呈水样或喷射状，排粪次数增多，粪中带大量黑色血块或黏液。少数病例便血呈鲜红色。舌苔黄褐色，口内黏液较多，味恶臭。大部分病例被毛逆立，腹痛，起卧不安，采食减少，小便短黄，口渴，频频饮水。严重的病牛行走不稳，跌倒抽搐，眼睑上翻，眼结膜苍白或发绀，病牛喜卧地，精神沉郁，有腹痛现象。

[治疗]中药疗法清热燥湿，止血止泻，健脾补气。可用以下方剂：

方一：灶心土 100g、侧柏枝一把（烧成灰），混合后一次灌服。

方二：鲜马齿苋 1 500g、龙胆草 80～150g，捣烂取汁，加童便 2 碗，混合后一次灌服。

方三：地榆 34g、血竭 32g、黄柏 30g、仙鹤草 34g、龙胆草 23g、茵陈 28g，共研为末，开水冲烫，温凉后灌服。

方四：槐花（炒）加等量的蜂蜜，共 800g，空腹喂下，1 次/d，连服 3～6d。

方五：云南白药 6～10g，用温开水溶化且灌服。

西药治疗：

方一：用 0.1%～0.2%高锰酸钾溶液，每次用药 4g～5g，每天灌服一次，连用 2d。

方二：用 3%～5%晶体明矾，每次用 700～1 600mL 灌服。

方三：用磺胺脒 20～30g、痢菌净粉 50～100g（含量 2%）一次灌服。

十一、腹膜炎

腹膜炎是腹腔浆膜的炎症。其临床特征是腹壁紧张、触摸敏感及全身症状，为奶牛常发病。

[病因]原发性腹膜炎较少见，多为继发性，常见原因如下：

1. 胃肠穿孔性损伤 常见于牛创伤性网胃—腹膜炎、皱胃溃疡穿孔、粗暴的直肠检查所致的直肠破裂，以及皱胃扭转。过食谷物精料引起的急性瘤胃炎，常引起严重的腹膜炎。

2. 生殖道穿孔性损伤 难产助产不当，强行牵引胎儿引起阴道及子宫的破裂；人工授精时，母牛不安导致输精器穿破子宫。

3. 组织脓肿破溃 肝、脾、脐血管及腹膜下脓肿破溃，脓汁溢于腹腔而引起腹膜炎。

4. 机械性损伤 牛只相互角抵，木桩刺伤；瘤胃穿刺放气、腹腔内注射药物及腹腔手术消毒不严，引起腹壁创伤性穿孔和感染。

5. 继发性疾病　如牛结核病、放线菌病、脓毒血症及牛的散发性脑脊髓炎，致病细菌经血液转移至腹膜而引起炎症。

[发病机制]　腹膜具有高度的吸收和渗出机能。腹膜炎时，细菌和组织崩解所产生的毒素，通过腹膜被吸收进入血液，产生毒血症症状，表现为体温升高，全身性紊乱。胃肠蠕动在病初稍增强，以后由于交感神经系统的刺激，消化道紧张和运动反射性受到抑制，蠕动变慢，结果引起肠道机能性梗阻，肠内容物迟滞后继发便秘。

炎性病变开始时表现为充血，血管扩张和渗出加强。大量炎性渗出物集聚于腹腔而使腹部明显肿大，压迫膈膜，呼吸受阻；病牛除腹壁疼痛，并见有拱背姿势。随着病程延长，渗出物中液体被未损伤的腹膜吸收，渗出物减少；渗出物中沉淀的纤维蛋白被覆于胃肠及腹膜的表面，从而引起组织粘连，致使胃肠机能紊乱，表现出迷走神经性消化不良；当因剧烈运动而使粘连剥离，腹膜炎蔓延，临床上又重新出现症状。

[临床症状]　本病的临床症状的可分为急性、慢性、弥漫性和局限性。急性、弥漫性腹膜炎的病程与预后因引起原因不同而异。由胃肠、产道及脓肿破裂所致的腹膜炎，常伴有严重的毒血症，腹膜炎症状尚未出现，通常在24～48h死亡。一般的急性病例，可在数日内死亡或经治疗转为慢性，预后不良。急性局限性腹膜炎，如粘连不破裂、炎症不扩散，预后良好。慢性腹膜炎可拖延数月至数年。但因粘连和瘢痕组织引起的机械性损伤，预后不良。

1. 急性弥漫性腹膜炎　病牛站立而不愿走动，运动时，步态强拘，往往两后肢拖曳前进；站立时，拱背，头下垂，四肢缩于腹下，尾偏于体躯一侧；卧地时，极其小心，并伴有不安和呻吟；排尿、排粪痛苦；下腹部膨大，若同时有肠臌气则整个腹围相应变大，触诊腹壁紧张，按压疼痛；排粪量少，色黑并伴有大量浓稠黏液，具恶臭气味。全身症状重剧，精神沉郁，食欲废绝，体温升高到40℃以上。脉搏细数，呼吸浅表且增数，呈胸式呼吸，有轻微腹痛。常拱腰屈背，四肢集于腹下，行走时步幅短缩而小心。直肠触诊，腹部发炎部位粗糙敏感。

腹腔穿刺：常有多量渗出液，含有纤维蛋白的絮状物和多量的红细胞、白细胞，如因胃肠破裂引起者，穿刺液内混有草渣，直检时也能在腹膜上摸到附着的草渣。

血液检查：白细胞总数增多，核高度左移。

2. 急性局限性腹膜炎　症状与弥漫性腹膜炎相似，病情较轻。病牛拱背，不愿走动，全身症状轻微。局限性腹膜炎，全身症状轻微，触压腹壁时可感到腹肌紧张,当触压到发炎的局部时,表现敏感,疼痛,躲避触压。病牛表现前胃弛缓。

3. 慢性腹膜炎 由急性腹膜炎转变而来。主要呈现出慢性消化不良和毒血症。食欲减退,渐进性消瘦,前胃弛缓和瘤胃臌胀反复出现,体温时而升高,时而恢复正常,便秘或腹泻。精神不振,泌乳量降低。

4. 原发于难产的腹膜炎 阴道黏膜潮红,内集有黏性、脓性具腐臭的分泌物,精神沉郁,虚弱,卧地不起,昏迷,体温升高达 40～41℃,心率加快,达 100～120 次/min。

5. 继发性腹膜炎 在临床上具有原发疾病的明显症状。牛创伤性网胃—腹膜炎时,病牛食欲废绝,肘头震颤,肘肌震颤,粪便干、黑,白细胞总数增加,中性粒细胞增加,核左移;血浆纤维蛋白原水平随急性腹膜炎的严重程度而增加。

[诊断]当腹膜炎症状明显时,如病牛发热,腹壁紧张,便秘,臌胀,胸式呼吸等,可以诊断;当发生局限性和慢性腹膜炎时,诊断较为困难,因此,应对患畜的病史和其他症状进行了解和观察,并结合腹腔穿刺检查。当穿刺腹腔见有多量呈茶色、棕褐色,混浊不透明,具腐败臭味,其中含有多量纤维素、易凝固的渗出液,有助于诊断。发生毒血症的腹膜炎,则难以诊断。

[防治]

1. 治疗 治疗原则是抗菌消炎,制止渗出,增强病畜抵抗力。

(1)治疗措施 首先使病畜安静,病初禁食 1～2d,以减轻胃肠负担,而后每天少添勤给易消化饲料。同时要查明病因是原发性还是继发性腹膜炎,如为继发性腹膜炎要查明原发病,一并治之。

(2)加强护理 使动物保持安静,最初 2～3d 内应禁食,经静脉给予营养药物,随病情好转,逐步给予流质食物和青草。如腹膜炎系腹壁创伤或手术创伤引起,则应及时进行外科处理。

(3)控制感染 阻止炎症过程为了抑菌消炎,可早期应用青霉素、链霉素或四环素。必要时也可联合使用。可用 10%磺胺噻唑液或磺胺嘧啶液,静脉注射,每次 100mL,2 次/d,或用青霉素苦鲁卡因生理盐水混合液,腹腔注射,效果较好。

(4)消炎止痛 用青霉素 200 万 IU,链霉素 200 万 U,0.25%普鲁卡因注射液 300mL,5%葡萄糖注射液 500～1 000mL,加温(37℃左右),腹腔注射。为抑制炎症的发展,可全身同时应用广谱抗菌药物。减轻疼痛可用安乃近、盐酸吗啡、水合氯醛酒精等药物。

也可用青霉素(40 万～80 万 U),氢化可的松(0.050～0.075g),普鲁卡因（0.25%，100～200mL），混合液作腹腔内注射，1次/d，连用3～5d，可获痊愈。

若腹腔有大量渗出液积聚时，可腹腔穿刺排液，排液后，以青霉素200万IU，链霉素100万U，溶于500mL生理盐水内，行腹腔内注射，效果较好。

为了防止炎性渗出，降低腹内压力，以减轻对心、肺压迫，可用10%氯化钙液100～150mL或5%～10%葡萄糖酸钙液200～500mL，一次静脉注射，1次/d。解除毒素，增强机体防卫能力。

（5）改善机体抵抗力　可用10%氯化钙注射液100～150mL，40%乌洛托品注射液20～30mL，5%葡萄糖生理盐水注射液1 500mL，一次静脉注射。改善血液循环，增强心脏机能，可及时应用安钠咖或毒毛旋花子苷K、西地兰等。

2. 预防　加强饲养管理是预防本病的关键。在饲料加工、调制过程中，严防尖锐异物特别是铁丝、铁钉等混入饲料中被牛采食，防止创伤性网胃炎的发生；日粮要平衡，粗精比例应合适，严禁片面追求产奶量而过度提高精饲料饲喂量，以防发生瘤胃酸中毒和肝脓肿；加强兽医助产工作，提高操作技术水平，助产时要细微、耐心，严格遵守操作要领，尽可能地减少产道的损伤，特别要防止产道破裂。

避免各种不良因素的刺激和影响，特别是注意防止腹腔及骨盆腔脏器的破裂和穿空；导尿、直肠检查、灌肠都须谨慎；腹腔穿刺以及腹壁手术均应按照操作规程进行，防止腹腔感染；母畜分娩、胎盘剥离、子宫整复、难产手术以及子宫内膜炎的治疗等都须谨慎。

十二、肝炎

肝炎是肝脏发生的炎症，以肝细胞变性、坏死和临床上呈现黄疸、消化紊乱及肝功能异常等为主要特征。按其经过可分为急性肝炎和慢性肝炎两种。

[病因]长期饲喂发霉，腐败的草料和毒草等，或牛误食某些农药以及使用某些剧毒药物所致的中毒等，都可能导致肝炎的发生。

一些传染病、寄生虫病以及严重的细菌感染等，也常伴发肝炎。在胃肠炎的自体中毒，或心脏机能衰弱等疾病过程中也能并发或继发肝炎。

[发病机制]致病因素使肝脏的组织结构破坏，解毒功能丧失，造成胆红素在血液中多量蓄积，临床上呈现黄疸。肝脏对胆红素的处理及排除障碍，使血液中的胆酸盐过多，刺激迷走神经，使心动徐缓。肠内胆汁缺乏，结果又导致消化机能紊乱，出现腹泻、不食等一系列消化不良现象。肝实质受损，糖、蛋白质、脂肪的代谢也随着发生障碍，因此，在临床上即容易发生严重的自体

中毒等症状。

由于肝实质受损，使得经肠壁吸收，通过门脉进入肝脏的尿胆素元，也不能利用，结果使大量的尿胆素经肝静脉进入血液，连同血流中蓄积的血清胆红素一起自肾脏排出，故尿中的尿胆素和胆红素大量增加。

[临床症状] 急性实质性肝炎病畜表现精神沉郁，也有病畜先兴奋后转入昏睡，甚至昏迷。食欲减退，全身无力，体温正常或升高至 39.5℃ 左右，可视黏膜呈现不同程度的黄染，尤以颊部黏膜黄染更为明显。在体温升高时，患畜两眼常出现黏性分泌物。脉搏急速，但血液中胆酸盐增加到一定程度时，心跳变慢，节律不齐。

在病程中，患畜常有轻度腹痛，背拱起，或排粪时表现带痛。肝区触诊有疼痛反应。肝肿大明显，叩诊肝浊音增大（牛在右侧第六肋到最后肋部）。排粪状态，粪便初干燥，以后转为腹泻，排稀软粪便，臭味大，粪色淡。尿色发暗，尿液检查有胆红素、蛋白质、肾上皮细胞及各种管型。

血清范登白试验呈双相反应。麝香草酚浊度试验、硫酸锌浊度试验及谷—草或谷—丙转氨酶活力单位数明显增高，尚见有渐进性贫血、消瘦、腹泻等等。

当肝炎由急性转为慢性时，会经常伴发消化不良。如转为肝硬化时，则常有腹水，腹腔穿刺可放出多量漏出液。

[诊断] 主要依据黄疸、消化紊乱、粪便干稀不定，恶臭及色淡，依靠肝区触诊叩诊的变化，以及肝功能检查来确诊。但应与急性消化不良、血液寄生虫病等加以区别。

急性消化不良：黄疸较轻，多不发热，粪便臭味不太大，肝区检查及肝功能试验无改变，按消化不良治疗容易收效。

血液寄生虫病：如牛的梨形虫病等，出现黄疸色彩及体温升高等症状。但血液寄生虫病为溶血性黄疸。血液检查，贫血较为明显，且能发现虫体，应用台盼蓝等抗原虫药有效。

[防治]

1. 治疗 治疗原则以去除病因、加强护理及解毒保肝为主，并适当配合灌肠、防腐、利胆或抗菌消炎。

（1）急性肝炎 主要是排除病因，加强护理，保肝利胆，清肠止酵，促进消化机能。

排除病因：停喂发霉变质或含有毒物的饲料。及时治疗原发病。

加强护理与食饵疗法：病畜应保持安静，避免刺激和兴奋。饲喂富含维生素、易消化的碳水化合物饲料，给予优质青干草、胡萝卜。当牛昏睡或昏迷时，禁喂蛋白质，待病情好转后再给予适量的含蛋氨酸少的植物性蛋白质饲料。

保肝利胆：①应用糖、维生素类以及氨基酸制剂是十分重要的。大量的5%～20%糖液（葡萄糖、木糖醇）以及氨基酸制剂混入电解质溶液，静脉点滴，可促进肝细胞功能以及再生。②还应补充 B 族维生素（硫辛酸、泛酸），脂溶性维生素（维生素 A、维生素 D、维生素 E 和维生素 K）和应用利胆剂，利胆剂对黄疸和高 GTP、ATP 活性的病牛有良好的疗效。③通常用 25% 葡萄糖注射液静脉注射，2 次/d，或 5% 葡萄糖生理盐水注射液，5% 维生素 B_1 注射液，5% 维生素 C 注射液，静脉注射，2 次/d。

清肠止酵：硫酸钠或硫酸镁 300g、鱼石脂 20g、酒精 50mL、常水适量，口服。

黄疸明显的可用退黄药物，如苯巴比妥或天冬氨酸钾镁，加入 5% 葡萄糖注射液内，缓慢静脉注射。

（2）慢性肝炎　消除病因，遵循急性肝炎治疗原则。

为防止肝硬化的出现，除去病因后应给肝细胞补充营养，可应用氨基酸制剂（蛋氨酸、赖氨基酸等），B 族维生素等混入到多量的糖液后，静脉注射。还要实施抗炎和抑制间质增生，可用肾上腺糖皮质激素以及甘草甜素制剂。

为防止脂肪肝或并发症的出现，食饵疗法尤为重要。为了恢复功能、改善脂肪代谢，可用利胆制剂、泛酸制剂（添加到饲料或注射）。营养负荷量大的牛，可以考虑逐步添加各种营养素（氨基酸类、维生素 E、硒等）。

2. 预防　加强饲养管理，防止霉败饲料、有毒植物以及化学毒物的中毒。加强防疫卫生，防止感染，增强肝脏功能，保证机体健康。

十三、母牛脂肪肝症

母牛脂肪肝症又称母牛脂肪综合征、牛妊娠毒血症，是母牛的一种发病急、病程短、死亡率高的营养代谢障碍疾病。多发于营养良好、3～6 胎的高产牛。

[病因]

（1）在妊娠期过多饲喂精料尤其是富含碳水化合物的饲料引起脂肪代谢障碍，进而造成机体过肥。

（2）高产奶牛在分娩后，因大量泌乳，对能量的需要急剧增加，而饲料中供应缺乏足够的能量所引起。

[临床症状] 常见于产犊前 1～3d 或产后数天内发病。早期，出现厌食精料，仅采食少量干草或多汁饲料。反刍无力或废绝。瘤胃蠕动弱而短，1～2 次/2min。体温偏高，38.7～39.8℃。精神明显沉郁，喜卧地。尿少偏黄，粪便少而带有黄色的黏液。呼吸快、浅表而弱。尿酮体测定为阳性（＋～＋＋＋）。

随病程发展，可视黏膜淡白或轻度黄染。粪便稀少，并伴有酸臭味。后期，食欲废绝，嗜睡，磨牙，呻吟，驱赶站立不稳，局部肌群震颤，部分病牛死前出现兴奋不安，啃咬栏杆等肝性脑病症状。病程一般为 5～9d。

[**诊断**] 主要依靠临床表现及肝功能检查来进行诊断。血液指标为血糖（31±2.4）mg%*；清蛋白（22.3±2.1）g%；清蛋白与球蛋白之比 0.31：0.06。乳酸脱氢酶（1550±8.5）U；同工酶出现 LDH5 倒置现象。谷草脱氢酶（178.7±26.5）U；尿素氮（21.8±2.6）mg%；酮尿阳性。

[**防治**] 对伴有肝功能障碍的高产奶牛可用葡萄糖治疗，也可预防脂肪肝的发生。根据具体情况，也可应用以下方法治疗。

1. 对肥胖的病牛，在产犊前、后各 7d 内，连续每天用 50% 葡萄糖注射液 500～1 000mL，静脉注射，以控制脂肪分解。

2. 对伴有酮病的病牛，可配合每天应用 5% 木糖醇溶液 2 000mL，静脉注射。有快速升糖和降酮体的作用。

3. 50% 粗制氯化胆碱粉 50～60g，口服 1 次/d，从预产前 20d 开始，直至产犊后停止，可促使脂肪酸氧化和脂蛋白的合成，但不宜和钙剂并用，或用生理盐水配成 10% 注射液 250mL，皮下注射，1 次/d。

4. 泛酸钙 200～300mg，配成 10% 注射液，静脉注射，1 次/d。

5. 对衰弱或食欲不振的病牛，可用维生素 B_{12} 和复合维生素 B 等药物治疗，对增进食欲、改善瘤胃功能，有明显效果。

6. 对伴有黄疸的病牛可用硫酸镁 300g，溶于 2.5kg 水内一次灌服，1 次/d，连服 3d，可促使胆汁排泄。

（韩一超　武果桃　任杰　武守艳　陈剑波
孟东霞　赵娟　吴欣　王剑影）

第二节　呼吸系统疾病

一、鼻炎

鼻炎是指鼻腔黏膜表层的炎症，以鼻腔黏膜充血、肿胀和分泌鼻液为主要症状的疾病。

[**病因**] 主要病因是寒冷刺激，使鼻黏膜充血、渗出；吸入刺激性气体和异物以及粗暴地经鼻投药或鼻腔检查也可引起。

---

* mg%、g% 为不规范的符号，其正确的表述分别为 mg/100g、g/100g。下同。

由于接触空气传播的变应原致变态反应性鼻炎；继发性鼻炎常见于鼻疽、腺疫、血斑病、牛恶性卡他热、咽喉炎、副鼻窦疾病，鼻腔寄生虫等。慢性鼻炎多因急性鼻炎的病因持续存在而引起。

[临床症状] 急性鼻炎，病初鼻黏膜潮红、肿胀，敏感性增高，常打喷嚏或摇头擦鼻，呼吸时发鼻塞音，一侧或两侧鼻孔流鼻液，初为浆液性，以后则呈浆液黏液性，后期变为脓性并逐渐减少变干，呈痂皮状附于鼻孔周围，有的下颌淋巴结肿胀。伴发结膜炎时，羞明流泪，一般食欲和体温无明显变化。慢性鼻炎，鼻液时多时少，且较黏稠。鼻黏膜有时呈现糜烂及溃疡，鼻孔下方皮肤因长期受鼻液的侵蚀，而引起局部皮肤糜烂，往往遗留无色素瘢痕。继发性鼻炎，除具有上述鼻炎症状外，还具有明显的原发病的特有症状。

[诊断] 根据临床症状可进行初步诊断。

[防治]

1. 预防 加强饲养管理，改善环境卫生，防止受寒感冒，避免吸入刺激性气体或异物，及时治疗原发病。

2. 治疗

（1）轻症患畜 将病畜置于温暖通风良好的畜舍内，改善饲养管理，除去致病因素，一般鼻炎即可自愈。

（2）重症患畜 根据鼻汁的性状和多少，酌量用1％碳酸氢钠溶液、2％硼酸溶液、1％明矾溶液，0.1％鞣酸溶液或0.1％高锰酸钾溶液冲洗鼻腔，1～2次/d，冲洗后涂以青霉素或磺胺软膏，也可向鼻腔内撒布青霉素或磺胺类粉剂。鼻黏膜高度肿胀时，可涂布血管收缩剂，如0.01％肾上腺素液或滴鼻净。鼻液过多时，可行蒸气吸入，也可采用雾化吸入疗法，将青霉素等刺激性小的药物溶于生理盐水或蒸馏水中，用雾化器直接喷于鼻腔黏膜上，使局部获得较多的水分和药物，3～4次/d。

二、额窦炎

[病因] 锯角后护理不当、牛只互相角斗或硬物击打后未能及时处理等原因都能引起牛只化脓，引起额窦炎。成年牛角的血管特别发达，牛角由额骨的角突和角鞘构成，与额窦相通。

额窦炎可呈急性或慢性，急性额窦炎较常见，主要由化脓放线菌、多杀性巴氏杆菌、埃希氏大肠杆菌和一些厌氧菌引起。若伤口碎片或结痂阻塞角状突起的开口，则可能并发破伤风。

[症状]

1. 轻度化脓 化脓灶位于角的最表层，脓汁较少且仅位于坏死表面，牛体温正常，此时方便护理，对牛的生产影响不大。

2. 中度化脓 化脓灶深入牛角角质层中，但未进入额窦腔，病灶部位化脓相对比较多，有的甚至产生蛆虫，更严重的会导致内部角质层的脱离，清洗、护理方面相对比较容易，对生产影响不是很大。

3. 深度化脓（慢性额窦炎） 精神沉郁或狂躁，体温持续或间断性升高，病灶深入额窦腔，牛体况和生产性能逐渐降低，常见单侧鼻孔持续或间断性流鼻液，单侧或两侧眼部肿大，低头且头颈伸长头歪向一侧呈观星状，有的甚至原地转圈。额窦骨肿胀，特别是无明显鼻液的牛更明显。有的病例由于窦骨糜烂，可能出现神经系统并发症，如脓毒性脑膜炎、垂体脓肿等，此症清洗、护理困难，很难对深层病灶进行清洗，最终要淘汰奶牛。

4. 急性额窦炎 精神沉郁，体温升高（39.4～41.0℃），单侧或双侧流黏液脓性鼻液，头痛，鼻镜支撑在物体上，身体平躺，四肢划地，额窦叩诊敏感。

[治疗]

1. 发病轻微的牛只 首先取出牛角里填塞的粪便，泥土、药棉等异物，然后对化脓组织用生理盐水或生理盐水和温和的消毒药水（双氧水、10％碘酒）进行冲洗。发病比较轻微的牛只清洗1～2次即可痊愈。

2. 急性病例 对急性额窦炎病例除了要充分清洗额窦外，还要选用敏感的抗生素治疗7～14d，青霉素效果较好，但会影响本胎次产奶量。

3. 慢性病例 慢性病例需要在两处用环钻钻开额窦以便清洗和排出内容物。一处是在额窦角状突起部，另一处位于中线和两眼眶骨后部连线交叉处外方约4mL处。2岁以下的牛进行环钻额窦治疗时需更加谨慎，因为青年牛额窦的口部和口内侧部分尚未形成，建立口内侧引流道可能有损伤颅骨的危险，可放置排液管连接两个环锯部位，钻孔直径最小应为2mL，以防伤口提前闭合，额窦内存在液体脓汁是预后良好的现象。但脓性肉芽肿或实体组织则表明预后要慎重，选用敏感的抗生素连用2～4周。口服或肌内注射止痛药可减少患畜的痛苦。若无神经症状，采取适当的治疗则预后良好。

神经症状和眼眶蜂窝织炎是慢性额窦炎严重的或致死性的并发症。治疗同时患有这些并发症的患畜需要长时间对伤口处理，使用抗生素和护理即使病情得到控制，产量也会受到严重的影响，失去饲养价值，所以建议有条件的牧场把此类牛列入淘汰范围内。

三、气管阻塞

[病因] 由于吸入较大的异物而引起，如吸入棉团、毛团、尼龙丝、羽毛以及禾穗、骨片、木片等。喉炎脱落的伪膜，肿大的纵隔淋巴结、肿瘤等压迫

大气管，也可使其发生狭窄和阻塞。

[临床症状]发生突然或逐渐加重的呼吸困难，多数伴有痉挛性咳嗽。吸气时，同侧胸壁下陷，呼吸多缺乏狭窄音。支气管完全闭塞时，2～3h内即可在闭塞的支气管的分支范围内形成萎缩性肺膨胀不全，而叩诊出现浊音，同时听诊缺乏肺泡呼吸音。支气管狭窄时，则出现吹口哨样的干性啰音或喘鸣音。如病症由吞咽异物引起，以后会发生坏疽性肺炎而使呼出气体有恶臭气味，体温升高。如为压迫性狭窄，还可能见到邻近器官的功能发生紊乱，如喉头麻痹、呈现吞咽障碍、慢性臌气，静脉高度充血伴有皮下水肿等。

[诊断]主要根据临床症状进行诊断。

[防治]对本病的药物治疗效果不理想，如为异物性阻塞时，可以使用气管内窥镜（纤维束支气管窥镜）直接观察气管、支气管病变，并吸出分泌物。

四、肺炎

肺泡或肺间质的炎症称肺炎。牛的肺炎包括支气管肺炎（小叶性肺炎）和大叶性肺炎（纤维素性肺炎）。临床上小叶性融合性肺炎较为常见。还有一种称异物性肺炎，是指异物进入肺部引起的炎症，可表现为卡他性炎症、坏死性炎症、化脓性炎症。

[病因]细菌感染：来自体内或体外的致病菌，包括肺炎球菌、绿脓杆菌、巴氏杆菌、葡萄球菌、大肠杆菌等。当机体因患有支气管炎而抵抗力降低时，细菌毒力增强，导致肺炎，且可引起牛群中的散发传播。寒冷、空气污浊、过劳、衰老幼弱、维生素A缺乏、奶牛结核病等情况下，肺组织抵抗力降低是引起肺炎的诱导因素。

[症状]病初牛首先出现咳嗽，鼻和支气管分泌物增多，食欲不振，支气管啰音及体温升高。当病牛厌食、体温升高达40～41℃、脉搏达80～100次/min、当肺部听诊出现捻发音及细支气管啰音时，表明存在肺炎。病牛浅表呼吸，站立不动，头颈伸直，鼻孔开张，频发弱咳，叩诊胸部能引起咳嗽。

X射线检查，可发现若干散在性病灶，这些病灶一般在肺的前下部，但单凭叩诊不易发现。

血液检查，伴有中性粒细胞增多的白细胞增多症，中性粒细胞有核左移现象。

[诊断]根据临床症状可初步诊断。确诊应排除牛的出血性败血病、肺气肿及传染性胸膜肺炎。通过X射线检查、细菌学和血清学检查有助于鉴别诊断。

原发性牛出血性败血病，来势汹涌，几天内能传播若干牛，有败血症状。

肺气肿多数发病牛体温无明显升高，肺部有明显的爆裂音而缺乏支气管啰音及捻发音。

牛传染性胸膜肺炎呈急性者不多见，有明显胸痛及肺部广泛浊音区，胸腔穿刺发现纤维蛋白性胸膜炎。

[防治] 牛舍保持干燥、温暖及通风良好，避免过劳。若怀疑传染病，应立即隔离消毒，继续观察和治疗。青霉素治疗，如果效果不明显可改用磺胺甲基嘧啶或磺胺二甲基嘧啶，或链霉素和青霉素联合应用。

对经多杀性巴氏杆菌和大肠杆菌感染的牛，可用硫酸卡那霉素（15mg/kg）或新霉素（4mg/kg）肌内注射，2次/d，连用7d。林可霉素和阿米卡星（丁胺卡那霉素）以及914疗效更好。除抗生素外，还应对症治疗，如结合祛痰、强心、补液（增加高渗葡萄糖液的用量）等。

五、气胸

气胸又称胸腔积气，是指由于大量气体进入胸膜腔，引起胸腔内压升高而压迫肺脏，引起肺萎陷和呼吸困难。家畜偶有发生。

[病因] 多见于肺气肿、肺坏疽、肺脓肿、腐败性胸膜炎等。因肺胸膜破裂，肺内气体和渗出物腐败分解产生的气体可窜入胸腔形成气胸。偶有因胸壁贯通创或胸部食道穿孔、胸腔穿刺失误而发生的，空气通过破裂孔直接进入胸腔。

[症状] 突然发生进行性呼气性呼吸困难，病牛惊恐不安，结膜发绀，甚至出现休克。患侧呼吸运动减弱，肋间隙饱满，叩诊呈过清音或鼓音，肺泡呼吸音消失。

X线检查，患侧肺视野上方高度透明，无肺纹理结构，边缘有线状的肺边缘阴影。

[诊断] 根据临床症状和X线检查，再结合肺或胸膜患腐败性—化脓性炎的原发病史，或有胸壁外伤、食道破裂等病史可进行诊断。

[防治] 使患畜完全安静休息。如为开放性气胸，应尽快施行外科手术闭合创口，以阻止空气进入胸腔。如呼吸困难严重并有休克危险时，可用大注射器将积聚的空气从胸腔内吸出，并及时注射咖啡因、毒毛旋花子苷K等兴奋剂与强心剂。为防止感染需及时应用抗生素及磺胺类药物。积极治疗其他原发病。

六、肺气肿

肺气肿是因肺组织含气体过多而引起肺脏的体积膨胀，并伴有肺泡壁破裂的病理变化。根据发生部位可分为肺泡性肺气肿与间质性肺气肿两种类型；根据病程的长短分为急性肺气肿和慢性肺气肿。

[病因] 饲料突然改变，大量采食青草、甘蓝、紫花苜蓿和油菜，可引起肺气肿；饲料含有毒素（牛白薯黑斑病中毒），饲料发霉、变质或含尘土过多，而尘土所含的小多孢子菌、烟曲霉等都可激发肺气肿；创伤性网胃炎，由金属异物刺伤肺脏导致肺脓肿时，可引发代偿性肺气肿。

病毒和细菌性疾病，如由大肠杆菌性乳房炎引起毒血症的病牛有肺气肿，患牛流行热的病牛有肺气肿。

[临床症状] 急性肺气肿突然发作，病牛精神沉郁，食欲减少甚至废绝，流泪，浆液性或脓性鼻液，站立不安，不愿卧地，可视黏膜发绀，体温多数情况下升高至 40.5℃，从口内流出白色泡沫状物质，产奶量骤减，心搏增至 100～160 次/min，心律不齐，心音模糊。

典型症状是呼吸困难，呼吸次数增加至 40～80 次/min，少数达 100 次/min 以上，气喘，腹部扇动，鼻孔开扩，举头伸颈，张口吐舌，舌呈暗紫色。胸部叩诊可呈鼓音，肺部听诊有摩擦音和啰音，于背部两侧皮下出现气肿，触诊呈捻发音，气肿可蔓延至胸颈部、肩部和头部。

[病理变化] 肺脏显著膨胀，颜色苍白而有肋骨压痕，肺胸膜下充满大小不等的气泡。间质气肿时，肺泡间隔被空气充满而增宽。肺表面因气泡而隆起似卵大、拳大至皮球大，肺切面因小叶间质充气扩大而呈撕裂状。胸膜和纵隔形成大小不等的气泡；胸、背、肩和颈部的皮下组织及肌膜中，有大小不等的气泡集聚。有明显的充血性心力衰竭和细支气管炎。

[诊断] 临床诊断：根据病史、临床症状可初步诊断，结合死亡病例的剖检变化可作确诊。

[类症鉴别]

1. 与肺水肿的区别　患肺气肿的病牛常出现用力呼吸的现象，而肺水肿无此症状，且肺水肿的牛两侧鼻孔流出黄色或淡红色的泡沫状鼻液。

2. 与支气管痉挛的区别　因细菌、病毒感染或变态反应引起急性细支气管炎并导致支气管痉挛，临床表现与急性肺气肿相似。可用抗组织胺或抗生素治疗，再使用皮质类固醇，症状好转的为支气管痉挛。

3. 与肺炎的区别　肺炎临床表现为体温升高，痛苦地湿咳或阵发性剧烈干咳，局部有捻发音和湿啰音，这种异常呼吸音不像肺气肿那样明显而广泛。

[防治]

1. 治疗　对肺气肿尚无特效疗法。继发于传染性肺炎的肺气肿，在对原发性损害进行有效治疗时，随原发病的痊愈，肺气肿通常会自行消退。

2. 预防 加强饲养管理，牛舍内保持通风、清洁，防止尘埃飞扬。严禁饲喂霉败饲料。饲喂干草时，草捆不要在牛棚内打开，要在饲喂前于牛棚外散开，为防止干草内的尘土及微生物在牛棚内散落，应将干草弄湿。为防止突然饲喂青草、紫花苜蓿、甘蓝等饲料而诱发本病，可在饲料中加喂莫能菌素或拉沙洛菌素，200mg/（d·头），以抑制色氨酸转化为 3-甲基吲哚。

七、急性呼吸综合征

牛呼吸道疾病综合征（BRDC）是由病毒和细菌等多病因相互作用而引起的一种牛的急性呼吸道疾病，常见于犊牛，尤其是运输后。该病呈世界性广泛分布。

[病因] 病毒，包括牛传染性鼻气管炎病毒（IBRv）、牛病毒性腹泻病毒（BVDv）和牛副流感病毒（PI3v）、腺病毒、鼻病毒以及轮状病毒等。细菌则包括多杀性巴氏杆菌、溶血性巴氏杆菌、睡眠嗜血杆菌、沙门氏菌、支原体和钩端螺旋体等。天气恶劣，长途运输后易引起牛应激而发生本病。

[临床症状] 最初期可能仅表现为奶牛倦怠和食欲下降，病情加重后，奶牛精神沉郁，鼻腔流出水样至黏液样的分泌物，体温升高至 40～42℃；有的病例还可见到轻微的干咳、呼吸急促、食欲下降、体重下降，泌乳牛产奶量下降。最急性的病例可能不表现出任何症状而死亡。任何年龄的牛都可能被感染，犊牛比年龄大的牛更易被感染。

[诊断和治疗] 可根据临床症状进行诊断，初期给患病个体抗生素和磺胺类药物治疗效果良好，但病情加重后治疗一般都无效。因此预防是控制本病的重要手段。

[预防] 加强动物抗病力，如通过注射 IBRv、BVDv、PI3v 的灭活疫苗，提高动物个体对这些病毒感染的抵抗力，从而使得细菌无孔可入；加强牛场规划建设，减少恶劣天气对动物的影响。在进行牛场设计或改建时，将合理通风、夏天散热和冬天保暖这些最基本的因素考虑在内；加强对新入群动物的管理，可以考虑对新购置的动物隔离，重点观察 2～3 周；改善饲养动物所处环境，保证动物休息场所的干燥和清洁，运动场无积水，泥坑等。

八、肺充血与肺水肿

肺充血分为动脉性充血和静脉性充血两种类型。动脉性充血是指由于动脉血管扩张，而使流入肺脏的血液增多的现象；静脉性充血是指由于静脉血液回流受阻，使肺脏血液增多的现象，又称瘀血。

肺水肿是由于肺脏充血，肺泡壁毛细血管内的液体渗出到肺间质与肺泡，而使肺体积膨大，湿润且富有光泽。

[病因]

1. 原发性（主动性）肺充血　多见于肺炎初期，日射病和热射病，吸入烟雾和刺激性气体及毒气中毒，农药中毒如有机磷和有机氟中毒，由再生牧草热引起的急性过敏反应等，这些均能引起肺毛细血管扩张而造成主动性充血。

2. 继发性（被动性）充血　见于充血性心力衰竭的疾病，如心扩张、心肌炎、心肌变性及二尖瓣膜狭窄和闭锁不全，使肺动脉流入心脏受阻，导致血液在肺组织中瘀积，引起肺瘀血。

无论是原发性肺充血还是继发性肺充血，时间较久时均可因血管中的液体进入肺间质和肺泡而引起肺水肿。

[临床症状]　肺充血与肺水肿症状相似，常迅速发生呼吸困难，黏膜鲜红或发绀，颈静脉怒张。病牛由兴奋不安转为沉郁。咳嗽短浅、声弱而呈湿性，鼻液初呈浆液性，后期鼻液增多，常见从两鼻孔内流出黄色或淡红色、带血色的泡沫样鼻液。严重呼吸困难者，头直伸，张口吐舌，鼻孔张大，喘息，腹部运动明显。也有表现为两前肢叉开，肘头外展，头下垂者。心跳加快至 100 次/min 或以上，心音初增强而后减弱。最后因呼吸衰竭、窒息而死亡。

肺部叩诊音不同，充血初期没有异常，当肺泡被大量水肿液充满时则呈浊音或半浊音。肺部听诊，充血时有粗糙的水泡杂音，无啰音；肺水肿时，肺泡音减弱，能听到小水泡音和捻发音。

[病理变化]　急性肺充血时，肺脏体积增大，呈暗红色，质度稍硬，切面流出大量血液。组织病理学变化是肺毛细血管明显扩张，充满红细胞。

肺水肿时肺脏体积增大、质量较重，呈蓝紫色，失去弹性，按时有压痕。气管、支气管和肺泡内常积聚大量淡红色、泡沫状液体。切面流出大量淡红色浆液。组织病理学变化是在肺泡腔内和肺间质内充满粉红色水肿液。

[诊断]　临床诊断通过临床症状进行诊断。

[防治]

1. 治疗　治疗原则是降低肺内压，缓解呼吸困难，减少渗出，以防水肿加重。

治疗药物可选用速尿每千克体重 0.5～1.0mg，肌内注射，2 次/d。阿托品每千克体重 0.048mg，肌内注射，2 次/d。氢化可的松 0.2～0.5g，1 次/d，静脉注射。

2. 预防　加强饲养管理，注意牛舍通风，避免刺激性气体的吸入。夏季应做好防暑降温工作，防止奶牛受热应激。加强对农药的保管，防止奶牛误食、误饮有机磷等杀虫剂而引起中毒。对因产后瘫痪等疾病而引发的躺卧母牛或因蹄病而卧地不起的病牛，应加强护理。应人工翻动母牛体躯 1～2 次/d，以防止沉积性肺瘀血的发生。

第三节 泌尿系统疾病

一、肾炎

肾炎包括肾小球肾炎、肾盂肾炎和间质性肾炎。临床特征是血液中清蛋白减少，严重的出现蛋白尿及四肢、胸前和腹下水肿。

[病因] 多继发或并发于口蹄疫、炭疽、出血性败血症等传染性疾病。多因沉着于肾小球的病原体及其毒素、分解产物及抗体复合物或感染牛产生的抗肾小球基底膜抗体共同作用而引起肾小球的损伤。

也可继发于子宫内膜炎、乳房炎、胸膜炎和腹膜炎，由于炎性渗出物以及其他蛋白腐败分解产物对肾脏的持续刺激，导致其产生大量的抗体而诱发此病。

由于寒冷刺激导致的机体及肾脏的防御机能降低也可诱发此病。

[临床症状] 轻症者无明显症状，重症牛精神沉郁，食欲减退至废绝，腹泻，疲倦无力，行动缓慢，体温中度升高，四肢、胸、腹下水肿；心音微弱，颈静脉怒张；呼吸迫促，呼吸次数增加，当有支气管炎、肺炎和肺水肿发生时，病牛咳嗽，肺部听诊有干性或湿性啰音；直肠检查肾脏肿大，左肾明显，疼痛、敏感性增高；无尿或少尿，尿液色深，比重增大，混浊，内含蛋白质、红细胞、白细胞和肾上皮细胞。

[诊断] 根据水肿、低清蛋白血症、左侧肾脏肿大、血液学检验见红细胞和血色素减少、中性粒细胞增多、非蛋白氮显著增高至 500mg/100mL，可以得出较确切的诊断。但由于上述变化和淀粉样变性有相似之处，故确诊需进行肾脏活组织检查。

[防治]

1. 治疗

（1）传染病引起的肾炎，应加强饲养和护理，可采用注射特异血清、磺胺制剂和广谱抗生素类药物等方法消灭体内病原微生物。

（2）视病畜的症状采取对症治疗。少尿或无尿可用利尿剂，用速尿每千克体重 0.5~1.0mg，肌内注射 1~2 次/d；还可用醋酸钾 50~100g，口服，2~3 次/d。

（3）伴心力衰竭及肾性水肿者，用洋地黄叶末 2~8g，1 次灌服。为防止渗出，减轻水肿，改善心脏冠状动脉及肾血液循环，可给 10% 的氯化钙溶液 200~250mL、40% 的葡萄糖溶液 300~500mL，静脉注射 1 次/d。

2. 预防　加强牛病防疫制度，减少奶牛常发的急性传染病的发生。及时治疗奶牛易患的感染性疾病。加强饲养管理，日粮要平衡，饲料品质要好，做好防寒保暖、防暑降温等工作，增强奶牛体质，提高其抵抗力。

二、肾淀粉样变性

肾淀粉样变性，即淀粉样蛋白质沉积在肾小球和肾小管的周围，可使整个肾脏的机能降低。

[病因]淀粉样变性一般认为与免疫有关的抗原抗体反应有关。多发生于5岁以上的成年牛。往往继发于慢性乳房炎、创伤性网胃炎、慢性肺炎、慢性腹膜炎、肝脓肿、蹄叉腐烂、牛结核以及副结核等各种慢性疾病。

[临床症状]食欲不振，排泥样乃至水样的顽固性稀便。由于持续下痢，病牛脱水严重，很快消瘦，在下痢便中不含血液。接着从颌下部、胸垂部至胸前部、下腹部浮肿逐渐严重。体温、脉搏和呼吸都正常。外观上尿淡似水，尿中含有大量的蛋白质。红细胞减少到正常的 2/3 左右，白细胞稍有增加趋势。血清蛋白的浓度降低到正常值的一半左右，其中血清蛋白和球蛋白降低得非常显著，与此相反，γ-球蛋白反而增加。大多数病例的血中非蛋白氮的含量比正常值增加几倍甚至数十倍，有的甚至达到可以判定为尿毒症的状况。患病牛大约在 1 个月死亡。

[病理变化]肾脏比正常的肿大 2～3 倍，色泽呈黄褐色至橘黄色，整个肾脏表面分布广泛性的沙粒或米粒大的斑点，呈水滴状态。真胃以下的肠道也含有大量的水分，且呈柔软水肿状态。用显微镜进一步检查内脏的病理切片，可见淀粉样蛋白沉积在肾脏、脾脏、心脏、肺、甲状腺及整个消化道周围。特别是沉积在肾脏周围的淀粉样蛋白最为严重。

[诊断]本病在诊断上依据特征性的临床症状，如尿中有大量的蛋白质、血清蛋白变化及根据直检触摸到肿大的肾脏等，可作出初步诊断。另外，在早期诊断方面，采用肝脏穿刺可发现淀粉样蛋白沉积，对确诊本病有参考价值。

[防治]目前对本病无特效药。由于本病是致死性的疾病，确诊后应考虑立即淘汰。

三、血尿

血尿是由于泌尿系统各部位（肾脏、输尿管、膀胱或尿道）损伤而引起尿中混有血液或因其他疾病致使尿中含有血红蛋白等的现象。

[病因]使役不当，过度劳累，摔跌使牛的肾脏、膀胱、输尿管及尿道等受到损伤引起。此外，各种肾脏和膀胱疾病、某些传染病（炭疽、传染性贫

血）、血液孢子虫病（梨形虫病）、某些消化道急性病等，均可引起血尿或血红蛋白尿。

饲料中缺乏碘、镍、铜、磷或钙，尤其是缺碘更易引起本病。

[症状] 血尿轻微，病牛一般没有明显症状；血尿严重，则病牛精神委顿，耳聋头低，食欲不振，可视黏膜苍白，倦怠，四肢无力，易疲劳，稍稍运动即大量出汗。尿液呈红色，尿中混有血液、血丝或血块。

[诊断] 根据尿中混有血液，镜检尿沉渣有肾小管上皮细胞、管型、膀胱扁平上皮细胞、尿道上皮细胞及大量的红细胞，并结合临床症状，可作出诊断。

由传染病、血液寄生虫病、中毒病以及溶血性疾病等引起的血红蛋白尿，尿色透明，静置无红色沉淀，镜检尿沉渣无完整的红细胞，且具有原发病的症状。

[防治] 加强饲养管理，合理使役，防止粗暴导尿，及时查明并积极治疗原发病。

治疗原发病是治疗本病的根本，应查明引起血尿的原因，针对不同的原发病，采取相应的治疗措施。可根据病因采取止血疗法。

止血可选用下列药物：$10\sim20mL$ 的 1% 维生素 K_3 注射液肌内注射，$1\sim2$ 次/d。安络血注射液，$10\sim15mL$，肌内注射，$1\sim2$ 次/d。也可用 0.1% 盐酸肾上腺素注射液，$3\sim5mL$，皮下注射，$1\sim2$ 次/d。10% 氯化钙注射液 $100mL$，静脉注射。

四、尿道炎

尿道黏膜发生的炎症称为尿道炎。公牛多发生本病。

[病因] 常由尿道的细菌感染引起，如导尿时，由于导尿管消毒不彻底，无菌操作不严密，导致细菌感染；或导尿时动作粗暴，以及尿结石的机械刺激，致使尿道黏膜损伤而感染。也可由邻近器官——膀胱、阴道及子宫内膜的炎症蔓延引起。

[症状] 病牛常呈排尿姿势，排尿时表现疼痛，尿液呈断续状流出。由于炎症的刺激，常反射地引起公牛阴茎频频勃起，母牛阴唇不断开张。严重时可见到黏液性、脓性分泌物不断从尿道口流出。尿液浑浊，常含有黏液、血液或脓液，有时混有坏死、脱落的尿道黏膜。触诊或尿道探查时，患牛表现强烈疼痛、不安。

若患病时间较长，可因尿道黏膜发生坏死、增生而导致尿道狭窄甚至阻塞，最终引起尿道破裂，尿液渗入周围组织间隙，外观局部腹部皮下隆起，穿刺液有尿味。

[**诊断**] 根据病牛频频排尿，排尿时疼痛，阴道肿胀、敏感，导尿管插入受阻及疼痛不安，尿液中存有炎性产物但无管型和肾、膀胱上皮细胞等，可作出诊断。

[**防治**] 为了防止尿道感染，导尿时导尿管要彻底消毒，操作时要严格按操作规程进行，防止尿道黏膜的损伤和感染。要及时治疗泌尿或生殖系统疾病，以防炎症的蔓延。

治疗：原则和方法与膀胱炎相同，但冲洗尿道时，为减少对尿道的刺激，可使用人用导尿管接上注射器，连续注入消毒剂。如发生严重尿闭无法排尿时，应采取尿道改路术进行治疗。

中药治疗：金钱草 60g，海金沙 90g，车前草 30g，银花 30g，竹叶一撮，木通 18g，甘草 12g。水煎去渣，候温灌服。以清热解毒，通淋利尿为主。

五、膀胱炎

膀胱炎是膀胱黏膜发生的炎症，是牛的常见病。临床特征为排尿疼痛、尿频、尿中有血和炎性细胞。

[**病因**] 引起膀胱炎的病原主要是肾棒状杆菌、大肠杆菌、葡萄球菌、变形杆菌、绿脓杆菌、链球菌等细菌。主要通过以下途径引起膀胱炎。

1. 生殖道感染，如母牛阴道炎、子宫内膜炎，公牛尿道炎、前列腺炎，可继发膀胱炎。

2. 手术操作消毒不严和不当，导尿管消毒不严，导尿操作粗暴，配种和难产助产时损伤尿道口，都可引起尿道炎而引发膀胱炎。

3. 膀胱壁充血，尿潴留、尿结石、膀胱壁的损伤和膀胱上皮乳头状瘤等，可促使本病的发生。

[**症状**] 典型症状是频尿。病牛常作排尿姿势，排尿次数增加，排尿量少。严重时病牛腹痛，极度不安，摇尾，踢腹，体温升高，食欲减退或废绝，排出干涸粪便。直肠触诊膀胱时病牛敏感。尿液特征变化是内含大量白细胞、脱落的膀胱移行上皮细胞和细菌。眼观尿液混浊，含少量血液、黏液和脓汁，有刺激性难闻气味。有时排出少量血尿，直肠检查膀胱壁明显增厚，多为膀胱上皮乳头状瘤。急性病例经及时治疗，数日内可痊愈；慢性者，炎症呈上行性感染而引起肾盂肾炎或膀胱麻痹。当膀胱或尿道结石，排尿困难，膀胱积尿充盈，严重时导致膀胱破裂或尿毒症而死亡。

[**诊断**] 根据排尿频繁，尿量减少，尿中含黏液、膀胱上皮，触诊膀胱有痛感可以确诊。但应与以下疾病鉴别：

1. 肾盂肾炎 排尿次数增加，尿量少，尿内含少量血液和脓液，但直肠检查触诊肾脏敏感，而膀胱无痛感。

2. 膀胱麻痹 排尿次数增加，尿量少或无尿。直肠检查，触诊膀胱极度扩张，压迫膀胱排出大量尿液。

3. 膀胱痉挛 排尿频繁，尿量减少或无尿，触诊膀胱敏感疼痛和尿液较少，尿液中无血液和脓液。

[预防] 加强兽医卫生消毒，严格执行操作规程和无菌原则，减少经生殖道感染的机会。对患生殖道和泌尿器官疾病的病牛，应及时治疗，防止继发感染。

[治疗] 对病牛加强饲养，给予优质干草，饲喂多汁、块根类饲料。及时治疗，促使其尽早恢复。

1. 抗菌、消炎：同肾盂肾炎治疗。

2. 膀胱灌洗：可选用刺激性小的消毒液，如 0.1%硝酸银溶液、0.5%碳酸氢钠溶液、0.1%雷佛奴耳溶液、0.1%～1%氨苯磺胺溶液等进行膀胱灌注。

3. 膀胱积尿不能排出时，可采用以下方法处置：①民间用葱白蘸大盐塞入生殖道尿外口处即可促使排尿。②插导尿管于膀胱内引排尿液。③50%高渗葡萄糖溶液 500mL 一次静脉注射。④速尿 5～10mL 一次肌内注射。⑤灌服中药五苓散加减：大腹皮 30g，茯苓皮 30g，猪苓 40g，泽泻 40g，木通 30g，车前子 30g，水煎服。⑥上述方法无效时，可用"直肠内引针膀胱穿刺术"，方法：取 1 米长的胶管（粗细同听诊器胶管），取 14 号针头向一端管腔插入针座，用细绳固定针座，另一端向管腔插入针头，用细绳固定针座，术者带针管入直肠内，将针头刺入膀胱内，抽出膀胱内尿液后注入生理盐水 300mL，再抽出被稀释的余尿，最后注入青霉素、链霉素或磺胺嘧啶液，疗效甚佳。⑦因尿道或膀胱结石致膀胱积尿者，应手术取出结石才能根治。

六、膀胱麻痹

膀胱麻痹是指膀胱平滑肌或括约肌失去收缩力，导致尿液不能随意排出。临床特征为不随意排尿，膀胱充盈且无疼痛。

[病因] 牛腰荐部或后腰部的脊髓疾病，如炎症、麻痹、创伤、出血及肿瘤等，使支配膀胱的神经机能发生障碍，或大脑皮质机能发生障碍时，引起膀胱缺乏自主感觉和运动机能减退，导致麻痹或不全麻痹。也可因尿道阻塞，或劳役未及时排尿，导致尿液大量蓄积在膀胱内，使膀胱壁高度扩张，收缩能力降低，最终发生麻痹。膀胱深层炎症或邻近器官发生炎症，使膀胱肌收缩能力减退时，也常引起膀胱麻痹。

[**症状**] 患牛膀胱经常充满尿液，膀胱臌胀严重时，则出现肾性疝痛和不安，常作排尿姿势，或用力排尿，但无尿液排出或只呈线状、滴状排出。有时病牛侧身急速前行。通过直肠压迫膀胱，能排出大量尿液，如停止压迫，则排尿立即停止。插入导尿管，只能排出少量尿液，甚至排不出尿。

[**诊断**] 依据临床症状、结合直肠检查及导尿管探诊可确诊。

[**防治**] 使役家畜要合理，并给予定时的排尿。防止腰荐部脊髓以及脑部的损伤。

治疗原则：消除病因，治疗原发病，对症疗法等。

可施行直肠内按摩，2～3次/d，每次5～10min。为了防止膀胱破裂，可施行导尿术。若由尿道阻塞引起，可改用膀胱穿刺法，但不宜多次重复施行，否则易引起膀胱出血、膀胱炎、腹膜炎或直肠膀胱粘连等继发病。

应用0.2%硝酸士的宁递增量注射以提高膀胱肌肉的收缩力，以3d为一疗程，皮下注射剂量：第1天0.02g，第2天0.03g，第3天0.04g。另外，也可试用0.1%氯化钡溶液静脉注射，剂量为每千克体重0.1g。

为了防止尿液发酵及尿路感染，可选用尿路消毒剂或磺胺类药物。

七、膀胱破裂

[**病因**] 在分娩后和小母牛脐尿管粘连或腹部手术后发生牵引性粘连时，可发生膀胱破裂；牛患严重急性肾盂肾炎时，出现大血块阻塞尿道，可继发膀胱破裂；使役的奶犊牛可发生尿石病，可能引起膀胱破裂。

[**症状**] 典型症状为腹部臌胀，精神沉郁，食欲下降，腹部冲击触诊时可检测到液体波动。膀胱破裂前病牛泌尿异常，频尿、里急后重、腹痛，犊牛期脐病，以前做过脐或腹部病变的手术等。直肠检查触摸不到膀胱。

[**诊断**] 触诊不到膀胱，液体性腹部臌胀，可怀疑膀胱破裂。必须采用实验室检验进行确诊。

[**治疗**] 处置措施包括屠宰母牛或手术修复膀胱缺损。如果准备进行手术修复，术前静脉补液（PSS）及通过腹腔引流管或Foley导管从腹腔慢慢排出尿液，术前和术后应使用抗生素。腹中线后部是接近膀胱的最佳手术部位，成年牛合适进行手术治疗。

八、尿结石

尿结石是指尿液中析出的无机盐结晶（其主要成分为钙、磷、铵、硅等），在肾盂、膀胱和尿道内凝结成大小、数量不等的结石，致使输尿管、膀胱或尿道等处发生阻塞。在临床上是以排尿困难、尿闭，甚至膀胱破裂和尿毒症等为特征。

[病因]

（1）精料过多，而粗料（特别是青草）过于缺乏，饮水量减少，使钙、磷比例不当，尿液 pH 升高，促使尿液中盐类平衡破坏，肾小管上皮细胞黏蛋白分泌增多，形成结石核心基质。当尿液浓缩时，可促使结石的形成。

（2）维生素 A 缺乏或不足，会使尿路黏膜上皮角化亢进和上皮细胞大量脱落，有助于结石形成。

（3）早期去势，公犊牛 4 月龄去势，有碍尿道发育，导致尿道内径狭窄，可导致结石排出困难。

（4）雌激素的应用，为了催肥目的投服雌激素时，使尿道内径缩小，并促使尿道黏膜上皮细胞剥脱，易引起尿结石发生。

[症状] 本病在临床上可分为轻型和重型。

1. 轻型尿结石 一般无排尿困难，但都出现频频排尿，阴毛末端附着有微细的白色、灰白色颗粒状结石。有时呈现一时性血尿和蛋白尿现象。

2. 重型尿结石 尿频或无尿。当发生结石闭塞时，食欲大减，突发间歇性或持续性腹痛，如踢腹、原地踏步、站立不安、拱腰摆尾等。病牛频繁地拱腰、举尾和努责等排尿姿势，尿液淋漓或无尿排出。尿闭时腹围明显膨胀，触诊敏感，四肢叉开站立姿势。有的出现包皮浮肿，特别是结石部位在肛门下方的公牛阴茎 S 状弯曲部时，可发现肛门下方皮肤高肿，按压病牛哞叫，直肠内下方指检可摸到尿道增粗和阴茎不断抽动的感觉。眼结膜潮红，呼吸促迫，出大汗。继发肾盂肾炎、膀胱炎，特别是尿道或膀胱破裂的病牛迅速呈现全身中毒症状；精神高度沉郁，食欲废绝，体温升高达 39.6℃ 以上，脉搏增数在 110 次/min 以上，多在 1 周内由于继发感染性腹膜炎或尿毒症而死亡。

[诊断] 根据临床症状可进行诊断。

[预防] 增加日光照射，饮水中添加一定量的氯化钠以提高饮水量。当精料过饲时，增加一些钙剂，使钙与磷比例维持在 1.5～2：1。肉牛育肥期间，可口服氯化铵（6～10g/d）和维生素 A、维生素 B 制剂，减少发病。将公犊牛去势时间延迟到 4 月龄以后，也有积极的预防作用。

[治疗] 对以镁为结石主要成分的病牛，可用氯化铵溶解结石。轻型病牛的剂量为 10～20g/d，连用 3～7d 为一疗程。一旦症状有所减轻即停药，切忌剂量过大，以避免出现毒副作用，如食欲不振、酸中毒和脱水等，尤其对已患肾病或肾炎的病牛，更应注意。同时，还宜应用维生素 A 制剂和维生素 D_3 制剂。前者剂量为 10 万～25 万 IU，后者为 2 万～4 万 IU 或维生素 AD 合剂（针剂）5～10mL，肌内注射，连用 4～14d 为一疗程。若将氯化铵与维生素制

剂并用，不但可避免单独应用时出现的毒副作用，而且疗效也较理想。对伴发腹痛的病牛，可用缓解疼痛和痉挛的安定剂，如盐酸氯丙嗪注射液，每千克体重 1～2mg/d，肌内注射。为了防止膀胱或尿道破裂的发生，可及早施行外科手术疗法，将结石取出。

第四节　造血系统疾病

一、贫血

贫血是指全身循环血液中红细胞总量或血红蛋白含量减少至正常值以下而引起的病理现象。贫血是一种症状表现，并非一种独立的疾病。按其原因可分为出血性贫血、溶血性贫血、再生障碍性贫血、营养性贫血等。

（一）出血性贫血

由于血管受到损伤而发生出血和寄生虫的吸血所致的大量血液的丧失而引起的贫血，出血性贫血又可分为急性出血性贫血和慢性出血性贫血两种。

1. 急性出血性贫血

[病因] 组织、器官发生损伤，特别是内脏器官的破裂，母牛分娩时产道损伤，生长在某些部位的肿瘤，均可使血管壁损伤而破裂，发生大出血，引起出血性贫血。

[症状] 病牛食欲废绝，有渴欲，呼吸加快，常呆立，四肢叉开，运步蹒跚，有时有呕吐现象，视力减弱，肌肉痉挛，可视黏膜苍白，体温降低，皮肤松弛干燥，冷汗黏稠，四肢冰冷，瞳孔散大，反应迟钝，脉搏细而无力，心音微弱。

[治疗] 可按以下方法治疗：

①立即止血：外部出血时、立即找到出血的血管、用外科止血法进行结扎或压迫止血。若此法不行、立即进行电热烧烙止血。

药物止血：安特诺新注射液 5～20mL 肌内注射，2～3 次/d；维生素 K_3 注射液 0.1～0.3g，肌内注射，2～3 次/d；10％氯化钙 100～150mL，静脉注射，1 次/d。

②输血和输液：输入异体牛血 2 000～3 000mL，同时右旋糖酐 30g、葡萄糖 25g、水加至 500mL，静脉注射输入量 500～1 000mL。

③补充造血物质：硫酸亚铁 2～10g，口服；枸橼酸铁铵 5～10g，口服，2～3 次/d；维生素 B_1，肌内注射。

2. 慢性出血性贫血

[病因] 由鼻、肺、肾、胃肠、膀胱、子宫内膜炎及寄生虫（如血矛线虫病、肝片吸虫病、血吸虫病、犊牛球虫病）和血尿等出血性因素长期反复地发

作所致。

[症状] 病初症状不明显，但病牛逐渐衰弱消瘦，严重时则可视黏膜苍白，精神萎靡，血压下降，脉搏快微，稍微运动脉搏显著增数，呼吸浅而快，心音低弱，且有吹鸣音，心浊音区扩大有时病牛晕厥，呕吐和膈肌痉挛，视力障碍；严重时胸腹部、下颌间隙及四肢出现水肿，有的经常下痢，最终因体力衰竭而死亡。

[治疗] 驱虫：根据寄生的类型选择药物驱虫。同时止血和补充造血物质（参照急性出血性贫血）；加强饲养管理、给予优质的青草或干草及豆类和麦麸等。

（二）溶血性贫血

由于红细胞受溶血性细菌、钩端螺旋体、血液原虫及有毒物质的破坏引起溶血而发生的贫血。

[病因] 血液原虫病如梨形虫病、边虫病、钩端螺旋体病等、都可引起红细胞大量破坏，发生本病；某些细菌引起的败血病、中毒病、大面积烧伤及肠源性毒素等也可引起本病发生。

[症状] 病牛心动加速和呼吸喘息、运动无力，精神沉郁、可视黏膜和皮肤苍白、黄染，严重时出现血红蛋白尿，脾脏肿大，肝脏机能损坏，血液中出现大量的胆固醇、类脂质和脂肪。

[治疗] 首先消除原发病，给予易消化的、营养丰富的饲料，对高产奶牛考虑给予补血和补充造血物质为主；肾上腺皮质激素疗法：强泼尼松注射液肌内注射或静脉注射均可，用量 0.05～0.15g；其他治疗方法可参照急性出血性贫血的治疗。

（三）再生障碍性贫血

再生障碍性贫血是由于骨髓的造血机能衰竭所致。临床表现为严重的渐进性贫血症状、若机体抵抗力降低，则易继发感染及出血，病情比较严重，治疗效果不佳。

[病因] 传染性疫病有结核病、副结核病和细菌性肾盂肾炎、脓毒败血症；血液原虫病有牛梨形虫病、钩端螺旋体病等；中毒病有蕨中毒及有机汞、有机砷和有机磷中毒等。

[症状] 病牛精神沉郁、可视黏膜苍白，皮肤出现苍白和周期性出血，机体衰弱，易疲劳，气喘，心动过速；当机体发生感染时，体温则升高，皮肤发生局部坏死等症状。

[治疗] 常用的治疗方法有以下几种。

药物治疗：用有刺激骨髓再生红细胞的药物以提高造血机能，如丙酸睾酮

0.1～0.3g 肌内注射，每 2～3d 1 次；或氟羟甲睾酮 110～300mg 或氮化钴 0.5g 口服。

输血疗法：参照急性出血性贫血。

中药治疗：可用归脾汤：黄芪 100g、党参 100g、白术 50g、当归 50g、阿胶 50g、熟地黄 60g、甘草 25g，共研为末，开水冲调，候温灌服。

二、牛红细胞增多症

牛红细胞增多症可分为原发性红细胞增多症和继发性红细胞增多症。

原发性红细胞增多症，也称真性红细胞增多症，是罕见的髓样增生状态，通常引起白细胞和血小板与红细胞同时过量增生。在真性红细胞增多症时，血浆中红细胞生成素较正常水平降低。

继发性红细胞增多症较原发性红细胞增多症常见，一般多发生在饲养于高海拔的动物和左右心短路的先天性心脏缺陷的犊牛。与高原病或胸病有关的慢性缺氧，能引起红细胞增多症（参见肺原性心脏病）。法乐氏四联症和其他能造成或加重左右心血流短路的严重的先天性心脏缺陷也会导致继发性红细胞增多。

[临床症状] 呼吸困难，不爱运动，心动过速，呼吸急促，可视黏膜呈酱紫色或污红色。病犊牛生长发育不正常，视网膜血管的直径显著增加，温斯娄氏毛细血管涡非常明显；PCV（红细胞压缩体积）超过 55%，常大于 60%。多数病例治疗无效，尤其是由心脏缺陷和遗传引起时更是如此。

[治疗] 伴有高原性缺氧的特别有价值的牛，最好是采取静脉放血术并运往低海拔地区，放血后，PVC 应降至 50% 以下，同时对症治疗。如果保定患牛可能会导致死亡。

三、粒细胞增多症

粒细胞增多症是发生在荷斯坦犊牛中的一种致死性综合征，特征变化是生长发育不良、慢性或反复感染和持续极度的中性粒细胞增多。

[病因] 可能由于遗传免疫缺陷导致。

[症状] 患犊中性粒细胞计数持续超过 30 000/μL 甚至 100 000/μL，尽管中性白细胞数量很多，仍出现慢性或持续性感染，生长缓慢；腹泻和肺炎是典型症状，但顽固性钱癣、持续的角膜结膜炎、齿龈溃疡、牙齿松动、牙龈脓肿、去角创伤难以愈合等症状也常可见到。感染后对治疗反应很弱或根本无反应。症状和多种疾患反复出现。有些病犊能存活几个月，但多数在 1 岁前死亡。

[诊断] 引起白细胞的持续增多是本病的特征。血液中成熟中性粒细胞增

多，无核左移现象，多数病犊外周血中中性粒细胞超过 30 000/μL。

注意与骨髓性白血病相区别，可用中性粒细胞功能试验加以区分，骨髓性白血病中，中性粒细胞的碱性磷酸酶活性降低，嗜中性粒细胞出现再生性核左移。

[治疗] 目前只能采取姑息疗法，多数病犊在 1 岁前死亡。

四、血小板减少症

血小板减少症是指循环血液中血小板含量低于下常值的病理现象。正常牛每微升血液中通常含有 100 000~800 000 个血小板，平均寿命为 7~10d。

[病因] 由败血症、内毒素中毒以及新近的创伤等病因引起血小板生成量减少，破坏增多，分隔或消耗均可引起血小板减少症。牛外伤很少引起血小板减少症，但是由于消耗或其他原因也可引起血小板数量减少。

[症状] 黏膜点状出血及可发生在体内任何部位小血管的其他出血症状。结膜、鼻黏膜、口腔黏膜或外阴黏膜也可出现出血斑，在皮肤注射或昆虫叮咬部位出血，静脉穿刺可导致出血、血肿及血栓形成。牛血小板减少时经常出现鼻出血，炎症或外伤部位还可见其他出血症状。

血小板数量低于 50 000/μL 时临床少见出血，低于 20 000/μL 时常可见到出血症状。显然血小板数量低于 50 000/μL 时，应激、外伤及脱水量可以影响出血的发生。许多牛血小板数量低于 20 000/μL 时也很少有出血症状，然而如果受到应激、多次注射、静脉穿刺、骨髓抽取、直肠检查等都可导致出血的发生。

[诊断]

（1）血小板数量通常低于 50 000/μL。

（2）排除 DIC 及其他凝血病。

用血凝试验以证实凝血酶原时间，部分凝血激酶激活时间，凝血酶时间，纤维蛋白原和纤维蛋白原降解产物的正常值，出血时间和血凝块收缩时间异常。可进行确诊，同时可以对原发性血小板减少症和由 DIC 而继发的血小板减少症作出鉴别诊断。

[治疗]

（1）对原发性疾病如内毒素中毒、败血症、外伤、局部感染进行特异性和支持性治疗。

（2）输全血。供血者应无牛白细胞增多症和牛病毒性腹泻的持续性感染。输血量的多少应根据患畜失血量而定，犊牛一般为 1L，成年牛一般为 4L，严重贫血病例应加大输血量。输血只是应急措施，是否成功完全取决于病牛的血小板丢失或不产生状态是否将继续存在。

五、弥漫性血管内凝血

弥漫性血管内凝血（DIC）是以出血和广泛性血管内血栓形成为特征的复杂的血凝病。

[病因] 败血症、内毒素血症、梭菌性肌炎、严重局部感染的牛最易发生DIC。奶牛脓毒性乳房炎和子宫炎是导致 DIC 最常见的两种原因。

出血和血栓形成是由于血管内凝血过程过度活化而导致凝血因子过量消耗所致，纤维蛋白过度溶解，且由于血栓形成导致局部及区域性组织缺氧，继而导致重要脏器（肝、肾、脑、肠）损伤和功能障碍，易出现出血。由于 DIC 发生以前病畜已有严重的原发病，所以，可以进一步发生器官的功能衰竭及休克。

[临床症状] 全身瘀点、瘀斑、血肿或天然孔出血。可能出现黑粪症或者粪便中有明显的血凝块，特别是患肠炎的牛，可能出现血尿。典型症状是在注射部位出血以及静脉穿刺处迅速发生静脉血栓形成。鼻出血、眼前房出血以及内脏血肿现象有时也有发生。

因血栓形成引起血液灌流量不足可导致主要脏器缺血、损伤和功能衰竭。程度较轻的局部缺血可引起肾脏（梗死或肾小管坏死）、胃肠道（出血）、神经系统（CNS 出血）等症状。

[诊断] 确诊需进行凝血时相试验、血小板计数检查。确诊包括以下几项：①血小板数量减少；②凝血酶原时间延长，部分凝血激酶激活时间延长，凝血酶时间延长；③纤维蛋白降解产物增多；④出血时间长；⑤抗凝血酶Ⅲ活性下降。

[治疗] 积极治疗原发病。为了缓解低血压、组织血液灌流不足以及主要器官功能衰竭，应该采取静脉输液。对患有革兰氏阴性菌感染或肠道疾病的患畜应采用非类固醇性抗炎药，例如，氟胺烟酸葡胺（每千克体重 0.5g，1 次/d）。预后不良，大多数患有 DIC 的牛最终死亡。

第五节　心血管系统疾病

一、创伤性心包炎

创伤性心包炎是指由来自网胃的尖锐异物刺伤心包而引起的心包的化脓性或增生性炎症。

[病因] 在日常饲养中，牛在吃料的同时，有时也会吃进去铁丝、铁钉或

者缝针等尖锐的金属异物，这些金属异物穿透牛的网胃壁及其相邻的横膈膜，进而刺入心包膜。附着在金属异物上的细菌侵入这些创伤，引起心包膜及心外膜的化脓性炎症。心包内积存的纤维素和脓汁等炎症产物逐渐压迫心脏，使心脏扩张困难，使血液循环不能正常运行，导致瘀血性心力衰竭。

本病多在妊娠末期3个月和分娩期发生，原因在于随着胎儿的迅速发育，妊娠子宫逐渐膨大或因阵痛而使腹压增高，将整个胃推向前方（横膈膜方向）所致。

[临床症状] 本病可发生于任何年龄的奶牛。病牛表现为食欲突然减退和奶量显著减少，不喜活动和行走，在安静站立时肘头外展。进而出现本病的特征性症状及特异姿势：喜站在前高后低的地方，上坡容易，下坡难。胸下和下颌出现浮肿，气管两侧的颈静脉明显怒张，如木棒样。病牛咬牙、流涎或呻吟，病情进一步发展则浮肿更加严重。胸腔和腹腔积水后，呼吸浅表增数，一般每分钟在40～50次，主要呈腹式呼吸。如果肠黏膜发生水肿，则肠道吸收水分的功能下降，还会出现软粪和下痢，脉搏弱。

[诊断] 根据临床症状可初步诊断，确诊需要与原发性瘀血型心肌炎相区别。

与原发性瘀血型心肌炎区别　本病在发生初期体温升高至40～41℃，以后也经常发烧；心脏听诊，可听到与心搏一致的拍水音；血液检查可以查出白细胞增多的炎性反应。以上这些现象可以与原发性瘀血型心肌炎相区别。如果通过金属探测器、心电图和X射线检查便能确诊。

[防治]

1. 预防　本病的关键是预防。

2. 治疗　主要采取药物和手术两种治疗方法。在难以确认是创伤性或非创伤性心包炎时，主要采用抗生素来治疗，临床实践证明，干性心包炎初期或湿性心包炎初期进行瘤胃切开术，并通过网胃摘除金属异物，配合抗生素等抗菌消炎治疗，有可能治愈。

二、心肌炎

牛的心肌炎包括变质性心肌炎、化脓性心肌炎和间质性心肌炎。犊牛口蹄疫和硒缺乏症引起的变质性心肌炎较多见。以下主要介绍由硒缺乏症引起的变质性心肌炎。

硒缺乏症引起的变质性心肌炎和变质性骨骼肌炎，因其病变肌肉褪色，呈煮肉样或鱼肉样外观，故又称为白肌病。本病以1～3月龄的犊牛多发。

[病因]

1. 原发性　由于土壤、饲草中硒含量过少而引起。

2. 继发性 当土壤中硫化物含量过多（多因施用硫肥所致）或摄取饲草含硫酸盐量过大时，由于硒与硫反应，降低牛对饲料中硒的吸收、利用，从而导致硒缺乏。

3. 应激天气骤变等 应激因素的作用也可诱发本病。

[症状]

1. 急性型 多发生 10～120 日龄犊牛，突然发病，心跳亢进，节律不齐，共济失调，短时间内即死于心力衰竭。

2. 亚急性型 病牛精神沉郁，运步缓慢，背腰发硬，后躯摇晃，后期卧地不起。臀部肿胀，触之硬固，呼吸加快，脉搏增数，达 120 次/min 以上，并出现心律不齐，一般发病后 6～12h 死亡。

3. 慢性型 病牛发育停滞，消化不良性腹泻、消瘦，被毛粗乱、无光泽，脊柱弯曲，全身乏力，喜卧、不愿站立。轻型犊牛若及时合理治疗有望痊愈。偶有继发异物性肺炎或肠炎等疾病。

[防治]

（1）对患硒缺乏症的病牛，在改善饲养管理（如限制活动、牛舍保温、避免应激因素等）的前提下，宜施行对因疗法和对症疗法，如肌内注射亚硒酸钠溶液每千克体重 0.1mg 或口服亚硒酸钠溶液每 50kg 体重 10mg，间隔 2～3d 再次投服，也可配合维生素 E 制剂。

（2）对慢性病例，应选用抗生素或磺胺素疗法和营养心肌的各种药物，尤其是浓糖、维生素 C、丹参液以缓冲心肌炎症。

（3）预防本病通常采取补硒措施，经常口服硒盐，刚出生犊牛，应用亚硒酸钠溶液（3～5mg）和维生素 E（50～150mg）皮下注射，间隔 2 周后再注射 1 次。

注意事项：该病初期不宜使用强心剂，以防心脏神经兴奋，加速心衰造成死亡，只有当出现慢性心衰时，方可适当选用樟脑磺酸钠或安钠钾，但忌用洋地黄制剂。对病犊牛加强护理，切忌运动和刺激。

三、心内膜炎

牛的心内膜炎是指由化脓菌感染引起的心内膜的炎症。

[病因] 牛的各种化脓性病原菌，从原发病灶进入血液、到达心脏。这些病原菌随着静脉血流入心脏的右心房室瓣上以及其附近的心内膜上着床繁殖，引起心内膜的溃烂、血栓的形成以及心瓣膜边缘上小疣状赘生物。由于疣状或菜花状赘生物的妨碍血流，引起瘀血性循环障碍和持续性发烧。

牛的心内膜炎主要继发于子宫炎、细菌性肾盂肾炎、关节风湿病、牛肺疫、恶性卡他热和口蹄疫之后，间或发生于结核病和脓血症的病程中。

[临床症状] 病牛表现食欲不振，精神沉郁，持续性发烧的症状比较明显，用抗生素虽可使其一时退烧，但中止投药后很快又会复发，这一点是本病的特征性症状。脉搏数增加，心音亢进，特别在右侧胸部可以听到清楚的心音。因流入右心室的血流受到妨碍而发生心内杂音，这是诊断本病时出现的重要症状。杂音最强点大约在右侧第3～4肋间，肩端线的下方。为了听诊清晰必须将听诊器插入右侧尺骨肘头部前方的深部。颈静脉怒张，用手指压迫静脉，压迫点上侧静脉血管因血液瘀积而明显地膨胀起来。当右心室房室瓣闭锁不全时，从右心室逆流到右心房的静脉血液逆流至静脉内，在压迫点下侧出现紧张和搏动，这种试验叫做静脉搏动阳性试验。这一点在诊断本病上是很重要的。本病的末期由于肺瘀血，表现出肺泡音粗糙和呼吸困难等症状。

[诊断] 本病的临床诊断非常困难。

[防治] 本病是不可能根治的。由于引起本病的原发疾病是子宫炎、乳房炎和关节炎等，多数是分娩后发生的感染症，所以，在预防本病方面，对上述疾患的早期彻底治疗很重要。如果能在早期发现本病，连续应用青霉素等抗生素是可以抑制本病的发展的。当诊断为本病时，病程已发展到一定阶段，即使治疗，效果也不明显，因此，已被确诊的病牛，宜尽早作淘汰处理。

四、先天性心脏病

牛常见的先天性畸形有心室间隔缺损、心房中隔缺损和大血管移位。

[病因] 遗传因素。

[症状] 多数患先天性心脏缺陷的犊牛出生时表现正常，但以后逐渐出现呼吸困难、生长缓慢。多数病牛伴有明显的心脏杂音。患心室隔缺损，心房中隔缺损，法乐氏四联症或主动脉、肺动脉狭窄的牛通常出现缩期杂音，成年牛表现腹侧水肿，可能出现颈静脉扩张和搏动。

[诊断] 心脏杂音等临床症状可进行初步诊断。

[防治] 目前没有方法进行预防和治疗。

五、肺心病

肺心病是由慢性支气管炎、阻塞性肺气肿、支气管扩张、肺结核、支气管哮喘及尘肺等反复发作，进而引起右心室肥大，以至发展成右心衰竭的心脏病，是由心肺功能障碍引起的一种全身性疾病。此病发展缓慢，要数年或数十年才发展成为肺心病，因此该病多发于老年牛。

六、心肌病

以心肌纤维变性、坏死等非炎症病变为特征的一种心肌疾病称心肌病。按病因可分为原发性心肌病和继发性心肌病；按病变可分为肥大性心肌病和扩张性心肌病；按病程可分为急性心肌病和慢性心肌病。临床上以慢性心肌病最常见，且多数与感染、中毒和营养缺乏有关，据报道，奶牛的发病率高达75%～100%，犊牛的发病率达46%～83%。

[病因] 成年牛的心肌病常继发于败血症或慢性感染。败血症时，致病菌的败血性扩散或炎症介质都会引起心肌急性病理性损伤。一般患感染性疾病出现持续性心动过速，不论伴发或不伴发心律不齐都应考虑到心肌炎的发生。奶牛患急性脓毒性疾病如严重乳房炎、子宫炎、肺炎或昏睡嗜血杆菌感染时极易伴发心肌炎。个别病例也可继发于慢性局部感染，如能诱发菌血症的趾（指）部脓肿。肉孢子虫常引起牛的心肌病。

[症状] 急性心肌变性绝大多数发生在急性中毒病的过程中，主要表现出原发病的症状，如心动过速、心律失常、心音和脉搏性质的改变以及浅表静脉充盈。

大多数患牛呈慢性经过，病初精神、食欲、体温无明显变化，安静时与健康动物一样。但役畜在工作时迅速疲劳、耐力下降可引起注意。幼牛主要表现为感冒、肺炎和胃肠道疾病。随病程的进展，病畜的皮肤弹性减退，被毛凌乱无光泽，低头耷耳，不愿运动，胸腹下部和四肢下部水肿。清晨后肢下部水肿最明显，有"夜间浮肿"之称。牵遛、使役或使用利尿剂时，水肿暂时消失，而后又重新出现。

严重的病畜，尤其是犊牛常出现腹水，腹部膨大，肝脏肿大。心律失常是最常见的临床表现，包括期前收缩、心房纤颤、阵发性的心动过速等心动过速性心律失常以及窦性停止、房室阻滞等心动过缓及心律失常。伴有心肌肥大时，心浊音区扩大。病至后期，病畜常突然死亡，或死于继发病，或因心力衰竭而死。

[诊断] 根据病史、临床表现、功能检查及超声检查和心电 H 描记等资料进行综合分析，可作出诊断。

心脏超声显像或 M-型超声心动 H 检食能确定心室壁厚度、心腔容积以及心肌和瓣膜活动状况，有助于判定心肌的收缩力以及是否存在心肌肥大或扩张，是本病最有价值的辅助诊断手段。

[治疗] 治疗原发病，增强病牛心肌收缩力，维持心脏功能。

由急性感染引起的心肌病，应针对病原体，采用抗生素磺胺类药物、免疫血清等治疗原发性感染，同时应用保护心脏功能的药物。急性中毒时，要尽快使用特效解毒药以及催吐、泻下、保肝、强心和其他对症疗法。由于某种营养成分缺乏而引起的心肌病，应根据饲料分析、病畜血液和肝脏的检查结果，补充相应的营养物质。如由缺乏维生素和硒引起的白肌病，应在日粮中补充硒和维生素 E；由慢性铜缺乏引起的心肌病则必须给予含铜的添加剂。由寄生虫引起的心肌病要给予适当的预防药物，定期驱虫以及避免肉食动物或人的粪便污染牛的饲草。

为增强心脏的收缩力，可先使用苯甲酸咖啡因（20％注射液 10～20mL 皮下或肌内注射）或 0.3％硝酸士的宁注射液。对于出现心力衰竭的病牛，为减轻其心脏负担，维持心脏功能可参照心力衰竭程度使用利尿剂、强心剂、血管扩张剂。

七、静脉炎与血栓形成

静脉损伤及其周围组织炎症的扩散可引起静脉炎，同时也常伴有炎症部位的静脉发生血栓形成。静脉中发生血栓可引起静脉血流局部阻塞，栓子可随血流停留于肺、肝和其他器官中，引起阻塞部位的病理变化。

[病因] 静脉炎主要分为医源性静脉炎、感染性静脉炎和外伤性静脉炎。

1. 医源性静脉炎 指兽医在操作过程中对静脉的损伤，也称损伤性静脉炎。

（1）反复的静脉穿刺 由于保定不确定，静脉注射技术不佳，针头过短，术前准备不当（针头堵塞与消毒不严）等，在静脉穿刺时多次针刺静脉，引起静脉炎并导致血栓形成。特别是在严重脱水的情况下，静脉血量少，脉管充盈度减小，皮肤失去正常弹性，静脉穿刺补液困难，反复穿刺极易形成血栓。

（2）血管周围炎性反应的扩散 在兽医在医治过程中，因静脉注射失误把水合氯醛、氯化钙、保泰松、高渗葡萄糖溶液、含葡萄糖的钙制剂、四环素或碘化钠等刺激性药物漏于血管外，易引起局部组织的炎症反应，极易引发此病。

2. 感染性静脉炎 因病原微生物感染、扩散所致。常因犊牛脐带消毒不严而发生脐静脉炎。

3. 外伤性静脉炎 牛颈枷、铁链反复对颈静脉的机械性损伤，牛顶撞引起的静脉外伤，产前乳房浮肿、腹腔重量过大或躺卧于硬地等造成的单侧性压迫，都可引起乳静脉的血栓形成；成年母牛处于干奶期时，可引起干奶期自发性的乳静脉血栓形成。

[临床症状]

1. 颈静脉血栓的形成 单纯的血栓形成时，在静脉管内可触摸到柔软或坚实的血凝块，颈静脉沟血管周围结缔组织呈现炎性水肿而轮廓消失，随着病程的延长，血栓坚实，局部增温，触摸患部敏感、疼痛。颈部活动减少，患牛常将头颈弯向病侧以减轻疼痛。压迫颈下部静脉，患部不充实。随病程的延长转成慢性，水肿和疼痛减轻，组织增生发硬，沿颈静脉路径可触摸到硬固的条索状物。

2. 血栓性静脉炎　颈静脉沟内出现炎性水肿，局部增温、疼痛，触诊硬结处有抵抗力，上部颈静脉显著怒张，下部压迫缺乏弹性、有空虚感。当血栓感染而发生化脓性静脉炎时，患部可发现弥漫性、热性肿胀，不易触及静脉，压迫静脉下端时，患部及外周端不能隆起，全身症状加剧，体温增高，精神沉郁，食欲减退或废绝，鼻、口腔和眼结膜瘀血，头活动受阻并见头部浮肿，患部发生一处或多处脓肿，破溃后排出脓汁。当血栓和坏死的静脉血管壁感染化脓、溶解或因患部发痒而于硬的物体上摩擦时，都可能引起突然出血，患畜常常因未能及时被发现而死亡。

奶牛发生严重的尾静脉血栓性静脉炎时，可引起尾巴脱落。奶牛患乳静脉血栓性静脉炎时，可引起严重的乳房及静脉水肿和同侧下腹壁明显疼痛。脐静脉炎犊牛发热，脐部肿胀，将脐外部的结痂除去后，可从脐管中排出脓性物质。触诊脐部可摸到脐管增大，呈索状。血栓停留于肝脏，可引起肝脓肿，病犊精神沉郁，厌食，发育受阻，常常继发腹膜炎、脓毒性关节炎和泌尿道感染。

[诊断]　根据静脉肿胀、触诊疼痛、局部水肿以及患区蜂窝织炎、脓肿和坏死组织脱落，剖检在水肿和局部出血部位找到梗阻的脉管和血栓等可确诊。

[防治]

1. 治疗　对急性病例，可局部冷敷以减少血肿的形成。当已知氯化钙漏于血管之外时，立即用25%的硫酸钠液10~25mL注入药物漏出部的皮下，使其产生硫酸钙以减轻刺激性或在肿胀部周围皮下注射生理盐水以稀释血管周围漏出的药物，局部涂擦樟脑软膏、鱼石脂软膏或碘化钾软膏等；也可在患部周围分点注射0.5%的奴弗卡因溶液，以阻止炎症的扩散，口服阿司匹林15~31g，2次/d。患化脓性血栓性静脉炎时，为预防心内膜炎的发生，可用抗菌、消炎药物治疗：0.1%普鲁卡因2mL，青霉素每千克体重2万~3万U，肌内注射，2次/d。当血管周围结缔组织已感染化脓，应切开排脓。对化脓性静脉炎，应双重结扎，早期切除。其方法是将患畜横卧保定确实后，在患部切开颈沟至血管周围的结缔组织。小心地将血管与其周围组织分离，在上下部健康组织范围内，将血管以双重结扎法结扎好，在结扎间将静脉切断摘除。

患化脓性血栓脐静脉炎时，先用3%的双氧水清洗，再用0.2%~0.5%的雷佛奴耳液反复冲洗，然后涂布抗菌药物。

2. 预防 加强兽医消毒措施，防止病原菌的侵入与感染。静脉注射时，局部应严格消毒，注射针头与器械应按无菌规则处理。提高兽医的操作技术水平，防止和减少机械性或化学药物对静脉的刺激。加强脐带消毒，防止新生犊牛脐带感染。

第六节 神经系统疾病

一、脑膜炎

脑膜炎主要是由多种革兰氏阴性杆菌引起的急性、热性传染病，主要发生于犊牛和奶牛。

[病因] 本病的主要病原是革兰氏阴性杆菌，例如大肠杆菌、克雷伯氏菌、沙门氏菌和昏睡嗜血杆菌等。某些革兰氏阳性菌，如李氏杆菌也是重要的致病原。

新生犊牛发病往往是由于犊牛没有吃到足够量的初乳，无适量的免疫球蛋白抵御条件致病菌的侵害。病原可能来源于脐部感染，也可经口食入，特别是一些致病力强的革兰氏阴性菌株能导致大量的犊牛发生脑膜炎，并进一步发展为败血症。成年乳牛的脑膜炎见得较少，多为散发。多是乳腺、子宫的急性感染或慢性创伤性网胃腹膜脓肿引起细菌败血性扩散所致。霉菌性脑膜炎是霉菌性乳房炎和霉菌性瘤胃炎继发败血症所引起的。成年牛群中有多头牛发生脑膜炎时，往往是由昏睡嗜血杆菌引起的。

[临床症状] 犊牛感染后，潜伏期长短不一。新生犊牛症状明显，呈现典型的高热、抑郁、嗜睡、间歇性癫痫、低头和失明。出现败血症时，可发生低血溶性休克和虚脱。有的步态僵硬，头部强直，鼻镜伸展，表现为头痛和眼睑半闭、头颈伸展。有的犊牛出现角弓反张现象。当脑膜炎与其他器官的感染同时发生时，很难区分脑膜炎的特异性症状。败血症可使犊牛迅速衰竭和休克，掩盖脑膜炎的症状。成年牛表现为高热和严重的精神抑郁，常出现步态僵硬和"头痛"现象，但癫痫症状较犊牛少见。

由昏睡嗜血杆菌引起的脑膜炎，通常是急性的，病牛在数小时内呈现高度沉郁、高热达41℃以上，持续12~24h后出现食欲不振和嗜睡，病牛不能站立，有的偶尔可出现癫痫。当引起血栓性脑膜炎时，则出现严重的神经症状，伴发眼损伤，表现为局灶性脉络膜、视网膜炎、视盘背侧出血。如不对昏睡嗜血杆菌进行特异性治疗，病牛一般在24~48h内死亡。

[诊断] 根据流行病学和较典型的临床症状，如新生犊牛未哺初乳、高热、抑郁、嗜睡、低头和失明、脐炎、眼色素层炎和脓毒性关节炎等可初步诊断，再结合脑脊液的分析可确诊。病牛脑脊液可见蛋白含量和白细胞含量明显增多，而且白细胞大多为中性粒细胞。如需确定病原微生物，须进行实验室检查。

[防治] 取病牛的脑脊液和血液进行细菌培养，通过染色或血清学试验确定病原菌。必要时可进行药敏试验，确定治疗方案。

1. 预防　给新生犊牛喂以良好的充足的初乳，使之获得足够的免疫球蛋白是最重要的预防措施。保持环境的清洁干燥，经常消毒脐部。对发生过由昏睡嗜血杆菌引起的脑膜炎和栓塞性脑膜炎的牛群，可接种该菌疫苗进行预防。

2. 治疗　根据感染的微生物不同而选择有效的抗生素。

革兰氏阴性杆菌如大肠杆菌，可选择以下药物：庆大霉素，每千克体重 2mg，肌内或静脉注射，2～3 次/d；丁胺卡那霉素，每千克体重 4.5～6.5mg，肌内或静脉注射，2 次/d；磺胺三甲氧嘧啶，每千克体重 22mg，肌内或静脉注射，2 次/d；头孢噻肟钠，每千克体重 30mg，静脉注射，4 次/d。

怀疑脑膜炎是由昏睡嗜血杆菌感染引起时，氨苄青霉素，每千克体重 11～22mg，静脉注射，2 次/d，是最佳的选择。

如果脑膜炎是由乳房炎和子宫炎继发引起的，治疗选择的抗生素应针对原发病。

支持疗法可选择二甲基亚砜，剂量每千克体重 1g，用 5% 的葡萄糖做 1∶1 稀释，缓慢地进行静脉注射，以降低脑膜炎引起的脑水肿。癫痫可用 5～10mg 的安定控制。临床上也有人用非类固醇类药物。

二、脑脓肿

脑脓肿是由脑远部感染区域或患败血症时细菌栓子的扩散而引起的。

[病因] 犊牛脑脓肿通常是由脐部脓肿引发，而成年牛主要是与慢性感染有关，如金属器具引起的脓肿、慢性骨骼肌脓肿或瘤胃炎。还有慢性额窦炎的直接蔓延或公牛鼻环部的细菌散播也是成年牛发生脑脓肿的原因。

[症状] 2～8 月龄犊牛易感，任何年龄的成年牛都可能感染。最初的症状表现为轻度的抑郁、咽下困难、轻度偏瘫和偏盲，不易被发觉。当脓肿增大时，表现为不同程度的视力障碍、轻瘫、共济失调、高度抑郁、颅神经症状明显，观星姿势，心搏缓慢及一侧失明（偏盲）和偏瘫、咽下困难、厌食。最终运动受影响，发生瘫痪而死亡。

[诊断] 可根据临床症状，特别是神经症状有助于诊断，测定血清蛋白值

以判断脑脓肿，成年牛常升高。如果患畜价值较高，可采用核闪光术和轴计算机X线断层扫描术进行确诊。

[治疗] 只能采用长期抗生素治疗和可能的积液引流，预后不良。用抗生素和消炎药进行对症治疗可能会轻微改善动物的神经症状，但持续的时间较短。最终牛仍会死亡。

三、脑脊髓软化

脑脊髓软化症是牛的一种急性硫胺缺乏所引起的应答性疾病。以大脑皮层出现多发性坏死灶为特征，也称为脑皮质坏死症。本病在世界范围内发生，病牛发病年龄在3月龄到48月龄，以12~18月龄的牛发病最多，无性别差异，冬季发病多，通常呈散发。集中大群饲养的奶牛群有的发病率可高达10%~25%。

[病因] 引起脑灰质软化症的确切原因尚不了解。现认为日粮不平衡，大量饲喂高谷类饲料和低纤维饲料是病牛发病的主要原因之一。由于这种饲料能使瘤胃内环境改变，在酸性环境中，瘤胃正常微生物菌群减少，使硫胺合成受阻。其二认为是瘤胃中硫胺酶活性和浓度增高，使维生素B_1遭到分解、破坏。同样，饲草中有毒成分如蕨类、木贼类植物中所含硫胺活性因素可改变硫胺水平。饲料中尿素喂量过高或饮水中含硫酸盐过高时，由于能造成钴缺乏而诱发本病。至于引起犊牛发病主要是由于犊牛瘤胃尚未发育成熟，使硫胺素合成量过少，又吃不到优质母乳或吸收机能受阻等，致使犊牛机体中贮存硫胺素含量过少。

[发病机制] 硫胺在参与碳水化合物的代谢过程中，作为肝脏活化型焦磷酸硫胺素（羧化酶辅酶），使丙酮酸和α-酮戊二酸氧化脱羧反应，释放能量以供组织，特别是神经组织消耗之用，发挥着重要的生理功能。当维生素B_1缺乏时，可导致血液中丙酮酸的蓄积，并引起大脑水肿和神经元坏死。代谢障碍使神经元损伤和坏死，在视皮质区距状沟中发生的这些细胞变化，导致了视觉损伤。

[临床症状] 软化症严重的病牛，无任何临床症状，突然死亡。病情轻者，先表现精神沉郁，厌食；肌体衰弱，喉肌部分麻痹，吞咽障碍、流涎；间隙性腹泻；失明；低头，磨牙，或伸头、伸颈；步态踉跄，共济失调；肌肉震颤、惊厥，圆圈运动；随着病势发展，病牛出现躺卧，昏迷，衰竭，见四肢划动，角弓反张，眼球震颤，通常在几天内死亡。

[病理变化]

1. 剖检变化 脑肿胀，脑膜出血，大脑过度软化。横切面见灰质有多发性坏死灶，特别是在冠沟、侧沟以及邻近脑回，病灶呈黄色，坏死组织与活组织分界清晰。丘脑有坏死灶、并见出血和脑脊髓液量增多。

2. 组织学变化 坏死的神经元皱缩，呈嗜酸性染色。细胞核坏死或消失，坏死组织液化，周围有粒状细胞积聚，毛细血管内皮细胞增大。

[诊断] 通过临床症状、发病调查和病理剖检可以综合诊断。

1. 病史调查 有饲喂高谷类饲料、尿素喂量过大等发病史。

2. 典型症状 发病突然，体温正常，目盲，感觉过敏。斜视，眼球震颤，定向力障碍，惊厥和昏迷。

3. 剖检变化 大脑过度软化，灰质呈现多发性坏死灶。

4. 实验室诊断

（1）尿液检查 通过硫胺素负荷试验来测定维生素 B_1。可与健康犊牛进行对比试验。

（2）血液检查 取病牛血液，测定其血液中丙酮酸和乳酸含量。患脑灰质软化症的病牛丙酮酸和乳酸含量增加。

5. 类症鉴别 应与李氏杆菌病、铅中毒、脑膜脑炎、神经性酮病，犊牛肠毒血症及维生素 A 缺乏症等加以区别。

（1）与李氏杆菌病的区别 李氏杆菌病是由李氏杆菌引起的。病牛出现体温升高，一侧性面神经麻痹及圆圈运动，妊娠牛流产，脑脊髓波量增多。混浊，白细胞和球蛋白增多，并栏分离到单核细胞增多性李氏杆菌。

（2）与铅中毒时区别 急性铅中毒病程很短，患畜体温不升高。血液或粪便化学分析，其铅浓度含量增高，脑脊髓液中不含细胞成分。癫痫、吼叫和过敏明显而频繁。

（3）与传染性栓塞性脑膜脑炎的区别 此病是由类嗜血杆菌引起，患畜体温升高，除神经症状外，还有关节炎、腱鞘炎和跛行。脑脊髓液中细胞含量达 200 个/mm^3。以上，大部分是中性粒细胞。剖检脑组织有梗死灶。

（4）与神经性酮病的区别 酮病主要见于高产泌乳牛，血、尿酮体检查呈阳性，静脉注射葡萄糖效果较好。

（5）与犊牛肠毒血症的区别 肠毒血症仅发生在犊牛，由 D 型产气荚膜杆菌引起，病程短，存在着高糖血症和糖尿症。小肠内容物证实毒素和培养出产气荚膜杆菌。

（6）与维生素 A 缺乏症的区别 维生素 A 缺乏症的特征是视乳头和结膜上皮细胞角化，瘦弱，增重慢，病程长，血液和肝组织中维生素 A 含量都明显降低。

[防治]

1. 治疗 对病牛立即注射盐酸硫胺素，剂量为每千克体重 $10\sim20mg$，静脉注射；然后用每千克体重 10mg，肌内注射，2 次/d，连续 3～10d。用美蓝 1～2g，一次静脉注射来解毒，补充体液和葡萄糖液。症状都会好转，病牛逐渐痊愈。

2. 预防 加强饲养管理，饲喂全价日粮是预防本病的关键。为此，在高谷物饲喂时，一定保证有充足的优质干草，至少使牛每天吃进 3～4kg 干草。在已发病牛场，对未发病犊牛，盐酸硫胺按每千克体重 10mg，肌内注射。重复使用，可起到一定预防作用。为防止牛群进一步发病，全场饲喂日粮中补加硫胺，剂量为每千克饲料 5～10mg，混入饲料中一起饲喂，对牛也是有益的。

四、脊髓损伤

脊髓损伤是畜体遭受机械的外力作用引起的，病变明显的称为挫伤，病变不明显的称为震荡。

[病因] 本病多由猛烈的机械性外力引起，如跌倒、打击、碰撞、翻车或肌肉强烈收缩。患佝偻病、骨软症的家畜，易因脊椎骨折而发生本病。

[症状] 受伤部多有擦伤、肿胀、脱毛、疼痛、出汗以及痉挛等变化。病牛出现感觉和运动机能障碍，表现为后躯无力，运步时腰部强拘、摇晃，两后肢抬举困难，蹄尖拖地而行，后退转弯困难，容易倒地，卧地后起立困难。有的病牛呼吸动作缓慢，排粪、排尿失禁或屎潴留和排尿迟滞。

腰荐部前部损伤时，臀部、荐部、后肢和尾麻痹及感觉稍失，腱反射机能亢进；中部损伤时，除后肢的感觉消失和麻痹外，由于股神经核损伤，膝反射消失。会阴部和肛门反射无变化或增强；后部损伤时，则坐骨神经支配的区域（尾和后肢）感觉消失和麻痹，排粪排尿失禁。重症病例受伤后立即发生截瘫甚至死亡。

[诊断] 根据病因和症状可以进行诊断。

[防治]

1. 预防 加强饲养管理，给予富含无机盐和维生素的饲料，及时补充无机盐，防止骨软症和佝偻病的发生；对牛进行耕作、驱赶以及车船运输时，注意安全，防止滑跌、碰撞，打击等，以防本病的发生。

2. 治疗 让病畜安静休息，厚铺垫草，勤翻畜体。患畜不安时，给予镇静剂，如溴化钠，安乃近或水合氯醛等。粪、尿潴留的，应定时排除粪尿。初期在脊柱损伤部位施行冷敷，其后热敷或涂搽 10％樟脑酒精、松节油等刺激剂，促进消炎。麻痹时，用士的宁或藜芦素皮下注射，局部应用直流电或感应电疗法，或碘离子透入疗法。为防止感染和消炎，应及时应用抗生素或磺胺类药物。病牛心脏衰弱时，可选用强心剂。疼痛不安时，应用镇痛剂。严重脊髓挫伤的动物，应予淘汰。

第七节 生殖系统与乳腺疾病

一、乳房炎

乳房炎是指乳腺叶间结缔组织或乳腺体发炎，是泌乳性母牛的常发病之一。发生率达 20％～60％，该病不仅影响奶产量，造成经济损失，还影响乳的品质，危及人的健康。根据临床症状的不同可分为隐性乳房炎和临床型乳房炎两大类型。

[病因] 各种机械的、物理的、生物的和化学的作用，均可通过乳导管、乳头损伤或血管，使病原微生物侵入乳腺而引起本病。母牛管理、利用及护理不当，如奶牛挤乳技术不当而使乳头黏膜及上皮发生损伤；或者机器挤乳时，使用时间过长，负压过高或抽动过速，也能损伤乳头皮肤和黏膜；挤乳前，手及乳房、乳头消毒不严，卫生不良，未挤尽乳汁而使其牛奶在乳房内蓄积等，给细菌侵入乳房等创造条件。引起感染的病原微生物主要有葡萄球菌、链球菌和肠道杆菌等。而某些传染病的病原菌亦可引起乳房炎，如放线菌、结核杆菌和口蹄疫病毒等。临产前饲喂过多的富含蛋白质的饲料，如产后喂给大量的精料或多汁饲料，均能引起乳房炎。

[临床症状]

1. 隐性乳房炎　一般无明显的临床症状，只表现乳汁的质和量发生潜在性的改变，如乳中白细胞数比正常增多，乳汁由正常的弱酸性变为偏碱性，泌乳量减少。

2. 临床型乳房炎　患病乳房患叶表现出红、肿、热、痛，机能障碍，乳汁的质和量明显改变，即乳汁稀薄呈水样，含有絮状物、乳凝块、脓汁或血液，乳量减少或停止。重症乳房炎患牛出现精神沉郁、食欲减退、体温升高等症状。发生坏疽性乳房炎时，抢救如不及时，病牛会因败血症而死亡。根据炎症的性质不同，可分为以下几种类型：

（1）浆液性乳房炎　浆液及大量白细胞渗入到间质组织中，乳房红、肿、热、痛明显，乳房上淋巴结肿大。乳汁稀薄，含絮片。母牛通常有全身症状，主要发生在产后头几天内。

（2）黏液性乳房炎　特征是腺泡、输乳管及乳池的上皮变性、脱落，并有黏液性渗出物。乳管及乳池炎症，先挤出的奶含絮片，后挤出的奶不见异常。部分乳腺发生炎症时，触诊患叶可摸到局灶性肿块，乳汁中含絮片和凝块，乳汁稀薄。如全乳腺发生炎症，整个患叶硬固肿胀，乳汁呈水样，分解成乳清、乳渣及絮状物，患畜可出现全身症状。

（3）纤维素性乳房炎 特征是纤维蛋白原渗出，形成纤维蛋白并在腺体组织内和乳管黏膜上沉积，成为重剧急性炎症。患叶肿大、坚硬、增温而有剧痛。乳房上淋巴结肿胀。产乳量显著降低或停止，经 2~3d 后，只能挤出极少量黄色的乳清。全身症状重剧，可由浆液性乳房炎继发，也可是原发性的。常与产后子宫急性化脓性炎症并发。

（4）化脓性乳房炎

黏液脓性乳房炎：由黏液性炎症转来，除患区炎性反应外，乳量剧减或完全无乳，乳汁水样，含絮片，有较重的全身症状。数日后转为慢性，最后患叶萎缩而硬化，乳汁稀薄或呈黏液样，乳量渐减，直至无乳。

乳房脓肿：乳房中有多数小米粒至豆大的肿胀。个别有大脓肿充满患叶，有时向皮肤外破溃。乳房上淋巴结肿胀，乳汁呈黏性脓样，含絮片。

乳房蜂窝织炎：皮下组织和间质结缔组织的各肿化脓性或化脓性坏死性炎症。多继发于浆液性乳房炎。全身症状重于浆液性乳房炎。

（5）出血性乳房炎 深部组织及腺管出血，皮肤有红斑，乳房上淋巴结肿胀。乳量剧减，乳汁呈水样，含絮片及血液，可能由溶血性大肠杆菌等引起。应注意与一般血乳相区别。

（6）坏疽性乳房炎 腐败菌自乳头或皮肤外伤等侵入乳房，或由重剧乳房炎转化而来。最初患区皮肤出现紫红斑，乳房硬、痛，皮肤冷湿暗褐。不久病灶组织腐败分解，形成坏疽性溃疡，有臭味。严重时整个患叶坏死脱落。患牛全身症状重剧，有时发生剧烈腹泻。治疗不当，常于发病的 7~9d 内死于败血症。

［诊断］主要针对隐性乳房炎进行诊断。

1. 乳汁 pH 测定 常用溴麝香草酚蓝试验，主要试剂：47%酒精 500mL，溴麝香草酚蓝 1.0g，5% NaOH 1.3~1.5mL，搅拌混匀，呈绿色，pH 7.0，取被检乳 5mL，加试剂 1mg，混合，观察颜色判定。黄绿色（pH<6.5）为正常乳，绿色（pH 6.6）为可疑，蓝色至青绿色（pH>6.6）为阳性。

2. 牛乳氯化物测定 主要试剂为甲液：硝酸银 1.341 5g，蒸馏水 1 000mL；乙液，铬酸钾 10g，蒸馏水 100mL。取被检乳 1mL，加甲液 5mL，再加乙液 2 滴，振荡试管，混合，观察判定，黄色为阳性，表示氯化物含量超过 0.14%，棕红色为阴性。

3. 乳中体细胞检查 常用 C. M. T 法，试剂为：NaOH 15g、烷基硫酸钠（钾）30~50g、溴甲酚紫 0.1g、蒸馏水 1 000mL，混合，取被检乳汁 2mL，加入 2mL 试剂摇匀，通过颜色变化判定 pH，通过混合物凝集状况判定乳汁体细胞数。

[防治]

1. 预防　本病防治主要以预防为主，要做到以下三点：

（1）加强饲养管理，改善清洁卫生，合理饲养，提高其抗病能力。牛舍及放牧场注意清洁卫生，定期对牛舍进行消毒。

（2）注重挤乳卫生，挤乳前用50℃左右的温水洗净乳房及乳头，并同时进行按摩。再用含有1：4 000的漂白粉液或1：1 000的高锰酸钾液揩净乳房及乳头。挤完乳后，用0.5%碘溶液或3%的次氯酸钠溶液浸泡乳头。挤乳器及其他用具在使用前均应拆洗并严格消毒。患乳房炎的病牛，应放在最后挤乳。病乳放在专用的容器内集中处理。

（3）加强干乳期乳房炎的防治，在干乳期最后一次挤乳后，向每一乳区注入适量的抗菌药物，可预防乳房炎的发生。在整个干乳期中，如发现乳牛有乳房炎时，应将病区的乳挤净，再注入适量的治疗药物。

2. 治疗

（1）急性乳房炎常用以下药物静脉注射：红霉素400万～600万U、5%葡萄糖溶液1 500mL，1～2次/d；或四环素4～5g，糖盐水2 000mL，1次/d；或10%磺胺嘧啶钠300～500mL，1次/d。

（2）乳房灌注抗生素先将患乳汁挤净，用卡那霉素150万～200万U，或0.5%环丙沙星100mL加入青霉素160万～240万U，患区乳房一次灌注，2～4次/d。若乳汁中含絮状物或脓样物或血凝块较多时，宜用生理盐水或0.1%雷佛奴耳溶液冲洗后，再注入抗菌药物。

（3）封闭疗法常用于乳房炎急性期，多采用乳房基底封闭。为封闭前1/4乳区，可在乳房间沟侧方，沿腹壁向前、向对侧膝关节刺入8～15mL；为封闭后1/4乳区，可在距乳房中线与乳房基部后缘2mL处刺入，沿腹壁向前，对着同侧腕关节进针8～15mL。每个乳叶的注射量为0.25%～0.5%普鲁卡因40～50mL。

（4）乳房按摩作用在于促进乳汁及乳腺坏死上皮的排出，恢复乳腺管道的通透性，加强乳房血液及淋巴循环。但患纤维蛋白性、化脓性、出血性及蜂窝织炎性乳房炎时，禁止按摩乳房。按摩每天可进行2～3次，每次10～15min，对浆液性乳腺炎和异常的乳房浮肿，应从乳头基部开始，自下向上进行。对卡他性乳腺炎，为恢复腺管通畅，应自上向下进行按摩。

（5）冷敷、热敷及涂擦刺激物为制止炎性渗出，在炎症初期需冷敷，2～3d后可热敷，以促进吸收。乳房上涂擦樟脑软膏复方醋酸铅，可以促进吸收，消散炎症。

（6）中药疗法：可选用公英地丁汤：公英100g、地丁100g、二花50g、连翘50g、乳香30g、没药30g、青皮50g、当归50g、川芎50g、通草40g、红花20g，水煎灌服，1剂/d，连用3d。

二、发情异常

(一)卵巢静止

卵巢静止是卵巢的机能受到扰乱，直检无卵泡发育，也无黄体存在，卵巢处于静止状态。是奶牛产后不发情较为常见的一个重要原因。

[症状及诊断] 母牛长时间不发情，阴道壁、阴唇黏膜苍白、干涩。直肠检查卵巢无卵泡和黄体，大小和质地正常，表面光滑，部分上有很小的黄体痕迹。7～10d后，再作直肠检查仍无变化即可判定为卵巢静止。

[防治]

1. 治疗

(1) 激素疗法

①促卵泡素（FSH）200IU加促黄体素（LH）100IU，一次肌内注射。此方法治愈率高，发情期受胎率达85%以上，而且不会引起卵泡囊肿。

②孕马血清（PMSG）1 000～1 500IU，一次肌内注射。此方法治愈率高，但发情期受胎率较上一方法低，而且容易引起卵泡囊肿。务必在发情后肌内注射绒毛膜促性腺激素（IGG）2 000IU催熟催情，既可有效避免卵泡囊肿，又可提高发情期受胎率。

③三合激素每100mg体重0.8～1.0mL，一次肌内注射。此方法治愈率高，注射后3～5d约有85%的母牛发情。其中70%以上卵泡发育正常排卵。有25%左右的母牛有卵泡发育但不排卵，肌内注射绒毛膜促性腺激素（HGG）5 000IU，可促其排卵，收到良效。此法经济实惠，且治疗效果很好。

(2) 中药疗法

①酸枣树根内皮1 000g、瓦松1 000g、仙灵脾50g、益母草60g，研末灌服，每4d一次，共3次。疗效甚好，有效率90%以上。而且经济实惠，无副作用。

②促孕灌注液，由益母草、红花、淫羊霍等中药制成，使用方便，效果很好。用常规方法进行奶牛子宫内灌注，一次灌注20～30mL。一般灌注一次母牛即可在2周后催情受孕。少数无效者，10d后再灌注一次即可见效。

2. 预防 本病重在预防，科学饲养，改善日粮结构，增加优质粗纤维供应，预防代谢疾病发生；加强管理，确保牛只健康，及时修蹄，适度增加运动。

(二)持久黄体

持久黄体也称永久黄体，黄体滞留。由于在分娩或排卵后，妊娠黄体或发情性周期黄体及其功能超过正常时间而不消失；黄体分泌促孕素的作用持续，抑制了卵泡的发育，因此其临床特征是性周期消失，久不发情。

[病因] 饲养管理不当，长期饲喂单纯而品质低劣的饲料；日粮配合不平衡，矿物质和维生素不足；圈舍阴暗，阳光不足，运动不足；高产乳牛分娩后，产乳量高且持续时间长，发情延迟而易患本病。子宫疾病如胎衣不下、慢性子宫内膜炎、子宫弛缓、复旧不全，子宫内存在异物如胎儿浸溶、木乃伊、子宫积水、蓄脓，子宫肿瘤等，均会影响黄体的消退和吸收，而成为持久黄体。

[症状] 发情周期消失，母牛长时间不发情。直肠检查，一侧或两侧卵巢体积增大，卵巢内有持久黄体存在，部分黄体呈圆锥状或蘑菇状突出于卵巢表面，质地稍硬，当黄体不突出于卵巢表面时，致使卵巢增大而硬。子宫收缩微弱，可发现有子宫疾病或子宫内存有异物。

[防治] 持久黄体与机体状况如营养过肥与过瘦，产奶量高而持续，卵巢功能不全和子宫疾病等综合因素有关，因此应加强饲养管理。

治疗：消除病因，促使黄体自行消退。①前列腺素 $F_{2\alpha}$ 5～10mg，1 次肌内注射或 1 次注入子宫内；②氟前列烯醇或氯前列烯醇 0.5～1mg，1 次肌内注射。必要时，可间隔 7～10d 重复用药 1 次。③促黄体释放激素类似物 LRH-A 400～500μg，1 次肌内注射，连注 1～4 次。④胎盘组织液 20mL，1 次皮下注射。1 个疗程注射 4 次，每次间隔 5d。⑤孕马血清（或全血）20～30mL，1 次肌内注射，7d 后再注 1 次，用量为 30～40mL。

(三) 卵巢囊肿

牛的卵巢囊肿分为卵泡囊肿和黄体囊肿两种类型。由卵泡上皮变性，卵泡壁结缔组织增生、变厚，卵细胞死亡，卵泡液未被吸收或增多所致。其特征是性周期被破坏，频繁发情或发情持续，配种不妊娠。

[病因] 由于过度追求乳产量，精饲料喂量过多，特别是蛋白质饲料如豆饼、黄豆喂量增高，蛋白质过剩而能量饲料不足，常发生于 2～6 胎的高产牛；缺乏光照，运动不足；反复发生过该病的患牛具有该病的遗传因子，因此与遗传因素有关；内分泌系统功能失调，脑垂体前叶分泌促卵泡生长素过多，或在治疗中不正确地使用激素治疗；继发于胎衣不下、子宫炎、卵巢炎和流产等。

[症状] 发情紊乱，无正常发情周期，表现为发情频繁，且持续时间较长，性欲旺盛、强烈，过度兴奋，常见患牛追逐或爬跨其他母牛；时间久者，食欲降低，产乳量下降，患牛被毛粗乱无光，消瘦。表现为慕雄狂患牛，颈部肌肉发达、增厚、目光怒视，刨土，焦急不安，大声哞叫。外观见眼、胸部、声音和皮肤极像公牛，坐骨韧带松弛，尾根撬起，致使尾根与坐骨结节间形成一凹

陷，阴门浮肿、松弛、肿胀增大，乳房萎缩，从阴门内排出的黏液量增加，黏液较稠、灰白而不透明，子宫颈口开张、松弛。直肠检查见骨盆韧带松弛，子宫颈外口肥大，子宫增大、壁厚而柔软，一侧或两侧卵巢上有 1～4 个直径为 1.9～7.5cm 大小的囊肿。突出于卵巢表面、壁薄，指压容易破裂。有时可触摸到壁厚、波动性较差的囊泡，患牛无发情或发情弱，此多为黄体囊肿。

[防治] 预防该病的根本原则是加强饲养管理，日粮要平衡。精粗饲料比、矿物质、维生素的供应都应注意。严禁因追求产量而过度饲喂蛋白质饲料。

治疗：按囊肿的类型不同采取不同的治疗方案。

（1）卵泡囊肿的治疗　①用手挤破囊肿。手伸入直肠，触摸到卵泡囊肿物，用手将其挤破。因本法易继发出血并因此造成卵巢和输卵管系膜粘连，应引起注意。②促性腺激素释放激素（GnRH）或促黄体素释放激素（LRH）类似物 50～500μg，1 次肌内注射，连注 1～4 次。③促黄体生成素（LH）100～200IU，1 次肌内注射，连注 5～7d。一般用药后 3～6d 囊肿黄体化，15～30d 发情恢复正常。④绒毛膜促性腺激素（HCG）5 000～10 000IU，1 次肌内注射。⑤孕酮 50～100mg，1 次肌内注射，连用 14d，总剂量为 750～1 000mg。

（2）对黄体囊肿的治疗　①$PGF_{2\alpha}$ 5～10mg，1 次肌内注射，注药后 3～5d 发情。氟前列烯醇 0.5～1mg。氯前列烯醇 500μg，1 次肌内注射。必要时，7～10d 后再注 1 次。且前，国内常用的是 15 甲基前列腺素 $F_{2\alpha}$，肌内注射 2mg/次，用药后 3～5d 发情。②垂体后叶素 50IU，1 次肌内注射，隔日 1 次，共注 2～3 次。③催产素 200IU，1 次肌内注射，每 2h 注 1 次，1d 连注 2 次，总量为 400IU。

药物治疗囊肿的效果，临床上以囊肿的消失和发情配孕为标准。为提高疗效，应加强饲养，促使牛体质增强。同时，可结合口服碘化钾、150mg/次，连服 7 天，并对子宫结合治疗，常用金霉素或土霉素 1～2g，子宫注入，这对治疗囊肿都有效。

三、流产

流产是指母畜在怀孕期间，胚胎或胎儿与母体的正常关系受到破坏所发生的怀孕中断的病理现象。流产可以发生在怀孕的各个阶段，但以怀孕早期较为多见。

[病因] 在临床上将流产的病因大致分为传染性流产和非传染性流产两类。

1. 传染性流产　传染性流产是由传染病和寄生虫病所引起的流产。传染性流产又分为自发性流产和症状性流产两种。

(1) 自发性流产 由于胎膜、胎儿及母畜生殖器官直接受微生物或寄生虫侵害所致。如牛布鲁氏菌病、牛胎儿弯曲杆菌病、牛毛滴虫病及锥虫病等引起的流产。

(2) 症状性流产 流产只是某些传染病和寄生虫病的一个症状，如结核、牛环形泰勒虫病等。

2. 非传染性流产 非传染性流产可分为自发性流产和症状性流产。

(1) 自发性流产

胎膜异常：胎膜无绒毛或绒毛发育不全，致使胎儿不能继续发育，多由近亲繁殖引起。

胚胎发育停滞：可能是因卵子或精子的缺陷，或由于配种过迟、卵子衰老而产生的异倍体，也可能是因近亲繁殖而使胚胎活力降低。

(2) 症状性流产

饲养性流产：饲料不足或饲料营养价值不全，以及给予霉败、冰冻和有毒饲料，使胎儿发生营养物质代谢障碍所致。

损伤及管理性流产：跌摔、顶碰、挤压、重役、鞭打、惊吓等，可因母畜子宫及胎儿受到直接或间接的冲击震动而引起。

疾病性流产：母畜生殖器官疾病及机能障碍，严重失血、疼痛、腹泻，高热性疾病或慢性消耗性疾病，常使胎膜或胎儿受到危害，引起流产。

生殖激素失调：生殖激素分泌失调，尤其是孕酮不足，使子宫不能维持怀孕而流产。

药物性流产：孕畜全身麻醉，或使用子宫收缩药、泻药及利尿药等所致的流产。

习惯性流产：同一孕畜处在某一怀孕阶段就发生流产，可能与近亲繁殖、内分泌机能紊乱和应激有关。

[临床症状] 因流产发生的原因、时期及母畜机体反应能力的不同，其所表现出的症状也有差别。

1. 胚胎消失 又称隐性流产，是妊娠初期胚胎及胎膜完全被母体吸收，或者随尿排出而未被发现。经检查确诊家畜已妊娠，但经过一段时间妊娠现象消失，即可定为胚胎消失。

2. 产出不足月胎儿 表现与正常分娩相似，但其分娩前征不如正常分娩那样明显，故又叫早产。早产胎儿如果具有吃乳能力，应加强护理，特别是注意保温，用母乳或其他母畜的新鲜乳汁，采取少量多次的方法进行人工哺乳，有可能成活。

3. 产出死胎 流产如果发生在妊娠后期，往往伴发难产。妊娠末期的流产胎儿尚未排出时，可根据乳房增大，能挤出初乳，观察不到胎动所引起的腹壁颤动，对牛作直肠检查时感觉不到胎动，阴道检查时，发现子宫颈稍开张，子宫颈黏液塞发生溶解等症状进行综合判断。

4. 死胎停滞 胎儿死亡后，由于阵缩微弱，子宫颈未开张，子宫内无腐败菌或无感染，致使死亡的胎儿长期滞留于子宫内。停滞的死胎因环境不同，可发生下列不同的病理变化。

（1）胎儿干尸化 在特殊情况下，胎儿死亡后子宫的反应微弱、子宫颈仍闭锁，死胎不能排出，而胎膜及胎盘发生退行性变化，进而胎水被吸收，死胎组织液也被吸收，子宫逐渐收缩，体积缩小。胎儿体表附着红褐色黏液、皮肤呈鞣革状态，在空气中干燥后则变为黑褐色。胎儿干尸化以后，初期与妊娠症状难以区别，但腹围不见增大，妊娠现象无进展。由于子宫内有死胎，卵巢内多存在黄体，所以不出现发情。

（2）胎儿浸润 妊娠中断后，死亡胎儿的软组织被分解，变成液体流出，而骨骼仍留在子宫内，称作胎儿浸润。患牛表现出败血病及腹膜炎的症状：精神沉郁，体温升高，食欲减退，逐渐消瘦，经常努责，流出褐色黏稠液体，其中有时含碎骨片，最后排出脓液，污染后躯。直肠检查时子宫膨胀，常能摸到参差不齐的骨片。

（3）胎儿腐败分解 胎儿死亡后未能排出时，腐败菌（厌氧菌）就侵入死胎体内，使其迅速腐败分解，产生硫化氢等分解产物，使死胎皮下、肌间、胸、腹腔积聚大量气体，特别在炎热季节，这种病理变化过程更为迅速。

[诊断] 根据发病原因和临床症状可作出诊断，必要时可进行实验室检查。

[防治]

1. 预防 采取综合性防治措施。喂给孕牛全价日粮，严禁喂冰冻、霉败及有毒饲料，防止挤压、碰撞、鞭打、惊吓、重役。定期检疫、预防接种、驱虫及消毒。

2. 治疗 流产胎儿排出受阻时，按难产进行救助，并注意产后治疗。

对于有流产先兆的病牛。如果其子宫颈口尚未开放，胎儿依然活着，可将母牛放在安静牛舍内，减少外界不良刺激，同时可每隔5天注射1次孕酮100～200mg，或皮下注射阿托品15～20mg，2次/d。对损伤性流产，可肌内注射安乃近40mL，2次/d。

有习惯性流产史的母牛怀孕后，必须在发生流产前一阶段给以适当的药物治疗，如肌内注射黄体酮50～100mg，每隔10天注射1次。

对延期性流产，应设法排出胎儿。注射溶黄体药和子宫收缩药以及子宫颈开张药，肌内注射前列腺素 $F_{2\alpha}$ 25mg 或氯前列烯醇 0.1～1mg。对胎儿浸溶性流产，可用消毒溶液（如0.1％雷佛奴耳液、0.05％高锰酸钾液等）反复冲洗子宫，以便排尽子宫内容物。当死亡胎儿不易排出时，可采用碎胎术分段取出，必要时可进行剖腹取胎术。

流产后往往伴有胎衣不下，应及早向子宫内投放抗生素。有全身症状者，可注射青霉素、链霉素等，但禁止冲洗子宫。流产后，对母牛应给以营养丰富且易消化的饲料，每天投服益母草红糖汤，保持牛舍干燥。

四、难产

孕畜妊娠期满，胎儿不能顺利产下，称为难产病。

[病因] 母畜发育未全，提早配种，骨盆和产道狭窄，加之胎儿过大，不能顺利产出：饲养失调、营养不良、运动不足、体质虚弱，老龄或患有全身性疾病的母牛可引起子宫及腹壁收缩微弱和努责无力，胎儿难以产出。如果胎位、胎式不正，羊水泡破裂过早，均可使胎儿不能产出，成为难产。

[症状] 孕畜发生阵痛。起卧不安，时常拱腰努责，回头看腹，阴门肿胀，从阴门流出红黄色浆液，有时露出部分胎衣，有时可见胎儿肢蹄或头，但胎儿长时间不能产下。

[诊断] 根据症状可作出诊断。

[防治] 以手术助产为主，必要时辅以药物治疗。

1. 手术助产 患畜采取前低后高站立或侧卧保定。先将胎儿露出部分及母畜的会阴、尾根等处用温水洗净。再以0.1％新洁尔灭或2％来苏儿冲洗消毒。各种助产用的器械也要做好消毒。术者手臂用药液消毒，并涂上润滑剂，如石蜡油，然后将手伸入产道，检查胎位、产道是否正常及胎儿的生死情况。若属胎位不正，则矫正胎位；若胎儿过大而母畜骨盆过小，胎儿不能产出者，则采用剖腹产术或截胎术。检查时如胎儿存活者应母子兼顾，胎死者应顾母畜。当羊水流尽，产道干涩时。必须先向子宫内灌入适量的润滑剂，以润滑产道，便于矫正胎位及拉出胎儿，否则易造成子宫脱落或产道破伤。矫正胎位须在子宫内进行，先将胎儿露出部分推入子宫内，再矫正胎位。向内推时，需在母畜努责间歇期进行。现介绍临床常见的不正胎位矫正和助产方法。

（1）双胎难产 多因两个胎儿同时挤入骨盆。双胎多见一个头在前，另一个尾在前，上下重叠。助产时，应先拉上面的胎儿，同时将下面的胎儿推至骨盆腔入口的前方。将上面的胎儿拉出后，再拉另一个胎儿。如伴有胎位异常，须先矫正，再予推进或拉出。

（2）胎儿头颈侧转 胎儿头颈侧转的外部症状是从阴门伸出一长一短的两前肢，不见头部，分娩延迟。一般情况下，哪肢伸出较短，头往往弯向哪一侧。通过产道检查，顺着胎儿前肢向内触摸时，可发现头弯向一侧。助产时，先把两前肢用绳子分别拴好，然后用手将胎儿推回子宫。必须向子宫深处推送，可用产科梃推回。然后用手伸入子宫内，摸到胎儿头部，用拇指和中指擒住胎儿二眼眶，或用手握住下颌骨和鼻部，或用绳索套住下颌骨或头部，或用产科钩钩住下颌骨或眼眶，将胎儿引导入骨盆腔，并尽量地拉直胎儿头颈部。以后，助手随母牛努责，用力牵引胎儿二前肢及头部绳索，使其产出。

（3）胎头俯伏（胎头胸转） 胎头从两前肢间或一侧向自身胸部弯曲，也可称胎头下弯。先将产科绳索套住二前肢膝关节下方，用手尽量将胎儿推回子宫内。然后，手沿着子宫壁，握住胎儿下颌部，抬高胎头并向后拉。如胎儿头部下弯较大时，可用产科钩钩住胎儿的眼眶或下颌骨向后方拉，使之引导入骨盆腔。矫正头部以后，助手随母牛努责，同时用力牵引胎儿的二前肢及头部，使其产出。

（4）前肢腕关节屈曲 一前肢或两前肢腕关节呈屈曲姿势伸向产道。腕关节屈曲时，肩关节和肘关节也发生屈曲，以致胎儿胸围体积增大，胎儿不能通过骨盆腔。术者先用手或产科梃（顶住胎儿胸部与前肢肩端之间）把胎儿推回子宫内，然后用手伸入子宫，握住屈曲肢的掌部，用力向上抬并向前推，手向下移，握住蹄部，然后一起配合用力把前肢拉直，引入骨盆腔。

（5）前肢肘关节屈曲 一前肢或两肢的下部和头部均进入骨盆腔，肘关节和肩关节屈曲，肘关节位于肩关节的后面，并和垂直的肱骨一起抵在骨盆的前缘，阻碍胎儿排出。助产方法：肘关节屈曲时，术者一手握住屈曲肢的蹄部向外拉出，一手伸入产道向子宫腔推胎儿的肩关节，即可拉直屈曲肢。如一人操作矫正有困难时，可用产科绳缚住屈曲肢的系部，由助手牵拉，同时术者用手向子宫腔推动胎儿肩胛部，互相配合，就可拉直屈曲肢。

（6）肩关节屈曲 肩关节屈曲可发生在一侧或两侧。胎儿进入骨盆腔，肩关节屈曲的前肢在肩以下部分伸于胎体一侧，前蹄可达胎体腹下或臀部。由于屈曲的肩关节使胎儿胸围增大，因此不能产出。手伸入子宫，握住屈曲肢的前臂（尺骨桡骨部）下端，向骨盆腔拉动，同时用产科梃将胎儿推入子宫，这样使之拉成为腕关节屈曲。手再向内伸入，握住掌骨向上向前提举，然后沿着掌骨移向蹄尖，握住蹄部向上向后拉起，逐步把前肢导入骨盆腔而拉直。

（7）跗关节屈曲 胎儿骨盆前置时，一后肢或两后肢未伸直，跗关节屈曲，使胎儿臀部体积增大，不能通过骨盆腔。助产方法：一后肢跗关节屈曲时，先将伸入产道内的一后肢的系部用绳缚住，此后，用手或产科梃把胎儿推向子宫。术者手握住跗关节下部，屈曲膝关节和髋关节，尽量向上向前推动跗关节，随后手沿骨下移，握住蹄部，向上抬又向后拉，使蹄越过骨盆口前缘，即可引入骨盆腔，将后肢拉直。

(8) 髋关节屈曲　骨盆腔前置时，胎儿的一后肢或两后肢髋关节屈曲，而其他关节均伸展，后肢伸直于胎体腹下。两后肢髋关节屈曲时，阴门外不见胎儿的露出部分。一后肢髋关节屈曲时，阴门外可见到一后肢从阴门内露出，蹄底向上。助产方法：如一侧后肢髋关节屈曲，可将伸入产道内的一后肢系部缚上产科绳，再把胎儿推回子宫内，手伸入子宫内握住屈曲肢的胫骨下端。在助手用产科梃把胎儿推回子宫的同时，用力向上抬并向后拉，尽力屈曲髋关节和膝关节，使成跗关节屈曲。手再向下移握住蹄部，向上抬并向后拉，引导入骨盆腔而拉直后肢。

(9) 胎儿横向　腹部前置横向时，四肢伸入产道，胎儿腹部对向骨盆入口。助产时，用产科绳缚住两后肢（或前肢）系部，由助手牵引，术者用手或产科梃把胎儿前躯（或后躯）向前推向子宫，使胎儿成为骨盆前置或头部前置，然后按上述方法矫正，拉出胎儿。如胎儿背部前置横向时，可摸到胎儿脊柱横在骨盆入口之前，先确定肩胛部还是骨盆部较靠近骨盆入口处，然后决定改为头部前置还是骨盆前置。如骨盆前置，则先用产科锐钩钩住胎儿骨盆部，向后拉，同时用手推胎儿肩胛围处，使之成骨盆前置，再矫正两后肢，拉出胎儿。如改为头部前置，则用产科锐钩钩住颈部，向外拉，同时把胎儿的后躯推回子宫，使之头部前置，再矫正两前肢，拉出胎儿。

(10) 胎儿过大　一种情况是胎儿体积较大，而母中骨盆及产道的大小正常。另一种情况是胎儿体积大小正常，而母牛产道狭窄。助产时应根据具体情况施行拉出胎儿或剖腹产。强行拉出胎儿时，必须灌注大量润滑剂于产道内。

(11) 剖腹取胎术　按常规方法。

2. 中药治疗　对于气血虚弱和气滞血瘀所引起的难产可以服中药。

(1) 丹参 250g，白酒 200～250mL。疼痛者加减。加玄胡索 30～50g，小茴香 30～40g，艾叶、川芎各 30g，当归 50g。体质瘦弱或者有虚脱危险的病畜加用附片 20～30g；出血不止者加用炒蒲黄 30～50g（另包），血竭 30～50g；努责厉害，有脱宫危险的病例，加用积壳 80～150g。以上药用量为中等体型母牛的药用量。

(2) 催生汤　黄芪、党参各 60g，制附子、制乳香、制投药各 30g，共为末，开水调，再煎 10min 温服。

(3) 十全大补汤　当归、川芎、白芍、熟地、党参、白术、茯苓、炙甘草、肉桂各 20～30g，用法，研末冲调，候温灌服。用于气血不足，以补气养血。

(4) 脱花煎加减　当归 60g，川芎 21g，红花、牛膝、肉桂、桃仁各 15g，枳壳 24g。共为细末，引用黄酒 120mL，开水冲调，候温灌服。用于气滞血瘀者，以理气行血。

（5）"加减佛手散" 佛手、当归、川芎、黄芪各 30～60g，炮龟板、党参、柞木枝、血余炭、生蒲黄、益母草各 30～45g。用法：水煎去渣，加白酒 60～120mL。适用于治疗胎位底正，因气血亏损，交骨不开数病例。

五、产后瘫痪

产后瘫痪又称生产瘫痪，也称乳热病，是产后乳牛突然发生的一种急性低血钙症。本病以患牛意识和知觉丧失，四肢瘫痪，消化道麻痹，体温下降和低血钙为临床主要特征。

[病因] 分娩后开始大量泌乳，钙从乳中大量排出，使血钙含量急剧下降。分娩前，腹压增大，乳房肿胀，影响静脉回流。分娩后。胎儿排出，腹压下降，挤出初乳，乳房变空，致使流入腹腔与乳房内的血液量增多，流向头部的血流量减少，血压下降，引起中枢神经暂时性贫血，机能障碍，致使大脑皮层发生延滞性抑制，影响血钙的调节。因此，本病的病因可能是由于产后大脑皮层受抑制和产后血钙、血糖的剧减而引起的，而这两者又是相互影响的。血钙的减少可降低神经系统的兴奋性，大脑皮层受到抑制又将影响对血钙的调节。妊娠期间饲料中维生素和钙的含量不足，分娩前后母牛胃肠道消化机能减弱，致使钙的吸收率降低。

[症状] 产后瘫痪常发生在 4～5 胎次以上的高产牛。临床上以产后 24h 发病的为最多，且病情发展快而严重，不及时抢救常引起死亡。

1. **典型病例** 多发生在产后 12～72h。病初食欲减退或废绝，反刍、排粪、排尿停止，继而精神沉郁，也有的病例一开始就出现精神高度沉郁。肌肉颤抖，站立不稳，口流清涎，头颈下垂，运步失调，皮温降低，耳、角、四肢下端稍凉。多数病牛于 1～2h 内就伏卧而不能站立，且出现头颈弯向胸壁一侧的情况，强行拉直，松手后又弯向原侧；有的也不能侧卧于地，四肢伸直，呈现抽搐现象。不久，病牛昏迷，意识和知觉丧失，体温下降到 35～36℃ 或更低。

2. **非典型病例** 病势轻微，占全部病例的多数，体温正常或稍有下降，一般不低于 37℃。病牛精神沉郁，但不昏睡，食欲不振或废绝，有时虽勉强站立，但四肢无力，步态不稳。病牛伏卧时，颈部呈现一种不自然的姿势，即所谓 S 状弯曲。

[诊断] 根据症状可作出诊断。

[防治] 特效疗法是静脉注射钙制剂和乳房送风法。

1. 西药疗法

（1）钙剂疗法。静脉注射 10％葡萄糖酸钙注射液 800～1 000mL，或 5％的葡萄糖氯化钙注射液 600～1 200mL，可迅速提高血钙浓度，使患牛恢复正常。为了减轻对心脏的刺激，输液中可加入 15％安钠咖注射液 20mL。注射时宜缓慢进行，并应随时监视，遇到异常心跳时可暂停注射。如病牛心脏机能衰弱时，宜改用小剂量多次静脉注射，同样有效。在临床上，有的病例在静脉注射钙剂后，病情好转，但不能起立，这可能伴有严重的低磷酸盐血症，宜静脉注射 15％磷酸二氢钠 200～300mL，或 3％次磷酸钙 1 000mL（用 10％葡萄糖溶液配制），有较好的效果。磷酸二氢钠溶液 pH 为 3～4，酸度较高，因此，必须缓慢注射，控制在 100mL 10min 左右。上述用药方法，必要时可根据病情重复用药。个别病牛产后瘫痪与镁的缺乏有关，为此，除静脉注射钙剂外，可皮下注射 25％的硫酸镁 100～150mL，必要时可再注射一次。25％的硫酸镁也可与氯化钙、葡萄糖等混合在一起静脉注射。

（2）对瘫痪时间较长的病例，可用氢化可的松 300～500mg，10％葡萄糖液 1 000mL，12.5％维生素 C 50～100mL，静脉注射，1 次/d。在治疗过程中，为了预防褥疮和自身体重压迫位于下面的后肢而引起的神经麻痹，应注意病牛的护理工作。牛床上多垫干草。每隔 2～3h 翻动一次牛身。

2. 中药疗法

（1）"当归散"加减。当归、熟地各 45g，白芍、川芎、补骨脂、续断、杜仲各 30g，枳实、青皮各 20g，红花 15g，水煎灌服。如食欲不振，消化不良者，可加白术、草豆蔻、砂仁。

（2）羌活、防风、川芎、炒白芍、桂枝、独活、党参、白芷、钩藤、姜半夏、茯神、远志、菖蒲各 30g，当归 60g，细辛 15g，甘草 20g，姜枣适量为引。水煎灌服。

3. 预防 分娩后不急于挤奶，如乳房正常，可在产后 3～4h 进行初次挤奶，但不能挤净，一般挤出乳房内 1/3～1/2 的奶量。此后每次挤出的奶量可逐渐增加，到产后第 3d 可完全挤净。

在饲养管理方面，妊娠后期加喂矿物质及维生素饲料（如骨粉、碳酸钙、胡萝卜、青草），每天保持足够的运动，增加阳光照射。在产前 2 周内，减少精料和多汁饲料；产后喂给大量盐水，促使降低的血压迅速恢复正常。

六、产后子宫脱出

子宫的一部分或全部翻转，脱出于阴道内或阴道外，称为子宫脱出。根据脱出程度可分为子宫套叠和完全脱出两种类型，通常发生于产后数小时内。

[病因] 孕牛饲养不良、运动不足、瘦弱或经产老龄母牛以及胎儿过大、胎水过多、子宫弛缓等均可发生本病。助产时产道干燥而迅速拉出胎儿，或胎衣不下时胎衣上坠以重物或强拉胎衣，或子宫弛缓时努责过强，都易发生本病。

[症状] 子宫套叠时，从外表不易发现。母牛产后不安，努责、举尾、有轻度腹痛现象。检查阴道可发现子宫角套叠于子宫腔、子宫颈或阴道内。子宫套叠不能复原时，易发生浆膜粘连和顽固性子宫内膜炎，引起不孕。

完全脱出时，从阴门脱出长椭圆形的袋状物，往往下垂到跗关节上方。其末端有时分 2 支，有大小 2 个凹陷。脱出的子宫表面有鲜红色乃至紫红色的散在的母体胎盘。时间较久，脱出的子宫易发生瘀血和水肿，受损伤及感染时可继发大出血和败血症。

[诊断] 根据临床症状可作出诊断。

[防治]

1. 子宫套叠 立即整复。术者手臂消毒涂油后。伸入阴道及子宫内，轻轻向前推压套叠部分，必要时将并拢的手指伸入套叠部的凹陷内，左右摇动向前推进，常可使其复原。有时用生理盐水灌注子宫，借水的压力可使子宫角复原，但灌进的液体应及时排出。

2. 完全脱出 病牛不能站立时宜垫高后躯，用 0.1%高锰酸钾液洗净脱出子宫，并用 2%明矾水洗涤和浸泡，然后涂上碘甘油。子宫黏膜有创口时，应缝合。整复时由助手用大毛巾或塑料布将子宫托至与阴门同高，术者用纱布包住拳头，顶住子宫角的末端，趁母牛不努责时，小心向阴道内推进。也可从子宫角基部开始，用双手从阴门两侧一部分一部分地向阴道内推送，在换手时，助手应压住已推入的部分。当子宫已进入阴道后，必须用手将它推到腹腔，使之复位。如果母牛努责强烈影响整复时，须全身半麻醉或中等麻醉。整复后向子宫内投入抗生素，必要时肌内注射促进子宫收缩的药物，如麦角新碱或垂体后叶素等。

整复后将母牛系于前低后高的地面上，注意看护，如母牛仍有努责，为了防止重新脱出，可在阴门上角至中部做 2～3 个圆枕缝合，或在阴门周围行袋口缝合。2～3d 后母牛不再努责时，便可拆线。

3. 脱出子宫截除术 脱出子宫发生破裂、大面积损伤或发生坏死时，为了挽救母牛生命，可施行子宫截除术。

七、胎衣不下

母牛分娩后，在正常时间内胎衣不排出，称为胎衣不下。正常时，母牛分娩后 6h 内胎衣可完全剥落排出，胎衣排出的正常时间一般不超过 12h。胎衣不下者占分娩牛的 5%～7%。

[病因] 由于饲养管理不当、缺乏运动或有生殖器官疾病的舍饲母牛分娩时或临产前生殖器感染，母牛产后子宫收缩无力或胎盘发生粘连。如经过时间长，胎衣仍不脱离而腐败分解时，也可因继发生殖器疾病造成母牛不孕。

[症状] 全部胎衣不下时，胎儿胎盘的大部分仍与子宫粘连，阴门外只露出一小部分，经过 1～2d，胎衣腐败分解，从阴门内流出多量污红色、含有腐败胎衣碎块分泌物的恶露。病母牛多出现全身症状，食欲减退，体温有时升高、拱背等。如为部分不下，子宫内残留部分胎衣，有臭味的含有胎衣碎片的恶露，排出的时间长。检查母牛的子宫排出物，常可分离出链球菌、葡萄球菌、化脓棒状杆菌、大肠杆菌等。

[诊断] 根据临床症状可作出诊断。

[防治] 治疗时应刺激子宫肌肉充分收缩，促使胎衣自行排出，并预防微生物的感染。应用垂体后叶激素或催产素 50～80IU，皮下注射或肌内注射；麦角新碱注射液 10～20mg，肌内注射或静脉注射；或 0.5%普罗色林溶液，皮下注射 2 次。剂量第 1 天 3mL，第 2 天 2mL；用 0.5%～1%奴佛卡因溶液 100mL，催产素 50IU 在母牛尾根侧面小窝前上角部位进行封闭治疗。

以上药剂如在产后 24h 内应用能产生良好的疗效。在用上述方法治疗胎衣仍不脱离的，可在产后 2 天子宫口尚未闭锁时用手术剥离方法剥离胎衣。手术剥离后，按急性子宫内膜炎治疗方法把药剂放入子宫内以防止子宫感染，并推迟 1～2 个发情期配种。

八、子宫内膜炎

子宫内膜炎是牛产科疾病中的一种常见病。根据炎症的性质可分黏液性、黏液脓性、脓性子宫内膜炎；根据表现可分为显性和隐性；按照病程可分为急性和慢性。

[病因] 大多发生于母牛分娩过程和产后，如在胎儿娩出和胎衣脱落过程中，子宫黏膜有大面积创伤，有时子宫内有残留胎盘、胎膜碎片，尤其是胎衣不下或子宫脱出时，细菌易侵入而引起炎症。母牛难产助产时消毒不严，配种时人工授精器械和生殖器官消毒不严，继发引起阴道炎或子宫颈炎。

某些传染病和寄生虫病的病原体侵入子宫，如布氏杆菌、结核杆菌及滴虫等。

当牛舍不洁，特别是牛床潮湿，有粪尿积累，母牛外阴部容易污染细菌并带入阴道及子宫，发生产后细菌感染。

[症状]

1. 急性子宫内膜炎 一般发生于流产后或产后胎衣不下，多为黏液性或黏液脓性。若不及时治疗，则易转为慢性或继发其他疾病，如子宫粘连、产后败血症等。病牛体温升高，食欲减退，精神不振，有时拱背、努责，常作排尿姿势。从阴门中排出黏液性或黏液脓性渗出物，有时夹有血液，卧下时排出量较多，有腥臭。阴道检查时，子宫颈外口黏膜充血、肿胀，颈口稍开张，阴道底部积有炎性分泌物。恶露滞留引起的子宫内膜炎是因为子宫颈闭锁或子宫颈分泌物厚稠黏液的堵塞。直肠检查时可感到体温升高，子宫角粗大而肥厚、下沉，收缩反应微弱，触摸子宫角有波动感。在急性期只要治疗得当，愈后一般良好，多在半个月内痊愈；如病程延长，可能为慢性。

2. 慢性黏液性子宫内膜炎 发情周期不正常，或虽正常但屡配不孕，或发生隐性流产。病牛卧下或发情时，从阴道排出混浊带有絮状物黏液，有时虽排出透明黏液，但含有小点絮状物。阴道及子宫颈外口黏膜充血、肿胀，颈口略微开张。阴道底部及阴毛上常积聚有上述分泌物。子宫角变粗，壁厚粗糙，收缩反应微弱。

3. 慢性黏液脓性子宫内膜炎 从阴道中排出灰白色或黄褐色较稀薄的脓液。母牛发情时排出较多，发情周期不正常。阴道检查可发现阴道黏膜和子宫颈腔部充血，往往粘有脓性分泌物，子宫颈稍开张。直肠检查子宫角增大，子宫壁肥厚，收缩反应微弱，如有分泌物积聚时，触摸感觉有轻微波动。冲洗时回流液混浊，其中夹有脓性絮状物。

4. 隐性子宫内膜炎 生殖器官无异常，发情周期正常，但屡配不孕，只有在发情时流出的黏液略带混浊。

[诊断] 根据临床症状，再结合阴道、直肠检查，可以作出诊断。

[防治]

1. 西药疗法

（1）冲洗疗法：冲洗子宫是治疗急、慢性子宫内膜炎的一种常用有效的方法。对子宫颈开张和发情后流出黏液呈炎性的病牛可以冲洗。对子宫颈不开张，子宫收缩差，不发情的病牛可先注射苯甲酸雌二醇 20mg，以促使子宫颈开张。冲洗液常选用 0.1% 的雷佛奴耳，3%～4% 的氯化钠溶液或 0.1% 的过锰酸钾溶液，冲洗量根据子宫体大小及炎症程度而定。冲洗时通常借助虹吸作用，结合直肠按摩子宫排净冲洗液。冲洗液排出后向子宫注入 20mL 含有 80 万 IU 青霉素、100 万 IU 链霉素的溶液，隔天 1 次，连续 2～3 次；或四环素粉 0.5g 溶于 300mL 的灭菌蒸馏水中，灌至子宫。

（2）对于产后急性子宫内膜炎，可用土霉素 5g，雷佛奴耳 0.5g，加蒸馏水 500～800mL 进行冲洗，隔天 1 次，连用 2～3 次为 1 个疗程，根据病情亦可继续使用。

（3）对于病程较长，子宫壁肥厚、粗糙，炎症黏液不多的慢性子宫内膜炎可选用下列方药：

①碘甘油合剂：2％碘溶液与甘油按 1∶1 的比例混合后，用导管向子宫内 1 次注入 200～300mL，隔 2 天后再向子宫内注入含有 2g 链霉素的 50％葡萄糖溶液 50mL。

②四环素 0.5g，雷佛奴耳 0.5g，溶解在 300mL 的灭菌蒸馏水中，用消过毒的金属导管注入子宫，隔 2～5d 1 次，连用 2～3 次。

③4％露他净 100mL，用消毒过的塑料管注入子宫，疗效较好，必要时可重复应用 2～3 次。

（4）隐性子宫内膜炎：在配种前后清洗子宫，即在配种前 8h 及配种后 24h 向子宫内注入含 80 万 U 青霉素钾盐、1g 链霉素的灭菌注射用水或生理盐水溶液。也可在配种前 8h 向子宫内注入 3％碳酸氢钠溶液 50mL。

2. 中药疗法

（1）清宫消炎混悬剂　预防子宫内膜炎，于生产的当天或第二天，以直肠把握法通过输精管向子宫内注入，每次 100mL。一般用药 1～2 次，必要时投药 3～4 次。治疗子宫内膜炎，每次用药 60～100mL，隔天投药 1 次，连用 4 次为 1 个疗程。重症病例连用 2 个疗程。

（2）中兽医辨证施治的原则　分湿热型和虚寒型两种，选用下列方药：

①湿热型：宜清热燥湿，方用"龙胆泻肝汤"：龙胆草、柴胡、黄芪、犀角、生地、当归、车前子、木通各 30～60g，栀子、黄柏、甘草各 25～30g，水煎灌服。加减：带下赤红者，加赤芍、丹皮、小蓟，凉血、止血。

②虚寒型：宜化湿健胃，暖胃壮阳。方用"完带汤"：党参、白术、茯苓、山药、薏苡仁各 30～45g，苍术、川芎、杜仲、芡实米、车前子各 30g，水煎灌服。

加减：久带不止，加桑螵蛸、菟丝子、牡蛎，以补肾固精而止带。

单方：野菊花 200g，煎水 400mL 注入子宫内，一般用药 3～5 次，隔天 1 次。

3. 预防　应加强母牛的饲养管理，增强机体的抗病能力。配种、助产、剥离胎衣时必须按操作要领进行，严格遵守兽医卫生的原则。产后子宫的冲洗与治疗要及时。对流产母牛的子宫必须及时处理。加强对牛床、牛舍的卫生消毒工作。

九、阴道炎

阴道炎及阴门炎是指母畜阴道及阴门的正常防卫功能受到破坏，细菌侵入阴道组织，引起的炎症。正常情况下，母畜阴门及阴道黏膜紧贴在一起，将阴道腔封闭，阻止外界微生物侵入；在雌激素发挥作用时，阴道黏膜上皮贮存的大量糖原，在阴道杆菌作用及酵解下，分解为乳酸，使阴道保持弱酸性，能抑制阴道内细菌繁殖。

[病因]

1. 原发性阴道炎 因受精（自然交配和人工授精）和分娩时的损伤或感染，如分娩或难产助产不当或人工授精和子宫冲洗，灌注不慎均可引起外生殖道损伤。

2. 继发性阴道炎 常继发于胎衣不下、子宫内膜炎、阴道和子宫脱出等疾病。

[临床症状] 当阴道黏膜表层受到损伤而发炎时，无全身症状，仅见阴门内不定期流出黏液性或脓性分泌物，尾根及外阴周围常黏附有分泌物的干痂。阴道检查可见黏膜微肿，充血或出血，有分泌物黏附。

阴道黏膜深层受到损伤时，病畜拱背，举尾，常做出排尿动作，从阴门中排出污红色，腥臭的脓性分泌物。阴道检查表现疼痛，阴道内有脓性分泌物，黏膜充血，肿胀，糜烂，溃疡，坏死。出现一定的全身症状，体温升高，精神沉郁，食欲及泌乳量降低。

[诊断] 根据临床症状和阴道检查可作出诊断。

[治疗] 本病若及时治疗，预后良好；否则严重者可继发子宫颈炎和子宫炎，影响以后交配，受孕和分娩。

对轻症可用温热防腐消毒液冲洗阴道，如 0.1％高锰酸钾，0.01％～0.05％新洁尔灭溶液等。阴道黏膜剧烈水肿及渗出液多时，可用 1％～2％明矾或鞣酸溶液冲洗，然后用 5％氯化钠液或稀碘液冲洗。冲洗后，涂擦药液，软膏或乳剂，撒布粉剂，投放栓剂，如抗生素软膏及洗必泰栓等。

对于浮膜性和蜂窝织性阴道炎引起的脓肿，首先给病畜施行硬膜外麻醉或术部浸润麻醉，并适当保定。对性情恶劣的病畜，可考虑给以适当的全身麻醉。在距离两侧阴唇皮肤边缘 1.2～2cm 处切破黏膜，切口的长度是自阴门上角开始至坐骨弓的水平面为止，以便在缝合后让阴门下角留下 3～4cm 的开口；除去切口与皮肤之间的黏膜，用肠线或尼龙线以结节缝合法将阴唇两侧皮肤缝合起来，针间距离 1～1.2cm；缝合不可过紧，以免损伤组织，7～10 天后拆线；以后配种可采用人工授精，在预产期前 1～2 周沿原来的缝合口将阴门切开，避免分娩时被撕裂。缝合后每天按外科常规处理切口，直至愈合为止，防止感染。

继发性阴道炎，应着重治疗原发病。

十、公牛不育

（一）睾丸炎

[病因] 外伤继发感染或附近器官炎症蔓延，以及全身性传染病（布鲁氏菌病、结核病）的血行感染。

[临床症状] 睾丸肿大、发热，站立时拱背、广踏、步态拘谨，拒绝爬跨。触之表现疼痛，重者体温升高。慢性者热、痛症状不显，睾丸组织变性，弹性消失，变小变硬，生精能力下降。

急性病例，应安静休息，早期冷敷、后期热敷，以加强睾丸局部血液循环，促进炎性渗出消散，全身使用抗生素。炎症损伤生精上皮，经治疗临床康复后，生精机能不一定完全恢复。慢性病例，由于组织变性，机能难以恢复，都失去种用价值。

（二）睾丸变性

睾丸变性多见于老龄公牛。是公牛不育的重要原因。

[病因] 炎症、外伤、昆虫叮咬、农药刺激、气温过高等是引起本病的重要原因。长期营养不良，中毒、自体免疫因素等也可引起。

[症状] 睾丸的变性部位先变软，后纤维化或钙化变硬。变性可能在局部，也可能在全睾丸。公牛尚有性欲和交配能力，但生精上皮受损，精液品质差，配种不能受孕。

[治疗] 本病无有效疗法，应以预防为主。

（三）精囊腺炎综合征

公牛的副性腺有输精管壶腹、精囊腺、前列腺和尿道球腺。副性腺病常见的为精囊腺炎，因炎症可波及其他副性腺、附睾、泌尿器官，故称精囊腺炎综合征。

[病因] 炎症常感染18月龄以下的小公牛，特别当饲养条件由好变差时。病原有细菌、病毒、衣原体、支原体等。

[临床症状] 急性病倒可引起局限性腹膜炎、体温升高39.4~41.1℃，食欲减退，有痛感，不愿配种或无性欲，精液中带血及其他炎性分泌物。慢性病例除精液品质逐渐下降外，其他症状不显。直肠触诊一侧或两侧精囊肿大，分叶不明显，触之有痛感。输精管壶腹也可能肿大、变硬。精液中有时可见脓块或絮片。

[诊断] 根据临床症状可作出诊断，也可结合 B 超探查的影像来诊断炎症程度。

[治疗] 用大剂量磺胺药和抗生素，至少连续使用两周，有效者一个月后可临床康复。一侧性的可用手术摘除。病情轻的，停止配种，隔离休息，可能自行康复。临床康复的公牛如要使用，必须严格检查精液，确认正常后才行。

（王兴春　韩克光）

第八节　肌肉、骨骼和皮肤疾病

一、肌肉疾病

（一）背部肌肉损伤

背部肌肉损伤是一类可引起姿势异常和肌肉骨骼疼痛的疾病，常伴随骨骼及非神经性损伤，易与蹄叶炎、痉挛性轻瘫或腹膜炎相混淆。

[病因] 大多数牛背部的肌肉损伤是由于牛只意外卧于或陷于隔离栏下多次挣扎欲起造成的，如开放式牛栏因牛床过低，牛有时可被限制于隔离栏之下；在传统式牛栏，青年母牛和患代谢病的成年乳牛起立不灵活也可被限制在管状隔离栏之下。其他原因如被体型大的公牛爬胯或被其他牛爬胯时摔倒，也会发生背部肌肉损伤。

[临床症状] 背部受伤的牛的典型症状是起卧时姿势笨拙，站立时弓背，两后肢较正常时后踏，步态僵硬，常拖蹄而行，可在背部发现擦伤或血肿。病牛体温正常，呼吸和心跳加快，食欲可能正常或稍差，触摸背部或椎突时有疼痛反应。

[诊断] 根据病牛的异常姿势，通过观察、触诊及调查病史等较容易诊断，但应注意与蹄叶炎、痉挛性轻瘫或腹膜炎相区别。

[防治] 治疗患背部损伤的病牛应使其充分休息并给予止痛剂。对于动作笨拙的牛，将其移入隔离式牛栏，直至康复。止痛药物可选用阿司匹林及其他镇痛药，根据病情应用 3d 至 2 周，对病牛很有帮助。局部静脉注射二甲亚砜对严重病牛也有一定疗效。

预防此病，应使用规格合适的牛床，避免因牛床不合理而引起牛的损伤，平时加强对牛的饲养管理，避免因爬跨等原因造成牛的损伤。

（二）腓肠肌或腓肠肌腱断裂

牛的腓肠肌和腓肠肌腱对其正常站立和负重是十分重要的，此肌腱断裂后，病牛在临床表现上随受累肌腱及损伤部位的不同而异，患肢常常不能

· 215 ·

负重。

[病因] 患低钙血症的牛在光滑地面上不断地挣扎欲起有引起腓肠肌断裂的危险；牛被陷于泥沼、粪池或有神经疾患使其不断挣扎欲起时，也可引发生此病。

[临床症状] 患牛一肢发病，也有两肢发病的，通常不能站立，典型表现呈"兔腿"姿势——患肢跗关节着地，胫骨与跖骨呈 90°角。在断裂部位，组织周围有血肿形成，局部表现肿胀，触诊坚实，关节上面的腱松弛；少数腓肠肌腱完全断裂，但肌肉并不发生肿胀。部分断裂也可发生，此时病牛表现患肢重度跛行，跗关节稍低，断裂的腓肠肌紧张，坚实和肿胀。病牛可轻微负重，但多采用膝关节伸展、球关节屈曲的前伸姿势使患肢休息。

[诊断] 诊断时，刺激躺卧牛使其站起并从后面观察病牛。可见其膝关节伸展，跗关节低下，患肢不能负重等，对腓肠肌触诊及病牛由卧姿转为站姿时表现典型的"兔腿"可证实诊断。

[防治] 成年牛腓肠肌或腱完全断裂的治疗意义不大。对三肢可以站立的年轻牛或犊牛可放入铺好垫草的隔离式牛栏饲养，将病牛吊起，将断裂腱作缝合修补并加以外固定。部分断裂的病牛可局部或全身应用二甲亚砜，注射维生素 E-硒制剂，给予阿司匹林等止痛剂。并加强对低钙血症和神经疾患等原发病的治疗。

预防此病，应在建设牛场时合理规划和布局，加强对患低钙血症和神经疾患的牛的饲养管理，防止因外源性损伤引起该病。

(三) 第三腓骨肌断裂

第三腓骨肌断裂是由于第三腓骨肌受到损伤发生断裂导致跗关节不能屈曲的疾病。

[病因] 引起第三腓骨肌断裂的原因有多种，如患低钙血症或无低钙血症的牛在光滑的地面上努力挣扎欲起、试图起立，或公牛爬跨其他牛只时突然后滑，都可能引发第三腓骨肌断裂，从而发生本病。

[临床症状与诊断] 在临床症状上可见，病牛膝关节屈曲时跗关节呈伸展状态，患肢不能正常运步，蹄尖拖地前进，系部和球节背侧常发生擦伤。腓肠肌及其腱显得较为松弛，人为屈曲膝关节、跗关节可完全伸展。

[防治] 对病牛进行治疗，先用轻型夹板或绷带支持患肢，支持物应从蹄部延伸到跗关节，使球关节伸展，以免肢远端背侧受到进一步损伤，然后将病牛放入地面良好的隔离式牛栏直至恢复。

预防本病，应注意做好平常的饲养管理工作；对由原发病引起的患牛，应加强对相应原发病的治疗。

（四）肌病

牛的肌病是指牛只因肌肉或神经受到损伤所引起的不能站立或患肢不能负重的机能障碍，多见于围产期牛只和怀多胎的孕牛。

[病因] 导致牛发生肌病的原因有多种，如牛只在挣扎、奋力站起时由于动作不协调引起的滑跌；在保定栏内或被困于淤泥、粪堆等处时因挣脱造成的运动性肌病；肌肉过劳也可造成肌肉微观或大体损伤，如细胞破裂、水肿、出血、释放出乳酸，引起坏死或纤维化。此外，其他疾病也可间接引发肌病，如坐骨神经和闭孔神经受损时，可导致两后肢内收肌群受损；新生乳牛向前爬行或挣扎起立，致使股四头肌、股后肌群、股内侧肌群受损；患有低血钙的牛只在反复挣扎欲起过程中也可能使前、后肢肌群受到损伤。

[临床症状] 病牛临床表现因受损的肌群和神经的不同而不同，其共有症状为患肢肿胀、僵直，不能负重和站立，但知觉、食欲和体温一般正常，心率正常或增加，为 80～100 次/min，有的可见心动过速或心律不齐。多数患牛频频试图站立，然其患肢不能完全伸直，有的患牛两后肢向后移位而呈现出狗坐姿势或蛙腿姿势。

[诊断] 依据肌肉肿胀、不对称以及病牛站立、躺卧和起立时的典型症状即可对本病进行正确判断。对严重的肌病病牛，可见肌红蛋白尿，尿液呈棕色或深红色、混浊。

[防治] 治疗本病时，首先要消除原发病因，如低钙血症、化脓性乳房炎、闭孔神经麻痹等；再就是要注意加强护理，给患牛垫上柔软干草，每日翻身4～6 次，并防止继发性损伤；在饲料中添加微量元素硒和给患牛注射维生素E。此外，还应配合适当的药物治疗，给以阿司匹林和水杨酸类制剂解热镇痛，也可用普鲁卡因静脉注射进行全身封闭；同时，辅以对症治疗，如强心、利尿等。

预防本病，应注意平常的饲养管理，提供营养平衡的饲料，防止牛只滑跌，不过度使役，加强对新生犊牛的护理。

二、骨骼疾病

（一）骨折

骨折是指因骨的连续性或完整性受到破坏所致的骨骼损伤，常伴有周围组织不同程度的损伤，是一种较为常见的牛外科病。骨骼完全断裂时叫全骨折，部分断裂时叫不全骨折。皮肤和黏膜破裂，骨折端裸露至皮外的，叫开放性骨折；骨头断端未穿破皮肤的叫闭合性骨折。

[病因] 引起骨折的原因很多，主要有急剧外力性骨折和骨质本身病理性

骨折两种。外力性的致病因素有跌倒、蹴踢、冲撞、打击、挤压、坠落、压扎、牵拉、火器伤等；病理性因素指骨的弹性、脆性、硬度发生异常，如骨软病、佝偻病、骨髓炎、衰老及慢性氟中毒时，都易发生骨折。

[临床症状] 病牛只发生骨裂或短骨骨折时，一般较难发现，可能有轻微的压痛或触痛，轻度跛行和轻度机能障碍。

当发生全骨骨折而呈开放性骨折或闭合性骨折时，在骨折部位可见有明显的肿胀、疼痛、炎性反应和机能障碍。如果骨折部转位及肌肉收缩可导致患部外形或解剖位置发生变形；当长骨骨折时，可见明显的异常活动。如果骨的断端互相摩擦，还可听到手指捻沙子样的骨摩擦音。对于开放性骨折，骨折部的软组织有创伤，骨折断端露出创口外，易造成细菌感染。

[诊断] 根据病牛的临床症状，结合发病原因，容易诊断骨折。但为了确诊骨折的部位、骨折形状等，应进一步做 X 射线和骨折传导音的检查。

(1) X 射线检查　可清楚地了解骨折的形状、移位等。

(2) 骨折传导音的检查　用听诊器置于骨折任何一端骨隆起的部位作为收音区，以听诊锤在另一端的骨隆起部位轻轻叩打，病肢与健肢对比。根据骨传导音质与音量的改变，判断有无骨折存在。

[防治] 骨折的治疗效果如何，关键在于治疗是否及时、合理及有效。其具体步骤是临时救护、尽早整复、合理固定和功能护理。

(1) 临时救护　即发生骨折后，应尽快使用木条和绷带等材料作临时固定，以防止周围组织的过多损伤；当有出血、休克发生时，须立即采取对症治疗措施。

(2) 尽早整复　适当麻醉后，根据骨折情况进行牵引、复位。

(3) 合理固定　固定方法有内固定和外固定两种。内固定装置有髓内钉、贯穿针、接骨板、骨螺丝及不锈钢丝等，但由于容易发生松弛、变形、移位，甚至引起化脓，故在家畜中使用的较少。外固定装置有石膏绷带和小夹板等，可用作小夹板的材料有竹片、树皮和木条等。在固定骨折部位时，先将患部皮肤消毒，敷上外用药，再用绷带或毛毡片、纸片等包扎，随后将小夹板对称而均匀地装在患部，最后捆扎以固定夹板。

(4) 功能护理　骨折后 3～4 周开始牵引运动，以后适当轻度劳役，以促进病肢功能的恢复。

预防骨折，首先应加强饲养，注意日粮中营养成分的搭配，其中特别要注意矿物质钙、磷的饲喂量与比例及维生素饲料的供应，防止发生骨营养不良。其次要加强管理，对役用牛要合理使役，加强对性情暴躁牛的管理，不驱赶惊吓牛只，避免奔跑，防止滑倒、摔伤，以减少外伤性的损伤。

（二）关节炎

关节炎即滑膜炎，是牛的关节滑膜层的渗出性炎症，其特征是滑膜充血、肿胀，有明显渗出，关节腔内蓄积多量浆液性或浆液纤维素性渗出物。多见于牛的附关节、膝关节和腕关节。按照病程长短可分为急性关节炎和慢性关节炎。当慢性浆液性关节炎时，关节内有液体积聚，称为关节积水。

[病因] 本病可由各种机械性损伤引起，如在不平坦的草场上放牧或在泥泞路上使役、跌跤、滑倒、冲撞等，可能引发关节挫伤或脱位，进一步发展为关节炎。某些传染病，如布氏杆菌病、副伤寒、传染性胸膜肺炎、乳房炎、产后产道感染等，因细菌可经血液循环侵入关节囊内，也可引发本病；其他疾病，如风湿症、骨软症、犊牛脐炎等也可继发本病。

[临床症状] 在临床上，关节炎的症状有共同症状和特征症状之分。

共同症状是指所有类型的关节炎所共同具有的临床症状。病牛患急性关节炎时，关节肿大，局部增温，疼痛，站立时为减负体重，患肢呈屈曲状态，运步多为混合跛行。慢性关节炎，因炎症减轻，跛行减轻或消失，关节内积液；发生化脓时，肿胀加重，不敢负重，运步呈三脚跳，患肢皮下水肿，体温升高，食欲减退或废绝，严重时牛卧地不起，穿刺肿胀最软部常流出脓性分泌物。

特征症状指关节炎发生后因发病部位不同而各自表现出的症状。牛以膝关节及跗、腕、系关节炎多见。

（1）膝关节炎 疼痛剧烈。母牛跛行，公牛拒绝配种；关节液增多，关节肿大或仅在关节囊的前方有膨大现象，运动时可听到摩擦音。慢性膝关节炎可使骨质肥大，幼年公牛骨髓端下方骨质变厚变密，靠近关节边缘的骨膜增生而形成骨赘。成年牛因关节积液可出现跛行，当关节腔液体转移到第二腓肌的腔下关节囊中时，患肢股部和臀部肌肉可很快发生萎缩。

（2）跗关节炎 关节液增多，跛行较轻，触诊前方及跟腱两旁内、外侧，能感觉到关节囊内积液，触摸有流动感。如果犊牛发生大肠杆菌病、犊副伤寒病时，跗关节炎为其众多症状中的一种，穿刺时可流出不同状态的脓液。此外，病犊全身症状严重时，体温升高，食欲废绝，喜卧而不愿走动。

（3）腕关节炎 在临床上，单纯的腕关节炎较为少见，其中以挠腕关节炎常见，病肢在弛缓时波动明显。本病极易与腕前黏液囊炎混淆，实践中应注意区别。后者发生于腕关节前方，外表突出，大者如球状可掉于地，一般无跛行或仅轻微跛行。

（4）系关节炎 随着系关节炎症的加剧，渗出液增多，关节变大而出现不同程度的跛行。如果突然发生，应考虑是否由指骨骨折所引起，可通过做 X

射线检查确定。

[**诊断**] 根据病史调查、临床表现即可诊断，必要时可做穿刺检查。

[**防治**] 治疗的原则是促进炎症消散，减轻疼痛，防止感染。对急性关节炎患牛，患部用2％普鲁卡因青霉素溶液做环状注射，并涂布消炎药，外加压迫绷带，阻止渗出。如关节囊内渗出物过多时，可先抽出关节液，再向其内注入0.5％普鲁卡因青霉素溶液，醋酸氢化可的松50～250mg，隔4～7d再注射1次，每次注射后给患部关节装绷带；也可用醋酸强的松龙15～50mg、氢化泼尼松10mg关节腔内注射。对慢性关节炎患牛，可用石蜡疗法、烧烙及火针等进行治疗。中药可试用黄芪45g、白芍30g、薄荷25g、牛膝30g、木瓜30g、蒿本30g、巴戟25g、泽泻25g、木通25g、当归45g、补骨脂25g、红花30g、土元20g、乳香20g、没药20g、甘草15g，研末口服。对出现化脓性关节炎的患牛，患部可行关节穿刺排脓，用生理盐水，或0.1％的雷佛奴耳溶液，或3％～5％石炭酸液反复冲洗关节腔，并注入抗生素，每天1次。治疗效果不显著者，可切开关节囊，进行外科处理。全身治疗可选用磺胺药、抗生素静脉注射。

预防该病，应加强兽医防疫、消毒制度，防止疫病的发生、蔓延。对已发生感染性疾病的病牛，应及时给予治疗，防止病原菌的侵入与转移。对病牛要加强护理，提供安静的饲养环境，保持牛舍内干燥，定时清理牛粪及尖锐杂物；合理使役，避免在不平道路上放牧或重役，尽量减少各种不良因素对关节的损伤，保证牛体健康。定期修剪牛蹄，发现蹄病及时治疗，注意供给充足的钙、磷、维生素A、维生素D等。

（三）关节脱位

构成关节的两骨端的正常位置关系发生错位称为关节脱位，也叫脱臼。常伴发关节囊和关节韧带的牵张或断裂。根据脱臼程度将脱臼分为完全脱臼和不完全脱臼两种。两个关节面完全脱开称为完全脱臼；两个关节面还有部分接触者称为不完全脱臼。由于韧带松弛，关节经常反复发生脱臼者，称为习惯性脱臼。在牛较为常见的是髋关节、膝关节、系关节的脱位。

[**病因**] 引起脱臼的原因有外伤性和病理性两种。临床上最常见的是外伤性脱位，遭受直接与间接的强烈外力作用，如跌倒、打击、冲撞、蹬空、扭转、剧伸等，都可引起关节脱位。严重病例常并发关节软骨和骨的损伤。病理性因素，如某些传染病、代谢病、维生素缺乏或关节发育不良也可诱发关节脱位。

[**临床症状**] 关节脱位在临床特征上具有共同的表现：首先是关节变形，这是由于关节的骨端位置改变而失去原有形状，使关节突出和凹下；其次是异

常固定，这是由于关节面相互错位，致使某些韧带过度紧张，使整个关节失去了灵活性；再就是肢势异常，由于脱臼部位和关节不同，肢体呈过长或过短，肢势有内收、外展、屈曲或伸展等表现。还有一种共同表现就是关节机能障碍，患牛呈现跛行，病肢减负或免负体重，但跛行程度有轻重之分。

[诊断] 本病以其特征易于诊断。通过仔细视诊、触诊以及与对侧健肢的比较，不难确定关节脱位。但是，当发生重度肿胀，或外被肌肉较厚的关节脱位，诊断难度加大，此时可借助 X 射线检查判断有无骨端变位和并发骨折。

[防治] 治疗该病时，首先要整复与固定脱位关节。整复得越早越好，防止因时间拖延使病变部位结缔组织增生而使整复变难。整复时将患牛作侧卧保定，采取全身麻醉或传导麻醉；在关节远端进行牵拉使脱位骨端拉开，然后根据脱位情况，用推、拉、揉、提等手法将脱出关节囊的骨端整复原位，此时关节变形及异常固定等特征消失，并恢复正常活动。

膝盖骨上方脱位，采用后退运动或用绳向前牵引患肢，推压膝盖骨或侧卧保定，用后肢转位方法进行整复；采用削蹄疗法可取得肯定的疗效，将患肢的蹄外侧负缘削低，或垫高内侧负缘。如削蹄合适，于运动中可自行复位，此法对习惯性脱位者也有较好的疗效；对顽固性脱位者，可行患肢的膝内直韧带切断术。膝盖骨外方脱位时，采用向前下方推压膝盖骨的方法复位，或行局部热敷或涂擦消炎药剂，全身用镇痛药，并行牵拉疗法，数天后易复位。髋关节上外方脱位整复较困难，试用健侧卧位保定，全身麻醉，用绳向前及向下牵引患肢，用木杠置于股内倒向上抬举，术者用力从前向后按压大转子进行转复。肩关节脱位，在整复前于患关节内注射 2％盐酸普鲁卡因溶液 20mL，10min 进行整复。将牛放倒，患肢在上，把前后健肢并拢捆缚，使患肢呈游离状。用 2.5～3m 长的木杠沿患肢纵轴放平，木杠下端固定在腕关节下端，即前臂部上面，使患肢略斜向后上方，一人用木槌捶打木杠上端，先轻后重，捶打 5～6 次即可整复。

整复后应立即固定关节，以防复发。如伴有关节韧带断裂时，应装石膏固定绷带。在下部关节可用夹板绷带固定，对肩、髋上部关节可涂擦刺激剂如芥子泥、红色碘化汞软膏（1∶5）等或于关节周围组织内分点注射 5％食盐溶液、75％酒精溶液诱发炎症帮助固定。固定后静养 1～2 周，可口服中药当归红花散（当归、红花、杜仲、续断、牛膝、虚骨、秦艽、木瓜、桑寄生、土鳖各 30g，川芎 12g，乳香、没药各 18g，共研末，开水冲服）。经 3～4 周取下固定物，牵遛运动，以促进功能恢复。

预防本病，应对牛加强管理，提供适宜的饲养环境，保持牛舍内干燥，定时清理牛粪等杂物，坚持合理使役制度，避免在不平道路上放牧或重役，防止因跌打、冲撞、蹬空等剧烈运动而引起脱臼。加强兽医防疫、消毒制度，防止疫病的发生、蔓延，对已发生感染性疾病的病牛，应及时给予治疗，防止因病理性原因导致的关节脱位。保证牛体健康，提供合理全面的营养物质，注意钙、磷、维生素 A、维生素 D 等的供给。

(四) 蹄叶炎

牛蹄叶炎指蹄真皮与角小叶的弥漫性、非化脓性的渗出性炎症，常见于前肢的内侧指和后肢的外侧趾。其临床特征是蹄角质软弱、疼痛和不同程度的跛行。多发生于青年牛及胎次较低的母牛，散发，也有群发现象；肉牛、奶牛都可发病。

[病因] 病因有多种，如精饲料饲喂过多，粗饲料不足或缺乏；长期不合理的四肢过度负重；对某些药物，如抗蠕虫类药物、雌激素等发生的变态反应；奶牛分娩时，后肢水肿造成蹄真皮抵抗力下降；胎衣不下、乳房炎、子宫炎、酮病和妊娠毒血症等，都可伴发本病。

[临床症状] 本病多取急性经过，患牛体温升高达 40～41℃，呼吸达 40 次/min 以上，脉搏 100 次/min 以上，出汗，肌肉震颤，蹄冠部肿胀，蹄壁叩诊有疼痛。两前肢发病时，可见两前肢交叉负重；两后蹄发病时，头低下，两前肢后踏，两后肢稍向前伸，不愿走动；四蹄发病时，四肢频频交替负重，拱背站立。喜在软地上行走，对硬地躲避，喜卧，卧地后四肢伸直呈侧卧姿势。慢性蹄叶炎大多是由急性蹄叶炎继发而来的，患慢性蹄叶炎时，患蹄变形，患指（趾）前缘弯曲，指（趾）尖翘起；蹄轮向后下方延伸且彼此分离；蹄踵高而蹄冠部倾斜度变小；蹄壁伸长。患牛站立时肢势异常，弓背，全身僵直，步态强拘，球关节下沉，蹄底负重不实，泌乳性能下降，消瘦。

[诊断] 对急性病例来说，根据病史、典型症状如跛行、弓背、步态强拘、蹄温增高与疼痛，可以较容易确诊该病。

对慢性病例来说，除根据病史、跛行、蹄部压痛诊断外，实验室检查可见血糖、血清磷和谷草转氨酶活性增高，β-球蛋白增多。用 X 光检查，可见蹄骨变位、下沉，与蹄尖壁间隙加大；蹄壁角质面凹凸不平；蹄骨骨质疏松，骨端吸收消失；系部和球节下沉；指（趾）静脉持久性扩张。生角质物质消失及蹄小叶广泛性纤维化。

[防治] 治疗蹄叶炎的基本原则是消除病因、缓解疼痛、防止蹄骨移位。在具体治疗时，首先应分清致病因素是原发性还是继发性的，如奶牛蹄叶炎因精饲料喂量过高所致，则应调整日粮结构，减少精料的量，增加干草的供给；如由子宫炎、乳房炎、酮病等引起，应加强对这些原发病的治疗。除此之外，对患牛应加强护理，置于清洁、干燥的软地上，使其充分休息。为使血管收

缩，减少渗出，可对蹄部进行冷敷，或用 0.25％的普鲁卡因 1 000mL 静脉注射。为了缓解疼痛，可用 1％普鲁卡因 20～30mL 进行指（趾）间神经封闭，也可用乙酰普鲁吗嗪。也可静脉放血 1 000～2 000mL，放血后静脉注射 5％碳酸氢钠溶液 500～1 000mL、5％～10％的葡萄糖溶液 500～1 000mL。还可用 10％水杨酸钠 100mL，或 20％葡萄糖酸钙 500mL，分别静脉注射。

对慢性病例而言，要加强饲养，供给容易消化的饲料，并辅以对症治疗，以促牛只营养和体质的恢复。并应保护蹄角质，合理修蹄，促进蹄形和蹄机能的恢复。

预防本病应注意做到以下几点：首先，要科学搭配日粮，保证足够的优质粗饲料，为防止瘤胃酸度升高，可投服碳酸氢钠（以精料的 1％为宜）、0.8％的氧化镁（按干物质计）等缓冲物质。其次，应保证牛只在产前、产后运动充足，运动场不可太硬。再次，应注意平时对蹄部的保健，定期修蹄。最后，要加强对了宫内膜炎、酮病、酸中毒、乳房炎及时合理的防治。

（五）腐蹄病

腐蹄病又称传染性蹄皮炎、指（趾）间蜂窝织炎，为趾间皮肤及其深部组织的急性和亚急性炎症，以患部皮肤坏死与化脓，常伴蹄冠、系部和球节的发炎，呈现出不同程度的跛行为临床特征。本病可发生于所有类型的牛，发病率较高，占引起跛行蹄病的 40％～60％；一般热天潮湿季节比冬春干旱季节发病多；南方地区的发病率大于北方，舍饲牛大于放养牛；成年牛高于犊牛、青年牛，后蹄发病多于前蹄。

［病因］真正病因尚不清楚，一般认为是由营养和管理两种因素所致：营养型因素如日粮中矿物质钙、磷和维生素 D 的缺乏，使蹄角质疏松，蹄变形和不正；缺锌会影响蹄角化过程，容易发生腐蹄病。硫和锌对保持牛蹄的健康非常重要，铜是构成关节、骨骼和角蛋白的一部分；再就是精料过多，高能饲料会改变瘤胃中微生物的数量，使瘤胃 pH 下降，引起瘤胃乳酸中毒，可间接导致蹄组织软化、畸形、蹄底溃疡和蹄踵腐烂，蹄底磨损加快，易使牛发生蹄病。管理型因素如牛舍潮湿不洁，运动场泥泞，趾间皮肤长期受粪、尿、泥水的浸渍，导致弹性降低，引起龟裂、发炎；运动场不平坦，内有炉渣、小石子、玻璃碎片、瓦砾、铁片、田间杂草、作物根茬或冰块等异物，均可刺伤蹄软组织，使其发生炎症；病原微生物，如坏死杆菌，化脓性棒状杆菌、结节状拟杆菌、产黑色素梭菌、葡萄球菌和链球菌等侵入感染也可引发腐蹄病；修蹄不及时、不合理，缺少放牧，先天性蹄质软弱也易诱发本病。

［临床症状］初期病牛表现频频提举病肢，或频繁用患蹄敲打地面，站立时间较短，行走有痛感、跛行，喜卧而不愿站立，检查蹄部可见趾间皮肤红、

肿、敏感；蹄冠呈红色、暗紫色、肿胀、疼痛。由于患部不断遭受外界刺激，不易自愈，并常蔓延至蹄冠部或趾间蹄球部，引起蹄冠蜂窝织炎。对于严重病例，当深部组织腱、趾间韧带、冠关节及蹄关节受到感染时，形成坏死组织的脓肿或瘘管，向外流出呈微黄、灰白色具恶臭气味的脓汁，此时见全身症状明显，体温可升高至 40～41℃，跛行加重，食欲减退或废绝，消瘦明显，产奶量大幅减少，生产能力丧失，蹄壳脱落或腐烂变形，长期卧地不起时还可引起褥疮。

[诊断] 本病外部特征非常明显，即跛行，蹄间和蹄冠皮肤充血、水肿，蹄底流出恶臭脓汁等，据此不难作出判断。

[防治] 治疗时，首先应彻底消毒和清理蹄部，用清水和刷子、蹄刀等去除蹄部的污物，然后对蹄部进行必要的修整，充分暴露病变部位，最后进行药物处理和治疗。轻者每天用 4%～10%硫酸铜溶液浸泡蹄部，或包扎硫酸铜绷带即可痊愈。当皮肤化脓坏死时，在去除坏死组织和脓汁后，用硫酸铜溶液浴蹄或在患部撒布磺胺粉、硫酸铜，然后包扎绷带。处理后保持蹄部清洁、干燥，并注意病程及全身反应。当病牛体温升高，全身症状严重时，可应用磺胺药和抗生素进行治疗。磺胺二甲基嘧啶，按每千克体重 0.12g，1 次静脉注射或磺胺嘧啶按每只每千克体重 50～70mg，静脉或肌内注射，2 次/d，连用 3d。金霉素或四环素按每千克体重 0.01g，1 次静脉注射。为缓解酸中毒，防止发生败血症，可用 5%葡萄糖生理盐水 1 000～1 500mL，5%碳酸氢钠溶液 500～800mL，25%葡萄糖溶液 500mL、维生素 C 5g，1 次静脉注射，1～2 次/d。

预防本病的关键在于平时保持厩舍和运动场的干燥、清洁，及时清理粪尿和污水，避免粪尿、污泥侵蚀蹄部；蹄部损伤后要及时治疗；乳牛要加强运动，增强蹄的抗病力，并定期修蹄，做好蹄的保健工作。

(六) 蹄裂

蹄裂又称蹄甲爆裂，是蹄匣因外伤发生破裂的一种蹄病，分为蹄纵裂和横裂两种情况，多发于前肢，以慢性型较多见。

[病因] 牛发生蹄裂，多因接近尖锐物体，如草场或泥土中的尖硬石块、金属异物、垃圾中的金属，都可引起牛的蹄壁挫伤。铁钉、岩石片和工具上崩裂的金属片也可引起蹄的透创。长蹄失修、蹄壁负面过度磨损及蹄壁过干均可引起蹄裂。当蹄陷于狭窄的缝隙中，如两条管道之间、粪沟篦子下时也可发生急性蹄裂。蹄裂偶可引起蹄壳脱落。

[临床症状] 当患牛蹄甲完全裂开和暴露出真皮时，会出现跛行。病牛跛行一般发生较突然，避走石头或水泥等地面较硬的路面，喜行泥路，脚下放着地轻，行动小心缓慢，仔细检查可见在裂开的蹄冠部有明显的肿胀，有时发生

化脓性感染，当累及到深部组织时，可扩延到指（趾）关节。许多全裂通常是裂线细而短，不仔细检查，很难判定。当异物、泥土、粪尿等从裂口进入时，可引起感染和跛行，从而引起深部组织的压迫和坏死。当裂缘之间有肉芽组织长入时，或裂开的角质与真皮小叶相连时，以及运动时动物可感到非常疼痛。

[诊断] 导致出血和急性跛行的蹄裂，一般通过视诊即可作出正确诊断。对慢性病例，可见病牛脚着地时多轻轻下放，在修整疼痛的病蹄时见角质有新鲜裂纹、刺伤部及周围的角质出血明显，据此即可诊断为裂蹄或蹄壁裂隙。

[防治] 发生蹄裂时由于患部异常疼痛，治疗应采取正确的患部修整，将过长的角质去除，以免进一步开裂。修整裂缘或造沟，打保护绷带。在严重病例，需在健指（趾）下固定木块或打筒形石膏帮助负重，以待患指（趾）痊愈。这种筒形石膏夹对治疗蹄裂严重的病例很有帮助，尤其是愈合较缓慢时。给予镇痛药也有助于该病的恢复。

预防此病应注意使牛只远离多石子的草场、垃圾场及其他易引起蹄壁损伤的环境。

（七）蹄壁过度生长

蹄壁过度生长是指因舍饲牛或散养牛的蹄壁角质过度生长引起的疾病，常见于指（趾）的远轴侧壁、球部和指（趾）尖部。舍饲牛发病率要高于散养牛。

[病因] 传统饲养方式或开放式牛舍的牛易发生蹄壁过度生长，这是因为其蹄部经常遭受粪尿的浸渍，蹄部潮湿变软，使其角质过度生长；另外，无垫草的水泥地面较橡胶牛床易诱发本病。

[临床症状] 牛指（趾）的长度增加时，蹄与地面相接形成的蹄角度变小，使屈腱受到牵张并使踵部下降。远轴侧壁的过度生长可使该部形成圆而凸起的负面而使牵引力减少。如果蹄球部角质过度生长，则踵部变圆，指（趾）尖翘起，蹄角度进一步变小，并能发展成"角质分层的"蹄踵部过度生长。此外，球部角质的过度生长使得该部成为蹄的主要负重点，诱发球部新的角质发生非感染性压迫性坏死，即溃疡。当病情恶化时，病牛呈异常姿势，患肢不断提举，以减少疼痛。

[诊断] 通过观察牛的动作和使牛站立于平台上检查蹄壁病变，容易对本病进行诊断。

[防治] 治疗时，应该适当削蹄，去除多余角质使蹄负面正常，将从蹄球至轴侧的面削成凹形，重建白线区的负重面，清除脏物。在可能的情况下，将指（趾）削短以免踵部的皮肤和软组织接触地面。当有软组织遭到侵蚀或发生感染时需要进行适当的药物治疗和包扎。

预防此病，建议对舍饲牛至少每年进行一次常规修蹄；开放式牛舍内饲养的牛每年进行两次修蹄；有结构缺陷而易于引发角质过度生长的奶牛及患过蹄叶炎的牛可能需多次削蹄；饲养人员最好也学会削蹄或与专职修蹄人员密切合作，为每一牛群提供常规护蹄。加强管理，保持牛舍的干燥清洁，并提供合理的营养。

三、皮肤疾病

(一) 脱毛

脱毛是由于毛的生成不足或已生成的毛受到损伤而引起的被毛稀少或缺乏的现象。按发生机制，脱毛可分为已形成的被毛异常脱落和毛囊形成被毛纤维障碍两大类。按发生的部位，脱毛可分为局灶性脱毛和全身性脱毛两种。脱毛的形状可能是斑状、片状，也可能是弥散型的。

[病因] 该病的病因分为先天性和后天性两种。

先天性脱毛症是一种由先天性稀毛症、遗传性脱毛、遗传性无毛症和家族性皮肤棘层松懈等遗传性皮肤缺陷所致，此时毛囊不能生长纤维；另一种是由碘缺乏所致的甲状腺机能减弱所致。母畜在妊娠过程中由于碘摄入不足，可引起所产犊牛发生先天性甲状腺肿，表现为稀毛或无毛。

后天性脱毛是指已形成的被毛受到不良因素的作用而损伤并脱落的现象。其原因可分为：

(1) 营养缺乏　最常见于锌缺乏症、维生素 A 缺乏症、母牛碘缺乏症、脂肪缺乏症。营养缺乏会导致毛囊发育不良甚至停止，引起被毛纤维不能形成或者被毛质量异常的现象。

(2) 中毒　牛因食入霉变的饲料饲草、银合欢、铊、硒或汞而引起中毒，常有脱毛现象。

(3) 病原微生物感染　如牛感染疣状毛癣菌、刚果嗜皮菌可引起皮炎，从而导致脱毛。

(4) 创伤　由各种皮肤外伤或因严重瘙痒而于硬物上摩擦引起皮肤损伤性脱毛；神经损伤也可引起脱毛，称为神经性脱毛。

(5) 继发性脱毛　患肺炎、败血症和严重腹泻并伴有高热的病牛，偶见颈部、躯干和四肢等处发生大面积脱毛，又称再生性脱毛。

[临床症状] 牛体表面出现稀毛区或秃毛区，此外还常伴随瘙痒、皮肤损害、消瘦和产虚弱犊牛等症状。

[诊断] 脱毛易于识别，但难点是确定被毛脱落的病因，必要时需进行鉴别诊断。

第一步，应区分是先天性脱毛还是后天性脱毛。如果犊牛出生时已有秃毛、稀毛现象，或者在出生后几周开始出现脱毛现象，应考虑遗传性因素所引起的脱毛，还应注意母牛是否有碘缺乏或采食发霉饲料饲草的可能。

第二步，应注意与生理性换毛相区别。生理性换毛有三种，第一种是周期性换毛，多在春秋两季发生，由局部开始，逐渐遍及全身；第二种是经常性换毛，即旧毛、枯毛不断地脱落而新毛不断地长出；第三种是年龄换毛，如犊牛长至3～6月龄时，胎毛脱落，长出成年牛的被毛。生理性换毛还会因环境因素、营养状况等发生变化，应注意与病理性脱毛相区别。

第三步，应注意有无伴随症状，如瘙痒等。应注意观察病牛有无在硬物上摩擦，局部皮肤有无擦伤等体征。如有瘙痒症状应考虑昆虫叮咬性变应性皮炎、疥螨病、痒螨病、湿疹等。

第四步，向畜主了解病史，如饲养管理情况、脱毛发生时间、脱毛开始的部位、脱毛的速度、脱毛的可能原因等将有助于脱毛病因的判定，尤其是由中毒或营养因素引起的脱毛。

最后，借助于实验室检验。如刮取皮肤检查、真菌培养、过敏性试验、特异性内分泌激素检测、血液学检查和皮肤活组织样品的病理组织学检查。

[防治] 治疗牛脱毛症关键是根据病因而采取相应的方法。对犊牛脱毛症及犊牛遗传性角化不全症来说，犊牛在出生时正常，但到1～2月龄时表现腋下、腹部、膝部、飞节及肘部、颌下、颈部等部位出现无毛区，且局部皮肤呈现鳞片状或厚痂皮形式的角化不全，生长缓慢。可每天口服0.5g氧化锌，有较好的治疗效果。但停止治疗后易复发，用药剂量应随体重增加而增加。荷斯坦牛的致死性稀毛症（通常生后数小时内死亡）和娟姗牛、荷斯坦牛的非致死性稀毛症等为先天性遗传因素所致，尚无有效治疗方法。对因肺炎、败血症、严重腹泻而发高烧等继发引起的脱毛，病牛在患病期间、病后数天内或病后2～3个月内，偶尔会出现颈、躯干、四肢等部位大面积脱毛、脱毛后裸露健康皮肤；另外一种情况由于疾病衰弱等原因，长期卧地，粪尿污物持久浸渍皮肤而引起的局部脱毛，同时皮肤因受刺激而呈粉红色或红色。对以上类型脱毛的治疗，首先用温肥皂水清洗患部，使患部保持干燥，勤换垫草并使垫草保持清洁干爽。皮肤裸露区域可外用氧化锌软膏，同时注意治疗原发性疾病，可逐步完全恢复。由外寄生虫病（如疥癣）引起的脱毛，除有局部脱毛症状外，另有原发性疾病的特征性症状。对此类脱毛的治疗，应针对病因，重点治疗原发病。由真菌引起的脱毛，除治疗外在表现脱毛症状外，要重点杀灭真菌。可使用酮康唑软膏和达克宁等进行治疗。

预防牛的脱毛，应加强饲养管理，保证营养的合理全面，并补充矿物质和维生素，以改善机体全身状况，及时治疗一些可引起脱毛的原发病。

（二）光过敏

光过敏又称光敏性皮炎，由于患牛皮肤中沉积光线过敏物质，在被日光曝晒时，无色素被毛区或无毛处的皮肤发生红肿瘙痒，逐渐可见炎症产物，致使皮肤脱落、坏死。本病呈世界性分布，尤其多发生于放牧牛和户外饲养的牛。

[病因] 引起光线过敏的常见原因有：

（1）原发性或外源性光过敏　引起原发性光过敏的物质大多为植物，如含有荞麦素的荞麦、含金丝桃素的金丝桃属植物，各种油菜和三叶草；喂服吩噻嗪（在肠道内可形成硫氧基吩噻嗪），以及注射四环素族药物，接触硫黄以及注射曙红、吖啶黄，二碘曙红和亚甲蓝等荧光色素时，其中所含感光物质，在阳光照射时可引发光过敏。

（2）继发于肝脏疾病　肝细胞毒性植物是引起肝源性光过敏的最常见原因。砒咯双烷生物碱，蓝绿藻黍属、某些芥属以及其他能引起牛的肝损伤的植物。另外某些病毒和细菌，如曲霉菌、镰刀菌等能产生肝细胞毒性的球菌毒素可引起光过敏。

（3）先天性卟啉病　牛细胞生成性卟啉症，也称为"红牙齿"，是一种遗传性缺陷病。因缺少酶——尿卟啉合成辅酶Ⅲ，致使尿卟啉和粪卟啉蓄积并在骨、牙齿、皮肤及其他组织中沉积。蓄积在皮肤的卟啉代谢产物可引起光过敏。此外还有一类原因不明性光过敏。

[临床症状] 发生光过敏的皮肤病变局限于无色素、无毛及阳光能够直接照射的部位，与周围界限非常明显。病初（发病后1～2d），患病部位皮肤发红肿胀，局部有热感，触之疼痛。皮肤肿胀隆起程度高于正常皮肤，以背部的无色素和无毛部位多见，其次是腹部和乳房。病情于3～7d加重后，皮肤的深部组织坏死。在舍饲的轻症病例，表皮呈小片状逐渐脱落而后可逐渐恢复。重症病例的皮肤变为红黑，逐渐变硬呈板状裂纹而脱落，有时局部有出血症状，不久可恢复。除皮肤病变外，重症病例可见发热，精神沉郁，食欲不振，呼吸迫促，下痢或便秘及泌乳量急剧下降，黄疸、黏膜发绀，肝脏叩诊区扩大和叩诊疼痛，疼痛及蹄叶炎等症状。

[诊断] 大多数病例根据临床症状可作出确诊，但找出病因则相对困难。对所有发生光过敏的患牛进行肝功能检查，发生肝源性光过敏时红细胞、白细胞数增加，黄疸指数升高，胆红质呈阳性，血清谷草转氨酶活性升高，尿胆红素呈阳性。先天性卟啉症患牛红细胞减少，用伍德氏灯对牙齿和尿进行紫外线检查、可见明显的橘黄或红色荧光。

[防治] 治疗光过敏，可静脉注射20%的硫代硫酸钠50～100mL或者每

千克体重 0.5～1.0g 灌服；皮下注射盐酸苯海拉明 10～20mL；肌肉或皮下注射泼尼松 10mL。也可静脉注射葡萄糖和复方氯化钠溶液 3 000～5 000mL，在溶液中可加保肝剂和维生素 K_3，必要时可反复注射。

预防此病，注意避免饲喂含致病因素的饲料，避免到本病多发的牧场放牧；发病后将牛移到舍内或到其他放牧地；放牧前应驱除肝蛭；注射荧光色素或给予吩噻嗪后，要避免光刺激 3d。

(三) 皮炎

皮炎是指皮肤全层发生的炎症。

[病因] 可导致皮炎的因素有多种。动物接触具有刺激性的物质，如运动场、通道及垫草内的生石灰，某些乳房清洗液和乳头药浴液（包括碘制剂、洗必泰、漂白粉等），助产、阴道检查及子宫送药前清洗外阴部的消毒液、肥皂水等，均可引起接触性皮炎；因病躺卧的牛受粪尿长时间浸泡，可引发皮炎；在犊牛，奶温过高或残留在口唇部并变干变硬的奶也可引发皮炎；在慢性腹泻的犊牛可表现尾部、会阴部及后肢皮肤的灼伤。此外，外部创伤、烧伤、冻伤等物理因素也可致病；在牛群内的个体或少数，可能有植物、昆虫和垫草引起的变态反应性皮炎，但较为少见。

[临床症状] 根据其病因或病史可将其分为若干种，临床表现各不相同。

外伤性皮炎，由皮肤擦伤或缺损而发生，表现患部脱毛，皮肤潮红或轻度增温，肿胀，渗出，皮屑增多，以急性经过为主。急性皮炎，多由烧伤、冻伤等物理因素或酸碱等化学因素刺激引起，患部有明显的红、热、肿、痛，见有皮肤破损及渗出。慢性皮炎，常由急性皮炎转变而来，表现渗出及痂皮均减少，皮肤增厚，无弹性，易继发感染（尤其在四肢关节处）。疣性皮炎，常因潮湿污物的慢性刺激而发生，表现患部邻近的皮下组织呈现纤维结缔组织增生，皮肤增厚，皮上有疣状突起物。过敏性皮炎（荨麻疹），由过敏反应引起，表现为在短时间内头部、眼睑、唇，或颈、胸、腹等处，突然发生大小不等和界限分明的隆起，有时消失很快。

[诊断] 根据典型的皮肤变化和接触史，结合向畜主询问病史可作出正确诊断。

[防治] 治疗包括对局部的外科处理和涂擦保护性油膏，如凡士林；对过敏性皮炎须查明发病原因，一般对原因不明的皮肤过敏反应，多采用葡萄糖酸钙、苯海拉明、异丙嗪、扑尔敏等任何一种进行治疗，其中扑尔敏（马来酸氯苯吡胺）对急性病有效。此外，亦可试用肾上腺素治疗，经 6～8h 后再重复一次有效。

预防此病的有效方法就是避免牛只接触能引起皮炎的致敏物质和刺激物

质，同时加强饲养管理。

（四）肿瘤

肿瘤是在多种致病因素的作用下，由某些组织细胞异常增生所构成的一种新生物。在形态、组织结构，物质代谢及生长等方面，肿瘤组织与正常组织具有本质不同的特点，也与炎症有严格的区别。

[病因]　肿瘤的种类多种多样，但其病因可分为外源性和内源性两种。

（1）外源性病因　包括生物性、化学性和物理性三种。其中生物性因素有病毒（如牛白血病病毒，牛乳头状瘤病毒）、霉菌毒素（如黄曲霉毒素 B_1、杂色曲霉毒素等）、植物等。化学性因素有可导致遗传变化的遗传毒性致癌剂以及渐成性致癌剂。前者如烷化剂、多环芳香烃、亚硝胺类以及铬、镍、镉等；渐成性致癌剂有激素（如雌激素等）、免疫抑制剂、辅致癌物（如巴豆酯、儿茶酚等）、促癌剂（如巴豆酯、有机氯化合物、砷制剂等）以及固态物质（石棉，塑料等）。物理性因素主要有电离辐射（X射线、γ射线等）和日光等。

（2）内源性病因　有年龄、免疫状态、遗传性倾向、内分泌因素及其他一些因素。老龄牛较年轻牛易发，有免疫缺陷的牛较正常牛易发。当肾上腺皮质激素、甲状腺激素分泌紊乱、性激素平衡紊乱均可引起肿瘤或对肿瘤的发生起一定的作用。当牛营养不良，如缺乏蛋白质、B族维生素时，也易引发癌症。

[临床症状]

（1）良性肿瘤　多呈竹节状、近于圆形或乳头状，常呈膨胀性生长，周围有包膜、表面光滑、整齐、界限明显，不浸润邻近组织，移动性较大、无痛。一般生长慢，不溃烂，不转移，手术后，一般不复发。通常对机体影响较小，但可对周围临近器官造成压迫。

（2）恶性肿瘤　形态多种多样，一般表面不光滑，呈花椰菜样或结节状，常有出血、坏死和溃疡，没有包膜，界限不清楚，与外周组织呈浸润性生长，基底常与深部组织粘连，移动性小或无移动性，有疼痛。生长快（也有少数生长慢），且癌细胞容易沿血液、淋巴转移，手术后易复发，对机体的影响大，病牛多以死亡告终。

[诊断]　诊断时，主要了解肿块发生发展的情况。检查全身有没有转移；注意局部肿块的大小、形态、硬度、疼痛，发展快慢、活动性及与周围组织关系，有无局部淋巴结肿大等。如果良性肿瘤生长速度突然变快，肿瘤表面和周围血管突然增加，出现溃疡和压迫神经，全身情况日益恶化等症状时，表明良性肿瘤发生恶变。确诊应进行活组织切片检查。

[防治]　治疗良性肿瘤时，对有蒂的不大的肿瘤，常采用结扎法或烙断法予以切除。对不影响机能的浅表肿瘤可不予手术，但对易恶变的良性肿瘤或难

以辨别的肿瘤，以及体积巨大，影响到重要器官功能的肿瘤，必须及早手术切除。手术时须将肿瘤完整地摘除。治疗恶性肿瘤，基本上仅限于手术疗法，手术进行得愈早愈好，切除范围应包括肿瘤本身，以及肿瘤细胞可能已转移到的部位。有时还需切除所在器官的大部分或全部，并包括其周围组织和附近区域的淋巴结。切割时应先处理局部淋巴结，结扎相应的动脉和静脉，然后切除肿瘤本身。切割肿瘤时，在正常组织处进行，必须力求彻底，动作轻柔，不可伤及肿瘤组织。

预防此类疾病，应加强饲养管理，避免牛只与致病因子接触，尤其是要注意饲料的品质。平时要注意和保持牛舍及牛体卫生；发现肿瘤要及时通过手术予以摘除。

(五) 物理性损伤

物理性损伤是指由物理性因素引起的损伤，如烧伤、冻伤及晒伤等。

1. 烧伤　烧伤是由于高温刺激皮肤肌肉所引起的损伤，常由火灾或治疗不当（烧烙、酒醋疗法）所引起。临床上分为烧伤和烫伤两类。小面积或轻度烧伤较容易治愈，大面积重度烧伤或有并发症时，则多预后不良。

[病因] 多由高温的固体、液体或气体物质直接作用于动物机体所引起。

[临床症状] 高热刺激损伤皮肉组织，损伤程度轻、面积小的一般无全身症状，可见受伤部位被毛烧焦，皮肉肿胀，或起水泡，流黄水，损伤严重的可导致皮肤全层被损伤。烧伤程度主要取决于烧伤的深度和烧伤的面积，还与烧伤部位、家畜的年龄和体质等有关。烧伤按受伤程度常分为三度。一度烧伤是被毛和皮肤表皮浅层的损伤，表现烧伤处被毛烧焦，留有短毛，局部动脉充血，毛细血管扩张，有浆液性渗出和红、肿、热、痛。这种类型的烧伤一般在1周内可自行愈合，局部无瘢痕形成。二度烧伤是表皮层及真皮的一部分或大部分被损伤，可见渗出液较多，有大水泡形成，经2～5周可愈合。三度烧伤，皮肤全层或深层组织（筋膜、肌肉和骨）被损伤，病牛精神沉郁，反应迟钝，反刍停止，甚至出现休克。烧伤的面积愈大，全身反应愈严重。

[诊断] 根据病因和临床症状可作出诊断。

[防治] 治疗的原则是局部伤面处理、抗休克、缓解酸中毒和全身抗感染。烧伤的现场处理：当牛体部分被烧伤，用清洁冷水浇淋半小时或稍长时间。清创后，轻度的用5％～10％高锰酸钾液、3％龙胆紫或用油灰膏等外涂。面积较大的烧伤牛，常发生剧烈疼痛、烦躁不安和肌肉震颤，可注射度冷丁（每千克体重1～2mg）或氯丙嗪（每千克体重1mL）、巴比妥类以及玄胡素注射液（每毫升含生药1g）等，如发生大出血创伤时应止血包扎。预防烧伤应加强防火安全意识，远离高温场所，防止烧伤或烫伤。

2. 冻伤 冻伤是由低温引起的皮肤组织的病理变化。如果低温长期反复地作用于组织，可引起组织慢性炎症，形成冻疮。此病以北方地区多见，机体末梢、缺乏被毛或被毛发育不良以及皮肤薄的部位易发。

[病因] 组织器官长时间暴露在寒冷环境中易引起冻伤。如从温暖地区引入的奶牛抗寒性差，牛经长途运输、过度疲劳饥饿、失血、长期缺乏运动以及肢体装着止血带等，都容易引发冻伤。外周循环不良的新生犊易发生冻伤。在冬季，病牛脱出的子宫、阴道和直肠在未及时处理时极易发生冻伤；幼龄犊牛喂奶后不擦拭口唇部、鼻镜处沾的奶可迅速冻结而致冻伤。冬季乳头药浴后药液未干便将奶牛赶出挤扔厅，也可使乳头冻伤。

[临床症状] 冻伤的主要特点是遭受冻伤部位的血管和神经发生机能反应性的改变。根据复温后组织的炎症反应和愈合情况，可将冻伤分为三度：一度冻伤，皮肤及皮下组织有疼痛性水肿，数日后局部反应消失；二度冻伤，皮肤、皮下组织表现弥漫性水肿，有时皮肤出现水泡，水泡破后形成愈合缓慢的溃疡。三度冻伤，冻伤部位血液循环障碍，最后发生组织坏死、表现为患部厥冷，失去感觉，此类型的冻伤常因静脉血栓形成以及继发感染而发生湿性坏疽，特别易继发破伤风等厌氧性感染。

[诊断] 根据临床症状和发病季节及病史可以作出诊断。

[防治] 冻伤的治疗重点在于消除寒冷作用，使冻伤组织复温，恢复组织内的血液循环和淋巴循环，并采取预防感染措施。首先，使病畜脱离寒冷环境，移入厩舍内，用肥皂水洗净患部，然后用樟脑精擦拭或进行复温治疗。为防止感染化脓成疮，局部可用 5% 的碘酊涂抹。如果冻伤较重，局部可涂抹马勃软膏或桑寄生软膏等；若患畜有全身症状，可以应用抗破伤风血清、抗生素、磺胺类药物，以及强心补液等。

预防家畜发生冻伤应注意搞好冬季防寒保暖。在严寒天气，畜舍要堵窗户、挂草帘，防止风雪袭击。经常检查牲畜，发现冻伤后及时进行治疗。

3. 晒伤 晒伤是指牛因紫外线的异常照射引起的色素沉着少的皮肤部位所遭受的损伤。

[病因] 晒伤是由高强度或长时间的短波射线——紫外线的照射而引起。

[临床症状] 无毛的乳头皮肤与乳房皮肤易晒伤，其中乳房结构良好的牛外侧乳头皮肤晒伤较严重，当牛躺卧时晒伤最严重。晒伤后，在 1 周内晒伤皮肤将出现水泡、脱皮和干燥现象。此类型的晒伤严重时可导致挤奶疼痛，引起挤奶困难、挤奶不完全和乳房炎等临床继发症状。在此期间，如果再有别的刺激，如乳头药浴，可使痊愈速度变慢。如果背部浅色毛区皮肤被晒伤，可见有红斑。

[诊断] 根据临床症状和通过向畜主了解病史可作出正确诊断。

[防治] 治疗时多采用局部用药，如羊毛脂或芦荟润滑软膏可以缓解被晒伤皮肤的症状，长时间直射光照引起严重硒伤的牛需要更多的药物治疗。

预防此病应做好平时的饲养管理，避免阳光直射，在炎热的夏季避开在阳光强烈的中午或午后活动，最好在早晨或傍晚将牛放出活动或放牧。

（六）其他疾病

1. 荨麻疹 荨麻疹是机体对某些不明植物过敏或由于自身免疫系统的超敏所引起的一种皮肤血管反应，在临床上可见皮肤多处出现风疹块。

[病因] 昆虫螫刺和接触有毒植物（荨麻等）可引发该病；采食霉败、有毒的草料，特别是饲料中蛋白质突然增加时可引发此病；治疗某些传染病、胃肠道疾病和寄生虫病时，应用的抗生素类药物、疫苗、结核菌素等也可导致该病。

[临床症状] 本病多为散发，黑牛皮肤上突然出现疹块，呈扁平或半球形，从蚕豆大至核桃大不等，周围呈堤状肿胀，被毛直立。触摸病变部位皮肤有紧张感，无皮肤损伤，也无渗出现象。发病多从头、颈部两侧、肩、背、胸部和臀部开始，随后扩展至四肢下端及乳房等处。病畜精神沉郁，食欲减退，有的可见因皮肤瘙痒而摩擦啃咬，且有擦破和脱毛现象。随着疹块的增多，病牛往往伴有颤抖，呼吸急迫，流涎，轻度腹泻等症状。

[诊断] 根据临床症状，结合现场调查及向畜主询问病史，了解患牛是否使用过霉败饲料、疫苗及结核菌素等，是否与蚊、蛇等有接触，从而进行判定。

[防治] 对轻症病例而言，无须治疗病牛即能自行恢复。严重病例使用皮质类固醇和非甾体抗炎药物可很快见效。本病无预防方法。

2. 脓肿 脓肿是在牛的组织和器官内形成的外有脓肿膜包裹、内有脓汁残留的局限性脓腔。

[病因] 主要由金黄色葡萄球菌、化脓性链球菌、绿脓杆菌和大肠杆菌等侵入伤口组织，从而引起局部感染所致。某些刺激性药物如氯化钙、松节油、水合氯醛等误注或漏入皮下或肌肉也可引发本病。由原发病的细菌经血液或淋巴循环转移到新的器官也可形成转移性脓肿。

[临床症状] 浅层脓肿，初期局部肿胀、增温、与周围组织界限不明、质地坚硬。继而局部化脓，中央向表面隆起，触诊有波动感，皮肤逐渐变薄，最后破溃，排出脓汁。

深部脓肿，局部肿胀，增温不明显，也不易感到波动。但局部疼痛剧烈，往往有明显的全身症状。

[**诊断**] 对浅层脓肿，根据临床症状和局部穿刺发现脓汁即可确诊。对深部脓肿可进行诊断性穿刺，脓汁较稀时可从针孔流出，脓汁黏稠时不易流出，但针孔内常有干涸且黏稠的脓汁或脓块附着。体腔蓄脓也可进行穿刺诊断。

[**防治**] 治疗脓肿，可于病初用 1％普鲁卡因青霉素液于肿胀周围封闭，能促使肿胀消散。如果已出现脓肿，可用 5％碘酊或 10％～30％鱼石脂软膏涂布于患部，促其尽快成熟。脓肿成熟时，于术部剪毛消毒，涂布 5％碘酊，在波动明显的中央部位用灭菌针头穿刺，可放出或吸出脓汁；或选择脓肿波动最明显、位置最低的部位切开，排出脓汁，去除坏死组织，用 0.1％高锰酸钾、3％双氧水冲洗脓腔，然后用医用消毒棉擦干，再用碘酊、碘甘油纱布填塞。以后定期换药，直到肉芽填充、愈合为止。

预防脓肿，静脉注射药物时应小心，尤其是在注射具有刺激性的药物时更是如此；发生外伤感染应及时进行治疗。

（王瑞　杨晓野）

第六章 营养代谢疾病

第一节 维生素缺乏症

一、维生素 A 缺乏症

维生素 A 缺乏症是体内维生素 A 缺乏或不足所引起的一种营养代谢疾病。以生长缓慢、视觉异常、骨形成缺陷、繁殖机能障碍以及机体免疫力下降为主要临床症状。维生素 A 缺乏症最常发生于犊牛和幼禽，其他动物亦可发生，但马极少发生。维生素 A 仅存在于各种动物源性饲料中，鱼肝和鱼油是其丰富来源。维生素 A 原（胡萝卜素）存在于植物性饲料中，青绿植物、胡萝卜、黄玉米、南瓜等是其丰富来源。

[病因] 维生素 A 完全依靠外源供给，即从饲料中摄取。饲料日粮中维生素 A 或胡萝卜素长期缺乏或不足是原发性病因。通常见于以下情况。

植物中的维生素 A 主要以维生素 A 原（胡萝卜素）的形式存在。在各种青绿饲料包括发酵的青绿饲料在内，特别是青干草、胡萝卜、南瓜、黄玉米中都含有丰富的维生素 A 原，维生素 A 原能转变成维生素 A。但在棉子、亚麻子、萝卜、干豆、干谷、马铃薯、甜菜根中几乎不含维生素 A 原。如果长期单一使用配合饲料作为日粮又不补加青绿饲料或维生素 A 时，极易引发该病。

饲料收割、加工、贮存不当以及存放过久导致陈旧变质时，其中胡萝卜素受到破坏，长期饲用可致维生素 A 缺乏。

犊牛在 3 周龄前不能从饲料中摄取胡萝卜素，需从初乳或母乳中获取，初乳或母乳中维生素 A 含量低下，以及代乳品饲喂幼畜，或过早断奶，都易引起维生素 A 缺乏。

干旱年份，植物中胡萝卜素含量低下（干草长期暴晒，约 50% 胡萝卜素遭到破坏），相反，北方地区气候寒冷，冬季缺乏青绿饲料，又不补加维生素 A 时，极易引起发病。

动物机体对维生素 A 或胡萝卜素的吸收、转化、贮存、利用发生障碍是内源性病因。

犊牛腹泻、瘤胃角化不全或角化过度，都可导致维生素 A 缺乏症。因为大量胡萝卜素是在肠上皮转变成维生素 A 的，并且主要是在肝脏中贮存维生素 A 的，所以当牛发生慢性肠道疾病和肝脏疾病时，最容易继发维生素 A 缺乏症。

长期缺乏可消化蛋白可导致肠黏膜酶类失去活性，胡萝卜素向维生素 A 的转化作用受阻。此外，矿物质、其他维生素或微量元素缺乏或不足，都能影响体内胡萝卜素的转化和维生素 A 的储存。动物机体对维生素 A 的需要量增加或维生素 A 的排除和消耗增加都能引起维生素缺乏。

除此以外，饲养条件不良、畜舍污秽不洁、寒冷、潮湿、通风不良、缺乏运动以及阳光照射不足等应激因素亦可促发本病。

[临床症状] 维生素 A 是维持机体皮肤和黏膜上皮细胞的正常结构和功能、视紫红质素的组成、骨骼发育所必需的营养物，缺乏时会引起视觉、消化、呼吸、繁殖、生长发育的紊乱。当血浆中维生素 A 的浓度从 $250\mu g/L$ 降为 $50\mu g/L$，血浆胡萝卜素从 $1\,500\mu g/L$ 降至 $90\mu g/L$ 以下时会出现临床症状。犊牛对缺乏症的易感性高，初期症状是夜盲症，患牛表现无论是黎明还是傍晚都会撞东西。眼睛对光线过敏，引起角膜干燥症、流泪、角膜逐渐增生混浊，特别是青年牛症状发展迅速，可因细菌的继发感染而失明。病牛也易患肺炎和下痢，由于肾脏的曲细管上皮细胞角化脱落，极易引起尿结石。缺乏维生素 A 的犊牛发育明显迟缓，被毛粗粝，大多易患皮肤病。骨组织发育异常，包裹软组织的头盖骨和脊髓腔特别明显，由于颅内压增高或变形骨的压迫而出现神经症状、瞳孔扩大、失明、运动失调、惊厥发作和步态蹒跚等。妊娠母牛往往流产、死产或产出体弱犊牛和先天性失明的犊牛，受胎率下降等。育肥牛除上述症状外，呈全身性浮肿，以前躯和前腿特别明显。另外，也可见到跛行和肌肉变性，这主要是由于细小动脉壁增厚堵塞所导致的。

[诊断] 根据饲养史和临床特征作为初步诊断。确诊需要参考病理损害特征、血浆和肝脏中的维生素 A 及胡萝卜素水平。实验室检测主要包括血液和肝脏中的维生素 A 及胡萝卜素含量的测定以及脱落细胞计数。血液中维生素 A 的含量，一般正常值为 $100\mu g/L$，临界水平为 $70\sim80\mu g/L$，低于 $50\mu g/L$ 则出现症状，胡萝卜素含量往往受饲料种类的影响。肝脏维生素 A 和胡萝卜素的含量，正常分别为 $60\mu g/g$ 和 $4\mu g/g$，当降至 $2\mu g/g$ 和 $0.5\mu g/g$ 时，则出现缺乏症状。

眼底检查 检查眼睛，观察犊牛视网膜，患牛由正常时的绿色至橙黄色变成苍白色。

由于伴有体重降低，生长缓慢，生殖力下降等一般症状，并且有惊厥、抽搐等神经症状。而很多中毒病或传染病都出现这些症状。所以犊牛维生素 A

缺乏症在临床上极难区别诊断。应注意局部环境和饲养史。

[防治] 应加强饲养管理，给予含维生素A原较多的饲料。注意保持日粮的全价性，尤其是维生素A和胡萝卜素的含量一般最低需要量分别为30IU/g和75IU/g。特别是对妊娠母牛应提高肝脏维生素A原的储备，减少产后犊牛的发病率。维生素A缺乏症，病情发展相当快，一旦出现夜盲症、浮肿及神经症状，即使进行治疗也无效。所以应该重视早期发现、早期治疗。治疗时应查明病因，同时改善饲养管理条件，加强护理。调整日粮组成，增补富含维生素A和胡萝卜素的饲料，首选药物为维生素A制剂和富含维生素A的鱼肝油。在治疗上首先每千克体重肌内注射4 000IU维生素A，之后7~10d内继续口服同量的维生素A。本病的发生主要是精饲料饲喂过多而优质粗饲料饲喂过少，在预防上最好每2个月补给维生素A 50万~100万IU。

二、维生素D缺乏症

维生素D是动物骨骼生长和钙化所必需的一种脂溶性维生素。维生素D缺乏可引起体内钙、磷代谢障碍，导致骨骼病变。

[病因] 维生素D的化学本质是一种固醇类衍生物，共有6~8种，其中与动物营养学有着较为密切关系的有维生素D_2（麦角骨化醇）和维生素D_3（胆骨化醇）两种。维生素D在鱼肝和鱼油中含量最为丰富，蛋类、哺乳动物肝脏和豆科植物中含量也较多，在一般植物性饲料中含量极少。但植物中麦角固醇在波长为280~330nm的紫外线照射下，其中一部分可转变为麦角骨化醇（维生素D_3）；动物皮肤颗粒层中的7-脱氢胆固醇在波长为297~320nm的紫外线照射下，也可转变为胆骨化醇（维生素D_3），贮存在肝脏。夏季在日光照射下放牧是牛群所需维生素D的主要来源。即便是处于维生素D需要量最多的生长发育期犊牛，也可得到满足。维生素D缺乏多见于日光照射过少，这又与长期舍饲、阴天多雾下放牧以及冬季光照时间过短等有关。饲喂的干草加工方法不当，在植物性饲草中的麦角骨醇多不存在生长着的青绿叶中，而只存在枯死的植物叶中或日光晒干的干草中。由于现代饲草多采用迅速烤干加工方法，使维生素D含量减少到最低，基于肠黏膜对钙、磷的吸收机能降低，使处于生长过程中犊牛发生佝偻病，使成年牛，尤其是妊娠或哺乳母牛发生骨软症症状。

维生素D（即维生素D_3）的生理功能 过去认为维生素D可直接参与钙、磷的吸收与代谢过程。但近年来的研究发现：维生素D在机体内转化为活化型维生素D_3（作为一种激素）才能发挥其生理功能，如经小肠黏膜吸收的维生素D输送到肝脏后，先在肝脏经羟化酶系统的羟化作用而形成25-羟胆骨化醇（$25-OH-D_3$），再输送到肾脏经 1-羟化酶系统的羟化作用，则形成 1，25-二羟胆骨化醇 [$1，25-(OH)_2-D_3$]。维生素 D_3 与钙、磷的吸收、代谢有着密切关系。在血钙、血磷含量充足或钙与磷比例适当条件下，维生素 D_3 作用于靶器官——小肠、肾脏和骨骼等，促使小肠、肾脏对钙、磷的吸收机能增强，以维持血液中钙、磷含量的稳定性，并使骨化机能（即骨的钙、磷沉积过程）处于良好状态。如其对小肠（包括肾脏在内）作用，钙从肠腔透过肠黏膜进入细胞液开始阶段，需要钙结合蛋白质和依赖钙的三磷酸腺苷酶两种因素协助。1，25-二羟胆骨化醇具体作用是使肠腔内存在的钙结合蛋白质前体物转变为钙结合蛋白，促进钙的吸收过程。在小肠钙的输送过程中则需要钠的存在，钠、钾输送系统可将钙送到浆膜处，完成钙的输送作用。维生素 D 对肾脏起作用，促进肾小管对钙、磷的吸收过程，使血钙、血磷含量增多。又如其对骨骼作用，1，25-二羟胆骨化醇对骨骼似有两种相反的作用，一方面可提高破骨细胞对甲状旁腺的敏感性，促使骨质吸收和钙、磷溶解，增多血钙、血磷含量；另一方面又可促进骨骼软骨细胞的成熟、退化，使软骨细胞蓄积磷酸钙颗粒，即形成新的钙化线。这两种作用对新生骨骼的钙化和维持骨骼钙化，以及调节血液中和骨骼中的钙、磷含量的平衡具有重要作用。维生素 D 在肾脏形成 1，25-二羟胆骨化醇是受血钙的反馈机制进行严格控制，如当血钙含量接近正常或增多时，1，25-二羟胆骨化醇的合成作用受到抑制；反之，血钙含量减少时，1，25-二羟胆骨化醇的合成则增强。在肝脏合成 1，25-羟胆骨化醇的过程，似乎也有这类调节作用。

[临床症状] 维生素 D 缺乏对奶牛，特别是对犊牛、妊娠和泌乳母牛的影响，首先是使其生长发育缓慢和生产性能明显降低。临床表现食欲大减，生长发育不良，消瘦，被毛粗硬、无光泽。同时，骨化过程受阻的结果，掌骨、趾骨肿大，前肢向前或侧方弯曲，膝关节增大和拱背等异常姿势。随着病势发展，病牛运动减少，步态强拘，跛行。知觉过于敏感，不时发生抽搐，甚至强直性痉挛，被迫卧地不能站立。由于严重的胸腔变形，则引起呼吸促迫或呼吸困难，有的伴发前胃弛缓和轻型瘤胃臌气等。泌乳母牛泌乳量明显减少；妊娠母牛多早产或产出犊牛体质虚弱、畸形等。犊牛可见以腕关节爬行。牙齿排列不齐、松动、齿质不坚而易磨损或折断，尤以下颌骨最为明显，严重时影响到呼吸和采食。病情持续发展，可引起营养不良，贫血，甚至危及生命。

[诊断] 根据常年舍饲，饲料中未添加或维生素 D 的添加量不足，并配合骨骼变形，在肋骨和肋软骨交界处呈串珠状增大，用 X 线检查发现有肥大的软骨，可作出诊断。除根据临床症状和发病病史情况进行分析外，实验室诊断主要依据血磷含量和碱性磷酸（酯）酶活性测定。当维生素 A 缺乏时，甲状

旁腺分泌机能增强则促使大量磷随尿液排出体外，使血磷含量减少到每100dL 2～4mg（健康牛血磷含量为每100dL 7mg）。此外，早于临床症状的指标之一是碱性磷酸（酯）酶活性升高。有条件还可直接测定1，25-二羟胆骨化醇含量（在维生素D缺乏症病牛血液中，其降低到几乎测不出来的程度）。

[防治] 在使牛群受到更多的日光照射、饲喂豆科植物性饲草（料）的同时，对维生素D缺乏症病犊牛还要给予治疗，应用大于维持剂量10倍以上的维生素D制剂，每日或隔日服1次，疗程为1周。若与维生素A制剂同时投服，对其食欲、营养状态可望改善，血钙、血磷含量和碱性磷酸（酯）酶活性等项指标也得到恢复常态，但严重的骨骼变形仍然残留着。预防维生素D缺乏症发生的有效措施，是对不同发育阶段牛群——犊牛、育成牛和成年奶牛等，补饲动物性蛋白饲料，尤其是鱼肝、鱼油之类。保证每日摄取量在每千克体重7～12IU。平时也应注意日粮中钙、磷含量及其比例（钙∶磷为2∶1）适宜问题。

三、维生素E缺乏症

维生素E缺乏症是体内生育酚缺乏或不足所引起的一种营养代谢病。患该症的幼龄动物表现为肌肉营养不良，成年动物表现为繁殖障碍。

[病因] 维生素E即生育酚。按其化学结构的不同可分为α、β、γ、σ四种类型。维生素E较广泛地分布于饲料中，各种青绿饲草是其主要来源。当青绿饲草接近成熟期时其含量较多，叶比茎含量多20～30倍。在露天下晒制或霉败变质的干草，可使其中90%的维生素E丧失活性，但经过人工调制的干草和青贮则维生素E活性丧失较少（这是由于维生素E的化学性质不十分稳定，易受紫外线氧化缘故）。在各种谷物胚部维生素E含量特别多；小麦、大麦与紫花苜蓿等维生素E含量相近，卵黄和植物油中的维生素E含量也较多，但油粕类中维生素E含量较少。在动物性饲料中维生素E含量也比较少。1IU维生素E相当于1mg合成生育酚醋酸盐的活性。维生素E缺乏时，牛可发生一系列疾病，如肌肉营养不良、白肌病和鱼肉病等。其病因可分为原发性和继发性两种。

原发性维生素E缺乏症的病因：由于多发生于成年牛，特别是妊娠、分娩和哺乳母牛，其病因是饲喂了劣质干草、稻草、块根类、豆壳类以及长期贮存的干草和陈旧的青贮等饲草（料）。

继发性维生素E缺乏症的病因：初生犊牛为数较多。其病因往往是饲喂了富含不饱和脂肪酸的动物性和植物性饲料，如鳕鱼肝、猪油、大豆油、椰子油、玉米油和亚麻籽油等混合饲料，使维生素E过多消耗而引起的相对性维生素 E 缺乏，最终导致本病。

至于本病发生的诱因，各种应激如天气恶劣、长途运输或运动过强、腹泻、体温升高、营养不良以及含硫氨基酸——胱氨酸和亮氨酸不足等。维生素 E 确切的生理功能，目前尚不十分清楚。维生素 E 在牛机体中主要作用之一是具有抗氧化作用，即能抑制不饱和脂肪酸，特别是在亚油酸代谢过程中产生过氧化氢化合物的氧化作用。每当牛缺乏硒时维生素 E 的抗氧化作用会表现得更为明显。因此，维生素 E 不但能抑制过氧化氢化合物的产生，而且也能中和氧化过程中的—ROOH 游离基，致使各种细胞—亚细胞结构，尤其是富含不饱和脂肪酸的线粒体、内质网等膜结构，得以免受氧化破坏，保护其结构的完整性和生理功能。

维生素 E 的缺乏，会使体内不饱和脂肪酸过度氧化，细胞和溶酶体遭受损伤，释放出各种溶酶体酶，导致组织器官的变性等退行性病变。表现为血管机能障碍：孔隙增大、通透性增强，血液外渗，神经机能失调（抽搐、痉挛、麻痹），繁殖机能障碍以及内分泌失调。

[临床症状] 发生于犊牛（出生后到 4 月龄）的较多。病型分为心脏型（急性）和肌肉型（慢性）两类，前者即由于心肌坏死，尤以心室肌肉凝固性坏死为主要病变，在中等程度运动中便可突发心搏动亢进、心律不齐和心音微弱等心力衰竭而急性死亡。后者是由于骨骼肌深部肌束发生硬化、变性和严重性坏死。在临床上呈现运动障碍，不爱运动，步样强拘，四肢站立困难，严重病牛多陷入全身性麻痹，不能站立，只能取被迫横卧姿势。在咽喉肌肉变性、坏死的病牛，多数由于采食、呼吸困难，取短暂经过（6～12h）便死亡。

[诊断] 通常根据发生特点（幼龄、群发性）、饲料分析（维生素 E 缺乏）、临床症状（运动障碍、心脏衰弱、渗出性素质、神经机能紊乱）以及病理学变化（骨骼肌、心肌、肝脏、胃肠道、生殖器官有典型的营养不良病变）进行诊断。病理学变化主要在心肌和骨骼肌：心肌，尤其以左心室肌肉呈白色或灰白色与肌纤维平行条纹病灶。骨骼肌色淡。常发部位为肩胛、背腰和臀部肌肉以及膈肌等，有斑块状稍混浊的坏死病灶。为了最终确诊病性，还可结合血液、尿液生化学检验，如血清谷草转氨酶活性升高 $500 \times 10^3 \sim 2\,500 \times 10^3 U/mL$，血清谷丙转氨酶活性达 $70 \times 10^3 \sim 700 \times 10^3 U/mL$；血钾、血镁含量减少，而血钠、血钙和血磷含量增多；尿液肌酸酐含量增多（病牛达 1～1.3g/d，健康牛为 200～300mg/d）等。

[防治] 首先要针对病因，及时更换饲料，增加富含维生素 E 的饲料，夏季给予新鲜青绿饲料（豆科植物为佳），冬天给予草粉、苜蓿、麦麸、发芽谷物等。

其次做好预防工作，日粮组成应保证全价营养，避免使用陈旧霉变的饲料，尤其是变质的鱼肝油。除去日粮中品质不好的脂肪、发霉变质的鱼粉、腐败发酵的含脂丰富的豆粕等。在炎热季节，饲料中的脂肪迅速变质，保存期不宜超过 3～5d。对新生犊牛预防可皮下注射维生素 E 50～150mg 和亚硒酸钠注射液 3mg，隔 2～4 周后再注射 1 次维生素 E 制剂 500mg。对妊娠母牛宜在分娩前 1～2 个月时，混饲维生素 E 制剂（1 000～1 500mg）和亚硒酸钠（20～25mg），隔几周后按上述剂量再混饲 1 次。对已发病病牛，宜饲喂富含维生素 E 的饲料，严格控制牛舍、牛体保温和禁止运动等措施。在治疗上应用大剂量维生素 E 制剂（750～1 000mg/d），经口投服或肌内注射等不同途径，在疗效上无差异，也无副作用。

四、硒缺乏症

硒缺乏症，是由于牛采食或饲喂硒缺乏土地上生长的饲草（料）；临床上是以营养性肌萎缩、生长缓慢，以及成年母牛繁殖性能障碍等为主要症状的世界性地方病之一。本病在成年牛群发生较少；主要发生于 1 岁以内的犊牛，尤其是 1～3 月龄犊牛多发。

[病因] 硒缺乏的病因复杂，不仅包括硒的因素，而且包括含硫氨基酸、不饱和脂肪酸、某些抗生素及其他因素，特别是维生素 E 的作用。原发性硒缺乏是由于土壤、饲草（料）中硒含量过少，或者土壤中硫化物含量过多或摄取饲草（料）含硫酸盐量过大等情况下，势必要降低牛对饲料（草）中硒的吸收、利用率，导致发生硒缺乏症。维生素 E 的不足也容易诱发硒缺乏病的发生。本病的发生除有明显的地域性外，还与季节有关。2～5 月份是该病发生的高峰期。另外，如突然使其过度运动、长途运输和天气骤变等应激作用，都可构成本病发生的诱因。

[症状] 根据发病的经过，可将硒缺乏症分为最急性硒缺乏症、急性硒缺乏症和慢性硒缺乏症三种类型。

最急性硒缺乏症症状：突然发病，心搏动亢进，共济失调，站立不稳，卧地不起。

急性硒缺乏症症状：病牛精神沉郁，运步缓慢，步态强拘，站立困难，全身麻痹，咳嗽，四肢肌肉震颤，颈、肩和臀部肌肉发硬、肿胀，全身出汗。病牛被迫横卧地上，四肢侧伸，头不能抬起。舌和咽喉肌肉变性，吸吮或采食动作发生困难，常常磨牙。

慢性硒缺乏症症状：消化不良性腹泻，消瘦，被毛粗乱、无光泽，脊柱弯曲，全身乏力，喜卧而不愿站立。成年母牛繁殖性能降低。

[诊断] 本病的诊断尚缺乏有效的特异性方法，尤其是对早期阶段亚临床症状的确诊更为困难。应用流行病学（缺硒历史），临床症状，饲料、组织硒含量分析，病理剖检，血液有关酶学，以及应用硒制剂取得良好效果作为诊断依据。

血液中常作诊断缺硒症的指标有：血清硒含量，谷草转氨酶、肌酸磷激酶、乳酸脱氢酶、血浆过氧化物酶测定等。

[防治] 本病的预防分为近期预防和远期预防。近期预防：刚出生的犊牛，应用亚硒酸钠溶液（3～5mg）和维生素 E（50～150mg）混合皮下注射，间隔2周后再注射1次，可起到预防效果。

对妊娠母牛，可在分娩前1～2个月，应用亚硒酸钠（0.1～0.2mg/kg）和维生素 E（口量为500～1 000mg）混合后添加饲料后饲喂，或在妊娠母牛分娩前2周至1个月时，皮下注射亚硒酸钠注射液（硒含量100mg）和维生素 E 注射液（剂量为1 000～1 500mg）。

长期预防应保证饲料含硒在0.1～0.2mg/kg，如达不到此水平，可采取定期肌内注射亚硒酸钠注射液，口服硒盐或硒添加剂，皮下埋植，瘤胃硒丸或向低硒土地上施用硒化合物肥料等。

治疗硒缺乏症病牛，在改善饲养管理（如限制活动、牛舍保温、避免应激因素等）的前提下，宜施行对因疗法和对症疗法，如肌内注射亚硒酸钠溶液每千克体重0.1mg 或口服亚硒酸钠溶液每50kg 体重10mg，间隔2～3d 再次投服，也可配合维生素 E 制剂。对慢性病例，应选用抗生素或磺胺类药物进行消炎，不应配合激素疗法和营养心肌的各种药物，尤其是浓糖、维生素 C、丹参液以缓冲心肌炎症。

五、维生素 K 缺乏症

维生素 K 是一组萘醌衍生物，其中活性较强的有维生素 K_1 和维生素 K_2 两种，前者多存在于自然界中青绿植物，特别是紫花苜蓿中，后者多存在于动物肝脏和鱼粉中。此外，还有维生素 K_3、维生素 $K_{(4\sim7)}$ 等多种，多系人工合成。维生素 K 在动物机体肠道和牛瘤胃内由其中微生物群大量合成。所以，通常饲养条件下的奶牛几乎不会发生维生素 K 缺乏症，只有偶然由于某些原因影响和破坏了维生素 K 的存在和合成时，才有可能发生维生素 K 缺乏症。

[病因] 维生素 K 主要参与血液凝固因子，即凝血酶原的合成。肝脏在合成凝血酶原过程中，先要合成凝血酶原前体物，然后在存在维生素 K 的条件下，其前体物在肝脏中合成凝血酶原，并释放到血液中去。同时，维生素 K 也是凝血因子Ⅶ、Ⅺ、Ⅹ 等生成的必需物质。若动物机体缺少维生素 K 时，

便使其前体物向凝血酶原的转化发生障碍，循环血液中的凝血酶原含量减少，而出现血凝时间延长，组织内出血和贫血现象。长期投服大量水杨酸盐和抗生素药物时，导致维生素K含量减少。当发生肝脏和胃肠道疾病时，由于胆汁产生和排泄到肠腔内减少，使维生素K吸收机能降低。当饲喂腐败变质草木樨发生草木樨中毒时，由于在腐败过程中产生双香豆素化合物与维生素K呈拮抗作用，导致机体内维生素K缺乏或减少。

[临床症状] 由于凝血酶原含量减少，血液凝固性降低，即血液凝固不全和凝血时间延长以及血管通透性改变等病理变化结果，在临床上以出血性病变为病理基础。其主要症状是皮下、组织和胃肠道出血、贫血、水肿和各种机能紊乱等。奶牛泌乳性能明显降低。多数病牛最终死亡。

[诊断] 一般通过病史调查、临床症状观察等进行诊断。对病性的最终性诊断，必须进行实验室检验，测定凝血时间是否延长等。

[防治] 平时应注意不间断地保证青绿饲料的供给，不饲喂腐败变质饲料，也要切忌直接投服大量抗生素药物等。在加强饲养管理的基础上，保持奶牛机体抵抗力，减少消化道疾病的发生，是预防本病的关键。治疗时为了防止血液凝固不全和提高血液凝固性为目的，肌内注射维生素 K_1、K_2、K_3 制剂（剂量为每千克体重 3mg）；还可输血、补液（以生理盐水和等渗葡萄糖注射液等为主），以及其他对症疗法。在使用维生素 K_3 时，最好同时给予钙剂治疗。

六、B族维生素缺乏症

B族维生素是一组多种水溶性维生素，共 9 种，分别为维生素 B_1（硫胺素）、维生素 B_2（核黄素）、维生素 B_3（泛酸）、维生素 B_4（胆碱）、维生素 B_5（烟酸或尼克酸）、维生素 B_6（吡哆醇）、维生素 B_7 或维生素 H、维生素 B_{11}（叶酸）和维生素 B_{12}（钴胺素）。B族维生素在动物体内的分布大致相同，在提取时常相互混合，在生物学上作为一种连锁反应的辅酶，故称之复合维生素B。

B族维生素由于它们是水溶性维生素，因此在机体每天排出大量水分的同时，也使一定量的B族维生素被排出。由于B族维生素不在体内贮存，因此它们每天必须得到补充。B族维生素来源很广泛，在青绿饲料、酵母、麸皮、米糠以及发芽的种子中含量极高，只有玉米中缺乏烟酸。瘤胃功能健全的成年牛基本不存在B族维生素缺乏症。幼年犊牛由于瘤胃还处于不活动阶段，功能不健全，如果这些维生素供给不足，可能发生B族维生素缺乏症。

（一）维生素 B_1 缺乏

[病因] 维生素 B_1 作为多种酶的辅酶，在丙酮酸氧化脱羧及糖、脂代谢过

程中起重要作用。动物缺乏维生素 B_1 时，糖代谢受阻，丙酮酸过多，乳酶分解受阻，在组织内蓄积，引起皮质坏死而呈现痉挛、抽搐、麻痹等神经症状。且心肌弛缓，心力衰竭。

原发性维生素 B_1 缺乏：主要是因为饲料中维生素 B_1 供应不足，健全的成年牛瘤胃可合成维生素 B_1，所以维生素 B_1 缺乏基本不会发生。

继发性维生素 B_1 缺乏：主要是牛食入过量拮抗维生素 B_1 的物质、胃肠功能紊乱、微生物菌系破坏，长期慢性腹泻，长期大量使用抗生素所引起。

[症状] 维生素 B_1 缺乏，病犊牛主要表现出血，皮脂溢出性皮炎，被毛脱落，发育不良。严重的犊牛多出现后躯麻痹，最终死亡。

[诊断] 根据饲料成分分析，临床症状可作出诊断。临床病理学检查有助于确诊，检查项目包括血液丙酮酸浓度升高，血浆硫胺素浓度下降。

[防治] 发病后分析病因，立即采取相应措施。目前采用复合维生素 B 预防本病。当患严重维生素 B_1 缺乏症时，可用盐酸硫胺素注射液静脉注射 $0.25 \sim 0.5 mg/kg$。

（二）维生素 B_2 缺乏

维生素 B_2 又叫核黄素，微溶于水，在中性或酸性溶液中加热是稳定的。作为体内黄酶类辅基的组成部分（黄酶在生物氧化还原中发挥传递氢的作用），当其缺乏时，就影响机体的生物氧化，使代谢发生障碍。其病变多表现为口、眼和外生殖器部位的炎症，如口角炎、唇炎、舌炎、眼结膜炎和阴囊炎等。

[病因] 自然条件下此病并不常发，但当饲料中缺乏青绿植物，或因消化系统疾病时，会使维生素 B_2 的消化吸收发生障碍，人工致病在动物饲料中加入含拮抗物可引起继发性维生素 B_2 缺乏。

[临床症状] 犊牛出现厌食、生长不良、腹泻、流涎、流泪、掉毛、口角炎及口周炎，但眼部疾病不多见。

[诊断] 根据病史及临床表现特征，结合血液指标与日粮分析可作出诊断。

[防治] 健康牛一般不会缺乏维生素 B_2，预防可在饲料中配有维生素 B_2 含量较高的带叶蔬菜、酵母粉、鱼粉、肉粉等，必要时可补充复合维生素 B 制剂。

（三）维生素 B_3 缺乏

维生素 B_3 又称泛酸，它作为辅酶——乙酰辅酶 A 的组成成分，它又是以脂肪、碳水化合物和氨基酸的二羧基部分进入乙酰辅酶的必需物质，也是在脂肪、类固醇合成上不可缺少的一种物质。

[病因] 自然条件下牛不会发生该病。

[临床症状] 应用玉米饲喂犊牛进行人工复制发病试验，获得成功。发生

泛酸缺乏症的犊牛，其临床症状是厌食、生长发育缓慢或停滞，体重减轻，消瘦明显，从鼻孔流出大量鼻漏，被毛粗糙无光泽；颌下皮肤发炎，皮肤与被毛变为灰白色，腹泻，脱水和四肢乏力、不能站立等。病势严重的犊牛多数最终死亡。

[诊断] 根据病史与临床表现特征，结合血液指标与日粮分析可作出诊断。但应与烟酸缺乏，生物素缺乏及维生素 B_2 缺乏相区别。

(四) 维生素 B_4 缺乏

维生素 B_4 又称胆碱，胆碱是卵磷脂和乙酰胆碱等的组成成分。前者有参与肝脏脂质代谢、运输并促进脂肪酸的利用等作用，以防止肝脏过多脂肪沉积——脂肪肝；后者则参与神经冲动传导和肌肉的兴奋等功能。

[病因] 胆碱以磷酸酯或乙酰胆碱的形式广泛存在于自然界中，鱼粉、肉粉、骨粉、青绿植物及豆粕等中含量均较高。通常由采食饲料中的蛋氨酸、胱氨酸和甜菜碱等在牛机体内可相互置换合成胆碱。故在牛几乎不发生胆碱缺乏症。只有在大剂量应用磺胺类药物和多种抗生素时，才可能诱发本病。

[临床症状] 初生犊牛食欲减退，生长发育不良，消瘦，体质虚弱，不能站立，呼吸困难和脂肪肝等。曾应用缺乏胆碱饲料人工复制发病试验，其结果试验的初生犊牛在第 7 天后便出现急性综合征（与临床症状相同）。

[诊断] 根据饲料中的胆碱含量，临床表现及剖检变化可进行诊断。

[防治] 在禁止应用磺胺类药物和抗生素的前提下，为促进体内胆碱的合成，同时饲喂富含胆碱成分的饲料，以及蛋氨酸等，均可起到预防本病发生的作用。

(五) 维生素 B_5 缺乏

维生素 B_5 又称烟酸，烟酸活化型——烟酰胺，即尼克酰胺是辅酶 Ⅰ 和辅酶 Ⅱ 两种辅酶的组成部分，它对碳水化合物、蛋白质和脂肪等代谢作用，即在与黄素酶共同进行动物机体的氧化还原过程中起着重要作用。

[病因] 维生素 B_5 广泛存在于动物性和植物性饲料中，动物性饲料包括鱼粉、血粉和肉粉等，植物性饲料包括青绿饲料、小麦胚芽、花生饼和优质干草等，其中含量较多。在牛瘤胃内由微生物群合成的可满足自身生理需要量。所以，在牛自然发生烟酸缺乏症的实例报道极少。只有在牛前胃疾病过程中，瘤胃中微生物群失调时导致本病发生。

[临床症状] 病犊牛症状是口腔溃疡，皮炎，食欲大减（厌食），呕吐，腹泻和严重脱水，贫血，消瘦和生长发育不良等。当陷入高度衰竭的病犊牛，往往突发死亡。

[诊断] 临床上对血液中和尿液中烟酸代谢产物含量测定，可作对本病病

性的诊断依据。

[防治]病犊牛可应用烟酸制剂皮下注射（每千克体重0.2mg）可收到疗效。在预防上可在饲料中补加富含烟酸饲料——鱼粉、血粉和麸皮等补饲。

（六）维生素 B_6 缺乏

维生素 B_6，又称为吡哆醇。它在自然界中广泛存在，如肝脏、肉类、发酵饲料、谷物类子实和青菜类等，其中吡哆醇含量较多。此外，尚有吡哆醛和吡哆胺。在饲料中三者以不同的比例存在，并可互相转化。动物机体内只能将吡哆醇转化为吡哆醛和吡哆胺，后两者却不能再转化为吡哆醇。参与动物机体内蛋白质代谢的为与磷酸结合的磷酸吡哆醛，作为氨基酸脱羧酶、氨基酸转移酶，以及色氨酸分解酶等多种酶的辅酶，参与蛋白质的合成。

[病因]奶牛在通常饲养条件下，由瘤胃内微生物群合成的便可满足自身生理需要量，在临床上几乎不发生吡哆醇缺乏症。但在高蛋白饲料饲喂过多时，则势必增多对吡哆醇的需要量而偶发本病。同时，人工复制发病试验也获成功。

[临床症状]主要是生长发育缓慢，皮炎，眼炎，口炎，并发生痉挛，贫血（属异型和大小不匀性红细胞性贫血）。

[诊断]根据饲料中吡哆醇含量可确诊。

[防治]动物饲料中可满足机体需要量。

（七）维生素 B_7 缺乏

维生素 B_7 也称为生物素。它广泛存在于蛋白饲料和青绿饲料以及动物性饲料中，如黄豆类、菠菜、肝脏、肾脏、心脏和卵黄等，其中含量均较多。牛瘤胃内微生物群也能合成。因而，在奶牛自然发病的报道较少。丙酰基辅酶A羧化酶活性降低是本病的指标之一。人工发病复制：给犊牛饲喂大量动物性蛋白质，由其中的抗生物素蛋白与生物素结合为不溶性生物素，可诱发生物素缺乏症。生物素是动物机体内许多羧化酶的辅酶，如丙酮酸转变为草酰乙酸、乙酰辅酶A转变为丙二酸单酰辅酶A等过程中，生物素是不可缺少的重要组成成分。

（八）维生素 B_{11} 缺乏

维生素 B_{11} 又称叶酸，是由谷氨酸、对氨基苯甲酸和蝶啶核等三部分组成。叶酸参与丝氨酸和甘氨酸的相互转换机能。为卟啉酶系统和核酸、嘌呤代谢、合成过程中的必需物质。当其缺乏时可导致嘌呤合成机能降低，也涉及红细胞发育成熟受阻，而使红细胞数大为减少，同时也使白细胞数减少。

（九）维生素 B_{12} 缺乏

维生素 B_{12} 又称氰钴胺，所以维生素 B_{12} 缺乏症也称氰钴胺缺少症。维生素

B_{12} 是抗恶性贫血因子，含元素钴。动物性饲料中肉、肝、奶、蛋和鱼粉等含量较多。草食动物胃、肠中的微生物能合成维生素 B_{12}。牛瘤胃内由灰色链球菌、丙酸菌和橄榄色链球菌在发酵过程中合成。实验证明，在 100g 瘤胃内容物干物质中维生素 B_{12} 含量可达 $50\mu g$，所以，在通常情况下，除饲料原发性缺钴外，牛维生素 B_{12} 缺乏是不大可能发生的。维生素 B_{12} 参与许多物质代谢过程，其中最重要的是参与核酸和氨基酸的生物合成，以提高其营养价值，促进红细胞的发育和成熟；其次是参与瘤胃内碳水化合物发酵生成丙酸，随之进行糖异生过程，如丙酸—丙酰辅酶 A—甲基丙二酸单酰辅酶 A—琥珀酸辅酶 A—琥珀酸—草酰乙酸—葡萄糖。在这一过程中的甲基丙二酸单酰辅酶 A 异构酶转化必须有维生素 B_{12} 参与。当维生素 B_{12} 缺乏时，丙酸代谢受阻，使尿液中甲基丙二酸成分增多，同时也影响蛋白质的合成和嘌呤代谢。

[病因] 引起维生素 B_{12} 缺乏症主要是由饲料中钴缺乏、瘤胃机能发育不全和前胃疾病，以及胃肠黏膜吸收障碍所致。

维生素 B_{12} 中含元素钴，当日粮中钴含量不足或缺乏，可导致维生素 B_{12} 合成受阻。犊牛阶段，由于瘤胃尚未发育完全，瘤胃发酵、合成机能不全，所以不能合成维生素 B_{12}。凡是能引起前胃疾病的因素都能引起维生素 B_{12} 的合成与吸收不良，如因突然变更饲料，精料过多所致的前胃弛缓、瘤胃积食；由乳房炎、创伤性心包炎及其他热性病所致的体温升高、毒血症等，都能直接导致瘤胃微生物菌群发酵过程异常，且将影响维生素 B_{12} 的合成。当胃肠黏膜损伤，其分泌机能障碍，被称为"内因子"的黏蛋白分泌缺乏，不能与维生素 B_{12} 结合而被吸收，从而因吸收障碍而造成维生素 B_{12} 的缺乏。

[临床症状] 发病犊牛，食欲不振、异嗜，瘤胃蠕动机能减弱。营养不良，被毛逆立、无光泽，生长发育缓慢，由于四肢肌肉乏力和全身虚弱，病犊牛站立困难，强迫走动呈现运动失调。母牛发情减弱乃至不发情。病牛往往伴发正红细胞性或小红细胞性贫血。

[防治] 首先，应对病牛具体分析，确定发病原因。因用合成日粮饲喂幼龄犊牛而引起维生素 B_{12} 缺乏的综合征，要在日粮中，每日加喂 $20\sim40\mu g$ 的维生素 B_{12}。同时肌内注射维生素 B_{12} $400\sim500\mu g$，1 次/d 或隔日一次。对成年牛，要确定原发疾病，并及时予以治疗。同时，肌内注射维生素 B_{12} 1 000~2 000μg，1 次/d 或隔日 1 次。

[预防] 对犊牛，在日粮中应添加维生素 B_{12} $20\sim40\mu g/d$ 或含钴的维生素饲喂。对成年牛，充分注意日粮中钴含量，防止钴缺乏。同时，应补充适量动物性蛋白饲料，如鱼粉，肉骨粉等。

第二节 矿物质与微量元素缺乏症

一、铜缺乏症

铜缺乏症是由于饲料中含铜不足及组织对铜的利用发生障碍所引起的牛的一种地方性代谢病。临床特征是被毛褪色、下痢、贫血、骨质异常、神经症状和繁殖机能障碍。

[病因] 牛体不同脏器和组织铜含量各异，肝脏是铜的主要贮存器官，铜含量在初生时犊牛较多，平均值为每千克体重 381mg，成年牛平均值为每千克体重 200mg；成年牛血液中铜含量为 0.93μg/mL，新生犊牛为 0.2～0.6μg/mL；成年牛被毛中含铜量为 7.8～10mg/kg。当铜缺乏时，其组织器官铜含量都明显减少。

本病发生于世界各地，且多以地方性铜缺乏症形式出现。由于发病地区不同病名各异，发生在澳大利亚的称为"猝倒病"，发生在新西兰的称为"泥炭病"，发生在美国的称为"舔盐病"等。在春、夏季节易发病，这与饲草中铜含量最低的时间相一致。铜缺乏病可分为原发性和继发性两种。

1. 原发性铜缺乏症 由于采食了在铜缺乏土地上生长的牧草，其中铜含量低于 3mg/kg 以下时，呈现铜缺乏症症状。有时其中铜含量在 3～5mg/kg 时，多为亚临床铜缺乏症。牧草含铜量与土壤有关，当土壤中缺乏有机质、高度风化的沙土、淤泥及沼泽的泥炭土上生长的牧草铜含量都会不足，奶牛长期采食这种牧草就会发病。

2. 继发性铜缺乏症 是指饲料和饮水中铜含量充足，由于牛机体组织对铜的吸收和利用受阻而发生的铜缺乏。饲料中钼过多，超过 10mg/kg，可造成铜缺乏。饲料中硫酸盐、过磷酸钙与钼的作用可以影响铜吸收。硫酸盐能加强钼的作用，而促进铜摄入量降低。这是由于硫酸盐和钼、铜形成为钼酸铜或硫化铜而使瘤胃中的铜不能被利用所致。此外，锌、镉、钙、汞和铁均能降低铜的吸收。

铜是奶牛必需的一种微量元素。饲料中的铜通过胃肠道吸收，吸收的铜与血浆蛋白呈疏松结合，并分布到全身组织，发挥着重要的生理功能。在动物机体组织中过氧化氢酶、细胞色素 C 和细胞色素氧化酶系统的合成上及其活性的维持上，铜是不可缺少的组成部分，它能促进磷脂的形成及大脑和脊髓的神经髓鞘正常发育。当铜缺乏时，可使脊髓神经纤维髓鞘脱失。而且上述的酶系统会被破坏，使各组织不能充分进行氧化，则发生铜缺乏症的各种病理变化。铜作为催化剂又可与铁同时参与血红蛋白的合成。当铜缺乏时，除使病牛组织中沉积大量含铁血黄素外，也可影响血红蛋白卟啉核的形成，从而发生贫血。猝倒病是贫血性缺氧的最终表现。铜能促进酪氨酸变成黑色素，维持黑的毛色，缺铜时，毛褪色。在角质蛋白合成中，铜能促使毛的生长和弯曲度形成，铜缺乏时则出现脱毛或直毛。

[临床症状]

1. 原发性铜缺乏 病牛食欲减退，异嗜，生长发育缓慢，尤其犊牛更为明显。被毛无光泽，黑色毛变为锈褐色，红毛变为暗褐色，眼周围被毛由于褪色或脱毛，呈无毛或白色似眼镜外观。消瘦、腹泻、脱水和贫血，性周期延迟或不发情，流产。乳产量下降，有的共济失调，后肢失控而突然卧地，呈蹲坐姿势。发痒，舐毛。犊牛跛行，步样强拘，甚至两腿相碰，关节肿大，骨皮质变薄，骨质脆弱，易发骨折。重型病牛心肌萎缩和纤维化，往往发生急性心力衰竭，即使在轻微运动过后也易发病，有的在24h内突然死亡。

2. 继发性铜缺乏 除了少见贫血外，其他症状与原发性铜缺乏基本相似。腹泻为其主要症状，腹泻严重而呈持续状。

[诊断]

1. 临床诊断 根据病史调查、临床症状和病理变化等情况，可作出病性诊断。为了确切的病性建立，必须对饲料、饮水和土壤中铜含量检测，以及病牛血液、肝脏，特别是被毛中铜含量检测等。临床病理：血液学检验：红细胞数降至200万～400万个/mm³，血红蛋白降低至5～8g/dL。血铜含量下降至 $0.7\mu g/mL$，肝铜下降为30mg/kg。因为血浆铜含量和血浆铜蓝蛋白活性呈明显相关性（$r=0.97$），故可用血浆铜蓝蛋白测定值诊断铜缺乏。因为在铜缺乏的明显临床症状出现前80天，血浆铜蓝蛋白活性已迅速下降。

2. 病理变化 尸体剖检病变是贫血和消瘦。肝、脾肿大，颜色变暗。肝、脾和肾等器官可见含铁血黄素大量沉积。皱胃和肠黏膜明显充血，小肠黏膜萎缩。心肌松软而苍白。组织学变化见肌纤维萎缩，大部分为纤维组织所代替。脑内水肿，脑脊液增加，大脑回消失，白质发生坏死并出现空洞。犊牛腕关节和跗关节周围滑液囊增厚，骨质疏松，骨皮质变薄。组织学变化是骨质疏松，成骨细胞变小，数量减少，骨骺的钙化软骨的骨化推迟。项韧带的弹性组织形成障碍。

继发性铜缺乏症尚应测定饲料中钼、硫酸盐和组织中钼含量；骨骼X线检查和组织学检查，这都有助于临床诊断。

3. 类症鉴别 临床上可引起腹泻、消瘦和贫血症状的疾病很多，故在诊断时应进行鉴别。

（1）与内寄生虫病区别 内寄生虫病出现腹泻、消瘦、贫血，粪便虫卵检查、血液虫体检查都能检出,但与本病可能同时发生,因此,日粮中补铜试验或用补铜治疗,其效果明显即可确定为铜缺乏。

(2)与牛冬痢的区别 奶牛冬痢多发生于冬、春季节,稀便中含血液,严重脱水,一般轻症者不需治疗,3～7d 后自行痊愈。严重病牛通过胃肠消炎,静脉补充水和电解质溶液,很快会康复。

(3)与副结核病的区别 副结核病由副结核分支杆菌引起。腹泻呈间隙性,时停时发。剖检见肠系膜淋巴结肿大,小肠特别是回肠黏膜明显增厚呈脑回样。粪便能查出副结核分支杆菌,用副结核菌素皮内试验,呈阳性反应。

(4)与沙门氏菌病的区别 沙门氏菌病主要侵害出生后 10～40 日龄的犊牛。成年牛常呈隐性感染,临床除可能引起流产外,其他无任何异常。犊牛发病后,体温升高达 41℃ 以上,腹泻,粪内含血、黏液和黏膜,除关节炎外,还有肺炎,剖检真胃、小肠出血,肠系膜淋巴结肿大,肝、脾坏死。

(5)与中毒病的区别 除由砷、铅、盐中毒除引起奶牛腹泻外,还有其他中毒症状。在调查中有接触毒物过程;饲料、瘤胃内容物及组织中经检验能发现毒物。如果口服铜盐能见明显效果,则可诊断为本病。

[防治] 预防的前提是掌握含铜量状况。因此,应对本地区的饲料、水源及土壤进行铜含量的检测再作对策。对铜缺乏土壤可施用含铜肥料,如澳大利亚有每公顷牧草场地上施用 5～7kg 硫酸铜,便可使其生长的牧草中铜含量达到牛的生理需要量,并能维持几年有效。对舍饲牛群可皮下注射甘氨酸铜制剂,成年牛 400mg(纯铜 120mg);犊牛 200mg(纯铜 60mg),历时 3～4 个月或对牛口服硫酸铜 4g,每周一次。治疗时立即使用硫酸铜。可投服硫酸铜制剂,成年牛每日 2g;犊牛每日 1g,或成年牛每周 4g,犊牛每周 2g。还可应用0.2%硫酸铜液溶于 100mL 生理盐水中,成年牛剂量为 125～250mL,静脉注射。甘氨酸-乙二胺四乙酸铜钙,剂量为 120～240mg 铜,一次肌内注射,隔3～6 个月注射一次。

二、低钙血症

对 600kg 体重的成年母牛来说,98% 的钙即 6kg 左右存在于骨骼中,其中可以调动的有 6～15g;其余 2% 主要存在于细胞外液中(相当于 8～9g 钙)。细胞外液中的钙是动物骨骼组织形成、肌肉兴奋、神经冲动传导、心肌收缩和血液凝固等生理机能所必需的,而且还是牛奶的组成成分。细胞外液中的钙,一部分存在于血浆中,其正常浓度为 8.5～10mg/dL(相当于 3g 钙储存)。血浆中总钙量的 40%～50% 与血浆蛋白(主要是清蛋白)结合;另外 5% 的钙与血浆中无机成分如柠檬酸盐或无机离子相结合，还有 $45\%\sim50\%$ 以可溶解的离子态存在。血浆中钙离子的浓度必须维持在相对恒定的水平，以确保神经鞘膜和肌肉终板电位的正常传导功能。

血钙的平衡涉及一系列复杂的钙摄入、输出和再循环的机制。其中肾脏控制尿钙的排泄，小肠是钙的吸收场所，骨骼是钙的主要贮存器官，另外还涉及乳腺泌乳的钙排出、唾液再循环、粪钙排出等。这些器官在甲状旁腺素（PTH）、降钙素和 $1,25-(OH)_2$ 维生素 D_3 的调节下维持着体液内钙的平衡。血钙降低时，刺激 PTH 分泌，一方面 PTH 可以加强骨钙的动员和尿钙的重吸收；另一方面血浆 PTH 含量增加，导致肾脏分泌 $1,25-(OH)_2$ 维生素 D_3 可以刺激小肠对日粮钙的吸收。该平衡机制受机体酸碱性影响，在酸性体液环境下调动充分，碱性环境下调动能力低。

[病因]

1. 低血钙 对患牛输入钙制剂，大多数病例症状有改善，故血钙浓度急剧下降应是本病发生的主要原因。引起血钙浓度降低的原因很多。

2. 泌乳因素 奶牛分娩后大量血钙进入初乳，且奶牛动用骨钙的能力降低。实验证明，干奶期母牛甲状旁腺的功能减退，分泌的甲状旁腺素减少，因而动用骨钙的能力降低。

妊娠末期不变更饲料，特别是饲喂高钙日粮的母牛，其血液中的钙的浓度增高，刺激甲状旁腺分泌大量降钙素，同时也使甲状旁腺的功能受到抑制，导致动用骨钙的能力进一步降低。奶牛分娩后大量血钙进入初乳，血液中流失的钙不能迅速得到补充，致使血钙急剧下降。

3. 分娩耗钙 在分娩过程中，奶牛大脑皮层过度兴奋，其后转为抑制状态。分娩后奶牛腹压突然下降，腹腔内的器官被动性充血，同时血液大量进入乳房，引起暂时性脑部贫血，使大脑皮质抑制程度加深，从而使甲状旁腺分泌激素的功能减退，以至不能维持体内钙的平衡。妊娠后半期，胎儿发育迅速，对血钙需要量增加，而母体吸收能力减弱。母体骨骼中贮存的钙量大为减少，不能补偿产后钙量的丧失。

4. 肠道吸收钙量减少 妊娠末期，胎儿迅速增大，胎水增多，妊娠子宫占据大部分空间，并挤压胃肠器官，影响其活动，致使从肠道吸收的钙量显著减少。

5. 年龄因素 调查发现，该病的发生率随年龄、胎次的增加而升高。其主要原因可能是虽然青年牛在泌乳的第一天出现过不同程度的低血钙症，但它们的胃肠和骨骼能很快适应并满足对钙的需要，而随着年龄的增长，这种反应过程变慢，胃肠对钙的吸收明显下降，骨骼很难溶解，从而导致血钙下降。

6. 脑皮质缺氧 有些病例静脉注射钙制剂几次，症状仍无改观，而采用乳房送风和注射氢化可的松却可见效。

本病为一时贫血所致的皮质缺氧、脑神经兴奋性降低的神经性疾病。分娩后为生乳的需要，奶牛乳房迅速增大，机体血量的20%流经乳房。泌乳期肝的体积增大，新陈代谢旺盛，正常可贮存20%血量，以保证将来自于消化道的物质转化为生成乳汁的原料。产下胎儿后，奶牛腹压突然降低，腹腔的器官被动充血，从而造成一时性脑贫血、缺氧。中枢神经系统对缺氧极度敏感，一旦脑皮质缺氧，奶牛即表现出短暂的兴奋和随之而来的生产瘫痪。采用乳房送风法，可使乳房内大部分血液暂时性迫离乳房，这就加大了其他器官的血循环量，且机体因代偿机制反射性地血压增高，改善了脑循环的状况，最终使脑缺氧得以缓解。临床型低血钙大多发生在产后48～72h。钙的缺乏会引起步态不稳、发抖、肌肉运动功能紊乱，甚至无法站立。患有低血钙的奶牛可能发生一系列的产后疾病，如胎衣不下、子宫炎、乳房炎、产后瘫痪，真胃移位等。研究表明，与正常奶牛相比，患有临床产乳热症状的奶牛在随后的泌乳季度里产奶量下降14%，整个产奶寿命减少约3.4年。而且，患过产乳热的奶牛在泌乳期更容易出现酮血症、乳房炎（尤其是大肠杆菌引起的乳房炎）、难产、真胃移位、胎衣不下等疾病。

[临床症状] 生产瘫痪多发生于3～6胎（5～9岁）的高产奶牛，也有头胎母牛即发生生产瘫痪的。大多数病例发病快，多数在产后12～24h内发病。病初母牛食欲减退或废绝，反刍、瘤胃蠕动及排粪、排尿停止，泌乳量下降，精神沉郁，表现轻度不安，不愿走动，后肢交替负重，后躯摇摆，似站立不稳，四肢肌肉震颤。初期症状出现1～2h后，病牛即出现瘫痪，其步幅不均，共济失调，站立困难，最后卧倒。卧地后，由头部至肩峰呈轻度的S状弯曲或呈胸卧式姿势。不久后出现意识抑制和知觉丧失，其脉搏微弱，增数达120次/min，体温可下降至36℃，患牛常继发瘤胃臌气。

[诊断] 诊断中应掌握如下要点：①分娩前后数日内突然发生，常在产后1～3d内发病；②精神沉郁，体温下降，躺卧不起是三大症状；③本病对钙制剂反应迅速且良好；④血液化学测定可见血清钙、磷浓度下降，反映肌损伤的酶（GOT、PK）活性上升。

[防治] 母牛产前两周开始调整饲料组成，应饲喂低钙高磷的饲料和干草，增喂谷物精料。这样虽然产前血中钙量有所降低，但产后及时补充骨粉及含钙量高的饲料可维持正常血钙浓度，避免发生产后瘫痪。

母牛产犊后3d内挤奶不能太净，一般挤去1/3～2/3的奶量，4～5d后才能挤净。此举可防止大量钙质经初乳排出。患过产后瘫痪的奶牛，产后应立即补充钙质，如骨粉、石粉等。

奶牛产后 2h 最好输入一点钙制剂。母牛整个泌乳期应肌内注射维生素 D_3 注射液 1～2 次，每次 150 万～210 万 IU，以促进钙磷的吸收、利用。平时应注意饲料的合理配比，应多喂青绿饲料，日粮钙磷比例以 1.5∶1 为宜。母牛产前一个月和产后一周内每天可在饲料中添加 30g 镁，预防血钙降低时出现抽搐症。

保持牛舍清洁卫生和空气流通。营造安静的饲养环境，增加奶牛在太阳下的运动，预防和消除可能诱发产后瘫痪的应激因素。洗刷牛体，1～2 次/d，既可促进牛的血液循环，又可增进食欲。

对怀孕母牛，平时注意观察，以及早发现瘫痪迹象，这对有病史的奶牛尤为重要。同时，应做好护理工作，及时给患牛翻身，牛床要多垫柔软的干草，以减少和避免褥疮和蹄病的发生。

采用综合治疗方法。除进行补钙、补糖等治疗外，还应结合乳房送风和对症治疗。

1. 药物治疗　10％葡萄糖酸钙 800～1 000mL，25％葡萄糖注射液 1 500～2 500mL，氢化可的松 300～500mg，10％安钠咖 20～30mL，5％磷酸二氢钠注射液 300～500mL 混合后静脉输液，输液速度一定要慢，并注意监听心跳。

一般输液后几小时患牛即可站立，否则，6～12h 后应重复输液一次。如患牛四肢无力，食欲不振，可肌内注射新斯的明，3 次/d，5～10mL/次。胃肠不适可用健胃药，出现神经症状可用水合氯醛。

2. 乳房送风　先用酒精药棉彻底消毒乳头孔，然后将消毒送风器涂上灭菌凡士林，把送风器慢慢插入乳头孔内打气。四个乳区均打满空气，气量打至轻敲乳房发鼓音。打气之后可注入青霉素 80 万 IU，然后，用宽纱布条将乳头轻轻扎住，待患牛立起 1h 后把纱布条解除。此法用于对钙疗法反应不佳或复发的病例。

3. 吊肚法　进行药物治疗或乳房送风后，患牛仍无法站立，且卧地时间较久的，可用吊肚法辅助站立。

准备 0.5t 手拉吊葫芦，两条传送带及尼龙绳等工具。具体方法：把一条吊带紧贴奶牛两前肢穿过胸壁下，另一条吊带紧贴乳房前缘穿过腹壁，然后将两条吊带的两头铁环各用一根尼龙绳捆扎好。用手拉吊葫芦升降铁环的下端铁钩，钩住两根捆扎好的尼龙绳，然后迅速将患牛吊离地面，并把四肢摆成正常站立状态后，再缓缓放下，使牛站立，如此维持 1h 去掉吊带和葫芦。一般吊一次即可恢复正常。

使用肾上腺素　用钙制剂疗效不明显时，可用地塞米松配合钙制剂进行治疗。地塞米松 20mg/次，也可用 25mg 氢化可的松加入 2 000mL 糖盐水静脉注射，2 次/d，用药 1～2d。

三、低磷血症

奶牛磷缺乏症又叫低磷血症，近年来在各地均有发生，由于旱、涝灾害使本病在局部地区发病率明显升高，个别地区高达 80％以上。根据临床症状，该病分为三个类型：骨软型占 98.8％，红尿占 1.1％，混合型 0.1％。

骨软症是成年牛由于饲料中矿物质钙、磷不足或钙与磷的比例不当，以及维生素 D 缺乏等而导致钙、磷代谢障碍，造成软骨内骨化完成后重新进行性脱钙（骨吸收），由过剩的未钙化的骨样组织（骨基质）所取代，临床上以消化机能紊乱、异嗜、跛行、骨质疏松和骨骼变形等为特征的全身性矿物质代谢性疾病。骨软症主要发生于饲料单纯、营养价不全的冬季枯饲期舍饲成年牛群，特别是妊娠或泌乳性能高的奶牛群，呈地方性暴发。由于发病率和淘汰率较高，给养殖业造成了巨大的经济损失。

[病因]　通常，饲料中（包括水在内）钙、磷含量不足，或钙、磷比例严重不当，以及维生素 D 缺乏等是本病发生的主要原因。但在成年奶牛群，由于所处地区土壤化学成分的不同，有的日粮低钙高磷，或有的日粮高钙低磷，这种钙与磷的比例严重失调构成本病病因的较为常见。在成年反刍动物骨骼的总矿物质中钙占 36％，磷占 17％，其钙与磷的比例为 2：1。根据骨骼组织中钙与磷的比例和饲料中钙与磷的比例基本上相适应的理论，饲料中的钙与磷比例以 1.5～2：1 较为适宜。当日粮中钙与磷比例为 1.82：1 时，奶牛矿物质代谢呈正平衡；日粮中钙与磷比例为 2.24：1 时其代谢呈负平衡。由此可以看出，钙与磷任何一方过多或不足均可破坏血浆钙、磷含量的稳定性。血浆中钙、磷含量受平衡常数"K"的制约 [$Ca_2 + X (HPO_2-4) = K$，K 值越大，表示正反应的作用更趋完全，物质的转化率也越大；反之亦然]。在正常情况下，血钙与血磷的乘积一般不超过其平衡常数"K"（40mg/dL）。只要钙、磷两者之一吸收过多或不足，即可造成钙、磷代谢的负平衡，即排泄的钙、磷比摄取的多，会使血液中钙和磷或其中之一含量减少，导致骨组织矿物质代谢障碍，进而发生骨软化和骨质疏松性骨营养不良。各种饲料中的钙、磷含量有显著差异，在饲料种类的选择和配合日粮时应予注意。含磷较多的饲料有麸皮、米糠、高粱、豆饼、棉籽饼和豆科作物子实等；含钙较多的饲草有谷草、山茅苹、碱草和秋白草等；含钙、磷都较多的饲草有青草、青干草和豆秸等；含钙、磷都较少的饲草和饲料有麦秸、麦糠和多汁饲料等。而作为影响饲草、饲

料中钙、磷含量和吸收率的因素，主要有以下几种：

（1）饲草和饲料中钙、磷含量受生长地区土壤成分和天气变化等影响极大，如在山区高原地带，土壤中矿物质含量贫乏，又常遇到干旱少雨的气候，使作物或植物性草类从根部吸收到的钙、磷量大为减少；又如缺乏磷酸化肥的土壤上生长的饲草和多汁饲料中的甜菜、芜菁等，前者磷含量减少到 0.04% 以下，后者由于含有皂角苷能使磷随粪便排出体外，导致血磷含量减少或钙、磷比例过大等。

（2）空怀奶牛和非泌乳奶牛比妊娠和泌乳奶牛对钙、磷的需求量低，其吸收率也相应地降低，甚至随粪便排出体外的量也要加大。又如每升牛奶含钙、磷分别为 $1.2g$ 与 $0.9g$，随泌乳量加大，对钙、磷的需求量也势必增加。

（3）当患有前胃疾病时，由于真胃胃液中稀盐酸和肠液中胆酸减少或缺乏，使磷酸钙、碳酸钙的溶解度降低和吸收率下降。这是因为酸性溶液可使不溶性钙盐变为可溶性钙盐且易透过肠黏膜，而碱性溶液的作用正好相反。

（4）瘤胃内微生物群可分解饲料中含有的植酸、草酸，不使植酸或草酸与钙结合发生吸收障碍；但微生物群在发酵、分解纤维素、蛋白质和植酸过程中产生的各种脂肪酸，在肠道内与钙离子结合形成不易被肠壁吸收的钙皂，最终也随粪便排出体外。铁、铅、锰、铝等元素能与磷酸盐形成不溶性盐类而影响对磷的吸收率。此外，在锰含量过多的情况下，也会阻碍对钙的吸收。

（5）当牛自身和饲喂的饲草、饲料等植物（包括作物在内）在生长期间受日光（紫外线）照射不足时，除降低植物中的麦角骨化醇含量外，还影响牛皮肤颗粒层贮存有 7-脱氢胆固醇形成维生素 D_3。基于活化型维生素 D，可提高肠壁对钙的吸收率，并间接提高对磷的吸收率，当其缺乏时会使血钙、血磷含量减少，发生骨营养不良性骨软症是必然的结果。

骨组织结构中的化学成分主要是有机物质和无机盐类（骨盐），前者以胶原（纤维蛋白占 90%）为基础，还有糖的衍生物——黏多糖（硫酸软骨素）等，后者主要是钙、磷。牛机体中 99% 的钙和 85% 的磷都沉积在骨骼组织和牙齿中，其硬度是由无机盐类的含量决定的。无机盐类中的主要成分是钙和磷酸根形成的磷酸钙，约占骨骼无机盐类总量的 85%；其次为碳酸钙约 10%。因此，钙、磷代谢与骨骼的自身生长发育及再生有着密切关系。饲料中的钙和磷主要在小肠前段吸收，经血液循环运送到骨骼和其他组织，以保证骨骼中钙、磷需求水平；同时，骨骼中的钙、磷也不断地进行分解（释放）进入血液，共同维持血液中钙、磷的动态平衡。如果饲料中钙、磷含量不足或小肠吸收钙、磷机能紊乱，则血液中钙、磷来源减少，运送到骨骼中的钙、磷也相应地减少。又基于机体势必要维持血液中钙、磷含量的稳定性，以确保生命活动，必须动员骨骼中沉积的钙、磷进入血液中去。这样时间过长就会使骨骼中的钙、磷大量释放，况且又不能得到补充（钙沉积），致使骨骼严重脱钙。脱钙的骨骼组织被未钙化的骨样组织或缺乏成骨细胞的纤维组织所取代，骨骼的正常结构发生改变，骨骼硬度、致密度、韧性和负荷能力等有所降低，出现一系列变化，如骨质疏松、脆软、变形、肿大、长骨弯曲和骨骼表面粗糙不平等病理变化。近年来的研究资料表明：维生素 D 的作用是提高小肠组织细胞类脂膜对钙、磷的通透性，从而促进钙、磷在小肠内的溶解和吸收，使血液中钙、磷含量增多，有利于钙、磷沉积和骨化作用。但维生素 D 在动物机体内必须转化成活化型 1，25 -二羟胆骨化醇后，才能发挥其应有的作用。维生素 D 先经肝脏羟化为 25 -羟胆骨化醇，再经肾脏进一步羟化为 1，25 -二羟胆骨化醇。肾脏合成 1，25 -二羟胆骨化醇的能力受血液中钙含量的影响极大。当血液中钙含量减少时，其合成能力加强，相反，当血液中钙含量增多时，其合成能力减弱（其调节途径及机制可参阅佝偻病的发病机制）。

[临床症状] 骨软症多为慢性经过。病初多以前胃弛缓的症状为主，如食欲时好时差、异嗜，舐食厩舍墙壁、地面泥土、污秽垫草、粪尿沟中的粪水、铁器、木屑和石块等，不时地空嚼（磨牙）、呻吟等。病牛驻立时头颈向前伸展，背腰凹下，前肢不时地交替负重，有时以膝关节着地（跪地）。当运步时出现原因不明的一肢或多肢跛行（多属悬跛），步幅短缩，步态强拘，蹄尖着地，后躯摇晃，有时由四肢某关节发出爆裂音响（或一肢或多肢轮流发出）。喜卧地上，站立不能持久，强迫站立时出现全身性颤抖，有时弹腿（后腿），有时取前后肢前后踏地的拉弓姿势。蹄壁角化不良、生长过速、干裂。奶牛常伴发腐蹄病，病程稍久的变为芜蹄。骨软症奶牛发情延迟或呈持久性发情，受胎率低（不妊症）、流产和产后胎衣停滞等。病势进一步加重，骨骼严重脱钙、脊柱、肋骨和四肢关节等处敏感，叩诊、压诊有疼痛性反应。躯体和四肢骨骼变形，呈现胸廓扁平，凹腰，拱背，飞节内肿，后肢呈八字形等症状。尾椎骨转位、变软和萎缩，最末端椎体可被不同程度地吸收，严重时一节到多节消失。肋骨、四肢骨和盆骨等骨质疏松、脆弱，易发骨裂、骨折及腱附着点剥脱（如常见的跟腱断裂等）。病牛营养不良，严重消瘦，被毛逆立粗刚、无光泽，换毛延迟，皮肤干燥、弹性减退呈皮革样外观。体温、呼吸和脉搏一般无明显变化，只有运动过后才使脉搏、呼吸增数。消化机能紊乱，反刍、嗳气机能减弱，瘤胃蠕动先增强后减弱，发生便秘、腹泻或两者交替发生。下腹部蜷缩。泌乳奶牛产奶量明显减少。有的伴发贫血和神经症状。低磷性骨软症病牛还可能出现血红蛋白尿。最终持久性横卧，形成褥疮，被迫淘汰。

剖检可见全身极度消瘦，肌肉褪色。肝、脾脏萎缩。长骨沿长轴泛发性骨膜肥厚，头骨和盆骨骨膜肥厚、变形，有的肋骨与肋软骨连接处形成骨瘤。四肢长骨弯曲，易发骨折。骨密度降低，骨折断面呈海绵状；大关节软骨面严重糜烂，滑液囊肥厚，关节液多。

本病多取慢性经过，病程较长，有的历时达 1 年以上。轻型病牛如能及时改善饲养管理和合理治疗，可望康复，一般预后良好。重型病牛陷于严重消瘦，虚脱，骨折，特别是脊椎骨骨折以及跟腱断裂病牛，往往长久卧地，继发感染，导致褥疮，最终陷于恶病质或败血症，预后多不良，最终死亡。

[诊断]

1. 血液检验 红细胞数和血红蛋白含量均在生理范围的下限。血液生化检验血清蛋白含量轻度减少。低磷性骨软症病牛血清无机磷含量由正常值每 100dL 4～8mg 降低到 2～4mg/dL；低钙性骨软症病牛血清钙含量由正常值 9～11mg/dL 降低到 6～8mg/dL，也有少数病牛在正常范围内的。碱性磷酸（酯）酶活性升高。

2. 尿液检验 低磷性骨软症病牛可出现血红蛋白尿。

3. 乳汁检验 乳汁酒精反应呈阳性（限低钙性骨软症奶牛）。

根据病史调查、临床症状特点，结合实验室检验指标变化以及 X 线检查等，不难作出病性诊断。至于类症鉴别诊断，应与肌肉风湿加以区别，风湿（症）是由潮湿寒冷侵袭等所致，其症状可随运动而减轻，应用水杨酸制剂治疗，效果显著。此外，还应注意与氟中毒、慢性铅中毒、锰缺乏症、铜缺乏症及蹄叶炎等加以区分。

[防治] 首先应从调整日粮着手，饲喂富含蛋白饲料、豆科牧草等，以保证钙、磷含量及其比例达到正常需求。对缺钙性骨软症病牛，若奶牛可根据泌乳量在日粮中适量添加碳酸钙、磷酸钙或柠檬酸钙粉，成年干奶期奶牛钙、磷饲喂量分别不少于 55g/d 和 20g/d；泌乳牛则分别为 2.5g/kg 和 1.8g/kg 乳量。同时，静脉注射 20%葡萄糖酸钙注射液 50～100mL，连续几天可获一定疗效。对缺磷性骨软症病牛，在日粮中除添加磷酸钠（30～100g）、磷酸钙（25～75g）或骨粉（钙磷比为 5：3，30～100g）外，还可用 8%磷酸钠注射液 300mL 或 20%磷酸二氢钠注射液 500mL，静脉注射，每天 1 次，3～5d 为一疗程，可使病情减轻直至痊愈。为防止出现低钙血症，可静脉注射 10%氯化钙注射液或 20%葡萄糖酸钙注射液适量。为增进肠管对钙、磷的吸收利用，可应用维生素 D 制剂。对有关节疾病和疼痛症状的牛，可反复多次使用水杨酸制剂。对有神经症状的牛，可静脉注射安溴合剂。

最为重要的预防措施是定期检测牛群血液中钙、磷含量（血液中钙、磷变化多出现在临床症状之前），做好预测工作。平时按饲养标准结合牛群用途及所在地区的具体情况配制日粮，增饲豆科牧草和优质青草，确保饲草中钙、磷含量满足生理需求以及钙、磷比例达到规定标准（1.5～2∶1）。高产奶牛在冬季舍饲期间，可在日粮中添加矿物质补料，应用维生素 D 制剂（非经口给予），有条件的应使奶牛多做户外阳光照射和适量运动。近年来有的学者主张：为预防奶牛骨软症的发生，可在妊娠后期（临产前 6～8 周）实行干奶，并饲喂脱氟磷酸盐岩（其中氟含量不超过 100mg/kg）补料，预防效果较为理想。

四、奶牛骨质疏松症

成年奶牛骨质疏松症是因钙、磷代谢障碍，骨组织进行性脱钙引起的一种疾病，多在产后发生。

[病因] 高产奶牛在大量泌乳时，随着乳磷脂大量排出体外，可造成血液中的磷含量急剧下降，这样不仅可导致骨骼的发育异常，还可使正常的肌肉收缩发生不同程度的障碍，导致母牛产后爬不起来。原发性的低磷血症，一般是甲状旁腺机能亢进和假性甲状旁腺机能亢进引起的，在奶牛上比较少见。奶牛主要通过食草、精料来补充体内磷的消耗，而且对饲料中磷元素的利用率可达到 50% 以上，故奶牛磷的来源主要依靠饲料。在饲料磷缺乏地区，应有意识地在饲料中适当补充含磷丰富的添加剂如骨粉、磷酸二氢钙等。即使不是缺磷地区，对于产奶量很高的奶牛，也不能排除缺磷的可能。所以，对高产奶牛补充含磷饲料是非常必要的。除了产奶量高可引起奶牛缺磷外，母牛生产瘫痪、肠道疾病致磷吸收不良、母牛产后血红蛋白尿等疾病都可引起奶牛血磷偏低。

[临床症状] 本病初期无明显症状，患牛异嗜，常舔食墙壁、牛栏、泥土、砖瓦石头，喝粪水及尿水。食欲减少，伸颈空嚼。产奶量下降，发情配种延迟。长期脱钙，骨骼变形，尾椎被吸收，最后两尾椎消失。下颌骨肿大，针能刺入。触摸尾部柔软、易弯曲，压无痛感。肋骨肿胀、扁平，叩诊有痛感，管状骨叩诊有清晰空洞音。腕、跗、蹄关节，腱鞘均有炎症。肋软骨肿胀呈串珠样，易骨折。胶结节被吸收，蹄变形，拱腰，后肢抽搐，提肢抬腿，产乳高峰症状更明显。两后肢伸向后方，拖拽前趴，俗称翻蹄亮掌、拉拉脖。蹄质变脆，呈石灰粉末状。转移性跛行，易疲劳、出汗，后肢摇摆，行走艰难。后肢频繁交替负重，扶起时腿和肌肉颤抖，短时间就卧下。饮食时好时坏。

[诊断] 根据骨质密度、骨皮质厚薄、骨小梁的粗细、椎体变形和骨折的情况可判断骨质疏松的严重程度，结合血液化学检验结果，与正常值比较（健康牛血清钙 11.10～11.57mg/dL；血清中无机磷 7.38mg/dL），综合诊断为骨质疏松症。

鉴别诊断：

1. 风湿病　风湿病较难诊断，常与缺钙混淆。

2. 硒缺乏症和维生素 E 缺乏症　患本病的牛有典型运动障碍，用亚硒酸钠维生素 E 治疗，可很快治愈。

3. 骨性关节炎　本病是一种从关节软骨退行性改变开始，进而累及骨质、骨膜、关节囊，及关节其他结构的慢性炎症，形成骨赘，引起关节疼痛、肿胀、畸形和功能障碍。本病是由钙质缺乏及内分泌紊乱引起的代谢病，主要是骨量减少，骨的外形并无改变。

4. 骨软化病　本病是因钙磷代谢紊乱，维生素 D 缺乏使骨的钙化发生障碍，骨基质不能钙化，导致骨基质显著增多。可用血生化检查和骨骼 X 线检查加以鉴别。

5. 地方性氟骨病　是引起骨质疏松以骨小梁粗疏表现十分突出，与本病可区别。

［防治措施］

1. 预防　骨质疏松症的关键是抓住提高峰值骨量和减缓骨丢失这两个重要环节，改善饲养管理，避免奶牛倒地大劈叉，适当运动，多晒太阳，增强体质。防治胃肠炎，以利钙、磷吸收。按不同生长期的营养标准，保证钙、磷正常需要量。日粮中加优质高效骨粉、磷酸氢钙、维生素 A 粉、维生素 D_3 粉，或鱼肝油，钙、磷比例以 1.4～1.8：1 为宜。对高产奶牛、老龄牛，定期补喂或静脉注射钙制剂和亚酸钠、维生素 E，可预防本病发生。对高产奶牛可提早停奶、常修蹄，防止蹄变形加剧。

2. 治疗　药物疗法分为两大类：一类为防止骨质丢失，维持骨量的药物，如降钙素、钙三醇等；另一类为促进骨形成，增加骨密度的药物，如钙制剂、生长激素、维生素 K、氟化物等。

（1）饲料中加碳酸钙、乳酸钙、磷酸钙 50g/d，另加维生素 A 粉、维生素 D_3 粉 2g，连服数日。牡蛎粉、骨粉、碳酸氢钠各 100g 混匀，每次向饲料中加 30g，2 次/d，连喂数日。

（2）静脉注射 10％氯化钙 300～400mL，5％葡萄糖 500～1 000mL，1 次/d，或 20％葡萄糖酸钙 600mL，1 次/d，连用 7d。注意，妊娠期过多注射氯化钙易造成流产。

（3）维生素 A、维生素 D_3 2 万 IU、维丁胶性钙 20mL 注射，精制鱼肝油 40mL，连用数天。

其他疗法：运动疗法是治疗骨质疏松症的基本疗法。物理疗法是辅助疗法，常用光疗、水疗、蜡疗、电疗、激光疗法等。营养疗法是在饲料中供给足够的钙、磷、维生素、蛋白质等各种营养素。

五、佝偻病

佝偻病是犊牛在新生骨骼钙化过程中，由于矿物质钙或磷缺乏、钙磷比例不当以及维生素 D 缺乏等导致骨组织钙化不全性软骨肥大和骨骺增大。

[症状] 病初呈现精神沉郁，不喜动，步态强拘，运动困难，跛行，四肢长骨弯曲变形，肋骨与肋软骨连接处呈算珠样肿，牙齿咬合不全，生长发育延迟，营养不良贫血，被毛粗刚、无光泽，换毛延迟等。

[防治] 调制全价日粮，保证饲料中有足够的维生素 D 及钙磷，必要时补饲鱼粉、骨粉，增加日光照射。常用的维生素制剂有维生素 D、维生素 A 等。矿物质补料有氧化钙、氯化钙、磷酸氢钙，补饲时注意钙与磷的比例保持在 2∶1。在治疗过程中，给病犊牛饲喂豆科牧草、优质干草等更有利于健康。

六、低镁血症

青草搐搦，又称低血镁症、缺镁痉挛症、青草蹒跚，是牛羊等反刍家畜一种常见的矿物质代谢障碍性疾病，多发生于夏季高温多雨时节，尤以产后处于泌乳盛期的母畜多见。

[病因] 正常情况下，兴奋性离子（钾离子、钠离子）和抑制性离子（镁离子和钙离子）保持平衡，当动物大量采食含钾离子高的饲草饲料后，动物血液中钾离子浓度增高，则抑制机体对镁离子的吸收，导致牛羊血镁降低。另外，日粮中含氮量高，牛羊采食后在瘤胃内可产生大量氨，氨与镁易形成不深性的硫酸铵镁而使镁离子的吸收受到影响，造成血镁过低，引起牛羊缺镁性痉挛。夏季，高温多雨，青草生长旺盛，尤其是生长在低洼、多雨、施氮肥和钾肥多的青草，不仅含镁量很低，而且含钾或氮偏高，牛羊长时间放牧或长期饲喂这样的青草，就会造成血镁过低而发病。

[症状]

1. 急性型 病畜表现兴奋不安，突然倒地，头颈侧弯，牙关紧闭，口吐白沫，瞬膜外突，心动过速，出现阵发性或强直性痉挛，粪尿失禁。抢救不及时则很快死亡。

2. 慢性型 走路缓慢，活动不便，后倒地，也可由急性转为慢性，最后常因全身肌肉抽搐使病情恶化而死亡。

[诊断] 了解饲喂青草及喂食草料的情况，结合出现抽搐、痉挛性收缩为主的神经症状，可初步诊断。测定血镁含量，血镁含量在 1.1～1.8mg/dL 为轻症，0.6～1.0mg/dL 为重症，0.5mg 以下为严重型。

[防治措施]

1. 预防

（1）草场管理 对镁缺乏的土壤应施用含镁化肥，其用量按土壤 pH、镁缺乏程度和牧草种类而有所差别。一般为提高牧草的镁含量，可在放牧前开始每周对草场撒布硫酸镁溶液（2％浓度）。同时要控制钾化肥施用量，防止破坏牧草中矿物质的镁、钾平衡。

（2）对放牧牛群的措施 首先要对牛群进行适应放牧的驯化，在寒冷、多雨和大风等恶劣天气放牧时，应避免应激反应，防止诱发低镁血症。所以，对放牧牛群，在放牧前一个月就应进行驯化，使其具有一定适应能力；其次是补饲镁制剂，放牧牛群，尤其是带犊母牛，在放牧前 1～2 周内可往日粮中添加镁制剂补料；再者，在本病易发期间，除半天放牧外，宜在补饲野草和稻草的同时，向饮水和日粮中添加氯化镁、氧化镁和硫酸镁等，每头牛每天补饲量不超过 50～60g 为宜。最近，有的国家为预防本病发生，在牛网胃内置放由镁、镍和铁等制成的合金锤（长约 15cm）任其缓慢腐蚀溶解，可在 4 周内起到补充镁的作用。

2. 治疗

（1）针对病性，补给镁和钙制剂有明显效果。通常将氯化钙 30g 和氯化镁 8g 溶解在蒸馏水 250mL 中煮沸消毒，缓慢进行静脉注射。还可将 8～10g 硫酸镁溶解在 500mL 的 20％葡萄糖酸钙溶液中制成注射液，在 30min 内缓慢地静脉注射，均取得较好疗效。

（2）除上述补镁制剂外，可针对心脏、肝脏、肠道机能紊乱等情况，给予对症疗法的药物，以强心、保肝和止泻等为主，必要时应用抗组胺制剂进行治疗。在护理上应将病牛置于安静、无过强光线和任何刺激的环境饲养。对不能站立而被迫横卧地上的病牛应多敷褥草，经常翻转卧位，并施行卧位按摩等措施，防止褥疮发生。

七、酮血症

酮血症又称奶牛酮病、酮尿病。酮血症是碳水化合物和脂肪代谢紊乱所引起的一种全身功能失调的疾病。本病的特征是酮血、酮尿、酮乳，出现低血糖、消化机能紊乱，乳产量下降，间有神经症状。各胎次的牛均可发病，以 3～6 胎发病最多，多发于产后第 1 个月内，大多出现于泌乳开始增加的第三周内，2 个月后发病极少。冬夏两季多于春秋，高产牛多于低产牛。

[病因] 奶牛泌乳时，采食量不能满足泌乳所消耗的能量需要时出现能量的负平衡，即需动用自身的体脂和蛋白质，通过对其降解来满足能量的需要，

在脂肪、蛋白质转化为能量过程中产生过多的乙酸、丁酸（酮体）从而导致酮病的发生。产犊时母牛过肥，是酮病发生的诱因，维生素 B_{12} 不足（钴缺乏）促进本病的发生，分娩后因泌乳而催产素分泌过多致使胰岛素、甲状腺机能的失衡也是造成本病的一个原因。

[临床症状] 轻型经过的缺乏明显的临床症状，仅产奶量下降、食欲轻度减少、进行性消瘦是它们的特点，相当消瘦时，产奶量明显下降，病程可持续1～2个月。酮病一般可分为消化型、神经型和瘫痪型（麻痹型）三种类型，其中以消化型多见，发生率高，轻型经过只需加强饲养管理，调整饲料（减少蛋白质饲料），配合治疗，预后良好，病情延误则会继发肠炎，机体脱水，严重酸中毒，预后不良。

1. 消化型 体温正常或略低，呼吸浅表（酸中毒），心音亢进，呼出气体和尿液、乳有刺鼻的酮臭味，精神沉郁，迅速消瘦，步态蹒跚无力，泌乳急剧下降，初期吃些干草或青草，最后拒食，反刍停止，前胃弛缓，初时便秘，后多数排出恶臭的稀粪，肝脏叩诊浊音界扩大，可超过第 13 肋骨，并且敏感疼痛。

2. 神经型 除有不同程度的消化型主要症状外，还有兴奋不安、吼叫、空嚼和频繁地转动舌头，无目的地转圈和异常步态，头顶墙或食槽、柱子，部分牛的视力丧失，感觉过敏，躯体肌肉和眼球震颤等一系列神经症状，有的兴奋和沉郁可交替发作。

3. 瘫痪型（麻痹型） 除许多症状与生产瘫痪相似外，还出现以上酮病的一些主要症状，如食欲减退或拒食，前胃弛缓等消化型症状以及对刺激过敏、肌肉震颤、痉挛、泌乳量急骤下降等，如与生产瘫痪同时发生，用钙剂疗效不好。

[诊断] 本病大多发生在产后大量泌乳期，主要症状有消瘦、奶产量显著减少、缺乏食欲、前胃弛缓及神经症状，肝叩诊区扩大，配合尿、乳、呼出气体有酮臭味，即可作出诊断。应和生产瘫痪、创伤性网胃-腹膜炎-心包炎、消化不良、子宫炎、皱胃变位等病区别。

[防治] 怀孕母牛不宜过肥，尤其干奶期多发胎次的牛酌情减少些精料，产前要调整好消化机能，如产前3～4周逐渐添加精料，以便使母牛产犊后能很好地适应产奶量加料，但精料中蛋白质含量不宜过高，一般不应超过16％。不饲喂发霉、变质、低劣的干草和品质不良的青贮饲料，不要突然改变饲料，饲料中应含足够的维生素、微量元素。

1. 补糖和糖源性物质 40％～50％葡萄糖 500～1 000mL 静脉注射，3～4 次/d，最好是长时间静脉输液，丙酸钠 110～225g 分两次加水投服，丙二醇或甘油 225g 加水投服，2 次/d，连服 2d 后量酌减。

2. 激素疗法　糖皮质类激素如醋酸可的松、氢化可的松、强的松龙、氟美松等促肾上腺皮质激素也有良好效果。

静脉注射葡萄糖的同时，适当用小剂量的胰岛素，有促进糖利用的作用。

3. 缓解酸中毒　50％的碳酸氢钠静脉注射，最好结合血浆二氧化碳结合力测定使用。乳酸钠也是纠正酸中毒的药物。

4. 其他对症治疗　有神经症状的适当使用镇静剂如氯丙嗪、辅酶 A 或半胱氨酸、葡萄糖酸钙、B 族维生素、维生素 C、维生素 E。

八、妊娠毒血症

奶牛妊娠毒血症也称为母牛肥胖综合征、牛的脂肪肝和肥胖牛的酮病。其发生原因主要是由于干奶期母牛日粮能量水平过高，牛只变肥而引起的消化、代谢、生殖等机能失调的综合表现。临床上以食欲废绝、胃肠蠕动停止、间有黄疸为特征。病牛表现出酮病、进行性衰弱、神经症状、乳房炎和卧地不起。死亡率高，剖检见肝、肾严重的脂肪变性。

[病因] 奶牛妊娠毒血症常在某地区的某些牛场内发生，流行呈地区性，病牛单个出现、散发。偶见于在一段时间内，产后母牛有相继发病的现象。各胎都有发生。其中 1～6 胎占 78.9％，6～10 胎占 21％，即青年牛、胎次低的牛发病较多。一年四季皆可发病，其中 12 月份至翌年 5 月份占 55％，6～11 月份占 45％，即以冬、春季节较多。发病多随分娩后开始，其中，产后 1～7d 占 82％，7d 后发病占 18％。而产后 2d 最多，占 16％。产奶量在 5 000kg 以下的牛无发病；5 000～6 000kg 的牛发病占 29％；6 000～7 000kg 的牛占 26％；7 000kg 以上的牛占 45％。产量越高，发病越多。母牛在干奶期精料喂量越高，发病越多。

干奶期母牛日粮中精料喂量过大，能量和蛋白质水平过高，母牛实际进食量超过实际营养需要量，是母牛肥胖综合征的主要原因。日粮不平衡，粗精比例不当，高产奶牛场，产奶量高。由于以乳换料，产奶量越高，所换的精料就越多，精料丰富；此外，其他饲料如糖渣、豆腐渣和块根类饲料丰富，因此，干奶期的精料量比例增大；有的牛场饲料条件差，特别是粗饲料缺乏，常年缺少干草，且饲料品种单纯，在饲喂时，为了能补充粗饲料的缺乏和不足，所以日粮中增加了精料喂量。管理不细，不分群饲养，在泌乳牛与干奶牛混群的牛场，常常发现干奶牛抢食泌乳牛的精料，致使精料进食量过多；也有的牛场，不了解干奶牛的饲喂方法，单纯认为，干奶牛肥胖就能高产，所以，精料喂量无严格标准，有加料追膘现象。

[临床症状]

1. 急性 随母牛分娩而表现出症状，患牛精神沉郁，食欲废绝，瘤胃蠕动微弱；少奶或无奶，可视黏膜发绀、黄染。体温初期升高达40℃以上。步态强拘，目光呆视，对外反应微弱。伴腹泻者，排出黄褐色、具恶腥臭稀粪。对药物无反应，于2～3d内死亡或后期卧地不起而淘汰。

2. 亚急性 多于分娩3d后发病，患牛主要表现为产后酮病。食欲降低或废绝，产奶量减少，粪便量少且干，尿液偏酸，pH 6.0，具酮味。酮体检验呈阳性。病程延绵，呈渐进性消瘦。有的病牛尚伴发乳房炎、胎衣不下。有乳房炎时，见乳房肿胀，乳汁呈脓性或极度稀薄，呈黄水样，乳汁酮体检验呈阳性。产道内蓄积多量褐色具臭味恶露。药物治疗无效，后期卧地不起，呻吟，磨牙，衰竭死亡。

[诊断] 根据流行病学、临床症状、酮体检验可确诊。本病的发生有其自身特点，均发生于肥胖母牛，肉牛于产犊前，奶牛于产犊后突然停食，躺卧时应怀疑为本病。诊断时应与真胃变位、酮病、胎衣滞留和生产瘫痪相区别。

[防治] 本病应以预防为主，预防原则是保持妊娠期间良好体况，防止过度肥胖，及时治疗产前、产后的其他常发病。具体做法建议对妊娠后期母牛分群饲养，并密切观察牛体重的变化；经常监测血液中葡萄糖及酮体浓度；对血酮升高，血糖浓度下降的病牛，除应作为酮病治疗外，还应千方百计地使动物有一定食欲，防止体脂过度动用。

药物治疗的目的是抑制脂肪分解，减少脂肪酸在肝脏中的蓄积，加速脂类的利用；其原则是解毒保肝、补充葡萄糖以缓解血糖下降。

1. 提高血糖浓度，补充糖源 50％葡萄糖溶液500～1 000mL，静脉注射。50％右旋糖酐，第一次用量为1 500mL，后改为500mL，2～3次/d，静脉注射。丙酸钠114～228g或丙二醇117～342g，2次/d，口服，服药前，可静脉注射50％右旋糖酐，其效果更好。

2. 促脂肪氧化，用解脂制剂 50％氯化胆碱粉50～60g，口服。也可用10％氯化胆碱溶液250mL，皮下注射。可促脂肪酸氧化和脂蛋白的合成，有显著的解脂作用。泛酸钙200～300mg，配成10％溶液，静脉注射，连续注射3d。复合维生素B溶液200～250mL，灌服，每日两次。能增进食欲，改善瘤胃功能。烟酸12～15g，口服，连服3～5d，灌服后能抗脂肪分解和抗酮体的生成。

3. 对症治疗 为防止继发感染，可使用抗生素如四环素、静脉注射；为防止氮血症，可用5％碳酸氢钠液500～1 000mL，静脉注射，对黄疸病牛，用硫酸镁300～500g，加水灌服，连用3d。

九、脂肪肝综合征

奶牛肝脏内脂肪代谢过程受阻，使脂肪在肝脏中蓄积，并超过肝脏中正常含量的5％时，即称为脂肪肝。由于此病常发生于围产期的奶牛，所以又叫围产期奶牛脂肪肝。患病后的奶牛，不仅肝脏的正常功能受到影响，胆汁分泌障碍，影响消化功能，而且常伴发其他围产期疾病，如胎衣不下、生产瘫痪和子宫内膜炎等；此外，患牛的繁殖力和免疫力也会受到不同程度的影响。

[病因] 一般认为是由于从泌乳后期到干奶期，因给予过多的饲料引起的妊娠牛过肥是最主要原因。呈肥胖状态的妊娠牛，全身各器官和大网膜、肠系膜，特别是肝脏内蓄积着大量的脂肪。母牛一旦分娩则开始泌乳，能量需要急剧增加，这时母牛发生能量负平衡。为了补偿这些能量要求，母牛就把全身贮积的体脂肪动员到肝脏去。但是这时肝脏已经贮积了多量的脂肪，脂肪转化功能已经显著下降，即使把体脂肪动员起来，肝脏也没有利用处理体脂肪的能力，其结果产生大量的酮体，引起严重的中毒症状。由于分娩引起应激因素和产奶对能量的要求，成为这种疾病的最大诱因。

[临床症状] 大多数病牛开始时表现为中度食欲减退和产奶量下降。病牛通常是先拒食精料，随后拒食青贮料，但还能继续采食干草，并可能表现出异食癖，体重迅速减轻。由于明显消瘦和皮下脂肪消失而出现皮肤弹性减弱。粪便干而硬，严重者出现稀便。病牛精神中度沉郁，不愿走动和采食，有时有轻度腹痛症状。体温、脉搏和呼吸正常，瘤胃运动稍有减弱；病程长时，瘤胃运动可消失。重度脂肪肝病牛如不能得到及时正确的治疗和护理，可能死于过度衰弱，或死于伴发的其他疾病；患轻度和中度脂肪肝的患牛，约经1个半月的时间可能自愈，但产奶量不能完全恢复，免疫力和繁殖力均受到影响，容易因伴发其他疾病而留下后遗症。

脂肪肝患牛某些血液生化指标也会发生相应的变化。如血糖含量下降，游离脂肪酸浓度上升，天门冬氨酸氨基转移酶含量（AST）上升，血中胆红素的含量也有所升高，血镁含量比正常牛低，这可能是脂肪分解使血液中游离脂肪酸含量过高的结果。

本病的病死率约为25％，死亡奶牛的肝脏明显增大，增大的程度因肝脏内脂肪浸润的程度而异。肝脏颜色呈暗黄色，边缘变钝，切口外翻，小叶形状明显，质地变脆，触之易碎。其他内脏外附有脂肪，子宫壁上有脂肪沉积，有时可见皱胃变位。

[诊断] 奶牛患脂肪肝后，临床症状通常不明显，单纯依据临床症状很难

作出确诊。诊断时首先应了解病史，特别是参考母牛产犊时间、饲料组成、营养水平、泌乳量及产前产后的体况变化，这些将为确切诊断提供有价值的参考。目前，比较准确可靠的诊断方法有肝组织活检和血液生化成分分析法等。

在诊断脂肪肝时，应和酮病加以区别。研究表明，牛患酮病时常伴发肝功能不全。有人认为酮病和脂肪肝都发生于低血糖，而脂肪肝是酮病的继发现象。此外，牛创伤性网胃心包炎、慢性肾盂肾炎和慢性消化不良等病均可能与脂肪肝混淆。如果脂肪肝伴发子宫炎、乳房炎和皱位变位，则诊断更加困难，但上述病例一般都有轻度体温升高，心率加快以及原发疾病的某些局部症状。

[**防治**]本病的治疗效果不佳，且费用较高，应以预防为主。平时要加强饲养管理，合理供给营养，及时治疗影响消化吸收的胃肠道疾病。对于产奶期的奶牛应减少精料的饲喂量，以免产前过于肥胖；妊娠期要保证日粮中含有充足的钴、磷和碘，并在妊娠后期适当增加户外运动量；对产后牛要加强护理，改善日粮的适口性，逐渐增加精料，避免发生因产后泌乳等所造成的能量负平衡，出现过度的消瘦。

1. 葡萄糖注射疗法　静脉注射 50％葡萄糖溶液 500mL，1 次/d，连注 4d 为一个疗程；也可腹腔内注射 20％葡萄糖溶液 1 000mL。在应用葡萄糖的同时，肌内注射倍他米松 20mg；随饲料口服丙二醇或甘油 250mL，2 次/d，连服 2d；随后将口服丙二醇或甘油改为 110mL/d，再服 3d，效果较好。

2. 口服烟酸、胆碱　烟酸具有降低血浆中游离脂肪酸、酮体含量和抗脂肪分解的作用；胆碱和脂肪代谢密切相关，缺乏胆碱，可使体内脂肪代谢紊乱，并易形成脂肪肝。从产前 14d 开始，每天每头牛补饲烟酸 8g、氯化胆碱 80g 和纤维素酶 60g，用于防治围产期奶牛脂肪肝，可取得较为满意的效果；如能配合应用高浓度葡萄糖溶液静脉注射，则效果更好。

3. 其他疗法　可采用肾上腺皮质激素和胰岛素，同时配合应用高糖和 2％～5％碳酸氢钠注射液进行治疗。此外，水合氯醛能增加瘤胃中淀粉的分解，促进葡萄糖的生成和吸收。因此，可考虑投给水合氯醛，开始口服 30g，随后减为 7g，2 次/d，连服数日即可。

十、爬卧综合征

爬卧母牛综合征是奶牛产犊时发生的一种疾病，常发生于低钙血性产后瘫痪之后。其临床特点是长期卧地，甚至在连续两次使用钙剂之后仍不能站起。剖检时可见腿部肌肉和神经等创伤，腿部肌肉局部缺血性坏死，心肌炎和肝的脂肪性变性和浸润。

[病因] 一般认为该病是生产瘫痪的一种并发症。在分娩及分娩后由于腿部肌肉的损伤，生产瘫痪发生的早期倒地，母牛在治疗生产瘫痪后仍不能很快站立起来。也可能是因为生产瘫痪延误治疗，引起后肢及前肢肌肉局部缺血所致。

[症状] 典型的病例为在生产瘫痪治疗后病牛仍不能努力站起或不能站起，有些生产瘫痪病牛治疗后24h才能站起，但一些在治疗后24h和经两次治疗仍不能站起的牛应归于本病。有的病牛食欲减退，但有的食欲很好。体温正常，心率可能正常，或增加至每分钟80～100次，一些牛心率过速或心律不齐，尤其是在刚刚静脉输钙剂之后，少数还可能突然死亡，呼吸一般不受影响，大小便也正常，常见蛋白尿，明显的蛋白尿表明肌肉有广泛性损伤。

一些非典型的病例表现不一致，如有的病牛不挣扎着站起，多数牛频频试着站起，但后肢不能完全伸直，有些频频试着站起的牛后肢部分屈曲并沿地面向前"爬行"，一些母牛可借助于人工帮助能够站立，有些牛在人工帮助站起后前肢或后肢不能负重，好像非常疼痛，它们不愿或不能负重。在分娩中或分娩后或生产瘫痪发生后曾发生外伤，引起髋关节移位，及其周围组织损伤的，可能出现两侧或一侧后肢在躯体侧向前伸。较长时间躺卧可能发生大肠杆菌性乳房炎，而在体躯突出部位的褥疮或褥疮后的感染较常见。

病程长短不一，如护理较好，经几天后可能站起，如躺卧时间过长（超过1周），多数预后不良。

[诊断] 对发生生产瘫痪的母牛，用钙盐治疗（有的经两次），经24h后仍不能站起，应排除其他原因，如创伤性心包炎、重度的骨关节损伤、疝痛、休克、酮病等造成的躺卧不起，经反复仔细检查，可以作出判断。

[防治] 典型的母牛爬卧综合征，药物治疗几乎是徒劳的，但经口投或输液很必要。治疗最重要的方法是为病牛提供良好的护理，避免在光滑硬实的地下躺卧，将厚的干净的软垫草，铺在牛体下，每天翻身几次，以减轻长时间躺卧引起的局部缺血坏死和下身的痛觉消失，可以耐心地做腿部和后躯肌肉的按摩，促进血液循环。

硝酸士的宁20mg百会穴注射，加兰他敏2盒，肌内注射ATP 3盒，辅酶A 1盒，肌内注射复合维生素B 5支；静脉滴注氯化钾5～6盒，混于10%葡萄糖溶液中，注意听诊心脏，因为氯化钾对于心脏有强刺激作用，所以要慢滴。同时配合使用中药独活寄生汤效果更佳。

（薛俊龙　张伟业）

第三节　常见中毒病

一、有机磷中毒

有机磷农药是磷和有机化合物合成的一类农用杀虫剂的总称。有机磷农药，按其毒性强弱的不同，可分为剧毒、强毒及弱毒等类别。

剧毒类：对硫磷（1605）、内吸磷（1059）、甲基对硫磷（甲基1605）、甲拌磷（3911）等。

强毒类：敌敌畏（DDVP）、乐果（Rogor）、甲基内吸磷（甲基1059）、杀螟松等。

弱毒类：敌百虫、马拉硫磷等。

有机磷农药中毒是由于农畜接触、吸入或采食某种有机磷制剂所导致的病理过程，以体内的胆碱酯酶活性受抑制、导致神经生理的机能紊乱为特征。以上农药在我国多已禁用。

[病因与发病机制]

1. 病因　牛误食了被农药污染的饲料或饮水而发生中毒；使用农药驱除内外寄生虫等方法不当或剂量过大而发生中毒；人为地投毒破坏活动，这是值得注意的。

2. 发病机制　有机磷农药属于剧烈的接触毒，具有高度的脂溶性，可经完整的皮肤而渗入机体，但通过呼吸道和消化道的吸收较为快速且完全。牛以经由消化道吸收而中毒者最为常见。有机磷农药进入体内后，主要是抑制胆碱酯酶的活性。在正常机体中，胆碱能神经末梢所释放的乙酰胆碱，系在胆碱酯酶的作用下而被分解。胆碱酯酶在分解乙酰胆碱过程中，先脱下胆碱并生成乙酰化胆碱酯酶的中间产物，继而产生水解作用迅速地分离出乙酸，而胆碱酯酶则又恢复其正常生理活性。

有机磷化合物可同胆碱酯酶结合而产生对位硝基酚和磷酰化胆碱酯酶。磷酰化胆碱酯酶则为较稳定的化合物，仅可极缓慢地发生水解，且长时间后还可能变为不可逆性，致无法恢复其分解乙酰胆碱的作用，使体内发生乙酰胆碱的蓄积，出现胆碱能神经的过度兴奋现象。

[临床症状与病变特征]

1. 临床症状　有机磷农药中毒时，因制剂的化学特征、病畜的种类，以及造成中毒的具体情况等的不同而不同。其所表现的症状及程度差异极大，但基本上都表现为胆碱能神经受乙酰胆碱的过度刺激而引起的过度兴奋现象，临床上又将这些出现的复杂症状归纳为三类症候群。

（1）**毒蕈碱样症状**　当机体受毒蕈碱的作用时，可引起副交感神经的节前和节后纤维，以及分布在汗腺的交感神经节后纤维等胆碱能神经发生兴奋，按其程度不同可具体表现为：食欲不振，流涎，呕吐，腹泻，腹痛，多汗，尿失禁，瞳孔缩小，可视黏膜苍白，呼吸困难，支气管分泌增多，肺水肿等。

（2）**烟碱样症状**　当机体受烟碱的作用时可引起支配横纹肌的运动神经末梢和交感神经节前纤维（包括支配肾上腺髓质的交感神经）等胆碱能神经发生兴奋；但在乙酰胆碱蓄积过多时，则将转为麻痹，具体表现为肌纤维性震颤，血压上升，肌紧张度减退（特别是呼吸肌），脉搏频数等。

（3）**中枢神经系统症状**　这是病牛脑组织内的胆碱酯酶受抑制后，引起中枢神经细胞之间的兴奋传递发生障碍，造成中枢神经系统的机能紊乱，表现为病畜兴奋不安，体温升高，搐搦，甚至陷于昏睡等。

2. 病变特征　有机磷农药中毒的病牛尸体，除其组织标本中可检出毒物和胆碱酯酶的活性降低外，缺少特征性的病变。仅在迟延死亡的尸体中可见肺水肿、胃肠炎等继发性病理变化。经消化道吸收中毒在 10h 以内的最急性病例，除胃肠黏膜充血和胃内容物可能散发蒜臭外，常无明显变化。经 10h 以上者则可见其消化道浆膜散在有出血斑，黏膜呈暗红色，肿胀，且易脱落。肝、脾肿大。肾浑浊肿胀，被膜不易剥离，切面呈淡红褐色而境界模糊。肺充血，支气管内含有白色泡沫。心内膜可见有不整形的白斑。经过一段时间后，尸体内泛发浆膜下小点出血，各实质器官都发生浑浊肿胀。胃肠发生坏死性出血性炎，肠系膜淋巴结肿胀、出血。胆囊膨大、出血。心内、外膜有小出血点。肺淋巴结肿胀、出血。切片镜检时，尚可见肝组织中存在有小坏死灶，小肠的淋巴滤泡也有坏死灶。

［诊断］对呈现有胆碱能神经过度兴奋现象的病牛，特别是表现为流涎，瞳孔缩小，肌纤维震颤，呼吸困难，血压升高等综合征者，均须列为可疑，在仔细查清其与有机磷农药的接触史的同时，亦应测定其胆碱酯酶的活性，必要时更应采集病料进行毒物鉴定，以建立诊断。同时也应根据本病的病史、症状、胆碱酯酶活性降低等变化特点同其他疑似病类相区别。

［防治］

1. 预防　首先是健全对农药的购销、保管和使用制度，落实专人负责；开展经常性的宣传工作，以普及和深化有关使用农药和预防家畜中毒的知识，以推动群众性的预防工作；由专人统一安排施用农药和收获饲料，避免互相影响。对于使用农药驱除牛内外寄生虫，也可由兽医人员负责，定期组织进行，以防发生意外的中毒事故。

2. 治疗　应立即停止使用疑为有机磷农药来源的饲料或饮水。因外用敌百虫等制剂过量所致的中毒，则宜充分水洗用药部（勿用碱性药剂）以免继续吸收，加重病情。与此同时，并尽快采用药物救治。可用阿托品结合解磷定的综合疗法。阿托品为乙酰胆碱的生理拮抗药，且是速效药剂，故可迅速缓解病情。但由于仅能解除毒蕈碱样症状，而对烟碱样症状无作用，故须有胆碱酯酶复活剂的协同作用，方可使疗效完善。常用的胆碱酯酶复活剂有解磷定、氯磷定、双复磷等。牛用的阿托品治疗剂量为 10～50mg。

解磷定的剂量可按牛体重每千克给予 20～50mg，溶于葡萄糖溶液或生理盐水 100mL 中，静脉注射或皮下注射或注入腹腔。解磷定的作用快速，但持续的时间较短，仅为 1.5～2h。本品对内吸磷、对硫磷、甲基内吸磷等大部分有机磷农药中毒虽都有确实的解毒效果，但对敌百虫、乐果、敌敌畏、马拉硫磷等小部分制剂的作用则较差。同时，对于中毒较久的磷酰化胆碱酯酶也无效。

氯磷定可作肌内注射或静脉注射，氯磷定的毒性小于解磷定，不过对乐果中毒的疗效较差，且对敌百虫、敌敌畏、对硫磷、内吸磷等中毒经 48～72h 的病例无效。

双复磷的作用较解磷定、氯磷定强而持久，能通过血脑屏障对中枢神经系统症状有明显的缓解作用。对因有机磷农药中毒引起的烟碱样症状、毒蕈碱样症状及中枢神经系统症状均有效。对急性内吸磷、对硫磷、甲拌磷、敌敌畏中毒的疗效良好，但对慢性中毒则效果不佳。

对于危重病例，应对症采用辅助疗法，以消除肺水肿，兴奋呼吸中枢，输入高渗葡萄糖溶液等，有助于提高疗效。而在治愈后的一定时期内仍应避免再度接触有机磷农药，以利安全。

二、灭鼠药中毒

（一）安妥中毒

安妥也称甲萘硫脲，纯品呈白色结晶，商品为灰色的粉剂，通常是将其按 2%的比例于食品内配毒饵，用以毒杀鼠类。

[病因与发病机制]

（1）病因 由于保管不严，致使安妥散失；或因同其他药剂混淆，造成使用上的失误；或因投放毒饵的地点、时间不当，致牛误食中毒。一般集约化养殖场的饲料仓库及饲养场鼠害成灾，常常采取投放毒饵的措施灭鼠，如不采取预防措施，往往可能引起牛误食中毒。

（2）发病机制 安妥经胃肠道吸收，分布于肺、肝、肾和神经组织中。其分子结构中的巯基部分可在组织液中水解成为二氧化碳、氨和硫化氢等，故对局部组织具有刺激作用。但对机体的主要毒害作用则为经由交感神经系统，对血管收缩神经起阻断作用，造成肺部微血管壁的通透性增加，以至血浆大量渗透入肺组织和胸腔，而导致严重的呼吸障碍。此外，本品尚具有抗维生素 K 的作用，即可抑制血中凝血酶原的生成及其活性，从而降低了血液的凝固性，致使中毒病牛呈现出血性倾向。

[临床症状]中毒病牛呼吸迫促，体温偏低，有时伴有呕吐或作呕。很快由于肺水肿和渗出性胸膜炎，而呼吸变为困难，流出带血色的泡沫状鼻液，听诊肺部有明显湿啰音。心音浑浊，脉搏增数，同时病牛表现兴奋、不安，或出现怪声嚎叫等症状，最后多因窒息死亡。

[病变特征]安妥中毒死亡病例，以肺部的病变最为显著，可见全肺呈暗红色，极度肿大，且有许多出血斑，气管内则充满许多血色泡沫。胸腔内有多量的水样透明液体。肝呈暗红色，稍肿大。脾也呈暗红色，并见有溢血斑。心包有多量的出血斑，容积稍增大，心脏的冠状血管扩张。肾脏充血，表面也有溢血斑。胃中有时尚可检出安妥的颗粒或团块，可能有胃肠卡他性病变。

[诊断]根据误食安妥毒饵的病史，结合呼吸困难、流血样泡沫状鼻液及肺水肿等特征性症状，可初步诊断。本病应与有机磷农药中毒进行鉴别诊断，有机磷中毒也呈现肺水肿，但无胸腔积液。确诊必须对胃肠内容物、呕吐物及残剩饲料等进行安妥检测。常用的定性检测法如下。

（1）溴化反应　取待检残渣少许，用冰醋酸 2mL 溶解，滴加饱和溴水至溶液显黄色，如有安妥，在滴溴水过程中可看到有蓝灰色絮状物生成，加 10%氢氧化钠溶液使其呈碱性，并除去过量的溴，然后加乙醚，振摇，乙醚层呈紫红色表明含有安妥。若以氯仿代替乙醚，则氯仿层呈紫蓝色。

（2）米龙试剂反应　取提取残渣少许于试管中，加乙醇 1mL 溶解，加米龙试剂 2 滴，如生成白色絮状沉淀，表明有安妥存在。

（3）偶氮反应　取待检残渣少许于小试管中，加无水乙醇 2mL 溶解，加对氨基苯磺酸混合试剂 20mg，充分振荡溶解，在水浴上加热 5min，取出放置 5min 后观察，若含有安妥，溶液显紫红色。

[防治]

（1）预防　对本病的预防为加强对安妥的保管。特别是在拟订灭鼠计划时，应将有关人、牛的安全问题，列为必须考虑的因素，并应做好必要的防护措施，由专人负责执行，以免发生意外事故。

（2）治疗　对本病缺乏特效的解毒疗法，且因很快就有肺水肿发展，致使在发病后即难以采取催吐或洗胃等排除毒物的措施，通常采用对症疗法，以消除肺水肿和排除胸腔积液。结合采用强心、保肝等措施。也可试用维生素 K 或给予含巯基解毒剂。

（二）磷化锌中毒

磷化锌是经常使用的灭鼠药和熏蒸杀虫剂，纯品是暗灰色带光泽的结晶，常同食物配制成毒饵使用。磷化锌露置于空气中，将散发出硫化氢气体，在酸性溶液中则散发更快，其化学反应式如下：

$$Zn_3P_2 + 6HCl \rightarrow 3ZnCl_2 + 2PH_3 \uparrow$$

散发出来的磷化氢气体有剧毒，不仅可毒杀鼠类，而且对人、畜也有毒害作用。据测定其对各种家畜的口服致死量，按每千克体重计算，一般都在20～40mg。

[病因与发病机制] 发病多半由于误食灭鼠毒饵，或被磷化锌污染的饲料而造成中毒。牛吃入的磷化锌在胃酸的作用下，即释放出剧毒的磷化氢气体，并被消化道吸收，进而分布在肝、心、肾以及横纹肌等组织，引起所在组织的细胞发生变性、坏死等病变。并在肝脏和血管遭受病损的基础上，发展至全身泛发性出血，直至陷于休克或昏迷。

[临床症状] 误食后6～18h发病，少数病例在不表现任何症状的情况下，突然倒地死亡。多数病例中毒后，体温升高，结膜潮红，口腔黏膜和咽喉糜烂，呼吸困难。严重病例，先是食欲显著减退，继而发生呕吐和腹痛。其呕吐物发蒜臭味，在暗处呈磷光，同时有腹泻，粪中混有血液，在暗处也见发磷光。病牛迅速衰弱，痉挛，卧地不起，脉数减少而节律不齐，黏膜呈黄色，尿色也带黄，并出现蛋白尿、红细胞和尿管型；粪便带灰黄色，末期可能陷于昏迷，最后窒息死亡。

[病变特征] 病牛尸体解剖可见肺间质水肿，有显著瘀血。气管内充满白色胶样分泌物和泡沫状液。切开胃时，胃底黏膜呈黑红色，散发出带蒜味的特异臭气。将其内容物移置在暗处时，可见有磷光。尸体的静脉扩张，泛发微血管损害。胃肠道呈现充血、出血，肠黏膜有脱落现象，肝、肾瘀血，浑浊肿胀。腹腔内有暗红色积液。

[诊断] 根据误食毒饵或染毒饲料的病史，结合流涎、呕吐、腹痛、腹泻、呼吸困难及呕吐物、呼出气体和胃内容物带大蒜臭味等症状，即可初步诊断。确诊必须对呕吐物、胃内容物或残剩饲料进行磷化锌检测，主要是检测磷和锌，因磷化氢气体容易挥发，送检样品需密封、冰冻保存。磷化氢的检验有溴化汞、硝酸银、碘化镉汞试纸法，钼酸铵反应，钼酸铵-联苯胺反应。锌的检测为亚铁氰化钾反应和双硫腙试剂法。

[防治]

（1）预防　加强灭鼠药的保管和使用制度，杜绝敞露、散失等一切漏误事故。凡制订和实施灭鼠计划时，均须在设法提高对鼠类的杀灭功效的同时，确保人、畜的安全。

（2）治疗 该中毒病无特异解毒疗法。如能早期发现，灌服 0.1%～0.5%硫酸铜溶液，使其催吐的同时，与磷化锌形成不溶性的磷化铜，从而阻滞吸收而降低毒性。也可使用 0.1%高锰酸钾溶液反复洗胃，洗胃后不久，立即投服盐类缓泻剂：硫酸钠 250～400g，人工盐 50～100g，温水 5 000～10 000g，混合灌服。不可使用蓖麻油作为泻剂，也不可给脂肪类、牛奶和鸡蛋。严重病例或出现神经症状时，要及时放血 1 000～1 500mL，再选用下列处方：5%葡萄糖溶液 300～500mL，静脉注射，1～2 次/d。同时进行补液，静脉注射氯化钠溶液 1 500～3 000mL。对于心脏衰弱的牛，要注射强心剂，如安钠咖溶液 3～4h 1 次。心力衰竭时，可皮下注射 0.1%肾上腺素 4～6mL。严重麻痹时，皮下注射 0.1%硝酸士的宁 4～8mL。腹痛剧烈的，可皮下注射盐酸吗啡 10～15mL。

三、氰化物中毒

氰化物中毒一般是指动物采食大量含氰苷的植物或青饲料，经胃内酶的水解和胃液盐酸的作用产生氢氰酸，引起以呼吸困难、震颤、惊厥和血液呈鲜红色为特征的中毒性疾病。此外，动物接触无机氰化物（氰化钾、氰化钠、氰化钙）和有机氰化物（乙烯基腈等），如误饮冶金、电镀、化纤、染料、塑料等工业排放的废水，或误食氰化物农药如钙腈酰胺等均可引起中毒。

[病因与发病机制]

1. 病因 动物采食富含氰苷的植物是氰化物中毒的主要原因。世界上至少有 2 000 种以上的植物氰苷含量足以引起人和动物中毒，其含量因植物种类、季节和生长阶段的不同而有很大差异，而且与加工处理方法有关，但引起中毒的主要是可食用植物，约 120 种。富含氰苷的植物有高粱苗、玉米苗、马铃薯幼苗、亚麻叶、木薯及桃、李、杏、枇杷的叶子及核仁等；各种豆类，包括豌豆、蚕豆、海南刀豆；许多野草或种植的青草，如苏丹草、三叶草、百脉根等。动物长期少量采食含氰苷植物，能逐渐产生耐受性，中毒多发生在饥饿之后突然大量采食的牛。

误食氰化物农药，如钙腈酰胺，或误饮冶金、电镀、化工等矿厂的废水，也可引起氰化物中毒。

各种动物的氢氰酸致死量为每千克体重 1～2mg。植物含氢氰酸超过 200mg/kg 可引起中毒。某些富含氰苷的植物氢氰酸生成量高达 6 000mg/kg。

2. 发病机制 多数氰苷类植物本身含氰糖酶，在贮存过程中，由于温度和酸度适合，可自行分解产生氢氰酸。采食后在胃肠道，经植物本身的或微生物释放的氰糖酶作用生成氢氰酸。

少量氢氰酸被动物机体吸收后，在肝内经硫氰酸酶催化转变为硫氰化物，随尿排出。大量氢氰酸吸收，超过肝脏解毒功能时，氢氰酸的氰离子迅速与氧化型细胞色素氧化酶的三价铁离子结合，生成氰化高铁细胞色素氧化酶，使细胞色素氧化酶丧失其传递电子、激活氧化子的作用，而导致生物氧化的呼吸链中断，细胞呼吸停止，造成组织缺氧。由于氧未利用而相对过剩，静脉血中含氧合血红蛋白而呈鲜红色。由于中枢神经系统对缺氧特别敏感，首先遭到损害，终因呼吸中枢和血管运动中枢麻痹而死亡。

牛对氰苷类植物最为敏感，其原因可能是牛肝脏内硫氰酸酶活性较低。实验表明，投服氢氰酸时，绵羊肝内硫氰化物含量由 23mg/kg 上升到 176mg/kg，而牛肝脏内的硫氰化物含量却不增高。

[临床症状] 发病快，病牛精神先兴奋，后转为沉郁；流涎呈泡沫状，呻吟、磨牙，瘤胃有不同程度的臌气；全身衰弱，体温下降，心动减弱，呼吸浅表，可视黏膜鲜红色；瞳孔散大，眼球震荡，肌肉震颤，反射机能减弱或消失，步态蹒跚，随之卧地不起，角弓反张，迅速死亡。

[病变特征] 急性死亡病例的血液呈鲜红色，血液凝固不良，肌肉色暗，气管及支气管有大量泡沫状液体，肺充血、出血；皱胃黏膜充血，小肠有明显出血斑；心膜、心外膜出血，体腔积液。瘤胃内充满气体和内容物，有时可闻到苦杏仁味。

[诊断] 依据牛食入富含氰苷的植物，或被氰化物污染的饲料、饮水的病史，发病急速，呼吸困难，血液呈鲜红色等临床症状，可作出诊断。还应注意本病与急性亚硝酸盐中毒的区别诊断。区别要点是静脉血液的颜色，亚硝酸盐中毒时血液褐变，属高铁血红蛋白，试管内振荡，血液褐色不退。氢氰酸中毒初期静脉血鲜红，末期因窒息而变为暗红，但属还原血红蛋白，试管振荡，即生成氧合血红蛋白而转红。

确定诊断需进行氢氰酸定量试验。检测样品一般取瘤胃内容物、肝脏和肌肉。肝脏和瘤胃内容物应在死后 4h 以内，肌肉应在 20h 以内，浸泡于 1%～3%升汞溶液中，密闭保存，以防氢氰酸逸散。瘤胃内容物中氢氰酸含量超过 $10\mu g/g$，肝脏组织中氢氰酸含量达 $1.4\mu g/g$ 时，即可确诊。

[防治] 本病病程短急，应立即采用特效解毒剂进行抢救。常用的特效解毒药有亚硝酸钠、美蓝和硫代硫酸钠。其作用机制是，亚硝酸钠或大剂量美蓝可使部分血红蛋白氧化成高铁血红蛋白，后者在体内达到一定浓度（20%～40%）后，能夺取细胞色素氧化酶结合的氰，生成高铁氰化血红蛋白，而使细胞色素氧化酶的活力恢复。但生成的高铁氰化血红蛋白又能逐渐解离放出氢离

子，必须配伍用硫代硫酸钠，使之在肝脏中经硫氰酸酶的催化转为无毒的硫氰化物，而随尿排出。

首先迅速静脉注射 3％亚硝酸钠注射液，剂量为每千克体重 6～10mg，然后静脉注射 5％硫代硫酸钠，剂量每千克体重 1～2mL。通常采用亚硝酸钠—硫代硫酸钠合剂，如亚硝酸钠 3g、硫代硫酸钠 30g，蒸馏水 300mL，成年牛一次静脉注射。或用二甲氨基苯酚（4 - DMAP），剂量为每千克体重 10mg，配成 10％溶液，静脉或肌内注射，同时应用硫代硫酸钠，效果更确实。

本病的预防：严禁生长期牛在富含氰苷类植物的地方放牧，对氰化物类农药应严加保管，以防止污染饲料和饮水。

四、亚硝酸盐中毒

本病主要是因为牛过量食入或饮入含有硝酸盐或亚硝酸盐的饲草和青菜类饲料，引起的化学中毒性高铁血红蛋白血症（变性血红蛋白血症）。另外有些牛是因为吃了含过量的硝酸盐的食物及饮水，在牛的瘤胃内还原为亚硝酸盐引起中毒。临床上表现为皮肤、黏膜呈蓝紫色、血液呈酱油色及其他缺氧症状。

［病因与发病机制］

1. 病因 在自然条件下，亚硝酸盐系硝酸盐在硝化细菌的作用下，还原为氨过程的中间产物，故其发生和存在，取决于硝酸盐的数量与硝化细菌的活跃程度这两个条件。牛的饲料中，各种鲜嫩青草、作物秧苗以及叶菜类等均富含硝酸盐。硝化细菌广泛分布于自然界，其活动性受环境的湿度、温度等条件的直接影响，最适宜的生长温度为 20～40℃。在生产实践中，如将幼嫩饲料成堆放置太久，特别是经过雨水淋湿或烈日暴晒者，极易发酵腐热。饲料加工不当，文火焖煮，余火保温，长时间焖在锅中，这时硝酸盐在硝化细菌作用下，把硝酸盐还原成亚硝酸盐而引起中毒。此外，在少数情况下，还可能误饮含硝酸盐过多的田水，或割草沤肥的坑水而引起中毒。

2. 发病机制 硝酸盐转化为亚硝酸盐后，其对动物的毒性即随之增剧。如测定硝酸钠对牛的最低致死量为 0.65～0.75g/kg，而亚硝酸钠（$NaNO_2$）则仅为 0.15～0.17g/kg。这就是平常可以安全饲用的、含（亚）硝酸盐在动物耐受量范围以内的饲料，一旦发生转化成亚硝酸盐的情况，即可突然显示有猛烈毒性的原因。亚硝酸盐的毒性作用主要是：

（1）使血中正常的氧合血红蛋白（二价铁血红蛋白）迅速地氧化成高铁血红蛋白（变性血红蛋白），即三价铁同一个羟基（—OH）呈稳固的结合，从而丧失了血红蛋白的正常携氧功能。

（2）具有血管扩张剂的作用，可使病牛末梢血管扩张，而导致外周循环衰竭。不过，亚硝酸盐所引起的血红蛋白变化为可逆性反应，正常血液中的辅酶Ⅰ，抗坏血酸以及谷胱甘肽等，都可促使高铁血红蛋白还原成正常的低铁血红蛋白，并随之恢复其携氧功能，故只采食少量的亚硝酸盐，所形成的高铁血红蛋白不多时，体内即可自行解毒。亚硝酸钠对牛的最低致死量为 150～170mg/kg。通常约有 30％的血红蛋白被氧化成高铁血红蛋白时，即呈现临床症状。由于病牛体内出现组织缺氧和迅速发展成外周循环衰竭，而脑组织对此具有显著较高的敏感性，这就是临床上常表现为极其急剧的险恶病象。亚硝酸盐与某些胺作用可形成致癌物亚硝胺，长期接触可能发生肝癌。

[临床症状] 采食外源性亚硝酸盐者多在半小时内发病。采食过多含硝酸盐饲料形成内源性亚硝酸盐者，多在半天左右出现症状。病牛表现精神沉郁，凝目呆立，步态蹒跚，肌肉震颤，呼吸促迫，心跳加快，可视黏膜发绀，流涎，无色素皮肤苍白。瘤胃高度弛缓，臌气，腹痛，腹泻。血液黏稠呈酱油色。严重时耳、鼻、四肢厥冷，脱水，卧地不起，四肢划动，全身痉挛、挣扎而死亡。慢性病例，仅见衰弱，发育不良，产奶量和受胎率下降，分娩无力，流产，前胃弛缓，腹泻，跛行，抗病力降低，呈现维生素 A 缺乏症状，甲状腺肿大。

[病变特征] 死后剖检，可视黏膜、内脏器官及肌肉呈棕褐色或蓝紫色，血液凝固不良，呈咖啡色或酱油色，在空气中长时间暴露亦不变红。肺充血、出血、水肿。心外膜点状出血，心腔内充满暗红色血液。肾瘀血，胃黏膜充血、出血，黏膜易剥落，胃内容物有硝酸样气味。

[诊断] 根据患牛病史，结合饲料状况和血液缺氧为特征的临床症状，可作为诊断的重要依据。为确立诊断，亦可在现场做变性血红蛋白检查和亚硝酸盐简易检验。

亚硝酸盐检验：取 1 滴胃肠内容物或残余饲料的液汁滴在滤纸上，10％甲联苯胺液 1～2 滴，再加上 1％冰醋酸 2 滴，如亚硝酸盐存在，滤纸即变为棕色，否则，颜色不变。变性血红蛋白检查，取血液少许于小试管内，振荡后，在有变性血红蛋白的情况下，血液不变色（仍为暗褐色），健康牛血液则由于血红蛋白与氧结合而变为鲜红色。也可取血液少许，滴加 1％氰化钾（或氰化钠）1 滴或数滴后，即可使血色转为鲜红。用分光光度计检查时，高铁血红蛋白的吸收光带在红色区 618～630nm 处，但经加入 1％氰化钾后，吸收光带立即消失。

[防治]

1. 预防 确实改善青绿饲料的堆放和蒸煮过程。实践证明，无论生、熟青绿饲料，采用摊开敞放是预防亚硝酸盐中毒的有效措施。接近收割的青饲料不能再施用硝酸盐或 2，4‐D 等农药，以避免增高其中的硝酸盐或亚硝酸盐含量。对可疑饲料、饮水，实行临用前的简易化验是一个可取的办法。

2. 治疗 现用的特效解毒剂是美蓝（亚甲蓝）。制成 1％溶液静脉注射，每千克体重 8mg，同时配合应用维生素 C 和高渗葡萄糖溶液。美蓝是一种氧化还原剂，在低浓度小剂量时，它本身先经辅酶Ⅰ的作用变为白色美蓝；而白色美蓝可把变性血红蛋白还原为氧合血红蛋白。但在高浓度大剂量时，辅酶Ⅰ不足以使其变为白色美蓝，于是过多的美蓝则发挥氧化作用，使氧合血红蛋白变为变性血红蛋白，则使病情恶化。

除美蓝外，亦可用甲苯胺蓝。其还原变性血红蛋白的速度比美蓝快 37％。甲苯胺蓝按 5mg 配成 5％的溶液，静脉注射，也可用作肌肉或腹腔注射。

五、氟中毒

氟中毒又称无机氟化物中毒或氟病，是由于动物摄入一定量的无机可溶性氟化物而引起的中毒性疾病。根据发病的经过分为急性氟中毒和慢性氟中毒两种。

急性氟中毒是由于动物一次摄入大量的无机氟化物而引起的，其症状特点是以肠胃炎为主的消化紊乱。慢性氟中毒是由于动物长期不断地摄入大量的无机氟化物而引起的，其症状特点是因机体钙的消耗过多和骨骼被腐蚀，而出现跛行、头部骨骼肿大、牙齿磨灭过度，并出现斑釉齿。

［病因与发病机制］

1. 病因 分为以下四个方面。

（1）自然条件致病 主要见于西北地区的部分盆地、盐碱地、盐池及沙漠周围。上述地区由于干旱风大，降雨量小，蒸发量大，地面多盐碱，地表土壤或盐碱中含氟量高，致使牧草、饮水含氟量亦随之增高，达到中毒水平。其次是萤石矿区以及火山、温泉附近等地的溪水、泉水和土壤中含氟量过高，引起人畜共患的氟病。

（2）工业污染致病 氟病常发生在炼铝厂、磷肥厂、氟化盐厂、多种金属冶炼厂以及大型砖瓦窑等周围地区。从这些工厂排出的废气，如氟化氢（HF）和四氟化硅（SiF_4）及一部分含氟粉尘，在附近地区散落，致使该地区的植被、土壤和水系污染。工业烟尘对牧草的污染，对放牧动物即有潜在危险。氟病危害很大，可在 1～2 年内使牲畜丧失劳动能力或引起死亡。

（3）长期用未经脱氟处理的过磷酸钙作为畜禽的矿物质饲料，亦可引起氟病。

（4）急性的无机氟中毒，牛常因误食了氟醋酸钠、氟化钠、氟铅醋钠等而发病。

2. 发病机制 牛的氟中毒多经消化道引起。在工业污染区，还可能因吸入大量含氟空气而引起中毒。大量氟进入机体后，可以从血液中夺取钙、镁离子，使血钙、血镁降低。因此，急性氟中毒在临床上常表现为低血镁症和低血钙症的症状。氟在少量、长期进入机体的情况下，同血液中的钙结合，形成不溶性的氟化钙，致使钙代谢发生障碍。为补偿血液中的钙，骨骼即不断地释放钙，从而引起成年牛脱钙，终致骨质松脆，易于骨折。生长中的牛，则因钙盐吸收减少而使牙齿、骨骼钙化不足，形成对称性斑釉齿和牙质疏松，易于磨损。与此同时，骨骼疏松、膨大、变形。由于成骨细胞和破骨细胞的活动，骨膜和骨内膜增生，使骨表面产生各种形状的、白色的、粗糙的和坚硬的外生骨赘。

血钙减少可引起甲状旁腺分泌增多，一方面使破骨细胞增加，活动增强，促进溶骨现象，加速骨的吸收；另一方面，还能抑制肾小管对磷的再吸收，使尿磷增高，这些也是影响钙磷代谢的重要环节。另外，进入机体的氟可作用于酶系统。氟也是一种腐蚀剂，接触局部可使之发炎、溃烂。

[临床症状与病变特征]

1. 临床症状

(1) **急性氟中毒** 实质上是一系列腐蚀性中毒的表现。多在误食毒物后2～3h发病。一般表现为厌食，流涎，反刍停止，粪便混有黏液和血液，恶心呕吐，腹痛，腹泻，胃肠炎，呼吸困难，常有神经症状，肌肉震颤，易惊恐，瞳孔散大，感觉过敏，多于数小时内死亡。病牛为减轻关节疼痛，常将大部分体重负于健肢上，使蹄壳变形。

(2) **慢性氟中毒** 以牙齿和骨骼变化显著，两者结合具有示病意义。牙齿的损害十分明显，逐渐发展成为着色型和缺损型。轻者无光泽，齿釉质部分呈淡黄色。重者则釉质出现碎裂和齿斑，牙齿磨灭不齐，乳齿一般无变化。幼牛进入严重污染区半年以上，即可在乳门齿上看到少数淡黄褐色的斑纹。生长中的永久齿变化最突出，斑釉齿左右对称。门齿切面常被磨损。臼齿过早磨损，齿冠破坏，形成两侧对称的波状齿。下颌骨增大，严重的在齿槽与牙齿间有缝隙。在下颌骨外侧和四肢管骨上常有骨瘤形成。肋骨与软肋骨结合部有不规则膨大。关节肿大，脊柱弯曲，盆骨变形。跛行明显，站立困难。由于骨骼变化明显，特称为"氟骨症"。被毛粗乱，消瘦，异嗜，贫血，生长发育不良。

2. 病变特征 急性氟中毒主要是胃肠道充血和出血，严重的黏膜脱落，或有溃疡；肾脏出血，心肌松软，血液稀薄，凝固不良。慢性氟中毒，皮下脂肪消耗明显，心肌变薄，心脏冠状沟部和皮下有胶样浸润，心包液和腹水增加，肠管空虚、龋齿及牙齿缺损处充塞草料。肋骨质脆易断，有的可见数条肋骨折断，或骨痂形成而致的隆起。骨外观呈粉白色，厚薄不均，表面粗糙，边缘不平，质量减轻。下颌支膨大变软，可以用刀切削，切面呈蜂窝状，常有骨瘘管和骨疣。管状骨除有以上变化外，常弯曲变形。

[诊断] 根据氟中毒是群发性或地方性发生的特点，有氟污染源或水、草的含氟量高的发病史和牙齿有对称性斑釉齿，过度磨损，长短不齐，下颌支肥厚，有是有骨瘘管和骨疣；肋骨有结节，易折断；四肢骨弯曲变形，关节肿大，并有长期的间歇性跛行；骨针穿刺试验呈阳性等临床症状，再结合对饮水、牧草、骨骼、毛的含氟量测定即可确诊。也可进行血液生化检查：氟中毒时，血糖减少，胆碱酯酶活力降低，酸性磷酸酶增高。

[防治]

1. 预防 可分为自然氟病区和工业污染氟病区。

（1）自然氟病区应采取下述措施

划区放牧：牧草平均含氟量超过 60mg/kg 者为高氟区，应严格禁止放牧；30～40mg/kg 者为危险区，只允许成年牲畜作短期放牧。

采取轮牧制：在低氟区和危险区进行轮牧，危险区放牧不得超过 3 个月。

寻找低氟水源：寻找含氟量低于 2mg/kg 的水源供牲畜饮用。如无低氟水源，可采取简便方法脱氟，如熟石灰法、明矾沉淀法等。

喂给生滑石粉：生滑石粉 30～40g/d，2 次/d，加入饲料中喂服。也可用牛矿物添加剂，80～120g/d，2 次/d，拌入饲料中喂服。

（2）工业污染区应采取下述措施 ①根本措施在于促使工厂回收氟废气，化害为利；②奶牛场、种畜场和大型饲养场均应远离氟污染区；③加强舍饲，饲料、饲草均应从非污染区购运，并妥善保管，勿使受潮，干草堆顶部应有防雨设施；④日粮中应补给生滑石粉和矿物添加剂。

2. 治疗 急性氟中毒，立即以明矾（硫酸铝）口服，30～50g，加入大量水溶解后口服，以中和胃内形成的氢氟酸，也可灌服稀石灰水。也可用葡萄糖氯化钙溶液 300～500mL 或 10％氯化钙 100～150mL，静脉注射。用维生素 D、复合维生素 B 和维生素 C 配合治疗，对疾病的治疗有一定效果。慢性氟中毒，关键在于杜绝氟继续进入机体内，改换饲料和饮水，最好转移到安全牧场放牧，再配合口服乳酸钙或静脉注射葡萄糖酸钙。也可每日供给滑石粉 40～50g，2 次/d。

六、汞中毒

汞是各种金属元素中毒性较大的元素之一，广泛分布于生物圈，对人和动物健康构成威胁。汞及其化合物可通过消化道、呼吸道、皮肤和黏膜进入体内。金属汞主要以蒸气形式通过呼吸道吸收，吸收率高达76%～85%；无机汞在消化道吸收率约15%；有机汞在消化道的吸收率很高，达90%，还可通过皮肤吸收。汞中毒是指汞化合物进入机体后释放出汞离子，通过对局部组织的刺激作用及与多种酶蛋白的巯基结合阻碍细胞正常代谢，从而引起以消化系统、泌尿系统和神经系统症状为主的中毒性疾病。各种动物对汞制剂的敏感性差异较大，以牛、羊最敏感。

[病因与发病机制]

1. 病因 因有机汞杀虫剂（如西力生、赛力散、谷仁乐生及富民隆等）对人和动物毒性较大，且残效期长，我国已于1971年开始停止生产和进口。而作为医疗用的汞制剂，如汞溴红、硫柳汞、升汞、硝甲酚汞、氯化氨基汞、汞撒利等，以及工业含汞废水和废渣污染环境与水源，则是造成汞中毒的主要来源。

农用或医用汞制剂保管和使用不当，易造成散毒和直接污染饲料、饮水和器具等，被动物误食、舔吮或接触皮肤、黏膜而引起中毒。用汞农药拌过的种子或浸种，由于保管看护不好或种植过程中照管粗心，而使动物有机会误食、偷食而发生中毒。外用含汞软膏，可被动物舔食，在胃中转化为升汞而使毒性增强；5g红碘化汞软膏可使一头2.5岁的牛中毒死亡。

汞的毒性与其化合态、摄入时间及机体状态等密切相关。牛对升汞的致死量为4～8g。牛连续摄入甲基汞每千克体重0.2mg，90d可出现症状，每千克体重0.1mg则无明显影响。NRC（1980）报道，各种动物日粮中汞的最大耐受量为2mg/kg。

2. 发病机制 汞化合物对接触的皮肤和黏膜具有强烈的刺激腐蚀作用。由于汞制剂具有同蛋白质结合和溶于类脂质中的性质，其所释放的汞离子对局部组织产生刺激、腐蚀作用，并且这种作用贯穿于机体吸收和排泄的全过程。因此，经过呼吸道、消化道、皮肤进入机体时，则引起支气管炎、胃肠炎与皮肤和黏膜的腐蚀性病变。而汞离子从唾液腺排出时，可刺激发生颊部炎症和口黏膜溃疡；通过肾脏随尿排出时，由于肾能将汞浓缩，使肾小管上皮细胞变性，发生肾病。

吸收后的汞在体内解离出汞离子，可与多种含巯基的蛋白质和多肽结合，改变或破坏蛋白质的结构和功能。其中最主要的是与酶蛋白结合，特别是吡啶核苷酸酶、黄素酶、还原酶（细胞色素氧化酶、琥珀酸脱氢酶和乳酸脱氢酶）及呼吸酶，从而抑制这些酶的活性，阻碍机体正常代谢和细胞的呼吸，影响生物大分子的合成，造成细胞代谢紊乱甚至死亡，这是汞产生毒害作用的主要机制。汞与细胞膜一些组成成分的巯基结合，使细胞膜的完整性受到损害，改变了细胞膜的功能（如增强了 K^+ 的通透性和影响糖进入细胞等），从而使细胞功能失常。汞离子还与生物大分子的氨基、羧基、咪唑基、嘌呤基、磷酰基等重要基团结合，改变细胞的结构和功能，造成细胞的损伤。汞离子持续大量蓄积于神经组织内，可造成脑和末梢神经的变性，脑和脑膜发生不同程度的出血和水肿，引起先兴奋、后抑制的神经症状，同时伴有肢体麻木。甲基汞属脂溶性化合物，易通过血脑屏障和胎盘屏障，引起中枢神经系统症状和胎儿畸形。甲基汞诱导的神经毒素主要是线粒体电子传递链破坏所致的活性氧（reactive oxygenspecies，ROS）增加，自由基增加必然消耗谷胱甘肽，损伤神经细胞；甲基汞还能抑制 ATP 的产生和线粒体内 Ca^{2+} 的释放，导致细胞内的 Ca^{2+} 浓度升高，引起细胞自动去极化和释放乙酰胆碱；甲基汞降低神经末端胆碱的摄取，使乙酰胆碱合成减少。无机汞化合物属水溶性，不易透过血脑屏障，主要分布在肾脏并由尿排出体外。由此可见，汞对机体的损害几乎是遍及各组织器官并使其机能紊乱的极其复杂的病理过程。

[临床症状与病变特征]

1. 临床症状

（1）**急性中毒** 主要见于动物误食大量的汞化合物，或吸入高浓度汞蒸气所造成的损伤。前者表现呕吐，流涎，反刍停止，腹痛，腹泻，粪便内混有血液、黏液和伪膜，呕吐物中亦带有血色。后者则主要表现呼吸困难，咳嗽，流鼻液，肺部有广泛性的捻发音和啰音。随着疾病的发生和发展，导致肾病和神经机能紊乱。病畜体温升高，尿量减少，尿液中有大量蛋白质、肾上皮细胞和管型，严重者出现血尿。同时，肌肉震颤，共济失调。心跳加快，节律不齐，严重脱水，黏膜出血，循环障碍，最终因休克而死亡。牛中毒时可能仅表现腹痛和体温低于正常而迅速死亡。

（2）**慢性中毒** 是动物长期少量摄入汞化合物，或是少量多次吸入汞蒸气而引起的中毒，主要影响神经系统。病畜表现为流涎，齿龈红肿甚至出血，口腔黏膜溃疡，牙齿松动易脱落，食欲减退，逐渐消瘦，站立不稳。神经症状主要包括兴奋，痉挛，肌肉震颤，有的咽麻痹引起吞咽困难。随后发生抑制，对周围事物反应迟钝，共济失调，后肢轻瘫，甚至最终呈麻痹状态，卧地不起，全身抽搐，在昏迷中死亡。汞蒸气吸入所致的中毒，可发生支气管炎或支气管肺炎，表现咳嗽，流鼻涕，呼吸困难，流泪，体温升高。

以上两种类型的病例在发病数日后，皮肤往往表现瘙痒，因擦痒或啃咬使局部皮肤出血、渗出，形成疱疹或痂皮，也可感染形成脓疱。同时皮肤增厚、脱毛，出现鳞屑。

2. 病变特征 经消化道中毒者常表现严重的胃肠炎，胃肠黏膜潮红、肿胀、出血，黏膜上皮发生凝固性坏死和溃疡。汞蒸气中毒则发生腐蚀性气管炎、支气管炎、间质性肺炎和肺水肿，有时还有肺出血和坏死；同时发生胸膜炎，胸腔和心包积液，心外膜出血，脑软膜下水肿。体表接触汞制剂使局部皮肤潮红、肿胀、出血、溃烂、坏死，皮下出血或胶样浸润。此外，肝肿大、色暗，肝小叶中心区和心肌脂肪变性。发生肾脏肿大和中毒性肾病。慢性中毒除出现上述变化外，更为突出的是口膜炎、齿龈炎和神经系统的变化。

组织学变化为大脑和小脑神经细胞变性、坏死，小胶质细胞弥漫性增多。脑组织小灶状出血，血管周围小胶质细胞和淋巴细胞形成管套，神经纤维脱髓鞘。肾小球肿胀，近曲小管上皮坏死与脱落，管腔内有颗粒管型和透明管型。心肌纤维和浦肯野氏纤维透明变性。

[诊断] 根据动物与汞制剂或汞蒸气的接触史，结合典型的临床症状和病理变化，即可初步诊断。可疑饲草料、胃内容物、尿液、肾脏、肝脏等样品汞含量的测定，可为本病的诊断提供依据。一般认为，饲料和动物组织中汞含量应低于1mg/kg。本病应与铅中毒和砷中毒进行鉴定。

[防治]

1. 预防 严格防止工业生产中汞的挥发和流失，从严治理工业"三废"带来的环境汞污染。医用汞制剂在应用时应严格控制剂量和避免滥用，以防动物过多接触而舔食中毒。严禁生产和使用含汞农药。

2. 治疗 立即停喂可疑饲料和饮水，同时禁喂食盐，因食盐可促进有机汞溶解，使其与蛋白结合而增加毒性。经口服中毒者，病初可用活性炭混悬液或2％碳酸氢钠溶液洗胃。若摄入时间较长，因胃黏膜已受腐蚀，洗胃易发生胃破裂，应灌服浓茶、豆浆、牛乳等，使胃肠内的汞发生沉淀，或与其结合成不溶性化合物，并减少其对黏膜的腐蚀作用。

主要采取驱汞疗法，选用以下竞争性制剂，使其与组织中的汞离子结合形成稳定的络合物，最终随尿液排出体外，以达到驱除汞的目的。

（1）巯基络合物 常用制剂有：①二巯基丙磺酸钠，为5％水溶液制剂，以每千克体重5～8mg，皮下、肌内、静脉注射，第一天可每隔6～12h用药一次，次日起逐日延长用药间隔时间，7d为一疗程。②二巯基丁二酸钠，为粉针剂，以每千克体重20mg用生理盐水稀释后缓慢静脉注射，也可用5％葡萄糖溶液稀释后静脉注射。急性中毒时，3～4次/d，3～5d为一疗程；慢性中毒时，1～2次/d，3d为一疗程，然后间歇4d。一般需坚持3～5个疗程。

（2）依地酸钙钠 成年牛用3～6g，临用前与5％葡萄糖溶液或蒸馏水混合，稀释成0.5％的浓度，缓慢静脉注射。可根据病情每天1～2次。

（3）硫代硫酸钠 一般用量为 5～10g，配成 5%～30%溶液静脉注射或肌内注射。

另外可选用复合维生素 B、维生素 C、细胞色素和辅酶 A 等药物，配合强心、镇静、补液等对症和辅助性治疗，有助于提高疗效。

七、砷中毒

砷及其化合物多作农药、灭鼠药、兽药和医药之用。虽然砷本身毒性不大，但其化合物的毒性却极其剧烈，故当用药时稍有不慎，便可引起家畜中毒。

砷的化合物包括无机砷和有机砷化物两大类。无机砷化物按照其毒性强弱的不同，又分为剧毒和强毒两类。剧毒类包括三氧化二砷、砷酸钠、亚砷酸钠、砷酸钙、亚砷酸等；强毒类包括砷酸铅（酸式砷酸铅）等。

一般认为，有机砷的毒性比无机砷的毒性弱。无机砷化物中以三氧化二砷的毒性最强。三氧化二砷（AS_2O_3，俗称砒霜）为白色粉末，易溶于水，溶解后变为亚砷酸。牛的口服致死量为 15～30g。

[病因与发病机制]

1. 病因 牛误食以含砷农药处理（浸泡或混拌）过的谷类种子，喷洒过含砷农药的农作物（谷物、蔬菜、青草）或饮用被砷化物污染的饮水而引起中毒。

治疗用药不当，如应用新胂凡纳明或其他含砷药剂治疗家畜疾病时，由于剂量过大或用法不当也可引起中毒。牛误食毒鼠用的含砷毒饵，亦能引起中毒。位于生产含砷农药工厂或硫酸工厂、氮肥厂以及金属冶炼厂附近的牧场，由于废气和废水的污染，也有发生中毒的可能。

2. 发病机制 砷及砷化物，一般经由呼吸道、消化道及皮肤而进入机体。砷化物吸收迅速，多于 3～6h 内被机体吸收。吸收后的毒物首先聚集于肝脏，然后逐渐分布到其他组织。慢性砷中毒时，毒物主要积聚于骨骼、皮肤及角质组织（被毛或蹄）中。砷化物在动物体内，一小部分被解毒，其余大部分通过尿、汗、乳及粪而排出体外。故砷中毒的哺乳母畜，可通过乳汁途径引起幼畜发生中毒。

砷及砷化物属于细胞原浆毒，主要作用于机体的酶系统。亚砷酸离子能抑制酶蛋白的巯基，尤其易与丙酮酸氧化酶的巯基结合，使其丧失活性，从而减弱酶的正常功能，阻碍细胞的氧化和呼吸作用，导致组织、细胞死亡。

砷也能麻痹血管平滑肌，破坏血管壁的通透性，造成组织、器官瘀血或出血，并能损害神经细胞，结果引起广泛的神经性损害。

此外，砷化物对皮肤和黏膜也具有局部刺激和腐蚀作用。

[临床症状与病变特征]

1. 临床症状　大体上可分为下列三种类型。

（1）急性中毒　起病突然，主要表现重剧的胃肠炎症状，病畜表现流涎、口黏膜充血、出血、肿胀、脱落、呕吐、呻吟，腹痛不安，腹泻，粪腥臭，混有黏液、血液和伪膜。前胃弛缓或瘤胃臌气。呼吸迫促，脉搏快、弱，四肢末梢厥冷，后肢瘫痪，体温正常或偏低，通常经数小时死于循环衰竭。

（2）亚急性中毒　病程可延长 2～7d，临床仍以胃肠炎为主。表现为拒食，腹泻，口渴喜饮，严重脱水，初期尿多，后排尿减少，腹痛，心率加快，脉搏快而弱。后期出现神经症状，肌肉震颤，共济失调，甚至后肢偏瘫，体温偏低，末梢发凉，阵发性痉挛，昏迷而死。

（3）慢性中毒　消瘦，营养不良，发育迟缓，被毛粗糙，易脱落。可视黏膜呈砖红色，结膜、眼睑浮肿，口腔、鼻唇部黏膜红肿和溃疡，慢性消化不良。乳牛泌乳量剧减，孕畜流产或死胎。大多数伴有神经麻痹症状，且以感觉神经麻痹为主。

2. 病变特征　尸体不易腐败。急性与亚急性病例，胃、小肠、盲肠、真胃黏膜充血、出血、水肿、糜烂、坏死，严重者发生穿孔。心、肝、肾等实质器官脂肪变性；肝呈黄色，胸膜及心外膜有出血点。慢性中毒病例胃（真胃）和大肠有陈旧性溃疡或瘢痕，肝、肾脂肪变性明显，全身水肿，喉、支气管炎。

有机砷中毒，无明显的眼观病变，组织学检查见有视神经和外周神经变性。

[诊断]　根据是否误食经砷处理过的种子、污染的牧草、杀鼠的毒饵，以及是否误饮砷污染的饮水等发病史，口、咽黏膜被腐蚀，急性胃肠炎和神经症状等临床表现以及消化道出现肿胀、充血、溃疡和糜烂等病理变化可作出初步诊断，将可疑饲料和胃内容物送化验室进行分析化验可以确诊。

[防治]

1. 预防

（1）严格遵守毒物保管制度，妥善贮存，防止含砷农药污染饲料、植物或饮水，并避免家畜误食。

（2）应用砷剂治疗时，应严格控制剂量，外用时注意防止病畜舔食。如发现有中毒现象时，应立即停药，进行救治。

（3）喷洒含砷农药的农作物或牧草，在一定时期内（30～45d）禁止食用。如需要饲用时，应在碱水中充分浸泡后，再行饲喂。

2. 治疗 排除胃肠内容物，用温水或 2%氧化镁或 0.1%高锰酸钾溶液反复洗口、洗胃，然后灌服牛乳、解毒液；口服硫代硫酸钠 25～50g，稍后灌服缓泻剂；使用特效解毒剂二巯基丙磺酸钠注射液，按每千克体重 5～8mL 肌内或静脉注射。第一天每隔 6～12h 注射一次，以后用药间隔时间延长，直至痊愈。也可用二巯基丙醇，首次用量为每千克体重 2.5～5mg，以后每隔 12h 一次，2d 后随症状减轻可酌减用量，直至痊愈；此外，可用 10%～20%硫代硫酸钠静脉或肌内注射。慢性中毒，用上述特效解毒药，1～2 次/d，3d 为一疗程，停药 4d 后，再进行下一疗程。对症治疗，实施强心补液，保肝利胆、利尿等。也可利用硫酸亚铁与氧化镁相遇能生成氢氧化铁，而氢氧化铁与砷结合能生成不溶性的砷酸铁的原理，选用硫酸亚铁 10g，水 350mL，配成第一液；再用氧化镁 15g，水 250mL 配成第二液。临用时，将第一、二两液混合振荡成粥状，口服，剂量为 250～1 000mL，每隔 4h 一次，2～3 次/d。

八、尿素中毒

尿素是动物体内蛋白质分解的终末产物，纯品为无色的柱状晶体。尿素除供医药用外，在农业上广泛用作速效肥料。尿素中毒是由于在牛的饲料中添加尿素过多而引起的一种中毒性疾病。疾病的特点是由于尿素可分解产生大量的氨，刺激消化道黏膜发炎，吸收进入血液后，可对大脑、肝、肺、肾等产生刺激，出现神经、呼吸等一系列中毒症状。

[病因与发病机制]

1. 病因 将尿素堆放在饲料近旁，导致误用或被动物偷食；使用尿素饲料不当，如将尿素溶解成水溶液喂给时，易发生中毒。在饲喂尿素的动物，若不经过逐渐增多用量的过程，初次饲喂就直接按定量喂给，也易发生中毒。此外，如不严格控制定喂量，或对添加的尿素未经搅拌均匀等，都是造成中毒的原因；在个别的情况下，曾有牛因偷吃大量人尿而发生急性中毒死亡的病例，人尿中含有尿素约 3%，故可能与尿素的毒性作用有一定的关系。

2. 发病机制 尿素可在反刍动物瘤胃中脲酶的作用下被分解，当瘤胃内容物的 pH 约为 8 时，脲酶的作用最为旺盛，可使多量的尿素在短时间内被分解，其分解产物中，除其终末产物氨对机体具有毒害作用外，也注意到氨甲酰胺的毒性问题。

[临床症状与病变特征]

1. 临床症状 牛在食入中毒量的尿素后，30～60min 甚至更快即出现症状。病牛开始时表现沉郁，接着出现不安，反刍停止，前胃弛缓，大量流涎，口唇痉挛，呼吸困难，脉搏加快（100 次/min 以上），进而共济失调，眼球震颤，全身痉挛与抽搐，卧地，全身出汗，瘤胃臌气，肛门松弛，瞳孔散大，最后因窒息而死亡。病程一般为 1.5～3h。病期延长者，后肢不全麻痹，卧地不起，四肢发僵，发生褥疮。如为偷食大量的尿素，可无症状而突然死亡。

血液 pH 起初升高，临死时下降；血钾与尿液 pH 升高，血氨达 3～6mmol，红细胞压积增加 10%～15%。

2. 病变特征　口鼻常附有泡沫，瘤胃内容物有氨臭味，消化道黏膜充血、出血。肺水肿，有的病例在气管中有瘤胃内容物。心内膜和心外膜下有出血，有的病例可见胸腔、心包积液。硬脑膜、侧脑室及脉络丛充血。肝、肾变性。毛细血管扩张，血液黏稠。

[诊断]　采食尿素史对诊断该病具有重要价值。进行实验室检验，测定血氨可作为诊断的依据，正常血氨含量为 0.2～0.6mg/dL，通常血氨浓度达 1～8mg/dL 时，开始出现症状，表现运动失调。瘤胃液氨浓度高达 80～200mg/dL 时，即可引起中毒，甚至死亡。

[防治]

1. 预防　必须严格施行饲料保管制度，不能将尿素肥料同饲料混杂堆放，以免误用。在畜舍内尤其应避免放置尿素肥料，以免家畜偷吃。在饲用尿素饲料的畜群，必须制定必要的工作制度，正确控制尿素的定量及与其他饲料的配合比例。而且在饲用混合日粮前，必须先仔细地搅拌均匀，以避免因采食不均引起中毒事故。为提高补饲尿素的效果，尤其要严禁将尿素溶于水中喂给。在有条件的单位，可考虑采取将尿素配合过氯酸铵使用，或改用尿素的磷酸块供补饲用，以确保安全。

2. 治疗　早期可灌服大量食醋和稀醋酸，以抑制瘤胃中脲酶的活力，并能中和氨。给成年牛灌服 1%醋酸溶液 1L，糖 0.5～1kg 和水 1 000mL，可获得满意的效果。也可用 5%醋酸（食醋）4 500mL，加大量冷水，给成年牛一次灌服。

对症治疗，水合氯醛 10～25g，加水适量灌服或口服，以抑制痉挛。用 10%硫代硫酸钠溶液 150mL，静脉注射，或谷氨酸溶液，静脉注射，有解毒作用。同时可应用葡萄糖酸钙溶液、高渗葡萄糖溶液及瘤胃制酵剂等，可提高疗效。

九、瘤胃酸中毒

瘤胃酸中毒是因反刍动物过量采食富含碳水化合物的谷物饲料，在瘤胃内发酵产生大量乳酸而引起的急性代谢性酸中毒。又称急性碳水化合物过食、乳酸中毒、过食谷物及过食豆谷综合征等。临床上以精神沉郁，瘤胃臌胀，内容物稀软，腹泻，严重脱水，共济失调，虚弱，卧地不起，乳酸血症及死亡率高为特征。本病可发生于各种反刍动物，以奶牛、役用牛、肉牛最为多见。

[病因与发病机制]

1. 病因 突然大量采食富含碳水化合物的饲料是本病发生的主要原因。能引起瘤胃酸中毒的物质有：谷物饲料（如玉米、大麦、燕麦、高粱、豆、稻谷等），块根饲料（如马铃薯、甘薯、饲用甜菜），酿造副产品（如酒渣、豆腐渣、淀粉渣等），面食品（如生面团、面包屑），水果类（如苹果、葡萄、梨等），糖类及酸类化合物（如淀粉、乳糖、果糖、蜜糖、乳酸、酪酸等）。

饲养管理不当是反刍动物采食过量碳水化合物饲料的条件，如为了提高产奶量、生长速度或催肥，突然增加精料，缺乏适应期；精料保管不当而被动物偷食；动物饥饿后自由采食；缺乏饲喂制度和饲喂标准，精料的饲喂过于随意；霉败的粮食（如小麦、玉米、豆类等）人不能食用时，大量饲喂动物。研究发现，虽然瘤胃 pH 趋于中性时有利于提高瘤胃中降解纤维的微生物数量与微生物的生长效率，同时能降低瘤胃壁溃疡的发生率，但瘤胃偏酸环境有利于奶牛提高产奶量和肉牛的快速生长。因此生产中饲喂高精料就成为必然，控制饲喂量和提高日粮精料水平时执行合理的过渡适应期，可有效预防瘤胃酸中毒的发生。如肉牛以粗饲料为主添加精饲料时，饲喂大麦和小麦 6～7kg，8～10h 即可发病。

本病发生的严重程度与饲料的种类、加工及动物机体的状况密切相关。小麦、大麦、玉米比燕麦和高粱的毒性大；粉碎可增加毒性；营养状况与应激状态（如围产期）也会影响动物对碳水化合物饲料的敏感性。

2. 发病机制 一般采食后 6h 内，易发酵饲料被分解为 D-乳酸和 L-乳酸。L-乳酸吸收后被代谢利用；D-乳酸代谢缓慢，在体内蓄积导致发病。牛链球菌和乳酸菌是瘤胃中转化产生乳酸的主要微生物。随着瘤胃中乳酸及其他挥发性脂肪酸的增多，内容物 pH 下降。当 pH 降至 5.0 时，瘤胃中除乳酸菌外，其他微生物均被抑制，瘤胃出现停滞。乳酸菌则继续繁殖产生乳酸，导致瘤胃内渗透压增高，从机体吸收大量水分而导致机体脱水。另一方面大量乳酸被吸收，致使血液 pH 下降，导致机体酸中毒。此外，瘤胃内乳酸含量升高，不仅可引起瘤胃炎，而且有利于霉菌滋生，导致瘤胃壁坏死，并造成瘤胃细菌如坏死杆菌、化脓菌和有毒物质如组胺、尸胺等扩散，损伤肝脏并引起毒血症。

奶牛瘤胃酸中毒通常发生在第一个泌乳月，主要是随着干奶期的开始和结束，瘤胃发生一系列动态变化，这些变化与营养因素密切相关。从干奶期开始，由高精料转变为高纤维饲料，使得瘤胃微生物区系和瘤胃上皮特征发生改变。饲喂高精料适合淀粉分解菌的生长，提高乳酸和丙酸的产生量，瘤胃上皮乳头状突起伸长；饲喂高纤维饲料适合纤维分解菌的生长，提高甲烷的产生量，而不利于产生丙酸的细菌和利用乳酸细菌的生长，瘤胃上皮乳头状突起变短，瘤胃黏膜吸收瘤胃总挥发性脂肪酸（VFA）的能力下降；在干乳期的前7周，瘤胃的吸收面积减少50%，而重新饲喂精料后乳头状突起生长需要数周时间。产犊后饲喂高能量饲料，发生瘤胃酸中毒的危险性很大，因为产乳酸菌对高淀粉饲料的反应很快，发酵产生大量乳酸；而利用乳酸的菌群对饲料的变化反应较慢，需要3～4周才能达到有效防止瘤胃乳酸蓄积的细菌数量。临床上奶牛容易发生亚临床型酸中毒，乳酸在瘤胃内蓄积很少，但pH降低。特征为食欲不振，体重下降，腹泻，蹄叶炎。

近年来研究表明，在亚急性瘤胃酸中毒，瘤胃中乳酸浓度增加不如挥发性脂肪酸明显，表明在亚急性瘤胃酸中毒的发生过程中挥发性脂肪酸比乳酸更重要。

当动物过量采食豆类饲料时，蛋白质在瘤胃内细菌的分解下产生大量氨。吸收后氨可直接作用于中枢神经系统，引起脑血管充血、兴奋性增高、视觉障碍。同时，瘤胃乳酸、挥发性脂肪酸含量增多。

[临床症状与病变特征]

1. 临床症状　本病通常呈急性经过，程度与饲料种类、性质、采食量有关。采食量越大，临床症状越严重。肉牛、役用牛以急性型为主，而奶牛以亚临床型为主。

急性型一般在大量采食碳水化合物饲料后4～8h发病，精神高度沉郁，食欲废绝，反刍停止，腹痛，腹部膨胀，触诊瘤胃胀软，后期冲击触诊出现振水音，瘤胃蠕动音消失。体温正常或偏低（36.5～38.5℃），个别病例体温升高。呼吸急促（60～80次/min）、心跳加快（100次/min以上），脉搏细弱。严重脱水，病情较轻者脱水相当于体重的4%～6%，严重的病例可达体重的8%～12%。眼球下陷，皮肤弹性降低，黏膜发绀，血液浓稠，尿量减少或无尿。粪便稀软或水样，有酸臭味，粪便中常有未消化的饲料，有的排粪停止。有的病畜出现神经症状，表现兴奋不安，狂奔或转圈运动，视觉障碍，头抵物体不动。严重的病畜极度虚弱，双目失明，瞳孔散打，卧地不起，头颈侧弯或后仰呈角弓反张，昏睡或昏迷，在24～72h内终因休克和循环衰竭而死亡。

亚临床型表现为食欲不振，体重下降，瘤胃运动减弱，产奶量降低，腹泻、蹄叶炎，全身症状轻微。

2. 病变特征　主要病理变化在瘤胃和肝脏，瘤胃和网胃内充满粥状内容物，具有酸臭味。瘤胃、皱胃黏膜肿胀，呈斑块状出血，黏膜表面被覆有多量褐色黏液。有的发生真菌性或梭菌性瘤胃炎，表现界限清晰的红色或黑色的椭圆性损伤。部分黏膜脱落，黏膜下层水肿、出血。病程较长的病例，瘤胃和网胃壁可能发生溃疡。肝脏肿大，表面呈暗红色，或呈淡黄色，表面有散在出血斑点。心内膜和心外膜出血，肾脏瘀血，脑实质柔软，水肿。有的病例还可能继发肝脓肿。

[诊断] 根据反刍动物过食谷物类或豆类等的病史，结合精神高度沉郁，瘤胃臌胀、内容物稀软，腹痛，腹泻，严重脱水，共济失调，虚弱，卧地不起，蹄叶炎等临床症状，即可初步诊断。瘤胃 pH、纤毛虫数量和活力及乳酸含量的测定为确诊提供依据。血液学及血液相关化学指标的测定可判断疾病的严重程度。临床上本病应与瘤胃积食、生产瘫痪和其他原因引起的腹泻等疾病进行鉴别诊断。

[防治]

1. 预防 预防本病的措施和策略应包括：抑制乳酸产生菌、刺激乳酸利用菌或吞食淀粉原虫的活性，以及降低食物颗粒大小的特殊添加剂；瘤胃接种能在低 pH 时防止糖和乳酸蓄积或分解乳酸的微生物；继续研究谷物加工过程、日粮阴阳离子平衡、专用抗生素、糖或乳酸利用微生物、唾液分泌刺激剂及饲养管理。

（1）控制碳水化合物饲料的采食量 这是预防反刍动物瘤胃酸中毒的主要措施，不能随意加料或补料。在肉牛、奶牛的生产中，由高粗饲料向高精饲料转变要逐渐进行，通常需要 2～4 周的过渡期，并逐步提高精料水平，使瘤胃逐渐适应饲料的变化。

（2）中和瘤胃产生的部分有机酸 目前常用的措施是在日粮中直接添加碳酸盐等缓冲剂和增加日粮中有效中性洗涤纤维的含量。实践证明，在肥育牛和泌乳初期奶牛的日粮中添加 0.8%～1.5% 的碳酸氢钠（以精料干物质为基础），泌乳牛日粮中性洗涤纤维含量不低于 15%（以干物质为基础），肉牛日粮中性洗涤纤维含量不低于 8%。都能有效控制瘤胃乳酸的产生。

（3）调控瘤胃有机酸的产生和利用 可在肥育牛的精料中添加莫能菌素，莫能菌素是离子类载体，能有效降低瘤胃甲烷、挥发性脂肪酸和乳酸的产生，防止瘤胃酸中毒的发生，剂量为 30mg/kg。同时，饲料中添加泰乐菌素，可预防肝脓肿的发生。也可通过瘤胃接种埃氏巨型球菌，加速乳酸的利用，从而有效抑制瘤胃内乳酸的蓄积。

2. 治疗 本病的治疗原则是迅速排除瘤胃内容物，纠正酸中毒和脱水，对症治疗。排除瘤胃内容物，尽量减少滞留和后送，清理胃肠，可防止酸中毒进一步发展。主要采取以下措施：

（1）瘤胃冲洗　用开口器张开口腔，将胃管经口腔插入胃内，排出瘤胃内容物，并用石灰水（生石灰 500g、加水 5 000mL，充分搅拌，取上清液加 1～2 倍的清水稀释）反复冲洗，直至胃液接近中性为止，再灌入稀释的石灰水 1 000～2 000mL。也可用小苏打水。6～8h 后，口服石蜡油 500～1 000mL、鱼石脂 15～20g、陈皮酊 80～100mL、大黄酊 80～100mL。

（2）瘤胃切开术　当瘤胃内容物很多，用胃管导胃无法排出时，应及早采取瘤胃切开术，彻底清除瘤胃内容物，或用石灰水冲洗、排出。再接种健康动物瘤胃内容物 1～20L。

（3）纠正酸中毒和脱水　纠正酸中毒，可静脉注射 5％碳酸氢钠溶液，牛的剂量为 1 000～3 000mL。补充体液，可用 5％葡糖糖生理盐水或复方氯化钠溶液 4 000～8 000mL，10％安钠咖 5～20mL，40％乌洛托品注射液 10～40mL，静脉注射。

（4）对症治疗　如伴发蹄叶炎，可注射抗组胺的药物，如盐酸苯海拉明、异丙嗪、扑尔敏等，配合蹄部冷水浴效果更好。为防止休克，可用地塞米松、肾上腺皮质激素等。发生神经症状时，可用镇静剂。恢复胃肠消化机能，可给予健胃药和前胃兴奋剂。为控制和消除炎症，可注射抗生素，如青霉素、链霉素、四环素或庆大霉素等。

十、氨中毒

氨中毒是指由氨合成的铵态和部分硝态氮素肥料，亦包括厩肥和其他来源的氨所引起的中毒性疾病。氨肥是极有价值的氮肥，其中铵态氮和硝态氮是农作物吸收利用最好的形态。在作物体中，这两种形态氮的转化过程为：硝态氮→铵态氮→氨基酸→蛋白质。常用的氨肥产品，根据其含氮量不同有以下几种：液氨、硝酸铵、氯化铵、硫酸铵、碳酸氢铵和氨水。

[病因与发病机制]

1. 病因　氨肥对动物的毒性与氮含量密切相关，含氮量越高、挥发性越大，则对动物的毒性也越大。动物可经消化道、呼吸道和皮肤吸收而引起中毒。常见于以下原因：

（1）氨肥保管不当，如硝酸铵、硫酸铵、碳酸氢铵及氯化铵酷似食盐，有时被人误用或被动物误食。

（2）在使用氨水过程中，如将氨水桶散置于田间地头，耕牛在口渴时往往可能误饮而中毒，或因误饮刚经施用氨肥的田水，造成中毒。

（3）装有液氨或氨水的容器密封不严或有损坏时，或氨肥厂、乡村氨水池密封不严时，都会散逸氨气污染空气。如空气中的浓度达到 70mg/m³ 以上时，就可因吸入和接触而导致在该环境中滞留的动物中毒。

（4）厩舍及粪尿池如不及时清理，会在厩舍内因发酵产氨而积蓄高浓度氨气，引起动物氨中毒。

（5）在工业生产过程中，含氨的废气、废水、废渣污染水渠、河流和周围环境，当地动物饮用污染水、接触污染物时，则可引起中毒。

2. 发病机制 氨对接触的部位产生强烈的刺激作用，低浓度的氨气引起眼结膜、角膜和上呼吸道充血、水肿和分泌物增加。高浓度的氨对所接触的局部引起碱性化学灼伤，组织呈溶解性坏死。进入消化道后，氨水释放出的氨气或饮入的氨水直接刺激黏膜，发生口膜炎、咽炎和咽水肿、胃肠炎等。经呼吸道吸入时，氨气刺激呼吸道黏膜，引起喉炎、喉水肿和喉痉挛，以及气管、支气管、肺的炎症和肺水肿等。皮肤和外黏膜接触不同形态的氨时，可引起皮肤充血、水疱，结膜炎，角膜炎，甚至角膜溃疡。

氨被吸收入血后可对中枢神经系统、心血管系统和实质器官造成毒害。血氨首先引起中枢神经的抑制，表现神经兴奋和机能障碍的症状，如共济失调、肌肉痉挛、感觉过敏，严重时则出现昏迷和中枢神经系统麻痹。尤其重要的是，血氨可通过神经-肾上腺素能因子，引起肺部毛细血管的通透性增加，造成肺水肿，严重时出现窒息。血氨可增加毛细血管壁的通透性，致使体液丧失，血液浓缩，红细胞压积可增高 11%。血氨增加还能使心肌变性，导致心力衰竭而死亡。血氨浓度过高时，还可引起中毒性肝病、肾间质性炎症。

有报道认为，氨可抑制柠檬酸循环，致使糖无氧酵解加强，血糖和血乳酸增加，动物表现酸中毒，以及其他组织超微结构的损害。

氨气对动物的毒性与环境中的浓度及接触时间有关，如空气中的浓度达到 $70mg/m^3$ 以上时，就可因吸入和接触而致病。铵盐的毒性取决于诸多因素，除含氨量、挥发性外，pH 升高时毒性亦增加。不同动物的敏感性也有差异，单胃动物较敏感，口服达到每千克体重 1.5g 时，即可致死。而反刍动物铵盐的致死量为每千克体重 1~2g。

［临床症状与病变特征］

1. 临床症状 反刍动物食入氨肥或饮入氨水时，首先出现严重的口炎，口黏膜红肿，甚至发生水疱，口流大量泡沫状唾液。病畜吞咽困难，声音嘶哑，剧烈咳嗽。随着疾病的发展，口黏膜充血、水肿加剧，舌头亦严重肿胀，有时伸出口外，不能闭口，大量流涎，以至口黏膜糜烂、出血。牛中毒时，精神萎靡，食欲废绝，瘤胃臌气，腹痛，胃肠蠕动减缓或废绝，呻吟，肌肉震颤，呼吸困难，步态蹒跚。听诊肺部有明显湿啰音，心跳加快，节律不齐。机体逐渐衰弱无力，震颤，易跌倒，体温下降，昏睡，常突然死亡。有的在濒死期狂暴不安，大声吼叫。本病的严重程度与动物对氨的接触量有直接关系，一般在致死量以下有望治愈。测定其血氨氮值在 2mg％ 以内者，虽病情严重而仍能治愈，而达到 5mg％ 以上者往往死亡。

牛吸入氨气往往表现为急性中毒。吸入量少、时间短时仅引起轻度中毒，表现流泪，浆液性或脓性鼻液，吞咽困难，结膜充血、水肿，肺部可听到干啰音。大量吸入可致重度中毒，可因反射性的喉头痉挛或呼吸停止而迅速死亡。病畜很快发生肺水肿，表现剧烈咳嗽，呼吸困难。听诊肺部有明显湿啰音，并可因窒息而死。

皮肤接触时，可发生红、肿、充血，甚至红斑、水疱和坏死。眼内溅入氨水或强浓度氨气刺激后，可发生眼睑水肿，结膜充血、水肿，角膜混浊，甚至溃疡、穿孔而失明。

2. 病变特征 皮肤及整个尸体浆膜下均布满出血斑，血液稀薄而色淡。口黏膜充血、出血、肿胀及糜烂。胃肠黏膜水肿、出血和坏死，胃肠内容物有氨味，瘤胃臌胀。肝脏肿大、质脆，有出血点。脾脏肿大、有出血点。肾脏有出血和坏死社，肾小管混浊肿胀。鼻、气管、支气管黏膜充血、出血，管腔内有炎性渗出液。肺充血、出血和水肿。心包和心外膜点状出血，心肌色淡。

［诊断］根据食入、吸入或皮肤接触氮肥的病史，结合临床症状和病理变化，即可初步诊断。实验室血氨氮值的测定可为确诊提供依据。

［防治］

1. 预防 必须加强化肥的保管和使用规范，氨水池的构筑必须符合密闭要求，以确保人畜安全，且不致耗失肥效。装运氨水的容器必须确保密闭，氨水贮存应远离住宅和厩舍，避免在田间地头、路边放置敞露的氨水桶，以防动物饮用而造成中毒。禁止动物饮用刚施过氮肥的田水或氨水、氨气污染的河渠水。及时清除厩肥，注意厩舍经常通风换气。

2. 治疗 病畜应尽快转移到空气新鲜的场所，脱离被氨气污染的环境，注意护理，轻者可自愈。口服氮肥中毒者，初期可灌服稀盐酸、稀醋酸等酸性药液以中和解毒，同时可灌服黏浆剂，如淀粉糊等以保护胃肠黏膜，并灌服大量水和植物油以促进肠道内容物的排泄。

吸入中毒者，根据咳嗽、呼吸困难等症状，口服氯化铵、远志末、吐根等镇咳祛痰药。肌内注射尼可刹米、山梗菜碱等兴奋呼吸。气管注射 0.25％ 普鲁卡因与青霉素，以缓解支气管痉挛和消炎。

静脉注射 10％ 硫代硫酸钠溶液，有一定的解毒作用。

另外，腹痛时肌内注射 30％ 安乃近。瘤胃臌气时，口服鱼石脂、甲醛溶液等。喉水肿、肺水肿时，可静脉注射葡萄糖酸钙、高渗葡萄糖、肾上腺皮质激素等。肌肉痉挛时，可用苯巴比妥等。同时口服或注射抗生素，以防继发感染。

皮肤与眼部损伤，可用3％硼酸溶液冲洗，涂以考的松眼药膏等，进行一般的外科处理。

十一、食盐中毒

食盐是重要的饲料成分，但在采食过多或饲喂不当时，则易发生中毒。本病以消化道炎症和脑组织的水肿、变性为其病理基础，以神经症状和消化紊乱为临床特征。

食盐中毒可发生于各种动物，牛对食盐的耐受性在各个品种、个体间差异较大，一般牛对食盐的中毒量为1～2.2g/kg。

[病因与发病机制]

1. 病因

（1）不正确地利用腌制食品（如腌肉、咸鱼、泡菜）加工后的废水、残渣以及酱渣等。如突然喂量过多或未同其他饲料搭配使用等情况时，易发生中毒。

（2）对长期缺盐饲养或"盐饥饿"的家畜突然加喂食盐，特别是喂用含盐饮水而未加限制时，易发生大量采食的情况。

（3）饮水不足在发病上具有重要意义。在严格限制饮水或缺水时，则会发生食盐中毒。

（4）机体水盐平衡状态的稳定性，可直接影响机体对食盐的耐受性。如环境温度较高，使机体大量散失水分时，可使牲畜不能耐受冷季所用的食盐饲喂量。又如泌乳期的高产乳牛，对食盐的敏感性比肉用牛或干奶期乳牛要高。

（5）由于未事先充分饮水，畜群接近或路过天然盐池时，贪饮大量盐池水而中毒。

（6）日粮中缺少维生素E、含硫氨基酸和矿物质，会增加动物对食盐的敏感性。

2. 发病机制 采食大量食盐后，即有一部分被吸收入血液，其余大部分则仍存留于消化道内，且直接刺激胃肠黏膜并引起炎症反应。另外由于胃肠内容物的渗透压升高，可导致组织失水，故当饮水不足时，患畜出现口渴、少尿和脑机能紊乱。又血液中二价离子增多时，动物呈现抑制；而一价离子增多时，动物呈现兴奋。

在食盐中毒时，血浆中的钠离子、氯离子均显著增高，这就呈现出严重的中枢神经兴奋状态。组织失水除可使病畜在临床上出现饮欲增加、血液浓缩等变化外，并可使正常机体排泄水和盐分的肾脏、汗腺等器官成为机能抑制状态，这就使吸收入血的氯化钠成分在体内滞留。氯化钠可广泛地分布于体内各器官组织。尤其脑组织内，钠离子引起脑组织水肿，颅内压升高，脑组织供氧不足，使葡萄糖氧化功能受阻。由于脑内下视丘部的受刺激，可引起脑下垂体间叶的间叶激素和后叶的后叶激素、加压素等抗利尿激素的分泌量增加，这又使肾脏的泌尿机能进一步发生障碍，与引起氯化钠以及其他尿液成分的严重滞留。故在最急性的中毒病例，其病情发展可呈急转直下，并即在采食后的数小时或 1～2d 内致死。

[临床症状与病变特征]

1. 临床症状　牛急性食盐中毒时呈现明显的消化障碍，厌食，极度口渴，流涎，呕吐，瘤胃蠕动增强，肠音响亮，磨牙，腹痛，腹泻，起卧不安，粪中带有黏液和血液，尿量由多至少，呼吸促迫，脉搏增数，视力减弱，失明，眼结膜发绀，肌肉痉挛，走路不稳，共济失调，最后卧地不起，多在 48h 后死亡。孕牛流产，或产后子宫脱出。

慢性中毒牛食欲不振，体重减轻，脱水，体温下降，衰弱，偶尔腹泻。强迫运动时，病牛虚脱和强直性惊厥。

2. 病变特征　中毒病牛尸体在肉眼下可见胃肠黏膜潮红、肿胀、出血，甚至脱落，尤以第三四胃较显著。肠道内有稀软带血的粪便，呈暗红色。严重者可发展为纤维蛋白膜性肠炎，也可能无显著病变者。其皮下和骨骼肌呈现水肿和有心包积液。肺也可能充血、水肿。膀胱黏膜显著发红。病理组织病变以脑膜和脑血管吸引嗜酸性粒细胞在其周围积聚浸润，形成特征性的嗜酸性粒细胞"管套"现象，连接皮质与白质间的组织连续出现分解和形成空泡，发生脑皮质深层及相邻白质的水肿、坏死或软化损害为特征，故又称为"嗜酸性粒细胞性脑膜炎"。

[诊断]　根据采食过量食盐的病史，结合神经症状、胃肠炎可建立诊断。必要时检测胃肠内容物或内脏的 Na^+、Cl^- 的含量。牛瘤胃和小肠内容物氯浓度高于 0.31% 表明中毒。

在病史资料不明或症状表现不典型时，可按下述方法检定。将胃肠内容物连同黏膜取出，加多量的水使食盐浸出后滤过，将滤液蒸发至干，可残留呈强碱气味的残渣，其中即可能有立方形的食盐结晶。取食盐结晶放入硝酸银溶液时，可出现白色沉淀；取残渣或结晶在火焰中燃烧时，则可见钠盐的火焰呈鲜黄色。

[防治]

1. 预防　经常加喂适量食盐，以防止"盐饥饿"，并提高饲养效率。保证充足的饮水，对于泌乳期的母畜尤须充分供给。在利用含盐的残渣废水时，必须适当限制用量，并同其他饲料搭配饲喂。管理好饲料盐，勿使家畜接近。饲料盐不与其他物品混杂，以免误用或被家畜偷吃。

2. 治疗 目前无特效疗法，发现中毒后，立即停喂食盐，并间接地少量多次给予饮水，防治无限制地暴饮，否则会加重病情。病初可口服油类泻剂。为调节离子平衡，可静脉注射钙制剂，如10％氯化钙150～200mL。另外为降低颅内压，可给予山梨醇或高渗葡萄糖液。镇静用溴制剂或氯丙嗪。减轻水肿使用利尿剂，可应用双氢克尿塞，本品可抑制肾小管对钠和氯离子的重吸收，加快血中钠从尿中排出。但同时也可使钾离子排出增加，故镇静剂以选择溴化钾为宜。还应采取其他对症疗法。

十二、其他中毒

（一）青霉素类中毒

青霉素类是一类重要的β-内酰胺抗生素，它们可由发酵液提取或半合成制得，主要是与细菌细胞膜上的青霉素结合蛋白（PBPs）结合而妨碍细菌细胞壁黏肽的合成，使之不能交联而造成细胞壁缺损，致使细菌细胞破裂而死亡。青霉素类对人和动物的毒性很低，有效抗菌浓度的青霉素对机体几乎无影响。但在临床使用过程中可发生过敏反应（如治疗奶牛乳房炎时大剂量使用），甚至出现过敏性休克。

[病因与发病机制]

（1）病因 青霉素类对革兰氏阳性球菌和革兰氏阴性球菌的抗菌作用较强，对革兰氏阳性杆菌、螺旋体、梭状芽孢杆菌、放线菌以及部分拟杆菌有抗菌作用，在细菌繁殖期发挥杀菌作用，仅在细胞分裂后期细胞壁形成的短时间内有效。青霉素类吸收迅速，可通过血脑屏障，半衰期短，主要经肾脏排出。青霉素类除引起过敏反应外，用量过大时会对神经系统和凝血产生毒性作用。

另外，在治疗奶牛感染性疾病（如乳房炎）时，大剂量使用青霉素，将不可避免地造成青霉素在乳汁中残留，不仅影响牛奶的品质，而且可引起食用者的过敏反应，危害人类健康。

（2）发病机制 青霉素的性质不稳定，可降解为青霉噻唑酸和青霉烯酸，前者还可聚合成青霉噻唑聚合物，此聚合物极易与多肽或蛋白质结合成青霉噻唑酸蛋白，它是一种速发型的致敏原，可刺激机体产生强烈的免疫病理反应。这种过敏反应具有发生快、消除快、不破坏组织细胞、有明显的个体差异等特点，猪、马、牛较为常见。

青霉素类毒性相对较低，对局部有刺激作用，如注射在坐骨神经附近，可刺激神经干造成坐骨神经损伤。用量过大、肾功能不全时，进入中枢神经系统的量增加，脑脊液浓度超过8～10U/mL，可抑制中枢递质γ-氨基丁酸（GABA）

的合成及转运，抑制中枢神经细胞 Na^+、K^+- ATP 酶，使静息电位降低。也有人认为进入中枢神经的青霉素在小脑桥角沉积，直接引起颅神经损害。有些青霉素类药物还可使颅内压升高。在临床上表现头痛，呕吐，抽搐，惊厥，昏迷等。另外，大剂量的青霉素还可抑制骨髓功能，减少血小板释放，干扰血小板凝集及血小板因子的生成，导致凝血障碍。青霉素钠或青霉素钾可导致机体离子平衡失调。

[临床症状] 青霉素类引起的过敏反应主要表现出汗，兴奋不安，流涎，口吐白沫，肌肉震颤，心跳加快，呼吸困难，黏膜发绀，站立不稳，抽搐，休克。有时可见荨麻疹，眼睑、头面部水肿，头部、颈部皮肤瘙痒。严重者若不及时抢救，可导致死亡。青霉素类中毒主要表现呕吐，腹泻，抽搐，惊厥，呼吸和循环衰竭，凝血障碍。

[诊断] 根据使用青霉素类药物的病史，结合迅速出现的过敏反应性症状或大剂量应用后引起的毒性反应，即可诊断。另外，应加强牛奶中青霉素类药物残留的检测，确保乳品的质量与安全，常用的有高效液相色谱法、色谱—质谱联用法和免疫分析法。

[防治]

（1）预防 应严格执行药物使用剂量，严禁超量长期持续应用。对血钾含量较高的动物，应禁止大剂量使用青霉素钾盐。由于青霉素药物在干燥状态下较稳定，在室温下溶解的时间越长，其效价就越低，分解产物也就越多，致敏物质也就不断增多；因此青霉素类药物应即溶即用，确保药效准确，毒副作用小。必须保存时，应置于冰箱中，以在当天用完为宜。

（2）治疗 牛出现过敏反应，应立即停止用药，皮下注射 0.1% 盐酸肾上腺素 2~5mL。也可用糖皮质激素。并采取强心、补液等措施防治循环衰竭。对症治疗包括惊厥可用巴比妥类或安定，呼吸困难可输氧。

青霉素类中毒主要采取促进药物排除和对症治疗等措施。

（二）霉变玉米中毒

霉变玉米中毒是由于家畜采食了被黄曲霉毒素污染的玉米而引起的一种中毒性疾病。黄曲霉毒素属于肝毒物质，也能破坏血管和毒害神经中枢，故出现以肝疾患为主的症状，以及发生出血、水肿和神经症状等。

[病因与发病机制]

（1）病因 黄曲霉毒素的主要产生菌是黄曲霉和寄生曲霉。黄曲霉毒素广泛存在于粮食和饲料中，最易感染黄曲霉菌的农作物是玉米、黄豆等。一般说来，水分越高，产黄曲霉毒素的数量越多。因此，多雨季节，温度在 24~30℃，湿度又较适宜时，若收割、脱粒和贮藏谷物不适当时其更易被黄曲霉菌所污染，采用此类谷物及其加工副产品作为饲料，可致使家畜发生霉变玉米中毒。

（2）发病机制 黄曲霉毒素被动物摄入后，可迅速经胃肠道吸收，随门静脉进入肝脏，经代谢而转化为有毒代谢产物，然后大部分经胆汁进入肠道，随粪便排出；少部分经肾脏、呼吸和乳腺等排泄。吸收的黄曲霉毒素主要分布在肝脏，肝脏含量可比其他组织器官高出 $5\sim10$ 倍，血液中含量极微，肌肉中一般不能检出。黄曲霉毒素吸收约一周后，绝大部分随呼吸、尿液、粪便及乳汁排出体外。

黄曲霉毒素是目前已知的较强致癌物，肝脏是主要的靶器官，长期持续摄入较低剂量的黄曲霉毒素或短时间摄入较大剂量的黄曲霉毒素，都可诱发原发性肝细胞癌。研究发现，黄曲霉毒素 B_1（AFB_1）有很强的基因毒性，在肝细胞经 P 450 活化，形成 $AFB_1-8，9$-环氧化物，能与 DNA 上的鸟嘌呤结合形成 DNA 加合物，从而导致基因突变，包括使 p53 基因第 249 密码了 AGG 置换为 AGT，引起 p53 基因的功能损伤。目前认为 AFB_1 的活化产物与 DNA 形成的加合物主要是亲电性攻击 DNA 的 N'-鸟嘌呤位置，G-C 碱基对是形成 AFB_1-DNA 加合物的唯一位点。AFB_1-DNA 加合物的形成不仅具有器官特异性和剂量依赖关系，而且与动物对 AFB_1 致癌的敏感性密切相关，以及与 AFB_1 诱发的突变和若干遗传毒性（如染色体畸变、姊妹染色体交换和染色体重排等）密切相关。

［临床症状与病变特征］

（1）临床症状 牛发生黄曲霉毒素中毒症时，以 $3\sim6$ 月龄的犊牛为多，死亡率也较高。主要症状为精神沉郁、角膜混浊。磨牙、腹泻、里急后重和脱肛等症状。成年牛得病多呈慢性经过，表现厌食，消化系统功能紊乱，间歇性腹泻，有腹水。乳牛产乳量减少或停止，间或发生流产。怀孕母牛所产牛犊体重轻，抗病力弱。病牛死亡后主要病变是肝脏质地变硬、纤维化及肝细胞瘤。胆囊扩张，腹腔积液。

（2）病变特征 病牛消瘦，可视黏膜苍白，肠炎，肝脏苍白、坚硬，表面有灰白色区，胆囊扩张，多数病例有腹水。组织学变化主要有肝中央静脉周围的肝细胞严重变性，被增生的结缔组织所代替。结缔组织将肝实质分开，同时小叶间结缔组织亦增生，并伸入到小叶内，将肝细胞分隔成小岛状，形成假小叶。更严重的病例，可在细胞周围见到纤维化病变。

（3）诊断 若发现可疑症状，必须了解病史，并对现场饲料样品进行检查，才能作出初步诊断。确诊必须参考病理组织学特征变化及黄曲霉毒素测定的结果；为了确定病原，亦可进行真菌分离培养。

[防治]

（1）预防　玉米、花生等收获时必须充分晒干，切勿放置阴暗潮湿处而发霉。已被污染的处所可将门窗密闭，采用福尔马林、高锰酸钾水溶液熏蒸或过氧乙酸喷雾进行消毒。如已发现中毒，所有动物都不应再饲喂发霉饲料。发霉饲料的去毒方法虽有许多种但都不够彻底。因此，严重发霉的玉米应全部废弃；至于轻度发霉饲料，可先进行磨粉，然后按1∶3比例加入清水浸泡，反复换水，直至浸泡的水呈现无色为止；即使如此处理，也须与其他精饲料配合应用。

（2）治疗　目前尚无治疗本病的特效药物，可以采用排出毒物、保护肝脏、制止出血和其他对症疗法。

（薛俊龙　刘一飞）

第七章 细菌性传染病

第一节 结核病

牛结核病（Bovine tuberculosis）是由牛型结核分支杆菌引起的一种人畜共患的慢性传染病，世界动物卫生组织（OIE）将其列为 B 类动物传染病，我国将其列为二类动物疫病。

[病原特征] 牛结核病的病原体主要是分支杆菌属牛分支杆菌，革兰氏染色呈阳性，能抵抗 3％的盐酸酒精的脱色作用，故称为抗酸菌。分支杆菌有 50 多种，共分为 5 个复合群，结核分支杆菌复合群是其中之一。结核分支杆菌复合群中的牛型和人型分支杆菌均可引起牛结核病，其中的牛型分支杆菌是牛结核病的主要致病菌。

结核分支杆菌为细长、直或微弯的杆菌，菌体呈单个的散在排列，少数成对成丛，大小为（0.2～0.5）μm×（1.5～4.0）μm，牛分支杆菌菌体较短而粗，无芽孢、荚膜和鞭毛，不能运动。细菌的细胞壁含有特殊的糖类，致使革兰氏染色不着色，抗酸染色法为红色，常用齐尼二氏（Niehl-Neelson）染色法染色。牛分支杆菌大不列颠强毒株（AF2122/97）基因组全长 4 345 492bp，其中 G＋C 含量为 65.63％，含有 3 952 个基因编码的蛋白，包括一个原噬菌体和 42 个 IS 序列。

牛结核分支杆菌为专性需氧菌，对营养要求严格，最适 pH 为 6.4～7.0，最适温度 37～37.5℃，低于 30℃或高于 42℃均不生长。在培养基上生长缓慢，常用的培养基为罗杰二氏培养基，一般 10～30d 才能看到菌落。

牛结核分支杆菌富含类脂，因而对外界环境的抵抗力强，在干燥的环境中可存活 6～8 个月；对低温的抵抗力较强，在 0℃下可存活 4～5 个月；62～63℃下 15min 或煮沸即可使其灭活；5％来苏儿、石炭酸 24h 才能将其杀死；对紫外线敏感，在日光直射下 2h 死亡。对链霉素、卡那霉素、异烟肼、对氨基水杨酸钠和环丝氨酸等敏感，如长期使用上述药物易产生抗药菌株。

[流行病学] 本病呈世界性分布，在发达国家采取了动物结核病控制和根除计划，曾使牛分支杆菌引起的牛和人结核病的发病率大大降低，基本上根除

了牛结核病。但是，近年来由于人结核病和野生动物结核病的存在，使得本病的发生又大幅度地增加。在发展中国家由于结核病根除计划措施不得力或未采取措施，导致牛结核病的广泛传播与蔓延，严重影响着畜牧业的发展和人类的健康。尤其亚洲和非洲是本病的高发区。我国是世界上结核病负担最重的22个国家之一。近年来，随着耐药性菌株的产生及个体养牛户的增加，结核病的阳性检出率逐年上升。牛结核病已成为影响我国养牛业健康发展的重大障碍。

牛结核病是一种慢性传染病，常散发或呈地方流行性。牛分支杆菌可感染人，还能感染50多种哺乳动物和20多种禽类。家畜中牛最易感，尤其奶牛，其次黄牛、牦牛、水牛、猪和家禽易感性较强，羊极少患病。野生动物中猴、鹿易感性较强，狮、豹等也有发病报道。病人和患病家畜，尤其以开放型患者为主要传染源，其痰液、粪尿、乳汁和生殖道分泌物中都可带菌，污染饲料、食物、饮水、空气和环境而散播传染。同时野生动物作为结核分支杆菌的贮存宿主，成为牛结核病的重要传染源。牛结核病主要经呼吸道传播，也可经消化道感染，病菌随咳嗽、喷嚏排出体外，飘浮在空气飞沫中，健康人畜吸入后即可感染。

牛结核分支杆菌侵入机体后，在体内繁殖，牛分支杆菌无内毒素，也不产生外毒素和侵袭性酶类，其致病作用主要来自菌体成分，如脂质、脂蛋白、多糖等刺激机体，引起变态反应和代谢产物的直接损伤。特别是胞壁中所含的大量脂质，脂质的含量与毒力呈平行关系，含量越高毒力越强。牛结核分支杆菌是一种细胞内寄生菌，其表面结构和特殊的理化特性能抵抗巨噬细胞的消化过程，并能在巨噬细胞质内生长繁殖。牛分支杆菌初次感染无明显的临床症状，宿主可以通过免疫反应，抑制细菌的大量繁殖和扩散，但常常不能将感染菌完全清除，出现感染动物的无症状带菌现象。潜伏期感染的动物由于被结核分支杆菌致敏，当再次感染结核分支杆菌或遇到结核分支杆菌的抗原时，机体产生迟发型超敏反应（DTH）。初次感染结核菌时，受侵害的器官组织和所属淋巴结，常出现特异性结核性炎症变化，其病变以干酪样坏死为特点。随着机体抵抗力强，在坏死灶周围巨噬细胞和淋巴细胞渗出和增生，形成由上皮样细胞和多核巨噬细胞构成的特殊肉芽组织，病灶内细菌和坏死组织逐渐被吞噬清除，或形成包囊使病灶局限化，进一步形成瘢痕或钙化而痊愈。机体抵抗力低时，侵入的结核菌从原发病灶经淋巴液和血液扩散，大量的结核杆菌到达其他组织器官形成结核病变，严重时致动物死亡。

[临床症状与病理变化] 牛结核病的潜伏期长短不一，一般为3～6周，长者达数月甚至数年，通常呈慢性经过，初期症状不明显，日渐消瘦，体温升高。以肺结核、乳房结核和肠结核及淋巴结核最为常见。

1. 肺结核 病初食欲、反刍无明显变化，以长期顽固性干咳为特征，且以清晨最为明显。随病情进展，转为痛性湿咳，咳嗽频繁，患畜容易疲劳，逐渐消瘦，病情严重者可见呼吸困难。肺部听诊有干性或湿性啰音，严重的可听到胸膜摩擦音，叩诊有浊音区。

2. 乳房结核 病初腹股沟浅淋巴结肿大，继而后方乳腺区发生局限性或弥漫性硬结，硬结无热无痛，表面凹凸不平。泌乳量减少，严重时乳汁呈稀薄水样，泌乳停止。

3. 肠结核 犊牛多发生肠道结核，主要表现为消瘦，顽固性下痢与便秘交替出现，粪便常带血或脓汁。肠结核多见于肠黏膜面形成溃疡状或喷火口样结核病灶。

在肺脏、乳房和胃肠黏膜等处形成白色或黄白色增生性结核结节（彩图7-1、彩图7-2）切面干酪样坏死或钙化，有时坏死组织溶解和软化，排出后形成空洞，最常见于肺脏（彩图7-3、彩图7-4）。由上皮细胞和多核巨细胞形成特异性肉芽肿，外由淋巴细胞或成纤维细胞形成的非特异性肉芽组织所包裹。发生全身性结核时，在胸腹腔浆膜上密集着粟粒至豌豆大的半透明或不透明的灰白色硬实的结节，形似珍珠，称"珍珠病"（彩图7-5）。

[诊断] 根据临床症状和病理变化作出初步诊断，确诊需进行实验室检查。

病原学诊断：采集病牛的病灶、痰、尿、粪便、乳及其他分泌物样品，做抹片，用抗酸染色法染色镜检细菌，并进行病原分离培养和动物接种等试验；免疫学试验：牛型结核分支杆菌提纯蛋白衍生物（PPD）皮内变态反应试验（即牛提纯结核菌素皮内变态反应试验），在注射部位形成肿胀、硬结（颈侧中部上1/3处皮内注射0.1mL，72h后局部炎症反应明显，皮肿胀厚度差≥4mm）可判断为阳性；血清学诊断方法：胶体金法、γ-干扰素诊断法、ELISA法等；分子生物学诊断法：聚合酶链式反应（PCR）法。

[防治] 对牛结核病的防治，主要采取检疫、分群隔离、消毒、净化和发展健康群等综合防制措施。

1. 预防与控制

（1）监测 监测比例为：种牛、奶牛100%，规模肉牛场10%，其他牛5%，疑似病牛100%。如在牛结核病净化群中（包括犊牛群）检出阳性牛时，应及时扑杀阳性牛，其他牛按假定健康群处理。

成年牛净化群每年春秋两季用牛型结核分支杆菌提纯蛋白衍生物（PPD）做皮内变态反应试验各进行一次监测。初生犊牛，应于20日龄时进行第一次监测。并按规定使用和填写监测结果报告，及时上报。

（2）检疫 异地调运的动物，必须来自于非疫区，凭当地动物防疫监督机构出具的检疫合格证明调运。

动物防疫监督机构应对调运的种用、乳用、役用动物进行实验室检测。检测合格后，方可出具检疫合格证明。调入后应隔离饲养30d，经当地动物防疫监督机构检疫合格后，方可解除隔离。

（3）人员防护　饲养人员每年要定期进行健康检查。发现患有结核病的应调离岗位，及时治疗。

（4）防疫监督　动物防疫监督机构要对辖区内奶牛场、种畜场的检疫净化情况监督检查。鲜奶收购点（站）必须凭奶牛健康证明收购鲜奶。

（5）净化措施　被确诊为结核病牛的牛群（场）为牛结核病污染群（场），应全部实施牛结核病净化。

①牛结核病净化群（场）的建立：

污染牛群的处理：应用牛型结核分支杆菌PPD皮内变态反应试验对该牛群进行反复监测，每次间隔3个月，发现阳性牛及时扑杀处理。

犊牛应于20日龄时进行第一次监测，100~120日龄时，进行第二次监测。凡连续两次以上监测结果均为阴性者，可认为是牛结核病净化群。

凡牛型结核分支杆菌PPD皮内变态反应试验疑似反应者，于42d后进行复检，复检结果为阳性者，则按阳性牛处理；若仍呈疑似反应则间隔42d再复检一次，结果仍为可疑反应者，视同阳性牛处理。

②隔离：疑似结核病牛或牛型结核分支杆菌PPD皮内变态反应试验可疑畜须隔离复检。

③消毒：

临时消毒：奶牛群中检出并剔除结核病牛后，牛舍、用具及运动场所等进行严格的消毒。

经常性消毒：饲养场及牛舍出入口处，应设置消毒池，内置有效消毒剂，如3%~5%来苏儿溶液或20%石灰乳等。消毒药要定期更换，以保证一定的药效。牛舍内的一切用具应定期消毒；产房每周进行一次大消毒，分娩室在临产牛生产前及分娩后各进行一次消毒。

2. 发生本病时的紧急处理措施

（1）疫情报告　任何单位和个人发现疑似病牛，应当及时向当地动物防疫监督机构报告。动物防疫监督机构接到疫情报告并确认后，按有关规定及时上报。

（2）疫情处理　发现疑似疫情，畜主应限制动物移动；对疑似患病动物应立即隔离。动物防疫监督机构要及时派工作人员到现场进行调查核实，开展实验室诊断。确诊后，当地人民政府组织有关部门按有关规定进行处理。

①扑杀：对患病牛全部扑杀。

②隔离：对受威胁的牛群（病牛的同群牛）实施隔离，可采用圈养和固定草场放牧两种方式隔离。隔离饲养用草场，不要靠近交通要道、居民点或人畜密集的地区。场地周围最好有自然屏障或人工栅栏。

③无害化处理：病死和扑杀的病畜，进行无害化处理。

④消毒：对病牛和检疫阳性牛污染的场所、用具、物品进行严格消毒。饲养场的金属设施、设备可采取火焰、熏蒸等方式消毒；养牛场的圈舍、场地、车辆等，可选用2%烧碱等有效消毒药消毒；饲养场的饲料、垫料可采取深埋发酵处理或焚烧处理；粪便采取堆积密封发酵方式。

第二节 布鲁氏菌病

布鲁氏菌病（Brucellosis）是由布鲁氏菌引起的人和动物的一种人畜共患传染病，又称地中海弛张热、马耳他热、波状热。主要侵害生殖器官，引起胎膜发炎、流产、不育、睾丸炎及各种组织的局部病灶。世界动物卫生组织（OIE）将其列为B类动物疫病，我国将其列为二类动物疫病。

[病原特征] 布鲁氏菌属分成6个种19个生物型，牛种布鲁氏菌（*B. abrtus*）有1、2、3、4、5、6、7、9型。菌体呈球形、卵圆形、球杆状，无动力、无芽孢、无鞭毛、革兰氏染色阴性（彩图7-6），常寄生于细胞内。大小为（0.5～0.7）μm×（0.6～1.5）μm。可被碱性染料着色，姬姆萨染色呈红色，柯兹洛夫斯基染色呈红色。

布鲁氏菌为需氧菌，但很多菌株需要 CO_2（5%～10%）环境，最适宜的pH为6.6～7.4，最适温度为36～37℃。可在普通培养基中生长，很少发酵糖类。生长缓慢，初代培养常需5～10d，甚至20～30d，而实验室长期传代保存的菌株，通常培养24～72h即可生长良好。在肝汤琼脂或胰蛋白胨琼脂上，菌落呈圆形、光滑、湿润、稍隆起，均质而中央有细微颗粒，最初无色透明，后渐混浊稍显黄色。在自然环境中对干燥、寒冷具有较高抵抗力，对热敏感，煮沸立即灭活，在肉、乳类食品中能生存2个月左右。对一般消毒剂较敏感，2%石炭酸、2%来苏儿、1%～2%火碱溶液，可于1h内使其灭活，新洁尔灭5min内即可杀死本菌。链霉素、四环素、庆大霉素、强力霉素、卡那霉素等均有抑菌作用。

布鲁氏菌基因组全长约3.3Mb，G+C含量为55%～59%。布鲁氏菌的基因组为两个独立且完整的环状复制子，共编码3 000多个蛋白。

[流行病学] 布鲁氏菌病呈世界性分布，近几年来该病在国内外又有回升

的趋势，在流行病学特征方面也呈现出新的发展趋势。目前，有 14 个国家和地区宣布清除了布鲁氏菌病。我国布鲁氏菌病疫情近年来有明显回升，其回升范围已波及辽宁、吉林、山东、山西、河北、河南、陕西、西藏以及内蒙古等十几个省区，回升幅度也相当大，大规模的暴发流行极为罕见，主要以小范围、局部、分散的流行形式，这为防治工作带来较大困难。

目前，已知有 60 多种驯养动物、野生动物是布鲁氏菌的宿主，其中牛、羊、猪易感，初产动物最为易感，且流产率高。发病及带菌的牛、羊、猪为主要的传染源。患病动物的分泌物、排泄物、流产物及乳汁等含有大量病菌。主要经消化、呼吸、生殖系统黏膜、结膜、损伤甚至未损伤的完整皮肤和黏膜等多种途径感染，也可通过吸血昆虫进行传播。

本病四季均可发生，但以产仔季节较为多发。牧区发病率明显高于农区。急性病例常出现在新疫区，并可使本菌的毒力增强，造成在易感动物中暴发流行。人患病与职业有密切关系，畜牧兽医人员、屠宰人员等患病率明显高于一般人群。本病的流行强度与布鲁氏菌种、型，以及气候、牧场管理等情况有关。

病菌侵入机体后，随淋巴液到达淋巴结，被吞噬细胞吞噬，如吞噬细胞未能将病菌杀灭，则细菌在胞内生长繁殖，形成局部原发病灶。此过程称为淋巴源性扩散阶段，相当于潜伏期。细菌在吞噬细胞内大量繁殖导致吞噬细胞破裂，随之大量细菌进入淋巴液和血液形成菌血症（此时患畜体温升高）。在血液里细菌又被血流中的吞噬细胞吞噬，并随血流带至全身组织器官，在肝、脾、淋巴结、骨髓等处的单核吞噬细胞系统内繁殖，形成多发性病灶。当病灶内释放出来的细菌，超过了吞噬细胞的吞噬能力时则在血流中生长、繁殖，临床上表现为败血症。免疫功能低下，或感染菌数量大、毒力强，则部分细菌逃脱免疫，又可被吞噬细胞吞噬带入各组织器官形成新的感染灶，此过程称为多发性病灶阶段。经一定时间后，感染灶内细菌生长繁殖再次入血，导致疾病复发。组织病理损伤广泛，临床表现多样化，如此反复便成为慢性感染。

[临床症状与病理变化] 潜伏期为 14～180d。主要病变为生殖器官的炎性坏死，脾、淋巴结、肝、肾等器官形成特征性肉芽肿（布鲁氏菌病结节）。多数病例为隐性感染，母牛主要表现流产（多在妊娠 2～8 个月），出现死胎或弱仔。早期表现体温升高、结膜炎，阴道黏膜潮红肿胀，阴道流出黏性分泌物。多数母牛流产后发生子宫内膜炎和胎衣不下。有的感染牛长期不愈，导致不孕。产后未发生胎衣不下的，病牛可迅速康复，再次受孕，但可能再次流产。公牛感染后主要发生睾丸炎和附睾炎。胎儿主要呈败血症病变，浆膜和黏膜有出血点和出血斑，皮下结缔组织发生浆液性、出血性炎症。

流产胎儿的胎衣水肿增厚，并有出血点，表面覆以纤维蛋白絮片和脓液。淋巴结、肝和脾肿大，有散在坏死灶。流产牛的子宫黏膜或绒毛膜的间隙中有渗出物或脓块，绒毛膜可见化脓灶和坏死灶。公畜的睾丸和附睾有炎性坏死灶和化脓灶。

[诊断] 根据流行病学、临床症状和病理变化可作出初步诊断，确诊需进行实验室检查。病原学诊断（分离培养和显微镜检查采集流产胎衣、绒毛膜水肿液、肝、脾、淋巴结、胎儿胃内容物等组织，制成抹片，用柯兹洛夫斯基染色法染色，镜检，布鲁氏菌为红色球杆状小杆菌，而其他菌为蓝色）、血清学诊断（虎红平板凝集试验、全乳环状试验、试管凝集试验、补体结合试验、ELISA）、分子生物学检测（PCR方法、核酸探针检测）。

[防治] 本病目前尚未批准治疗，主要以预防为主，采取以定期检疫、淘汰病畜、培养健康畜群、加强消毒为主导环节的综合性措施。

1. 预防　非疫区以监测为主；稳定控制区以监测净化为主；控制区和疫区实行监测、扑杀和免疫相结合的综合防治措施。

（1）免疫接种

①范围：疫情呈地方性流行的区域，应采取免疫接种的方法。

②对象：免疫接种范围内的牛、羊、猪、鹿等易感动物。根据当地疫情，确定免疫对象。

③疫苗选择：布鲁氏菌病疫苗S2株（以下简称S2疫苗）、M5株（以下简称M5疫苗）、S19株（以下简称S19疫苗）以及经农业部批准生产的其他疫苗。

（2）监测

①监测对象：牛、羊、猪、鹿等动物。

②监测方法：采用流行病学调查、血清学诊断方法，结合病原学诊断进行监测。

③监测范围、数量：

免疫地区：对新生动物、未免疫动物、免疫一年半或口服免疫一年以后的动物进行监测。监测至少每年进行一次，牧区县抽检300头以上，农区和半农半牧区抽检200头以上。

非免疫地区：监测至少每年进行一次。达到控制标准的牧区县抽检1 000头以上，农区和半农半牧区抽检500头以上；达到稳定控制标准的牧区县抽检500头以上，农区和半农半牧区抽检200头以上。

所有的奶牛、奶山羊和种畜每年应进行两次血清学监测。

④监测时间：对成年动物监测时，猪、羊在5月龄以上，牛在8月龄以上，怀孕动物则在第1胎产后半个月至1个月间进行；对经S2、M5、S19疫

苗免疫接种过的动物，在接种后18个月（猪接种后6个月）进行。

（3）检疫　异地调运的动物，必须来自非疫区，凭当地动物防疫监督机构出具的检疫合格证明调运。动物防疫监督机构应对调运的种用、乳用、役用动物进行实验室检测。检测合格后，方可出具检疫合格证明。调入后应隔离饲养30d，经当地动物防疫监督机构检疫合格后，方可解除隔离。

（4）人员防护　饲养人员每年要定期进行健康检查。发现患有该病的人员应立即调离岗位，及时治疗。

（5）防疫监督　布鲁氏菌病监测合格应为奶牛场、种畜场《动物防疫合格证》发放或审验的必备条件。动物防疫监督机构要对辖区内奶牛场、种畜场的检疫净化情况监督检查。

鲜奶收购点（站）必须凭奶牛健康证明收购鲜奶。

2. 控制和净化标准

（1）控制标准

①县级控制标准：连续2年以上具备以下三项条件：对未免疫或免疫18个月后的动物，牧区抽检3 000份血清以上，农区和半农半牧区抽检1 000份血清以上，用试管凝集试验或补体结合试验进行检测。试管凝集试验阳性率：羊、鹿0.5%以下，牛1%以下，猪2%以下；补体结合试验阳性率：各种动物阳性率均在0.5%以下；抽检羊、牛、猪流产物样品共200份以上（流产物数量不足时，补检正常产胎盘、乳汁、阴道分泌物或屠宰畜脾脏），检不出布鲁氏菌；患病动物均已扑杀，并进行无害化处理。

②市级控制标准：全市所有县均达到控制标准。

③省级控制标准：全省所有市均达到控制标准。

（2）稳定控制标准

①县级稳定控制标准：按控制标准要求的方法和数量进行，连续3年以上具备以下三项条件：羊血清学检查阳性率在0.1%以下、猪在0.3%以下；牛、鹿0.2%以下；抽检羊、牛、猪等动物样品材料检不出布鲁氏菌；患病动物全部扑杀，并进行了无害化处理。

②市级稳定控制标准：全市所有县均达到稳定控制标准。

③省级稳定控制标准：全省所有市均达到稳定控制标准。

（3）净化标准

①县级净化标准：按控制标准要求的方法和数量进行，连续2年以上具备以下两项条件：达到稳定控制标准后，全县范围内连续两年无布鲁氏菌病疫情；用试管凝集试验或补体结合试验进行检测，全部阴性。

②市级净化标准：全市所有县均达到净化标准。

③省级净化标准：全省所有市均达到净化标准。

④全国净化标准：全国所有省（市、自治区）均达到净化标准。

3. 发生本病时的紧急处理措施

（1）疫情报告 任何单位和个人发现疑似疫情，应当及时向当地动物防疫监督机构报告。动物防疫监督机构接到疫情报告并确认后，按《动物疫情报告管理办法》及有关规定及时上报。

（2）疫情处理 发现疑似疫情，畜主应限制动物移动；对疑似患病动物应立即隔离。动物防疫监督机构要及时派员到现场进行调查核实，开展实验室诊断。确诊后，当地人民政府组织有关部门按下列要求处理：

①扑杀：对患病动物全部扑杀。

②隔离：对受威胁的畜群（病畜的同群畜）实施隔离，可采用圈养和固定草场放牧两种方式隔离。隔离饲养用草场，不要靠近交通要道、居民点或人畜密集的地区。场地周围最好有自然屏障或人工栅栏。

③无害化处理：对患病动物及其流产胎儿、胎衣、排泄物、乳、乳制品等进行无害化处理。

④消毒：对患病动物污染的场所、用具、物品进行严格消毒。饲养场的金属设施、设备可采取火焰、熏蒸等方式消毒；养畜场的圈舍、场地、车辆等，可选用2%烧碱等有效消毒药消毒；饲养场的饲料、垫料等，可采取深埋发酵处理或焚烧处理；粪便消毒采取堆积密封发酵方式。皮毛消毒用环氧乙烷、福尔马林熏蒸等。

第三节 副结核病

牛副结核病（Bovine Paratuberculosis）是由禽分支杆菌副结核亚种（*M. aviumsubsp. Paratuberculosis*，Map）即副结核分支杆菌，引起的以反刍动物为主的慢性消耗性疾病。以持续性腹泻和渐进性消瘦为主要特征。世界动物卫生组织将其列为B类疫病，我国将其列为二类动物疫病。

[病原特征] 副结核分支杆菌呈短杆状，有的球杆状，大小为（0.2～0.5）μm×（0.5～1.5）μm，不形成芽孢和荚膜，无鞭毛，革兰氏染色阳性，抗酸染色阳性（彩图7-7）。*M. paratuberculosis* K-10基因组，含有4 829 781bp，G+C含量为69.3%，且有许多重复序列，有4 350个开放阅读框。

本菌为需氧菌，最适温度37.5℃，最适pH为6.8～7.2。在培养基上生长缓慢，需要6～8周，长者可达6个月。常用培养基改良罗—杰氏培养基。对自然环境抵抗力较强，在粪便和土壤中可存活11个月，对热敏感，60℃

30min、80℃1～5min 可使其灭活。抗强酸强碱，在 5％草酸、5％硫酸、4％苛性钠溶液中 30min 仍保持活力。3％来苏儿 30min、3％福尔马林、3％～5％石炭酸 5min 内可将其杀灭。对链霉素敏感。

[流行病学] 牛副结核病呈世界性分布，本病早在 1826 年由 d'Aroval 报道，1910 年，Twort 在人工培养基上成功地培养出病原菌，并命名为牛"副结核分支杆菌"。本病在养牛业发达的国家，如英、法、丹麦、荷兰、德、美、新西兰等国多见。在英国感染率 15％～33％，被认为是英国某些地区最重要的疾病。

我国于 1955 年在内蒙古自治区的呼盟谢尔塔拉牧场首次发现本病。1958 年长春市某奶牛场发现副结核病牛 1 例。此后辽宁、黑龙江、内蒙古、贵州、陕西、河北等许多地区相继对本病进行了报道，本病几乎遍及东北、西北、华北、内蒙古等地区。

本病易感动物为牛、羊、骆驼、鹿等，幼畜更易感。病畜为主要的传染源，主要经消化道传播。副结核分支杆菌随鼻汁、粪便、尿和乳汁等排出体外，污染饲料、饮水、空气等周围环境，使其在人畜之间传播。本病可通过子宫传染给犊牛，成年牛多因病牛直接接触而感染。无明显的季节性，一年四季均可发生，在农村主要以散发为主，规模化养牛场主要以区域性流行为主。

副结核分支杆菌主要经消化道感染进入机体后，到达小肠后段和盲肠、结肠的黏膜和黏膜下层生长、繁殖，因为这里肠液分泌较少，黏液分泌较多，酶含量少，理化环境较单纯，适合本菌的生存。本菌不产生毒素，致敏 T 细胞，T 细胞活化增殖，释放淋巴因子吸引巨噬细胞，巨噬细胞吞噬病原体并分裂增殖使病原局限化，在局部肠黏膜引起慢性增生性炎症。在固有层甚至黏膜下层有大量淋巴细胞、巨噬细胞和上皮样细胞增生，细菌在上皮样细胞内繁殖，巨噬细胞破裂后细菌进入肠腔、血液。增生的淋巴细胞以 T 细胞为主，机体首先产生细胞免疫，以后体液免疫逐渐增多。因此，这种慢性肠炎是以细胞免疫为主的 IV 型变态反应。在严重病例，黏膜固有层、黏膜下层都充满上皮样细胞和巨噬细胞。肠绒毛的损害，肠腺的萎缩，淋巴管与血管的受压，以及黏膜上皮的变性、坏死，可使肠的吸收、分泌、蠕动等发生功能障碍，从而导致腹泻、营养不良和慢性消瘦。病原体经淋巴浸入淋巴结即引起增生性淋巴结炎。

[临床症状与病理变化] 本病最常见的症状是伴随体重下降的严重腹泻。病初病牛呈间歇性腹泻，但体温、呼吸、脉搏正常。随着病程的发展，患牛体重下降明显，消瘦，被毛无光泽，采食减少，并伴有严重的腹泻，出现泡沫性粪便。最主要的病理变化是小肠下部、回盲瓣处和结肠肠壁增厚，肠黏膜表面出现皱褶，呈"脑回样"（彩图 7-8、彩图 7-9）。肠系膜淋巴结肿大变软。

[**诊断**] 根据临床症状和病理变化可作出诊断，确诊需结合实验室检测。

1. 病原学方法　细菌学方法：采集病牛的直肠刮取物或粪便黏液，加入4～5倍的蒸馏水充分混匀、过滤后，离心涂片，抗酸染色后镜检，可见副结核分支杆菌呈红色球杆状；变态反应诊断：副结核菌素稀释0.5mg/mL，接种于牛颈左侧中部上1/3处，用卡尺测量注射处皮肤厚度变化，皮厚差≥4mm，则判断为阳性；细菌分离培养。

2. 血清学诊断方法　补体结合实验，琼脂免疫扩散试验，酶联免疫吸附试验（ELISA）。

3. 其他诊断方法　胶体金技术，γ-干扰素，核酸探针，PCR方法。

[**防治**] 本病尚无有效治疗药物，在体外试验中副结核分支杆菌对多种抗副结核类药物敏感，但用于治疗时，仅能缓解症状，而不能抑制其排菌和促其恢复。主要以预防为主，定期检疫、处理或隔离病牛，加强卫生消毒措施。对曾经检出过病牛的假定健康牛群，在观察的基础上，对所有牛只每年春、夏、秋、冬做一次（间隔3个月）变态反应检查。变态反应呈阴性的牛方准调群或出场。连续3次检疫不再出现阳性反应牛，可视为健康牛群。患牛所产犊牛，产后应立即与母畜分离，单独饲养。

第四节　巴氏杆菌病（出血性败血症）

巴氏杆菌病又称出血性败血症，是由多杀性巴氏杆菌引起的一种人畜禽共患急性传染病。主要表现为急性呈败血症变化；慢性表现为皮下组织、关节、各器官的局灶性坏死性炎症，多与其他传染病混合感染或继发感染。

[**病原特征**] 多杀性巴氏杆菌呈球杆状或短杆状，大小为（0.25～0.4）$\mu m \times$（0.5～2.5）μm，无鞭毛，不能运动；不形成芽孢；革兰氏染色阴性，多呈单个或成对存在。涂片瑞氏染色或美蓝染色菌体两极着色（彩图7-10），有荚膜。

本菌为需氧或兼性厌氧菌。对营养要求严格，在普通培养基上生长贫瘠，在加有血清或血液的琼脂培养基上生长良好。最适温度37℃，最适pH为7.2～7.4。在血清琼脂培养基上培养18～24h，生成闪光的露珠状、不透明、灰白色小菌落。该菌可分解葡萄糖、果糖、甘露糖、蔗糖，产酸不产气。本菌主要以其荚膜抗原和菌体抗原区分血清型，前者6个型，后者16个型。

巴氏杆菌在尸体内可存活1～13个月，粪便中可存活1个月。本菌对外界抵抗力不强。在直射阳光和干燥条件下10min可被杀灭；对热敏感，56℃15min、60℃10min可被杀死；对常用消毒液敏感，5%～10%生石灰、1%漂白粉溶液、1%～2%烧碱、3%～5%石炭酸、3%来苏儿、0.1%过氧乙酸、75%酒精等均可在5min内将其杀死。

[流行病学] 本病为世界性分布，不同动物疾病的表现不一。各种畜禽和野生动物均易感，其中以猪、家禽、兔最易感，其次是牛、羊等。感染途径主要是消化道和呼吸道，也可以通过吸血昆虫和损伤的皮肤、黏膜感染。患病动物和带菌动物以及野生动物均为本病的主要传染源。

本病的发生一般无明显的季节性，但以冷热交替、气候剧变、闷热、潮湿、多雨的季节多发。多呈散发，有时可呈地方性流行。在环境卫生不良，遇到寒冷、闷热、气候剧变、潮湿、拥挤、圈舍通气不良、阴雨连绵、营养缺乏、饲料突变、过度疲劳、长途运输、发生其他疾病或寄生虫病等诱因时，致使机体抵抗力下降的情况下，常导致内源性感染，并形成传播。

[临床症状与病理变化] 潜伏期多为2～3d，根据临床症状和病变特点一般分为3型，即急性败血型、水肿型和肺炎型。败血型可见于各种牛，但水牛多见，最急性时病牛无任何症状突然倒地死亡；急性病例病初出现高热，体温可达41～42℃，精神沉郁，食欲废绝，鼻镜干燥，结膜潮红，脉搏加快，泌乳、反刍停止。继而腹痛、下痢，粪便中含有黏液及血液，恶臭，病程为12～24h。水肿型多见于牦牛，除表现全身症状外，患牛头、颈、咽喉及胸前皮下水肿，手指按压初感热、硬、痛，逐渐变凉，疼痛减轻，口腔黏膜潮红，舌及周围组织高度肿胀，流涎、流泪。病牛呼吸高度困难，皮肤、黏膜发绀，最后窒息死亡，病程12～36h。肺炎型主要表现纤维素性胸膜肺炎症状，病牛干咳、流泡沫样或脓性鼻漏，胸部听诊有支气管呼吸音和水泡音，严重时有胸膜摩擦音，叩诊有浊音区。病牛便秘或下痢。病程3～7d。

败血型剖检呈一般败血症变化。尸体稍有胀气（彩图7-11），全身可视黏膜充血或瘀血呈紫红色，从鼻孔流出黄绿色液体；皮下组织、胸腹膜、呼吸道和消化道黏膜、肺有点状或斑块状出血（彩图7-12）。脾脏被膜密布有点状出血。心、肝、肾等实质器官发生重度实质变性（彩图7-13），心包积液。全身淋巴结充血、水肿，具急性浆液性淋巴结炎变化。

水肿型病变主要表现为颌下、咽喉部、颈部、胸前及两前肢皮下有不同程度的肿胀，大量橙黄色浆液浸润。舌可偶见水肿。颌下、颈部及纵隔淋巴结也呈急性肿胀，切面湿润，显示明显的充血和出血。全身浆膜、黏膜散布出血点。胃肠黏膜呈急性卡他或出血性炎症（彩图7-14）。

肺炎型病变除伴有败血型典型病变外，主要表现为纤维素性肺炎和胸膜炎。胸腔积液，肺脏表面密布有出血斑或被覆纤维素薄膜（彩图7-15），可见多处肝变样肺炎病灶，质硬，呈暗红色或灰红色，气管内有大量的泡沫

(彩图 7 - 16)。病程稍长的病例，可见大小不等的灰黄色的坏死灶，周围形成结缔组织包囊。小叶间结缔组织水肿，切面呈大理石样变。镜检见肺脏呈典型的纤维素性肺炎。

[诊断] 根据流行特点、临床症状和病理变化，可作出初步诊断，确诊需进行实验室检查。应注意与炭疽、牛肺疫、恶性水肿及气肿疽进行鉴别诊断。

涂片镜检采取心血、病变器官组织作涂片，用美蓝、瑞氏或姬姆萨液染色，镜检；细菌分离培养将病料分别接种于鲜血琼脂培养基和普通肉汤，在37℃下进行培养，生化反应试验；血清试验（琼脂扩散沉淀试验、间接血凝试验）进行分型。

[防治] 巴氏杆菌在体外对一些抗菌药物敏感，在理论上效果较好，但是本病发病急剧，所以只有在较早期治疗才可治愈。

表 7 - 1　开始治疗时宜选用抗菌药物及剂量、使用方法

抗菌药物	剂　量	使用方法
头孢噻呋	2.2mg/kg	肌内注射，1～2 次/d
庆大霉素	2.2mg/kg	静脉或肌内注射，2 次/d
庆大霉素和青霉素	2.2mg/kg，22 000U/kg	肌内注射，1～2 次/d
盐酸氧四环素	11～17.6mg/kg	静脉或肌内注射，2 次/d
红霉素	5.5mg/kg	肌内注射，2 次/d
恩诺沙星	2.2～5.0mg/kg	肌内注射，1 次/d

本病主要采取平时的预防措施，控制本病的发生流行。平时加强饲养管理，长途运输时避免过度拥挤和劳累，必要时可注射免疫血清进行预防。发生本病时，立即隔离病畜和可疑家畜，并及时进行治疗，对假定健康家畜可首先用高免血清紧急接种，隔离观察 1 周后进行紧急接种疫苗免疫。对病畜污染的圈舍、用具、场地彻底消毒。

第五节　炭　　疽

炭疽（Anthrax）是由炭疽芽孢杆菌（*Bacillus anthracis*，简称炭疽杆菌）引起的一种急性、烈性人畜共患病和自然疫源性的传染病。由于这种疾病的症状之一是引起皮肤等组织发生黑炭状坏死，故称为"炭疽"。病死动物并出现尸僵不全、天然孔出血、血液凝固不良等急性败血症的特征。世界动物卫生组织将其列为必须报告的动物疫病，我国将其列为二类动物疫病。

[病原特征] 炭疽杆菌为芽孢杆菌属，革兰氏阳性大杆菌，大小为（1.0～1.2）μm×（3.0～5.0）μm。无鞭毛，不运动，芽孢呈椭圆形，位于菌体中央，可形成荚膜（彩图 7-17）。炭疽杆菌的大多数生命活动所需要的基因都位于主基因组上，主基因组为巨大的环形双链 DNA，其长度为 5 227 293bp，共有 5 508 个开放阅读框（ORF），其基因组 G＋C 含量为 32.2%～33.9%，已知功能基因序列约占 50%，保守基因序列约占 22%，理论推测基因序列约占 16%，未知功能基因序列约占 12%。

本菌为需氧或兼性厌氧菌，可生长温度范围为 15～40℃，最适生长温度为 30～37℃，最适 pH 为 7.2～7.6。营养要求不高，普通培养基中即能良好生长，培养 24h 后，可见灰白色不透明、大而扁平的菌落。能发酵葡萄糖产酸不产气，不发酵阿拉伯糖、木糖和甘露醇。能水解淀粉、明胶和酪蛋白。

炭疽杆菌繁殖体的抵抗力不强，对热敏感，60℃ 30～60min 或 75℃ 5～15min 即可杀死。常用消毒药均能在较短时间将其灭活。对青霉素、链霉素等多种抗生素及磺胺类药物高度敏感。但其芽孢的抵抗力特别强大，在干燥状态下长期存活，干燥的皮毛上附着可存活 10 年以上，煮沸 15～25min、121℃灭菌 5～10min 或 160℃干热灭菌 1h 方可将其杀死，芽孢对碘特别敏感，0.04%碘液 10min 即可将其破坏。

[流行病学] 本病几乎遍及全世界，农民、牧民、皮毛加工与动物屠宰以及畜牧兽医工作者都最容易感染。在美国又称为"剪羊毛工人病"。炭疽在世界五大洲均有发病，多发生于农牧业发达地区。

羊、黄牛、马和鹿均较易感，水牛和骆驼次之。猪易感性较低，犬和猫感染的病例较少见。许多野生动物也可感染发病。实验动物中小鼠、豚鼠最易感。患病动物是主要传染源，患病动物的血液、各组织器官及分泌物和排泄物中都含有大量的炭疽杆菌，污染圈舍、牧场、用具。特别是动物死亡后尸体处理不当，可能形成长久的疫源地。易感动物采食污染的饲料、饲草或饮水经消化道感染，也可经损伤的皮肤、黏膜及吸血昆虫叮咬感染，此外还可经呼吸道感染。炭疽发生有一定的季节性，多发于夏秋季等吸血昆虫多、雨水多、洪水泛滥的季节。常呈地方性流行，有时也散发。

[临床症状与病理变化] 潜伏期为 1～5d，有的病例可达 14d。本病主要呈急性经过，多以突然死亡、天然孔出血、尸僵不全、血液凝固不良为特征。最急性型病畜突然倒地，呼吸困难，可视黏膜发绀，全身战栗，天然孔流出带泡沫的暗色血液，常在数分钟内死亡；急性型病牛体温升高达 42℃，兴奋不安，吼叫，以后又转为沉郁，食欲减退或废绝，反刍、泌乳减少或停止，呼吸困难，粪便中带有血液，尿色暗红。常发生中度臌气，妊娠牛多发生流产。濒死

期体温下降，天然孔流血，一般经 1～2d 死亡；亚急性型病程较长，一般为 2～5d。在颈、胸前、肩胛、腹下或外阴部皮肤以及直肠或口腔黏膜等处发生炭疽痈。初期硬、热、痛，后中心部发生坏死，有时形成溃疡。牛发生肠道炭疽痈时，病牛腹痛、下痢，粪便带血。

严禁在非生物安全条件下进行疑似患病动物、患病动物的尸体剖检。

死亡患病动物可视黏膜发绀、出血。血液呈暗紫红色，凝固不良，黏稠似煤焦油状。皮下、肌间、咽喉等部位有浆液性渗出及出血。淋巴结肿大、充血，切面潮红。脾脏高度肿胀，达正常数倍，脾髓呈黑紫色。

[诊断] 根据流行病学和临床症状，可怀疑本病，但是在未排除本病时不能进行尸体剖检，可采集外周血进行实验室检查确诊。

实验室病原学诊断必须在相应级别的生物安全实验室进行。

诊断包括病原学诊断（炭疽的病原分离及鉴定）、血清学诊断（炭疽沉淀反应）、分子生物学诊断（聚合酶链式反应）。

[防治] 最急性和急性病例病程短不可能治疗。

1. 预防与控制

（1）环境控制 饲养、生产、经营场所和屠宰场必须符合《动物防疫条件审核管理办法》（农业部［2002］15 号令）规定的动物防疫条件，建立严格的卫生（消毒）管理制度。

（2）免疫接种 各省根据当地疫情流行情况，按制定的免疫方案，确定免疫接种对象、范围。使用国家批准的炭疽疫苗，并按免疫程序进行适时免疫接种，建立免疫档案。

（3）检疫 进行产地检疫和屠宰检疫，检疫合格，方可进行屠宰。

（4）消毒 对新老疫区进行经常性消毒，雨季要重点消毒。皮张、毛等按照规定实施消毒。

（5）人员防护 动物防疫检疫、实验室诊断及饲养场、畜产品及皮张加工企业工作人员要注意个人防护，参与疫情处理的有关人员，应穿防护服、戴口罩和手套，做好自身防护。

2. 发生本病时的紧急处理措施

（1）疫情报告 任何单位和个人发现患有本病或者疑似本病的动物，都应立即向当地动物防疫监督机构报告。当地动物防疫监督机构接到疫情报告后，按国家动物疫情报告管理的有关规定执行。

（2）疫情处理 依据本病流行病学调查、临床症状，结合实验室诊断作出的综合判定结果可作为疫情处理依据。当地动物防疫监督机构接到疑似炭疽疫情报告后，应及时派员到现场进行流行病学调查和临床检查，采集病料送符合规定的实验室诊断，并立即隔离疑似患病动物及同群动物，限制移动。对病死动物尸体，严禁进行开放式解剖检查，采样时必须按规定进行，防止病原污染环境，形成永久性疫源地。

确诊为炭疽后，必须按下列要求处理。由所在地县级以上兽医主管部门划定疫点、疫区、受威胁区。

疫点：指患病动物所在地点。一般是指患病动物及同群动物所在畜场（户组）或其他有关屠宰、经营单位。

疫区：指由疫点边缘外延3千米范围内的区域。在实际划分疫区时，应考虑当地饲养环境和自然屏障（如河流、山脉等）以及气象因素，科学地确定疫区范围。

受威胁区：指疫区外延5千米范围内的区域。

本病呈零星散发时，应对患病牛作无血扑杀处理，对同群牛立即进行强制免疫接种，并隔离观察20d。对病死牛及排泄物、可能被污染饲料、污水等进行无害化处理；对可能被污染的物品、交通工具、用具、牛舍进行严格彻底消毒。疫区、受威胁区所有易感动物进行紧急免疫接种。对病死牛尸体严禁进行开放式解剖检查，采样必须按规定进行，防止病原污染环境，形成永久性疫源地。

本病呈暴发性流行时（1个县10d内发现5头以上的患病动物），要报请同级人民政府对疫区实行封锁；人民政府在接到封锁报告后，应立即发布封锁令，并对疫区实施封锁。

应对疫点、疫区和受威胁区采取的处理措施如下：

疫点：出入口必须设立消毒设施。限制人、易感动物、车辆进出和动物产品及可能受污染的物品运出。对疫点内动物圈舍、场地以及所有运载工具、饮水用具等必须进行严格彻底的消毒。

患病牛和同群牛全部进行无血扑杀处理。其他易感动物紧急免疫接种；对所有病死牛、被扑杀牛，以及排泄物和可能被污染的垫料、饲料等物品进行无害化处理；牛尸体需要运送时，应使用防漏容器，须有明显标志，并在动物防疫监督机构的监督下实施。

疫区：交通要道建立动物防疫监督检查站，派专人监管动物及其产品的流动，对进出人员、车辆须进行消毒。停止疫区内动物及其产品的交易、移动。所有易感动物必须圈养，或在指定地点放养；对动物圈舍、道路等可能污染的场所进行消毒。对疫区内的所有易感动物进行紧急免疫接种。

受威胁区：对受威胁区内的所有易感动物进行紧急免疫接种。

封锁令的解除：最后1头患病牛死亡或患病牛和同群牛扑杀处理后20d内

不再出现新的病例，进行终末消毒后，经动物防疫监督机构审验合格后，由当地兽医主管部门向原发布封锁令的机关申请发布解除封锁令。

处理记录：对处理疫情的全过程必须做好完整的详细记录，建立档案。

（3）无害化处理

①炭疽牛尸体处理：应结合远离人们生活、水源等因素考虑，因地制宜，就地焚烧。如需移动尸体，先用5％福尔马林消毒尸体表面，然后搬运，并将原放置尸地及尸体天然孔出血及渗出物用5％福尔马林浸渍消毒数次，在搬运过程中避免污染沿途路段。焚烧时将尸体垫起，用油或木柴焚烧，要求燃烧彻底。无条件进行焚烧处理时，也可按规定进行深埋处理。

②粪肥、垫料、饲料的处理：被污染的粪肥、垫料、饲料等，应混以适量干碎草，在远离建筑物和易燃品处堆积彻底焚烧，然后取样检验，确认无害后，方可用作肥料。

③房屋、厩舍处理：开放式房屋、厩舍可用5％福尔马林喷洒消毒三遍，每次浸渍2h。也可用20％漂白粉液喷雾，200mL/m² 作用2h。对砖墙、土墙、地面污染严重处，在隔离易燃品的条件下，亦可先用酒精或汽油喷灯地毯式喷烧一遍，然后再用5％福尔马林喷洒消毒3遍。

对可密闭房屋及室内橱柜、用具消毒，可用福尔马林熏蒸。在室温18℃条件下，对每25～30m³ 空间，用10％浓甲醛液（内含37％甲醛气体）约4 000mL，用电煮锅蒸4h。蒸前先将门窗关闭，通风孔隙用高黏胶纸封严，工作人员戴专用防毒面具操作。密封8～12h后，打开门窗换气，然后使用。

熏蒸消毒效果测定，可用浸有炭疽弱毒菌芽孢的纸片，放在含组氨酸的琼脂平皿上，待熏后取出置37℃培养24h，如无细菌生长即认为消毒有效。也可选择其他消毒液进行喷洒消毒，如4％戊二醛（pH 8.0～8.5）2h浸洗、5％甲醛（约15％福尔马林）2h、3％双氧水2h或过氧乙酸2h。其中，双氧水和过氧乙酸不宜用于有血液存在的环境消毒；过氧乙酸不宜用于金属器械消毒。

④泥浆、粪便处理：炭疽牛死亡污染的泥浆、粪便，可用20％漂白粉液1份（处理物2份），作用2h；或甲醛溶液50～100mL/m³ 比例加入，搅拌1～2次/d，消毒4d，即可撒到野外或田里，或掩埋处理（即作深埋处理）。

⑤污水处理：按水容量加入甲醛溶液，使其含甲醛液量达到5％，处理10h；或用3％过氧乙酸处理4h；或用氯胺或液态氯加入污水，于pH 4.0时加入有效氯量为4mg/L，30min可杀灭芽孢，一般加氯后作用2h流放一次。

⑥土壤处理：炭疽牛倒毙处的土壤消毒，可用5％甲醛溶液500mL/m² 消毒3次，每次2h，间隔1h。亦可用氯胺或10％漂白粉乳剂浸渍2h，处理2次，间隔1h。亦可先用酒精或柴油喷灯喷烧污染土地表面，然后再用5％甲醛

溶液或漂白粉乳剂浸渍消毒。

⑦衣物、工具及其他器具处理：耐高温的衣物、工具、器具等可用高压蒸汽灭菌器在121℃高压蒸汽灭菌1h；不耐高温的器具可用甲醛熏蒸，或用5%甲醛溶液浸渍消毒。运输工具、家具可用10%漂白粉液或1%过氧乙酸喷雾或擦拭，作用1~2h。凡无使用价值的严重污染物品可用火彻底焚毁消毒。

⑧皮、毛处理：皮毛的消毒，采用97%~98%的环氧乙烷、2%的CO_2、1%的十二氟混合液体，加热后输入消毒容器内，经48h渗透消毒，启开容器换气，检测消毒效果。但须注意，环氧乙烷的熔点很低（低于0℃），在空气中浓度超过3%，遇明火即易燃烧发生爆炸，必须低温保存运输，使用时应注意安全。

骨、角、蹄在制作肥料或其他原料前，均应彻底消毒。如采用121℃高压蒸汽灭菌；或5%甲醛溶液浸泡；或用火焚烧。

第六节 梭 菌 病

梭菌病是由多种梭状芽孢杆菌引起牛的一类传染病。本病主要包括产气荚膜梭菌-肠毒血症、肉毒梭菌中毒、梭菌性肌炎（气肿疽和恶性水肿）和破伤风。本病的主要特点是发病急、病程短和死亡率高。

一、产气荚膜梭菌-肠毒血症

产气荚膜梭菌-肠毒血症是由产气荚膜梭菌（*Clostridium perfringens*）（主要是C型和D型）又称魏氏梭菌引起的一种急性传染病。

[病原特征] 产气荚膜梭菌属于梭菌属，旧名魏氏梭菌或产气荚膜杆菌。菌体呈两端钝圆直杆状（彩图7-18），大小为（0.6~2.4）$\mu m \times$（1.3~19）μm，单个或成对排列，有时形成短链，革兰氏染色阳性，无鞭毛，不运动，有荚膜。芽孢大，呈卵圆形，位于菌体中央或近端，一般条件下很少形成芽孢。基因组DNA的G+C含量为24%~27%。

本菌为厌氧菌，但是对厌氧程度要求不严，对营养的要求也不严格，在普通培养基上即可生长，若加葡萄糖、血液则生长更好。其生长速度快，在适宜条件下8min增代1次。在牛乳培养基上培养8~10h后，发酵牛乳中的乳糖，使牛乳酸凝，同时产生大量气体使凝块破裂呈多孔海绵状，发生"暴烈发酵"。

该菌的致病因子是其所产生的外毒素，外毒素中主要致死毒素有4种，即α、β、ε和ι，根据主要致死性毒素和其抗毒素的中和试验将该菌分为A、B、

C、D、E 五个型。A 型菌主要致病性是引起人畜气性坏疽及人食物中毒；B 型菌主要导致羔羊痢疾和畜禽的肠毒血症；C 型菌主要引起人的坏死性肠炎和犊牛、羔羊、仔猪的肠毒血症；D 型菌引起牛羊的肠毒血症；E 型菌引起牛羊的肠毒血症，但是很少见。因此，引起牛肠毒血症的主要是 C 型菌和 D 型菌。其中 C 型菌为最常见的病原菌，C 型菌产生的主要致病毒素是 α、β 外毒素，α 毒素具有细胞毒性、致死性、皮肤坏死性、血小板聚集和增加血管渗透性等特性。β 毒素是强有力的坏死因子，可产生溶血性坏死，其毒性作用表现在小肠绒毛上，引起坏死性肠炎引发肠毒血症。

[流行病学] 产气荚膜梭菌病遍布世界各地，产气荚膜梭菌是一种条件性致病菌，广泛分布于自然界中，可见于土壤、污水、饲料、食物和粪便；同时也是肠道内存在的菌群之一。

不同年龄不同品种的牛均可发病，犊牛多发。一般为散发，有的也呈地方性流行。多发于冬、春季节。主要病因是牛采食了被细菌芽孢污染的饲草和饮水，病菌进入消化道而引起感染发病。病程长短不一，短则数分钟至数小时，长则 3～4d 或更长。病死率奶牛为 70%～100%，牦牛为 14.3%～100%。发病犊牛多为体格强壮膘情较好者，奶牛多为高产牛。

[临床症状与病理变化] 肠毒血症多呈急性型或最急性型，最急性型无任何临床症状，突然死亡。急性型病牛体温升高或正常，呼吸急促，精神沉郁，全身肌肉震颤抽搐，腹痛或腹部膨胀，而后出现腹泻，最后倒地而死。

病理变化以全身实质器官出血和小肠出血为主要特征；心脏质软，心耳表面及心外膜有出血斑点；肺气肿、有出血斑；肝脏呈紫黑色，表面有出血斑，胆囊肿大；小肠黏膜可见大量的出血斑，肠内容物为暗红色的黏稠液体，呈"血灌肠"现象（彩图 7-19、彩图 7-20）；淋巴结肿大出血，切面黑褐色。

[诊断] 根据流行特点、临床症状及病理剖检可初步诊断。进一步确诊还需进行实验室检查。涂片镜检、细菌分离培养、动物致死性试验、毒素抗毒素中和试验、捕获抗体 ELISA、聚合酶链反应（PCR）检测等。

[防治] 本病发病急，治疗的可能性较小，如鉴定出特异的产气荚膜梭菌和毒素，可以用相应的类毒素进行免疫。如病程稍长，可采用支持疗法，补充合适的电解质和葡萄糖以缓冲牛的脱水，再用抗生素或磺胺药，结合强心、镇静对症治疗。青霉素肌内注射，4 次/d，每次 3 万～5 万 U/kg，连用 3～5d。

预防：加强平时的防疫措施，加强饲养管理，防止牛采食被污染的饲草和饮水，对牛舍、运动场地及时清扫，搞好圈内卫生。发生本病时，将患畜隔离饲养，对症治疗。在本病常发地区，每年进行疫苗接种。

二、肉毒梭菌中毒

肉毒梭菌中毒是由于摄入含有肉毒梭菌毒素的食物或饲料而引起的人和其他动物的中毒性传染病，特征是运动中枢神经和延脑麻痹。

[病原特征] 肉毒梭菌属于厌氧性梭状芽孢杆菌属，多呈直杆状，单在或成对，具有 4～8 根周生性鞭毛，能运动，无荚膜。芽孢位于菌体近端，略大，呈卵圆形。革兰氏染色呈阳性。

该菌属于专性厌氧菌，一般最适生长温度 30～37℃，多数菌株在 25℃和 45℃可生长。产毒素最适温度为 25～30℃。营养要求不高，普通培养基上即可生长。肉毒梭菌能产生毒力极强的外毒素肉毒毒素，是目前已知生物毒素中毒性最强的一种。根据毒素的抗原性不同，可将本菌分为 A、B、C（C_α 和 C_β）、D、E、F、G 7 型。

肉毒梭菌的繁殖体抵抗力中等，80℃ 30min 或 100℃ 10min 即能将其杀死，但芽孢的抵抗力极强，煮沸需 6h、115℃蒸汽 20～30min、185℃干热 5～10min 才能将其杀死。肉毒毒素的抵抗力也较强，正常胃液和消化酶 24h 不能将其破坏。1％氢氧化钠、0.1％高锰酸钾可将毒素灭活。

[流行病学] 本病呈世界性分布，因为肉毒梭菌主要存在于土壤、江河湖海的淤泥尘土和动物的粪便当中，一般认为土壤是肉毒梭菌中毒的主要传染源。肉毒梭菌在自然界的分布上具有某种区域性差异，显示出生态上的差别倾向。A、B 型的分布最广，其芽孢各大洲的许多国家均有检出；C、D 型的芽孢一般多存在于动物的尸体中，或在腐尸附近的土壤中；E 型菌及其芽孢存在于海洋的沉积物、水产品的肠道内；E 型菌及其芽孢适应于深水的低温，使 E 型菌在海洋地区广泛分布；除 G 型菌之外其他各型菌的分布都相当广泛。我国的肉毒梭菌中毒主要发生在长江以北地区，西北为高发区，新疆最多，其次为青海、西藏以及山东、河北、山西和内蒙古。

本病多发生于炎热的季节，温度在 22～37℃的范围内，肉毒梭菌可产生大量的毒素。肉毒梭菌广泛存在于土壤、动物肠道内容物、粪便、腐败尸体、蔬菜、水果以及饲料中。易感动物鸭、鸡、牛、马发病较多见，羊次之，猪、犬、猫少见。水貂的易感性也较高。实验动物中小鼠、豚鼠和兔均易感。人也易感。

肉毒梭菌致病机制，肉毒毒素进入体内后，在正常胃液中 24h 不被破坏，大部分在小肠上部被吸收，通过淋巴管和胸导管进入血液循环，选择性作用于运动神经与副交感神经，主要作用点为神经末梢和神经肌肉交接处，抑制神经传导介质——乙酰胆碱的释放，使肌肉发生弛缓性瘫痪。

[临床症状与病理变化] 潜伏期动物在摄入毒素 2～14d 出现临床症状，但是最急性型潜伏期只有几个小时。

最急性型突然发病，身体迅速麻痹，12～18h 内死亡；急性型发病相对缓慢，患畜呈渐进性的肌肉麻痹，从头、颈部到四肢，随后侧卧，头、颈外展；大部分病例属于亚急性型，主要表现为间歇性不安，共济失调，后肢尤为严重，咀嚼、吞咽异常，随后运动失调，站立困难，流涎，呼吸困难，卧地不起，呼吸麻痹死亡，患畜始终意识清醒。

剖检无特殊病变，所有组织器官充血，肺脏水肿。

[诊断] 根据临床特征症状，结合病因可作出初步诊断，确诊需进行肉毒毒素检查。

毒性实验：采取患病动物胃肠内容物或可疑饲料，以生理盐水或蒸馏水制成 2 倍稀释的混悬液，置室温浸泡 1～2h，离心，取上清液加抗生素处理后分为两份。一份不加热作毒素试验；一份 100℃ 30min 加热作对照。鉴定毒素型，可进行琼脂扩散试验、血凝抑制试验、免疫荧光试验和聚合酶链式反应（PCR）。

应注意与其他中毒、低钙血症、低镁血症、李斯特菌病等疾病鉴别诊断。

[防治] 在较早期可采用支持疗法进行治疗，使用抗毒素紧急治疗以抵消尚未与受体结合的循环毒素。也可采用泻药清除肠道内的毒素，通过胃管投入矿物油和大量的盐类泻药。如明确肉毒中毒的毒素类型时，可注射类毒素。对于呈地方性流行的地区每年要进行类毒素的免疫接种。预防措施同产气荚膜梭菌—肠毒血症。

三、梭菌性肌炎（气肿疽和恶性水肿）

梭菌性肌炎是厌氧的梭状芽孢杆菌和其他条件致病梭菌引起的牛的高度致死性疾病。主要有 2 种：气肿疽梭菌（*CL. chauvoei*）引起的气肿疽和其他多种梭菌引起的恶性水肿。

（一）气肿疽

气肿疽又称黑腿病，是由潜伏感染的气肿疽梭菌被激活后所引起的坏疽性肌炎。主要表现患牛肌肉丰满部位发生气性水肿。

[病原特征] 气肿疽梭菌呈多形性，两端钝圆，大小为（0.5～1.7）$\mu m \times$（1.6～9.7）μm，单在或成双。有鞭毛，能运动，无荚膜。芽孢呈卵圆形，位于菌体的中央或近端。革兰氏染色呈阳性，基因组 DNA 的 G＋C 含量为 27%。

本菌为专性厌氧菌，最适生长温度为 37℃，25℃ 和 30℃ 时生长很少，

45℃时不生长。最适 pH 7.2～7.4。在加入葡萄糖及血液或血清的培养基上生长良好。能分解蔗糖，不能分解水杨苷、纤维二糖或海藻糖，能使牛乳凝固但不消化。可产生 4 种毒素，分别为 α、β、γ 和 δ 毒素。

气肿疽梭菌的芽孢抵抗力极强，在腐败的尸体中可存活 6 个月，病料中能存活 8 年，在土壤中可存活 20～25 年。3％的福尔马林 15min 能将其杀死，对氢氧化钠的抵抗力也较强，25％氢氧化钠溶液 14h，6％氢氧化钠溶液 6～7d 才能将芽孢杀死。

[流行病学] 气肿疽梭菌在土壤中广泛存在，因此本病呈世界性分布。

易感动物牛、羊、鹿、猪、鱼和貂，实验动物中豚鼠最易感，其次是仓鼠、小鼠。在自然情况下犬、猫、兔和人不感染。其中 2 月龄至 2 岁的牛最易感，成年牛较少发生该病。

气肿疽梭菌污染的饲草和饮水被牛采食后，主要寄生于牛的脾脏、肝脏和肌肉中，以无害的芽孢形式存在，当周围的组织受到损伤时，造成了适合繁殖体生长的厌氧环境，诱发内源性潜伏感染的芽孢激活，芽孢激活后细菌迅速繁殖，产生大量的毒素。同时损伤的组织也可被污染的土壤感染，造成外源性的感染，产生毒素。大量的毒素导致典型的肌肉气肿性病变和系统性毒血症。

[临床症状与病理变化] 潜伏期为 3～5d。患畜突然发病，体温达 41～42℃，精神沉郁，轻度跛行，食欲和反刍停止。病初在损伤部位出现肿胀，肿胀部位热、痛，后变冷。肿胀部分皮肤干硬，呈暗红色或黑色，穿刺或切面有黑红色液体流出，内含气泡，有时形成坏疽；局部淋巴结肿大。病程 1～2d，病程后期 12～24h 内出现呼吸困难，卧地不起，昏迷直至死亡。

尸体浮肿，迅速腐败，天然孔常有血样泡沫液体流出，患部肌肉黑红色，肌间充满气体，呈疏松多孔之海绵状，有酸败气味。局部淋巴结充血、出血或水肿。肝、肾呈暗黑色，常因充血稍肿大，肺出血、水肿。

[诊断] 根据临床特征症状和病理变化，再结合病因可作出初步诊断，确诊需进行实验室检查。如观察不到任何临床症状，必须先排除炭疽才能进行剖检。采集病畜的创口处病料进行触片，经特异性荧光抗体染色检测该菌，还可进行细菌分离培养和动物实验。

[防治] 在发病的早期，可应用广谱抗生素治疗，杀死增殖型的梭菌，如青霉素，肌内注射，每日 2 次，每次 3 万～5 万 U/kg。肿胀局部早期不宜切开，可于其周围分点皮下或肌内注射 3％双氧水或 0.25％～0.5％普鲁卡因青霉素溶液。到中后期，可在防止散毒的条件下切开，除去坏死组织，用 2％高锰酸钾溶液或 3％双氧水充分冲洗。此外，根据全身状况进行强心补液和解毒等对症治疗。

气肿疽梭菌疫苗可有效预防本病的发生，在犊牛大于 6 月龄转群之前注射疫苗，也可选用多价疫苗预防本病。同时加强平时的防疫措施，加强饲养管理，防止牛在饲养过程中造成机械性损伤。

（二）恶性水肿（Malignant oedema）

恶性水肿是由梭菌属的多种细菌引起的急性创伤性感染疾病。主要表现为创伤局部发生急剧气性炎性水肿，并伴有发热和全身毒血症。主要以腐败梭菌为主，其他梭菌包括：产气荚膜梭菌、诺维梭菌、气肿疽梭菌和索氏梭菌。

[病原特征] 本病的病原主要以腐败梭菌为主，其他梭菌包括产气荚膜梭菌、诺维梭菌、气肿疽梭菌和索氏梭菌。

腐败梭菌（CL. septicum）呈直形或弯曲的大杆菌，大小为 (0.6～1.9) μm×(1.9～35) μm，芽孢呈卵圆形，位于菌体中央或近端，有鞭毛，能运动，无荚膜，革兰氏染色呈阳性（彩图 7 - 21），基因组 DNA 的 G＋C 含量为 24％。

腐败梭菌为严格的厌氧菌，呈单在或短链状。在葡萄糖血琼脂培养基上菌落呈略微隆起，边缘不规则。不能发酵蔗糖，能发酵或弱发酵纤维二糖和果糖，能分解水杨苷，可使牛乳凝固并能消化。

腐败梭菌主要产生 4 种毒素为 α、β、γ 和 δ 毒素。其中 α 毒素为卵磷脂酶，具有坏死、致死和溶血作用；β 毒素为脱氧核糖核酸酶，有杀死白细胞的作用；γ 和 δ 毒素分别具有透明质酸酶和溶血素活性。这些毒素可使血管通透性增加，引起组织炎性水肿和坏死，毒素吸收后可引起致死性的毒血症。

腐败梭菌芽孢抵抗力很强，一般消毒药效果不佳，但 20％漂白粉、3％～5％硫酸石炭酸合剂、3％～5％氢氧化钠等强力消毒药可在较短时间内将其杀灭。

诺维梭菌（CL. novyi）是极长的大型芽孢杆菌，大小为 (0.6～2.5) μm×(1.6～22.5) μm，芽孢呈卵圆形，位于菌体中央或近端，有鞭毛，能运动，无荚膜，革兰氏染色阳性，基因组 DNA 的 G＋C 含量为 29％。诺维梭菌为严格的厌氧菌，呈单在、成对或短链状。最适生长温度为 45℃，多数菌株在 37℃生长良好，在 25℃不生长。在血琼脂培养基上菌落呈溶血现象。分 A、B、C 三个型。

诺维梭菌芽孢抵抗力很强，95℃下 15min 仍可存活，湿热 105～120℃下 5～6min 可将其杀死。在 5％石炭酸、1％福尔马林中能存活 1h，次氯酸盐可迅速将其灭活。

[流行病学] 梭菌在土壤中广泛存在，因此本病呈世界性分布。

土壤是其主要的传染源，主要是由动物创伤和外伤引起，如去势、采血及助产等。各年龄段的牛均可发病，多呈散发。

[临床症状与病理变化] 潜伏期为 12～72h。病牛最初食欲下降，体温升高，在伤口周围发生炎性水肿，迅速弥散扩大，尤其在皮下疏松结缔组织处更明显。病变部最初坚实、灼热、疼痛，后变无热、无痛、手压柔软、有捻发音。切开肿胀部，皮下和肌间结缔组织内有多量淡黄色或红褐色液体浸润并流出，有少数气泡，具有腥臭味。创面呈苍白色，肌肉暗红色。随着病程发展，多有高热稽留，呼吸困难，眼结膜充血发绀，偶有腹泻，多在 1～3d 内死亡。分娩感染时，外阴和会阴部肿胀，会阴部有血样物质流出，病程 24～36h。公牛因去势感染时，阴囊、腹下发生弥漫性气性炎性水肿、疝痛。病程 2～5d。

病牛尸体迅速腐败。全身性毒血症，可见局部组织的弥漫性水肿；皮下有污黄色液体浸润，含有腐败酸臭味的气泡；肌肉呈灰白或暗褐色，多含有气泡；脾、淋巴结肿大；肝、肾浊肿，有灰黄色病灶；腹腔和心包腔积有多量液体。

[诊断] 根据临床特征症状和病理变化，再结合病因可作出初步诊断，确诊需进行实验室检查。细菌学检查，采集病变组织，尤其是肝脏浆膜，制成涂片或触片染色，镜检观察。病原的分离培养鉴定，鉴定可进行荧光抗体检查。

[防治] 同气肿疽病的防治。

四、破伤风

破伤风（Tetanus）又称强直症，俗称锁口风，是由破伤风梭菌经伤口感染引起的一种急性中毒性人畜共患病。主要表现骨骼肌持续性痉挛和神经反射兴奋性增高为主要特征。

[病原特征] 破伤风梭菌（*Clostridium tetani*）属梭菌属，呈细长或略弯曲、两端钝圆的杆菌，大小为 (0.5～1.7) $\mu m \times$ (2.1～18.1) μm。多单在，有的成对或呈短链状。无荚膜，有鞭毛，能运动。成熟的芽孢呈正圆形，位于菌体一端，芽孢较菌体大，芽孢体呈鼓槌状或球拍状（彩图 7-22）。革兰氏染色呈阳性。基因组 DNA 的 G+C 含量为 25%～26%。

该菌为严格的厌氧菌，接触氧气后很快死亡。最适生长温度 37℃，在 25℃ 和 45℃ 不生长，最适 pH 为 7.0～7.5。营养要求不高，普通培养基上即可生长，在血琼脂平板上，可形成 4～6mm 的菌落，且形成溶血环。分为 10 个血清型，我国最常见的是第 Ⅴ 型。可产生 2 种外毒素，破伤风溶血素和破伤风痉挛毒素。

本菌的繁殖体抵抗力不强，但其芽孢的抵抗力极强，芽孢可在土壤中存活几十年，湿热 90℃ 2～3h、120℃ 20min，煮沸 10～90min，干热 150℃ 1h 以上可将其杀死。5％石炭酸、0.1％升汞 15h 可将其灭活。

[流行病学] 破伤风梭菌广泛分布于自然界中，在世界各地均有发生。主要经各种创伤皮肤黏膜感染，如断脐、去势、手术、产后感染及各种外伤等，各种家畜均易感，单蹄兽最易感，其次牛、羊、猪，实验动物豚鼠、小鼠易感，人也易感。该病发生无明显的季节性，多呈散发。

破伤风梭菌感染伤口后，在缺氧的条件下繁殖并产生外毒素——破伤风痉挛毒素（简称破伤风毒素），毒素经血液循环系统扩散到全身各部，经机体吸收进入神经系统，破伤风毒素与中枢神经系统的抑制性突触前膜的神经节苷脂结合，阻断该突触释放抑制性介质，运动神经元抑制解除，骨骼肌持续兴奋，发生痉挛，造成破伤风特有的牙关紧闭、角弓反张等症状。导致呼吸功能紊乱，进而发生循环障碍和血液动力学的紊乱，出现脱水、酸中毒，这些紊乱成为破伤风患畜死亡的根本原因。

[临床症状与病理变化] 潜伏期一般为 1～3 周，有的也达数月。初期采食、咀嚼、吞咽迟缓，头、颈、腰、四肢转动灵活，眼神敏感，运步稍僵拘，体温正常；中期采食、吞咽困难，流涎，两耳竖立，尾直，四肢僵硬，粪便干燥；后期牙关紧闭，流涎增多，呼吸急促，全身肌肉僵硬，腹肌紧缩，呈典型的"木马姿势"，瘤胃臌气，腰背弓起，体温升高，呼吸困难，终因窒息而死亡。犊牛病程 4～5d，死亡，成年牛可存活 10d 以上，有的经数周至数月可恢复。

剖检无明显的肉眼病理变化。

[诊断] 根据典型的临床症状，再结合病因可作出诊断。

[防治] 治疗的原则包括清除病原、中和神经毒素和保持肌肉的松弛，直到神经毒素被完全中和或消除。

1. 清除病原 查找破伤风患畜的感染部位，进行清创，彻底排除脓汁，清除异物和坏死组织，用 3％双氧水、1％高锰酸钾溶液冲洗伤口，然后注入或涂布 5％碘酊，并用青霉素 3 万～5 万 U，链霉素 1～2g 进行肌内注射，每天注射 2 次，连续用药 4～6d。以消灭病原菌。

2. 中和神经毒素 早期使用破伤风抗毒素，20 万～80 万 IU，分 3 次或 1 次性注射。

3. 对症治疗 解痉镇静，出现强直性痉挛或强烈兴奋症状的病牛，用氯丙嗪进行肌内注射，剂量为犊牛 1 次 100～200mL，成年牛 250～500mL，早晚各 1 次，或者用 25％硫酸镁 100mL，缓慢静脉注射或肌内注射。牙关紧闭时，用 1％普鲁卡因 40mL，加 0.1％肾上腺素 0.5～1mL 混合注入咬肌，每天 1 次。病牛不能采食和饮水时，每天进行补糖补液。将病牛置于光线较暗、通风良好、干燥清洁的栏舍内；环境保持安静，避免声音刺激；给予易消化的饲草饲料。

预防：注意饲养管理和环境卫生，防止牛受伤。在发病较多的地区，每年定期预防注射 1 次破伤风疫苗，成年牛注射 1mL，注射后 21d 产生免疫力，免疫期为 1 年。第 2 年再加强免疫 1 次，免疫期为 4 年。犊牛出生后 5～6 周注射 0.5mL；牛只一旦发生外伤，应及时清创、消毒、治疗。

第七节　犊牛大肠杆菌病

犊牛大肠杆菌病是由大肠杆菌引起的新生犊牛的一种急性传染病。主要表现为肠炎或败血性疾病。

[病原特征] 大肠杆菌（*Escherichia coli*，*E. coli*）呈直杆状，大小为（2～3）μm×（0.4～0.7）μm，两端钝圆，单在或成对，大多数菌株以周生鞭毛运动，但也有无鞭毛或丢失鞭毛的无动力变异株。一般均有 1 型菌毛，少数菌株兼具性菌毛，对人和动物致病的菌株多数还常有与毒力相关的特殊菌毛。无可见荚膜，但常有微荚膜，无芽孢。革兰氏染色呈阴性（彩图 7-23）。

本菌为兼性厌氧菌。最适生长温度 37℃，最适 pH 为 7.2～7.4。在普通培养基上生长良好，在肉汤培养基中培养 18～24h，呈均匀浑浊，管底有少许黏液状沉淀，液面与管壁形成菌环；在营养琼脂培养基上生长 24h 后，形成直径 2～3mm、圆形、凸起、光滑、湿润、半透明、灰白色、边缘整齐的菌落；在麦康凯琼脂上形成红色菌落。能发酵葡萄糖、麦芽糖、甘露醇、木糖、鼠李糖、山梨醇和阿拉伯糖等多种碳水化合物并产酸、产气，大多数菌株可迅速发酵乳糖，仅极少数发酵缓慢或不发酵。约半数菌株不分解蔗糖。几乎均不产生硫化氢，不分解尿素。大肠杆菌抗原结构比较复杂，主要由菌体（O）抗原，鞭毛（H）抗原，荚膜（K）抗原和菌毛（F）抗原组成。按照菌体抗原组成成分，分为若干血清型，再根据荚膜和鞭毛抗原组成成分，分为若干亚型。因而构成了许多血清型，是本菌血清型鉴定的物质基础。已确定的大肠杆菌 O 抗原有 173 种，K 抗原有 80 种，H 抗原有 56 种，F 抗原有 17 种。根据不同的生物学特性将致病性大肠杆菌分为 5 类：肠致病性大肠杆菌（EPEC）、肠产毒性大肠杆菌（ETEC）、肠侵袭性大肠杆菌（EIEC）、肠出血性大肠杆菌（EHEC）、肠黏附性大肠杆菌（EAEC）。

本菌在自然界中生存能力较强，对外界因素抵抗力中等，对热敏感，55℃ 1h 或 60℃ 20min 被杀死，120℃高压消毒立即死亡，大肠杆菌在土壤、水、粪便和尘埃中可存活数周或数月之久，对常用的消毒药物敏感，黏液和粪便的存在会降低消毒药物的效果。对抗生素及磺胺类药物等敏感，但极易产生耐药性。

[流行病学] 大肠杆菌广泛分布于自然界中，本病在世界各地均有发生。自 20 世纪 80 年代以来，本病不断在我国蔓延，吉林、辽宁、山东、广东、青海、江苏、湖南、北京等我国大部分省、市、自治区都陆续报道发生过本病，流行范围大，而且发病率和病死率较高。该病对我国养牛业造成了很大的经济损失。

不同品种的犊牛均可感染发病，多见于 2～3 周龄以内的犊牛，但以出生后 10 日龄内最易感。病犊牛和带菌犊牛是本病自然流行的主要传染源。通过粪便排出病菌，散布于外界，污染水源、饲料以及母牛乳头和皮肤等。当犊牛吮乳或饮食时，经消化道而感染。同时机体抵抗力降低或处于应激状态时，隐伏在体内的条件性致病大肠杆菌可引起内源性自身感染。此外，牛也可经子宫内或脐带感染。本病的流行虽无明显的季节性，一年四季均可发生，但尤以冬末春初和气温多变季节的舍饲时期多发。本病的流行大多呈地方性流行或散发。

引起犊牛腹泻的大肠杆菌主要具有两种致病因子：菌毛黏附素和肠毒素。菌毛黏附素又称黏附因子，为某些血清型大肠杆菌的表面抗原，由蛋白质构成。大肠杆菌表面的菌毛黏附素能使大肠杆菌牢牢地黏附在肠黏膜绒毛上皮表面，使细菌不会因肠蠕动而随肠内容物排出体外。同时其可在小肠黏膜上产生肠毒素，主要是热敏感肠毒素和热稳定肠毒素，刺激肠黏膜上皮细胞分泌大量液体，远远超出了肠黏膜上皮细胞的吸收能力，出现剧烈的水样腹泻和脱水。腹泻加剧进行，肠道内外渗透压不再平衡，血液中的电解质平衡失调，碱储进一步降低，引发代谢性酸中毒，血液循环量减少，继而出现缺氧、尿毒症等代偿性呼吸加快，最后导致犊牛衰竭死亡。

[临床症状与病理变化] 潜伏期很短，仅数小时。根据其临床症状可分为三种类型。

1. 败血型 呈急性败血症经过，犊牛发热，精神沉郁，间有腹泻，常于症状出现后数小时至 1d 内急性死亡。有的未出现临床症状突然死亡。从血液和组织脏器内可分离出致病性大肠杆菌。

2. 肠毒血型 较少见，常突然死亡。如病程稍长，则可见到典型的神经症状，先兴奋不安，后来精神沉郁、昏迷，以至死亡，死前多有腹泻症状。由于特异血清型的大肠杆菌增殖产生肠毒素吸收后引起，没有菌血症。

3. 肠型 病初体温升高达 40℃，出现下痢后体温降至正常。初期排出粥样黄色粪便，后期呈灰白色水样，混有未消化的凝乳块、凝血及泡沫，有酸败气味。末期病犊腹痛，肛门失禁，用蹄踢腹壁，后因脱水衰竭而亡。如治疗及时，可以治愈，但发育缓慢。

败血型和毒血型死亡的犊牛，常无明显的病理变化。肠型犊牛真胃内有大量的凝乳块，黏膜充血、水肿，覆有胶状黏液，皱褶部有出血。肠内容物常混有血液和气泡，恶臭，脱水，小肠黏膜充血，在皱褶基部有出血，有的肠黏膜上皮脱落，肠壁变薄。肠系膜淋巴结肿大，肝脏和肾脏有出血点，胆囊内充满黏稠的暗绿色胆汁，心内膜有出血点。病程长的病例在关节和肺脏也有病变出现。

[诊断] 根据流行病学、临床症状及剖检变化综合分析，作出初步诊断，确诊需进行实验室检查。病原分离培养、染色镜检、生化试验、致病性试验及血清型鉴定；血清学诊断间接血凝试验、直接免疫荧光抗体染色、酶联免疫吸附试验；分子生物学方法 PCR 检测、DNA 探针等方法。

[防治]

1. 治疗 磺胺类药物及抗生素药物如庆大霉素、环丙沙星、头孢类药物对本菌敏感。由于抗生素的大量使用，大肠杆菌病对许多常用抗菌药物的敏感性日益降低，耐药菌株越来越多，耐药性增强。同时补充体液和电解质，维持机体体液和电解质平衡，静脉注射生理盐水和葡萄糖。

2. 预防 本病的预防包括三个方面，即饲喂初乳、免疫预防和加强饲养管理。

犊牛出生后 12h 内应吃到初乳。犊牛出生后及时接种当地流行血清型的大肠杆菌灭活油乳苗或高免血清可以获得较好的免疫效果。在管理方面，干乳期母牛应饲养于清洁的环境中；产房还应彻底清扫、消毒，定期更换垫草；新生犊牛不应群养，应喂养在有良好褥草的清洁环境中，同时人工饲喂初乳而不要让其自由吮乳。干乳期母牛所生的犊牛应在出生后 3~5d 内给予适当的抗生素来预防大肠杆菌感染，可根据当地流行血清型的相应菌株药敏试验结果来选择抗生素。

第八节　沙门氏菌病

沙门氏菌病又称副伤寒，是由沙门氏菌属细菌引起的人畜共患传染病。主要表现为败血症和肠炎。

[病原特征] 沙门氏菌（*Salmonella*）为肠杆菌科沙门氏菌属成员，分为肠道沙门氏菌和邦戈尔沙门氏菌两种，肠道沙门氏菌又分为 6 个亚种：肠道亚种、萨拉姆亚种、亚利桑那亚种、双相亚利桑那沙门氏菌、豪顿沙门氏菌及因迪卡沙门氏菌。沙门氏菌呈直杆状，大小为（0.7~1.5）$\mu m \times$（2.0~5.0）μm，有菌毛，无荚膜，无芽孢，有鞭毛，能运动。革兰氏染色阴性，是一类条件性

细胞外寄生的肠杆菌。基因组 DNA 的 G+C 含量为 50%～53%。

本菌为兼性厌氧。最适温度为 37℃，最适 pH 为 6.8～7.8。对营养条件要求不高，在普通培养基中均可生长，在普通琼脂平皿上培养经 18～24h 后形成无色半透明、湿润、表面光滑、隆起的菌落。能发酵葡萄糖产酸产气。沙门氏菌具有 O、H、K 抗原和菌毛四种抗原，其中 O 抗原和 H 抗原为主要抗原，根据抗原的不同分为 2 500 多个血清型，且大部分能感染人。

本菌对干燥、腐败和日光具有一定的抵抗力，在外界环境中可存活数周或数月，熏腌处理不能将其杀死。对化学消毒剂敏感，常用的化学消毒剂都可以使其灭活。

[流行病学] 沙门氏菌是自然界中分布极为广泛的病原菌，几乎可以从所有脊椎动物乃至昆虫体内分离得到。该菌寄居在人和动物肠道内。

各种年龄畜禽均可感染，幼龄畜禽更易感。犊牛以出生 30～40d 最易感；成年牛多发于夏季放牧时期。病畜和带菌动物是本病的主要传染源，主要经消化道传染，病菌通过其粪、尿、乳及流产胎儿、胎衣和羊水等排出，污染饲料和饮水，也可经交配或人工授精感染。本病多呈散发或地方性流行，一年四季均可发病。

沙门氏菌经口进入机体以后，在肠道内大量繁殖，经淋巴系统进入血液，造成一过性菌血症，即感染过程。随后，沙门氏杆菌在细胞外液时，它黏附于宿主靶细胞；夺取营养并进行繁殖；抵抗吞噬细胞和补体的杀菌和溶菌作用；逃避宿主的免疫应答；产生和释放大量内毒素，直接或间接地造成宿主细胞与组织的损害与破坏，出现中毒症状。

[临床症状与病理变化] 犊牛多于出生 10～14d 后发病，体温 40～41℃，呼吸困难，食欲废绝，发病 12～24h 粪中即有血块，不久即下痢，粪便恶臭并混有黏液和血液。病程稍长，脱水，眼球下陷，结膜潮红、黄染，同时伴有腕关节和跗关节肿大，或有支气管炎和肺炎症状。

成年牛体温升高，精神沉郁，食欲废绝，呼吸困难。下痢，粪便恶臭，混有血液和纤维素絮片及坏死组织。病牛迅速脱水、消瘦，多于 1～5d 内死亡。孕牛多流产，流产胎儿可发现病原菌。

成年牛呈急性出血性肠炎病变，肠黏膜潮红、出血，大肠黏膜脱落，有局限性坏死区。肠系膜淋巴结水肿、出血。肝脏发生脂肪变性或局部性坏死，胆囊壁增厚，胆汁混浊呈黄褐色。脾稍肿，病程长的可见肺炎病变。

犊牛在腹膜、小肠后段及结肠黏膜有出血斑点，肠系膜淋巴结水肿，有时出血。脾充血、肿胀，肝、脾、肾有坏死灶。肝脏色泽变淡，胆汁稠厚而混浊。有关节损害时，腱鞘和关节腔内有胶样液体。

[诊断] 根据流行病学临床症状和病理变化可作出初步诊断，确诊需进行实验室检查。病原分离培养、血清学诊断（间接血凝试验、直接免疫荧光抗体试验、酶联免疫吸附试验）、分子生物学方法（PCR 检测、DNA 探针）等方法。

犊牛诊断时应与犊牛大肠杆菌病相区别。

[防治]

1. 治疗　对于本病的治疗，可首先选用药敏试验有效的抗生素，如头孢噻呋（每千克体重 2.2mg，2 次/d）、磺胺三甲氧苄氨嘧啶（每千克体重 22.0mg，2 次/d）、丁氨卡那霉素 A（每千克体重 4.4mg，2 次/d），并对症进行补液治疗。

2. 预防　应加强饲养管理，消除诱因，保持饲料和饮水清洁、卫生。

发生本病时应采取以下措施：①确定传染源，消除传染源。②将病牛隔离饲养，并对患牛进行治疗。③清扫环境，改善卫生状况，对牛舍进行消毒。进行乳房炎的检查。④选用疫苗进行免疫。

第九节　李氏杆菌病

李氏杆菌病是由单核细胞增生性李氏杆菌引起的人畜共患急性传染病。主要表现为败血症、脑膜脑炎、孕畜流产。

[病原特征] 单核细胞增生性李氏杆菌（*Listeriamonocytogenes*，LMO）属于李氏杆菌属，呈规则的短杆状，两端钝圆，大小为 $0.5\mu m \times (1\sim2)\ \mu m$，多单在，也呈 V、Y 字形或成丛排列，偶尔可见双球形。无芽孢，无荚膜。革兰氏染色呈阳性。具有 O 抗原及 H 抗原。

本菌为需氧菌或兼性厌氧菌，最适生长温度为 $30\sim37℃$。普通营养琼脂平板上菌落呈细小、半透明、边缘整齐、微带珠光的露水样菌落，直径为 $0.2\sim0.4mm$；在血平板上，呈现 β 型溶血，菌落呈灰色、圆润，直径为 $1.0\sim1.5mm$，低倍镜下为细腻的表面结构和蓝绿色特殊光泽。可发酵多种糖类，如葡萄糖、乳糖、阿拉伯糖、麦芽糖、鼠李糖、果糖、海藻糖，产酸不产气，不能发酵木糖、甘露醇、山梨醇，可水解七叶苷、触酶、马尿酸阳性，尿素酶、氧化酶、硝酸盐均阴性，液化明胶。

本菌对外界抵抗力不强，70℃ 5min、80℃ 1min 可将其灭活。-20℃ 低温仍可部分存活，并可抵抗反复冻融。对紫外线较敏感，紫外线照射 15min 可将其杀灭。对化学消毒剂非常敏感，0.1% 新洁尔灭溶液 30min，75% 酒精 5min 均可杀灭该菌。对青霉素、氨苄青霉素、四环素等抗生素敏感，对头孢菌素、多黏菌素和磺胺类药物有抵抗力，对链霉素很快产生耐药性。

[流行病学] 李氏杆菌在自然界中分布极为广泛，可存在于土壤、地面水、污水、江河、粪便、青贮饲料等物质中。多种动物和人可携带该菌，目前已从42种哺乳动物和22种禽类中分离到该菌。近年来，国内有关动物李氏杆菌病例的报道很多，波及全国十多个省市，涉及动物有绵羊、山羊、牛、猪、鸡、兔、鸭、鹅、鹿、鹦鹉、北极狐等，平均死亡率达32%以上，主要集中在绵羊和牛。

李氏杆菌可感染40多种动物，牛、绵羊、山羊、猪和家禽较易感。各种年龄段的牛都可感染发病，以犊牛较易感，且发病急。妊娠母畜也易感，常常导致流产。实验动物如兔、小鼠等啮齿类动物也是主要的易感动物。许多野兽、野禽也易感染，且常为本菌的贮存宿主。

本病一般呈散发，但病死率很高。患病动物和带菌动物为主要的传染源。污染的饲料和饮水是主要的传播媒介，患病动物的粪、尿、乳汁、精液以及眼、鼻、生殖道的分泌液。通过呼吸道、消化道、眼结膜以及受损的皮肤感染，李氏杆菌亦可寄生在蜱、蝇、昆虫、鱼与甲壳动物体内，吸血昆虫也起着一定的媒介作用。

李氏杆菌一般经胃肠道感染，侵入肠上皮细胞后被单核吞噬细胞吞噬，并随其扩散到局部淋巴结，最后到达内脏器官，引起全身性感染。能侵染单核巨噬细胞、肝细胞、内皮细胞、成纤维细胞等多种细胞，并在其中存活增殖。整个感染过程由一系列的步骤组成，需要许多毒力蛋白因子和酶参与其中。首先在内化素的作用下，细菌进入宿主细胞。内化素是一种细菌的膜蛋白，能够识别宿主细胞上的受体。细菌进入细胞后，被包裹在宿主的吞噬小泡中，并分泌溶血素O（LLO），溶解吞噬体膜，使细菌逃离吞噬体中的杀菌物质，进入宿主细胞胞浆。另外两种磷脂酶C也参与溶解吞噬体膜的过程，其在胞浆中增殖，并通过一种复杂的机制使宿主细胞中的肌动蛋白聚集。肌动蛋白的聚集推动李氏杆菌在胞浆中运动，以及向邻近细胞的传播。感染细胞伸出伪足状的结构，被邻近的细胞内吞，形成一个双层膜结构，称为二级吞噬体。在LLO和特异性磷脂酶C的作用下，逃离二级吞噬体，直接进入邻近细胞，实现细胞间的感染。

[临床症状与病理变化] 潜伏期为2～3周。有的可能长达2个月。

病初体温升高1～2℃，后降至常温。原发性败血症主见于犊牛，表现精神沉郁、呆立、流涎、流鼻液、流泪、不随群行动、不听驱使，咀嚼吞咽迟缓。发生脑膜脑炎后，头颈一侧性麻痹，弯向对侧，视力丧失，沿头的方向旋转（回旋病）或做圆圈运动，有时舌伸出口外不易回收，颈项强硬，有的呈现角弓反张，严重时卧地不起，呈昏迷状，直至死亡。该病病程短的为 2～3d，长的 1～3 周或更长。成年动物症状不明显，妊娠母畜常发生流产。牛突然发生脑炎，病程短，病死率很高。

有神经症状的病畜，脑膜和脑组织有充血、炎症或水肿的变化，脑脊液增加，稍浑浊，含多量炎性细胞，脑干变软，血管周围有以单核细胞浸润为主，肝脏有小的坏死灶。患败血症的病畜，出现败血症变化，肝脏有坏死。流产的母畜可见到子宫内膜充血以至广泛坏死，胎盘子叶常见有出血和坏死。

[诊断] 根据临床特殊神经症状和病理变化，结合血液中单核细胞增多等可怀疑本病，确诊应进行实验室检查。细菌的分离培养鉴定，生化反应试验、溶血试验、协同溶血试验、动物试验及典型运动；免疫检测技术，ELISA 法、微量免疫技术、免疫磁珠捕集法；分子生物学检测，PCR 方法、核酸探针检测方法和生物芯片技术。

注意与脑包虫病、伪狂犬病、狂犬病、脑脊髓炎等表现出神经症状的其他疾病进行鉴别。

[防治]

1. 治疗 青霉素和磺胺-三甲氧苄氨嘧啶是治疗李氏杆菌病首选药物，青霉素，2 次/d，每次 3 万～5 万 U/kg，静脉注射，连用 10d。唾液缺乏，会导致脱水和代谢性酸中毒，根据唾液的损失程度，每日补充 120～480g 碳酸氢钠，胃管直接投入碳酸氢钠溶液。

2. 预防 平时加强检疫、防疫及饲养管理，不从疫区引进牛，消灭鼠类及体外寄生虫。预防的关键在于控制该菌的污染，确保制作和储存高质量的青贮饲料，避免用污染的青贮饲料喂牛。发病时应立即隔离治疗，圈舍彻底消毒。病死畜禽尸体应进行无害化处理。

第十节 肺炎链球菌病

牛肺炎链球菌病是由肺炎链球菌引起的一种急性败血性传染病。

[病原特征] 牛肺炎链球菌（*S. pneumoniae*）呈卵圆形、瓜子状，直径为 0.5～1.25μm。典型排列为双球状。有荚膜。在含有血液或血清的培养基上生长良好，在血平板上菌落周围形成 α 型溶血，在厌氧条件下，产生 β 溶血。最适生长温度为 28～30℃，最适 pH 为 7.2～7.4。本菌的抵抗力不强，直射日光 1h 或 52℃ 10min 可将其杀死，常用消毒液敏感，5％石炭酸、0.1％升汞很快将其灭活。对青霉素等抗生素和磺胺类药物敏感。

[流行病学] 本菌可感染多种动物和人，幼畜易感，3 周龄的犊牛最易感。

患畜是主要的传染源，主要经呼吸道感染，呈散发或地方性流行。

[临床症状与病理变化] 最急性病例病程短，发病数小时即可死亡。病初全身虚弱，体温升高，呼吸困难，眼结膜发绀，四肢抽搐。病程较长时，常呈急性败血性经过，病牛流鼻液，腹泻，喘气，肺部听诊有啰音。

剖检可见浆膜、黏膜、心包出血，脾脏呈充血性增生性肿大，脾髓呈黑红色，质韧如硬橡皮，即"橡皮脾"，特征性病变。肝脏、肾脏充血、出血。肺水肿、气肿，呈充血性炎症变化；表面有大小不等的坏死灶，个别呈干酪样坏死病灶。肺门淋巴结充血肿胀。成年牛感染表现子宫内膜炎和乳房炎。

[诊断] 根据临床症状和病理变化结合实验室诊断可确诊。细菌分离培养鉴定。

[防治] 治疗早期应用大剂量抗生素进行治疗，如青霉素、土霉素、四环素及磺胺嘧啶等均有效。尚无疫苗，消除发病诱因，加强饲养管理，以增强机体的抵抗力。

第十一节 钩端螺旋体病

钩端螺旋体病是由致病性钩端螺旋体引起的一种人畜共患传染病。主要表现为发热、贫血、黄疸、血红蛋白尿、流产、皮肤和黏膜坏死。

[病原特征] 钩端螺旋体呈纤细的圆柱状，大小为（0.1～0.2）$\mu m \times$（6～20）μm，螺旋弧度 0.2～0.3μm。菌体一端或两端可弯曲呈钩状，能扭转运动。革兰氏染色呈阴性，对普通染料不易着色，常用镀银染色法呈棕黑色。

本菌为需氧菌，对营养要求不高，最适生长温度为 28～30℃，最适 pH 为 7.2～7.4。不发酵糖类，不分解蛋白，能产生溶血素，具有毒素的作用。对热抵抗力较弱，45℃ 30min、50℃ 10min、60℃ 10s 可使其灭活，阳光直射和干燥可使其迅速死亡。对常用消毒液敏感，10～30min 可死亡。对链霉素、土霉素、四环素、强力霉素敏感。

[流行病学] 本病呈世界性分布，以气候温暖、雨量较多的热带和亚热带地区的江河两岸、湖泊、沼泽、池塘和水田地带多发，我国长江以南流域多发。

本病是自然疫源性疾病，几乎所有的温血动物都可感染，其中鼠类是重要的贮存宿主和传染源，猪、牛、羊、马、犬及家禽等均可感染病原菌，各种年龄均可发病，多见于幼畜。主要通过皮肤、黏膜，尤其是损伤的皮肤感染，也可经消化道、交配（鼠类）及吸血昆虫叮咬引起感染。一年四季均可发生，7～10 月份为流行高峰期。感染率高，发病率低。常表现为散发或地方流行性。

钩端螺旋体侵入机体后主要集聚在肝脏，然后菌体进入血液进行增殖，使病畜体温升高，血糖含量降低，血红蛋白增多，游离的血红蛋白随尿排出体外，引起溶血性黄疸。在发热期，菌体在肝脏数量增多，使肝脏变性、坏死，引起实质性黄疸。随着黄疸的出现，肾脏内的菌体增多，体温下降，肾脏发生变性、坏死和出血，随尿液排出。在菌体毒素的作用下，皮肤和口腔黏膜的毛细血管形成血栓和周围细胞浸润，血管狭窄，局部组织营养障碍，形成坏死。

[临床症状与病理变化]

1. 急性型　患牛体温升高到 40～41℃，反应迟钝、厌食，黏膜出血、黄疸和血红蛋白尿。有时出现坏死性皮炎和脑膜炎症状。

2. 亚急性型　常见于乳牛，体温升高到 39～40℃，减食、黄疸，产奶量显著下降或停止，乳色变黄并有血凝块，反应迟钝。孕牛常发生流产。

3. 慢性型　不常见，可造成流产。

急性型剖检可见黏膜和浆膜下出血、黄疸、贫血和血红蛋白尿，皮肤干裂、坏死，各组织器官有出血点，肝、脾等有坏死灶；亚急性型或慢性病例出现间歇性肾炎，肾表面和皮质切面出现白色的病灶。

[诊断] 根据临床症状和病理变化不能作出诊断，确诊需进行实验室诊断。进行菌体的分离鉴定，血清学诊断（补体结合试验、ELISA 法、碳凝集试验、间接血凝试验和间接荧光抗体试验），分子生物学诊断（DNA 探针技术、PCR），多价苗紧急接种诊断。

[防治]

1. 治疗　以抗生素治疗为主，常用青霉素 G、四环素、庆大霉素和链霉素。严重时对患牛进行输血，有利于本病的治疗。

2. 预防　加强饲养管理，保护水源，注意环境卫生。预防的主要原则：消除带菌排菌的各种动物；消除和清理被污染的水源、污水、淤泥、饲料、牛舍和用具等以防止传播和散播；实行预防接种，提高牛的特异性和非特异性的抵抗力。

第十二节　嗜血杆菌病

牛嗜血杆菌病，又称血栓性脑膜脑炎，是嗜血杆菌引起的一个或多个系统的急性致死性败血性疾病。

[病原特征] 嗜血杆菌（*Haemophilus*）呈短杆状、球状、杆状或长丝状等多形。大小为 1.5μm×（0.3～0.4）μm。多单在，或短链排列。无鞭毛，

无芽孢，有荚膜。革兰氏染色呈阴性，美蓝染色两极着色。毒力因子包括荚膜、菌毛和内毒素。

本菌为需氧或兼性厌氧菌，最适生长温度 37℃，最适 pH 为 7.6～7.8。生长需要 X 因子（血红蛋白中的血红素及其衍生物，含铁卟啉）和 V 因子（辅酶Ⅰ即烟酰胺腺嘌呤二核苷酸 NAD 或辅酶Ⅱ即烟酰胺腺嘌呤二核苷酸磷酸 NADP）。能发酵糖类但不稳定。

本菌对外界环境的抵抗力不强，干燥条件下很快死亡，60℃ 5～20min 死亡，常用消毒液均可很快使其灭活。对结晶紫、杆菌肽、红霉素、林可霉素、土霉素、卡那霉素、磺胺类药物敏感。

[流行病学] 嗜血杆菌存在于人和动物的呼吸道黏膜，嗜血杆菌病呈世界性分布。

人和动物均可感染本病，常发生隐性感染，青年牛更易感。主要经呼吸道感染，也可经生殖道和尿道感染。多呈散发。

嗜血杆菌常存在于牛的上呼吸道，鼻腔内、扁桃体内和气管前段，不引起任何临床症状。但嗜血杆菌的有些菌株会破坏上呼吸道的防御机制，并扩散至全身从而在敏感牛引起全身感染。嗜血杆菌首先入侵敏感牛的鼻窦和气管，引起黏膜损伤，进一步增加了细菌侵入的机会，在外界诱因条件下，侵入肺部引起发病。在感染的早期阶段定居在鼻腔和气管的中端，引起纤毛上皮损伤，病灶处纤毛丢失以及鼻黏膜和支气管细胞的急性损伤。感染中后期菌血症十分明显，肝、肾和脑膜等组织和器官有瘀斑和瘀点，许多组织器官小血管出现纤维蛋白性血栓，脑组织发生典型血栓性脑膜脑炎，病牛最终出现败血症。

[临床症状与病理变化] 最急性病例常表现突然死亡；病程稍长时，育成牛表现睡眠综合征或血栓性脑膜炎，患畜精神沉郁，两眼紧闭，呈斜卧状，体温升高达 40～42℃，肌肉震颤，感觉过敏等神经症状，视网膜出血引起失明，跛行，犊牛常引起胸膜肺炎。

在脑部可见局灶性或弥散性脑膜炎，出血性梗死，大脑水肿、充血和出血。镜检，脉管炎和血栓形成。关节处滑膜水肿，有出血斑。心包膜、腹膜和胸膜发生浆液纤维素性或纤维素性炎。

[诊断] 根据流行病学、临床症状和病理变化可怀疑本病。确诊应进行实验室检查，通过细菌分离鉴定、血清学鉴定（补体结合试验、间接血凝试验以及酶联免疫吸附试验）及 PCR 等方法进行诊断。

本病应注意与巴氏杆菌病相区别，且该病的发生常伴有其他细菌和病毒的混合感染。

[防治]

1. 治疗　静脉注射高剂量的四环素，至少连用 3d，也可选用氨苄青霉素、新生霉素和磺胺类药物。同时降低脑内压，选择脱水性药物。

2. 预防　加强饲养管理，提高机体下呼吸道的防御机制，改善通风条件；严格消毒制度，防止或减少应激因素的发生。

第十三节　放线菌病

放线菌病（Actinomycosis）又称大颌病，是由牛放线菌引起的一种非接触性慢性传染病。主要表现为头、颈、颌下和舌的放线菌肿。

[病原特征]　牛放线菌（*A. bovis*）属于放线菌属，呈多形，直径为 0.6～0.7μm，不运动，能形成孢子和荚膜，革兰氏染色呈阳性。初代培养时需厌氧，最适生长温度为 37℃，最适 pH 为 7.2～7.4。培养基中含有甘油、血清或葡萄糖即可生长良好。在血琼脂培养基上，37℃厌氧培养 2h，可见半透明、乳白色、不溶血的粗糙菌落。能分解葡萄糖、果糖、麦芽糖、蔗糖产酸不产气，不分解木胶糖和甘露醇，不液化明胶。对干燥、高热、低温抵抗力较弱，80℃ 5min、0.1%升汞 5min 可使其灭活。对青霉素、链霉素、四环素、磺胺类药物敏感。

[流行病学]　本病呈散发性，牛、猪、羊、马、鹿等均可感染，牛更易感，尤其 2～5 岁牛多发，人也可感染。放线菌存在于污染的土壤、饲料和饮水中，寄生于动物口腔和上呼吸道中。因此，只要黏膜或皮肤上有破损，便可以自行发病。当给牛饲喂带刺的饲料，如禾本科植物的芒、大麦穗、谷糠、麦秸等时，常使口腔黏膜损伤而感染。

[临床症状与病理变化]　上、下颌骨肿大，界限明显，肿胀进展缓慢，一般经过 6～18 个月才出现一个小而坚实的硬块。初期压之疼痛，后期无痛觉。病牛呼吸、吞咽和咀嚼均感困难，日渐消瘦。头、颈、下颌部软组织也常发硬结，无热、痛，皮肤破溃后流出脓汁。舌背部组织发生硬结，结缔组织增生变硬而呈木板状，称为"木舌病"。肺部的放线菌结节多发生于膈叶，由肉芽组织构成，外被结缔组织包囊。肉芽组织内有散在的小的化脓灶，脓汁内有沙粒状菌块。乳房患病时，呈弥散性肿大或有局灶性硬结，乳汁黏稠，混有脓汁。

[诊断]　根据特殊的临床症状和病理变化可作出诊断，必要时可采取脓汁进行涂片染色镜检。

[防治]

1. 治疗　较大的硬结可用手术摘除。早期用 5%碘酊在肿胀部位分点部注射，结合抗生素治疗，选用链霉素或青霉素和链霉素合用。链霉素一般为每次每千克体重 11mg，3 次/d，连用 5d，肌内注射；青霉素，每次每千克体重 22 000U，2 次/d，连用 14d，肌内注射。

2. 预防 严格饲养管理，避免在低湿地放牧，舍饲牛在饲喂前将粗硬草料软化后喂牛，避免刺伤口腔黏膜，防止皮肤损伤，及时处理、治疗伤口。

第十四节 传染性坏死性肝炎

传染性坏死性肝炎又称黑疫，是由 B 型诺维氏梭菌引起的一种高致病性急性传染病，主要表现为肝脏有一处或多处坏死区。

[**病原特征**] 见第六节梭菌病中的恶性水肿。

[**流行病学**] 见第六节梭菌病中的恶性水肿。

[**临床症状与病理变化**] 大部分感染牛突然发病死亡，患牛精神高度沉郁，不愿走动，体温正常或稍高，触诊肝区患牛表现不适，病死牛多膘情良好。

肝脏呈特征性病变，呈黑褐色，胆囊扩张，肝脏表面可见大小不等、多量的淡黄色坏死区。皮下血管充血，腋窝和腹股沟处充满数量不等的凝胶状液体。胸腔、腹腔和心包有血样积液，心外膜和腹膜有弥散性出血点或出血斑，皱胃黏膜、十二指肠和空肠黏膜充血变红。

[**诊断**] 根据临床症状，结合尸体剖检特征性病变可作出初步诊断，确诊应采取坏死区肝脏组织涂片，进行荧光抗体检测。

[**防治**]

1. 治疗 广谱抗生素和诺维氏梭菌的抗血清有一定的疗效，但是几乎没有治疗的机会。

2. 预防 同恶性水肿。

（丁玉林　王凤龙）

第八章　病毒性传染病

第一节　口　蹄　疫

　　口蹄疫（Foot-and-month disease，FMD）是由口蹄疫病毒（Foot-and-mouth disease virus，FMDV）感染引起的一种偶蹄动物的急性热性高度接触性传染病，主要以口腔黏膜、蹄部和乳房皮肤发生水疱和溃烂为特征。本病主要发生于牛、羊、猪，人也能感染。口蹄疫一旦暴发往往造成大流行，不易控制和消灭，将给疾病流行国家和地区的畜牧业带来严重的经济损失。因此，世界动物卫生组织（OIE）一直将本病列为必须申报的疫病。

　　[病原特征]口蹄疫病毒属于小RNA病毒科、口蹄疫病毒属，病毒具有多型性，根据动物交叉保护和血清学试验分为O型、A型、C型、SAT（南非）1型、SAT2型、SAT3型和Asia（亚洲）1型7个血清型以及80多个亚型，各血清型间无交叉免疫现象，不同血清型可以根据核酸同源性大小分为两群：O、A、C和Asia 1型为第一群，SAT1、SAT2、SAT3为第二群。

　　FMDV呈二十面体对称，直径为20～25nm，沉降系数为146S，相对分子质量约$7×10^6$，病毒粒子无囊膜，成熟病毒颗粒约含30%的RNA，其余70%为蛋白质。在负染标本中，外壳由32个壳粒组成，基因组为单股正链RNA，长约8 500bp，由5′非编码区，开放阅读框架和3′非编码区及poly（A）尾巴构成，FMDV只有1个开放阅读框，长约6 500bp，由L基因、P1结构蛋白基因、P2和P3非结构蛋白基因以及起始密码子和终止密码子组成，以L、P1、P2和P3的顺序依次排列共同编码一个大的多聚蛋白，剪切成8个非结构蛋白（L，2B，2B，2C，3A，3B，3C和3D）和4个结构蛋白（VP1，VP2，VP3和VP4），60个拷贝的蛋白组成外壳。RNA序列高度变异，影响编码的氨基酸序列，刺激感染动物的免疫反应，因此编码结构蛋白的基因发生变异降低了疫苗的接种或感染动物对变异病毒的抵抗力。

　　口蹄疫病毒的环境适应性较强，耐低温，不怕干燥。在自然条件下，该病毒可在污染的饲料、牧草、皮毛以及土壤中保持传染性数周甚至数月之久。但紫外线和高温对病毒有很好的灭活作用，对酸、碱和热较敏感，pH 低于 6，5‰氨水、1‰～2‰氢氧化钠、3‰～5‰福尔马林、0.2‰～0.5‰过氧乙酸等都能使病毒灭活。

[流行病学] 口蹄疫在世界广泛分布，FMDV 7 个血清型中，O 型分布最广，呈全球性分布。A 型在非洲、南亚、中东和南美地区广泛发生，A 型 FMDV 被认为是抗原性最易变化的。C 型仅局限于印度次大陆。同 O、A、C 型相比，Asia 1 型毒株变异较小，Asia 1 通常只发生于中东和亚洲并且没有传入欧洲和非洲。SAT1、SAT2、SAT3 型只见于非洲亚撒哈拉地区。

口蹄疫传播迅速，流行猛烈，发病率高，死亡率低，一年四季均可发生，潜伏期短，几乎可感染所有的偶蹄动物，在自然感染中最易感的是牛，其次为猪、山羊、绵羊和驯鹿，有时也能使骆驼、甚至使人患病，其流行强度与易感动物的种类和数量密切相关，在牛发病初期传染性最强。传播方式主要为接触传播和空气传播，接触传播可以分为直接接触和间接接触。目前，尚未见垂直传播的报道。直接接触主要发生在同群动物间，包括圈舍、牧场、运输车辆中的动物直接接触，通过与发病动物和易感动物直接接触而传播。间接接触主要指媒介物机械性带毒所造成的传播，媒介物有病毒污染的圈舍、草场、设备、乳制品、脏器等。空气传播病毒的来源主要是病畜呼出的气体、圈舍粪尿溅洒、含毒污物尘屑风吹等形成的含毒气溶胶。对含毒的气溶胶影响最大的是相对湿度，相对湿度高于 50‰以上时，含毒气溶胶中的病毒可以存活较长时间，而相对湿度低于 50‰的病毒失活。

[临床症状与病理变化] 牛口蹄疫潜伏期为 36h 至 7d。病初体温升至 40～41℃，精神沉郁，食欲减退，流涎（彩图 8-1），黏膜潮红，口腔出现水疱，水疱破裂后常发生融合，形成弥漫性溃疡灶（彩图 8-2）。蹄部的蹄冠、蹄踵和趾间出现水疱，破裂后形成糜烂面，有浆液化脓性渗出物，可凝固形成痂皮（彩图 8-3）。泌乳期奶牛的乳房皮肤出现水疱时，肿胀严重，可继发乳腺炎。

患牛有时呼吸道可见卡他性炎症，瘤胃黏膜有时可见大小不等的溃疡灶，皱胃和肠黏膜可见炎症反应和出血点。成年牛骨骼肌病变明显，而新生犊牛则心肌病变明显，1～2d 内死于急性心肌炎。骨骼肌变化主要见于股部、肩胛部、前臂和颈部肌肉，发生明显的透明变性。心肌主要表现质软，心室壁和乳头肌内有大小不等、界限不清的淡灰或黄白色的条纹和斑块，似虎斑，称为"虎斑心"（彩图 8-4）。

[诊断] 根据口蹄疫的流行病学特征、临床症状和病理变化，可作出初步诊断，但注意与其他水疱性疾病相区别，最终诊断定性必须进行口蹄疫病毒特异性抗体和病原学检验。

目前已经建立了许多实验室检测 FMD 的方法，主要分为 4 类：病原学检测（动物试验、鸡胚接种和细胞培养）、血清学诊断技术（补体结合试验、中和试验、凝集试验、免疫扩散试验和免疫沉淀试验、免疫电泳技术、免疫荧光技术、放射免疫试验、免疫电镜技术和酶联免疫吸附试验）及分子生物学诊断技术（核酸探针法、核酸指纹图法、核酸序列分析法、多肽分析法、单克隆抗体技术及聚合酶链反应）。此外，高效液相色谱技术、紫外分光光度计检测技术在 FMDV 的分析中也有应用。我国目前常用的检测方法包括：间接夹心酶联免疫吸附试验、RT - PCR 试验、反向间接血凝试验（RIHA）、病毒分离、液相阻断酶联免疫吸附试验、非结构蛋白 ELISA 检测及正向间接血凝试验（IHA）。

病毒分离：样品处理后接种于细胞培养物和乳鼠。FMDV 接种于原代犊牛甲状腺细胞，至 2～4 日龄乳鼠传 2～3 代，增殖病毒。

酶联免疫吸附试验（ELISA）是当前应用最广的一种免疫测定方法，包括间接法、双抗体夹心法和竞争法等。目前有专门的牛口蹄疫 ELISA 检测试剂盒，操作方便、快速、敏感、准确。

RT - PCR 检测方法目前在实验室检测应用广泛，这一技术特异性强，灵敏度高，可检测多种组织样品，设计特异性引物，将 RNA 的目的片段扩增出来，所以也具有很好的特异性。PCR 检测提供了适合于对应序列的基因物质，提供了较为详细的流行病学信息，为疫源的追踪提供了可靠的理论依据。

[防治] 口蹄疫的防治主要依赖 3 个方面：防止病毒引入，防止畜群感染和防止感染动物散播病毒。不同的国家和地区对口蹄疫的防治采取了不同的政策，可归纳为扑灭根除政策、免疫控制政策和疫苗接种预防三种政策。扑灭根除政策是以强制扑杀全部病畜和可能感染病毒的易感畜为主，以其他措施为辅的政策。美国、英国、加拿大、挪威、爱尔兰和北爱尔兰等国家和地区采用该政策。免疫控制政策是以免疫接种措施为核心，辅以其他措施，控制疫情蔓延和流行程度的政策。瑞士、丹麦、瑞典、荷兰、芬兰、墨西哥和我国台湾省等采用这种政策。

目前我国主要采用以预防为主，采取综合性防疫措施。

1. 加强检疫监督

（1）产地检疫 猪、牛、羊等偶蹄动物在离开饲养地之前，养殖场（户）必须向当地动物防疫监督机构报检，接到报检后，动物防疫监督机构必须及时到场、到户实施检疫。检查合格后，收回动物免疫证，出具检疫合格证明；对运载工具进行消毒，出具消毒证明，对检疫不合格的按照有关规定处理。

（2）屠宰检验 动物防疫监督机构的检疫人员对猪、牛、羊等偶蹄动物进行验证查物，证物相符检疫合格后方可入厂（场）屠宰。宰后检验合格，出具检验合格证明。对检验不合格的按照有关规定处理。

（3）种畜、非屠宰畜异地调运检疫　国内跨省调运包括种畜、乳用畜、非屠宰畜时，应当先到调入地省级动物防疫监督机构办理检疫审批手续，经调出地按规定检疫合格，方可调运。起运前两周，进行一次口蹄疫强化免疫，到达后须隔离饲养14d以上，由动物防疫监督机构检疫检验合格后方可进场饲养。

（4）监督管理　动物防疫监督机构应加强流通环节的监督检查，严防疫情扩散。猪、牛、羊等偶蹄动物及产品凭检疫合格证（章）和动物标志运输、销售。

生产、经营动物及动物产品的场所，必须符合动物防疫条件，取得动物防疫合格证，当地动物防疫监督机构应加强日常监督检查。

各地根据防控家畜口蹄疫的需要建立动物防疫监督检查站，对家畜及产品进行监督检查，对运输工具进行消毒。发现疫情，按照《动物防疫监督检查站口蹄疫疫情认定和处置办法》相关规定处置。

由新血清型引发疫情时，加大监管力度，严禁疫区所在县及疫区周围50km范围内的家畜及产品流动。在与新发疫情省份接壤的路口设置动物防疫监督检查站实行24h值班检查；对来自疫区运输工具进行彻底消毒，对非法运输的家畜及产品进行无害化处理。

任何单位和个人不得随意处置及转运、屠宰、加工、经营、食用口蹄疫病（死）畜及产品；未经动物防疫监督机构允许，不得随意采样；不得在未经国家确认的实验室剖检分离、鉴定、保存病毒。

2. 口蹄疫疫苗预防　国家对口蹄疫实行强制免疫，各级政府负责组织实施，当地动物防疫监督机构进行监督指导。免疫密度必须达到100%。预防免疫，按农业部制定的免疫方案规定的程序进行。所用疫苗都必须采用农业部批准使用的产品，并由动物防疫监督机构统一组织、逐级供应。所有养殖场（户）必须按科学合理的免疫程序做好免疫接种，建立完整免疫档案（包括免疫登记表、免疫证、免疫标识等）。各级动物防疫监督机构定期对免疫畜群进行免疫水平监测，根据群体抗体水平及时加强免疫。

一般春、秋两季进行免疫。根据邻国口蹄疫发生和流行情况，我国在边境地区建立免疫带，防止口蹄疫的传入。怀孕牲畜的免疫要避开怀孕后期，以防流产，同时搞好饲养管理，加强卫生与消毒。

目前口蹄疫疫苗主要有两类：传统疫苗（弱毒活疫苗和灭活疫苗）和新型疫苗（基因工程亚单位疫苗、合成肽疫苗、核酸疫苗、蛋白质载体疫苗、基因缺失疫苗、病毒载体疫苗及转基因植物疫苗）。

3. 发生口蹄疫时的紧急措施

（1）疫点、疫区、受威胁区的划分

疫点：为发病畜所在的地点。相对独立的规模化养殖场（户），以病畜所在的养殖场（户）为疫点；散养畜以病畜所在的自然村为疫点；放牧畜以病畜所在的牧场及其活动场地为疫点；病畜在运输过程中发生疫情，以运载病畜的车辆、船只、飞机等为疫点；在市场发生疫情，以病畜所在市场为疫点；在屠宰加工过程中发生疫情，以屠宰加工厂（场）为疫点。

疫区：由疫点边缘向外延伸 3km 的区域。

受威胁区：由疫区边缘向外延伸 10km 的区域。

在划分疫区、受威胁区时，应考虑所在地的饲养环境和天然屏障（河流、山脉等）。

（2）封锁　疫情发生所在地县级以上兽医行政管理部门报请同级人民政府对疫区实行封锁，人民政府在接到报告后，应在 24h 内发布封锁令。

跨行政区域发生疫情的，由共同上级兽医行政管理部门报请同级人民政府对疫区发布封锁令。

对疫点采取的措施：扑杀疫点内所有病畜及同群易感畜，并对病死畜、被扑杀畜及其产品进行无害化处理；对排泄物、被污染饲料、垫料、污水等进行无害化处理；对被污染或可疑污染的物品、交通工具、用具、畜舍、场地进行严格彻底消毒；对发病前 14d 售出的家畜及其产品进行追踪，并作扑杀和无害化处理。

对疫区采取的措施：在疫区周围设置警示标志，在出入疫区的交通路口设置动物检疫消毒站，执行监督检查任务，对出入的车辆和有关物品进行消毒；所有易感畜进行紧急强制免疫，建立完整的免疫档案；关闭家畜产品交易市场，禁止活畜进出疫区及产品运出疫区；对交通工具、畜舍及用具、场地进行彻底消毒；对易感家畜进行疫情监测，及时掌握疫情动态；必要时，可对疫区内所有易感动物进行扑杀和无害化处理。

对受威胁区采取的措施：最后一次免疫超过一个月的所有易感畜，进行一次紧急强化免疫；加强疫情监测，掌握疫情动态。

（3）解除封锁

口蹄疫疫情解除的条件：疫点内最后 1 头病畜死亡或扑杀后连续观察至少 14d，没有新发病例；疫区、受威胁区紧急免疫接种完成；疫点经终末消毒；疫情监测阴性。

新血清型口蹄疫疫情解除的条件：疫点内最后 1 头病畜死亡或扑杀后连续观察至少 14d，没有新发病例；疫区、受威胁区紧急免疫接种完成；疫点经终末消毒；对疫区和受威胁区的易感动物进行疫情监测，结果为阴性。

解除封锁的程序：动物防疫监督机构按照上述条件审验合格后，由兽医行政管理部门向原发布封锁令的人民政府申请解除封锁，由该人民政府发布解除封锁令。必要时由上级动物防疫监督机构组织验收。

第二节　牛病毒性腹泻/黏膜病

牛病毒性腹泻/黏膜病（Bovine viraldiarrhea-mucosaldisease，BVD-MD）又称牛病毒性腹泻或牛黏膜病，是由牛病毒性腹泻—黏膜病病毒引起的牛的一种急性、热性传染病。临床主要表现发热、黏膜溃烂和腹泻等特征。

[**病原特征**] 牛病毒性腹泻/黏膜病的病原是牛病毒性腹泻/黏膜病毒（Bovine viraldiarrhea virus，BVDV），属于黄病毒科瘟病毒属。病毒粒子略呈圆形，但也常呈变形性。有囊膜，病毒表面有明显纤突，病毒粒子直径为 $40\sim60nm$，沉淀系数为 $80\sim90S$。

BVDV 基因组为单股正链 RNA，约 12.5kb，由 $5'$ 端非翻译区、一个大的开放可阅读框架和 $3'$ 端非翻译区三部分组成。其中核衣壳蛋白 P14（C）和糖蛋白 gP48（Erns）、gP25（E1）、gP53（E2）为病毒结构蛋白，非结构蛋白包括 p20（Npro）、p7、p54（NS2）、p80（NS3）、p10（NS4A）、p30（NS4B）、p58（NS5A）和 p75（NS5B）。ORF 后剩余 $3'$ 端约 2 600 个密码子编码非结构蛋白。BVDV 有两个生物型：非致细胞病变型和致细胞病变型。根据病毒基因组 $5'$ 端非编码区（UTR）的序列比较将 BVDV 分成两个基因型：BVDV I 和 BVDV II。

病毒对温度敏感，56℃ 很快可以灭活，在低温下稳定真空冻干的病毒在 $-70\sim-60℃$ 可保存多年。对乙醚、氯仿、胰酶敏感，一般消毒药物均有效、pH 3 时病毒很快失活。BVDV 能在胎牛肾、睾丸、肺、皮肤、肌肉、鼻甲、气管等细胞以及胎羊睾丸细胞、猪肾细胞中培养增殖。

病毒致病机制：病毒侵入牛的呼吸道及消化道黏膜上皮细胞进行复制，然后进入血液形成病毒血症，再经血液和淋巴管进入淋巴组织，病毒增殖可使循环系统中的淋巴细胞坏死，继而使脾脏、集合淋巴结等淋巴组织损害。病毒在上皮细胞中增殖，导致细胞变性、坏死及黏膜脱落，导致黏膜形成溃疡和糜烂。病毒通过胎盘屏障感染胎儿，怀孕早期可使胎儿死亡，引发流产或造成木乃伊胎。

[**流行病学**] 本病呈世界性分布，广泛分布于美国、澳大利亚、新西兰、匈牙利、加拿大、阿根廷、日本、印度以及非洲和欧洲的许多国家。我国于

1980 年在吉林省首次发现并分离出 BVDV，目前 20 多个省（直辖市、自治区）检测出 BVDV 抗体或分离到病毒，表明我国也存在着严重的污染，应引起足够的重视。

患牛和带毒牛是本病的主要传染源，带毒牛的分泌物或排泄物，包括鼻液、唾液、精液、粪尿、泪液及乳汁等。不同品种、性别、年龄的牛均易感，还可感染其他多种动物，如牛、羊、鹿、骆驼、猪、小袋鼠等，家兔也可人工感染。新疫区多见于急性病例，病死率高达 90%～100%，发病牛多为 6～18月龄；老疫区发病率和死亡率均较低，但隐性感染率在 50% 以上。本病可以通过直接接触或间接接触传播，主要传播途径是消化道和呼吸道，也可通过胎盘垂直传播。本病无季节性，可常年发病，但多发生于冬、春季节。

[临床症状与病理变化] 根据临床症状和病程本病可分为急性型和慢性型。

1. 急性型 潜伏期多为 7～10d，多见于犊牛，表现为突然发病，体温升至 40～42℃，精神沉郁，食欲减退，呼吸加快，鼻腔流出黏液性鼻液，流涎，发病 2～4d 后，鼻镜和口腔黏膜表面糜烂，呼气恶臭。随后出现腹泻，初期常呈水样，后期带有黏液及血液，粪便恶臭。腹泻严重的病例，呈急性进行性脱水及衰弱，常在症状出现后 5～7d 死亡。急性病例少见康复，通常在发病后1～2 周内死亡。

2. 慢性型 病牛无明显的体温升高症状，主要表现鼻镜糜烂，眼内流出浆液性分泌物。蹄叶炎及趾间皮肤糜烂、坏死、跛行，可见间歇性腹泻。母牛在妊娠期感染本病，常发生流产或产出有先天性缺陷的犊牛，最常见的是小脑发育不全。

眼观病变以鼻镜、鼻孔有糜烂和溃疡为主，重病例在咽喉头黏膜有溃疡及弥散性坏死；消化道呈卡他性、出血性、溃疡性炎症；小脑发育不全及两侧脑室积水；蹄部在趾间皮肤及全蹄冠有急性糜烂炎症、溃疡和坏死；淋巴结水肿。

组织学变化可见上皮细胞变性，鳞状上皮细胞发生变性、肿胀、坏死；皱胃黏膜的腺上皮细胞坏死，腺腔出血和扩张，黏膜的固有层和黏膜下水肿，并有白细胞浸润和出血；小肠上皮细胞坏死，黏膜腺体形成囊腔，淋巴组织的生发中心坏死，成熟的淋巴细胞消失，固有层出血明显。

[诊断] 根据流行病学、临床症状及病理变化可以作出初步诊断，再辅助实验室诊断进行确诊。注意将本病与传染性牛鼻气管炎、口蹄疫、恶性卡他热、水疱性口炎、牛蓝舌病相区别。

目前用于实验室诊断的方法主要有病毒分离、ELISA、RT - PCR 等方法，除此之外还有一些其他诊断方法，如动物接种、电镜观察、中和试验、琼脂扩散试验、免疫荧光、核酸探针等。

病毒分离（参考国家标准 GB/T 18637—2002）是诊断该病的基本方法，各种牛源细胞均可用于病毒分离，对于急性病例可以采取血液进行病毒分离，犊牛睾丸原代细胞呈现明显的细胞病变。分离株如果引起细胞病变，则应进一步用抗本病的免疫血清进行中和试验鉴定，如果本病特异血清对新分离毒株的中和效价超过 100，即可证明是 BVDV。

根据 BVDV 基因组序列合成一对或数对特异引物，通过 RT - PCR 扩增，进行电泳对本病作出诊断。RT - PCR 技术具有敏感性高、特异性强、快速高效等特点。

[防治] 目前本病的治疗尚无特效药物，国外主要采用检出并淘汰持续性感染动物及疫苗接种防治本病。

1. 治疗 本病无特效的治疗药物，只能结合临床症状对症进行辅助治疗。中西药结合疗法对该病的治疗和预防有一定积极作用。中药以清热解毒、渗湿利水、敛肠止泻为主；西药补液，调节酸碱平衡，使用一些抗生素，防止其他细菌引起继发感染，提高机体抗病力。

2. 预防 控制本病的地方性流行，需要有效的免疫接种和饲养管理措施，具体措施如下：

（1）检测并淘汰持续感染牛：淘汰、扑杀持续性感染的阳性牛。

（2）避免购入未检疫的牛：严格体外培养系统，避免由于检疫的疏漏或人为操作而造成 BVDV 的扩散。

（3）用疫苗进行预防免疫：主要应用弱毒疫苗和灭活苗进行免疫接种来预防本病，犊牛在断乳前后进行 1 次免疫，配种前 3 周再进行 1 次免疫，多数牛可获得终生免疫。

（4）健全并完善本病检测系统，严格牛群及牛源生物制品的检测，加强环境控制和饲养管理，结合环境、营养、免疫及监测等多方面因素，来控制本病的流行。

第三节　蓝 舌 病

牛蓝舌病（Bluetonguedisease，BT）是由蓝舌病毒（Bluetongue virus，BTV）引起的，以吸血昆虫（库蠓）为传播媒介的一种非接触性传染病。主要发生于绵羊，其临床症状以发热、消瘦、口鼻及胃肠黏膜溃疡和跛行为主要特征。世界动物卫生组织（OIE）动物卫生法规将其列为 A 类动物疫病，我国规定其为一类动物传染病。

[病原特征] 蓝舌病病毒属于呼肠孤病毒科环状病毒属，病毒呈 20 面体对称，无囊膜，核衣壳直径 53～60nm，衣壳外面有一细绒毛状外层，病毒粒子的总直径 70～80nm，绒毛状外层又称外衣壳。病毒有 24 个血清型。

基因组由 10 个节段性双链 RNA 组成，长约 19 218bp，分别为 L1～3、M4～6、S7～10，编码 7 种结构蛋白（VP1～VP7）和 4 种非结构蛋白（NS1，NS2，NS3，NS3a），其中 VP7 为 BTV 群特异性抗原，由 S7 基因编码，NS1 非结构蛋白由 M5 编码，该基因具有较高保守性，VP2 为型特异性抗原，由 L2 编码。

BTV 对外界环境的抵抗力较强，可以在干燥的感染血清或血液中长期存活，甚至长达 25 年。对乙醚和氯仿有一定抵抗力，但 3% 福尔马林和 75% 酒精可使其很快灭活，对酸性环境的抵抗力较弱，pH 为 3 时迅速使之灭活，BTV 不耐热，60℃加热 30min 以上灭活，75～95℃使之迅速灭活。

病毒分离采取病畜的全血，分离效果较好。可采取鸡胚接种法，选取 12 日龄鸡胚静脉接种或 2 日龄鸡胚卵黄囊接种两种方式，静脉接种比卵黄囊接种敏感性高 100 倍，是分离病毒的首选方法。病毒分离鉴定的方法程序：病料的采集，接种材料的准备，鸡胚静脉接种，适应 C6/36 细胞、BHK - 21 或 Vero 细胞盲传 2～3 代；鉴定、定型。

致病机制：被感染的库蠓叮咬牛后，病毒被转运到局部淋巴结进行复制，之后分布到全身，接着病毒在脾、肺、骨髓和其他淋巴组织中继续复制。病毒滴度的高峰在感染后 2～3 周，持续时间和严重程度取决于病毒株。

[流行病学] 蓝舌病最早于 18 世纪发现于南非的绵羊，由于发病绵羊持续高热后口腔出现溃疡损伤，口腔黏膜及舌头发蓝，因此命名为蓝舌病。进入 21 世纪后蓝舌病在世界各地频繁发生，目前我国有多个省市检出蓝舌病阳性，已鉴定出 BTV - 1、2、3、4、12、15、16 等 7 个血清型，其中 BTV1 型和 BTV16 型曾在自然感染发病绵羊体内分离获得，是主要的致病血清型。

本病的易感动物中以绵羊最易感，其次为山羊、牛、鹿、羚羊等，患畜和带毒动物是主要的传染源。该病主要通过媒介昆虫库蠓叮咬传播，具有非接触性传播的特点。公牛感染后，其精液内带有病毒，可通过交配和人工授精传染给母牛。病毒也可通过胎盘感染胎儿。

本病的发生具有季节性，多发于湿热的晚春、夏季、早秋，特别是池塘、河流分布广的潮湿低洼地区，具有一定的周期性。

[临床症状与病理变化] 牛感染本病时绝大多数无明显的临床症状，野外暴发时出现临床症状，潜伏期 3～8d。患牛表现为一过性发热，体温升高达 40.5～41.5℃，继而以黏膜和皮肤病变为主，口舌黏膜和鼻部充血糜烂，流

涎，跛行。出现繁殖障碍，死胎、胎儿吸收、流产等症状。出现临床症状的患牛大多数能够恢复，但有些牛仍为病毒携带者。

病变主要见于口腔、瘤胃、心脏、肌肉、皮肤。口腔和舌黏膜充血、水肿、糜烂，瘤胃黏膜有深红色区和坏死灶；消化道、呼吸道和泌尿道黏膜有出血点，重病例消化道黏膜有坏死和溃疡；肌肉出血，肌纤维变性，真皮充血、出血和水肿，脾脏肿大，肾脏和淋巴结充血、肿大。

[诊断] 蓝舌病诊断应与口蹄疫、牛瘟、水疱性口炎、传染性牛鼻气管炎、牛病毒性腹泻-黏膜病和真菌性皮炎等疾病进行区别。仅根据流行病学、临床症状和病理变化不能作出诊断，需结合实验室检测进行确诊。

实验室诊断主要分为 3 类：生物学试验（动物试验、鸡胚接种和细胞培养）；血清学诊断技术 [琼脂免疫扩散试验、补体结合试验、荧光抗体染色试验、病毒中和试验、血凝试验、酶联免疫吸附试验（ELISA）] 和分子生物学诊断技术（核酸杂交技术、寡聚核苷酸指纹图谱分析、RT-PCR、RT-荧光定量 PCR 核酸检测）。鸡胚接种和细胞培养相结合是分离 BTV 最敏感的方法。竞争性 ELISA 是最敏感的 BTV 抗体检测技术，它能将蓝舌病与相关的疾病区别。RT-PCR、RT-荧光定量 PCR 核酸检测具有灵敏度高、特异性好和快速等优点，一般 1d 内就可获得结果。

[防治] 对于本病的防治，欧洲、美国等国家和地区采取以疫苗预防为主的防治措施，我国也是如此。

1. 治疗 目前没有特效的药物进行治疗，只能采取对症治疗的措施，患牛尽可能避免日光照射。

2. 预防 控制传染源，加强检疫，严禁从暴发蓝舌病的国家、地区引进动物，加强冷冻精液的管理，严禁用带毒精液进行人工授精；切断传播途径，组织好杀虫工作。库蠓是本病的主要传播媒介，根据库蠓活动具有明显季节性的特点，喷洒灭库蠓药物。建立健全严格的消毒制度，采用对蓝舌病病毒有特效的 2% 氢氧化钠和 4% 甲醛等消毒药进行定期消毒；提高易感动物的抵抗力，免疫接种疫苗，主要采用的是弱毒疫苗，加强饲养管理，提高家畜抵抗力。

3. 暴发时的控制和扑灭措施 发现蓝舌病暴发时，采取封锁、隔离、扑杀、销毁、消毒、无害化处理、紧急免疫接种等强制性措施，迅速扑灭疫病。疫区及受威胁区的动物进行紧急预防接种。在封锁期间，禁止染疫、疑似染疫和易感动物、动物产品流出疫区，禁止非疫区的易感染动物进入疫区，并根据扑灭动物疫病的需要对出入疫区的人员、运输工具及有关物品采取消毒和其他限制性措施。

第四节　恶性卡他热

牛恶性卡他热（Malignant catarrhal fever，MCF）又称牛恶性头卡他、坏疽性鼻卡他等，是由恶性卡他热病毒（Malignant catarrhal fever virus，MCFV）引起的一种急性、热性传染病。主要表现为持续性高热，呼吸道及消化道黏膜发生急性卡他性或纤维素坏死性炎，角膜混浊并伴有神经症状。世界动物卫生组织将其列为 B 类疫病。

[病原特征] 恶性卡他热病毒属于疱疹病毒，病毒粒子呈球形，二十面体对称，有囊膜，直径 140～220nm，主要由核心、衣壳和囊膜三部分组成，MCFV 基因组为双链 DNA。

病毒对外界环境的抵抗力较弱，低温冷冻或干燥可使其很快失活，病毒较难保存。血液中的病毒在室温下 24h 失去毒力。常用消毒药能迅速杀死病毒。

犊牛甲状腺和肾上腺细胞培养物最适合于病毒的增殖和传代，该病毒不能在鸡胚内增殖。

[流行病学] 从世界范围内恶性卡他热的发生和流行情况看，可将该病分为非洲型和美洲型（也称欧洲型）两类，非洲型主要流行于非洲，发生于与野生的角马接触的牛，美洲型呈世界性流行，发生于与绵羊接触的牛。

不同品种和年龄的牛均可感染本病，1～4 岁牛多发，绵羊和鹿也可感染，但无明显临床症状，成为病毒携带者。牛与牛之间不直接传染，健康牛与绵羊或角马接触而感染。角马或绵羊是本病毒的宿主。一年四季均可发病，但多见于冬季和早春，多呈散发形式，病死率高达 60%～95%。

[临床症状与病理变化] 自然感染病例的潜伏期长短不一，一般 4～20 周，常见于 28～60d，人工感染的犊牛潜伏期为 10～30d。体温升至 40.5～42℃。根据临床症状可分为最急性型、头眼型、肠型和皮肤型，其中头眼型最多见。

1. 最急性型　突然发病，体温升高、稽留热，精神沉郁，食欲减退，反刍减少或停止，但饮欲增加。眼结膜潮红，呼吸及心跳加快，仅有很轻的临床症状，多数在 1～2d 内死亡。

2. 头眼型　本型临床最多见，眼内有分泌物流出，眼睑肿胀，结膜充血潮红，继而发展为角膜炎和角膜混浊；口腔和鼻腔黏膜充血、坏死和糜烂，流涎，鼻腔流出大量的分泌物，鼻黏膜坏死脱落并与渗出物融合堵塞呼吸道；淋巴结肿大。病程 1～2 周，临床多见于 48～96h，多数病牛最终死亡。

3. 肠型　本型以严重腹泻为主要症状，粪便恶臭，含有坏死组织和血液，呈纤维素性坏死性肠炎的特征。口腔和鼻腔黏膜充血，有时发生糜烂和溃疡，流泪流涎，淋巴结肿大。一般 4～14d 死亡。

4. 皮肤型 皮肤出现丘疹、疱疹、龟裂、坏死等变化，淋巴结肿大。多数病例 4～14d 死亡。

病理变化：角膜呈间质性角膜炎；口腔、鼻腔黏膜出血、肿胀；喉头、气管和支气管黏膜充血，有小出血点。肺充血、水肿，也见有支气管性肺炎；皱胃黏膜和肠黏膜出血性炎症，有的形成溃疡灶；脾肿胀，肝、肾浊肿；心包和心外膜有小点出血；脑膜充血、出血，非化脓性脑炎。

[诊断] 根据流行病学、临床症状和病理变化可作出初步诊断，注意与牛瘟、牛病毒性腹泻/膜病、蓝舌病等相区别，确诊需进行实验室诊断。

1. 病毒分离鉴定 采取病牛的全血或淋巴组织，立即处理接种于犊牛甲状腺细胞，培养 3～10d 可出现细胞病变，采用中和试验或免疫荧光试验对病毒进行鉴定。

2. 特异性抗体检测 中和试验、间接荧光抗体试验、ELISA 试验等。

[防治] 目前本病无特效的治疗药物，也无免疫预防方法，预防本病主要依靠平时加强饲养管理，禁止牛和羊的接触。发生该病主要采取对症治疗，用磺胺类或抗生素类药物，防止继发细菌感染。

第五节 狂 犬 病

狂犬病（Rabies）俗称疯狗病，是由狂犬病病毒（rabies virus，RV）引起的一种人兽共患的烈性传染病。主要表现神经高度兴奋而致狂暴，全身痉挛等神经症状。本病呈世界性分布。

[病原特征] 狂犬病病毒属弹状病毒科狂犬病病毒属，该病毒粒子呈子弹状，一端为半球形，一端为平端，整个病毒粒子长 130～200nm，直径 75nm，表面有 1 078～1 900 个长 8～10nm 的纤突，有囊膜，含衣壳呈螺旋对称。相对分子质量约为 $4.6×10^6$，病毒粒子的沉降系数为 600～625S，浮密度为 1.16～1.2g/cm³。狂犬病病毒基因组为单股负链不分节段的 RNA，长 11 928 或 11 932bp，基因组从 3′端至 5′端的排列依次为 N，NS，M，G 和 L 基因，分别编码核蛋白（N），磷酸化蛋白（P），基质蛋白（M），糖蛋白（G）和 RNA 多聚酶（L）等五个主要的结构蛋白。每个基因均含有 3′和 5′非编码区、编码区。

狂犬病病毒在自溶的脑组织中可以保持活力 7～10d，冻干条件下长期存活，在 50％甘油中保存的感染脑组织中至少可以存活 1 个月，4℃数周，低温中数月甚至几年，4℃条件下真空冻干保存的病毒可存活数年，室温条件下不稳定。反复冻融可使病毒灭活，紫外线照射、蛋白酶、酸、胆盐、甲醛、乙醚、新洁尔灭以及自然光、热等都可迅速降低病毒活力，对石炭酸、氯仿等有较强的抵抗力，煮沸 2min 可杀死病毒，56℃于 15～30min、1％甲醛溶液和 3％来苏儿于 15min 内使病毒灭活，pH<3.0 或 pH>11.0 下均可使狂犬病毒灭活，60％以上的酒精也能很快杀死病毒。

病毒可在鸡胚绒毛尿囊膜、鸡胚成纤维细胞、小鼠及仓鼠肾上皮细胞培养物中增殖，并在适当条件下形成蚀斑。

狂犬病病毒为严格的嗜神经性病毒，不侵入血液。病毒在机体内的致病机制：病毒从咬伤部位侵入、复制，引起局部感染和进入外周神经，在外周神经内向心性运行，最终感染中枢神经系统。

[流行病学] 狂犬病呈世界性分布，在发展中国家更为严重。

狂犬病是一种自然疫源性疾病，人和各种温血动物均可感染，感染谱极为广泛，感染动物包括狐、狼、鼠、浣熊、猫、蝙蝠、兔、牛、羊、马、犬等。不同动物的敏感程度不同，犬科和猫科动物最为易感，犬科野生动物是本病的传染源和病毒的自然保毒者。本病常散发，致死率高达 100％。病犬是本病的主要传染源，其次是猫，一般通过咬伤而感染，此外还可通过呼吸道、消化道和胎盘感染。

[临床症状与病理变化] 潜伏期因感染病毒的数量、毒力、伤口距中枢神经的距离不同而长短不一。咬伤头面部及伤口重者潜伏期较短，咬伤下肢及伤口轻者潜伏期较长。一般为 2～12 周，最短的 8d，长的可达数月或 1 年以上。患牛病初精神沉郁，反刍及食欲下降，不久出现兴奋症状，表现起卧不安、前肢搔地、性欲亢进、狂暴等症状。随病程的发展，逐渐出现麻痹症状，最后卧地不起，经 3～4d 死亡。

病死牛尸体消瘦，皮肤有自残伤痕。脑膜水肿、充血、出血。病理组织学检查可见非化脓性脑炎病变，在神经细胞的胞浆内可见嗜酸性包涵体。

[诊断] 典型病例根据临床症状，结合被咬伤病史可作出初步诊断。确诊需结合实验室检查，包括病理组织学检查、细胞培养法分离病毒、直接免疫荧光检测、乳鼠脑内接种试验、补体结合试验、红细胞凝集试验、ELISA 检测、RT-PCR 检测等。目前，有狂犬病单克隆抗体检测试剂盒，快速准确。

病理组织学检查：发病牛脑非化脓性脑炎症状，神经细胞内可见包涵体。

病原学检测：细胞培养法分离病毒将唾液、脑脊液、皮肤或脑组织研磨后，用 PBS 制成 30％悬液→4℃ 2 000r/min 离心 20min→取上清液接种在敏感细胞（鼠神经瘤传代细胞、Vero 细胞或 BHK-21 细胞）上，吸附 2h 后补加含 2％血清的维持液，37℃ 5％ CO_2 孵育约 4～5d，用抗狂犬病病毒单克隆抗体观察特异性荧光包涵体判断结果；直接免疫荧光检测，取脑脊髓液或唾液直接涂片，或采角膜、脑组织冷冻切片，抗狂犬病病毒特异性荧光抗体直接染色，可获得结果；乳鼠脑内接种实验，离心后取待检组织悬液上清液，接种 1～2 日龄乳鼠脑内，注射后的乳鼠在负压隔离器内饲养。接种乳鼠发病后，应无菌取脑检查，病料可在 −70℃ 或用含 50％甘油的 PBS 于 −20℃ 保存，也可研磨后加灭菌脱脂牛奶制成 20％悬液，真空冷冻干燥，长期保存。

[防治] 目前狂犬病还没有治疗方法。当牛被动物咬伤后应进行彻底的清洗、消毒，新洁尔灭或清水充分冲洗，再用 75％酒精或 2％～3％碘酊消毒，同时注射狂犬病疫苗（弱毒疫苗、灭活疫苗、组织疫苗、亚单位疫苗、基因重组疫苗、核酸疫苗）。

控制和消灭传染源是预防狂犬病的有效措施。

1. 预防

（1）免疫接种 对所有犬实行强制性免疫。对幼犬按照疫苗使用说明书要求及时进行初免，以后所有的犬每年用弱毒疫苗加强免疫一次。采用其他疫苗免疫时，按疫苗说明书进行。

其他动物的免疫可根据当地疫情进行免疫。

（2）疫情监测 每年对老疫区和其他重点区域的犬进行 1～2 次监测。采集犬的新鲜唾液，用 RT－PCR 方法或酶联免疫吸附试验进行检测。检测结果为阳性时，再采样送指定实验室进行复核确诊。

（3）检疫 在运输或出售犬、猫前，畜主应向动物防疫监督机构申报检疫，动物防疫监督机构对检疫合格的犬、猫出具动物检疫合格证明；在运输或出售犬时，犬应具有狂犬病的免疫标识，畜主必须持有检疫合格证明。

犬、猫应从非疫区引进。引进后，应至少隔离观察 30d，期间发现异常时，要及时向当地动物防疫监督机构报告。

（4）日常防疫 养犬场要建立定期免疫、消毒、隔离等防疫制度；养犬、养猫户要注意做好圈舍的清洁卫生并定期进行消毒，按规定及时进行狂犬病免疫。

2. 发生本病时的紧急措施

（1）疫情报告 任何单位和个人发现有本病临床症状或检测结果呈阳性的牛，应当立即向当地动物防疫监督机构报告。

当地动物防疫监督机构接到疫情报告并确认后，按《动物疫情报告管理办法》及有关规定上报。

（2）疫情处理

①疑似患病动物的处理：发现有兴奋、狂暴、流涎、具有明显攻击性等典型症状的犬，应立即采取措施予以扑杀。

发现被患狂犬病动物咬伤的动物后，畜主应立即将其隔离，限制其移动；对动物防疫监督机构诊断确认的疑似患病动物，当地人民政府应立即组织相关人员对患病动物进行扑杀和无害化处理，动物防疫监督机构应做好技术指导，并按规定采样、检测，进行确诊。

②确诊后疫情处理：确诊狂犬病后，县级以上人民政府畜牧兽医行政管理部门应当按照以下规定划定疫点、疫区和受威胁区，并向当地卫生行政管理部门通报。当地人民政府应组织有关部门采取相应疫情处置措施。

疫点、疫区和受威胁区的划分：

疫点：圈养动物，疫点为患病动物所在的养殖场（户）；散养动物，疫点为患病动物所在自然村（居民小区）；在流通环节，疫点为患病动物所在的有关经营、暂时饲养或存放场所。

疫区：疫点边缘向外延伸3km所在区域。疫区划分时注意考虑当地的饲养环境和天然屏障（如河流、山脉等）。

受威胁区：疫区边缘向外延伸5km所在区域。

③采取的措施：

疫点处理措施：扑杀患病动物和被患病动物咬伤的其他动物，并对扑杀和发病死亡的动物进行无害化处理；对所有犬、猫进行一次狂犬病紧急强化免疫，并限制其流动；对污染的用具、笼具、场所等全面消毒。

疫区处理措施：对所有犬、猫进行紧急强化免疫；对犬圈舍、用具等定期消毒；停止所有犬、猫交易。发生重大狂犬病疫情时，当地县级以上人民政府应按照《重大动物疫情应急条例》和《国家突发重大动物疫情应急预案》的要求，对疫区进行封锁，限制犬类动物活动，并采取相应的疫情扑灭措施。

受威胁区处理措施：对未免疫犬、猫进行免疫；停止所有犬、猫交易。

流行病学调查及监测发生疫情后，动物防疫监督机构应及时组织流行病学调查和疫源追踪；每天对疫点内的易感动物进行临床观察；对疫点内患病动物接触的易感动物进行一次抽样检测。

④疫点、疫区和受威胁区的撤销：所有患病动物被扑杀并作无害化处理后，对疫点内易感动物连续观察30d以上，没有新发病例；疫情监测为阴性；按规定对疫点、疫区进行了终末消毒。符合以上条件，由原划定机关撤销疫点、疫区和受威胁区。动物防疫监督机构要继续对该地区进行定期疫情监测。

第六节 传染性鼻气管炎

牛传染性鼻气管炎（Infectious bovine rhinotracheitis，IBR）又称坏死性鼻炎、红鼻病，是由牛传染性鼻气管炎病毒（Infectious bovine rhinotracheitis virus，IBRV）引起牛的一种急性、热性、接触性传染病，以高热、呼吸困难、鼻炎、鼻窦炎和上呼吸道炎症为主要特征。该病在世界范围内流行，每年都会给养牛业造成巨大的经济损失。

[病原特征] IBRV 属于疱疹病毒科 α 疱疹病毒亚科，只有 1 个血清型。IBRV 粒子呈球形，成熟病毒粒子直径 150～220nm，有囊膜，主要由核心、衣壳和囊膜组成。核心由双股 DNA 和蛋白质缠绕而成，其核衣壳为立体对称的二十面体，外观呈六角形，有 162 个壳粒，周围为一层含脂质的囊膜。浮密度为 1.731g/cm³。病毒基因组为双股 DNA，长 138kb，已鉴定的编码基因 gB、gC、gD 基因及 TK 基因和部分 DNA 聚合酶基因、VP8 基因等。可编码大约 70 个蛋白，25～33 种结构蛋白。

病毒对外界有一定的抵抗力，对热敏感，56℃、21min 即可灭活；在 4℃可存活 30～40d，在 -70℃ 保存可存活数年。0.5% NaOH、1% 漂白粉、1% 酚类等消毒液可使其很快灭活，在 5% 的甲醛溶液 1min 灭活，对氯仿、丙酮、酒精或紫外线均都敏感，在 pH<6 时很快失去活性，而在 pH6～9 的环境下稳定。

IBRV 可在牛肾、牛睾丸、肾上腺、胸腺，以及猪、羊、马、兔肾，牛胎肾细胞上生长，并可产生病变，使细胞聚集，出现巨核合胞体。病毒在牛肾传代细胞中增殖时，病毒能吸附在细胞表面并能渗透到内部，经 24～48h 即产生细胞病变。不能在鸡胚内增殖。

[流行病学] 本病在 1950 年首先发生于美国科罗拉多州的肉牛群，随后在世界范围内传播，我国在 1980 年首次从新西兰进口种牛时发现了本病。

牛是病毒的主要自然宿主，病牛和带毒牛为主要传染源。各品种和年龄的牛均具有易感性，肉用牛和奶牛发病多见，20～60 日龄的犊牛更为易感。主要通过呼吸道传播。病毒随病牛的鼻腔分泌物排出，能污染空气、饲草、饮水等，最重要的传播方式是通过传染性的气溶胶。病牛剧烈的呼吸、咳嗽、打喷嚏可使含病毒的分泌物在空气中形成微滴，经呼吸道吸入，也可经眼睛、鼻孔、鼻镜等使之感染。病毒也可通过胎盘侵入胎儿，引起胎儿死亡或流产，还可经自然交配或人工授精传播。本病的发生有一定的季节性，多发生于秋、冬寒冷季节。密集饲养、过分拥挤、气候剧变、长途运输、密切接触等可促进本病的发生。

[临床症状与病理变化] 潜伏期一般为 4～6d，有时可达 21d。根据病牛侵害的组织不同可分为以下 6 种类型：

1. 呼吸道型 表现为高热，体温 40.5～42℃，精神沉郁，食欲减退，呼吸急促，鼻孔张开，并伴有鼻腔分泌物流出，鼻液早期清淡，晚期黏脓，鼻甲骨和鼻镜充血并变红，又称"红鼻子病"。随着病情发展，患畜出现呼吸困难症状。本型多见，多发于冬季。

2. 生殖道型 主要由配种传染，母牛发病又称传染性脓疱性外阴-阴道炎，潜伏期 1～3d。病初体温升高，精神沉郁，食欲减退，频尿，屡屡举尾作排尿姿势。从阴门流出黏液脓性分泌物，外阴与阴道后 1/3 处黏膜充血、肿胀，进而形成溃疡灶。有的发生子宫内膜炎、孕牛流产、产死胎或木乃伊胎。公牛感染发病称传染性脓疱性包皮龟头炎，龟头、包皮和阴茎充血、肿胀，并形成脓疱，破溃后形成溃疡，精囊腺坏死，失去配种能力。

3. 脑膜炎型 多发生于犊牛，体温高达 40℃以上，患牛共济失调，兴奋，角弓反张，四肢划动，病程短，最后因全身衰竭而死。本病的发病率低，但病死率高达 50% 以上。

4. 结膜炎型 一般无明显全身反应，有时可伴随呼吸型出现。主要表现结膜充血、水肿、形成颗粒状坏死膜，角膜出现云雾状灰色坏死膜，眼、鼻有浆液性或脓性分泌物流出。

5. 流产型 病毒经血液循环进入胎膜引起胎儿感染，呈急性过程，胎儿 7～10d 死亡，再经 24～48h 排出体外。多见于初产青年母牛，偶见经产牛。常于怀孕的 5～8 个月流产。

6. 肠炎型 多见于 2～3 周龄犊牛，在发生呼吸道症状的同时，出现严重的腹泻，甚至排血便，病死率为 20%～80%。

呼吸道黏膜充血、出血、溃疡，咽喉、气管及支气管黏膜表面有黏液性脓性分泌物。化脓性肺炎，脾脓肿，肝表面和肾被膜下有坏死灶，皱胃黏膜溃疡，卡他性肠炎，生殖道感染型可见阴道黏膜表面形成大小不等的脓疱。流产型，胎儿的肝、脾局部坏死，皮下水肿。

[诊断] IBR 可根据流行病学、临床症状和病理变化进行初步诊断，但确诊须通过实验室检查。本病应与牛流行热、牛病毒性腹泻—黏膜病、牛蓝舌病相区别。IBR 的实验室诊断方法主要包括病毒分离、血清学（间接血凝试验、琼脂扩散试验、ELISA、血清中和试验、免疫荧光试验）和分子生物学技术（RT - PCR、核酸探针法）等。

病毒分离鉴定：原代或次代牛肾、肺或睾丸细胞可用于 IBRV 分离，鼻气管炎时，采取发热期的鼻液和眼分泌物；生殖道型时，采取外阴部黏膜和阴道分泌物；脑膜炎时，采取脑组织；流产型时，采取胎儿胸水、心包液、心血以及肺等组织脏器。将检样接种于上述敏感细胞后，每天观察细胞病变情况，一般于接种 3~5d 内产生细胞病变，细胞圆缩、聚集成葡萄样群落，在单层细胞上形成空洞。若 7d 内还不出现细胞病变，应再盲传 2 次，将培养物经反复冻融后离心，取其上清液用于接种新的单层细胞做进一步病毒分离。

ELISA 和 RT－PCR 是目前常用的两种检测方法，该检测方法快速、准确、方便、检测数量大。

[防治] 目前，本病尚无特效疗法和治疗药物。奥地利、丹麦、芬兰、瑞典等国家已通过禁止接种、扑杀血清阳性牛及其他预防措施根除了本病，并被欧盟法律指定为无 IBR 感染区。但在大多数国家控制和预防本病的主要措施仍是接种疫苗。本病在澳大利亚普遍存在，因此在引进牛时要加强检疫。

预防本病主要采取以下措施：坚持自繁自养的原则，不从疫区或不将病牛或带毒牛引进牛场。凡需引进的牛，一定要进行隔离观察、检疫，确认是健康牛才能引进。对种公牛要取精液检验，确定不带病毒后方可配种使用。接种疫苗，目前所用疫苗有弱毒疫苗、灭活疫苗、亚单位疫苗、基因缺失苗及 DNA 疫苗。

对暴发本病的牛场，进行隔离、封锁，对牛场全群牛进行检疫，检出病牛或带毒牛隔离饲养，酌情予以扑杀处理。

第七节　水疱性口炎

水疱性口炎（Vesicularstomatitis，VS）是由水疱性口炎病毒（vesicular-stomatitis virus，VSV）引起的高度接触性急性人畜共患传染病。临床上以舌、唇、口腔黏膜、乳头和蹄冠等处上皮发生水疱为主要特征。

[病原特征] VSV 属于弹状病毒科水疱病毒属，呈子弹状或圆柱状，长度约为直径的 3 倍，其大小为（150~180）nm×（50~70）nm。该病毒有囊膜，囊膜上均匀密布短的纤突，长约 10nm（图 8-1）。病毒粒子内部为密集盘卷的螺旋状核衣壳，其外径约 49nm，内径约 29nm，每个螺旋有 35 个亚单位。VSV 主要分为两个血清型，分别为印第安纳型和新泽西型。

VSV 基因组是不分节段单股负链 RNA，长约 11kb，从 3′~5′依次排列着 N、P、M、G、L 五个不重叠的基因节段，分别编码核蛋白 N、磷蛋白 P、多功能基质蛋白 M、囊膜糖蛋白 G 及大聚合酶蛋白 L。VSV 粒子相对分子质量（265.6＋13.3）×10^6，其中蛋白质占 74%，类脂质占 20%，糖类占 3%，

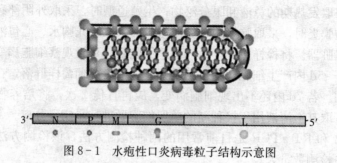

图 8-1　水疱性口炎病毒粒子结构示意图

RNA 占 3%。

VSV 对外界环境抵抗力不强。58℃ 30min、60℃ 30s、100℃ 2s 下可灭活，可见光、紫外线、脂溶剂（乙醚、氯仿）、酚类化合物和甲醛也都能使其灭活。病毒在土壤中于 4～6℃可长期存活。0.05% 结晶紫可以使其失去感染性，不耐酸。

VSV 在 7～13 日龄的鸡胚绒毛尿囊膜上和尿囊腔内生长良好，通常在接种后 1～2d 内死亡。VSV 也可以在哺乳动物细胞、鸡胚、乳鼠、断奶小鼠及鸡胚成纤维细胞上生长，迅速引起细胞病变，产生大小不等的蚀斑。感染鸡胚 VSV 可以适应蚊体内生长，并在蚊的组织培养细胞内增殖，呈现持续性感染。

致病机制：VSV 呈嗜上皮性，一般认为，VSV 是通过皮肤和黏膜侵入机体的。病毒的表面突起与细胞受体结合，然后囊膜与细胞膜融合进入细胞或直接被细胞吞入，形成吞饮泡，在酸性环境或细胞酶的作用下裂解，释放核酸，在细胞浆内依赖逆转录酶进行大量复制，在细胞膜或胞浆空泡膜上出芽，释放成熟的病毒颗粒，聚集在细胞间隙，并以同样的方式再感染相邻细胞。VSV 可快速关闭细胞基因的表达，阻止其新陈代谢，解聚细胞骨架从而使组织快速破坏。

病毒于感染 48h 后到达血液，引起发热，病畜体温可高达 40～40.5℃，常可持续 3～4d。病毒血症可渐渐消失，但水疱增大，水疱中病毒滴度可高达每毫升 10^{10} 感染单位，此后病畜体温突然下降，病畜大量流涎，感染上皮发生腐烂脱落，并伴有出血，偶尔形成溃疡。

[流行病学] 水疱性口炎最早的报道是发生在中美和北美的马的一种病毒性疾病，随后传播至欧洲和非洲，至今该病仍主要散发于美洲大陆的美国和加拿大，在墨西哥、委内瑞拉和哥伦比亚呈地方流行。

VSV 有广泛的宿主群，牛最易感，其次是马、猪、绵羊、山羊等，其中绵羊和山羊不表现明显的临床症状。病畜和患病的野生动物是主要的传染源。传播方式主要包括：通过昆虫为媒介叮咬传播，被认为是有蹄类动物和啮齿类动物之间传播的主要方式；也可以通过直接接触传播（损伤的皮肤和黏膜、呼吸道及消化道）。常呈季节性暴发，最早开始在初夏，到夏季中晚期时疾病开始增多，第一次霜冻前后消失。

[**临床症状与病理变化**] 牛发生水疱性口炎可表现为无症状型、温和型和眼型 3 种，通常发生于 9 月龄以上的牛。潜伏期一般为 3～7d，早期表现为发热、迟钝、食欲减退、流涎多。继而在舌、牙床、唇和鼻黏膜大小不等的水疱，水疱破溃形成糜烂。感染牛常常自然康复，死亡率较低，即使病情很重，7～10d 也能痊愈。

病理组织学变化可见淋巴管增生，感染 4d 后，大脑神经胶质细胞及大脑和心肌的单核细胞浸润。

[**诊断**] 本病根据流行病学、临床症状和病理变化很难与口蹄疫区别，确诊必须进行实验室检查。

实验室诊断方法包括：病毒的分离培养、电镜观察、琼脂免疫扩散、免疫电泳、ELISA、补体结合试验、中和试验、聚合酶链式反应（RT‐PCR、实时荧光定量 RT‐PCR）等。世界动物卫生组织推荐间接夹心 ELISA 用于鉴定病毒抗原，液相阻断 ELISA、补体结合试验、中和试验则用于血清学试验。

[**防治**] 本病尚无特效药。结合临床症状进行对症治疗，病变部位消毒和使用抗生素可预防或治疗皮肤损伤、细菌的继发性感染，防止并发症的出现。

白蛉、蚊子、蠓等节肢动物都是该病传播的重要媒介，杀灭这些昆虫，对预防和扑灭该病具有重要的意义。同时要保持良好的卫生环境，发现患病动物时，应积极予以隔离，防止本区域的其他动物受到感染，对疫区进行封锁和消毒，禁止从疫区运输易感动物，以控制疫病的传播。

第八节　轮状病毒病

牛轮状病毒病是由牛轮状病毒（Bovine rotavirus，BRV）引起的犊牛的急性胃肠道传染病，其临床症状表现为精神沉郁、食欲废绝、水样腹泻、严重脱水和酸中毒。

[**病原特征**] 牛轮状病毒又称犊牛腹泻病毒，属于呼肠孤病毒科轮状病毒属。轮状病毒粒子略呈球形，具有内外双层衣壳，无囊膜，二十面体对称。成熟完整的病毒粒子直径约 70nm，在电镜下观察，病毒的中央为芯髓，周围有一电子透明层，壳粒由此向外呈辐射状排列，构成内衣壳，外周为一层光滑薄膜构成的外衣壳。

病毒基因组是分节段双股 RNA，长度约为 18.5kb，包含 11 个双股 RNA

节段。病毒颗粒包含三层结构，内层由 VP1、VP3 和 11 个节段 dsRNA 组成内层核心，并有 VP2 包裹；中间层有 VP6 蛋白组成内衣壳；外层由中和抗原 VP7 和血凝素抗原 VP4 组成。

轮状病毒对外界环境有较强的抵抗力，耐乙醚、氯仿、反复冻融、超声波处理，37℃下 1h 仍不失活，耐酸碱，pH 3.5～10.0 范围内仍保持感染力。但 EDTA，EGTA 等促溶剂以及氯化钙、硫氰酸钾等可使双衣壳病毒粒子变为单衣壳病毒粒子，进而失去感染力。另外，氯、臭氧、过醋酸、碘、酚等也可以灭活轮状病毒。病毒在粪便标本和细胞培养物中均存在 3 种形式：双衣壳病毒颗粒（光滑型，S 型）为完整的病毒粒子，具有感染性，在氯化铯中的浮密度为 1.36g/cm³，沉降系数为 520～530S；单衣壳病毒（粗糙型，R 型）粒子，没有外衣壳，无感染性，在氯化铯中的浮密度为 1.38g/cm³，沉降系数为 380～400S；不成熟的空衣壳病毒颗粒，在氯化铯中的浮密度为 1.30g/cm³；沉降系数为 280S。

轮状病毒很难适应细胞培养，需要经过胰蛋白酶及胰凝乳酶等蛋白水解酶处理后才能适应细胞生长。病毒的分离培养主要采用恒河猴胚肾传代细胞 MA-104 或非洲绿猴肾细胞 Marc-145，此外还有人肝细胞系 HePG2、人克隆细胞 CaCo-2。

[流行病学] 本病在世界范围内广泛流行，婴幼儿和幼龄动物最易感。轮状病毒包含 7 个不同的群（A～G），其中 A、B 和 C 群轮状病毒在人和动物上均能感染，最常发生的是 A 群轮状病毒感染，目前发现 D、E、F 和 G 群轮状病毒只能感染动物。牛轮状病毒在牛群中普遍存在，A 群是主要引起犊牛腹泻的病原，我国流行的也主要是 A 群的 G6 和 G10 型。牛感染后，潜伏期一般为 15h 至 5d，其症状以新生犊牛腹泻为主，在 0～10 日龄最为易感，死亡率与是否有细菌混合感染密切相关。

[临床症状与病理变化] 牛轮状病毒腹泻多突然发生，前期症状不明显。潜伏期很短，人工感染为 43～48h。病初精神沉郁，食欲减少或废绝，体温正常或轻微升高。典型症状是严重水样腹泻，腹泻物呈淡黄色，有时混有黏液和血液，同时病犊脱水，眼凹陷，四肢无力，卧地不起。病重者，经 4～7d 由于严重脱水，酸碱平衡紊乱，心脏衰竭而死亡。如伴发细菌（大肠杆菌和沙门氏杆菌）感染时，发病更急，病程更短，死亡更快。病牛如果腹泻持续，由于严重脱水体重可减少 10%～25%。

病变主要在小肠，见肠壁变薄，肠内容物变稀，呈黄褐色、红色，黏膜脱落。空肠和回肠部，小肠绒毛萎缩，柱状上皮细胞脱落，被未成熟分化的立方上皮细胞所覆盖。固有层小血管充血，液体渗出，淋巴细胞等炎性细胞浸润。

胃、肠系膜淋巴结、肺、肝、脾等器官病变不明显。

[诊断] 根据流行病学、临床症状和病理变化以及实验室检查进行确诊。本病应与其他原因引起的腹泻症状相区别。轮状病毒感染发生腹泻后 24h 内排毒浓度最高，此时期收集粪样或肠内容物有利于本病的诊断。本病的检测方法有多种，主要有电镜法（EM）、免疫电镜法（IEM）、免疫荧光技术（IF）、酶联免疫吸附试验（ELISA）、核酸聚丙烯酰胺凝胶电泳（PAGE）、放射免疫测定、凝集试验、中和试验、补体结合试验（CF）、核酸探针以及 PCR 等技术。其中，EM、ELISA、PAGE、PCR 法最为常用。

[防治] 目前尚无治疗轮状病毒感染的特效药。发病后除采取一般防疫措施外，可对病畜进行对症治疗，如投用收敛止泻剂，使用抗菌药物以防止细菌的继发感染，静脉注射葡萄糖盐水和碳酸氢钠溶液缓解、防止脱水和酸中毒等，一般都可获得良好效果。

本病的预防主要依靠加强饲养管理，通过清洁卫生和限制易感动物与可能排毒的动物的接触，可降低发病率。要使新生仔畜及早吃到初乳，接受母源抗体的保护以减少和减轻发病。应遵循全进全出的管理措施，房舍应彻底清洁、消毒。不要将不同年龄的动物混养在一起，混养会加强病毒由大龄动物向小龄动物传播。在我国，目前还没有预防犊牛轮状病毒感染的疫苗。

第九节　冠状病毒病

牛冠状病毒病（Bovine corona virusdisease）又称新生犊牛腹泻，是由牛冠状病毒（Bovine corona virus，BCV）引起的犊牛的传染病。临床上以出血性腹泻为主要特征。本病还可引起牛的呼吸道感染和成年奶牛冬季的血痢。

[病原特征] BCV 属于冠状病毒科冠状病毒属，该病毒为多形，有囊膜，直径 70～120nm，囊膜上有花瓣状纤突，长约 20nm，完整的病毒粒子呈冠状外观，是生物界已知最大的 RNA 病毒。基因组为不分节段的单股正链 RNA 病毒，长度为 31 043bp。只有一个血清型。

冠状病毒对酒精、乙醚、氯仿、硫酸、去氧胆酸钠和其他脂溶剂敏感，不耐热，过氧化氢和紫外线也能使病毒失活。冠状病毒常用 9～11 日龄鸡胚进行增殖。

[流行病学] 本病呈世界性分布，1972 年在美国首次报道，随后在许多国家和地区都有该病的报道。我国已有多次暴发。传染源主要是病牛和带毒牛，主要通过呼吸道感染，也可通过口腔、眼结膜感染。发病率高（50%～100%），死亡率较低。犊牛在 1～90 日龄易感染冠状病毒，而腹泻常发生于

1～2 周龄，在冬季流行严重。

[临床症状与病理变化] 人工感染潜伏期 20～30h，犊牛表现严重的急性腹泻，脱水，食欲下降或吸吮反应降低，精神沉郁，肌肉无力。有时粪便中带有血块，轻微的呼吸道症状。2～6 周龄犊牛常见亚临床症状，如打喷嚏或咳嗽。成年牛主要表现冬痢，严重水样腹泻（有时伴有血和黏液），粪便呈黑褐色或墨绿色，恶臭，产奶量降低，精神沉郁，食欲减退。

病变主要为严重的小肠炎和结肠炎，见肠黏膜充血水肿，黏膜上皮坏死脱落。镜检，可见小肠绒毛缩短，结肠的绒毛脊萎缩，表面上皮细胞由正方形变成短柱形，固有层血管扩张充血，间质疏松水肿和炎性细胞浸润。

[诊断] 根据流行病学、临床症状和病理变化再结合实验室检查进行确诊。应采集犊牛发病后 24h 内的粪样送实验室进行诊断检测。实验室检测主要包括：电镜观察、ELISA、PCR 等方法。

[防治] 本病的防治措施同轮状病毒病。

第十节　地方流行性牛白血病

地方性牛白血病（Enzootic bovine leukosis，EBL）是由牛白血病病毒（Bovine leukemia virus，BLV）引起的牛的一种慢性肿瘤性疾病。其特征是全身淋巴结肿大、淋巴样细胞恶性增生、进行性恶病质和高死亡率为特征。

[病原特征] BLV 属于反转录病毒科、致瘤病毒亚科的 RNA 病毒。病毒粒子呈球形，有时也有呈棒状，直径 80～120nm，芯髓直径 60～90nm；芯髓由核芯和芯壳组成。外包双层囊膜，膜上覆有 11nm 长的纤突。病毒核衣壳呈二十面体对称。基因组为正向线状单股 RNA，完整的 BLV 基因组有 8 714bp。

病毒对外界环境的抵抗力较弱，在宿主外部不能长时间存活，暴露于紫外线下容易被灭活，56℃ 30min、巴氏消毒法或 60℃ 以上迅速失去感染力，对乙醚和胆盐敏感，反复冻融、pH 4.5 和常规消毒药也能使其灭活。病毒易在牛或羊原代细胞上生长和传代。

[流行病学] 本病早在 19 世纪末就被发现，直到 1969 年才从病牛外周血液淋巴细胞中分离到病毒。目前本病几乎遍及世界各地，我国于 1974 年首次发现在上海。

牛白血病主要发生于牛、绵羊、瘤牛，水牛和水豚也能感染，各种年龄的牛均可患本病，主要见于成年牛，尤以 4～8 岁的牛最常见。潜伏期较长，可达 2～10 年。

病毒存在于感染动物的初乳、乳、气管分泌物、鼻腔分泌物和唾液中，在血液的细胞成分中发现病毒。病牛和带毒牛是主要的传染源，本病主要感染牛的淋巴细胞，其主要的传播方式为水平传播和垂直传播，经直接接触、媒介昆虫、机械、乳源性、胎内等传播。

[临床症状与病理变化] 本病的临床经过一般发展比较缓慢，多发生于3 岁以上的成年牛。大多数感染牛临床症状不明显，肿瘤增大压迫其他组织器官时出现相应的症状。瘤细胞全身扩散后，病牛出现食欲不振，生长缓慢，体重减轻等症状，维持数周或数月而死亡。

血液中存有白血病病毒抗体并出现持续的淋巴细胞增多症和异常淋巴细胞特征。全身或部分淋巴结肿大，一般是正常的3～5 倍，其质地坚硬或呈面团样，外观灰白色或淡黄色，切面呈鱼肉状，常伴有出血或坏死。心、肝、肾等脏器有灰白色肿瘤结节增生、变性和坏死。此外，消化道黏膜出现程度不同的出血。

[诊断] 根据流行特点、临诊症状和病理变化可作出初步诊断。再结合实验室检查辅助诊断，血液学检测、血清学检测（琼脂凝胶免疫扩散试验、补体结合试验、中和试验、间接免疫荧光技术、ELISA）、病毒的分离鉴定及 PCR检测等方法。

血液学检测方法是本病主要的诊断手段，淋巴细胞增多症常是发生肿瘤的先驱变化。

[防治] 目前尚无有效治疗牛白血病的方法，一般以预防为主。平时加强饲养管理，严格卫生措施，采取检疫、淘汰、隔离等综合性预防措施，可以控制本病。

1. 严格检疫 目前最常用的预防控制本病的方法是监测牛群中是否存在BLV 的抗体，并淘汰抗体阳性牛。对疫区每年应进行3～4 次检疫，发现阳性牛应及时淘汰、扑杀。

2. 严格选择种牛，防止引入阳性牛 抗体阳性的公牛均不可种用，对种公牛实行定期检疫，如出现抗体阳性的应立即淘汰，精液应废弃。

3. 定期消毒，驱除吸血昆虫 牛舍用具应定期消毒，医疗和预防注射时，应特别注意针头和注射器的消毒，每年应对牛舍进行 2～4 次大消毒。在有蚊蝇季节牛舍应尽量装上纱窗，且每隔10d 用消毒药进行室内外喷洒，以减少和消灭吸血昆虫。

第十一节　伪狂犬病

伪狂犬病（Pseudorabies，PR）是由伪狂犬病病毒（Pseudorabies virus，

PRV）引起的家畜和野生动物的一种急性传染病，主要表现为发热、奇痒和脑脊髓炎。

[病原特征] PRV 属于疱疹病毒科 α 疱疹病毒亚科中的猪疱疹病毒 I 型。病毒粒子呈圆形或椭圆形，有囊膜，囊膜表面有呈放射状排列的纤突，其长度 8～10nm。核衣壳呈立体对称的正二十面体，外观呈六角形，成熟病毒颗粒直径为 150～180nm。衣壳壳粒长约 12nm，宽 9nm，其空心部分直径约 4nm。基因组为线性双链 DNA 分子，大小约 150kb。

PRV 对乙醚、氯仿等脂溶剂，福尔马林和紫外线照射等敏感，5％石炭酸 2min、0.5％～2％的 NaOH 可灭活病毒。有一定的耐热性，44℃经过 5h 不能将其完全灭活，55℃50min、80℃3min 及 100℃瞬间可使病毒完全失活，胰蛋白酶等酶类也能灭活病毒。－70℃以下或真空冷冻干燥可长期保存，PRV 保存的最适 pH 为 6～8。

能在鸡胚、鸡胚细胞及多种动物组织细胞内增殖，并产生核内包涵体，猪肾细胞系（PK - 15）和兔肾细胞（RK）最适于病毒的培养。

[流行病学] 本病在世界范围内广泛传播流行。我国于 1948 年首次报道了猫的伪狂犬病。

病猪、带毒猪以及带毒鼠类为主要传染源，易感动物中猪最易感，牛、羊、犬、猫、兔、鼠也可感染。牛感染伪狂犬病只是偶然性的，主要是接触已感染的猪、食品或其他被病毒污染的物质。牛常经口鼻途径，或采食了污染的饲草或鼻对鼻接触感染。本病多发于冬、春季节，一般为散发，有时呈地方性流行。

[临床症状与病理变化] 出现临床症状的过程很短，成年牛很少超过 48h，犊牛常在没有出现典型的临床症状前可能就死亡。短暂的兴奋期主要表现某部位皮肤剧痒，多见于胸部、臀部和四肢。病牛不断舐咬发痒部位，体温升高，狂躁不安，颈肌和咬肌痉挛，流涎，但一般不攻击人畜。后期病牛衰弱无力，呼吸、脉搏增数，咽喉麻痹，大量流涎，四肢麻痹，卧地不起。

牛瘙痒处皮下组织呈弥漫性肿胀，肺充血水肿，心包积液，心外膜出血，脑膜充血、水肿，脑脊髓液增多。镜检，见脑组织有非化脓性脑炎及神经节炎，有明显的血管套。

[诊断] 根据流行特点、临床症状和病理变化可作出初步诊断，确诊需进行实验室检查（参考 GB/T 18641—2002）。

特征性的神经病理学检查有病毒的分离鉴定、聚合酶链式反应、动物接种、血清学检查等方法。

[防治] 目前临床上尚无有效的治疗措施，本病主要以预防为主。

1. 预防与控制

（1）监测　对牛场定期进行监测。监测方法采用鉴别 ELISA 诊断技术，种牛场每年监测 2 次，监测率应为 100%。

（2）引种检疫　对出场（厂、户）种牛由当地动物防疫监督机构进行检疫，伪狂犬病病毒感染抗体监测为阴性的牛，出具检疫合格证明，方准予出场。

种牛进场后，须隔离饲养 30d 后，经实验室检查确认为伪狂犬病病毒感染阴性的，方可混群。

（3）净化　该病污染场的净化多采取血清学普查，如果发现血清学阳性牛，进一步确诊，扑杀患病牛。

采取综合防治措施，对牛舍及周边环境定期消毒，禁止在牛场内饲养其他动物，在牛场内实施灭鼠措施。

2. 发生本病时的紧急措施

（1）疫情报告　任何单位和个人发现患有本病或者怀疑本病的动物，都应当及时向当地动物防疫监督机构报告。

（2）疫情处理　发现疑似疫情，畜主应立即限制动物移动，并对疑似患病动物进行隔离。

当地动物防疫监督机构要及时派员到现场进行调查核实，开展实验室诊断，进行确诊。对病牛全部扑杀，对受威胁的牛群实施隔离，病牛的排泄物和分泌物无害化处理，对同群牛进行紧急免疫接种，对病牛污染的场所、用具、物品进行严格消毒。

第十二节　呼吸道合胞体病毒病

牛呼吸道合胞体病毒病是由牛呼吸道合胞体病毒（Bovine respiratorysyncytial virus，BRSV）引起的一种急性、热性呼吸道传染病。临床表现为发热、咳嗽、呼吸困难，呈严重的间质性肺炎。

[病原特征] BRSV 属于副黏病毒科肺病毒亚科肺病毒属，病毒粒子呈球形及长丝状。病毒粒子大小为 80～860nm，有囊膜。核衣壳呈螺旋对称，直径约为 13.5nm，螺距 6.4nm。无血凝活性和神经氨酸酶活性。

基因组为单分子负链不分节段 RNA，大小为 15～16kb，病毒 RNA 的沉降值为 50S，相对分子质量约为 5.9×10^6，10 个基因片段，编码 11 种蛋白质。其中 3 种为核壳体蛋白（核衣壳蛋白 N、磷蛋白 P、大聚合酶蛋白 L），3 种为跨膜蛋白（融合蛋白 F、附着蛋白 G、小疏水蛋白 SH），3 种为非糖基化的基质蛋白（M、M2-1、M2-2），2 种为非结构蛋白（NS1、NS2）。G、F、

SH、M2-2 蛋白是病毒囊膜的主要成分，N、P、L 蛋白是核衣壳的主要成分，M 蛋白于囊膜和核衣壳之间。

56℃水浴 30min、0.25％胰酶、脂类溶剂（乙醚、氯仿等）可以使病毒灭活。4℃或室温放置 2～4h，感染力可降至 10％或几乎无感染力。—80℃下可存活数月。BRSV 在呼吸系统的细胞培养物上生长较好，牛鼻甲细胞最适于病毒的培养。

BRSV 感染后，在宿主的呼吸道内复制，引起局部的炎性反应，并导致呼吸道黏膜的损伤，易发生细菌继发感染。因此，BRSV 的致病作用，也是病毒在呼吸道上皮细胞内复制的直接结果。感染常表现出两个临床阶段，发热和轻微的呼吸道症状阶段和极严重的呼吸道症状阶段，前一阶段可能是致敏感染，后一阶段可能是 IgE 介导的变态反应。

[流行病学] 牛呼吸道合胞体病呈世界性分布。

牛最易感，其次绵羊、山羊、猪和马也可感染，其中 2～5 日龄的犊牛更易感。病牛和带毒牛是主要传染源，主要通过气雾或直接接触传播。多发于秋冬季节，发病率高，病死率低，病程 10～14d。

[临床症状与病理变化] 本病的潜伏期为 2～7d，主要表现厌食、精神不振、体温升高、呼吸急迫、咳嗽、流鼻液以及流涎等。体温升至 40～42℃。还表现湿性咳嗽，咳嗽时往往排出黏稠脓性黏液。预后良好，发病后 15～20d 可康复。

剖检肺脏肿大，呈典型的间质性肺炎，可见肺泡壁变厚，细支管上皮及肺上皮增生，肺水肿。

[诊断] 根据流行病学、临床症状及病理变化作出初步诊断，确诊需要进行实验室诊断。病毒的分离与鉴定（可无菌采集病牛鼻腔深部的鼻液作为病毒分离的病料）、病毒抗原性检测、血清学方法及分子生物学检测等。目前，应用最多的是针对 BRSV 血清抗体进行检测，如血清中和试验（SNT）、间接免疫荧光（IFA）、补体结合试验（CFT）及多种酶联免疫吸附试验（ELISA），其中以 ELISA 最为常用。

[防治] 目前本病没有特效疗法，只有采取对症治疗和支持治疗。应用广谱抗生素可以抵抗或减弱细菌性支气管炎，再结合抗炎药物进行治疗。非类固醇药物对治疗急性病例是有帮助的，可用阿司匹林，15～31g，1 次/d。也可用抗组胺药物治疗，盐酸扑敏宁，肌内注射，1mg/kg，2 次/d。

该病的预防以加强饲养管理、搞好环境卫生及检疫为主。对牛舍地面及运动场的粪便每日及时清理，同时对地面、用具、工作服等严格消毒。经常观察牛群，发现病牛应立即隔离或淘汰。对外界引进的牛只，一律隔离、检疫，确诊无病才能入群。

第十三节　乳头状瘤

牛乳头状瘤病（Viral papillomatosis）是由牛乳头状瘤病毒（Bovine pap-illoma virus，BPV）引起的一种肿瘤性传染病，以皮肤、黏膜形成乳头状瘤为特征。

[**病原特征**] 牛乳头状瘤病毒属于乳头状瘤病毒科乳头状瘤病毒属。病毒粒子呈圆形，直径47～53nm，二十面体对称。病毒基因组是单分子的环状双股DNA，分6个型，BPV-1、BPV-2、BPV-5属于纤维乳头状瘤病毒，长约7 900bp，BPV-3、BPV-4、BPV-6属于真性上皮乳头状瘤病毒，长约7 200bp。

本病毒不能在鸡胚内增殖，在组织培养细胞内不产生细胞病变。

[**流行病学**] 本病呈世界性分布。病牛是主要传染源，主要通过直接接触或间接地由媒介传播。不同年龄、性别的牛均可感染，但多发于青年牛。无明显季节性，多为散发。

[**临床症状与病理变化**] 感染后潜伏期为2～6个月。本病为自限性疾病，通常经过1～12个月自行消退，预后良好，康复牛对同种病毒的再感染具有免疫力。不同型的病毒可在不同部位引发不同类型的乳头状瘤，但均为良性肿瘤，常见于颈、颌、肩、下腹、背、耳、眼睑、唇部、包皮、乳房等部皮肤及食道、膀胱、阴道等处黏膜。

皮肤乳头状瘤　常发生于皮肤及皮肤型黏膜，上皮与上皮下结缔组织同时增生呈乳头状突起，增生的上皮表面过度角化或角化不全（彩图8-5）。棘细胞层增厚，棘细胞失去张力，原纤维并发生空泡化。常由许多绒毛状突起构成，每个突起都有一个由结缔组织构成的轴心，内含血管、淋巴管和神经。

生殖器纤维乳头状瘤　常发于阴茎或母牛阴道黏膜，结缔组织增生，瘤组织以成纤维细胞为主，肿瘤前期可见核分裂相。

[**诊断**] 根据流行病学、临床症状结合病理组织学检查可作出诊断。

[**防治**] 大多数病例在1～12个月内自愈，通常无需治疗。

第十四节　伪　牛　痘

伪牛痘（Pseudocowpox）又叫副牛痘和挤奶者结节，是由假牛痘病毒（Pseudocowpox virus）引起的传染病。其病的特征是乳房和乳头皮肤上出现丘疹、水泡。

[病原特征] 假牛痘病毒属于痘病毒科副痘病毒属，病毒粒子呈卵圆形，大小为 290nm×170nm。病毒基因组为线性双链 DNA，长约 130kb。对乙醚敏感，氯仿在 10min 内可使病毒灭活。病毒能在牛肾细胞培养，并在接毒后 6～8d 产生细胞病变。在鸡胚培养不产生痘斑。

[流行病学] 伪牛痘呈世界性分布，据报道，北美、加拿大、俄罗斯、澳大利亚、南非、欧洲等地都有发生。奶牛多发，一旦发生极易引起全场流行。常通过挤奶时接触感染。

[临床症状与病理变化] 潜伏期约 5d，发病牛的乳房和乳头上出现红色的丘疹，后变成水疱，形成痂皮，增生隆起，痂皮脱落，经 2～3 周后愈合。

[诊断] 根据临床症状、流行病学及病理变化可初步诊断。确诊需作实验室检验。实验室诊断可取组织或水疱液做病毒分离，或对水疱液进行电镜观察。

本病应与口蹄疫、牛痘、脓疱病和疱疹性乳头炎等疾病进行鉴别。

[防治] 尚无特殊治疗方法。对病牛应隔离饲养，单独挤奶。加强挤奶卫生，病区应消炎、防腐，促进愈合。

第十五节 海绵状脑病

牛海绵状脑病（Bovinespongiform encephalopathy，BSE）又称疯牛病，是由朊病毒（Virino）引起成年牛的一种亚急性、渐进性、致死性中枢神经系统性传染病。临床主要表现精神失常、共济失调、感觉过敏，病牛恐惧或狂暴。

[病原特征] 朊病毒又称蛋白侵染子（Prion），是一种特殊的传染因子，不同于一般的病毒，没有核酸。传染性颗粒的大小为 50～200nm，其核心部分是 4nm 的细小纤维状物质，传染性颗粒为胶化纤维素样碎片联合纤维（SAF）或称作棒状蛋白质性感染性粒子。

朊病毒对各种理化因素抵抗力很强，高压消毒 136℃ 30min，对常用消毒药敏感，1%～2%的氢氧化钠溶液、5%次氯酸钠溶液、5%碘酊等能使病毒失活。

[流行病学] 1985 年 4 月，疯牛病首次在英国发现，目前已传播到整个欧洲、美洲，最近几年，亚洲也发现该病，日本和韩国已相继报道有确诊病例。我国目前还没有疯牛病的报道。

本病的流行无明显季节性，多呈散发型，潜伏期长，多发于 3～5 岁的奶牛。易感动物有牛、羊、猪、羚羊、猕猴、鹿、猫、狗、水貂、小鼠和鸡等，含有被痒病病原因子污染的反刍动物蛋白的肉骨粉是 BSE 的传播媒介，BSE主要通过污染的饲料经消化道传播，也可水平传播和垂直传播。病牛和其他被污染的动物是主要的传染源。BSE 在奶牛群的发病率高于哺乳牛群，主要是牛的饲养方式不同，奶牛通常在断奶后头 6 个月饲喂含肉骨粉的混合饲料，而哺乳肉牛则很少饲喂这种饲料。

[临床症状与病理变化] 潜伏期为 2～8 年，临床症状常表现出神经紧张或焦躁不安、恐惧，具有攻击性，对声音及触摸等的感觉过敏或反射亢进，肌肉纤维性震颤或痉挛，共济失调等神经功能紊乱性症状，其神经系统呈现亚急性或慢性退行性变化。患牛还呈现出反刍减少，体重减轻，产奶量减少，随着病程的发展出现神经症状。

眼观病变不明显，也无生物学和血液学异常变化。典型的病理组织学变化主要集中在中枢神经系统，出现双边对称的神经空泡具有重要的诊断价值，这包括灰质神经纤维网出现微泡即海绵状变化，这是疯牛病的主要空泡病变。星形细胞肥大常伴随于空泡的形成，大脑淀粉样病变。

[诊断] 根据流行病学、临床症状可进行疑似诊断，但应与李斯特菌病、铅中毒、有机磷中毒、肝性脑炎和狂犬病进行鉴别诊断，确诊应进行神经病理学检查。

[防治] 目前仍尚未发现治疗本病的有效措施，主要以预防为主。

我国目前尚未发现本病，应加强国境检疫，禁止从有疫情的国家和地区进口易感动物和动物性饲料是防止本病引入的重要措施。发生本病后，要严格隔离、封锁、扑杀病牛，对被病牛污染的环境、用具等进行彻底的消毒，尸体进行无害化处理。

第十六节 牛 痘

牛痘（Cowpox）是由牛痘病毒（Cowpox virus）引起的一种急性热性传染病。特征是皮肤、黏膜上发生特殊的丘疹和疱疹。

[病原特征] 牛痘病毒的形态和理化特性与伪牛痘病毒相似，基因组大小为 222kb。牛痘病毒具有血凝素，可以凝集火鸡和鸡的红细胞，但效价较低。牛痘病毒可以在鸡胚绒毛尿囊膜上生长良好，并产生出血性痘斑，可以在许多种类的组织培养细胞中生长，鸡胚细胞及人胚肾和牛胚肾细胞培养物内形成蚀斑、合胞体和细胞膨胀等细胞病变。

[流行病学] 目前本病主要发生于西欧国家。牛易感，家兔、小鼠和猴也

可感染。一般认为啮齿动物是该病毒的贮存宿主，主要通过挤奶器和挤奶工的手传播，一旦传入牛群，即迅速传播，直到所有母牛感染为止。

[临床症状与病理变化] 潜伏期为 4~8d，病牛轻度发热，食欲减退，反刍迟缓，挤乳时乳房感觉过敏。乳头初发生丘疹，1~2d 形成水疱，破溃形成结痂，10~15d 痊愈。若病毒侵入乳房，发生乳房炎。

[诊断] 根据流行病学、临床症状和病理变化可作出初步诊断，应与伪牛痘和口蹄疫等进行鉴别诊断，确诊需作实验室检查。

实验室诊断可取组织或水疱液作病毒分离，或对水疱液进行电镜观察。

[防治] 应保持牛乳房的清洁干燥。对发病牛的疱疹或溃疡面可用中性油脂或含锌、铅、水杨酸膏治疗，可以促进愈合。

防治措施：加强饲养卫生管理，发现病牛应隔离治疗。在牛痘发生流行时，用痘苗接种于易感动物（在会阴部划痕或皮内接种）可以产生免疫力。接种痘苗应在发病前或发生时进行。

（丁玉林　王金玲）

第九章 寄生虫病

第一节 线 虫 病

一、胃线虫病（牛胃线虫病、毛圆线虫病、血矛线虫病）

牛胃线虫病主要是指由寄生在牛胃中的毛圆科的多种线虫引起的寄生虫病。这些虫体一般寄生在牛的第四胃（真胃）中，且多呈混合感染。

「病原」 寄生于牛真胃的毛圆科线虫种类很多，主要有血矛属、奥斯特属和毛圆属等，在牛体内多为混合寄生，遍布全国各地，危害十分严重，其中以血矛属的捻转血矛线虫的致病性最强。

捻转血矛线虫又称捻转胃虫，虫体呈毛发状，纤细而柔软，呈淡红色。颈乳突明显，呈锥形伸向后方；头端尖细，口囊小。雄虫长 15～19mm，呈淡红色。雌虫长 27～30mm，白色的生殖器官环绕于红色的肠道周围，形成红白相间的"麻花状"外观（图 9 - 1）。虫卵大小为 （75～95）μm× （40～50）μm。

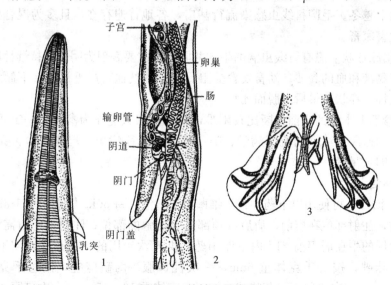

图 9 - 1 捻转血矛线虫

1. 头端 2. 雌虫生殖孔部 3. 雄虫交合伞

奥斯特属的线虫俗称棕色胃虫，可寄生于牛的真胃和小肠。虫体中等大小，新鲜虫体呈棕色，毛发状，长 10～12mm。头端细、口囊小。雄虫有交合伞、交合刺及导刺带。雌虫生殖孔开口于虫体后部，有些种有阴门盖。虫卵为圆形，卵壳薄，卵细胞通常集中于一端，空隙稍大。常见种有环纹奥斯特线虫和三叉奥斯特线虫。

毛圆属线虫有多种，虫体细如绒毛，呈淡红色，一般不超过 7mm。无口囊，排泄孔明显。雄虫交合伞的侧叶大、背叶小。二腹肋分开；背肋短小，远端分支，每个分支末端又分出小支。有交合刺、导刺带。雌虫阴门开口于虫体后部，有排卵器。虫卵为长卵圆形，壳薄，卵细胞色淡而多。其中以艾氏毛圆线虫多见于牛第四胃。

[流行特点] 以上毛圆科各属种的线虫主要寄生于牛的真胃内，它们的发育史和流行病学基本类似。一般是雌虫产卵后，卵随粪便排出宿主体外，经孵化，逐渐发育到感染性幼虫（即第三期幼虫），再经口感染易感动物，然后到达寄生部位，最终发育为成虫。如捻转血矛线虫虫卵随粪排入外界大约 1 周，即可发育为感染性幼虫，其感染宿主到达真胃寄生部位后经 20d 左右，发育为成虫。

寄生于牛真胃中的毛圆科线虫的卵在北方地区一般不能越冬，但第三期幼虫抵抗力强，在一般草场上可存活 3 个月，其中捻转血矛线虫在不良环境中，可休眠达 1 年；奥斯特线虫和毛圆线虫的幼虫较捻转血矛线虫的幼虫耐寒，可在牧地上越冬。毛圆科线虫感染流行甚广，各地普遍存在，且多为混合感染，严重危害家畜。

[临床症状] 患有胃线虫病的牛的共同症状主要表现为明显的持续性腹泻，排出带黏液和血的粪便；幼畜发育受阻，进行性贫血，严重消瘦，下颌水肿，还伴随神经症状，最后虚脱而死亡。

[诊断] 本病的生前诊断比较困难，临床症状只能作为参考，一定要采取综合性的诊断方法（如流行病学、临床症状、既往病史、尸体剖检、粪便检查、虫卵数量等）。

[防治]

1. 治疗 可使用以下药物：伊维菌素注射液，每 50kg 体重用药 1mL，皮下注射，注射部位在肩前、肩后或颈部皮肤松弛的部位；注射本药时需注意，供人食用的牛在屠宰前 21d 内不能用药，供人饮奶用的牛，在产奶期不宜用药。左咪唑，按每千克体重 6mg，一次性口服。丙硫咪唑，按每千克体重 10～15mg，一次口服。甲苯咪唑，按每千克体重 10～15mg，一次口服。

2. 预防 应根据当地的实际情况制定切实可行的措施。第一，要改善饲养管理，提高营养水平，尤其在冬春季节应合理地补充精料和矿物质，提高机体的抗病能力；注意饲料、饮水的清洁卫生，放牧牛应尽可能避开潮湿地带，尽量避开幼虫活跃的时间，以减少感染机会。第二，应进行计划性驱虫。对全群牛进行计划性驱虫，传统的方法是在春、秋各进行一次。但针对北方地区的冬季幼虫高潮，在每年的春节前后驱虫一次，可以有效地防止"春季高潮"的到来，避免春乏的大批死亡。第三，在流行区的流行季节，通过粪便检查，经常检测牛群的荷虫情况，防治结合，减少感染源，同时应对驱虫后的粪便堆积发酵以杀死其中的病原。第四，有条件的地方，可以实行划地轮牧或不同种畜间轮牧等，以减少牛的感染机会。

二、肠线虫病（结节虫病、夏伯特线虫病、鞭虫病）

（一）结节虫病

牛结节虫病由食道口线虫寄生于牛的大肠，主要是由结肠引起的。由于某些种类的食道口线虫幼虫可钻入牛的肠黏膜，使肠壁形成结节，因此又被称为结节虫。

[病原] 本病的病原为毛线科食道口属的多种线虫，常见的有 5 种，即哥伦比亚食道口线虫、微管食道口线虫、粗纹食道口线虫、辐射食道口线虫和甘肃食道口线虫，其共同特征是：口囊呈小而浅的圆筒形，外有突起的口环，口缘有叶冠，颈部有颈沟，颈沟后方有颈乳突，颈沟前方或后方的表皮有时膨大形成头囊或侧翼。雌虫在生殖孔口处虫体呈乳白色或暗灰色，雄虫长 12～16mm，雌虫长 16～22mm。虫卵大，呈椭圆形。

[流行特点] 虫卵随粪排出后，发育为感染性幼虫，经口感染宿主。某些种类的结节虫幼虫进入宿主体后，钻入肠壁，导致机体发生免疫反应，形成结节，虫体在其内蜕两次皮，后返回肠腔，发育为成虫。

从感染牛到成虫排卵需 30～50d。虫卵在低于 9℃ 时不发育，高于 35℃ 则迅速死亡。当牧场上的相对湿度为 48%～50%，平均温度为 11～12℃ 时，可生存 60d 以上。第 1、2 期幼虫抵抗力较差，极易死亡；第三期幼虫抵抗力强，在适宜条件下可存活几个月。春末夏秋，牛易遭受感染。

[临床症状] 病牛初期急性症状是顽固性下痢，粪便呈暗绿色，其中常带有黏液、脓汁或血液，弯腰，后肢僵直，有腹痛感。转为慢性时，便秘和腹泻交替进行，逐渐消瘦，贫血，生长受阻，常因极度衰弱而死亡。

[诊断] 根据临床症状，进行生前粪便检查，可检出大量虫卵；鉴别则需进行幼虫培养。结合剖解在肠壁发现大量结节，在肠腔内找到虫体，即可确诊。

[防治] 治疗可用噻苯唑、左咪唑、氟苯达唑或伊维菌素等药驱虫；对重

症病牛应进行适当的对症治疗。

预防该病，应定期驱虫，加强营养，保持饲料和饮水的清洁卫生，改善牧场环境。

（二）夏伯特线虫病

夏伯特线虫病是由圆线科、夏伯特属的线虫寄生于牛大肠内引起的，夏伯特线虫也叫阔口线虫，常见的有绵羊夏伯特线虫和叶氏夏伯特线虫。

[病原] 有两种：绵羊夏伯特线虫和叶氏夏伯特线虫，虫体呈淡黄绿色，长 16～26mm，整个虫体粗细几乎一致。前端稍向腹面弯曲，口囊大。口孔周围有两圈小叶冠，有或无颈沟。雄虫有交合伞，两根交合刺等长，导刺带色淡。雌虫尾端尖小，生殖孔距肛门近，排卵器为肾形（图 9-2）。两者不同之处，在于后者叶冠为圆锥状叶体，顶端尖细，内叶冠呈狭长形，尖端突出。虫卵与捻转胃虫卵形相似，长 100～120μm，宽 40～50μm。

[流行特点] 生活史类似于捻转胃虫。经口感染，虫卵随宿主粪便排到外界，可长期存活，在 20℃ 下，经 38～40h 孵出幼虫，在经 5～6d，蜕化两次，变为感染性幼虫。牛因放牧或吞食感染性幼虫污染的饲草料而感染，在感染后 48～54d，虫体发育成熟。

图 9-2　夏伯特线虫
1. 前部　2. 尾部
（引自李培元）

卵在 8～12℃ 温度下能活很长时间；在直射阳光下，10～15min 死亡。虫卵和感染性幼虫在低温（-12～-3℃）下可长期生存。从感染宿主到成熟需 30～50d。成虫寿命约为 9 个月。

[临床症状] 成虫口囊大，且常更换吸附部位，造成多处黏膜创伤，使黏膜肿胀、充血，甚至出血。患部覆有多量黏液，上皮脱落，呈现肠炎症状。严重时食欲减退或废绝，下痢，消瘦，贫血，水肿。

[诊断] 结合临床症状和虫卵检查可作出初步诊断，鉴别则需进行幼虫培养或尸体剖检，此外也可通过诊断性驱虫进行判断。

[防治] 治疗可选用噻苯唑、左咪唑或伊维菌素等药进行驱虫。

预防应平时加强饲养管理，分区轮牧，做好预防性驱虫工作。

（三）鞭虫病

鞭虫病是由毛尾科、毛尾属的鞭虫引起，也叫毛尾线虫或毛首线虫，寄生部位为盲肠，临床上以腹泻为主。

[病原] 病原有两种：即羊鞭虫及球鞘鞭虫，虫体呈乳白色，长 20～80mm。外观形如鞭状。前部细长为食道部，约占整个虫体长的 2/3，是由一连串的单细胞前后相连而成，镜观呈念珠状，眼观呈毛发状。后部粗短为体部，内有生殖器官和肠管。两者的区别在于后者雄虫的交合刺鞘末端呈球形。鞭虫卵为黄色，呈纺锤形，两端各有塞状构造，长 70～80μm，宽 30～40μm（图 9-3）。

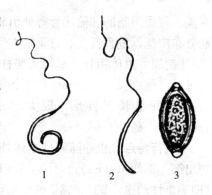

图 9-3　毛尾线虫

1. 雄虫　2. 雌虫　3. 虫卵

（引自李培元）

[流行特点] 成虫产卵后，卵随粪便排到外界后，在 30℃ 条件下，经 3～4 周发育为感染性虫卵（内含 L1），经口感染宿主，到寄生部位逐渐发育为成虫。

从感染到成虫成熟约需 45～80d。成虫寿命为 4～5 个月。幼畜感染率高，夏季易于感染。虫卵抵抗力强，感染性虫卵可在土壤中存活 5 年。

[临床症状] 轻度感染时，呈间歇性腹泻，轻度贫血，进而影响牛的生长发育。严重感染时，食欲减退，消瘦，贫血，腹泻；死前数天，排水样血色便，并有黏液。病变局限于盲肠和结肠，可引起盲肠和结肠的慢性卡他性炎症。严重感染时，在病变部位见有出血性坏死、水肿和溃疡，还有和结节虫病时相似的结节。

[诊断] 临床有消化紊乱，轻度贫血，肠炎，以至出血性腹泻时，可怀疑本病，可用漂浮法查虫卵进行诊断，虫卵具有特征性，易于辨识。据资料认为：1 000 个/g 粪便时，虫体不少于 30 条；6 000 个/g 以上，即可认为患有毛尾线虫病。

[防治] 治疗可选用下列药物：左咪唑、丙硫咪唑、伊维菌素、多拉菌素、羟嘧啶等均对鞭虫有一定效果。其中羟嘧啶有特效，每千克体重 5～10mg，口服；左咪唑，牛每千克体重 5～11mg，一次口服或注射，奶牛休药期不得少于 3d。敌百虫，牛每千克体重 20～40mg，口服。

预防此病，首先要定期驱虫。在规模化牛场，首先要每年定期对全群牛驱虫两次。其次，应保持牛舍、饲料和饮水的清洁卫生。再次，牛粪要进行无害化处理，牛粪和垫草应在固定地点堆积发酵，利用生物热杀灭虫卵。

三、肾虫病

肾虫病又称冠尾线虫病，是由冠尾科、冠尾属的有齿冠尾线虫寄生于牛的肾盂、肾周围脂肪和输尿管等处引起的。虫体偶尔寄生于腹腔和膀胱等处。本病分布广泛，危害性大，常呈地方性流行，严重时可造成牛群大批死亡。

[病原] 虫体粗壮，形似火柴杆，呈灰褐色，体壁较透明，其内部器官隐约可见。雄虫长 20～30mm，交合伞小，腹肋并行，交合刺两根。雌虫长 30～45mm。卵呈长椭圆形，较大，灰白色，两端钝圆，卵壳薄，长 99.8～120.8μm，宽 56～63μm。

[流行特点] 虫卵随尿排至体外，在适宜的温度与湿度条件下，经 1～2d 孵出第 1 期幼虫（L1）；再经 2～3d，第一期幼虫蜕皮两次，变为第三期幼虫（即感染性幼虫，L3）。感染性幼虫可以通过经口和经皮肤两条途径感染宿主。经口感染往往是牛吞食感染性幼虫后，幼虫钻入胃壁，脱去鞘膜，经 3d 后进行第三次蜕皮变为第四期幼虫（L4），然后随血液经门静脉进入肝脏。经皮肤感染的幼虫钻入皮肤和肌肉，约经 70h 移行并蜕皮一次变为第四期幼虫，后随血液经肺和大循环进入肝脏，幼虫在肝脏停留 3 个月或更长时间，穿过包膜进入腹腔，后移至肾脏或输尿管组织中形成包囊，并发育为成虫。少数幼虫误入其他器官，如脾、脊髓、腰肌等处，但这些幼虫终因不能发育成成虫而死亡。

本病以气候温暖的多雨季节多发，感染性幼虫多分布于牛舍的墙根和牛排尿的地方，其次是运动场中的潮湿处。虫卵在 12℃ 以下不能发育，虫卵在43℃和幼虫在 45℃时，经 5min 均会死亡。虫卵和幼虫对干燥和直射阳光的抵抗力很弱。虫卵对化学药物的抵抗力很强。

[临床症状] 无论幼虫或成虫，致病力都很强。幼虫钻入皮肤时，常引起化脓性皮炎，皮肤发生红肿和小结节。同时，附近体表的淋巴结常肿大。幼虫在体内移行时，可损伤各种组织，其中以肺脏受害最重。病牛表现食欲减退，消瘦，贫血，生长缓慢，严重时尿中带白色黏稠絮状物和脓液。严重病例可发生死亡。

[诊断] 用尿液检查法发现大量虫卵，或剖检患牛发现虫体时，即可确诊。亦可用肾虫的成虫制作抗原作皮内变态反应进行早期诊断。

[防治] 治疗可用左咪唑、丙硫苯咪唑、氟苯咪唑和阿维菌素。

预防此病，应采取综合防治措施，经常保持圈内外清洁、干燥、圈内与运动场的排尿、排水要通畅，地面可用石灰水或 3%～4%漂白粉水溶液消毒。加强饲料管理，重视饲料搭配，给予富有营养的饲料，尤其注意补充维生素和矿物质。

四、肺线虫病

牛肺线虫病又称网尾线虫病，主要是由几种网尾线虫寄生在牛的气管和支气管中引起的。临床上以咳嗽、消瘦、贫血、呼吸困难为特征，常呈地方性流行。

[病原] 病原主要是胎生网尾线虫和丝状网尾线虫，网尾属线虫属于大型肺线虫，虫体呈乳白色粉丝状，较长，约2.4～10cm。头端有4片小唇，口囊浅。寄生于宿主的气管和支气管内。交合刺两根，为多孔性结构，色彩棕黄或黄褐色；导刺带色稍淡，也呈泡孔状构造。虫卵内含幼虫。各种网尾线虫主要是根据交合伞中后侧肋的合并与分支情况进行区分（图9-4）。另外还有部分的肺线虫病是由小型肺线

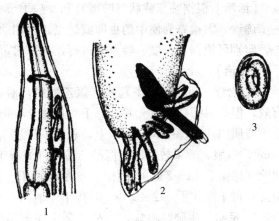

图 9-4　丝状网尾线虫
1. 虫体前部　2. 雄虫尾部　3. 虫卵
（引自李培元）

虫引起的，即原圆科的线虫，虫体呈棕色，长1.2～4cm。

[流行特点] 成虫在寄生部位产卵（内含蜷曲幼虫），随痰液到口腔，再被牛吞下，随粪便排出体外。在粪便排出时，虫卵中幼虫常常已经破壳逸出。幼虫在外界生活数日，经2次蜕皮变成感染性幼虫。牛在吃草或饮水时食入感染性幼虫，幼虫经肠壁穿入到肠系膜淋巴结，再经淋巴管到血液进入肺部，钻入肺泡及支气管发育为成虫并寄生。但大型肺线虫和小型肺线虫的生活史又有所区别：大型肺线虫的发育不需中间宿主。卵产出后随着咳嗽，经支气管、气管进入口腔，后被咽下，进入消化道，虫卵多在大肠孵化，幼虫随粪便排出，在外界经过一周，第一期幼虫渐发育为感染性幼虫，经口感染宿主。幼虫进入肠系膜淋巴结，随淋巴循环进入心脏，再随血流到肺脏，约经18d发育为成虫。

小型肺线虫的发育需要中间宿主。第一期幼虫随粪排出后，钻入中间宿主体，经18～49d发育为感染性幼虫，可自行逸出或仍留在中间宿主体，被终末宿主吞食后感染。在终末宿主体的移行路径同大型肺线虫，感染后35～60d成熟。

网尾线虫耐低温，在4～5℃环境下就可发育。第三期幼虫在积雪覆盖下仍能生存。成年牛感染率高，蚯蚓可作为贮藏宿主；原圆科线虫幼虫对低温、干燥的抵抗力强，在中间宿主体可生存2年之久，喜潮湿阴雨环境。

[临床症状] 病初咳嗽，尤以夜间和清晨出圈时明显，咳出的痰液中可含有虫卵、幼虫或成虫；由鼻孔流出黏液，干后在鼻孔周围形成硬皮。久之，被毛干燥、粗乱，食欲不振，消瘦，喜卧不愿站立。后期呼吸困难，不能站立，

吐白色泡沫，以至窒息死亡。

[诊断] 根据临床症状（咳嗽）和发病季节（春季），可疑为肺线虫病。进一步确诊，需检查粪便中的虫卵或幼虫。常用幼虫分离法对第一期幼虫进行检查，鉴别可根据其长度、特点来进行，必要时可进行寄生虫学剖检。

[防治]

1. 治疗 可选用以下药物：氯乙酰肼，对牛网尾属线虫及部分原圆线虫有效，但是对缪勒线虫无效。每千克体重 17.5mg，口服；每千克体重 15mg，皮下或肌肉注射。牛 300kg 以上，总量不超过 5g。丙硫咪唑，每千克体重 5～20mg，口服，效果较好。枸橼酸乙胺嗪（海群生），适用于大型肺线虫童虫的驱除（感染后 14～25d 的虫体），剂量为每千克体重 200mg，混饲给予。伊维菌素，每千克体重 0.2～0.3mg，皮下注射。

2. 预防 牛肺线虫病，一是要到干燥清洁的草场放牧，要注意牛饮水的卫生。二是经常清扫牛圈舍，对粪尿污物发酵，杀死虫卵。三是每年春秋两季，或牛由放牧转为舍饲时，集中进行驱虫。但驱虫后的粪便要严加管理，一定要发酵杀死虫卵。

五、蛔虫病

牛蛔虫病是由牛新蛔虫寄生于 4～5 月龄以内犊牛的小肠引起的以肠炎、下痢、腹痛等消化道症状为特征的寄生虫病。该病常可引起犊牛的死亡，对养牛业危害十分严重。

[病原] 犊牛新蛔虫虫体粗大，为淡黄色，头端有 3 个唇片。雌虫长 14～30cm，尾直，生殖孔开口于虫体前部 1/8～1/6 处。雄虫长 11～26cm，尾部呈圆锥形，弯向腹面。虫卵短圆形，直径为（75～95）μm×（60～66）μm，淡黄色，表面具有多孔结构的蛋白膜，内含一个卵细胞。

[流行特点] 成虫寄生于犊牛的小肠，发育成熟后，雌雄交配，雌虫所产的卵随粪便排出体外，在适宜的温度和湿度下，经 3～4 周发育为内含第二期幼虫的感染性虫卵。牛食入感染性蛔虫卵而遭受感染，卵内幼虫在肠内逸出并穿过肠壁，移行进入肝、肺、肾等器官组织。当母牛妊娠 8.5 个月时，幼虫经胎盘进入犊牛体内，随血流经肝、肺、气管、咽转入胎牛的消化道，寄生于小肠内，待小牛出生后 1 个月左右即发育为成虫，虫体成熟即可产卵。成虫在小肠中可生活 2～5 个月，以后逐渐从牛体排出。

易感动物为 5 月龄以内的犊牛，尤以 1 月龄内的犊牛感染率为高，黄牛、水牛及奶牛均可感染，成年牛体内只发现有移行阶段的幼虫。虫卵对药物的抵抗力较强，2% 福尔马林对该虫卵无作用，29℃时，虫卵可以在 2% 克辽林或

2%来苏儿溶液中存活20h。但其对直射阳光的抵抗力较弱，虫卵在阳光的直接照射下，4h即全部死亡。温度和湿度对虫卵的发育有较大影响。

[临床症状] 病牛开始表现精神不振，嗜睡，不愿行动，吮乳无力或不吮，腹部膨胀，有腹痛症状，排稀糊样腥臭粪便，有时排血便，口腔内发出特殊酸臭味。后期病牛臀部肌肉弛缓，四肢无力，站立不稳。如虫体寄生量大时，可引起肠阻塞或穿孔。有时出现肌肉痉挛、不安等神经症状。患蛔虫病的犊牛死亡率很高。

[诊断] 诊断时需将流行病学、病牛症状和粪便检查相结合，粪便检查常用饱和盐水浮集法，检出率很高。

[防治措施] 治疗时可选用以下几种药物：丙硫咪唑，剂量为每千克体重5～10mg，一次口服；伊维菌素，剂量为每千克体重0.2mg，一次皮下注射。左旋咪唑，剂量为每千克体重8mg溶于水中，1次灌服。灌药前，对犊牛禁食一顿，效果更好。

预防本病，要经常打扫圈舍，保持环境卫生，对粪便和其他污物堆积发酵，杀死其中所含虫卵。在母牛怀孕后期，用左旋咪唑进行驱虫，减少病原感染胎儿的机会。在常发病地区，对犊牛用左旋咪唑进行驱虫。

六、丝虫病

牛丝虫病是由丝状科丝状属的线虫寄生在牛的腹腔中引起的，又称腹腔丝虫病。寄生于腹腔的成虫致病性不强。

[病原体] 丝状属线虫长数厘米至10余厘米，乳白色，尾端蜷曲呈螺旋形。口孔周围有角质环围绕，在背、腹面，有时也在侧面有向上的隆起，形成唇状、肩章状或乳突状的外观。口环的后方有乳突。雄虫有交合刺1对，不等长、不同形；在泄殖腔前后有数对乳突。雌雄虫的尾端附近均有小的侧附器，尾部常呈螺旋状蜷曲。雌虫较雄虫大，尾尖上常有小结或小刺；阴门在食道部。雌虫产微丝蚴，出现于宿主的血液中。在牛体内常见虫种有鹿丝状线虫和指形丝状线虫两种，前者又称唇乳突丝状线虫，口孔呈长形，角质环的两侧部向上突出成新月状，背、腹面突起的顶部中央有一凹陷，略似墙垛口。雄虫长40～60mm，交合刺两根。雌虫长60～120mm，尾端为一球形的纽扣状膨大，表面有小刺。指形丝状线虫口孔呈圆形，口环的侧突起为三角形，且较鹿丝状线虫的为大。背、腹突起上有凹迹。雄虫长40～50mm、交合刺两根。雌虫长60～80mm，尾部末端为小的球形膨大，其表面光滑或稍粗糙。两者的微丝蚴相似，均有鞘，长240～260μm。

[流行特点] 丝虫成虫寄生于腹腔，所产微丝蚴进入宿主的血液循环，并

周期性地出现在牛外周血液中。中间宿主为吸血昆虫，但两者所要求的昆虫的种类不同。指形丝状线虫为中华按蚊、雷氏按蚊、骚扰阿蚊、东乡伊蚊和淡色库蚊；鹿丝状线虫可能是厩螫蝇或蚊类。当中间宿主刺吸终末宿主血液时，微丝蚴随血液进入中间宿主——蚊虫的体内，经 15d 左右发育为感染性幼虫，并移行到蚊的口器内。当带有感染性幼虫的蚊刺吸终末宿主的血液时，感染性幼虫即进入终末宿主体内，经 8～10 个月，发育为成虫。

[临床症状] 丝状线虫寄生于牛的腹腔一般无明显症状，在血液检查时，有时在血细胞间可见有微丝蚴。虫体感染数量较大时，可引起腹膜的纤维蛋白性炎症。有时指形丝状线虫也可寄生于牛输卵管引起相应病变。

[诊断] 取动物外周血液检查，发现微丝蚴即可确诊。另外剖解后在腹腔发现丝虫成虫也可确诊。

[防治] 治疗可选用下列药物：海群生，每千克体重 10mg，一次口服，1 次/d，连用 10d；左旋咪唑，每千克体重 8mg，口服或肌内注射；另外，也有人推荐用伊维菌素进行治疗。

预防包括防止吸血昆虫叮咬和扑灭吸血昆虫两个方面。

第二节　吸　虫　病

一、肝片吸虫病

肝片吸虫病也叫肝蛭病，是由肝片吸虫或大片吸虫寄生于牛的肝脏和胆管，引起的急性或慢性肝炎和胆管炎的寄生虫病。在沼泽地带，水草多的地方呈地方流行。病牛表现为营养下降，奶牛产奶量减少，有时甚至引起死亡，对牛的危害较大。

[病原] 肝片吸虫大小为（21～41）mm×（9～14）mm，雌雄同体，呈扁平片状，外观呈树叶状，新鲜时为灰红褐色，固定后变为灰白色。虫体的角质皮上生有许多小刺，或叫棘刺（一般不易见到）。在虫体前端有一呈三角形的锥状突，两边宽平的部分称为肩，口吸盘位于头锥顶端，腹吸盘位于口吸盘之后肩的水平线上。在两吸盘之间，有一较小的生殖孔（图9-5）。大片吸虫与肝片吸虫在

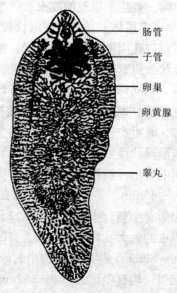

肠管
子管
卵巢
卵黄腺

睾丸

图9-5　肝片吸虫成虫

形态上很相似。虫体呈长叶状，大小为（25～75）mm×（5～12）mm，虫体长与宽之比约为 5∶1。虫体两侧缘较平行，后端钝圆，"肩"部不明显。

肝片吸虫卵呈长卵圆形，黄色或黄褐色，前端较窄，后端较钝，卵盖明显。卵内充满卵黄细胞和一个胚细胞，大小为（115～150）μm×（70～82）μm。大片吸虫的虫卵较大，呈长卵圆形、黄褐色，大小为（150～1 190）μm×（75～90）μm。

[流行特点] 片形吸虫的发育需要淡水螺作为它的中间宿主，肝片吸虫的主要中间宿主为小土窝螺，还有斯氏萝卜螺；大片吸虫主要的中间宿主是耳萝卜螺，小土窝螺也可作为其中间宿主。

成虫在终末宿主的胆管内排出大量虫卵，卵随胆汁进入消化道，随粪便排出体外，在适宜的条件下孵出毛蚴，进入水中，遇中间宿主则钻入其体内。经无性繁殖发育为胞蚴、雷蚴和尾蚴。尾蚴自螺体逸出，附着在水生植物上形成囊蚴。家畜在吃草或饮水时吞食囊蚴，即可被感染。囊蚴至宿主胃肠中，其包膜被消化液溶解，幼虫逸出到寄生部位，经 2～4 个月，逐渐发育为成虫。

本病呈地方性流行，多发生于低洼、沼泽及有河流和湖泊的放牧地区。因春末夏秋季节气候适合肝片吸虫卵的发育，而且此季节椎实螺繁殖极多，散布甚广，故流行感染多在每年春末夏秋季节，以 6～9 月份为高发季节。肝片吸虫的中间宿主约有 20 多种椎实螺科的淡水螺蛳，但主要为小土窝螺和萝卜螺。牛吃了附着有囊蚴（虫卵→毛蚴→钻入椎实螺体内→胞蚴→雷蚴→尾蚴→囊蚴从螺体逸出）的水草而感染，各种年龄、性别、品种的牛均能感染，羔羊和绵羊的病死率高。

[临床症状] 轻度感染往往不表现症状，感染数量多时（牛约为 250 条成虫）则表现症状，其临床表现因感染强度和家畜机体的抵抗力、年龄、饲养管理条件等不同而有差异。长期侵害可导致牛体质衰弱，皮毛粗乱、易脱落、无光泽，产奶量降低。感染严重时，食欲减退，消化紊乱，黏膜苍白，贫血，黄疸，产奶量显著减少。后期牛体下部出现水肿，最后极度衰弱而死亡。犊牛即使轻度感染也有临床表现，不但影响其生长发育，而且有导致死亡的危险。病牛死后可见肝脏、胆管扩张，胆管壁增厚，其中可见大量寄生的肝片吸虫。

[诊断] 根据临床症状，粪便虫卵检查，病理剖检及流行病学资料进行综合判定。粪便虫卵检查可用沉淀法和锦纶筛集卵法，只见少数虫卵而无症状出现，只能视为"带虫现象"。死后剖检，急性病例可在腹腔和肝实质中发现幼虫；慢性病例可在胆管内检获成虫，从而可进行确诊。

[防治措施] 治疗肝片吸虫病时，不仅要进行驱虫，而且应注意对症治疗，尤其对体弱的重症患畜。驱除肝片吸虫的药物，常用的有下列几种：肝蛭净

（三氯苯唑），剂量为每千克体重 10～12mg。一次口服，对成虫、童虫均有效；丙硫咪唑（阿苯达唑），剂量为每千克体重 20～30mg，经第三胃投予，一次口服，对成虫和童虫均有效。硝氯酚，粉剂，剂量为牛每千克体重 4～5mg，一次口服；针剂，剂量为每千克体重 0.5～1mg，深部肌内注射，适用于慢性病例，对童虫无效。硫双二氯酚，每千克体重 40～60mg，一次口服，本药对绦虫也有效。五氯柳胺，每千克体重 10mg，一次口服，对成虫有效。

预防要注意定期驱虫、消灭中间宿主和加强饲养卫生管理。肝片吸虫病的主要传播源是病牛和带虫者，因此驱虫不仅是治疗病牛，也是积极的预防措施；北方地区每年冬春季节各驱虫一次；南方因终年放牧，每年可进行三次驱虫；驱虫药物可选用硝氯酚、联氨酚噻、肝蛭净、蛭得净、丙硫咪唑、硫双二氯酚等药物。驱虫后的粪便应堆积发酵杀死虫卵。对驱虫后排出的粪便，要严格管理，不能乱丢乱堆，应集中起来堆积发酵处理，防止污染牛舍和草场及再感染发病。在放牧地区控制椎实螺数量，可通过兴修水利、填平改造低洼沼泽地，来改变椎实螺的生活条件，达到灭螺目的；也可大群养鸭，这样既能灭螺，又能促进养鸭业的发展。放牧时，尽可能选择地理位置较高的干燥地区放牧。在发病地区，尽量饮自来水、井水或流动的河水等清洁的水，不要到低湿、沼泽地带去饮水。对患病脏器应处理得当，不能将有虫体的肝脏乱弃或在河水中清洗，或把洗肝的水到处乱泼，而使病原人为地扩散，对有严重病变的肝脏应立即作深埋或焚烧等销毁处理。

二、前后盘吸虫病

前后盘吸虫病是由前后盘科各属的多种前后盘吸虫（同盘吸虫）引起的一种寄生虫病。成虫主要寄生于牛、羊等反刍兽的瘤胃壁上，危害不大；幼虫移行至真胃、小肠、胆管、胆囊等部位时，可引起较严重的疾病，甚至导致大批死亡。该病遍及全国各地，南方较北方多见。

[病原] 前后盘吸虫种类繁多，虫体的大小、颜色、形状及内部构造均因种类不同而有差异。虫体长度从几毫米到 20mm 不等，颜色可呈深红色、粉红色或乳白色，在形状上亦有差异。但也具有某些共同特征：虫体肥实呈长椭圆形、圆锥形或梨形；腹吸盘位于虫体后端，且显著大于口吸盘，因口腹吸盘位于虫体两端，又称双口吸虫。虫体角皮光滑，缺咽，睾丸多分叶，常位于圆形卵巢之前。卵黄腺位于虫体两侧。常见种有鹿前、后盘吸虫和殖盘吸虫两种。前者新鲜时呈淡红色，圆锥形，稍向腹面弯曲；大小为（5～13）mm×（2～4）mm。后吸盘较口吸盘大，肠管分两支终于后吸盘的背侧。虫卵椭圆形，淡灰色，大小为（110～170）μm×（70～100）μm；有卵盖内含圆形胚

细胞，卵黄细胞不充满虫卵。殖盘吸虫为白色虫体，近圆锥形，其形态和鹿前后盘吸虫相似；大小为 (8.0～10.8) mm×3mm；有食道球，肠管略有弯曲，终于卵巢边缘，有生殖吸盘环绕于生殖孔的周围。虫卵大小为 (112～136) μm× (68～72) μm。

[流行特点] 生活史类似于肝片吸虫。成虫在终末宿主的瘤胃内产卵，卵随粪便排至体外，在适宜的环境条件下孵出毛蚴。毛蚴在水中遇到适宜的中间宿主扁卷螺（属于淡水螺蛳）时，即钻入其体内，发育为胞蚴、雷蚴和尾蚴。尾蚴离开螺体后，附着在水草上形成囊蚴。牛、羊吞食含囊蚴的水草后被感染。囊蚴到达肠道后，幼虫从囊内游离出来，先在小肠、胆管、胆囊和真胃内移行寄生数十天，最后到瘤胃中，经3个月发育为成虫。

[临床症状] 成虫危害较轻，当寄生数量较大时也能出现消瘦、贫血和水肿。其致病作用主要是由童虫移行引起的，可导致真胃和小肠黏膜水肿、出血，发生出血性胃肠炎；患畜表现为顽固性下痢，粪便呈粥样或水样，常有腥臭；贫血、消瘦、颌下水肿，黏膜苍白，最后呈严重的消耗性恶病质状态，卧地不起，最终因衰竭而死亡。

[诊断] 成虫寄生时难以诊断，可用水洗沉淀法在粪便中查找虫卵；童虫寄生时可结合临床症状并分析流行特点作出初步诊断，再通过应用驱童虫药物进行诊断性驱虫，如果在粪便中找到大量的童虫且病情好转而确诊。最可靠的确诊方法是进行尸体剖检检查病变和寻找童虫和成虫。

[防治] 治疗可用下列药物：硫双二氯酚，剂量为每千克体重40～70mg，一次口服；氯硝柳胺，剂量为每千克体重40～60mg，一次口服，可用菜叶包裹后让牛自由吞服；硝氯酚，剂量为每千克体重6mg，一次口服；溴羟替苯胺，每千克体重65mg，一次口服。

预防此病，可参照肝片吸虫病，并根据当地的具体情况和条件，制定以定期驱虫为主的预防性措施。

三、分体吸虫病（血吸虫病、裂体吸虫病）

血吸虫病又称日本分体吸虫病、日本裂体吸虫病，是由分体科的日本分体吸虫寄生于人、牛、羊、猪、犬、猫、兔、猴和鼠类等多种哺乳动物的门静脉、肠系膜静脉内所引起，是一种危害严重的人畜共患寄生虫病。本病主要分布于亚洲东部，流行于我国长江流域及长江以南的省、市，主要危害人和牛。

[病原] 日本分体吸虫为雌雄异体，雄虫乳白色，大小为 (10～20) mm× (0.5～0.55) mm。口吸盘位于体前端，腹吸盘大于口吸盘，在口吸盘后方不远处。腹吸盘后方至尾部的体壁向腹面蜷曲形成抱雌沟，雌虫居于这一生殖沟

内，呈合抱状态，并交配产卵。体被光滑、仅吸盘内和抱雌沟边缘有小刺。口吸盘内有口，缺咽，下接食道，两侧有食道腺。食道在腹吸盘前分为两支，向后延伸为肠管，在虫体后部 1/3 处合并为一单管，伸达虫体末端。睾丸 7 枚，呈椭圆形，单行排列于腹吸盘下方。雌虫较雄虫细长，大小为（15～26）mm×0.3mm，呈暗褐色。口、腹吸盘均较雄虫的小。卵巢呈椭圆形，位于虫体中部偏后方两侧肠管之间，管状的子宫内含 50～300 个虫卵，雌性生殖孔开口于腹吸盘后方。虫卵呈椭圆形、大小为（70～100）μm×（50～65）μm，呈淡黄色，卵壳薄而无盖，在其侧方有一小刺，卵内含毛蚴。

[流行特点] 日本分体吸虫成虫寄生于牛门静脉和肠系膜静脉内，成虫交配后产出虫卵，虫卵沉积在肠壁小静脉中并形成结节。沉积在肠壁的虫卵能够分泌溶细胞物质，导致肠黏膜破溃，虫卵随破溃组织进入肠腔，随粪便排出体外。排至外界的虫卵在水中孵出毛蚴，毛蚴运动活跃，可在短时间内钻到钉螺体内并进行无性繁殖，经历母胞蚴、子胞蚴和尾蚴三个阶段，发育成熟的尾蚴逸出螺体。尾蚴遇到终末宿主即可进入其体内，随后脱掉尾部并变为童虫，再经纤小血管或淋巴管随血流经右心、肺、体循环到达肠系膜静脉内寄生，最终发育为成虫。

日本分体吸虫在我国主要分布于长江流域及以南省市，危害的对象主要为人、牛、羊等家畜。中间宿主是钉螺，人和牛的感染与接触含有尾蚴的疫水有关；主要经皮肤钻入感染，也可经口和胎盘感染，春夏季的感染率为高。

[临床症状] 牛感染血吸虫后可呈现急性经过、慢性经过和无症状带虫 3 种类型。大量感染时，往往呈急性经过：首先表现食欲不振，精神不佳，体温升高，可高达 40～41℃以上，行动缓慢、呆立不动，以后严重贫血，往往因衰竭而死亡。慢性型的病牛表现有消化不良，发育迟缓，往往成为侏儒牛。病牛食欲不振，下痢，粪便含黏液或血液，甚至块状黏膜，有腥臭和里急后重现象，甚至发生脱肛，肝硬化，腹水。母牛往往有不孕或流产等现象。少量感染时，一般症状不明显，病程多取慢性经过，成为在外观上无明显表现的带虫牛。

剖解病死牛可发现，尸体消瘦，贫血，皮下脂肪萎缩；腹腔内有积液。本病所引起的主要病变是虫卵沉积于组织中所产生的虫卵结节。肉眼观察可在肝脏和肠壁上见到粟粒大到高粱米大灰白色或灰黄色的小点，即虫卵结节。严重感染时，肠道各段均可找到虫卵的沉积、尤以直肠部分的病变最为严重。肠黏膜有小溃疡、瘢痕，肠黏膜肥厚。肠系膜淋巴结肿大，门静脉血管肥厚。此外，心、肾、胰、脾、胃等器官有时也可发现虫卵结节。

[诊断] 在流行区，根据临床表现和流行病学资料分析可作出初步诊断，

但确诊要靠病原学检查和血清学试验。病原学检查方法有粪便毛蚴孵化法和剖检虫体鉴定法（日本分体吸虫在肠系膜小血管中寄生时呈雌雄合抱状态，肉眼仔细观察可以发现；虫体呈长圆柱形，外观呈线状）。免疫学诊断法有环卵沉淀试验、间接血凝试验和酶联免疫吸附试验等。

[防治] 治疗时可选用下列药物：吡喹酮，剂量为大牛每千克体重 30mg，小牛为每千克体重 25mg，均为一次口服。牛体重以 400kg 为限，最大剂量为 10g。硝硫氰胺（7505），剂量为每千克体重 40～60mg，一次口服。新血防片（含量 0.25g）应用于急性期病牛，剂量为每千克体重 100～200mg，每日口服，连用 10g 为一疗程。敌百虫，黄牛按每千克体重 20～40mg 用药，每 3～4 日 1 次，共用 3 次；水牛每日每千克体重 15mg，连用 5d。为提高疗效，1 个月后可进行第 2 次治疗。

日本分体吸虫病的预防要采取综合性措施，要人、畜同步防治，除积极查治病畜、病人及控制感染源外，尚需加强粪便和用水管理，安全放牧和消灭中间宿主钉螺，防止病牛调动，注意牛只更新工作等。应结合农业生产，采用适合当地习惯的积肥方式，将牛粪堆积或池封发酵，或推广使用粪便生产沼气等办法，以杀灭虫卵；管理好水源，防止粪尿污染，耕牛用水必须选择无螺水源或钉螺已消灭的池塘，实行专塘用水。凡疫区的牛均应实行安全放牧，建立安全放牧区。对有钉螺的地带应根据钉螺的生态学特点，结合农田水利基本建设采用土埋、水淹和水改旱等办法灭螺；也可采用化学法灭螺，如用五氯酚钠、氯硝柳胺、生石灰及溴乙酰胺等灭螺。

第三节　牛囊尾蚴病

一、牛囊虫病

牛囊虫病又称牛囊尾蚴病，是由寄生于人体内的无钩绦虫——牛带吻绦虫（亦称肥胖带吻绦虫）的幼虫（牛囊虫）寄生在牛的肌肉组织内引起的，是一种重要的人兽共患寄生虫病。

[病原] 牛囊虫为灰白色半透明的小囊胞，直径约 1cm，囊内充满液体，囊壁一端有一内陷的粟粒大的头节，直径为 1.5～2.0mm，上有 4 个小吸盘，无顶突和小钩。

牛带绦虫为乳白色，带状，节片长而肥厚，长 5～10m，最长可达 25m 以上。头节上有 4 个吸盘，无顶突和小钩，因此又称无钩绦虫。颈节短细。颈部下为链体，由 1 000～2 000 个节片组成。成节近似方形，每节片内有一套生殖系统，雌雄同体。睾丸 800～1 200 个。卵巢分两叶。孕节内有发达的子宫，其侧枝为 15～30 对，其内含有大量虫卵。虫卵呈球形，黄褐色，内含六钩蚴，大小为（30～40）$\mu m \times$（20～30）μm。

[流行特点] 牛带吻绦虫寄生于终末宿主——人的小肠内。成熟的孕节脱落后，可自动蠕行至人的肛门外或随人的粪便排到外界，破裂后释出虫卵，污染环境。孕节和虫卵污染牧地和饮水，被牛食入后，在小肠内逸出六钩蚴，经牛肠壁钻入血管，随血流进入全身肌肉中，尤以舌肌、咬肌、腰肌和其他运动性较强的肌肉为多。在肌肉中经 3～6 个月发育为囊尾蚴。人吃了生的或未煮熟的含牛囊虫的牛肉而感染，在小肠中经 2.5～3 个月发育为成虫。成虫寿命可达 20～30 年或更长。

牛囊虫病呈世界性分布，其发生和流行与牛的饲养管理方式、人的粪便管理、人是否有喜食生牛肉的习惯有密切关系。如果牛舍兼做人的厕所，人粪便中的虫卵可污染牛的饲料和饮水，或牛在牧场上饮污水是流行的重要因素。在有食生肉习惯的地区和民族中，牛囊虫病和牛带吻绦虫病常呈地方性流行。犊牛较成年牛易感染，有的犊牛生下来几天即遭受感染。牛带绦虫卵对外界环境抵抗力较强，在干草堆中可存活 22d，在牧地上可存活 159d，－30℃存活 16～19d，－5～4℃存活 168d。人是牛带绦虫唯一的终末宿主，牛科动物是其主要中间宿主。

[临床症状] 牛中度感染时，很少表现出症状。只在高度感染时的感染初期症状显著，最初几天病牛体温可升高到 40～41℃，表现虚弱，腹泻，食欲不振，甚至反刍停止，长时间躺卧，以后可见前胃弛缓、嚼肌、背肌和腹肌疼痛，肩前和股前淋巴结肿大，呼吸和心跳加快，全身肌肉震颤，在臀部、肩胛部等处按压有明显痛感，有的表现为跛行、躁动不安，严重时可引起死亡。但由于囊尾蚴病生前诊断困难，通常误认为是其他疾病所致而不能引起注意。经过最初 8～10d，幼虫到达肌肉后症状即告消失。

[诊断] 牛囊虫病的生前诊断比较困难，可采用间接血凝试验、酶联免疫吸附试验和胶乳凝集试验等血清学方法作出诊断。尸体剖检时发现牛囊尾蚴即可确诊，牛囊尾蚴最常寄生部位为舌肌、咬肌、肋间肌、心肌、颈肌和四肢肌。

[防治] 治疗牛囊虫病可试用吡喹酮和甲苯咪唑。近年来，也有用丙硫咪唑和巴龙霉素驱虫的，疗效良好。吡喹酮，剂量为每千克体重 30～100mg，一次肌内注射；丙硫咪唑，剂量为每千克体重 15～50mg，一次口服。

切断无钩绦虫的生活史即可防止本病的流行，可以通过以下几方面来实现：加强宣传教育，呼吁人们不吃生牛肉或未煮熟的牛肉；加强屠宰检验工作，查出有囊尾蚴的牛肉，按国家现行规定处理，不准上市销售；对感染无钩绦虫的病人，应及时用吡喹酮、丙硫咪唑等药物驱虫；拆除连茅圈，管理好人的粪便，人的粪便须经过堆肥发酵处理后再使用，防止污染环境。

二、棘球蚴病

棘球蚴病又称包虫病，由带科棘球属绦虫的中绦期幼虫—棘球蚴寄生于牛的肝、肺及其他器官中所引起，是一类重要的人兽共患寄生虫病。棘球绦虫种类较多，我国主要是细粒棘球绦虫，此外还有多房棘球绦虫。

[病原] 棘球蚴一般近球形，呈包囊状（图9-6），直径一般5～10cm左右，小的仅黄豆粒大，最大的直径可达50cm，囊内充满无色或微量的透明液体。囊壁较厚不透明，外表为乳白色的角质层，内层为胚层，头节和生发囊部分附着在囊壁上，部分脱落在囊液中，眼观呈细砂状，故称"棘球砂"。寄生在家畜的棘球蚴多数如前述构造。但在牛也有一些棘球蚴囊内没有头节，这种囊称为不育囊，不能感染新的宿主。

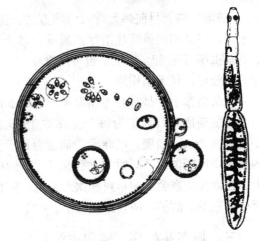

图9-6 细粒棘球蚴与细粒棘球绦虫成虫（Monnig）

成虫即细粒棘球绦虫或多房棘球绦虫，寄生在犬、狼等肉食动物的小肠，虫体很小，仅2～7mm长，由一个头节和3～4个节片组成。

[流行特点] 成虫寄生于犬科动物的小肠中，其孕节和虫卵随粪便排至体外，污染草、饲料和饮水。当牛只通过吃草、饮水吞下虫卵后，卵膜因胃酸作用被破坏，六钩蚴逸出并钻入肠壁血管中，随血流到肝、肺组织中寄生（90%以上在肝脏），经6～12个月的生长，成为具有感染性的细粒棘球蚴。犬和其他食肉动物因吞食了含细粒棘球蚴的脏器而受感染，经40～50d发育为棘球绦虫的成虫。

本病可长年传播流行，由于犬体内寄生成虫数量极多，其虫卵对外界抵抗力较强，因此在有犬和其他家畜共同饲养的农牧区，该病有广泛散播的机会。最常见的寄生部位是肝脏和肺脏。

[临床症状] 棘球蚴病的临床症状随虫体的寄生部位和感染强度的不同差

异明显，轻度感染或感染初期症状均不明显。棘球蚴主要寄生在牛的肝脏和肺脏。当肺部严重感染时，病牛表现呼吸困难、咳嗽，听诊病灶部肺泡音微弱或消失。如果棘球蚴破裂，代谢产物被吸收后，则全身症状迅速恶化，体力极度虚弱，通常窒息死亡。当肝脏严重感染时，常发生臌气而导致右侧腹部膨大，消化失调，出现黄疸，眼结膜黄染，叩诊肝浊音区扩大，肝区压痛明显。

[诊断] 本病生前诊断比较困难，可采用 X 线、超声波等进行诊断；也可采用变态反应、间接血凝或酶联免疫吸附试验诊断；死亡后剖检发现虫体即可确诊。

[防治措施] 目前尚无特效治疗方法。治疗可施行手术摘除，但动物实用性不大，可试用丙硫咪唑治疗，剂量为每千克体重 90mg，连服两次，对原头蚴的杀虫率可达 82% 以上；也可用吡喹酮，剂量为每千克体重 25～30mg，治疗效果较好，且无副作用。

预防措施主要是对警犬和家犬定期驱虫，消灭野犬。驱除犬棘球绦虫的药品有：氯硝柳胺，剂量为每千克体重 150mg，口服；氢溴槟榔碱，剂量为每千克体重 2mg，口服；吡喹酮，剂量为每千克体重 20mg，口服。驱虫后排出的粪便应彻底销毁。同时要加强屠宰厂的卫生管理，病畜的脏器不得随意喂犬。经常保持畜舍、饲草料和饮水卫生，防止犬粪污染。常与犬接触的人员应严格注意卫生防护，防止虫卵感染。

三、脑多头蚴病（脑包虫病）

脑多头蚴病又称脑共尾蚴或脑包虫病，是由寄生于狗、狼等肉食兽小肠中多头带绦虫的幼虫（脑多头蚴）寄生于牛的脑部及脊髓内所引起的一种绦虫蚴病，极少见于人。牛发病后常发生转圈运动，因此民间又称此病叫"转场风"或"转圈病"。

[病原] 脑多头蚴为乳白色半透明的囊胞，呈圆形或卵圆形，大小从大豆到皮球不等，囊内充满透明的液体。囊壁由两层膜组成，外膜为角质层，内膜为生发层，其上有十几到上百个分布不均匀的原头蚴（头节）。在显微镜下观察这些头节，可见有吸盘和小钩。

多头绦虫成虫体长 40～100cm，呈扁平带状，由 200～250 个节片组成；头节上有 4 个吸盘，顶突上有两圈角质小钩（22～32 个）；成熟节片呈方形；孕卵节片内含有充满虫卵的子宫，子宫两侧各有 18～26 个侧支（图 9-7）。虫卵的直径为 29～37μm，内含六钩蚴。

[流行特点] 寄生在狗等肉食兽小肠内的多头绦虫的孕卵节片随终末宿主的粪便排出体外，其中的虫卵逸出，污染草、饲料和饮水。当牛等反刍动物吞

图 9-7 多头绦虫（HALL）

1. 成节 2. 孕节 3. 脑多头蚴

食了虫卵以后，六钩蚴钻入肠壁血管，随血流到达脑和脊髓中，经 2～3 个月发育为脑多头蚴。犬、狼等食肉动物吞食了含多头蚴的脑脊髓而受感染，原头蚴附着于小肠壁上发育，经 45～75d 虫体成熟。成虫在犬体内可存活 6～8 个月。

　　本病呈世界性分布，在中国的西北、东北及内蒙古等地多呈地方性流行；主要传染源是犬。虫卵对外界因素的抵抗力很强，在自然界中可长时间保持生命力，然而对日晒高温敏感。以全价饲料饲养的犊牛，对脑多头蚴的抵抗力增强。

　　[临床症状] 动物感染后 1～3 周，即虫体在脑内移行时，呈现体温升高及类似脑炎或脑膜炎的症状，重度感染的动物常在此期间死亡；耐过的动物上述症状不久消失而在数月内表现完全健康状态。感染后 2～7 个月由于虫体生长对脑髓的压迫而出现典型的神经症状，即表现为异常的运动和姿势，其症状取决于虫体的寄生部位。寄生于大脑正前部时，头下垂，向前直线运动或常把头抵在障碍物上呆立不动；寄生于大脑半球时，常向患侧做转圈运动，所以又称回旋病，多数病例对侧视力减弱或全部消失；寄生于大脑后部时，头高举，后退，可能倒地不起，颈部肌肉强直性痉挛或角弓反张；寄生于小脑时，表现知觉过敏，容易悸恐，行走急促或步样蹒跚，平衡失调，痉挛；寄生于腰部脊髓时，引起渐进性后躯及盆腔脏器麻痹；严重病例最后因贫血、高度消瘦或重要的神经中枢受损害而死亡。如果有多个虫体寄生而又位于不同部位时，则出现综合性症状。

　　[诊断] 根据特殊的临床症状、病史可作出初步诊断。寄生在大脑表层时，头部触诊（患部皮肤隆起，头骨变薄变软，甚至穿孔）可以判定虫体所在部位。有些病例需在剖检时才能确诊。需要注意：虽然脑多头蚴病的症状相对特殊，在临床上容易和其他疾病区别，但仍须与莫尼茨绦虫病、脑部肿瘤或炎症

进行鉴别诊断。莫尼茨绦虫病与脑多头蚴的区别：前者在粪便中可以查到虫卵，患牛应用驱虫药后症状立即消失；后者在粪便中查不到虫卵，用药驱虫效果不佳。脑部肿瘤或炎症与脑多头蚴的区别：脑部肿瘤或炎症一般不会出现头骨变薄、变软和皮肤隆起的现象，叩诊时头部无半浊音区，转圈运动不明显，而后者却相反。

[防治措施] 牛患本病的初期尚无有效疗法，只能对症治疗。在后期多头蚴发育增大神经症状明显时，可对在脑表层寄生的囊体施行手术摘除；在脑深部寄生者则难以去除，可试用吡喹酮、丙硫咪唑和甲苯咪唑口服或注射治疗。吡喹酮，每千克体重75mg，1次/d，口服，连用3d。丙硫咪唑，每千克体重20mg，一次口服，每隔2d一次，共3次；每千克体重65mg，用橄榄油或豆油配成6%悬液，肌内注射。甲苯咪唑，每千克体重15～20mg，口服。

预防本病应注意消灭野犬和狼等终末宿主；对家犬进行定期驱虫，可选用硫双二氯酚按每千克体重0.1g拌食喂给；左旋咪唑或丙硫苯咪唑，按每千克体重10～20mg的剂量拌食喂给；或用氢溴酸槟榔碱进行1次驱虫。排出的犬粪和虫体应深埋或烧毁。对病畜或其尸体等进行妥善处理，不让犬吃到带有脑多头蚴患畜的脑和脊髓。

第四节　原　虫　病

一、球虫病

牛球虫病是由艾美耳属的几种球虫寄生于牛的肠道上皮细胞引起的以急性肠炎、血痢等为特征的一种原虫病，多发生于犊牛。

[病原] 据文献记载，有10种球虫可对牛具有致病作用，其中以邱氏艾美耳球虫、牛艾美耳球虫和奥博艾美耳球虫的致病性最强，在北方地区常见的种类是邱氏艾美耳球虫和牛艾美耳球虫。球虫的卵囊呈圆形、椭圆形或卵圆形。囊壁光滑，无色或黄褐色，大小为（11.1～42.5）$\mu m \times$（10.5～29.8）μm。在外界孢子化后，艾美尔属球虫卵囊内形成4个橄榄形的孢子囊，每个孢子囊内有2个子孢子，呈交叉排列。子孢子呈香蕉形，一端钝，一端稍尖（图9-8）。

[流行特点] 球虫只需一个宿主，随粪便排出的未孢子化卵囊在外界合适的温度和湿度条件下，在24～48h内发育为感染性卵囊（也称孢子化卵囊）。易感动物吞食了已孢子化的卵囊后，子孢子逸出，进入上皮细胞内，变为多核的裂殖体，之后形成许多裂殖子，再侵入新的上皮细胞，重复进行裂体生殖（裂殖体←→裂殖子）。如此几代后，一部分裂殖子在宿主上皮细胞内发育为大小配子体。继而产生大小配子，形成合子，产生未孢子化卵囊随粪排出宿主体。

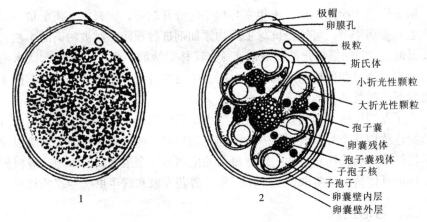

图9-8　艾美耳球虫卵囊

1. 未孢子化卵囊　2. 孢子化卵囊

球虫卵囊通过饲料、饮水经口感染易感动物；温暖潮湿的环境有利于卵囊发育，因此本病一般发生于4～9月份，尤其是多雨潮湿的夏秋季节；卵囊抵抗力很强，在土壤中可生存4～18个月，卵囊对高温和干燥的抵抗力较弱；饲养管理不良，卫生环境恶劣，均能促使本病的发生和流行。

[诊断] 一般认为本病在任何年龄和性别的牛均可发生，但以3～18月龄的青年牛易感。潜伏期2～3周，有时达1个月，发病多为急性型。病初出现轻度下痢，不久便排出黏液性的血便，甚至带有红黑色的血凝块及脱落的肠黏膜，粪便恶臭。由于排黏液性血便，尾部、肛门及臀部被污染成褐色，在墙壁和牛床上可见到红褐色的粪便。病情进一步发展后，病牛弓腰努责，由于腹痛用后肢踢腹部。如果不及时治疗，严重者2～3d后死亡，病程一般为10～15d。慢性病例，则表现为长期下痢、贫血，最终因极度消瘦而死亡。

诊断时，必须从流行病学、临床症状等方面作综合分析，并用显微镜检查粪便和直肠刮取物，若发现卵囊，即可确诊。但应注意与大肠杆菌病相鉴别，大肠杆菌病的病变特征之一是脾脏肿大，而且多发生于刚出生数日的犊牛。而球虫病则多发生于1月龄以上的犊牛，剖检时可见直肠中有特殊的出血性炎症和溃疡。

[防治措施] 治疗可用磺胺胍或磺胺甲嘧啶等药物。目前治疗鸡球虫病的药物如莫能霉素和马杜霉素等也可用于治疗牛球虫病。对重症牛和犊牛，要配合强心补液，维生素C、维生素B₁针静脉注射或肌内注射都可以。抗球虫药物种类很多，也可根据患病动物种类和实际情况选用。

预防关键在于合理的饲养管理。注意牛舍要清洁干燥，搞好环境卫生，定期进行消毒；要及时清理粪便，每日更换新的垫草，防止饲料和饮水被粪便污染，给予优质干净的干草；成年牛与犊牛应分开饲养；饲料应平衡全价，富含维生素；发病季节，可给予抗球虫药物添加剂进行预防。对被污染的牛栏、牛床要及时用2%的氢氧化钠溶液或1‰克辽林对地面、牛栏、饲槽、饮水槽等进行消毒。通过粪便检出卵囊后，对同舍牛也要进行粪便检查，以便掌握牛群污染状况，进行适当的治疗。

为了保持抗球虫药的效能或推迟球虫耐药性的产生，应采取轮换用药（一种药物连续用几个月后改用另一种药物）和穿梭用药（在不同的生长阶段使用化学特性不同的药物）方案。抗球虫药的使用是一个很复杂的问题，应根据各养殖场的具体情况，听取兽药生产厂家、兽药专家和寄生虫病专家的建议。

二、弓形虫病

弓形虫病又称弓浆虫病，是由真球虫目、弓形虫科、弓形虫属的龚地弓形虫引起的一种分布很广的人畜共患寄生虫病，人、家畜和其他多种动物皆可感染，各种动物及各地的弓形虫都是这一种，但在生物学特性上，表现有株的差异。虫体是一种细胞内寄生虫，可寄生于多种组织、器官的有核细胞内，有时也散布于细胞外。可引起牛的发热、呼吸困难、咳嗽及神经症状，严重者甚至导致死亡。孕牛可发生流产。

[病原] 弓形虫在不同发育阶段，有不同形态的虫体（图9-9）。速殖子和假囊及包囊出现在中间宿主体；卵囊出现在终末宿主体。

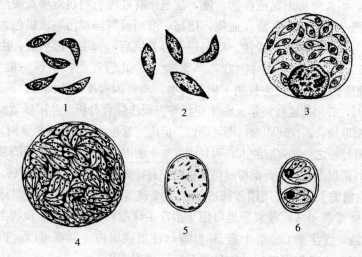

图9-9　龚地弓形虫

1. 游离的速殖子　2. 分裂中的虫体　3. 细胞内的虫体
4. 包囊　5. 刚排出的卵囊　6. 成熟卵囊

1. 速殖子和假囊 单个速殖子主要见于急性病例的胸腹水及血液中。典型的速殖子呈新月形或弓形，一端较钝，另一端较锐，大小为（4~7）μm×（2~4）μm，中央稍偏钝端处有一核。用姬姆萨液染色，胞浆呈蓝色，核呈紫红色。

在宿主细胞内多是繁殖中的虫体。速殖子在宿主细胞内无性繁殖时，被寄生的细胞内可含有数个至数十个虫体，形成虫体集落，称作假囊，因为这种速殖子群的周围并无真正的囊壁，其内的虫体形态多样（圆形、椭圆形、弓形等），宿主细胞遭破坏后，虫体可散布于细胞外。

2. 包囊 见于慢性病例的脑、眼、骨骼肌与心肌组织中，是虫体在宿主体内的休眠阶段，大小不等。最大直径可达 100μm，囊膜较厚，通常呈球形或其他形状。囊内含数个至数千个慢殖子（形态与速殖子相似，仅是繁殖缓慢而已）。包囊可在宿主体寄生很长时间（数月、数年，甚至终生）。

3. 卵囊 类圆形或椭圆形，大小约 10μm×12μm，囊壁两层，表面光滑，无微孔和极粒。每个卵囊内有两个孢子囊，每个孢子囊内含有 4 个长形、微弯的子孢子，大小约 8μm×2μm，无斯氏体，有内残体，无外残体。

[**流行特点**] 整个发育过程需两个宿主。在中间宿主体进行肠外期发育；在终末宿主体进行肠内期发育。中间宿主为牛等其他动物，终末宿主是猫类，但猫也可作为中间宿主（图 9-10）。

当猫吞食了速殖子、假囊、包囊或孢子化卵囊后，速殖子、慢殖子或子孢子侵入其小肠上皮细胞内，进行类似球虫发育过程的裂体增殖和配子生殖。最后产生卵囊，随粪排出体外。在外界，经 2~4d，孢子化为感染性卵囊。

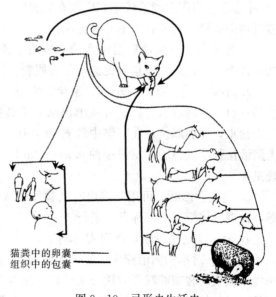

猫粪中的卵囊——
组织中的包囊

图 9-10 弓形虫生活史
（仿 Dubey）

中间宿主如牛接触到感染性卵囊、速殖子（包括假囊）、包囊，即可遭受感染。子孢子、速殖子、慢殖子可随血液、淋巴循环，到达全身各种组织有核细胞内，反复进行无性繁殖，引起发病。如此一定时间后，则转入神经和肌肉组织，繁殖减慢，变为慢殖子，并在其外形成一层囊壁，即包囊。开始时寄生于细胞内，以后转为寄生于细胞间。

感染来源主要是病畜和带虫动物，蝇类和蟑螂常起机械性搬运作用。已经证明宿主的分泌物（唾液、痰、乳汁、胸腹水、眼分泌物）、排泄物（粪尿）、组织（肉、淋巴结、其他组织脏器）以及急性病例的血液都可能含有速殖子、假囊、包囊或卵囊。感染途径较多，可以经口、眼、鼻、呼吸道、胎盘及损伤的皮肤、黏膜等途径感染。其中经口感染是最重要的途径。速殖子抵抗力弱；包囊抵抗力强，4℃时可存活 70d 左右。

[临床症状] 病牛体温升高至 40～41.5℃，稽留热。呼吸困难，咳嗽，摇头，流鼻液，口吐白沫，眼内出现浆液性或脓性分泌物，肌肉震颤；有磨牙、不自主运动、精神沉郁或兴奋、共济失调等神经症状。有时还会有腹泻，粪便带血液和黏液。孕牛发生流产。

剖解可见肺表现为间质性肺炎，肺脏膨大、水肿、切面间质增宽，有时有灰白色小病灶；肝脏不同程度肿大，质度脆软，常见有针头大的淡黄色或灰白色小病灶；淋巴结肿大灰白色；肠黏膜上有出血斑点及溃疡坏死。

[诊断] 临床上确诊较难，必须在实验室诊断中查出病原体或特异性抗体，方可得出结论。主要有以下几种方法：

1. 检查病原，采取病畜的血液、胸腹水或脏器进行涂片、抹片、压片或切片检查，染色后，观察有无速殖子、假囊、包囊等虫体。

2. 小动物接种试验，小鼠、家兔、豚鼠、地鼠等皆对弓形虫敏感，可将病料（血液、胸腹水、肺、肝或淋巴结）给其接种。即将病料研碎，加 10 倍生理盐水，并加双抗，在室温中放置 1h，接种前振荡，待重颗粒沉底后，取上清液接种小鼠腹腔，每只接种 0.5～1.0mL，一段时间后观察是否发病和出现虫体。

3. 免疫学诊断，可用间接血凝试验（IHA）、色素试验、间接荧光抗体法等，根据具体情况和实际条件进行。

4. 分子生物学诊断，PCR 技术等。

[防治] 对本病的治疗主要是采用磺胺类药物，一般认为磺胺类药物和抗菌增效剂或乙胺嘧啶联合应用效果较好。注意发病后，要尽早给予治疗；首次剂量可以加倍；治疗必须持续一段时间，以免影响治疗效果。

1. 磺胺-6-甲氧嘧啶＋甲氧苄胺嘧啶 剂量为磺胺-6-甲氧嘧啶（SMM）每千克体重 60～100mg，单独口服或配合甲氧苄胺嘧啶（TMP）每千克体重 14mg，口服；1 次/d，连用 4 次。

2. 磺胺甲氧吡嗪＋甲氧苄胺嘧啶 剂量为磺胺甲氧吡嗪（SMPZ）每千克体重 30mg 和甲氧苄胺嘧啶（TMP）每千克体重 10mg，1 次/d，口服，连用

3次。

3. 12%复方磺胺甲氧吡嗪注射液（SMPZ：TMP＝5：1）　剂量为每千克体重50~60mg，肌内注射，1次/d，连用4次。

4. 磺胺嘧啶＋甲氧苄胺嘧啶　磺胺嘧啶（SD）剂量为每千克体重70mg和甲氧苄胺嘧啶（TMP）每千克体重14mg，2次/d，口服，连用3~4d。

其他药物，如乙胺嘧啶、螺旋霉素等都有报道对弓形虫病有效。

预防弓形虫病，应对流产的胎儿和屠宰废弃物严格处理，防止牛或其他动物误食，如屠宰废弃物用作饲料时可煮熟后利用；牛舍等定期清洁消毒，防止饲料、饮水被猫粪污染，饲养场严禁养猫，消灭老鼠；人接触病畜时，须注意消毒防护，肉食品要充分煮熟后食用。定期对牛只进行弓形虫病监测（IHA试验），发现病畜，及时隔离、治疗或淘汰。

三、新孢子虫病

新孢子虫病是由犬新孢子虫寄生于牛、羊和犬等多种动物的细胞内引起的一种原虫病，以对牛的危害最为严重。该病可引起孕畜的流产或产死胎、弱胎、木乃伊胎，以及新生胎儿的运动障碍和神经系统的疾病。该病已经在多个国家和地区暴发、流行，给养牛业造成了较为严重的经济损失。

[**病原**] 新孢子虫与刚第弓形虫在形态特点上有相似之处。速殖子呈卵圆形、新月形或小球形，大小因分裂阶段不同而异，一般为（3~7）μm×（1~5）μm。通过内出芽生殖方式繁殖，主要存在于胎盘、流产胎儿的脑组织和脊髓组织中，也可寄生于胎儿的肝脏、肾脏等部位，在细胞内最多可见到100个速殖子。

包囊也叫组织囊，呈圆形至卵圆形，长107μm，仅见于中枢神经系统。包囊壁光滑，厚4μm，厚度随感染时间的增加而增加。包囊壁呈分支状类小管结构。过碘酸雪夫氏染色时包囊壁颜色变化很大，通常呈嗜银染色。慢殖子形态细长，大小为（6~8）μm×（1~1.8）μm。

卵囊可见于犬的粪便中，呈椭圆形，直径为10~11μm。卵囊的孢子化时间为24h。孢子化卵囊内含2个孢子囊，每个孢子囊内含4个子孢子。

[**流行特点**] 迄今为止，对犬新孢子虫的生活史尚不完全清楚，目前已知：犬既是犬新孢子虫的中间宿主又是其终末宿主。感染犬新孢子虫的犬从粪便排出新孢子虫卵囊，卵囊在外界环境中经过24h，发育为感染性卵囊（即孢子化卵囊），具有感染家畜的能力。当中间宿主吞食了该孢子化卵囊时即遭受感染。孢子化卵囊进入中间宿主体内，子孢子在消化道内释放出来，随血流到达全身的神经细胞、巨噬细胞、成纤维细胞、血管内皮细胞、肌细胞、肾小管上皮细

胞和肝细胞等多种有核细胞内寄生，发育成速殖子，速殖子寄生于宿主细胞的纳虫空泡中，反复分裂增殖，在被侵害的细胞内形成大小虫体集落，内含上百个虫体，形成假囊。速殖子可通过胎盘传给胎儿，主要在胎盘、胎儿的脑组织、脊髓中寄生，发育到包囊阶段。在母畜体内寄生的犬新孢子虫速殖子也可以发育到包囊阶段。

犬是新孢子虫唯一的终末宿主，当犬食入含有犬新孢子虫组织包囊的牛组织（胎盘、胎衣、死胎儿等）后，在胃蛋白酶消化作用下，虫体包囊游离出来进入犬的小肠，在小肠内包囊内的缓殖子从囊内释放出来，进行球虫型的发育，最终以卵囊形式随粪便排出体外，完成整个生活史。

犬新孢子虫病传播模式和自然传播途径以及动物体内犬新孢子虫的组织分布尚不明确。在牛体内垂直传播是其主要传播方式；卵囊是造成水平传播的虫体阶段；肉食动物因吞食感染组织而感染。据资料报道，奶牛流产中有12%～42%是因为犬新孢子虫感染所致；在某些奶牛场87%以上的奶牛呈血清学阳性。本病呈世界性分布，英国、美国、澳大利亚、新西兰、南非、日本、韩国和我国台湾等多个国家和地区都有发生。我国内地也有报道，感染率在10%～40%。本病一年四季均可发生。

[临床症状] 患牛发生流产，任何年龄阶段的牛从妊娠3个月到足孕均可出现流产，以怀孕至5～6个月时为多。胎儿在子宫内多已死亡，娩出时可见有吸收、木乃伊化、自溶现象，即使产下活犊，也多呈慢性感染或带有临床症状。

2月龄以内的犊牛感染犬新孢子虫后，表现有神经症状、体重过轻、不能站立，也有个别病例没有临床症状。后肢或前肢或前后肢可能出现弯曲或过伸现象。神经检查可能出现共济失调、膝反射降低、本体感受意识丧失等。犊牛可能出现眼球突出或两眼不对称表现。犬新孢子虫有时引起出生缺陷，包括脑积水和脊髓狭窄。

病理变化与虫体的寄生部位有关，病变可在一处或多处出现。临床上常可见非化脓性脑脊髓炎、多灶性心肌炎和多灶性心内膜炎、坏死性肝炎、化脓性胰腺炎、肉芽肿性肺炎以及肾盂肾炎的病理变化。严重的多发性肌炎可见于骨骼肌、颞肌、咬肌、喉肌和食道肌等，在上述肌肉病变中可检出新孢子虫。

[诊断] 新孢子虫病的诊断需要对临床症状、病理变化、病理组织学观察、免疫学诊断以及血清学诊断等多方面综合分析，进而作出判断。

犬新孢子虫流产有以下几个特点：胎儿有病变，绝大多数有脑炎；病变中发现有犬新孢子虫；试验感染牛可诱发流产。胎儿组织学检查是确诊新孢子虫病的可靠依据，可选取脑、心脏、肝、胎盘和体液或血清样品，犬新孢子虫病最典型的病变是局灶性脑炎，特征是坏死和非化脓性炎症。此外，还可用血清学方法进行该病的诊断，常用的血清学方法有 ELISA、间接荧光抗体试验（IFAT）、凝集试验（AT）和亲和 ELISA（可用于区别牛的近期和慢性感染）。

值得注意的是，在诊断中应与刚第弓形虫和枯氏住肉孢子虫相区别。枯氏住肉孢子虫可在血管内皮细胞形成裂殖体，但很少见于流产胎儿脑内，而犬新孢子虫通常位于血管外组织而且犬新孢子虫感染没有成熟裂殖体。牛胎儿感染刚第弓形虫较罕见。

[防治] 目前所知，尚无治疗新孢子虫病的特效药物，现有研究认为复方新诺明、羟基乙磺胺戊烷脒、四环素类、磷酸克林霉素以及用于防治鸡球虫的离子载体抗生素类等可能对新孢子虫病有一定的疗效，可试用于临床上对该病的治疗。

预防此病，应对局部地区和畜牧场进行该病的流行病学调查，并加以综合控制。淘汰阳性牛以达到净化畜群的目的，也是目前唯一的预防从母牛传给犊牛的措施；在引进牛只时，应加强检疫，确定无新孢子虫感染方可并群饲养；管理好牛场及其周围的犬，防止犬进入牛栏污染饲料和饮水；禁止用流产胎儿、胎膜或死犊牛喂犬。

四、隐孢子虫病

隐孢子虫病是一种世界性的人兽共患病，能引起哺乳动物（特别是犊牛和羔羊）的严重腹泻，也能引起人的严重腹泻，特别是免疫功能低下者，如可引起艾滋病患者严重的难治性致死性腹泻。本病是一种严重的公共卫生问题，同时也可给畜牧生产造成巨大的经济损失。

[病原] 隐孢子虫在分类上属于真球虫目、隐孢科的隐孢属，我国家畜中发现有两种隐孢子虫，即鼠隐孢子虫和小隐孢子虫。鼠隐孢子虫寄生于胃黏膜上皮细胞上，卵囊较大，呈卵圆形，大小为 $7.5\mu m \times 6.5\mu m$；小隐孢子虫较为常见，寄生于小肠黏膜上皮细胞上，卵囊呈圆形或卵圆形，较小，大小为 $4.5\mu m \times 4.5\mu m$。隐孢子虫卵囊壁光滑，囊壁上有裂缝。无微孔、极粒和孢子囊，内含有 4 个香蕉形的子孢子及一团残体，子孢子在卵囊中并行排列。未经染色的卵囊很难识别；经用改良抗酸法染色后，在被染成蓝绿色背景的标本中，虫体被染成玫瑰色。

[流行特点] 隐孢子虫的生活史与球虫相似，整个发育过程无需转换宿主。繁殖方式包括无性生殖（裂殖生殖和孢子生殖）及有性生殖（配子生殖）两种，各个阶段均在同一宿主的小肠上皮细胞胞质间形成的纳虫空泡内完成。卵

囊随宿主粪便排出体外，此时已经具有感染性，经口进入人和易感动物体内，在消化液的作用下，囊内的4个子孢子逸出，先附着于肠上皮细胞，再侵入体细胞，进行多次裂殖生殖直至形成内含4个裂殖子的Ⅱ型裂殖体，其中的裂殖子释放出后发育为雌、雄配子，二者结合后形成合子，随即开始孢子生殖阶段。合子发育成卵囊，成熟的卵囊含4个裸露的子孢子。卵囊有薄壁型（约占20%）和厚壁型（约占80%）两种，均已在体内孢子化，薄壁型卵囊可自行脱囊，使宿主自体重复感染；厚壁型卵囊随宿主粪便排出体外，重新感染宿主。整个生活史的完成需5～11d。

该种虫体的整个生活史只需一个宿主参与即可完成；卵囊对外界抵抗力强；宿主范围广泛，主要通过消化道传播；该病呈世界性分布，发病率高，但死亡率差别较大。发病季节不尽相同，以夏秋季节发病较多。牛病程2～14d，死亡率16%～40%；4～30日龄犊牛受害最严重。

[临床症状] 犊牛的隐孢子虫感染最为严重，主要是由小隐孢子虫引起的。6～12日龄的感染率可高达85%～100%，12～28日龄的感染率为51%，35日龄的感染率则只有6%。潜伏期为3～7d，由于经常与其他肠道病原体并发，使病情复杂化。单独隐孢子虫感染常引起暴发性流行，表现的主要症状是精神沉郁、厌食、腹泻，粪便中带有大量的纤维素，有时含有血液，脱水。患畜生长发育停滞，消瘦，有时体温升高。牛的死亡率可达16%～40%，尤以4～30日龄的犊牛死亡率最高。病理剖检的主要病变特征为空肠绒毛层萎缩和损伤，肠黏膜固有层中的淋巴细胞、浆细胞、嗜酸性粒细胞和巨噬细胞增多，肠黏膜的酶活性较正常黏膜的低，表现出典型的肠炎病变，在这些病变部位发现大量的隐孢子虫内生发育阶段的各期虫体。病尸失水，消瘦，肛周及尾部粪便污染。病变部位主要在肠道，呈卡他性及纤维素性肠炎，有出血点，剖检可见空肠绒毛层萎缩和崩解、脱落。肠黏膜固有层中的淋巴细胞、浆细胞、嗜酸性粒细胞和巨噬细胞增多。肠系膜淋巴结水肿。在这些病变部位中可发现大量处于各期发育阶段的虫体。

[诊断] 隐孢子虫病诊断主要依据流行病学史、临床表现，确诊则需要在粪便或其他标本中发现隐孢子虫的各期虫体。免疫学及血清学检查有助于诊断。

[防治] 目前尚无治疗本病的特效药物，国内使用大蒜素治疗，有一定疗效，国外报道口服巴龙霉素2周后，卵囊排出量减少，但长期疗效仍不确定。

控制本病发生与流行的重要措施是采取积极有效的预防，加强卫生措施和提高免疫力以控制本病的发生；有条件的情况下，每头牛最好使用单独的食槽，并应经常以热水或蒸汽加以消毒。

五、肉孢子虫病

肉孢子虫病是由多种肉孢子虫引起的一种人兽共患的原虫病，家畜感染肉孢子虫后，通常不表现临床症状，其特征是在横纹肌或心肌组织形成肉孢子虫包囊。

[病原] 肉孢子虫属于肉孢子虫科、肉孢子虫属。寄生在中间宿主体肌纤维内的肉孢子虫包囊也叫米氏囊，其形状有纺锤形、卵圆形、圆柱形或线形等。颜色为灰白或乳白色，大的长达5cm，小的仅有几毫米或在显微镜下才可看到。其大小与虫种、宿主种类、寄生部位及虫龄有关。常见的寄生部位为食管壁、膈肌、舌肌、心肌等肌肉内。

肉孢子虫包囊壁分为两层。外层随虫种和包囊成熟程度的不同，有的光滑；有的则厚且具有横纹或绒毛状构造。内层常向囊腔内延伸，形成许多中隔，将囊腔分成若干小室，小室内充满各种形态的慢殖子（滋养体、南雷小体）。一般靠近包囊壁的多为球形或卵圆形；往内的则比较成熟，呈香蕉形或镰刀形，一端稍尖，一端钝圆，核位于中央稍偏钝端侧（图9-11）。

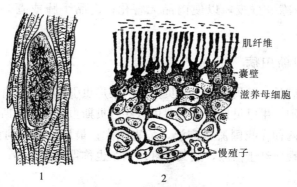

图9-11　肉孢子虫包囊构造
1. 整体结构　2. 详细构造

[流行特点] 肉孢子虫属专性双宿主型寄生虫，其中间宿主是牛、羊、猪、马、骆驼等家畜，也有鼠类、爬虫类、鱼类、鸟类等；终末宿主是犬、猫、人等，人既是肉孢子虫的中间宿主，又是终末宿主。

寄生于中间宿主肌肉内的肉孢子虫包囊被终末宿主吞食后，包囊内的慢殖子开始进行配子生殖（有性生殖阶段），产生卵囊。卵囊在宿主肠壁进行孢子化，囊内形成2个孢子囊，每个孢子囊内形成4个子孢子，薄而脆弱的卵囊壁常在肠道内自行破裂，孢子囊随粪排出外界。再被中间宿主食入后子孢子经血液循环到达各脏器，在血管内皮细胞中进行裂体增殖，经过一代或几代裂体增殖后，产生的裂殖子再次侵入肌纤维内，形成肉孢子虫包囊。

[临床症状] 一般认为肉孢子虫并不引起被感染动物肌肉及脏器严重病变和临床症状。但近来研究指出：家畜经口感染相应种类肉孢子虫孢子囊后，可出现一定临床症状，如病牛表现贫血，淋巴结肿胀，流涎，流产，尾尖毛脱落，以及厌食、发热、消瘦和恶病质等。另外，肉孢子虫包囊内有一种肉孢子虫毒素，其中以牛、猪肉孢子虫毒素毒性最强。

[诊断] 生前诊断比较困难，可进行肌肉穿刺检查，但检出率较低。也可用免疫学方法、生化试验检查；死后诊断较容易，在肌肉组织中发现包囊就可确诊。

[防治] 目前尚无特效药物用于治疗本病，可选用下列药物：氨丙啉，每千克体重 100mg，口服，1 次/d，连用 30d；莫能菌素，每千克体重 1mg，拌料饲喂，连用 33d。

预防本病必须切断其流行环节。应防止家畜的饲料和饮水被犬猫粪便污染；不用生肉喂犬猫，作好肉孢子虫的卫生检验，严重感染且受害组织病变明显（消瘦、血液稀薄、色淡、钙化）者用于工业；肉尸应在−20℃下冷冻3d 或−27℃冷冻一昼夜，以使肉品无害化；肉品干腌或煮 2h 也可使虫体死亡。

六、巴贝斯虫病

巴贝斯虫病是由巴贝斯科、巴贝斯属的梨形虫引起，虫体寄生于家畜的红细胞内。在我国，牛巴贝斯虫病主要由双芽巴贝斯虫、牛巴贝斯虫和卵形巴贝斯虫引起。前两种在我国流行广泛，危害较大；最后一种在河南局部地区发现。临床上出现血红蛋白尿，故又称红尿病，也称得克萨斯热；蜱热。该病对牛的危害很大。

[病原] 双芽巴贝斯虫：大型虫体，长度大于红细胞半径；多形性，典型虫体是成双的梨籽形虫体以其尖端相连成锐角，每个虫体内有一团染色质（图9-12）。

图 9-12　红细胞内的双芽巴贝斯虫

(仿 Markov A. A.)

1. 牛巴贝斯虫　小型虫体，长度小于红细胞半径；多形性，典型虫体为成双的梨籽形虫体以其尖端相连成钝角（图9-13）。

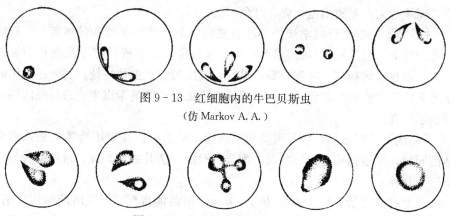

图9-13　红细胞内的牛巴贝斯虫

（仿Markov A. A.）

图9-14　红细胞内的卵形巴贝斯虫

（仿Markov A. A.）

2. 卵形巴贝斯虫　大型虫体，长度大于红细胞半径；多形性，典型特征为虫体中央往往不着色，形成空泡，双梨籽形虫体较宽大，位于红细胞中央，两尖端成锐角相连或不相连（图9-14）。

［流行特点］巴贝斯虫皆通过硬蜱进行传播。当蜱在患畜体上吸血时，把含有虫体的红细胞吸入体内，虫体在蜱体内发育、繁殖一段时间后，经蜱卵传递或经期间传递（即在幼蜱或弱蜱时因吸血吸进病原体，到发育至若蜱和成蜱才能传播），将虫体延续到蜱的下一个世代或下一个发育阶段，再叮咬健康易感动物时，即造成感染。

我国已查明微小牛蜱为双芽巴贝斯虫和牛巴贝斯虫的传播媒介，两种虫体常混合感染。由于微小牛蜱在野外发育繁殖，故本病多发生在放牧时期。此外，牛巴贝斯虫也可经其他一些硬蜱和扇头蜱传播。卵形巴贝斯虫可经长角血蜱传播，故该虫常与牛瑟氏泰勒虫混合感染。一般两岁以内的犊牛发病率高，但症状轻微，死亡率低；成年牛发病率低，但症状较重，死亡率高。当地牛对本病有抵抗力，良种牛和由外地引入的牛易感性较高。

［临床症状］体温升高到40～42℃，呈稽留热型，迅速消瘦、贫血、黏膜苍白和黄染。最明显的症状是出现血红蛋白尿，尿的颜色由淡红色变为棕红色乃至黑红色。重症时如治疗不及时可在4～8d内死亡，死亡率高达50%～80%。

剖解可见尸体消瘦，尸僵明显；出现贫血样病变，可视黏膜贫血、黄疸，血液稀薄，凝固不全。皮下组织、肌间、结缔组织和脂肪充血、黄染，水肿。脾脏肿大2～3倍，软化，脾髓呈暗红色，在剖面上可见小梁突出呈颗粒状。

肝脏肿大，黄棕色。胆囊扩张，胆汁浓稠，色暗。胃、肠黏膜充血、有出血点，膀胱肿大，黏膜出血，内有红色尿液。

[诊断] 根据流行病学调查（注意发病季节、感染来源和传播者——蜱的种类和活动情况等）、临床症状可作出初步诊断。如要确诊需要涂血片检查虫体，一般在发病初期，体温升高时进行，镜检时注意虫体特征；另外还可用间接荧光抗体试验和酶联免疫吸附试验诊断染虫率较低的带虫牛或进行疫区的流行病学调查。

[防治] 针对本病，应尽可能地早确诊、早治疗。在应用特效药物杀灭虫体的同时，应根据病畜机体状况，配合以对症疗法并加强护理。常用的特效药有以下几种：

三氮脒，剂量为每千克体重 3～4mg，用蒸馏水配成 5% 溶液肌内注射。可根据情况，连用 3 次，每次间隔 24h，出现副作用时，灌服茶叶水。注意水牛对本药较敏感，一般用药一次较安全，多次用药易出现中毒反应，甚至造成死亡。

阿卡普林（硫酸喹啉脲、抗梨形虫素），剂量为每千克体重 0.6～1mg，配成 5% 溶液，皮下或肌内注射，48h 后再注射一次效果更好。用药前或同时注射硫酸阿托品，避免出现副作用。

咪唑苯脲，剂量为每千克体重 1～3mg，配成 10% 溶液肌内注射。由于在牛体内残留时间较长，所以本药还具有一定的预防效果。

台盼蓝（锥蓝素），剂量为每千克体重 5mg，用生理盐水配成 1% 溶液，加温溶解过滤后，在水浴锅内煮沸灭菌 30min 后静脉注射。注意药液要现用现配，注射时药温维持在 30℃ 左右，注射速度要慢，切勿漏到血管外，有副作用时，可给予抗组织胺类药（如异丙嗪等）。

黄色素（锥黄素），剂量为每千克体重 3～4mg，用 0.5% 的安瓿制剂静脉注射；或药物粉末用生理盐水配成 0.5%～1% 的溶液，滤过后在水浴锅内灭菌 30min 后使用。注射时严格防止药液漏入皮下，注射完后避免强光照射（光敏反应）。剂量为 2g，一般用药不超过 2 次，每次间隔 1～2d，以免对肝肾发生损害。应用该药时，可配合使用链霉素或乌洛托品，连用 1 周，然后再注射黄色素一次，效果很好。

预防的关键在于消灭动物体上及周围环境中的蜱。从外地调入家畜时，要加强检疫，隔离观察，并选择无蜱活动季节进行调动。在发病季节，可进行药物预防注射。台盼蓝预防效果约 1 个月；贝尼尔、阿卡普林约 20d。目前国外一些地区已广泛应用抗巴贝斯虫弱毒虫苗和分泌抗原虫苗进行免疫预防接种。

七、泰勒虫病

牛泰勒梨形虫病由泰勒科、泰勒属的环形泰勒虫或瑟氏泰勒虫寄生于牛红细胞和单核巨噬系统细胞内所引起。临床上以高热、贫血、出血、消瘦和体表淋巴结肿胀为特征，发病率高，病死率高。

[病原] 在我国，牛泰勒虫病病原主要有环形泰勒虫和瑟氏泰勒虫两种。

1. 环形泰勒虫 寄生于红细胞内的虫体为血液型虫体（配子体）。虫体很小，形态多样，在各种虫体中以环形和卵圆形为主；典型虫体为环形，呈戒指状；寄生于单核巨噬系统细胞内进行裂体增殖时所形成的多核虫体为裂殖体（或称石榴体、柯赫氏蓝体）。裂殖体呈圆形、椭圆形或肾形，位于淋巴细胞或巨噬细胞胞浆内或散在于细胞外（图9-15）。

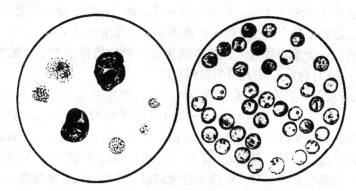

图9-15 环形泰勒虫裂殖体与血液型虫体

图9-16 红细胞内的瑟氏泰勒虫

（仿 Yakimov）

2. 瑟氏泰勒虫 除有特别长的杆状虫体外，其他形态和大小与环形泰勒虫相似，也具有多形性。与环形泰勒虫的主要区别是各种虫体形态中以杆形和梨籽形为主，占67%～90%；且随着病程不同，这两种形态的虫体比例会发生变化。在上升期，杆形为60%～70%，梨籽形为15%～20%；高峰期，杆形和梨籽形均为35%～45%；下降期和带虫期，杆形为35%～45%，梨籽形为25%～45%（图9-16）。

[流行特点] 虫体发育需经过裂殖生殖、配子生殖和孢子生殖三个阶段，即感染泰勒虫的硬蜱在牛体吸血时，子孢子随蜱的唾液进入牛体，主要在脾、淋巴结等组织的单核巨噬系统细胞内反复进行裂体增殖。然后一部分小裂殖子进入宿主红细胞内，变为配子体。幼蜱或若蜱在病牛体吸血时，将带有配子体的红细胞吸入胃内，配子体由红细胞逸出并变为大、小配子，二者结合形成合子，进入蜱的肠管及体腔各部。当蜱完成蜕化时，再进入蜱的唾液腺细胞内开始孢子增殖，分裂产生子孢子，当若蜱或成蜱在牛体吸血时即造成对易感动物的感染。

环形泰勒虫病在我国的传播者主要是残缘璃眼蜱，1～3岁龄的牛易发病；外地牛、土种牛易感且发病严重。该病在内蒙古地区的流行季节是从6月开始，7月达到高峰，8月逐渐平息。耐过的牛成为带虫者，带虫免疫可达2.5～6年，但在抵抗力下降（饲养管理不良、使役过度、感染其他疾病）时，仍可复发。瑟氏泰勒虫病在我国的传播者主要是长角血蜱和青海血蜱。长角血蜱主要生活在山野或农牧区，因此本病主要在放牧条件下发生。始发于5月份，终止于10月份，6～7月份为发病高峰。

[临床症状] 环形泰勒虫病常取急性经过，在3～20d内死亡。初期体温升高可达40～42℃，以稽留热为主，4～10d内维持在41℃上下。少数病牛呈弛张热或间歇热，病牛随体温升高而表现精神沉郁、行走无力、好离群，个别病牛表现昏迷，卧地不起，脉弱而快，呼吸增数。眼结膜初期充血肿胀，以后贫血，黄染，布满绿豆大血斑。中后期食欲减退，爱啃土或其他异物，反刍次数减少，以后停止，常磨牙，流涎，排少量干而黑的粪便，常带有黏液或血斑，病牛往往出现前胃弛缓。本病特征为体表淋巴结肿胀，大多数病牛一侧肩前或腹股沟浅淋巴结肿大如鸭蛋，初为硬肿，疼痛，后渐变软，常不易推动。濒死期体温下降，最终衰弱而死。耐过的牛则成为带虫者。瑟氏泰勒虫病的症状基本与环形泰勒虫病相似，特点是病程长（一般10d以上，个别可达数月），症状缓和，死亡率较低。病理变化是全身皮下、肌间、黏膜和浆膜上均可见到大量的出血点和出血斑；全身淋巴结肿大，以肩前淋巴结、腹股沟淋巴结，肝、脾、肾、胃淋巴结表现最为明显，切面多汁，有暗红色和灰白色大小不一的结节；在第四胃黏膜上，可见到高粱米到蚕豆大的溃疡斑，其边缘隆起呈红色，中央凹陷呈灰色。严重者病变面积可达整个黏膜面的一半以上。脾、肾、肝肿大，有出血点或暗红色病灶。

[诊断] 根据流行病学资料（当地有无本病、传播者蜱的有无及活动情况等）、临床症状（高热、贫血及体表淋巴结肿大），病理变化（全身性出血、淋巴结肿大及第四胃黏膜溃疡斑）考虑是否为泰勒虫病。血液涂片检出虫体是确

诊本病的主要依据。此外，环形泰勒虫病可作淋巴结穿刺检查石榴体；瑟氏泰勒虫病淋巴结穿刺较难检出石榴体。

[防治] 治疗时将病牛隔离饲养，对症用药治疗，可选用下列药物：磷酸伯氨喹啉，剂量为每千克体重 0.75～1.5mg，口服，1 次/d，连服 3 次；贝尼尔（三氮脒），剂量为每千克体重 7mg，配成 5% 溶液肌内注射，1 次/d，连用 3d。如红细胞染虫率不下降，还可继续治疗 2 次。为了促进临床症状缓解，还应根据症状配合给予强心、补液、止血、健胃、缓泻及抗生素类药物；并加强护理。

预防的关键在于灭蜱，可根据流行地区蜱的活动规律，实施有组织、有计划的灭蜱措施。12 月份至次年 1 月份用杀虫剂消灭在牛体上越冬的若蜱，4～5 月份用泥土堵塞牛圈墙缝，以闷死在其中蜕皮的饱血若蜱，8～9 月份可再用堵塞墙的办法消灭在其中产卵地雌蜱与新孵出的幼蜱；或在流行季节，采取避开传播者——蜱的措施。发病季节也可给牛定期注射有效药物进行预防。在环形泰勒虫流行地区还可用"牛环形泰勒虫病裂殖体胶冻细胞苗"进行预防接种，接种后 20d 可产生免疫力，免疫持续期为 1 年以上。

八、锥虫病

伊氏锥虫病，亦称苏拉病，是由伊氏锥虫寄生于牛的血液和造血器官内引起的。牛的伊氏锥虫病多为慢性病例，病牛以消瘦、四肢下部水肿和耳尖、尾尖发生坏死脱落为特征。冬春季节，常导致牛只的死亡。

[病原] 伊氏锥虫为单形型锥虫，属于原生动物，呈细长柳叶形，虫体大小为 (18～34) μm × (1～2) μm，前端比后端尖。新鲜虫体经姬姆萨染色后呈纺锤形，核呈深紫红色，位于虫体中部附近，后端有深紫红色的动基体。细胞质为天蓝色，前端有一游离鞭毛。显微镜下可以看到虫体运动相当活泼。

[流行特点] 本病的传染源是各种带虫动物，包括隐性感染和临床治愈的病牛；通过虻和厩螯蝇等吸血昆虫在健康和带虫动物之间叮咬是其传播的主要途径，此外，兽医人员消毒不彻底的器械也可造成机械传播；水牛、黄牛和奶牛都可感染。伊氏锥虫在离体情况下，存活时间很短，虫体在螯蝇体内的生存时间为 2h，在虻体内可存活 33～44h；本病发生有明显的季节性。牛的发病多在每年的 1～2 月份，在带虫动物的抵抗力降低时而出现临床症状并导致死亡。

[临床症状] 当牛的抵抗力相对较强、感染强度不大时，牛一般不发病，

而是成为隐性带虫者；当抵抗力下降或感染强度较大时，则可能发病。病牛有间歇热，体温可升高到40℃以上，可在血液中检到锥虫，2～3d后，体温恢复到正常，血液中锥虫随之减少甚至消失。10d后，体温可再度升高，病牛贫血，黏膜苍白，食欲减退，眼部流泪或有大量分泌物，四肢和身体下部水肿，步态僵硬、共济失调，精神委顿，皮肤龟裂，尾端、耳尖发生干性坏死。最后，病牛极度贫血和消瘦而死亡。

[诊断] 根据临床症状和流行病学，如病牛有间歇热、皮肤龟裂、耳尾干枯、四肢水肿、体表淋巴结肿大等症状时可作出初步诊断。为确定病原，可在病牛发热时，采血或骨髓液、脑脊髓液，用下列方法检查：在载玻片上滴一滴生理盐水，用盖玻片沾一小滴血与载玻片上的生理盐水混合，然后盖上盖玻片镜检。如有虫体，在血浆中可见虫体活动。也可制成血液涂片，晾干后用姬姆萨或瑞氏染色，在高倍镜和油镜下观察虫体。

[防治] 锥虫病的治疗是越早越好，用药时注意药量要足和尽可能地采用联合用药，以免产生抗药性。常用的抗锥虫药和使用方法如下：萘磺苯酰脲（那加诺、那加宁、拜耳205），剂量为每千克体重12mg，用灭菌蒸馏水或生理盐水配成10%溶液，静脉注射；一周后再注射一次。甲基硫酸喹嘧胺（安锥赛），剂量为3～5mg，用灭菌生理盐水配成10%溶液，皮下或肌内注射，隔日一次，连用2～3次、也可和拜耳205交替使用。贝尼尔（血虫净、三氮脒），剂量为剂量为每千克体重3.5～5mg，用灭菌蒸馏水配成5%溶液，臀部肌内注射。隔日一次，连用2～3次。

锥虫病的预防须采取综合性的防治措施。在疫区对牛和其他宿主进行定期检查，一年进行两次，分别在冬春和夏末。发现可疑病畜，立即分群饲养，并进行治疗；加强环境卫生，不让蚊蝇有滋生场所，经常用杀虫剂喷洒畜体和圈舍；在流行季节到来之前，用安锥赛预防盐进行药物预防，注射一次有3.5个月的有效期，用法为取35g预防盐溶于100mL灭菌蒸馏水中，然后按0.05mL/kg体重皮下注射；再就是加强检疫，凡是调入或输出的家畜都要经过健康检查。死于锥虫病的尸体，必须经过处理才能使用。

九、边虫病

边虫病也叫无浆体病，是由边虫寄生在牛的红细胞内而引起的一种寄生虫病。临床上以发热、黄疸及贫血为主要特征。世界各地均有发生。

[病原] 边虫属于边虫科边虫属，虫体很小，呈球状或粒状。由染色质构成，无明显的原生质。经姬姆萨染色后，在红细胞的边缘部位可见呈深红或紫红色的染色质团块，大小为0.3～0.8μm，一个红细胞一般有1～2个虫体，多

时可达 5 个。

[流行特点] 病牛和带虫牛为主要传染源；蜱和吸血昆虫为主要传播媒介，其中以巨牛蜱和微小牛蜱为主。当不同生长发育阶段的蜱（如幼虫、若虫、成虫）将虫体吸入体内后，可经卵传递给下一代，新一代的幼虫再感染牛只。吸血昆虫如蚊、蝇、虻也能进行机械传播。另外，亦能通过去势、断角等外科手术及手术用具、器械接触传播。

本病在我国主要见于南方，如广东、广西、云南、贵州、湖南、湖北、江西、江苏等省区，一般零星散发或呈地方流行性发生，多发生于温热地区的夏末秋初季节。6 月份开始发病，8 月份及 9 月份最多，10 月份以后逐渐减少。各种牛（黄牛、水牛、奶牛）不分年龄均易感，但随年龄的增长而病情加剧；本地牛或犊牛感染后症状较轻并可耐过，但可成为带虫者（最长可在牛体内存活 15 年），良种牛和外地引入的牛感染后病情严重，死亡率高。3 岁以上的成年牛特别是外地引进牛多呈最急性经过，常常导致死亡。

[临床症状] 本病的潜伏期较长，一般为 21～80d，人工接种潜伏期为 7～48d。牛感染该病后，一般都会出现发热、贫血、黄疸、衰弱；急性型全身症状明显，体温可升高至 40～42℃，数天后，可能下降至正常，以后又升高，呈间歇热；呼吸困难、脉搏增数，听诊心音弱、有杂音，食欲减退，反刍减少或停止，瘤胃蠕动变弱，呈间歇性瘤胃臌气，粪便较干燥而呈暗黑色，常见有黏液的血便，排尿频繁、尿液清亮、带有泡沫，但不排血红蛋白尿。此外，常伴有流产、水肿和肌肉震颤。死亡率可达 50%。剖检病理变化主要为贫血、全身黄疸。眼睑、喉部、颈部及四肢末端可发生水肿。病死牛消瘦，肌肉呈灰白色，血液稀薄、血凝不良，皮下和大网膜黄染，肝脏稍肿大，呈深黄褐色，胆囊肿大，其内充满了浓稠的胆汁，肾脏肿大、黄染。脾脏肿大 3～4 倍，髓质变脆如同果酱，淋巴结肿胀、心外膜可能有出血点、肺水肿，胃肠有出血性炎症。

[诊断] 根据临床症状，流行病学调查及剖检特征等进行初步诊断。如要确诊，须在血液涂片中寻找虫体。最简单的方法是采取病牛耳尖血，制成薄血片，用甲醇固定 10min 后，用 10% 姬姆萨氏液染色 10～45min，镜检可发现，在一些红细胞中存在单个或多个呈点状或类圆形的深紫红色小体，且红细胞的侵袭率超过 0.5%，即可确诊。死亡动物可用肝脾等脏器的压片进行检查。对带虫牛还可采用补体结合试验、凝集试验及间接荧光抗体试验等检查，尤其适合于隐性感染牛和耐过牛的检查。此外，在诊断时应注意将本病与双芽巴贝斯虫病和牛巴贝斯虫病、附红细胞体病、牛巴尔通体感染及钩端螺旋体病，牛出血性败血病及中毒病相鉴别。

[防治] 发现病牛要尽早治疗。可采用如下药物：

盐酸四环素 5～6g、5%葡萄糖溶液 1 000mL，静脉注射，1 次/d，直至体温恢复正常。

酒精雷佛奴耳溶液（先将雷佛奴耳 0.2g 溶于煮沸的 120mL 注射用水中，待全部溶解后，过滤，冷却至 40～50℃时，加入纯酒精 60mL）180mL，静脉注射或皮下注射。如体温仍不下降，可于次日再注射 1 次。

5%葡萄糖溶液 1 000～1 500mL，25%葡萄糖溶液 500～1 000mL，10%苯甲酸钠咖啡因注射液 20mL，10%维生素 C 注射液 40mL，静脉注射，每日 1 次。尤其适用于治疗体弱、贫血严重病例。

此外，也可用土霉素或金霉素（每千克体重 10mg），效果较好；盐酸氯喹肌内注射，每千克体重 250～500mg，每日 1 次，连用 5d，或用贝尼尔、台盼蓝等药物治疗也可。

预防本病，应注意清除和杀灭蜱等吸血昆虫，在发病季节，可对牛群进行药浴或淋浴，可以选用 1%的敌百虫溶液灭蜱，也可同时用四环素注射 3 次，每次间隔 2d（48h）或每天按每千克体重 0.2mg 给牛饲喂，进行药物预防；同时，防止经饲草和用具将蜱带入圈舍；做好外科器械或注射针头的消毒工作；在常发地区可用灭活或弱毒苗作免疫接种。

第五节　体表寄生虫病

一、皮蝇蛆病

牛皮蝇蛆病由皮蝇科、皮蝇属的纹皮蝇和牛皮蝇的幼虫寄生于牛背部皮下组织所引起。皮蝇蛆偶尔也能寄生于马、驴和其他野生动物及人。

[病原] 牛皮蝇和纹皮蝇外观很相似，但后者成蝇较大。体表被有长绒毛，有足 3 对及翅 1 对，外形似蜂；复眼不大，有 3 个单眼；触角芒简单，不分支；口器退化。

牛皮蝇第一期幼虫淡黄色，半透明，长约 0.5mm，宽 0.2mm，体分 20节，各节密生小刺，后端有 2 个黑色圆点状后气孔；第二期幼虫长 3～13mm。第三期幼虫，体粗壮，色泽随虫体成熟度由淡黄、黄褐色变为棕褐色，长可达 28mm，体分 11 节，体表具有很多结节和小刺（图 9-17）。虫卵长圆形，一端有柄，每根牛毛上只黏附一枚虫卵。

纹皮蝇第一、二期幼虫与牛皮蝇相应幼虫相似，第三期幼虫长可达 26mm，与牛皮蝇三期幼虫也相似，但最后 1 节腹面无刺（图 9-18）。虫卵与牛皮蝇相似，但每根牛毛上可见一列虫卵。

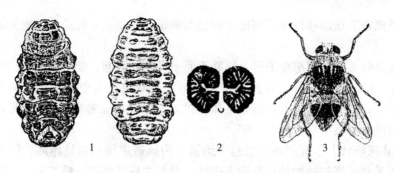

图9-17 牛皮蝇
1. 第三期幼虫背腹面 2. 第三期幼虫后气门板 3. 成蝇

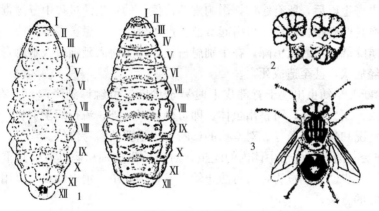

图9-18 纹皮蝇
1. 第三期幼虫背腹面 2. 第三期幼虫后气门板 3. 成蝇

[流行特点] 两种皮蝇生活史基本相似，属于完全变态，整个发育过程须经卵、幼虫、蛹和成虫四个阶段。成蝇系野居，营自由生活，不采食，也不叮咬动物，只是飞翔、交配、产卵。一般多在夏季晴朗无风的白天侵袭牛只。皮蝇广泛分布于世界各地，成蝇出现的季节，随各地气候条件和皮蝇种类的不同而表现差异。在同一地区，纹皮蝇出现得较牛皮蝇早，一般在4～6月份，而牛皮蝇则出现于6～8月份。

纹皮蝇在牛体的后肢球节附近和前胸及前腿部产卵。牛皮蝇在牛体的四肢上部、腹部、乳房和体侧产卵。卵经4～7d孵出第一期幼虫，幼虫由毛囊钻入皮下。

纹皮蝇的幼虫钻入皮下后，沿疏松结缔组织走向胸、腹腔后到达咽、食道、瘤胃周围结缔组织中，在食道黏膜下停留约5个月，然后移行到背部前端皮下。牛皮蝇的幼虫钻入皮下后沿外围神经的外膜组织移行到椎管硬膜外的脂肪组织中，在此停留约5个月，然后从椎间孔爬出移行到腰背部皮下；由食道黏膜或椎管下钻出移行至背部皮下的幼虫为第二期幼虫，经蜕皮后变为第三期幼虫。

皮蝇幼虫到达背部皮下后，皮肤表面呈现瘤状隆起，随后隆起处出现直径约 0.1～0.2mm 的小孔，并逐渐增大，第三期幼虫在其中逐步长大成熟，第二年春天，则由皮孔蹦出，离开牛体，进入土中化蛹，蛹期 1～2 个月，之后羽化为成蝇。整个发育期为一年。

[临床症状] 成蝇产卵时引起牛恐惧，为躲避成蝇而到处跑跳，影响牛的休息和采食。当皮蝇的幼虫初钻入皮肤，引起牛皮肤痛痒，精神不安。在体内移行时造成移行部位组织损伤。特别是第三期幼虫在背部皮下时，引起局部结缔组织增生和皮下蜂窝组织炎，有时细菌继发感染可化脓形成瘘管。牛背部皮肤在幼虫寄生以后，留有瘢痕，影响皮革价值。幼虫生活过程中分泌毒素，对血液和血管壁有损害作用，可引起贫血。严重感染时，患畜表现消瘦，生长缓慢，肉质降低，泌乳量下降。在个别患畜，因幼虫误入延脑或大脑脚寄生，可引起神经症状，甚至造成死亡。

[诊断] 当幼虫出现于背部皮下时易于诊断。可触诊到隆起，上有小孔，内含幼虫，用力挤压，可挤出虫体，即可确诊。此外，流行病学资料，包括当地流行情况和病畜来源等，对本病的诊断有很重要的参考价值。

[防治] 消灭寄生于牛体内的幼虫，对防治牛皮蝇蛆病具有极其重要的作用，既可减少幼虫的危害，又可防止幼虫发育为成虫。消灭幼虫可以用机械或药物治疗的方法。

在牛数不多和虫体寄生量少的情况下，可用机械法，即用手指压迫皮孔周围，将幼虫挤出，并将其杀死。由于幼虫的成熟时间不同，故每隔 10d 需重复操作，但需注意勿将虫体挤破，以免引起过敏反应。

治疗可用伊维菌素或阿维菌素类药物皮下注射，剂量为每千克体重 0.2mg；有机磷类杀虫药，如倍硫磷乳剂等，给牛注射或浇注，也可取得较好的防治效果。值得注意的是，给药时间要根据当地的流行病学资料确定，一般在 11 月左右进行。但幼虫在食道或脊椎部位移行停留期间，不宜用药，因为幼虫死亡后可引起局部的严重反应。此外，在该病流行地区，每逢皮蝇活动季节，可用 1%～2% 敌百虫对牛体进行喷洒，每隔 10d 喷洒一次；或用每千克体重 1 000～1 500mg 拟除虫菊酯类药物喷洒，每 30d 喷洒一次，可杀死产卵的雌蝇或由卵孵出的幼虫。

二、蜱感染

蜱是家畜体表一种重要的吸血性外寄生虫，俗称草爬子、壁虱。

[病原] 蜱的种类很多，其中最常见的种类多属于硬蜱科，包括 12 个属，在兽医学上具有重要意义的有 6 个属，即硬蜱属、扇头蜱属、牛蜱属、血蜱属、革蜱属和璃眼蜱属。硬蜱呈红褐色或灰褐色，长椭圆形，小米粒至大豆大，背腹扁平，腹面有 4 对肢。分假头和躯体两部分。假头由假头基和口器组成，口器由一对须肢、一对螯肢和一个口下板组成。假头基形状随蜱属不同而异。雌蜱假头基背面有一对呈椭圆形、卵圆形或圆形的锅底形凹陷区域，称为多孔区（图 9-19、图 9-20）。

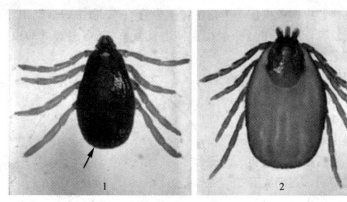

图 9-19 硬蜱成虫背面观

1. 雄蜱 2. 雌蜱

（引自 Dwight D. Bowman MS PhD）

图 9-20 各种发育阶段的雌蜱腹面观

（引自 Dwight D. Bowman MS PhD）

躯体背面有一块硬的盾板，雄蜱的盾板几乎覆盖整个背面，雌虫和若虫的盾板仅覆盖背面的前部。盾板上有各种沟、窝、隆起、短刚毛等，有些属的蜱盾板上有银白色花纹；有些属躯体后缘具有方块形的缘垛；有的体后端突出，形成尾突。

躯体腹面前部正中有一生殖孔，其两侧向后延伸有生殖沟；肛门位于后部正中，呈纵裂的半球形隆起；除个别属外，通常有肛沟围绕在肛门的前方或后方。有一对气门板位于第 4 对足基节后侧方，其形状随种类和性别不同而异。

有些属的硬蜱腹面还有若干硬的几丁质板块构造。

足由 6 节组成，由基部向外依次为基节、转节、股节、胫节、后跗节和跗节，足末端有一对爪；第一对足跗节末端背缘有哈氏器，为蜱的嗅觉器官。卵小，呈卵圆形，黄褐色。

[流行特点] 大多数硬蜱发育过程中的幼虫期和若虫期寄生在小型哺乳动物（兔、刺猬、野鼠等），成虫期寄生在家畜体表；有的硬蜱发育过程中需要更换宿主，根据更换宿主的次数，可将硬蜱分为三种类型：即一宿主蜱（不更换宿主，幼虫、若虫、成虫在一个宿主体上发育）；二宿主蜱（幼虫、若虫在一个宿主体上发育，成虫在另一个宿主体上发育）；三宿主蜱（幼虫、若虫、成虫分别在三个宿主体上发育）。

雌雄交配后，雌蜱落地产卵，产卵量可达数千至上万个。在适宜的条件下，经一段时间，卵中孵出幼虫，爬到宿主体上吸血，之后根据所需更换宿主次数的不同，逐渐发育为若虫、成虫（图 9 - 21）。雌蜱产完卵后 1～2 周内死亡。雄蜱一般能存活 1 个月左右。从卵发育至成蜱的时间，依种类和气温而异，可为 3～12 个月，甚至 1 年以上。

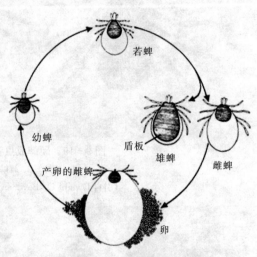

图 9 - 21　硬蜱各期虫体

硬蜱的活动有明显的季节性，大多数在春季开始活动，也有些种类到夏季才有成虫出现。硬蜱的活动一般在白天，但活动规律又因种类而不同。硬蜱的越冬场所因种类而异。一般在自然界或在宿主体内过冬。蜱的分布与气候、地势、土壤、植被及动物区系等有关。各种蜱均有一定的地理分布区。

[临床症状] 硬蜱吸食大量宿主血液，幼虫期和若虫期的吸血时间一般较短，而成虫期较长。吸血后虫体可胀大许多，雌蜱最为显著。寄生数量大时可引起病畜贫血、消瘦、发育不良、皮毛质量降低以及产乳量下降等。由于蜱的叮咬，可使宿主皮肤产生水肿、出血。蜱的唾液腺能分泌毒素，使家畜产生厌食、体重减轻和代谢障碍。某些种的雄蜱唾液中含有一种神经毒素，能引起急性上行性的肌萎缩性麻痹，称为"蜱瘫痪"。

此外，蜱是许多种病毒、细菌、螺旋体、立克次氏体、支原体、衣原体、原虫和线虫的传播媒介或贮存宿主，又是家畜各种梨形虫病的终末宿主和传播媒介。

[诊断] 少量蜱的寄生并不表现临床症状。当发生急性暴发病时，应根据疾病的特点和种类，怀疑硬蜱作为虫媒的可能。

[防治] 防治蜱病，应在充分了解当地蜱的活动规律及滋生场所的基础上，根据具体情况采取综合性措施才能取得较好效果。

治疗时常用的灭蜱药物有：

拟除虫菊酯类杀虫剂，如溴氰菊酯（商品名倍特），剂量为每千克体重 25～50mg。

有机磷类杀虫剂，如二嗪农（商品名螨净），剂量为每千克体重 250mg；巴胺磷（商品名赛福丁），剂量为每千克体重 50～250mg。

脒基类杀虫剂，如双甲脒（商品名特敌克或阿米曲拉），剂量为每千克体重 250·~500mg。

灭蜱常用的药物可根据使用季节和应用对象，选用喷涂、药浴或粉剂涂洒等不同的用药方法；还应随蜱种不同，优选合适的药液浓度和使用间隔时间；各种药应交替使用，以避免抗药性的产生，增强杀蜱作用。

消灭畜体上的蜱，可采用人工捕捉或药物杀灭的方法。人工捕捉适应于感染数量少、畜少人多的情况。捕捉蜱时，使虫体与动物皮肤垂直，轻拉，防止假头断在皮内，引起炎症。

消灭圈舍的蜱，对圈舍内蜱的防治尤为重要。可用水泥、石灰、泥土拌上药物堵塞圈舍的所有缝隙和孔洞；定期用药物喷洒圈舍；有条件的情况下，在蜱活动期间停止使用有蜱的圈舍。

消灭自然界的蜱，可深翻牧地；清除杂草灌木；对蜱滋生场所进行药物喷洒等。

三、螨病

由痒螨科或疥螨科的螨类寄生于各种动物的体表或表皮内所引起的慢性皮肤病又叫疥癣、疥虫病、疥疮，俗称癞病。不同种的螨类可引起不同的螨病，以接触感染、患病动物剧痒及各种类型的皮肤炎症为主要特征，具有高度传染性，发病后往往蔓延至全群，危害十分严重。

[病原] 疥螨科的特征是：疥螨体形很小，肉眼不易见，体近圆形，背面隆起，腹面扁平，呈灰白色或略带黄色。背面有细横纹、锥突、圆锥形鳞片和刚毛，腹面有 4 对粗短的足，呈圆锥形，两对向前，两对向后，后两对足不伸出体缘之外，雄虫体后部无生殖吸盘和尾突（图 9 - 22）。雌螨比雄螨大，其大小为

（0.25～0.51）mm×（0.24～0.39）mm；雄螨大小为（0.19～0.25）mm×（0.14～0.29）mm。

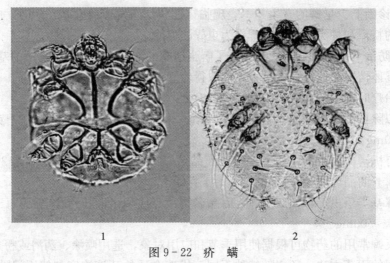

1   2

图 9-22 疥 螨

1. 雄螨腹面 2. 雌螨腹面

（引自 Dwight D. Bowman MS PhD）

痒螨科的特征是：虫体较前者大，呈长圆形，足呈细长圆锥形，后二对足伸出体缘之外，雄虫体后部有生殖吸盘和尾突（图 9-23）。

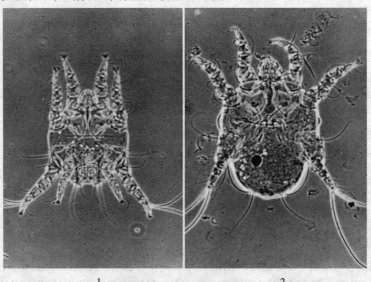

1   2

图 9-23 痒 螨

1. 雄螨腹面 2. 雌螨腹面

（引自 Dwight D. Bowman MS PhD）

[流行特点] 螨虫生活史为不完全变态，即在发育过程中经过虫卵、幼虫、若虫和成虫四个不同的阶段，全部发育过程都在宿主体内完成。其中雄螨有一个若虫期，雌螨有两个若虫期。

痒螨主要寄生于宿主皮肤表面，吸取渗出液为食。整个发育过程约10~12d。而疥螨主要寄生于宿主皮肤的表皮层，在其内挖凿隧道，进行发育和繁殖，以宿主的皮肤组织和渗出液为食。整个发育过程为8~22d。

螨病主要发生于春初、秋末、冬季。在这些季节，日光照射不足，家畜毛长而密，特别是在厩舍潮湿、畜体拥挤、皮肤表面温度和湿度较高、卫生状况不良的条件下，最适合螨的发育繁殖。螨病主要通过易感动物与患病动物直接接触或与被螨及其卵污染的圈舍、用具、人的衣服或身体等的间接接触而传播。发病时，疥螨病一般始发于毛少而皮肤柔软的部位，如面部、颈部、背部和尾根部，继而皮肤感染逐渐向周围蔓延。痒螨病则起始于毛密而长和温度、湿度比较恒定的部位，如颈部、角基底、尾根，蔓延至垂肉和肩胛两侧，严重时波及全身。

[临床症状] 患畜主要表现为剧痒、结痂、脱毛、皮肤增厚及消瘦衰竭。剧痒是由于虫体活动时的机械性刺激及分泌的毒素所引起，特点是进入温暖场所或运动后，痒觉更加增剧。由于皮肤的损伤及炎症，炎性渗出液加上脱落的被毛、皮屑和污垢混杂在一起，干燥后就形成了石灰色痂皮；毛囊、汗腺受到破坏，因而被毛脱落；皮肤角质层增生，皮肤变厚，失去弹性而成皱褶或龟裂；痒觉造成畜禽烦躁不安，严重影响采食和休息，加之寒冷季节皮肤裸露，体温大量散失，体内蓄积的脂肪被大量消耗，所以患病动物日渐消瘦，严重时则发生衰竭死亡。

[诊断] 对有明显症状的螨病患畜，根据发病季节、剧痒、患病皮肤病变等，诊断并不困难。对症状不明显的病例，可刮取健康部位与病患部位交界处的皮肤，深度以稍刮出血时为止，然后将刮下物放于黑纸上，用白炽灯照射待螨爬出后，在镜下进行确诊。

[防治] 口服、注射伊维菌素或阿维菌素类药物治疗或预防：剂量为有效成分每千克体重0.2mg，严重病畜间隔7~10d重复用药一次。国内生产的类似药物商品名很多，有粉剂、片剂（口服）和针剂（皮下注射），也有其他一些剂型等。

涂药、喷洒治疗或预防：为了使药物能充分接触虫体，治疗前最好用肥皂水或煤酚皂液彻底洗刷患部，清除硬痂和污物后再用药。每千克体重600mg螨净水乳液喷淋两次，中间间隔7d；每千克体重500mg双甲脒（特敌克）水乳液喷淋或涂擦两次，中间间隔10d；每千克体重50mg溴氰菊酯（倍特）喷洒两次，中间间隔10d；1％～2％石炭酸或克辽林溶液涂擦或喷淋；2％～4％的烟叶浸汁涂擦患部。

由于大多数治螨药物对螨卵的杀灭作用差，因此需间隔一定时间后重复用药，以杀死新孵出的幼虫。在治疗病畜的同时，应用杀螨药物彻底消毒畜舍和用具，治疗后的病畜应置于消毒过的畜舍内饲养。隔离治疗过程中，饲养管理人员应注意经常消毒，避免通过手、衣服和用具散播病原。

在流行地区，控制本病除定期有计划地进行药物预防外；还要加强饲养管理，勤换垫草，保持圈舍干燥清洁；对圈舍定期消毒（10％～20％石灰乳）；发现患病动物后，立即隔离并进行治疗；新引进动物要隔离观察一段时间后，方可合群。

四、虱病

牛的虱病是由寄生于牛体表的食毛虱和吸血虱引起的。食毛虱以牛毛和皮屑为食，吸血虱则吸食血液。临床上以皮肤发痒、不安、脱毛、皮肤发炎、牛只贫血、消瘦以及产奶量低下等为主要特征。

[病原] 虱子背腹扁平，分头、胸、腹三部分。头部有触角；胸部有3对足和1对胸气门；腹部呈椭圆性，两侧有腹气门；雄虱腹部末端钝圆；雌虱腹部末端有角形缺口。虱卵呈黄白色，长椭圆形（图9-24）。

吸血虱头部较胸部窄，刺吸式口器呈圆锥形。雄虫小，长约2mm，雌虫大，长达4.75mm。头部近五角形，中部最宽，触角位于最宽处，胸部呈扁的长方形，腹部椭圆形，每一腹节侧缘有深色隆起；常寄生于牛的背、前胸、头顶及尾根周围。其中血虱与鄂虱的区别在于：血虱属的腹部，每节两侧有侧背片，而鄂虱属则缺乏；血虱属每一腹节上有一排刚毛，而鄂虱属则有多排刚毛。

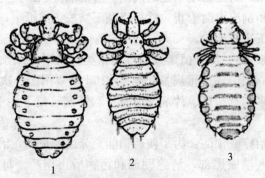

图9-24 吸血虱和毛虱及羽虱（Soulsby）
1. 牛血虱 2. 牛颚虱 3. 牛毛虱

食毛虱体长 0.5～1mm，雄虱略小于雌虱。头部阔圆，触角三节，侧缘和背板上的纹带呈赤黄色或赤褐色。

毛虱与吸血虱的区别在于：其头部钝圆，宽度大于胸部，咀嚼式口器。毛虱常寄生于牛的头顶部、颈部和肩胛部。

[流行特点] 虱为不完全变态，其发育过程包括卵、若虫和成虫。雌雄交配后，雌虱产卵于被毛上，经一段时间后，卵中孵出若虫，经三次蜕皮后变为成虫。从卵发育为成虫约需 1 个月。

不同种虱子在畜体上有不同的寄生部位。虱子离开宿主体后，只能短期存活。传播方式主要是直接接触感染，有时亦可通过混用的管理用具和褥草等间接感染。秋冬季节，家畜被毛较长，绒毛增多较厚，体表温度增加，造成有利于虱子生存的条件，因而数量增多，虱病易发；另外，饲养密集、畜舍及牛体卫生差、湿度大有利于牛虱的生长和繁殖，可促进其传播与感染；夏季家畜体表虱子显著减少。

[临床症状] 吸血虱吸血时可分泌含有毒素的唾液，引起牛只刺痒不安，影响采食和休息，使其消瘦，发育不良，生产性能下降，且常因啃咬患部和蹭痒，引起皮炎、脱毛、脱皮，并可继发细菌感染和伤口蛆症。毛虱虽不刺吸血液，但也会引起牛只发痒，精神不安，危害类似于血虱。犊牛由于体痒，经常舔吮患部，可造成食毛癖，时间久之，牛毛在胃内形成毛球，影响食欲和消化机能及患其他严重疾病。

[诊断] 在牛只体表发现虱或虱卵即可确诊。

[防治] 治疗可用伊维菌素：剂量为每千克体重 0.3mg，口服（片剂或粉剂）或皮下注射（针剂）；0.5％～2％敌百虫水溶液、溴氰菊酯或敌虫菊酯乳剂喷洒；0.01％～0.05％双甲脒溶液涂擦或喷洒，7～10d 后再治疗一次；中药百部加白酒（或 50％酒精）1 000mL，浸泡 1～2d，涂擦患部；或用 10％的百部煎剂也可。

在药物除虱的同时应加强饲养管理及环境消毒，保持畜舍和牛体的清洁，通风干燥。垫草要勤换，对管理用具要定期消毒。定期检查，对患有牛虱的病牛及时进行隔离。新引入的牛只要先进行检疫、隔离检查。

（王瑞　杨晓野）

附录一　舍饲牛场疾病防控技术规程

引自"舍饲草食畜疾病防控技术集成"课题（课题编号：2007BA56B06）舍饲牛场疾病防控技术规程。

1　范围

本规程适用于牛场（奶牛和肉牛）的疾病防控，制定了牛场在疾病预防、监测、控制和扑灭方面的技术方案。

本规程适用于生产无公害食品的奶牛或肉牛饲养过程的生产、管理和认证。

2　引用文件

下列文件中的某些条款引用为本规程的内容。凡是注明日期的引用文件，其随后所有的修改单（不包括勘误的内容）或修订版均不适用于本规程；凡是不注明日期的引用文件，其最新版本适用于本规程。

《中华人民共和国动物防疫法》

《GB 16568　奶牛场卫生及检疫规范》

《GB/T 16569　畜禽产品消毒规范》

《GB 16567　种畜禽调运检疫技术规范》

《NY/T 388　畜禽场环境质量标准》

《NY 5027　无公害食品　畜禽饮用水水质》

《NY 5030—2006　无公害食品　畜禽饲养兽药使用准则》

《NY 5047　无公害食品　奶牛饲养兽医防疫准则》

《NY 5048　无公害食品　奶牛饲养饲料使用准则》

《NY/T 5049　无公害食品　奶牛饲养管理准则》

《GB 16548　病害动物和病害动物产品生物安全处理规程》

《GB 16549　畜禽产地检疫规范》

《NY 5126　无公害食品　肉牛饲养兽医防疫准则》
《NY 5127　无公害食品　肉牛饲养饲料使用准则》
《NY/T 5128　无公害食品　肉牛饲养管理准则》
《中华人民共和国兽药典》
《中华人民共和国兽药规范》
《中华人民共和国兽用生物制品质量标准》
《兽药管理条例》
《进口兽药质量标准》
《兽药质量标准》
《饲料药物添加剂使用规范》

3　术语和定义

下列术语和定义适用于本规程。

3.1　净道（non-pollution road）

牛群周转、饲养员行走、场内运送饲料、奶车出入的专用道路。

3.2　污道（pollution road）

粪便等废弃物、淘汰牛出场的道路。

3.3　牛场废弃物（cattle farm waste）

主要包括牛粪、尿、死牛、垫料、过期兽药、残余疫苗、疫苗瓶、一次性使用的畜牧兽医器械及包装物和污水。

3.4　驱虫（Deworming）

用药物将寄生于畜禽体内外的寄生虫杀灭或驱除。

3.5　粪便检查（Stool examination）

采取新鲜粪便检查其内是否含有寄生虫虫卵、幼虫和卵囊。

3.6　驱虫药效的评定（Effect of medicine）

通过驱虫前后动物各方面情况（发病率、死亡率、营养状况、临床症状、虫卵减少率、虫卵转阴率等）对比来确定驱虫效果。

3.7 虫卵计数法（Egg counting method）

利用虫卵计数板检查粪便中寄生虫虫卵，了解感染寄生虫的强度和判断驱虫效果。

3.8 虫卵减少率（Decrease rate of eggs）

驱虫前后 EPG 差值与驱虫前 EPG 的比值。

3.9 EPG

每克粪便中的虫卵数。

3.10 虫卵转阴率（Disappearance rate of eggs）

驱虫后动物转阴数与驱虫前动物总数的比值。

3.11 生物安全处理（Biosafety specification）

通过焚烧、化制、掩埋或其他物理、化学、生物学等方法将病害动物尸体和病害动物产品或附属物进行处理，以彻底消灭其所携带的病原体，达到消除病害因素，保障人畜健康安全的目的。

3.12 销毁（Destruction）

采用焚烧和掩埋方法，对病害动物尸体和病害动物产品或附属物进行处理，彻底消除病害因素。
焚烧：将病害动物尸体或病害动物产品投入焚化炉或用其他方式烧毁炭化；掩埋处理不适用于患有炭疽等芽孢杆菌类疫病和牛海绵状脑病的动物及产品、组织的处置。

3.13 动物疫病（animal epidemic disease）

动物的传染病和寄生虫病。

3.14 病原体（pathogen）

能引起疾病的生物体，包括寄生虫和致病微生物。

3.15 动物防疫（animal epidemic prevention）

动物疫病的预防、控制、扑灭和动物及其产品的检疫。

3.16 奶牛 (dairy cattle)

以产乳性能为主要选择目的，经过系统选育，达到一定水平的专门化牛种的统称。

3.17 肉牛 (beef cattle)

以生产牛肉为主要目的，经过系统选育，达到一定水平的专门化牛种的统称。

3.18 兽药 (veterinary drug)

用于预防、治疗和诊断畜禽疾病，有目的地调节其生理机能并规定作用、用途、用法、用量的物质（含饲料药物添加剂）；包括：血清、疫苗、诊断液等生物制品，兽用的中药材、中成药、化学原料及其制剂，抗生素、生化药品、放射性药品等。

3.18.1 抗菌药 (antibacterial drug)

能够抑制或杀灭病原菌的药物，包括中药材、中成药、化学药品、抗生素及其制剂。

3.18.2 抗寄生虫药 (antiparasitic drug)

能够杀灭或驱除动物体内、外寄生虫的药物，包括中药材、中成药、化学药品、抗生素及其制剂。

3.18.3 生殖激素类药 (reproductive hormonic drug)

直接或间接影响动物生殖机能的激素类药物。

3.18.4 疫苗 (vaccine)

由特定细菌、病毒、立克次氏体、螺旋体、支原体等微生物以及寄生虫制成的主动免疫制品。

3.18.5 消毒防腐剂 (disinfectant and preservative)

用于杀灭环境中的有害微生物，防止疾病发生和传染的药物。

3.18.6 饲料药物添加剂 (medicated feed additive)

为预防、治疗动物疾病而掺入载体或稀释剂的兽药预混物，包括抗球虫药类、驱虫剂类、抑菌促生长类等。

3.19 休药期 (withdrawal period)

食品动物从停止给药到许可屠宰或其产品（包括乳、蛋等）许可上市的间隔时间。

3.20　奶废弃期（withdrawal period for milk）

奶牛从停止给药到牛奶许可上市的间隔时间。

4　疾病预防

牛场疾病防控应符合《中华人民共和国动物防疫法》、NY 5047 和 NY 5126 的规定。

4.1　牛场环境

4.1.1　牛场的生态环境　牛场空气环境质量和生态环境质量应符合 NY/T 388 规定的要求。

4.1.2　牛场的选址　应选在地势平坦、环境干燥、背风向阳，排水良好，场地水源充足且并未被污染和没有发生过任何传染病的地方。奶牛场周围1 000m 内无大型化工厂、采矿场、皮革厂、肉品加工厂、屠宰厂、饲料厂、活畜交易市场和畜牧场污染源。奶牛场距离干线公路、铁路、城镇、居民区和公共场所 500m 以上，牛场周围有围墙（围墙高＞1.5m）或防疫沟（防疫沟宽＞2.0m），周围建立绿化隔离带。

4.1.3　牛场布局　应设管理和生活区、生产和饲养区、生产辅助区、畜粪堆贮区、病牛隔离区和无害化处理区，各区应相互隔离。牛场生产区要布置在管理区主风向的下风向或侧风向，隔离牛舍、污水、粪便处理设施和病、死牛处理区设在生产区主风向的下风或侧风向。运送饲料和生奶的道路与装运牛粪的道路应分设（即净道与污道分设），并尽可能减少交叉点。

4.1.4　牛舍设计　牛舍应保温隔热，地面和墙壁应便于清洗和消毒，有便于废弃物排放和处理的设施。牛舍应通风良好，空气中有毒、有害气体含量应符合 NY/T 388 的要求，温度、湿度、气流、光照符合牛不同生长阶段的要求。

4.1.5　牛场禁养其他动物　奶牛场不应饲养任何其他家畜家禽，并应防止周围其他畜禽进入场区。饲养区外 1 000m 内不应饲养偶蹄动物。

4.2　引进牛只

4.2.1　坚持自繁自养的原则，禁止从疫区引进牛只，尤其不从有牛海绵状脑病及高风险的国家和地区引进牛只、精液、胚胎（卵）。

4.2.2　必须引进牛只时，应从非疫区引进，并按照种畜禽调运检疫技术规范（GB 16549 和 GB 16567）由动物卫生监督机构进行检疫，并出具检疫合格证后方可引进。

4.2.3 寄生虫病产地检查：购进前在产地进行寄生虫病的检查。如检出寄生虫病，应立即对病牛进行隔离、驱虫，观察 15d 后再对其进行寄生虫和虫卵检查，确认无寄生虫病再将牛只购入。

4.2.4 运输车辆在运输前和使用后应进行彻底清洗消毒，推荐使用 0.2%～0.5% 过氧乙酸或过氧乙酸戊二醛复合消毒剂（0.2%～0.3%），牛只在装运过程中禁止接触其他偶蹄动物。

4.2.5 牛只引入后至少隔离饲养 30～45d，在此期间进行观察、检疫、驱虫，经动物卫生监督机构确认为健康者（无疫病时）方可并群饲养。

4.3 管理

4.3.1 人员管理

4.3.1.1 挤奶人员须经奶牛泌乳生理和挤奶操作工艺的培训，合格后才能上岗操作。

4.3.1.2 牛场工作人员应定期（每年 1～2 次）进行健康检查，传染病患者不应从事饲养工作。

4.3.1.3 场内兽医人员不应对外出诊，配种人员不应对外开展牛的配种工作。

4.3.1.4 非生产人员一般不允许进入生产区。特殊情况下，非生产人员需更衣、换鞋、消毒后方可入场，并遵守场内的一切防疫制度。

4.3.2 饲养管理

4.3.2.1 饲料及添加剂的使用应符合 NY 5048 或 NY/T 5127 的要求，不喂发霉和变质的饲料、饲草；禁止饲喂反刍动物源性肉骨粉。定期对各种饲料和饲料原料进行采样和化验。各种原料和产品标志清楚，储存于洁净、干燥、无污染源的储存仓内。不应在饲料中额外添加未经国家有关部门批准使用的各种化学、生物制剂及保护剂（如抗氧化剂、防霉剂）等。应清除饲料中的金属异物和泥沙。

4.3.2.2 具有新鲜、清洁、无污染的水源，水质应符合 NY 5027 规定的要求。运动场设食盐、矿物质（如矿物质舔砖等）补饲槽和饮水槽。

4.3.2.3 牛舍槽道、地面、墙壁应每天清洗，并除去褥草、污物和粪便。清洗工作结束后应及时将粪便及污物运送到贮粪场。应派专人每天清扫运动场牛粪，并集中到贮粪场。水槽、食槽等饲养用具应每天清洗、消毒，保持地面清洁。

4.3.3　挤奶管理

4.3.3.1　贮奶罐、挤奶机使用前后都应用 35～46℃ 温水及 70～75℃ 的 2%～4% 的热碱水（碳酸钠）清洗其内部，之后用清水冲洗 2～5min。

4.3.3.2　乳房炎病牛不应上机挤奶，上机时临时发现的乳房炎病牛不应套杯挤奶，应转入病牛群人工挤净后治疗。

4.4　卫生消毒

4.4.1　消毒剂

消毒剂选择原则为对人、奶牛和环境比较安全，没有残留毒性；对设备无破坏性；在牛体内不产生有害积累。可选用的消毒剂有：次氯酸盐、有机碘混合物（碘伏）、过氧乙酸、生石灰、氢氧化钠（火碱）、高锰酸钾、新洁尔灭、酒精和过氧乙酸戊二醛复合消毒剂等。

4.4.2　消毒方法和程序

4.4.2.1　进出消毒　牛场大门入口处设立消毒池（消毒池应与门等宽，长为机动车辆车轮一周半，深度大于 15cm），池内为 2%～4% 的氢氧化钠或过氧乙酸戊二醛复合消毒剂（0.2%～0.3%），对入场车辆轮胎进行消毒，消毒液 1～3d 更换一次；冬季可用 0.5% 过氧乙酸或过氧乙酸戊二醛复合消毒剂（0.2%～0.3%）喷雾消毒轮胎。

牛场生产区入口应设消毒室和消毒池，消毒池应与门和过道等宽，池内放 0.2%～0.3% 过氧乙酸戊二醛复合消毒剂或 2%～4% 的氢氧化钠作为消毒液，1～3d 更换一次。消毒室顶壁安装紫外线灯（一般要求每立方米空间达 1.5w，灯管距地面 2～2.5m 为宜）。人员出入场后消毒室的墙壁、地面、空气和工作服等表面用紫外线灯照射消毒的时间应不少于 30min（避免照射到人）。进入生产区净道和牛舍的工作人员，必须在消毒室更换场区工作服、工作鞋，通过消毒池方可进入自己的工作区域，严禁相互串圈。外来人员必须进入生产区时，应在消毒室更换场区工作服、工作鞋，经消毒池进入，按指定路线行走，并遵守场内防疫制度。

4.4.2.2　环境消毒　牛舍周围环境每 1～2 周用 2%～4% 火碱或撒生石灰消毒 1 次；牛场周围及场内污染池、排粪坑、下水道出口，每月用 3% 漂白粉消毒 1 次。

4.4.2.3　牛舍消毒

（1）常规消毒　牛只每次下槽后，牛舍应清扫干净。牛舍每周消毒 1 次，具体程序如下：首先清扫干净，然后用高压水枪冲洗，并用 0.1% 新洁尔灭、0.3% 过氧乙酸或 0.1% 次氯酸钠喷洒消毒。

牛舍为土壤地面时，可用5%有效氯的漂白粉溶液或过氧乙酸戊二醛复合消毒剂（0.2%～0.3%）喷洒消毒。

（2）空舍消毒 首先将牛舍清扫干净，然后采用一冲、二烧、三喷、四熏蒸的程序进行消毒。

一冲：牛舍清场后，将水泥地面、墙壁、工具等用水彻底冲洗干净；能够拆卸的笼具等饲养设施应拆卸后冲洗。

二烧：对墙裙、地面和非易燃用具等用火焰喷射器消毒。

三喷：先用氯制剂、过氧乙酸或碘制剂等对屋顶、墙壁、地面、用具等进行2～3次喷洒消毒，每次间隔24h；再用烧碱、石灰乳等对地面进行消毒。这些处理的作用时间应不少于60min，喷药量应符合以下标准：泥土墙为150～300mL/m²，水泥墙、木板墙、石灰墙为100mL/m²，地面为200～300mL/m²。

四熏蒸：关闭牛舍门窗和风机使其密闭后，用甲醛熏蒸消毒。具体方法如下：将37%～40%甲醛溶液（即福尔马林，用量为20～45mL/m³空间）倒入搪瓷或陶瓷容器，加入高锰酸钾（20g/m³空间）使甲醛迅速蒸发，熄灭火源，密封熏蒸12～24h后，打开门窗通风24h以上除去甲醛气味。熏蒸时，相对湿度应为60%～80%；如室温低于18℃，要加热水（20mL/m³空间）；为减少成本，可不加高锰酸钾，但要用猛火加热甲醛。

（3）产房消毒 产房按空舍消毒程序进行，并铺清洁干燥的垫草；工作人员进出产房要穿清洁外衣，用0.1%～0.5%的新洁尔灭水溶液洗手或70%～75%的酒精擦拭。产房入口处设消毒池进行鞋底消毒，消毒液同本规程4.4.2.1项。

4.4.2.4 运动场消毒 首先彻底清扫粪尿，然后用3%的漂白粉、4%的福尔马林或5%的氢氧化钠水溶液喷洒消毒；每半个月进行1次。

4.4.2.5 用具消毒 饲料车、补料槽、料桶等用具每周消毒1次，先用0.2%～0.5%过氧乙酸喷洒或0.1%新洁尔灭浸泡30min，再用清水刷洗除去消毒药味；兽医用具、助产用具、配种用具等在使用前后须用0.1%新洁尔灭浸泡30min或高温高压灭菌（121℃，15～20min）；工作服等采用紫外线照射30～60min或消毒液（250～500mg/L有效氯消毒剂）浸泡30min或高温高压消毒（121℃，15～20min）。

4.4.2.6 牛体消毒 助产、配种、注射治疗等任何接触奶牛的操作之前，应先将乳房、乳头、外阴和后躯等用0.1%～0.5%的新洁尔灭、70%～75%的酒精或2%～5%的碘酊进行擦拭消毒。

4.4.2.7 奶牛乳头的药浴消毒 挤奶前后都要药浴乳头，保证2/3乳头浸入药浴液，时间为 20～30s；常用的消毒剂有：0.5%～1%的洗必泰、3%的次氯酸钠、0.3%的新洁尔灭、0.2%的过氧乙酸，0.5%的碘伏等。

4.5 废弃物的生物安全处理

废弃物处理场设在牛场生产区的下风处。牛舍及运动场垫料、污物和粪便应每天及时清除并运送到废弃物处理场。

粪便处理应符合 GB 16548 的规定，每天将其集中到废弃物处理场的指定地点，采用生物热消毒法处理 1 个月以上（夏季一个月，春秋一个半月，冬季两三个月）。具体方法如下：地点为离圈舍 100m 以外，牛粪堆积成堆并覆盖 10cm 厚的细土，进行发酵。处理后的粪便在使用前再进行寄生虫虫卵、幼虫检查。

污水应引入污水处理池，用漂白粉或生石灰消毒，一般每升污水用 2～5g 漂白粉。

病死牛尸体应深埋处理（患有炭疽等芽孢杆菌类疫病和牛海绵状脑病时，尸体及组织、产品应焚毁处理），坑底铺垫生石灰，尸体置于坑中后浇油焚烧，再撒一层生石灰，最后覆盖土层与周围持平，厚度应大于 1.5m。填土不要太实，避免尸腐产生的气体冒出和液体渗漏。

传染病病原体污染地面时，可先将地面下翻 30cm，同时撒上干漂白粉（用量为每平方米土地 0.5kg）；然后以水洇湿地面并压平；停放过患有炭疽等芽孢杆菌病牛尸体的场所，应严格加以消毒，首先用 3%的漂白粉溶液喷洒地面，掘起表层土壤 30cm 左右，并撒干燥漂白粉与土壤混合后，将其妥善运出掩埋。

4.6 控制传播媒介

灭鼠、灭蚊蝇应符合 NY/T 5151 的规定。

4.6.1 搞好牛舍内外环境卫生，消除杂草和水坑等蚊蝇滋生地，夏秋季要定期喷洒杀虫药，或在牛场外围设诱杀点，用紫外诱杀器消火蚊蝇。

4.6.2 应定期定点投放灭鼠药，及时收集死鼠和残余鼠药，深埋处理。

4.6.3 为防止寄生虫病的传播，必须消灭活的媒介如昆虫和水螺，并禁止饲喂低洼、湖泊、池塘等带有地螺的饲草。用 5%硫酸铜溶液或 6%四聚乙醛（灭蜗灵）消灭河、湾、塘、沟等水源处的地螺，每年喷洒 1～2 次。

4.6.4 加强中间宿主动物的管理，禁止狗、猫吃生肉并要定期驱虫，及时清理狗、猫的粪便并进行无害化处理，避免其粪便污染饲料、饮水。

4.7 免疫接种

牛场应根据《中华人民共和国动物防疫法》及其配套法规的要求，结合当地实际情况，有选择地进行疫病的预防接种工作，并注意选择适宜的疫苗、免疫程序和免疫方法。依据舍饲牛场疫病流行情况推荐如下免疫程序（表1）。

布鲁氏菌病活疫苗只对3～8月龄奶牛接种，成年奶牛一般不接种。

表1　牛场免疫程序

牛	接种日龄	疫苗名称	接种方法	剂量	免疫期	备注
犊牛	5	牛大肠杆菌灭活菌	肌注			依据牛场情况免疫
	90	口蹄疫O-亚I型二价灭活疫苗	肌注	1mL		可能有反应
	110～120	口蹄疫O-亚I型二价灭活疫苗	肌注	2mL	6个月	可能有反应
	150	羊种布鲁氏菌M5或M5-90弱毒苗	皮下注射	每头份应含250亿个活菌	3年	
	240	牛巴氏杆菌病灭活苗	皮下或肌注		9个月	犊牛断奶前禁用
	300	口蹄疫O-亚I型二价灭活疫苗	肌注	2mL	6个月	可能有反应
成年牛	每年3月	口蹄疫O-亚I型二价灭活疫苗	肌注	2mL	6个月	可能有反应
		牛巴氏杆菌病灭活苗	皮下或肌注		9个月	
		牛流行热灭活苗	肌注		6个月	依据牛场情况免疫
	每年9月	口蹄疫O-亚I型二价灭活疫苗	肌注	2mL	6个月	可能有反应
		牛巴氏杆菌病灭活苗	皮下或肌注		9个月	

备注：防疫员免疫接种时，必须随身携带肾上腺素，以备因品种、个体状况出现急性过敏反应抢救之用。

4.8 药物预防与治疗技术规程

药物使用应按照NY 5046或NY5125执行。

4.8.1 细菌性疾病的防治

4.8.1.1 细菌性疾病的预防 将安全低廉的药物加入饲料和饮水也是预防牛病的重要手段，即群体药物预防，添加的药物称为保健添加剂。犊牛断奶、转群、气候突变等应激情况时，可用磺胺类药物和抗生素预防条件性致病菌引起的疾病。药物占饲料或饮水的比例如下：磺胺类药预防量为 0.1%～0.2%，治疗量为 0.2%～0.5%；四环素类抗生素预防量为 0.01%～0.03%，治疗量为 0.05%。一般连用 3～5d，必要时可酌情延长，但长期使用容易产生耐药性菌株，影响防治效果。因此，要经常进行药敏试验，选择高度敏感性的药物。此外，必须注意：成年牛口服土霉素等抗生素时常会引起肠炎等中毒反应。

4.8.1.2 细菌性疾病的治疗 经常观察牛群健康状态，发现异常状况及时处理，可疑病牛应隔离观察并确诊。属于疫病的按相关处理规程处置，有使用价值的病牛应隔离、彻底治愈后才能归群。病牛在药物治疗期间或达不到休药期的不应作为食用淘汰牛出售。

4.8.1.3 泌乳牛在正常情况下禁止使用任何药物，必须用药时，药物残留期间的牛乳不应出售，牛乳上市前应按规定停药，准确计算停药时间和弃乳期。

4.8.1.4 不应使用未经有关部门批准的激素类药物（如促进卵泡发育、排卵的药物和催产药剂）和抗生素。

4.8.1.5 抗菌药的选择与使用

应依据药敏试验和牛的用药准则（表 2 和表 3），选择敏感药物进行细菌性疾病的预防与治疗。

表 2　舍饲奶牛允许使用的抗菌药物及使用规定

药　名	制　剂	用法与用量（用量以有效成分计）	休药期
氨苄西林钠	注射用粉针	肌内、静脉注射，一次量每千克体重 10～20mg，2～3 次/d，连用 2～3d	6d，奶废弃期 2d
	注射液	皮下或肌内注射，一次量每千克体重 5～7mg	
氨苄西林钠＋氯唑西林钠（干乳期）	乳膏剂	乳管注入，干乳期奶牛，每乳室氨苄西林钠 0.25g＋氯唑西林钠 0.5g，隔 3 周再输注 1 次	28d，奶废弃期 30d
氨苄西林钠＋氯唑西林钠（泌乳期）	乳膏期	乳管注入，泌乳期奶牛，每乳室氨苄西林钠 0.075g＋氯唑西林钠 0.2g，2 次/d，连用数日	7d，奶废弃期 2.5d
苄星青霉素	注射用粉针	肌内注射，一次量每千克体重 2 万～3 万 U，必要时 3～4d 重复 1 次	30d，奶废弃期 3d
苄星邻氯青霉素	注射液	乳管注入，每乳室 50 万 U	28d 及产犊后 4d 的奶，泌乳期禁用

(续)

药　名	制　剂	用法与用量（用量以有效成分计）	休药期
青霉素钾（钠）	注射用粉针	肌内注射，一次量每千克体重 1 万～2 万 U，2～3 次/d，连用 2～3d	奶废弃期 3d
硫酸小檗碱	注射液	肌内注射，一次量 0.15～0.4g	0d
头孢氨苄	乳剂	乳管注入，每乳室 200mg，2 次/d，连用 2d	奶废弃期 2d
氯唑西林钠	注射用粉针	乳管注入，泌乳期奶牛，每乳室 200mg	10d 奶废弃期 2d
		乳管注入，干乳期奶牛，每乳室 200～500mg	30d
恩诺沙星	注射液	肌内注射，一次量每千克体重 2.5mg，1～2 次/d，连用 2～3d	28d，泌乳期禁用
乳糖酸红霉素	注射用粉针	静脉注射，一次量每千克体重 3～5mg，2 次/d，连用 2～3d	21d，泌乳期禁用
盐酸土霉素	注射用粉针	静脉注射，一次量每千克体重 5～10mg，2 次/d，连用 2～3d	19d，泌乳期禁用
普鲁卡因青霉素	注射用粉针	肌内注射，一次量每千克体重 1 万～2 万 U，1 次/d，用 2～3d	10d，奶废弃期 3d
硫酸链霉素	注射用粉针	肌内注射，一次量每千克体重 10～5mg，2 次/d，连用 2～3d	14d，奶废弃期 2d
碘胺嘧啶	片剂	内服，一次量，首次量每千克体重 0.14～0.2g，维持量每千克体重 0.07～0.1g，2 次/d，连用 3～5d	8d，泌乳期禁用
磺胺嘧啶钠	注射液	静脉注射，一次量每千克体重 0.05～0.1g，1～3 次/d，连用 2～3d	10d，奶废弃期 2.5d
复方磺胺嘧啶钠	注射液	肌内注射，一次量每千克体重 20mg（以磺胺嘧啶计），1～2 次/d，连用 2～3d	10d，奶废弃期 2.5d
磺胺二甲嘧啶	片剂	内服，一次量，首次量每千克体重 0.14～0.2g，维持量每千克体重 0.07～0.1g，1～2 次/d，连用 3～5d	10d，泌乳期禁用
磺胺二甲嘧啶钠	注射液	静脉注射，一次量每千克体重 0.05～0.1g，1～2 次/d，连用 2～3d	10d，泌乳期禁用

表3 舍饲肉牛允许使用的抗菌药物及使用规定

药品名称	制剂	用法与用量（用量以有效成分计）	休药期
氨苄西林钠	注射用粉针	肌内、静脉注射，一次量每千克体重 10～20mg，2～3 次/d，连用 2～3d	28d
	注射液	皮下或肌内注射，一次量每千克体重 5～7mg	21d
苄星青霉素	注射用粉针	肌内注射，一次量每千克体重 2 万～3 万 U，必要时 3～4d 重复 1 次	30d
青霉素钾（钠）	注射用粉针	肌内注射，一次量每千克体重 1 万～2 万 U，2～3 次/d，连用 2～3d	28d
硫酸小檗碱	注射液	肌内注射，一次量 0.15～0.4g	0
	粉剂	内服，一次量 3～5g	
恩诺沙星	注射液	肌内注射，一次量每千克体重 2.5mg，1～2 次/d，连用 2～3d	14d
乳糖酸红霉素	注射用粉针	静脉注射，一次量每千克体重 3～5mg，2 次/d，连用 2～3d	21d
土霉素	注射液（长效）	肌内注射，一次量每千克体重 10～20mg	28d
盐酸土霉素	注射用粉针	静脉注射，一次量每千克体重 5～10mg，2 次/d，连用 2～3d	19d
普鲁卡因青霉素	注射用粉针	肌内注射，一次量每千克体重 1 万～2 万 U，1 次/d，连用 2～3d	10d
硫酸链霉素	注射用粉针	肌内注射，一次量每千克体重 10～15mg，2 次/d，连用 2～3d	14d
磺胺嘧啶	片剂	内服，一次量，首次量每千克体重 0.14～0.2g，维持量每千克体重 0.07～0.1g，2 次/d，连用 3～5d	8d
磺胺嘧啶钠	注射液	静脉注射，一次量每千克体重 0.05～0.1g，1～2 次/d，连用 2～3d	10d
复方磺胺嘧啶钠	注射液	肌内注射，一次量每千克体重 20～30mg（以磺胺嘧啶计），1～2 次/d，连用 2～3d	28d
磺胺二甲嘧啶	片剂	内服，一次量，首次量每千克体重 0.14～0.2g，维持量每千克体重 0.07～0.1g，1～2 次/d，连用 3～5d	10d
磺胺二甲嘧啶钠	注射液	静脉注射，一次量每千克体重 0.05～0.1g，1～2 次/d，连用 2～3d	10d

4.8.2 寄生虫病的防治

4.8.2.1 每年春秋季对本地区的成年牛驱虫，分别在 2～3 月份和 9～10 月份进行，驱虫率必须达到 100%。若遇多雨年份，应在 7～8 月份对肝片吸虫幼虫进行驱杀，防止急性肝片吸虫病的暴发。

4.8.2.2 犊牛在 6～10 月龄进行首次驱虫。

4.8.2.3 注意事项 如为体内驱虫，用药前要停食或在早晨空腹时进行，用药时应饮水并减少应激，驱虫后的牛粪要及时清理并作无害化处理。

4.8.2.4 药物的选择及使用 奶牛驱虫药物的选择及使用应符合 NY 5046 的规定，肉牛驱虫药物的选择及使用应符合 NY 5125 的规定（表4）。

表4 成年牛饲养允许使用的抗寄生虫药物及使用规定

名称	制剂	用法与用量 （用量以有效成分计）	休药期 (d)	有效虫体种类
阿维菌素	注射剂	皮下注射，一次量每千克体重 0.2mg；犊牛一次量每千克体重 0.15mg	35	线虫（细颈线虫、食道口线虫、古柏线虫、蛔虫）和节肢动物（疥癣螨、牛皮蝇蛆、牛蜱）
	片剂	内服，一次量每千克体重 0.2mg；犊牛一次量每千克体重 0.15mg	35	
伊维菌素	注射剂	皮下注射，一次量每千克体重 0.2mg；犊牛一次量每千克体重 0.15mg	35	线虫（细颈线虫、食道口线虫、古柏线虫、蛔虫）和节肢动物（疥癣螨、牛皮蝇蛆、牛蜱）
	片剂	内服，一次量每千克体重 0.2mg；犊牛一次量每千克体重 0.15mg	35	
吡喹酮	片剂	内服，一次量每千克体重 5～10mg	1	绦虫（莫尼茨绦虫、无卵黄腺绦虫、曲子宫绦虫）、包虫（脑多头蚴）及吸虫（肝片吸虫）
丙硫咪唑（芬苯达唑）	片剂、粉剂	内服，一次量每千克体重 5～7.5mg	6	
盐酸氨丙啉	粉剂	拌料，按每千克体重 5mg 混入饲料中，连用 14d	1	牛球虫

注：驱除线虫和节肢动物时，任选一种伊维菌素或阿维菌素；驱除绦虫、包虫及吸虫时，任选一种吡喹酮或丙硫咪唑。

4.8.2.5 驱虫效果评价 分别在驱虫前后 7～10d，选择感染较严重的一个驱虫点或按 10% 的比例进行抽查，评定驱虫效果。采用粪便检查法检测线虫、绦虫、吸虫及球虫，对其虫卵进行计数，计算虫卵减少率和转阴率，均达到 80% 以上时驱虫效果较好，如未达到 80% 的，应在 7～10d 后再进行一次驱虫。牛只体表的节肢动物寄生虫则采用虫体检查法。检查后，记录驱虫效果。

4.8.3 定期修蹄和浴蹄

每年春秋两季各修蹄一次，浴蹄药物可选择 3%～5%福尔马林或 4%硫酸铜。

4.8.4 奶牛主要营养代谢病的防治

由于营养不合理和饲养管理不当，奶牛（围产期）常发生生产瘫痪、脂肪肝、酮病、瘤胃酸中毒、蹄叶炎、乳房水肿、乳房炎、胎衣不下、皱胃（真胃）移位、乳脂率下降等营养代谢病。因为生产瘫痪、酮病和蹄病与其他代谢病在某种程度上有因果关系，危害较大，应特别注意防治。

预防生产瘫痪和酮病，围产期应少用或不用含钾高的苜蓿，饲喂含钾低的玉米和玉米青贮料，也可添加阴离子（Cl^- 等）诱导母牛轻度的酸中毒（酸化日粮）从而增加了机体对钙的吸收，可预防生产瘫痪，饲料中添加丙酸钠、糖浆、尼克酸等，并适当地混喂酵母培养物添加剂可预防酮病的发生；分娩后 3d 内应控制挤奶（包括初乳），采取措施杜绝漏奶等，以防乳钙过多流失；在分娩前 2～8d 肌内注射维生素 D_3 1 000 万 IU；从分娩前 1 个月饲喂低钙高磷饲料（Ga：P＝1：3），分娩后改用多钙饲料。分娩后发生酮病或低镁血症的病牛添加葡萄糖或镁补料；对于过肥或过瘦的奶牛在产前 7d 和产后 7d 内静脉注射葡萄糖；平时要增加运动量，促进钙吸收。

奶牛饲养允许使用的生殖激素类药及使用规定（表5）。

表5　奶牛饲养允许使用的生殖激素类药及使用规定

类别	药名	制剂	用法与用量（用量以有效成分计）	休药期
生殖激素类药	甲基前列腺素	注射液	肌内注射或宫颈内注入，一次量每千克体重 2～4mg	
	绒促性素	注射用粉针	肌内注射，一次量 1 000～5 000IU，2～3 次/周	泌乳期禁用
	苯甲酸雌二醇	注射液	肌内注射，一次量 5～20mg	泌乳期禁用
	醋酸促性腺激素释放激素	注射液	肌内注射，一次量 100～200μg	泌乳期禁用
	促黄体素释放激素	注射用粉针	肌内注射，一次量，排卵迟滞 25μg；卵巢静止 25μg，1 次/d，可连用 3 次；持久黄体或卵巢囊肿 25μg，1 次/d，可连用 4 次	泌乳期禁用
	促黄体素释放激素	注射用粉针	肌内注射，一次量 25μg	泌乳期禁用
	垂体促卵泡素	注射用粉针	肌内注射，一次量 100～150IU，隔 2d 1 次，连用 2～3 次	泌乳期禁用

（续）

类别	药名	制剂	用法与用量（用量以有效成分计）	休药期
生殖激素类药	垂体促黄体素	注射用粉针	肌内注射，一次量 100～200IU	泌乳期禁用
	黄体酮	注射液	肌内注射，一次量 50～100mg	21d，泌乳期禁用
	复方黄体酮	缓释圈	阴道插入，一次量黄体酮 1.55g＋苯甲酸雌二醇 10mg	泌乳期禁用
	缩宫素	注射液	皮下、肌内注射，一次量 30～100IU	泌乳期禁用
	氨基丁三醇前列腺素 F2	注射液	肌内注射，一次量 25mg	泌乳期禁用
	血促性素	注射用粉针	皮下、肌内注射，一次量，催情 1 000～2 000IU；超排 2 000～4 000IU	泌乳期禁用

5 疫病监测

依照《中华人民共和国动物防疫法》及其配套法规的要求，结合当地实际情况，牛场应制定疫病监测方案，并将抽查结果报告当地畜牧兽医行政管理部门。

5.1 牛传染病的检测

牛常见疾病可通过流行病学调查、临床检查（方法见标准 GB 16549）和病理变化检查作出初步诊断，必要时进行实验室确诊，尤其注意对口蹄疫、蓝舌病、牛白血病、副结核病、牛传染性鼻气管炎、牛病毒性腹泻/黏膜病、炭疽、牛结核和布鲁氏菌病的检测。同时需注意监测外来病的传入，如牛瘟、牛传染性胸膜肺炎、牛海绵状脑病等。检出阳性后按本规程第 6 项处理，并作详细记录。

每年春季和秋季对全群进行布鲁氏菌病检疫（方法见标准 GB/T 18646）和结核病检疫（方法见标准 GB/T 18645），检疫密度不得低于 90%。检出的阳性牛按本规程第 6 项处理，并作详细记录。

此外，还应根据当地实际情况，选择其他一些必要的疫病进行监测；或根据高度疑似病例采集样本进行病原学检查；对所有病牛的发病情况、采集的样品和监测结果进行记录。

5.2 奶牛乳腺炎检验

定期用上海乳房炎检验法（SMT）监测牛群隐性乳房炎的流行情况，每月 2～3 次，可及时调整综合防治措施；母牛在干乳前 15d 用 SMT 法进行隐性乳腺炎检验，如为阳性，干乳时用有效的抗菌制剂封闭治疗。

5.3 牛寄生虫病的常规检测

建立寄生虫病的常规检测制度，3～4 个月抽查 1 次，抽查数量为牛只总数的 10％，每年抽查 3～4 次。

5.3.1 粪样寄生虫虫卵、幼虫检测

随机多点采集牛粪样进行粪便检查。需检测卵、幼虫的寄生虫有：球虫、吸虫、绦虫、线虫等。

5.3.2 体表寄生虫检查

检测的虫体包括：疥癣螨、牛皮蝇蛆、蜱等；同时还应检测贝诺孢子虫的包囊或滋养体。

5.3.3 血液寄生虫检测

主要是对血液原虫（泰勒虫、锥虫、巴贝斯虫等）的检测。

5.3.4 体内虫体检查

剖检病牛时检查的虫体包括：吸虫、绦虫、线虫、疥癣螨、牛皮蝇蛆、蜱、细颈囊尾蚴、脑包虫、棘球蚴病等，肉孢子虫的检查应结合组织学方法。

检测过程中应对检查结果进行记录，计算寄生虫的感染率、感染强度，判断是否驱虫。

5.3.5 选择用药时期

感染强度和感染率为轻度时可暂不用药；感染强度或感染率二者任何一项达到中度以上时须用药驱虫。

5.4 代谢病的监控

集约化生产、高标准饲养和定向选育的发展，提高了奶牛的生产性能和牛场的经济效益，也推动了营养代谢研究的发展。但与此同时，若饲养管理条件和技术稍有疏忽，营养代谢疾病就会不可避免地发生，奶牛的健康、奶产量和利用年限会受到严重影响。因此，必须重视奶牛代谢病的监控工作。

5.4.1 代谢抽样试验（MPT）

每季度随机抽查 30～50 头奶牛血样，测定血中尿氮含量及钙、磷、硒、血糖、血红蛋白等一系列生化指标，以观测牛群的代谢状况。主要检测项目的测定方法和正常值范围如下：

血糖（费林—吴宪氏法，正常值 56.76～84.89mg％）、血细胞压积值（正常值 30％～40％）、血红蛋白（沙利氏比色法，9～12g％）、血尿素氮

（2.1～9.6mmol/L）、血清无机磷（磷钼酸法，3.33～10.5mg％）、血钠（醋酸铀镁试剂法，310.5～328.9mg％）、血钾（四苯硼钠比浊法，16～27.1mg％）、血镁（钛黄比色法，1.8～3.2mg％）、血钙（EDTA法，9.71～12.14mg％）、血酮体（水杨酸比色法 10mg％以下）。

5.4.2 尿 pH 和酮体的测定

产前1周至分娩后2个月内，隔日测定尿 pH 和酮体一次，阳性或可疑牛只及时治疗，并关注牛群状况。

（1）尿 pH 测定 可用试纸法，正常尿液 pH 为7.0，当试纸变黄时，即为酸性。

（2）尿、乳酮体检查法 采用快速诊断法。试剂：亚硝酸铁氰化钠1份、硫酸铵20份、无水碳酸钠20份，研细混合均匀。检验：在滤纸或玻片上，放少许（约0.2g）试剂，向上加3～5滴尿或奶，当酮体含量在10mg％以上时，试剂呈淡红色或紫红色，即为阳性。

凡测定尿液呈酸性、尿（乳）酮体呈阳性者，可静脉注射葡萄糖溶液和碳酸氢钠溶液。

5.4.3 调整日粮配方

5.4.3.1 定时测定平衡日粮中各营养物质含量。

5.4.3.2 对高产、消瘦、体弱的奶牛，应及时调整日粮配方，增加营养以预防相关疾病的发生。

5.4.4 高产奶牛群在泌乳高峰期，精料中应适当添加碳酸氢钠、氧化镁等。

5.5 牛传染病防治效果监测

舍饲牛场按规程进行免疫。口蹄疫免疫第21天、3个月和5个月时，分别按牛总数的5％～10％随机采血，对免疫效果进行检测，测定抗体滴度，确定免疫保护期和免疫接种时间，并做好免疫效果监测记录。

病牛进行药物治疗时，要跟踪观察治疗效果，并详细填写舍饲牛场牛病防治情况记录表。

6 疫病控制和扑灭

奶牛场发生疫病或有疑似疫病时，应根据《中华人民共和国动物防疫法》、动物传染病防治技术规范、NY 5047 和 NY 5126 及时采取以下处理措施：

6.1 立即封锁现场，驻场兽医应及时诊断，并尽快向当地动物防疫监督机构报告疫情。

6.2 一类动物疫病

发生疑似一类动物疫病，如口蹄疫、牛瘟、牛传染性胸膜肺炎、牛海绵状脑病、蓝舌病等，应立即向当地兽医主管部门、动物卫生监督机构或动物疫病预防控制机构报告，并采取隔离等控制措施，防止动物疫情扩散。确诊后应按照《中华人民共和国动物防疫法》采取相应的控制措施和扑灭方法。

6.2.1 确诊发生口蹄疫、牛瘟、牛传染性胸膜肺炎时，牛场应配合当地畜牧兽医管理部门，对牛群（疫点内所有病畜及同群易感畜）实施严格的隔离、扑杀措施；

6.2.2 发生牛海绵状脑病时，除了实施严格的隔离、扑杀措施外，还需追踪调查病牛的亲代和子代。

6.2.3 发生蓝舌病时，应扑杀病牛；如血清学反应呈现抗体阳性，但并无临床症状时，需采取清群和净化措施。

6.3 二类动物疫病

发生二类动物疫病，如狂犬病、布鲁氏菌病、炭疽、伪狂犬病、魏氏梭菌病、副结核病、弓形虫病、棘球蚴病、钩端螺旋体病、牛结核病、牛传染性鼻气管炎、牛恶性卡他热、牛白血病、牛出血性败血病、牛梨形虫病（牛焦虫病）、牛锥虫病、日本血吸虫病，要配合有关部门采取隔离、扑杀、销毁、消毒、无害化处理、紧急免疫接种、限制已感染动物及其产品、有关物品出入等控制措施。

6.3.1 发生炭疽时，按照农业部《炭疽防治技术规范》将患病动物和同群动物全部进行无血扑杀处理，其他易感动物进行紧急免疫接种。对所有病死和被扑杀动物、排泄物以及可能被污染的垫料、饲料、产品等按《炭疽防治技术规范》进行无害化处理。

6.3.2 发生布鲁氏菌病、蓝舌病、牛白血病、结核病等二类疫病时，患病动物应全部扑杀，牛群应实施清群和净化措施，对受威胁的畜群（病畜的同群畜）实施隔离。

6.4 三类动物疫病

发生三类动物疫病，如大肠杆菌病、李氏杆菌病、放线菌病、肝片吸虫病、丝虫病、附红细胞体病、牛流行热、牛病毒性腹泻/黏膜病、牛生殖器弯曲杆菌病、毛滴虫病、牛皮蝇蛆病等，应对牛群进行防治和净化。

6.5 清洗消毒和生物安全处理

按本规程 4.4 项，全场进行彻底的清洗消毒，病死或淘汰牛的尸体按 GB 16548 进行无害化处理。

依据疾病的不同，病死或淘汰牛的尸体应分别采取销毁、化制、高温处理等无害化处理方法（详见标准 GB 16548），其产品（血液、皮、毛、蹄、角、骨等）应进行严格消毒（详见标准 GB 16548 和 GB/T 16569）。

7 档案建立

依据《畜禽标识和养殖档案管理办法》，牛场应当建立疾病防治档案，所有记录应妥善保存。以下内容应准确、完整记录：

（1）牛的品种、数量、繁殖记录、标识情况、来源和进出场日期。

（2）饲料、饲草、饲料添加剂等投入品和兽药的来源、名称、使用对象、时间和用量等有关情况。

（3）检疫、监测、消毒情况。

（4）病历档案 记录发病、诊断（包括实验室检查及其结果）和用药情况，建立并保存全部用药的记录。治疗用药记录包括牛只编号、发病时间及症状、药品名称（商品名、有效成分、生产单位及批号）、给药途径、给药剂量、疗程、治疗时间和治疗效果等；预防或促生长混饲用药的记录包括药品名称（商品名、有效成分、生产单位及批号）、给药剂量、疗程等。

（5）免疫和免疫效果检测记录。

（6）死亡和无害化处理情况。

附录二 一、二、三类动物疫病病种名录

农业部对原《一、二、三类动物疫病病种名录》（农业部第 96 号公告）进行了修订，于 2008 年 12 月 11 日重新发布了《一、二、三类动物疫病病种名录》（农业部第 1125 号公告），自发布之日起施行。

一、一类动物疫病

一类动物疫病共 17 种，包括口蹄疫、猪水疱病、猪瘟、非洲猪瘟、高致病性猪蓝耳病、非洲马瘟、牛瘟、牛传染性胸膜肺炎、牛海绵状脑病、痒病、蓝舌病、小反刍兽疫、绵羊痘和山羊痘、高致病性禽流感、新城疫、鲤春病毒血症、白斑综合征。

二、二类动物疫病

二类动物疫病共 77 种，其中：多种动物共患病 9 种，包括狂犬病、布鲁氏菌病、炭疽、伪狂犬病、魏氏梭菌病、副结核病、弓形虫病、棘球蚴病、钩端螺旋体病。

牛病（8 种）：牛结核病、牛传染性鼻气管炎、牛恶性卡他热、牛白血病、牛出血性败血病、牛梨形虫病（牛焦虫病）、牛锥虫病、日本血吸虫病。

三、三类动物疫病

三类动物疫病共 63 种，其中：多种动物共患病 8 种，包括大肠杆菌病、李氏杆菌病、类鼻疽、放线菌病、肝片吸虫病、丝虫病、附红细胞体病、Q 热。

牛病（5 种）：牛流行热、牛病毒性腹泻/黏膜病、牛生殖器弯曲杆菌病、毛滴虫病、牛皮蝇蛆病。

参考文献

陈杖榴.2009.兽医药理学 [M].北京:中国农业出版社.

孔繁瑶.1997.兽医寄生虫学 [M].第2版.北京:中国农业出版社.

陆承平.2001.兽医微生物学 [M].第3版.北京:中国农业出版社.

马学恩.2007.家畜病理学 [M].第4版.北京:中国农业出版社.

汪明.2003.兽医寄生虫学 [M].第3版.北京:中国农业出版社.

王书林.2001.兽医临床诊断学 [M].第3版.北京:中国农业出版社.

威廉·C·雷布汉著,赵德明,沈建忠主译.1999.奶牛疾病学 [M].北京:中国农业大学出版社.

殷震,刘景华.1997.动物病毒学 [M].北京:科学出版社.

A. H. Andrews,R. W. Blowey,H. Boyd,R. G. Eddy 主编,韩博,苏敬良等主译.2006.牛病学 [M].第2版.北京:中国农业大学出版社.

图书在版编目（CIP）数据

舍饲牛场疾病预防与控制新技术 / 王仲兵，王凤龙
主编. —北京：中国农业出版社，2013.4
ISBN 978-7-109-16986-9

Ⅰ.①舍… Ⅱ.①王… ②王… Ⅲ.①牛病-防治②
牛病-诊疗 Ⅳ.①S858.23

中国版本图书馆 CIP 数据核字（2012）第 162426 号

中国农业出版社出版
（北京市朝阳区农展馆北路 2 号）
（邮政编码 100125）
责任编辑　黄向阳　周锦玉

北京中科印刷有限公司印刷　　新华书店北京发行所发行
2013 年 4 月第 1 版　　2013 年 4 月北京第 1 次印刷

开本：720mm×960mm　1/16　印张：28　插页：2
字数：502 千字　　印数：1~4 000 册
定价：60.00 元
（凡本版图书出现印刷、装订错误，请向出版社发行部调换）